普通高等学校通用教材

# 给水排水　环境　生物工程
# 基础与专业实验


邵林广　杨　娟　张小菊　主　编

鲁　群　副主编

中国建筑工业出版社

**图书在版编目(CIP)数据**

给水排水　环境　生物工程基础与专业实验/邵林广，杨娟，张小菊主编. —北京：中国建筑工业出版社，2013.10
普通高等学校通用教材
ISBN 978-7-112-15710-5

Ⅰ.①给…　Ⅱ.①邵…②杨…③张…　Ⅲ.①给水工程-工程试验-高等学校-教材②排水工程-工程试验-高等学校-教材③环境试验-高等学校-教材④生物工程-实验-高等学校-教材　Ⅳ.①TU991-33②X 33③Q81-33

中国版本图书馆 CIP 数据核字(2013)第 189254 号

本教材的主要内容包括基本操作与元素性质实验、有机化学实验、物理化学实验、生物化学实验、微生物学实验、水质分析实验、环境监测实验、食品分析实验、微生物学实验。

本教材适用于给水排水科学与工程、生物工程、环境工程、土木工程、工程管理等专业本、专科教学，也适用于环境监测、固废处理等专业人员参考使用。

责任编辑：田启铭　李玲洁
责任设计：董建平
责任校对：党　蕾　赵　颖

普通高等学校通用教材
**给水排水　环境　生物工程基础与专业实验**
邵林广　杨　娟　张小菊　主　编
鲁　群　副主编
*
中国建筑工业出版社出版、发行（北京西郊百万庄）
各地新华书店、建筑书店经销
北京科地亚盟排版公司制版
北京市密东印刷有限公司印刷
*
开本：787×1092 毫米　1/16　印张：24¾　字数：615 千字
2013 年 11 月第一版　2013 年 11 月第一次印刷
定价：**52.00** 元
ISBN 978-7-112-15710-5
(24515)

# 前　　言

在大学本科教学中，实验教学是实践性教学环节中的重要组成部分，也是培养应用型人才的重要方面。

本教材力图为给水排水科学与工程、生物工程、环境工程、土木工程、工程管理五个本科专业提供基础与专业实验用书。

为便于学生预习，培养学生自学与动手能力，教材的实验方法、内容浅显易懂，可操作性强。力求摆脱实验教学对理论课的严重依附，每个实验相对独立，学生通过本教材的学习，即使对理论课掌握不足，也能顺利进行实验。

教材中安排了三个层次的实验，即基本实验、综合性实验和设计性实验。基本实验是理论验证性实验；综合性实验是涉及不同知识点、反映各专业理论应用的分析、监测实验；设计性实验是学生在老师指导下，通过查阅相关参考文献资料，独立地拟定实验样品的分析方法和实验步骤，完成实验并撰写实验报告。各校可根据教学计划、大纲要求以及实验条件进行实验。

在本教材编写过程中，参考了国内外同行的教材与资料，在此，特向这些教材及资料的编者表示感谢！并感谢湖北省中医学院周传佩教授的支持和帮助。

本教材由武汉科技大学邵林广教授、华中科技大学武昌分校杨娟、张小菊任主编，华中科技大学文华学院鲁群任副主编。

限于编者水平，书中缺点错误在所难免，恳请读者批评指正。

# 目　录

# 第一章　绪　　论

## 一、化学实验的目的和任务

化学是一门实验科学。作为化学教程的一个重要组成部分，化学实验教学的主要目的是：学生通过对实验现象的观察、了解、分析和认识，以及常规和现代测试仪器的使用、实验数据的归纳、综合与正确处理等基本操作和技能的训练，不仅提高独立思考、独立工作、独立分析和解决问题的能力，更重要的是培养严谨的科学态度和实事求是的工作作风，使学生清醒地认识到：化学作为一门应用性很强的基础学科，在满足社会能源需求、提高人类生存质量、保护生态环境等方面起着无可替代的作用。化学中的一些基本理论、定律以及化学界的一些重大发现都是人们在实验的基础上，应用实验的方法、手段和技术而获得的。

作为21世纪的当代大学生和环境生物科学工作者，我们在理解和探索化学反应的递变规律、努力学习和掌握化学实验的基本方法和技能、谋求应用化学知识去解决生物工程、环境工程、给水排水工程中的统一分析、工艺设计等实际问题打下基础时，还应严格培训实验素养，逐步确定“量”的概念，为今后实际工作的应用和研究提供科学可信的手段和依据。使自己在学习→实践→再学习的渐进过程中，不断成长为一名合格的人类生存和社会环境的监护者。

因此，化学实验基本操作和技能的训练、化学思维方法的养成是构成我们实施化学实验教育、学习化学实验的一项中心任务。

## 二、大学化学实验的学习方法

完成好化学实验，必须抓好预习、实验和实验报告三个环节。

**1. 预习**

（1）阅读实验教材及参考文献中的有关内容。

（2）明确实验目的。

（3）了解实验的内容、步骤、操作过程和注意事项。

（4）写好预习报告。预习报告包括：目的、原理（反应式），实验步骤和注意事项等。根据实验教材改写成简单明了的步骤。实验前将预习报告交指导教师检查，预习合格者才允许进行实验。

**2. 实验**

（1）认真操作，细心观察，独立思考，如实记录。

（2）保持肃静，遵守规则，注意安全，节约试剂。

（3）实验完毕，洗涤仪器，整理台面，清洁环境。

（4）将实验结果和记录交指导教师查阅，达到要求且经指导教师同意方能离开实验室。

### 3. 实验报告

实验结束后，严格根据实验记录，对实验现象作出解释，写出有关反应式；或根据实验数据进行处理和计算，作出结论，并对实验中的问题进行讨论。独立完成实验报告，及时交指导教师批阅。

书写实验报告应字迹端正，简明扼要，整齐清洁，否则，必须重新完成实验报告。

**实验报告应包括以下内容：**

（1）实验目的。

（2）实验步骤：尽量采用表格、图框、符号等形式清晰、明了的表示。

（3）实验现象和数据记录：实验现象要表达正确、全面，数据记录完整，绝不允许主观臆造、抄袭别人作业。

（4）解释、结论或数据计算：根据现象作出明确解释，写出主要反应方程式，分题目作出小结或最后得出结论，若有数据计算，务必将所依据的公式和主要数据表达清楚。

（5）问题讨论：针对本实验中遇到的疑难问题，提出自己的见解或收获，也可对实验方法、教学方法、实验内容等提出自己的意见。

## 三、学生实验守则

1. 实验前应认真预习，写好实验预习报告，上课时交指导教师检查签字。

2. 遵守纪律，文明礼貌，保持肃静，集中思想，认真操作，积极思考，细致观察，及时如实记录。

3. 爱护各种仪器、设备。实验过程中如有仪器破损应填写仪器破损单，经指导教师签字后及时领取补齐，破损仪器酌情赔偿。

4. 实验后，废纸、火柴梗和废液、废渣应倒入指定的回收容器中，严禁倒入水槽，以防水槽腐蚀和堵塞。废玻璃应放入废玻璃箱中。

5. 使用试剂应注意下列几点：

（1）试剂应按教材规定定量使用，如无规定用量，应适量取用，注意节约。

（2）公用试剂瓶或试剂架上的试剂瓶用过后，应立即盖上原来的瓶盖，并放回原处。公用试剂不得拿走为己用。试剂架上的试剂应保持洁净，放置有序。

（3）取用固体试剂时，注意勿使其洒落在实验台上。

（4）试剂从瓶中取出后，不应倒回原瓶中。滴管未经洗净时，不准在试剂瓶中吸取溶液，以免带入杂质使瓶中试剂变质。

（5）教材规定实验后要回收的药品都应倒入指定的回收瓶内。

（6）使用精密仪器时，必须严格按照操作规程操作，细心谨慎，避免粗枝大叶而损坏仪器。发现仪器有故障时，应立即停止使用，报告指导教师，及时排除故障。

6. 注意安全操作，遵守实验安全规则，节约用水用电。

7. 实验后应将仪器洗净，放回原处，清理实验台面和地下。

8. 值日生应按规定做好整理、清洁实验室等各项工作。

**值日生的职责包括：**

（1）进入实验室后，打开窗户通风；光线不足时，打开电灯照明。

（2）待（全班同学）实验结束，整理并清洁实验室。

1）擦净黑板。

2）整理并清洁公用仪器、药品，归类、摆齐各试剂架。

3）清洗水池、不能留有纸屑及其他杂物。

4）清洁实验台、公用台、通风柜和窗台。

5）打扫并拖洗地板、及时将垃圾倒到指定的地方。废液倒入专用污水中。

6）关好水龙头、窗户和电灯。

## 四、实验室安全规则

进行化学实验，经常要使用水、电、煤气、各种仪器和易燃、易爆、腐蚀性以及有毒的药品等，实验室安全极为重要。如不遵守安全规则而发生事故，不仅会导致实验失败，而且还会伤害人的健康，并给国家安全造成损失。因此，每次实验前应充分了解本实验安全注意事项，熟悉各种仪器药品的性能，在实验过程中应精力集中，严格遵守安全守则和操作规程。避免事故的发生。

1. 实验开始前，检查仪器是否完整无损，装置是否正确。了解实验室安全用具放置的位置，熟悉使用各种安全用具（如灭火器、砂桶、急救箱等）的方法。

2. 实验进行时，不得擅自离开岗位。水、电、煤气、酒精灯一经使用完毕，应立即关闭。

3. 决不允许任意混合化学药品，以免发生事故。

4. 浓酸、浓碱等具有强腐蚀性的药品，切勿溅在皮肤或衣服上，尤其不可溅入眼睛内。

5. 极易挥发和引燃的有机溶剂（如乙醚、乙醇、丙酮、苯等）。使用时必须远离明火，用后要立即塞紧瓶塞，放入阴凉处。

6. 加热时，要严格遵从操作规程。制备或实验具有刺激性、恶臭和有毒的气体时必须在通风橱内进行。

7. 实验室内任何药品不得进入口中或接触伤口，有毒药品（如氰化物、汞盐、钡盐、重铬酸钾、砷的化合物等）更应特别注意。不得倒入水槽，以免与水槽中的残酸作用而产生有毒气体。防止污染环境，增强自身的环境保护意识。

8. 稀释浓硫酸时，应将浓硫酸慢慢注入水中，并不断搅动，切勿将水倒入浓硫酸中，以免飞溅，造成灼伤。

9. 实验室电器设备的功率不得超过电源负载能力。电器设备使用前应检查是否漏电，常用仪器外壳应接地。使用电器时，人体与电器导电部分不能直接接触，也不能用湿地接触电器插头。

10. 进行危险性实验时，应使用防护眼镜、面罩、手套等防护工具。

11. 不能在实验室内饮食、吸烟。实验结束后必须洗净双手方可离开实验室。

12. 未经教师允许，严禁在实验室做与实验内容无关的事情。

## 五、意外事故的紧急处理

如果在实验过程中发生了意外事故，可采取以下救护措施：

1. 割伤：伤口内若有异物，须先挑出，然后涂上碘酒或贴上“止血贴”包扎。必要时送医院治疗。

2. 烫伤：切勿用水冲洗，在伤口上抹烫伤药（如 ZnO 药膏、鱼肝油药膏、獾油药膏等），也可以用高锰酸钾溶液，润湿伤口至皮肤变棕色为止。

3. 受酸烧伤：先用大量水冲洗，再用饱和的 $NaHCO_3$ 溶液或稀氨水洗，最后用水冲洗。

4. 受碱烧伤：先用大量水冲洗，再用醋酸溶液（20g/L）或 3%～5%的硼酸清洗，最后再用水冲洗。

5. 可溶于水的化学药品烧伤眼时，先用水冲洗眼睛后，要立即到医院治疗。但不允许进行化学的中和（如被酸烧伤时，用碱中和）。

6. 在吸入刺激性或有毒气体（如硫化氢气体）时，可吸入少量酒精和乙醚的混合蒸汽解毒。因吸入硫化氢气体而感到不适（头晕、胸闷、欲吐）时，立即到室外吸收新鲜空气。

7. 万一毒物入口时，可内服一杯含有 5～10$cm^3$ 稀硫酸铜溶液的温水，再将手指深入咽喉部，促使呕吐，然后立即送医院治疗。若毒物尚未咽下，应立即吐出来，并用水冲洗口腔。

8. 不慎触电时，立即切断电源。必要时进行人工呼吸，找医生抢救。

9. 起火：要立即灭火，并采取预防措施防止火势扩展蔓延（如切断电源、移走易燃药品等）。灭火时可根据起火的原因选择合适的方法：

（1）一般的起火：小心用湿布、砂子覆盖燃烧物即可灭火；大火可以用水、泡沫灭火器灭火。

（2）活泼金属如 Na、K、Mg、Al 等引起的着火，不能用水、泡沫灭火器灭火，只能用砂土、干粉等灭火；有机溶液着火，切勿使用水、泡沫灭火器灭火，而应该用二氧化碳灭火器、专用防火布、砂土、干粉等灭火。

（3）电器着火：首先关闭电源，再用防火布、砂土、干粉等灭火，以免触电。

（4）当身上衣服着火时，切勿惊慌乱跑，应赶快脱下衣服或用专用防火布覆盖着火处，或就地卧倒打滚，也可以起到灭火的作用。

## 六、常用玻璃仪器图示简介

化学实验常用仪器中大部分为玻璃制品。玻璃仪器按其性能分为可加热的（如各类烧杯、烧瓶、试管等）和不宜加热的（如试剂瓶、量筒、容量瓶等）；按用途可分为容器类（如烧杯、试剂瓶等）、量器类（如吸管、容量瓶等）和特殊用途类（如干燥器、漏斗等）。

常用玻璃仪器见表 1-1。

**常用玻璃仪器** **表 1-1**

| 仪器名称 | 主要用途 | 注意事项 |
|---|---|---|
| 试管　离心试管 | 1. 少量试剂的反应容器；<br>2. 收集少量气体；<br>3. 离心试管用于沉淀的分离 | 1. 普通试管可直接用火加热，但加热后不可骤冷；<br>2. 离心试管只能用水浴加热；<br>3. 反应液体不超过试管容积的 1/2，加热时不超过 1/3；<br>4. 加热液体时管口不要对人，将试管倾斜 45°，同时不断振荡，火焰上端不能超过试管中液面；<br>5. 加热固体时管口略向下倾斜 |

续表

| 仪器名称 | 主要用途 | 注意事项 |
| --- | --- | --- |
| 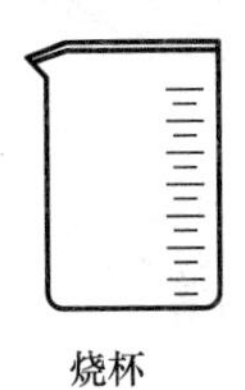 烧杯 | 1. 常温或加热条件下大量物质的反应容器；<br>2. 配制溶液；<br>3. 容量较大者可用作水浴 | 1. 反应液体不得超过烧杯容积的2/3；<br>2. 加热时垫石棉网，外壁擦干 |
|  蒸发皿 | 用于蒸发、浓缩液体 | 不宜骤冷 |
| 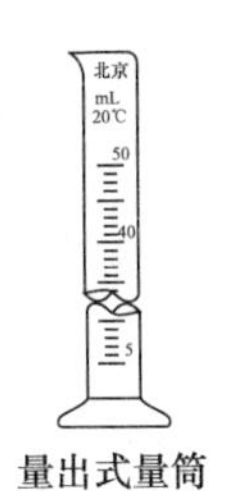 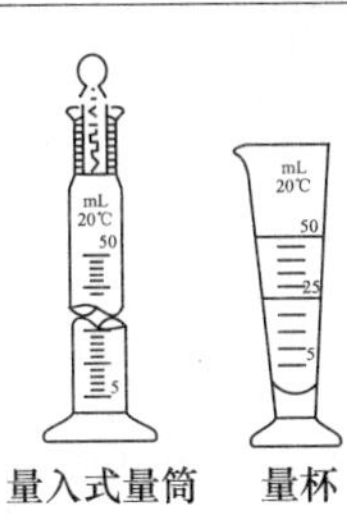 量出式量筒　量入式量筒　量杯 | 粗略量取一定体积的液体 | 1. 不能加热，不可在其中配制溶液；<br>2. 读数时应直立，读取弯月面最下点刻度 |
| 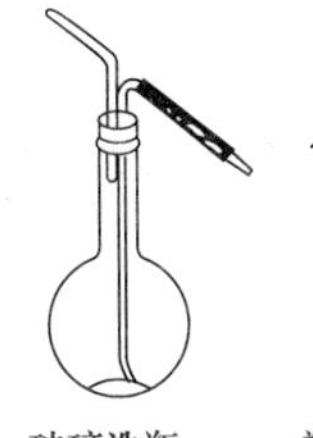 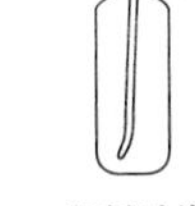 玻璃洗瓶　塑料洗瓶 | 用于盛装蒸馏水或其他洗涤液 | |
| 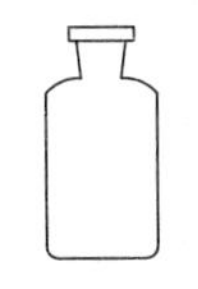   细口瓶　广口瓶　滴瓶 | 1. 细口瓶宜盛放液体试剂，广口瓶宜用于存放固体试剂；<br>2. 滴瓶用于盛放少量液体试剂或溶液；<br>3. 棕色瓶用于存放见光易分解的试剂 | 1. 不能加热；<br>2. 磨口塞或滴管要原配，不得"张冠李戴"；<br>3. 盛放碱液时应使用橡皮塞；<br>4. 带磨口的细口瓶，在不用时要洗净，且在磨口处垫纸条；<br>5. 滴管吸液不可吸得太满，也不可倒置，以免污染试剂 |
| 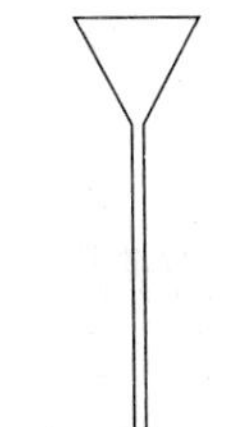 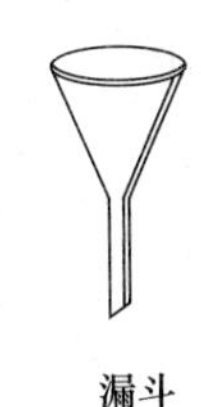 长颈漏斗　漏斗 | 1. 长颈漏斗在定量分析中用于过滤沉淀；<br>2. 短颈漏斗用于一般过滤 | 不能直接用火加热 |

续表

| 仪器名称 | 主要用途 | 注意事项 |
| --- | --- | --- |
|  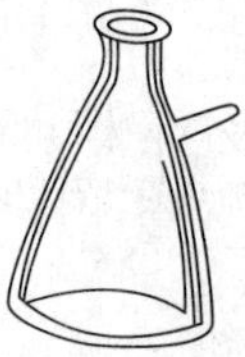 布氏漏斗　吸滤瓶 | 用于减压过滤 | 1. 滤纸必须与漏斗底部吻合，过滤前须先用滤液将滤纸润湿；<br>2. 吸滤瓶不可加热 |
| 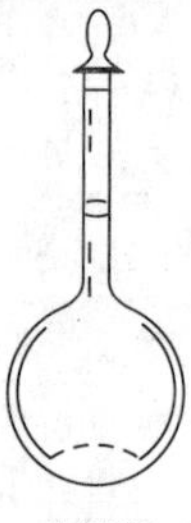 容量瓶 | 1. 将精密称量的物质配制成准确浓度的溶液；<br>2. 将准确体积及浓度的浓溶液稀释成准确浓度及体积的稀溶液 | 1. 不能烘烤，也不能以任何方式加热；<br>2. 容量瓶与磨口塞要配套使用；<br>3. 容量瓶是量器，不是容器，不宜长期存放溶液 |
| 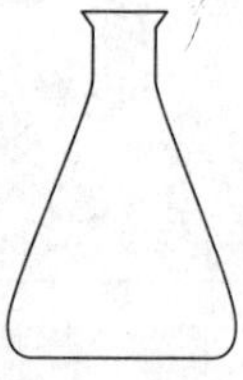 锥形瓶 | 1. 加热处理试样；<br>2. 滴定分析 | 加热时应置于石棉网上，一般不可烧干 |
| 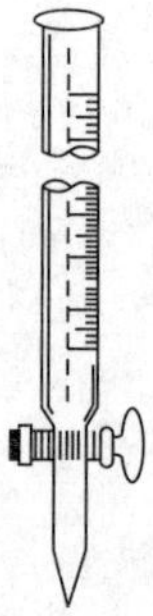  酸式滴定管　碱式滴定管 | 用于定量分析 | 1. 不能加热；<br>2. 活塞要原配；<br>3. 酸式滴定管用于盛放酸性溶液或氧化性溶液，不宜盛放碱液；<br>4. 碱式滴定管不能长期存在碱液，不能存放与橡胶作用的溶液 |
| 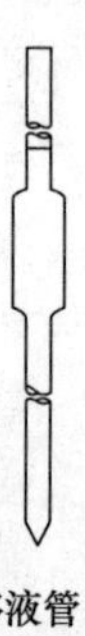 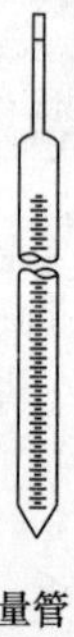 移液管　吸量管 | 准确量取各种不同量的溶液 | 1. 不能加热；<br>2. 如移液管未标“吹”字，不可用外力使残留在移液管末端的溶液流出 |

续表

| 仪器名称 | 主要用途 | 注意事项 |
| --- | --- | --- |
|  称量瓶 | 高形用于称量基准物、样品；矮形用于测定水分、烘干基准物 | 1. 磨口塞要原配；<br>2. 不可盖紧磨口塞烘烤 |
| 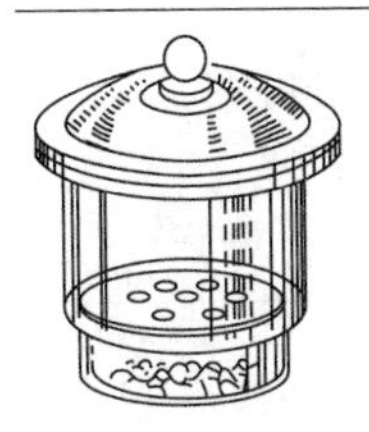 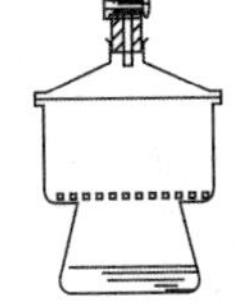 普通干燥器　真空干燥器 | 1. 保持烘干或灼烧后的物质的干燥；<br>2. 真空干燥器通过抽真空造成负压，可使物质更快更好地干燥 | 1. 底部放干燥剂，干燥剂不要放得过满，装至下室一半即可；<br>2. 不可将红热的物质放入，放入热物质后要不时开盖，直至热物质完全冷却 |
| 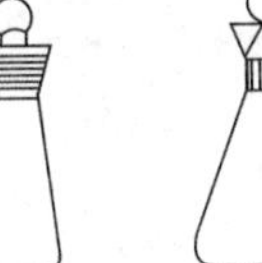  碘量瓶 | 碘量法或生成挥发物质的分析 | 1. 磨口塞要原配；<br>2. 加热时要打开瓶塞 |
| 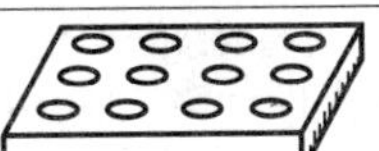 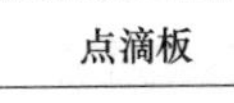 点滴板 | 用于定性分析点滴实验 | 不能加热 |
|  表面皿 | 盖烧杯及漏斗或存放待干燥的固体物质 | 不可直接加热 |
|  坩埚 | 用于样品高温加热 | 1. 根据试样的性质选用不同材料的坩埚；<br>2. 瓷坩埚加热后不能骤冷 |
|  研钵 | 用于研磨固体物质。按固体的性质和硬度选用不同的研钵 | 不能用火直接加热 |
|  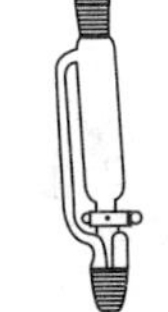 恒压滴液漏斗 | 1. 用于合成反应的液体加料操作；<br>2. 也可用于简单的连续萃取操作 | 上、下磨口按标准磨口配套使用 |

续表

| 仪器名称 | 主要用途 | 注意事项 |
|---|---|---|
| 搅拌器套管 | 用于连接反应器和搅拌器 | 磨口按标准磨口配套使用 |
| 蒸馏头 克氏蒸馏头 | 1. 蒸馏使用；<br>2. 克氏蒸馏头作减压蒸馏用 | 磨口按标准磨口配套使用 |
| 温度计套管 | 用于连接反应器和温度计 | 磨口按标准磨口配套使用 |
| 球形 梨形分液漏斗 筒形 | 1. 分离两种不相混溶的液体；<br>2. 用溶剂从溶液中萃取某种成分；<br>3. 用溶剂从混合液中提取杂质，达到洗涤的目的 | 1. 磨口塞要原配，不可加热；<br>2. 加入全部液体的总体积不得超过漏斗容积的 3/4；<br>3. 分液时上口塞要接通大气（玻塞上侧槽对准漏斗上端口径上的小孔） |
| 直形冷凝管 球形冷凝管 空气冷凝管 | 用于冷凝和回流 | 1. 140℃以下时用空气冷凝管；<br>2. 回流冷凝管要直立使用；<br>3. 磨口按标准磨口配套使用 |
| 弯形干燥管 | 防止空气中的潮气进入反应体系，接于冷凝管上端 | 磨口按标准磨口配套使用 |
| 接引管 二叉接引管 | 1. 用于引导馏液；<br>2. 二叉接引管用于减压蒸馏，可收集不同馏分而又不中断蒸馏 | 磨口按标准磨口配套使用 |

续表

| 仪器名称 | 主要用途 | 注意事项 |
| --- | --- | --- |
| 分水器 | 接收回流蒸汽冷凝液，并将冷凝液中水分从有机物中分出 | 磨口按标准磨口配套使用 |
| 梨形烧瓶　圆底烧瓶<br>三口烧瓶　锥形烧瓶 | 1. 梨形烧瓶的用途与圆底相似，其特点是在合成少量有机物时烧瓶中可保持较高液面，蒸馏时残留在烧瓶中的液体少；<br>2. 圆底烧瓶最常用于有机合成和蒸馏（包括减压蒸馏）；<br>3. 三口烧瓶最常用于进行搅拌的实验；<br>4. 锥形烧瓶常用于重结晶操作 | 1. 必须按标准磨口配套；<br>2. 应在石棉网上或加热浴中加热 |
| 维氏分馏柱 | 用于分馏分离多组分沸点相近的物质 | 磨口按标准磨口配套使用 |
| 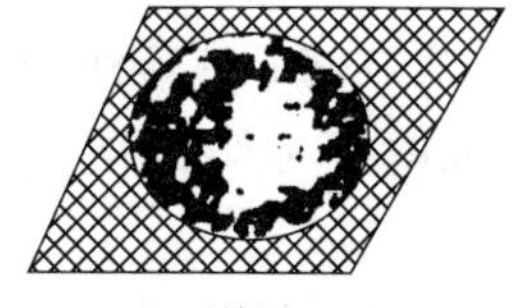<br>石棉网 | 加热时，垫上石棉网，能使受热固体均匀受热，不致造成局部过热 | 不能与水接触，以免石棉脱落或铁丝锈蚀 |

## 七、常见仪器使用方法

### 1. 试管操作

试管是用于少量试剂的反应容器，便于操作和观察实验现象，因而是无机化学实验中用得最多的仪器，要求熟练掌握，操作自如。

（1）试管的振荡。用拇指、食指和中指持住试管的中上部，试管略倾斜，手腕用力振荡即可。

（2）试管中液体的加热。若试管中的液体要加热时，可直接放在火焰中加热。加热时，用试管夹夹住试管中上部，一般为上 1/3 处，试管与桌面约成 60°倾斜如图 1-1（*a*）所示，试管口不能对着别人或自己。先加热液体的中上部，慢慢移动试管，加热下部，然后不时地移动或振荡试管，从而使液体各部分受热均匀，避免试管内液体因局部沸腾而迸溅，引起烫伤。

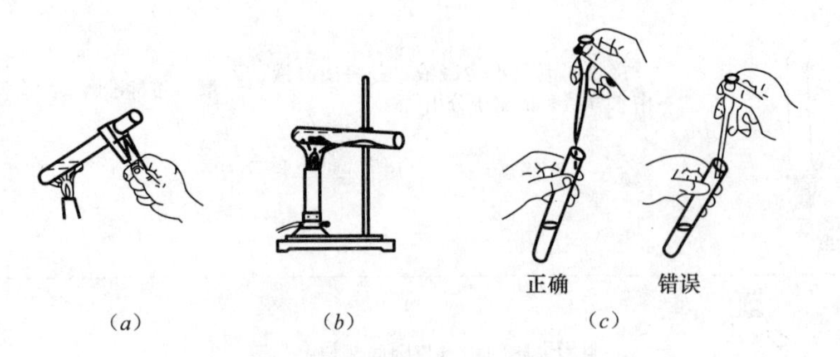


图 1-1 加热试管及试管操作

（*a*）试管中加热的液体；（*b*）试管中固体的加热；（*c*）往试管中滴加液体

（3）试管中固体的加热。将固体于试管底部摊开，管口略向下倾斜，如图 1-1（*b*）所示，以免管内冷凝的水流入试管的灼烧处而使试管炸裂。先用火焰来回加热试管，然后固定在有固体物质的部位加热。

**2. 滴定管及其使用**

（1）酸式滴定管（简称酸管）的准备

酸管是滴定分析中经常使用的一种滴定管，除了强酸溶液外其他溶液作为滴定液时一般均采用酸管。使用前，首先应检查旋塞与旋塞套是否配合紧密。如不密合，将会出现漏水现象，则不宜使用。其次应进行充分的清洗。根据沾污的程度，可采用下列方法：

1）用自来水冲洗。

2）用滴定管刷蘸合成洗涤剂刷洗，但铁丝部分不得碰到管壁（如用泡沫塑料刷代替毛刷更好）

3）用前述方法不能洗净时，可用铬酸洗液洗。为此，加入 5～10mL 洗液，边转动边将滴定管放平，并将滴定管口对着洗液瓶口，以防洗液洒出。洗净后将一部分洗液从管口放回原瓶，最后打开旋塞，将剩余的洗液从出口管放回原瓶，必要时可加满洗液进行浸泡。

4）可根据具体情况采用针对性洗涤液进行清洗，如管内壁留有残余的二氧化锰时，可用亚铁盐溶液或过氧化氢加酸溶液进行清洗。

用各种洗涤剂清洗后，都必须用自来水充分洗净，并将管外壁擦干，以便观察内壁是否挂水珠。

（2）酸式滴定管涂油

涂油为了使旋塞转动灵活并克服漏水现象，需将旋塞涂油（如凡士林油等）。操作方法如下：

1）取下旋塞小头处的小橡胶圈，取出旋塞。

2）用吸水纸将旋塞和旋塞套擦干，并注意勿使滴定管壁上的水再次进入旋塞套。

3）用手指将油脂涂抹在旋塞的大头上，另用纸卷或火柴梗将油脂抹在旋塞套的小口内侧。也可用手指均匀地涂一薄层油脂于旋塞两头（见图 1-2）。油脂涂得太少，旋塞转动不灵活且易漏水；涂得太多，旋塞孔容易被堵塞。不论采用哪种方法，都不要将油脂涂在旋塞孔上、下两侧，以免旋转时堵塞旋塞孔。

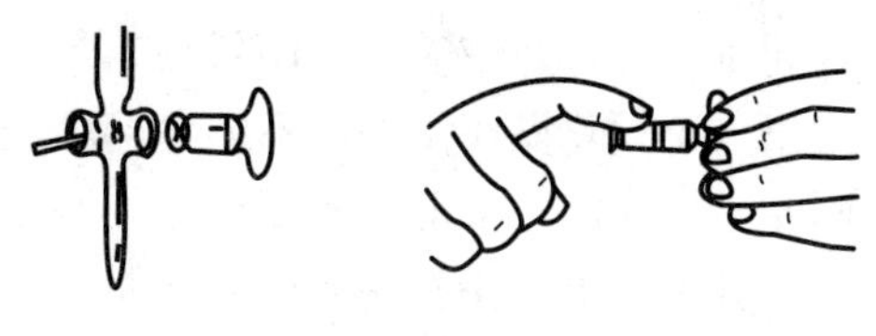

图 1-2 酸式滴定管

4）将旋塞插套后，向同一方向旋转旋塞柄，直到旋塞和旋塞套上的油脂层全部透明为止。套上小橡胶圈。

经上述处理后，旋塞应转动灵活，油脂层没有纹路。此时用自来水充满滴定管，将其放在滴定管架上静置约 2min，观察有无水滴漏下。然后将旋塞旋转 180°，再作如前检查，如果漏水，应该重新涂油。

若出口管尖被油脂堵塞，可将它插入热水中温热片刻，然后打开旋塞，使管内的水突然流下，将软化的油脂冲出。也可将管尖浸入热的洗涤剂溶液中片刻，以除去油脂。

将管内的自来水从管口倒出，出口管内的水从旋塞下端放出。注意，从管口将水倒出时，务必不要打开旋塞，否则旋塞上的油脂会冲入滴定管，使内壁重新被污染。然后用蒸馏水洗 3 次。第 1 次用 10mL 左右，第 2 次及第 3 次各用 5mL 左右。洗涤时，双手持滴定管身两端无刻度处，边转动边倾斜滴定管，使水布满全管并轻轻振荡。然后直立，打开旋塞将水放掉，同时冲洗出口管。也可将大部分水从管口倒出，再将其余的水从出口管放出。每次放掉水时，应尽量不使水残留在管内。最后，将管的外壁擦干。

（3）碱式滴定管（简称碱管）的准备

使用时应检查乳胶管和玻璃球是否完好。若胶管已老化，玻璃球过大（不易操作）或过小（易漏水），应予更换。

碱管的洗涤方法与酸管相同。如需用洗液洗涤时，可除去乳胶管，用乳胶头堵塞碱管下口进行洗涤。如必须用洗液浸泡，则将碱管乳胶管中的玻璃球往上捏，使其紧贴在碱管的下端，便可直接倒入洗液浸泡。

再用自来水冲洗或用蒸馏水清洗碱管时，应特别注意玻璃球下方死角处的清洗。为此，在捏乳胶管时应不断改变方位，使玻璃球的四周都洗到。

（4）操作溶液的装入

装操作液前，应将试剂瓶中的溶液摇匀，使凝结在瓶内壁上的水珠混入溶液，这在天气比较热、室温变化较大时更为必要。混匀后将操作溶液直接倒入滴定管中，不得用其他容器（如烧杯、漏斗等）来转移。此时，左手前三指持滴定管上部无刻度处，右手拿住细口瓶（瓶签向手心）往滴定管中倒溶液。

用摇匀的操作溶液将滴定管洗 3 次（第一次用 10mL，大部分溶液可由上口放出，第 2 次、第 3 次各用 5mL，可以从出口管放出，洗法同前）。应特别注意的是，一定要使操作溶液洗遍全部内壁，并使溶液接触管壁 1～2min，以便与原来残留的溶液混合均匀。每次都要打开旋塞冲洗出口管，并尽量放出残留液。对于碱管，仍应注意玻璃球下方的洗涤。最后，关好旋塞，将操作溶液倒入，直到充满至 0 刻度以上为止。

注意检查滴定管的出口管是否充满溶液，酸管出口管及旋塞是否透明（有时旋塞孔中暗藏着的气泡，需要从出口管放出溶液时才能看见）。碱管则需对光检查乳胶管内及出口管是否有气泡或有未充满的地方。为使溶液充满出口管，在使用酸管时，右手拿滴定管上部无刻度处，并使滴定管倾斜约30℃，打开活塞，使溶液冲出，赶出气泡。若气泡仍未能排出，可重复操作。如仍不能使溶液充满，可能是出口管未洗净，必须重洗。若是碱管，则左手持滴定管上部无刻度处并使滴定管倾斜约30°，右手拇指和食指拿住玻璃球所在部位，其余3个指头托住乳胶管并使乳胶管向上弯曲，出口管斜向上，然后在玻璃球部位往一旁轻捏橡胶管，使溶液从管口流出（如图1-3所示在下面用烧杯接溶液），再一边捏乳胶管一边把乳胶管放直，注意应在乳胶管放直后再松开拇指和食指，否则出口管仍会有气泡。最后，将滴定管的外壁擦干。

（5）滴定管的读数

读数时应遵循下列原则：

1）装满或放出溶液后，必须等1～2min，使附着在内壁的溶液流下来，再进行读数。但如果放出溶液的速度较慢（如滴定到最后阶段，每次只加半滴溶液时），等0.5～1min即可读数。每次读数前要检查一下管壁是否挂水珠，管尖是否有气泡。

2）读数时，用手拿滴定管上部无刻度处，使滴定管自然下垂，提起滴定管。使液面与视线平齐，见图1-3。

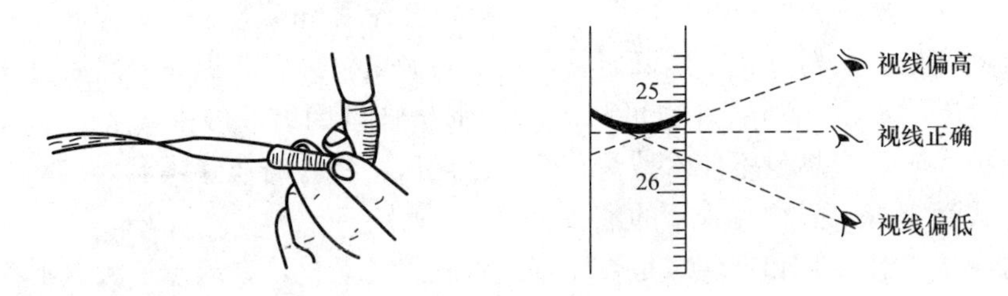


图1-3　碱式滴定管排气与滴定管读数

3）对于无色或浅色溶液，应读取弯月面下缘最低点。读数时，视线在弯月面下缘最低点处，且与液面成水平（见图1-3）；溶液颜色太深时，可读液面两侧的最高点且用白色卡片为背景。此时，视线应与该点成水平。注意初读数与终读数应采用同一标准。

4）必须读到小数点后第2位，即要求估计到0.01mL。注意，估计读数时，应该考虑到刻度线本身的宽度。

5）若为蓝白线滴定管，应当取蓝线上一两尖端相对点的位置读数。

6）初读数前，应将管尖悬挂着的溶液除去。滴定至终点时应立即关闭旋塞，并注意不要使滴定管的出口管悬挂液滴，若有液滴，应"靠"入锥形瓶中。

（6）滴定管的操作办法

滴定时，应将滴定管垂直地夹在滴定管架上。如使用的是酸管，左手无名指和小指向手心弯曲，轻轻地贴着出口管，用其余三指控制旋塞的转动（见图1-4）。但应注意不要向外拉旋塞，以免推出旋塞造成漏水；也不要过分往里扣，以免造成旋塞转动困难，不能操作自如。

如使用的是碱管，用无名指及小指夹住出口管（左右手均可），拇指和食指在玻璃球所在部位往一旁捏乳胶管，使溶液从玻璃球旁空隙处流出（见图1-5）。注意：不要用力捏玻璃球，也不能使玻璃球上下移动；不要捏到玻璃球下部的乳胶管；停止加液时，应先松开拇指和食指，最后才松开无名指和小指。

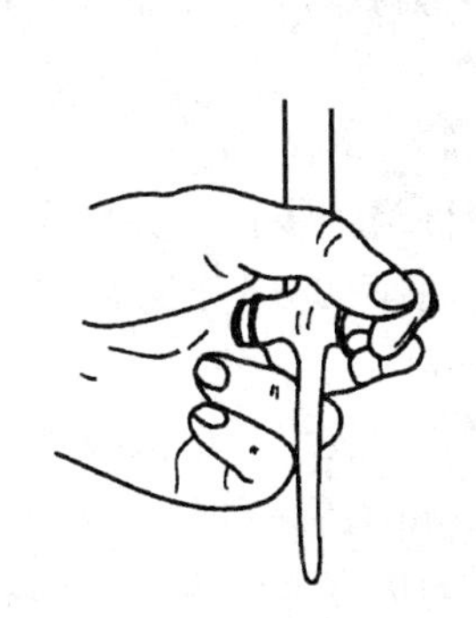

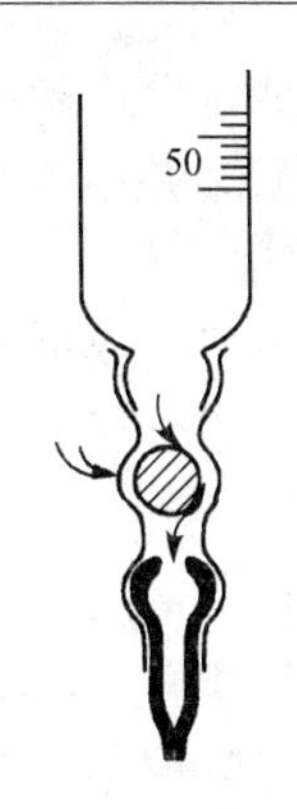


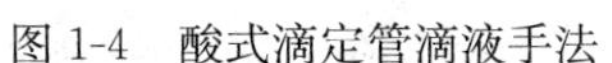

图 1-4　酸式滴定管滴液手法　　图 1-5　碱式滴定管滴液手法

无论使用哪种滴定管，都必须掌握下面 3 种加液方法：逐滴连续滴加；只加一滴；使液滴悬而未落，即加半滴。

(7) 滴定操作

滴定操作可在锥形瓶或烧杯内进行，并以白瓷板作背景。

在锥形瓶中进行滴定时，用右手前三指拿住瓶颈，使瓶底距离瓷板约 2～3cm。同时调节滴定管的高度，使滴定管的下端深入瓶口约 1cm。左手按前述方法滴加溶液，右手运用腕力摇动锥形瓶，边滴加边摇动（见图 1-6）。滴定操作中应注意以下几点：

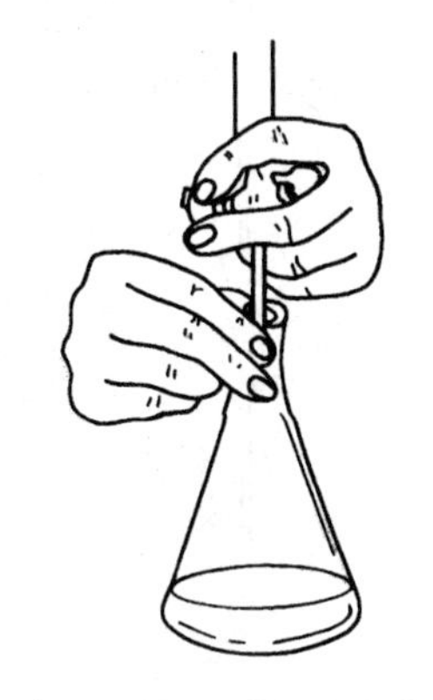

图 1-6　在锥形瓶中滴定

1) 摇瓶时，应使溶液向同一方向作圆周运动（左旋、右旋均可），但勿使瓶中溶液接触滴定管，也不得溅出。

2) 滴定时，左手不能离开旋塞任其自流。

3) 注意观察液滴落点周围溶液颜色的变化。

4) 开始时，应边摇边滴，滴定速度可稍快，但不要使溶液流成“水线”。接近终点时，应改为加一滴，摇几下。最后，每加半滴，即摇动锥形瓶，直到溶液出现明显的颜色变化。加半滴溶液的方法如下：微微转动旋塞，使溶液悬挂在出口管嘴上，形成半滴，用锥形瓶内壁将其沾落，再用洗瓶以少量蒸馏水吹洗瓶壁。

用碱管滴加半滴溶液时，应先松开拇指和食指，将悬挂的半滴溶液沾在锥形瓶内壁上，再放开无名指和小指。这样可以避免出口管尖出现气泡。

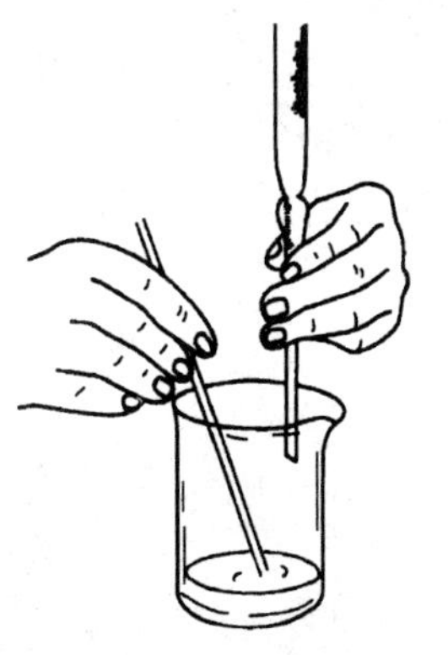

图 1-7　在烧杯中滴定

5) 每次滴定最好都从 0.00 开始（或从 0 附近的某一固定刻线开始），这样可减少误差。

在烧杯中进行滴定时，将烧杯放在白瓷板上，调节滴定管的高度，使滴定管下端伸入烧杯中心的左后方处，但不要靠壁过近。右手持搅拌棒在右前方搅拌溶液。在左手滴加溶液（见图 1-7）的同时，搅拌棒应作圆周搅动，但不得接触烧杯壁和底。更不得碰撞滴定管嘴。

当滴加半滴溶液时，用搅拌棒下端承接悬挂的半滴溶液，放入溶液中搅拌。注意，搅拌棒只能接触液滴，不要接触滴定管尖。

滴定结束后，滴定管内剩余的溶液应弃去，不得将其倒回原瓶，以免沾污整瓶操作溶液。随即洗净滴定管，并用蒸馏水充满全管，备用。

**3. 吸管及其使用**

吸管一般用于准确量取小体积的液体。吸管的种类较多。无分度吸管通称移液管，它的中腰膨大，上下两端细长，上端刻有环形标线，膨大的部分标有它的容积和标定时的温度。

将溶液吸入管内，使液面与标线相切，再放出，则放出的溶液体积等于管上标出的容积。常用移液管的容积有 5mL、10mL、25mL 和 50mL 等多种。

分度移液管又叫吸量管，可以准确量取所需要的刻度范围内某一体积的溶液，但其准确度差一些。将溶液吸入，读取与液面相切的刻度（一般在 0），然后将溶液放出至适当刻度，两刻度之差即为放出溶液的体积。

吸管在使用前按下法洗至内壁不挂水珠：将吸管插入洗液中，用洗耳球将吸液慢慢吸至管容积 1/3 处，用食指按住管口把管横过来淌洗，然后将洗液放回原瓶。若是内壁严重污染，则应把吸管放入盛有洗液的大量筒或高型玻璃缸中，浸泡 15min 到数小时，取出后用自来水及纯水冲洗。用纸擦去管外的水。

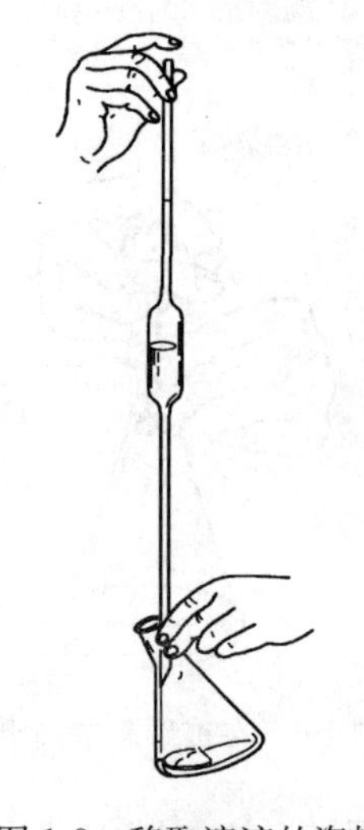

图 1-8　移取溶液的姿势

移取溶液前，先用少量该溶液将吸管内壁洗 2～3 次，以保证转移的溶液浓度不变。然后把管口插入溶液中（在移液过程中，注意保持管口在液面之下），用洗耳球把溶液吸至稍高于刻度处，迅速用食指按住管口取出溶液，使管尖端靠着贮瓶口，用拇指和食指轻轻转动吸管，并减轻食指的压力，让溶液慢慢流出，同时平视刻度，到溶液弯月面下缘与刻度相切时，立即按紧食指。然后使准备接受溶液的容器倾斜成 45°，将吸管移入容器中，使管垂直，管尖靠着容器内壁，放开食指（见图 1-8），让溶液自由流出。待溶液全部流出后，按规定再等 15s 或 3s，取出吸管。在使用非吹出式的吸管或无分度吸管时，切勿把残留在管尖的溶液吹出。吸管用毕应洗净，放在吸管架上。

**4. 容量瓶及其使用**

容量瓶是一种细颈梨形的平底瓶，具磨口玻塞或塑塞，瓶颈上刻有标线。瓶上标有它的容积和标定时的温度。当溶液充满至标线时，瓶内所装液体的体积和瓶上所示的容积相同。常用的容量瓶有 50mL、100mL、250mL、500mL、1000mL 等多种规格的。容量瓶主要是用来把精密称量的物质准确地配制成一定浓度的溶液，或将准确浓度的溶液稀释成准确浓度的稀溶液的容器。

容量瓶使用前也要洗净，洗涤原则和方法同前。

如由固体配制准确浓度的溶液，通常将固体准确称量后放入烧杯中，加少量纯水（或适当溶剂）使它溶解，然后转移到容量瓶中。转移时，玻棒下端要靠住瓶颈内壁，使溶液通过玻棒沿瓶壁流下（如图 1-9 所示）。溶液流尽后，将烧杯轻轻顺玻棒上提，使附在玻棒、烧杯嘴之间的液滴回到烧杯中。再用洗液冲洗烧杯数次，每次按上法将洗涤液完全转移到容量瓶中，然后用纯水稀释。当水加至容积的 2/3 处时，旋摇容量瓶，使溶液混合

(注意不能倒转容量瓶)。在加水接近标线时，可以用滴管逐滴加水，至弯月面最低点恰好与标线相切。盖紧瓶塞，一手食指压住瓶塞，另一手的大、中、食三个指头托住瓶底，倒转容量瓶，使瓶内气泡上升到底，摇动数次，再倒过来，如此反复倒转摇动十多次，使瓶内溶液充分混合均匀。为使容量瓶倒转时溶液不致渗出，瓶塞与瓶必须配套。

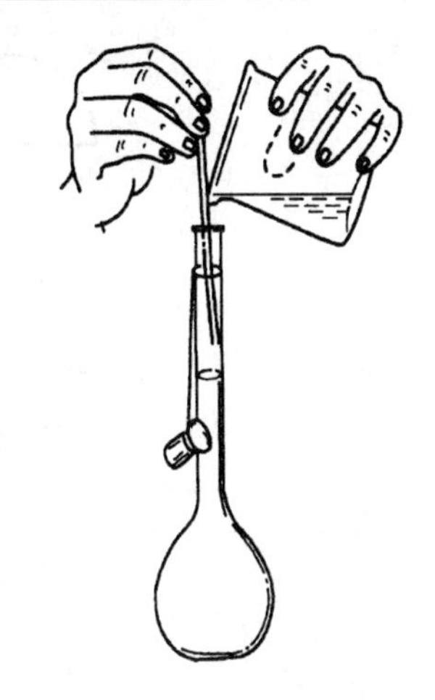

图 1-9 溶液转移入容量瓶的操作

不宜在容量瓶内长期存放溶液。如溶液需使用较长时间，应将它转移至试剂瓶中，该试剂瓶应预先经过干燥或用少量该溶液荡洗两三次。

温度对量器的容积有影响，所以使用时要注意溶液的温度、室温以及量器本身的温度。

**5. 溶液的蒸发**

当溶液很稀而所制备的无机物的溶解度又较大时，为了能从中析出该物质的晶体和减少所制备物质的丢失，必须通过加热，使水分不断蒸发，溶液不断浓缩。蒸发到一定程度时冷却，即可析出晶体。当物质的溶解度较大时，必须蒸发到溶液表面出现晶膜时才停止。当物质的溶解度较小或高温溶解度较大而室温时溶解度较小，此时不必蒸发到溶面出现晶膜就可冷却。蒸发是在蒸发皿中进行的，蒸发的火焰不可过大，以免剧烈沸腾溶液溅出。蒸发皿中被蒸发的液体的量不要超过其容积的 2/3。若所生成的物质对热是稳定的，可用煤气灯直接加热（应先均匀预热）。否则要用水浴加热。

**6. 分离及操作**

(1) 倾析法。当结晶的颗粒较大或沉淀的相对密度较大，静置后能沉降至容器的底部，可用倾析法分离。若倾析出的溶液有用，则可将溶液沿玻璃棒倾入预先准备好的容器中，否则，可直接倾入废液缸中。若晶体（沉淀）需洗涤时，可往盛有晶体（沉淀）的容器内加入少许洗涤剂（常用的有蒸馏水、酒精等），充分搅拌后静置、沉降，再倾出洗涤液。如此重复操作两三遍，即可洗净晶体（沉淀）。

(2) 过滤法。过滤是最常用的方法之一，溶液和晶体（沉淀）的混合物要通过过滤器而分开。过滤所得的溶液叫做滤液。

溶液的温度、黏度、过滤时的压力、过滤器孔隙的大小和沉淀物的状态都会影响过滤速度。热的溶液比冷的溶液容易过滤。溶液的黏度愈大，过滤愈慢，减压过滤比常压过滤快。要根据沉淀的颗粒大小、晶形来选择滤纸，滤纸一般分为定性滤纸、定量滤纸，其中又有快速、中速、慢速之分。常用的过滤方法如下：

1) 常压过滤。此法简便且常用。过滤前先把准备好的滤纸折成四折，剪成扇形，其大小与漏斗相配，即滤纸的边缘略低于漏斗的边缘（若有合适的圆形滤纸则不必再剪）。将剪好的滤汁放入漏斗，使其与漏斗壁密合，用食指把滤纸按在漏斗内壁上，用蒸馏水湿润滤纸，赶去纸和壁之间的气泡，使纸紧贴在壁上，这样过滤，漏斗颈内可充满液体，使过滤大为加速，否则会减慢过滤速度。过程见图 1-10。

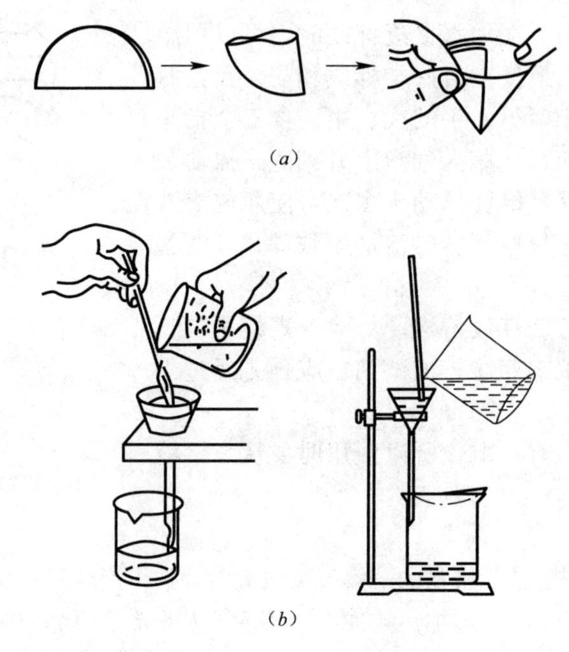


图 1-10　常压过滤

(a) 滤纸的折叠方法；(b) 过滤操作

过滤时应注意，漏斗要放在漏斗架上，漏斗颈要靠在接收容器的器壁上；先转移溶液，后转移沉淀。转移溶液时，应用玻璃棒引流，把溶液滴在三层滤纸处，每次转移量不得超过滤纸高度的 2/3。若沉淀需要洗涤，则等溶液转移完后，向沉淀上加洗涤剂，充分搅拌静置，待沉淀下沉后，把洗涤液转入漏斗，如此重复操作两三遍（洗涤要遵循少量多次的原则），最后才把沉淀转移至漏斗中，见图 1-11。

2）减压过滤（简称“抽滤”）。抽滤装置由泵、安全瓶、抽滤瓶和布氏漏斗组成。泵可以是水泵也可以是真空泵（如图 1-12 所示）。

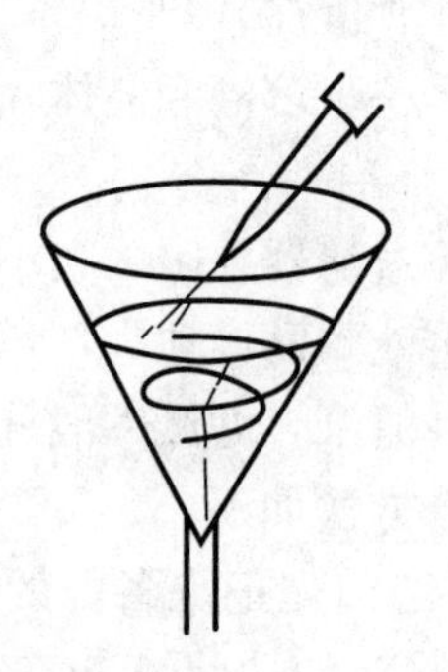

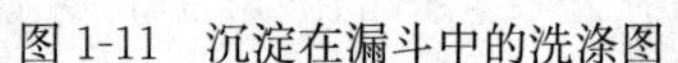

图 1-11　沉淀在漏斗中的洗涤图

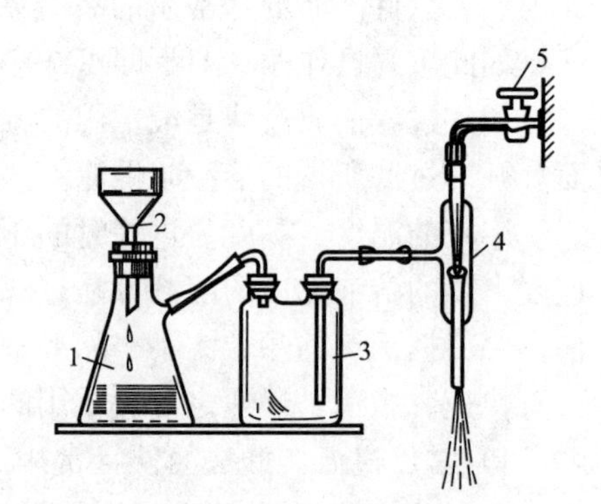


图 1-12　减压过滤的装置

1—水泵；2—吸滤瓶；3—布氏漏斗；4—安全瓶；5—水龙头

在使用水泵时，由于水泵中急速的水流不断将空气带走，从而使抽滤瓶内压力减少，在布氏漏斗内液面和抽滤瓶内造成一个压力差，提高了过滤的速度。在水泵和抽滤瓶之间应装一个安全瓶，以防止错误操作使水倒吸入抽滤瓶。在停止抽滤时，应首先从抽滤瓶上拔掉橡胶管或先取下布氏漏斗，再关闭水龙头。

抽滤用的滤纸应比布氏漏斗内径略小，但又能把瓷孔全部盖没。抽滤时，先把滤纸放入并用蒸馏水湿润后，慢慢打开水龙头，使滤纸紧贴漏斗，然后才能转移溶液，转移时，先用玻璃棒引流少量溶液于滤纸上，待溶液盖没过滤纸后，方可加快引流速度。

浓的强酸、强碱或强氧化性的溶液不能用滤纸过滤。此时可用的确良布或尼龙布来代替滤纸，或使用烧结玻璃漏斗（也称玻璃砂芯漏斗）。

3）热过滤。如果溶液中溶质在温度下降时容易大量析出晶体，而我们又不希望它在过滤过程中留在滤纸上，此时就要进行热过滤（见图 1-13）。过滤时，可把玻璃漏斗放在铜质的热漏斗内进行过滤。热漏斗内装有热水并可以加热，以维持溶液的温度。也可以采用简单易行的方法，即过滤前把普通玻璃漏斗在水浴中加热一下，然后使用。热过滤所选用的漏斗其颈部愈短愈好，以免滤液在颈部停留过久，因散热降温而析出晶体，发生填塞。

（3）离心分离法。当被分离的沉淀量很少时，可采用离心分离法。实验室内常用的电动离心机（如图 1-14 所示）。把待分离的混合物放在离心管中，再取一支离心试管，其中盛放着与混合物体积近似相等的自来水，然后把两支离心管同时放入离心机中位置相对的孔中，从小到大依次开动离心机（不可突然加大离心机速度，损坏离心机）。经过一段时间的离心，沉淀即聚集在试管底部，用吸管将溶液吸出。若沉淀需要洗涤，则往其中加入少许洗涤剂，充分搅拌后再离心分离，如此重复操作两三遍即可。

图 1-13 热过滤装置

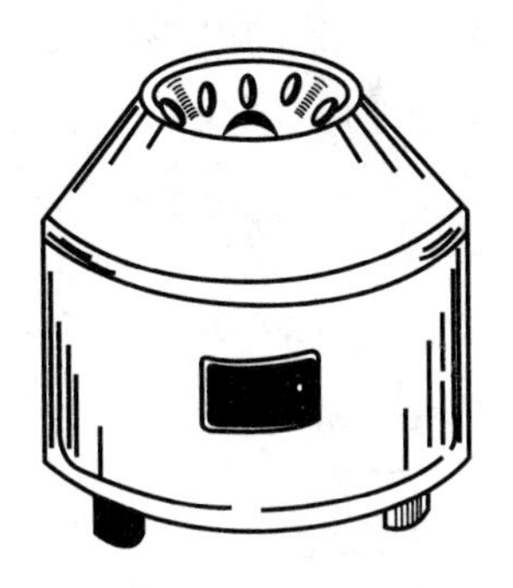

图 1-14 电动离心机

**7. 沉淀的烘干和灼烧**

（1）坩埚的准备。沉淀的灼烧是在洁净并预先经过两次以上的灼烧至恒重的坩埚中进行的。坩埚用自来水洗净后，置于热的盐酸（去 $Al_2O_3$、$Fe_2O_3$）或铬酸洗液中（去油脂）浸泡十几分钟，然后用玻璃棒夹出，洗涤并烘干、灼烧。灼烧坩埚可在高温炉内进行，也可将坩埚放在泥三角上（见图 1-15），下面用煤气灯逐步升温灼烧。空坩埚一般灼烧 10～15min。

灼烧空坩埚的条件须与以后灼烧沉淀时的条件相同。坩埚经灼烧一定时间后，用预热的坩埚钳把它夹出，置于耐火砖（或泥三角）上稍冷（至红热退去），然后放入干燥器中。太热的坩埚不能立即放进干燥器中，否则它与凉的瓷板接触时会破裂。坩埚钳应仰放在桌面上。

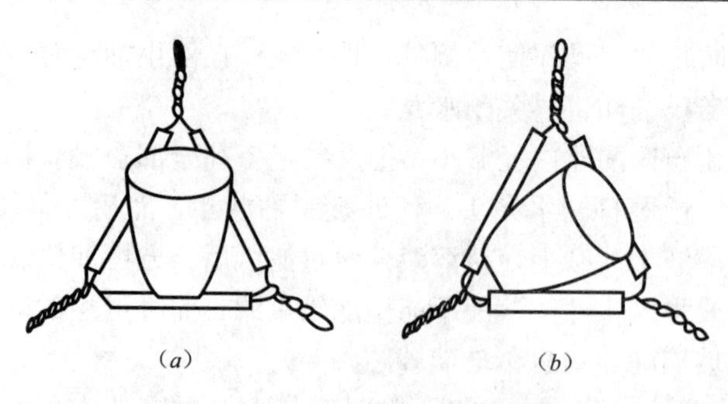


图 1-15　瓷坩埚在泥三角上的放置方法
(a) 正确；(b) 不正确

由于坩埚的大小和厚薄不同，因而坩埚充分冷却所需的时间也不同，一般约需 30～50min。冷却坩埚时盛放该坩埚的干燥器应放在天平室内，同一实验中坩埚的冷却时间应相同（无论是空的还是有沉淀的）。待坩埚冷至室温时进行称量，将称得的质量准确地记录下来。再将坩埚按相同的条件灼烧、冷却、称量，重复这样的操作，直到连续两次称量质量之差不超过 0.3mg，就可认为已达恒重。

(2) 沉淀的包裹。用搅棒将滤纸四周边缘向内折，把圆锥体的敞口封上（如图 1-16 所示）。再用搅棒将滤纸包轻轻转动，以便擦净漏斗内壁可能沾有的沉淀，然后将滤纸包取出，倒转过来，尖头向上，放在坩埚中。

(3) 沉淀的烘干、灼烧。把包裹好的沉淀放在已恒重的坩埚中，这时滤纸的三层部分应处在上面。将坩埚斜放在泥三角上，其底部放在泥三角的一边，如图 1-15 (a) 所示。然后再把坩埚盖半掩地倚于坩埚口，如图 1-17 所示，以便利用反射焰将滤纸烟化。

图 1-16　胶状沉淀的包裹

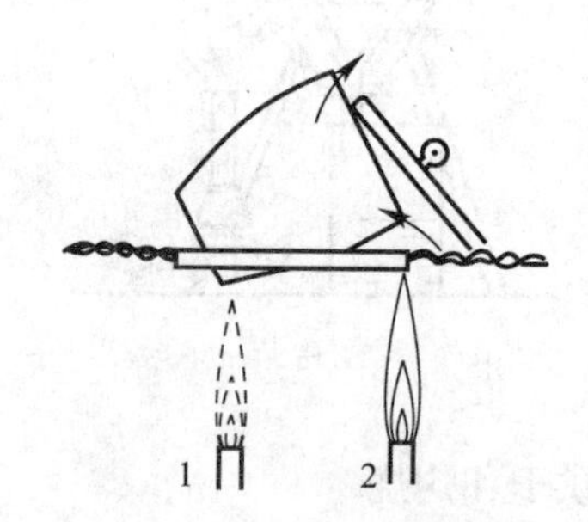


图 1-17　烟化滤纸的操作化

调节煤气灯火焰，用小火均匀地烘烤坩埚，使滤纸和沉淀慢慢干燥。这时温度不能太高，否则坩埚会因与水滴接触而炸裂。为了加速干燥，可将煤气灯火焰放在坩埚盖中心之下（见图 1-17），加热后热空气流便会反射到坩埚内部，而水蒸气从上面逸出。

待滤纸和沉淀干燥后，将煤气灯移至坩埚底部，稍增大火焰，使滤纸炭化。滤纸完全炭化后，逐渐升高温度，继续加热，使滤纸灰化。灰化也可以在温度较高的电炉上进行。

滤纸灰化后，可将坩埚移入高温炉灼烧。根据沉淀性质，灼烧一定时间（如 $BaSO_4$ 为 15min）。冷却后称量，再灼烧至恒重。

### 8. 灼烧后沉淀的称量

称量方法与称量空坩埚的方法基本上相同，但尽可能称得快些，特别是对灼烧后吸湿性很强的沉淀更应如此（带沉淀的坩埚，其连续二次称量结果之差在 0.3mg 以内时即可认为它已达衡重）。

## 八、玻璃仪器的洗涤与干燥

### 1. 常用仪器的洗涤

为保证实验结果的准确，实验仪器必须洗涤干净，一般来说，附着在仪器上的污物分为可溶性物质、不溶性物质、油污及有机物等。应根据实验要求，污物的性质和污染程度来选择适宜的洗涤方法。常见的洗涤方法有：

（1）水洗

包括冲洗和刷洗。对于可溶性污物可用水冲洗，则主要是利用水把可溶性污物溶解而除去。为加速溶解，还需进行振荡。先用自来水冲洗仪器外部，然后向仪器中注入少量（不超过容量的 1/3）的水，稍用力振荡后把水倾出，如此反复冲洗数次。对于仪器内部附有不易冲掉的污物，可选用适当大小的毛刷刷洗，利用毛刷对内壁的摩擦去掉污物。然后来回用柔力刷洗，如此反复几次，将水倒掉，最后用少量蒸馏水冲洗 2～3 遍。需要强调的是，手握毛刷把的位置要适当（特别是在刷管时），以刷子顶端刚好接触试管底部为宜，以防毛刷铁丝捅破试管。

（2）用肥皂液或合成洗涤剂洗

对于不溶性及用水刷洗不掉的污物，特别是仪器被油脂等有机物污染或实验准确度要求较高时，需要用毛刷蘸取肥皂液或洗涤剂来刷洗。然后用自来水冲洗 2～3 遍，最后用蒸馏水冲洗

（3）用洗液洗

对于用肥皂或合成洗涤剂也刷洗不掉的污物，或对仪器清洁要求较高以及因仪器口小、管细，不便用毛刷刷洗的仪器（如移液管、容量瓶、滴定管等），就要用少量铬酸洗液洗。方法是，往仪器中倒入（或吸入）少量洗液，然后使仪器倾斜并慢慢转动，使仪器内部全部被洗液湿润，再转动仪器，使洗液在内壁流动，转动几圈后，将洗液倒回原瓶。对污染严重的仪器可用洗液浸泡一段时间。倒出洗液后用自来水冲洗干净，最后用少量蒸馏水冲洗 2～3 遍。

**用铬酸洗液洗涤仪器时，应注意以下几点：**

1）用洗液前，先用水冲洗仪器，并将仪器内的水尽量倒干净，不能用毛刷刷洗。

2）洗液用后倒回原瓶，可重复使用。洗液应密闭存放，以防浓硫酸吸水。洗液经多次使用，如已呈绿色，则已失效，不能再用。

3）洗液有强腐蚀性，会灼伤皮肤和破坏衣服，使用时要特别小心。如不慎溅到衣服或皮肤上，应立即用大量水冲洗。

4）洗液中的铬（Ⅵ）有毒，因此，用后的废液以及清洗残留在仪器壁上的洗液时，第一、二遍的洗涤水都不能直接倒入下水道，以防止腐蚀管道和污染水环境。应回收或倒入废液缸，最后集中处理。简便的处理方法是在回收废液中加入硫酸亚铁，使铬（Ⅵ）还原成无毒的铬（Ⅲ）后再行排放。

由于铬酸洗液成本太高而且有毒性和强腐蚀性，因此，能用其他方法洗涤干净的仪器，就不要用铬酸洗液洗。

(4) 其他洗涤方法

根据仪器器壁上附着物化学性质不同“对症下药”，选择适当的药品处理。例如：仪器器壁上的二氧化锰、氧化铁等，可用草酸溶液或浓硫酸洗涤；附有硫磺可用煮沸的石灰水清洗；难溶的银盐可用硫代硫酸钠溶液洗；附在器壁上的铜或银可用硝酸洗涤；装过碘溶液或装过奈氏试剂的瓶子常有碘附在瓶壁上，用 KI 溶液或硫代硫酸钠溶液洗涤效果都非常好。总之，使用洗液是一种化学处理方法，应充分利用已有的化学知识来处理实际问题。

玻璃仪器洗净的标准是，清洁透明，水沿器壁流下，形成水膜而不挂水珠。洗净的仪器，不要用布或软纸擦干，以免在器壁上沾少量纤维而污染了仪器。最后用蒸馏水冲洗仪器 2～3 遍时，要遵循“少量多次”的原则节约蒸馏水。

**2. 常用仪器的干燥**

实验用的仪器除要求洗净外，有些实验还要求仪器必须干燥。例如，用于精密称量中的承载器皿，用于盛放准确浓度溶液的仪器及用于高温加热的仪器。视情况不同，可采用以下方法干燥：

(1) 晾干法

不急于用的而要求一般干燥的仪器可采用晾干。将仪器洗净后倒出积水，挂在晾板上或倒置于干燥无尘处（试管倒置在试管架上），任其自然干燥。

(2) 烘干法

需要干燥较多仪器时可用烘箱进行烘干。烘箱内温度一般控制在 110～120℃，烘干 1h。要注意以下几点：

1) 带有刻度的计量仪器不能用加热的方法进行干燥。

2) 烘干前要倒掉积存的水。

3) 厚壁仪器和实心玻璃塞烘干时升温要慢。

4) 有玻璃塞的仪器要拔出塞一同干燥，但木塞和橡胶塞不能放入烘箱烘干，应在干燥器中干燥。

(3) 吹干法

马上使用而又要求干燥的仪器可用冷—热风机或气流烘干器吹干。

(4) 烤干法

急等使用的试管、烧杯和蒸发皿等可以烤干。加热前先将仪器外壁擦干，然后用小火烤。烤干试管时，可用试管夹夹持试管直接在火焰上加热，试管口要始终保持向下倾斜，并不断移动试管，使其受热均匀；烤干烧杯、蒸发皿时，将其置于石棉网上，用小火加热。

(5) 快干法

此法一般只在实验中临时使用。将仪器洗净后倒置稍控干，然后，注入少量能与水互溶且易挥发的有机溶剂（如无水乙醇或丙酮等），将仪器倾斜并转动，使器壁全部浸湿后倒出溶剂（回收），少量残留在仪器中的混合液很快挥发而使仪器干燥。如果用电吹风向仪器中吹风，则干燥得更快。此法尤其适用于不能烤干、烘干的计量仪器。

## 九、常用分析仪器的使用说明

### 1. 称量仪器的使用

(1) 分析天平

分析天平是进行化学实验不可缺少的称量仪器。天平的种类很多，根据天平的平衡原理，可以分为杠杆式天平和电磁力天平等；根据天平的使用目的，可以分为分析天平和专用天平；根据天平分度值的大小，又可分为常量、半微量及微量天平等。根据对称量准确度的不同要求，需要使用不同类型的天平。实验室常用托盘天平、电光天平和电子天平。

(2) 托盘天平

托盘天平（又称台秤）一般能称准至0.1g，适用于粗称样品。

1) 使用方法

① 调整零点，将游码拨到标尺的“0”位，观察指针是否停在刻度盘的中间位置。若不在，可调节托盘下侧的平衡调节螺丝。当指针在刻度盘的中间左右摆动大致相等时，说明台秤处于平衡状态，这时指针能停在刻度盘的中间位置。此中间位置称为零点。

② 称量左盘放被称物，右盘放砝码。砝码用镊子夹取，质量小于10g或5g时可使用游码标尺。当指针停在刻度盘的中间位置，台秤处于平衡状态，指针所停的位置称为停点。停点与零点两者之间相差在1小格以内时，砝码加游码的质量读数即被称为物的质量。

2) 注意事项

① 台秤要放平稳。

② 不可称量热的物体，也不能使被称量物体的质量超过台秤的最大称量值。

③ 被称的药品不得直接放在托盘上，应放在洁净的表面皿上、烧杯中或光洁的称量纸上；吸湿性强或有腐蚀性的药品必须放在玻璃容器内称量。

④ 砝码只允许放在台秤盘中或砝码盒内，不能随意乱放；砝码必须用镊子夹取，不得用手拿。

⑤ 称量完毕，将砝码放回砝码盒，游码拨至“0”位。为防止台秤摆动，将托盘叠放在同一侧。

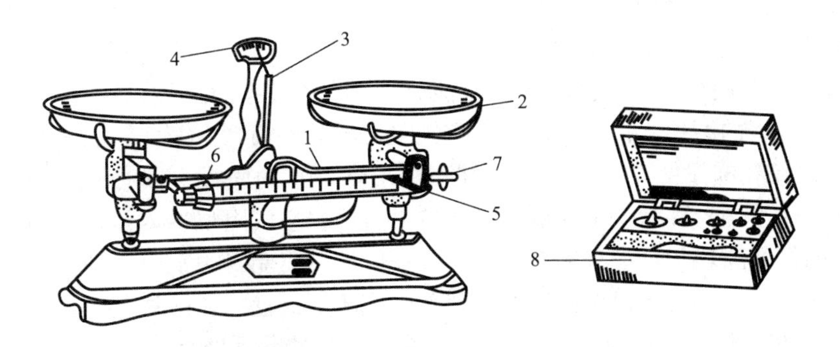


图1-18 托盘天平

1—横梁；2—托盘；3—指针；4—刻度盘；5—游码标尺；6—游码；7—平衡调节螺丝；8—砝码、砝码盒

保持台秤清洁，若不小心将药品撒在托盘上，应停止称量，擦净后方可使用。

(3) 电光分析天平

电光分析天平通常称为分析天平，能精确称量至0.0001g，它是基本化学实验最常用的精密仪器之一，主要用于定量分析。根据加码方式的不同，分为半机械加码电光天平（见图1-19）和全机械加码电光天平（见图1-20）两种。

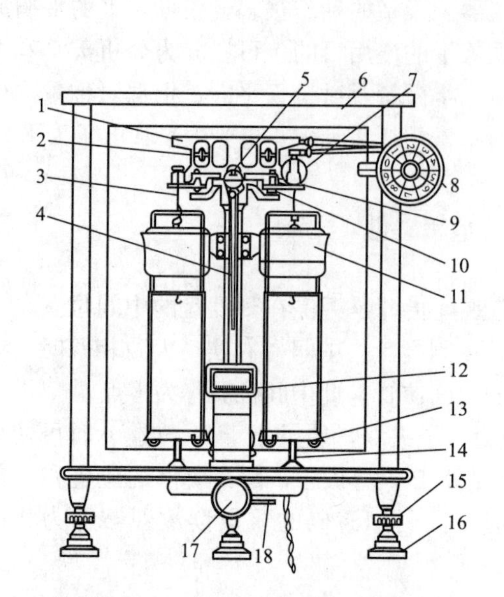


图1-19　半机械加码电光天平

1—横梁；2—平衡砣；3—吊耳；4—指针；
5—支点刀；6—框罩；7—环形砝码；
8—指数盘；9—承重刀；10—支架；
11—阻尼筒；12—投影屏；13—秤盘；
14—盘托；15—螺旋脚；16—天平足；
17—开关旋钮（升降枢）；18—微动调节杆

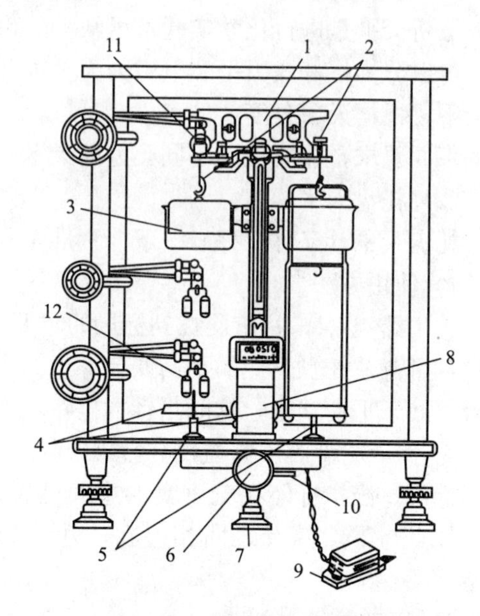


图1-20　全机械加码电光天平

1—横梁；2—吊耳；3—阻尼筒；4—秤盘；
5—盘托；6—开关旋钮（升降枢）；
7—天平足；8—照明器；9—变压器；
10—微动调节杆；11—圈码（mg）；12—砝码

1）构造

① 天平梁有3个玛瑙刀等距安装在梁上，梁的两边装有调节横梁平衡位置（即零点粗调）的两个平衡螺丝，梁的中间装有垂直的指针，用以指示平衡位置，支点刀的后上方装有调节天平灵敏度的“重心螺丝”。

② 立柱安装在底板上，柱的上部装有能升降的托梁架，关闭天平时，用它托住天平架，以减少对刀口的磨损。柱的中部装有空气阻尼器的外筒。

③ 悬挂系统在横梁的左右两端各悬挂一个吊耳，它的底板下嵌有光面玛瑙，与力点刀口相接触，使吊钩、秤盘、阻尼器内筒能自由摆动；空气阻尼器内筒套入固定在立柱上的外筒中，两筒间隙均匀，没有摩擦，开启天平后，内筒能自由上下移动，由于筒内空气阻力的作用，使用天平横梁很快停摆而达到平衡。两个秤盘挂在吊耳上。

④ 读数系统指针下端装有缩微标尺，缩微标尺上的分度线经放大后，再反射到光屏上。从屏上可看到标尺的投影，中间为零，左负右正。屏中央有一条刻线，标尺投影与该线重合处即为天平的平衡位置。天平箱下有一调节杆，用以细调天平零点，可使光屏在小范围内左右移动。

⑤ 升降枢用于开启或关闭天平，位于天平底板正中，与托梁架、盘托、光源相连。

⑥ 天平箱下装有3个垫脚，前面的脚带有旋钮，可使底板升降，用于调节天平的水平位置。天平是否处于水平位置，可通过观察装在天平立柱后上方的气泡水平仪来确定。

⑦ 机械加码装置转动圈码指数盘，可在天平梁右边吊耳上加10～990mg圈形砝码。

⑧ 砝码每台天平都配有一砝码盒，内装标称值为1g、2g、2g、5g、10g、20g、20g、50g、100g共9个砝码。标称值相同的砝码，其实际质量可能有微小差别，所以分别用一些标记加以区别。取出砝码时必须用镊子，用毕及时放回盒内。

2）使用方法

半机械加码、全机械加码电光天平的使用方法，基本相同。现介绍如下：

① 取下天平防尘罩，叠整齐后放在天平箱的上方。检查天平是否水平，圈码有无脱落，吊耳是否错位，圈码指数盘是否回零等。

② 接通电源，调节零点。打开升降旋钮，可在光屏上看到标尺的投影在移动。当标尺稳定后，通过拨动调节杆，使光屏上的刻线恰好与标尺中的"0"线重合，即为零点。如果调不到零点，则需关闭天平，调节平衡螺丝。

③ 称量操作。先在托盘天平（即台秤）上粗称被称物体，然后再拿到分析天平上称。加好克位以上的砝码，再依次调节圈码的量，每次均从中间量（如500mg或50mg）开始调节，调定圈码至10mg位后，完全开启升降旋钮，即可读数。

若未经粗称，为尽快达到平衡，砝码按由大到小，中间截取，逐级试验的顺序选取。要熟记"指针总是偏向轻盘，标尺总是向重盘方向移动"，这样就可以迅速判断出哪个盘重。

④ 读数。砝码调定后，关闭天平侧门。待标尺停稳后即可读数，被称物质量等于秤盘上砝码总量（先按照砝码盒里的空位记下）加机械加码器上圈码总质量，再加读数。

⑤ 称量结束将天平恢复原状。称量、记录完毕，随即关闭天平，取出被称物，将砝码夹回盒内，圈码指数盘退回到"000"位，关闭两侧门，盖上防尘罩，拔下电源。

3）注意事项

① 天平应安置在稳固的水平台面上，保持清洁和干燥，天平箱内的硅胶应及时更换。

② 称量时要特别注意保护刀口。如启动升降枢时，必须缓慢均匀；增减砝码或取放物体时，必须关闭升降枢。这是保护刀口的关键，每位学生必须严格遵守此项规定。

③ 取放砝码必须用镊子夹取，不能用手直接拿。砝码只能放在天平盘上或砝码盒内，不能随便乱放。

④ 使用指数盘加减圈码时，应一档一档轻轻转动，避免环码相互碰撞脱落或缠绕。

⑤ 不能称量过冷或过热的物体，以免引起天平梁热胀冷缩，另外冷热空气对流也会使称量不准确。

⑥ 药品不能直接放在天平盘上称量。吸湿性强、易挥发或有腐蚀性的药品必须放在密闭容器内迅速称量。

⑦ 称量过程中不能开启天平前门取放物体的砝码，应使用两边的侧门。称量时，一定要关好侧门，以防气流影响读数的准确性。

⑧ 在同一实验中，所有的称量要使用同一架天平，可减少称量的系统误差。

⑨ 称量物和砝码要放在秤盘的中央，避免秤盘左右摆动。此外，称量物不能超过最

大载重，否则易损坏天平。

⑩ 称量后，检查升降枢是否关闭，砝码盒内砝码是否齐全，称量物是否取出，指数盘是否恢复零位，侧门是否关好，然后罩上天平罩，在使用登记本上签字，经教师检查后方可离开天平室。

（4）电子分析天平

电子天平是新一代的天平，它是根据电磁力平衡原理制造的，应用了电子控制技术及电流测量的准确性，具有称量快速、简便等优点。按结构分类，电子天平可分为直立式和顶载式两类，目前常见的是顶载式上皿电子天平。这里主要以 BS224S 型电子天平为例，简单介绍其操作程序及使用说明。

1）仪器主机：外形结构（见图 1-21）

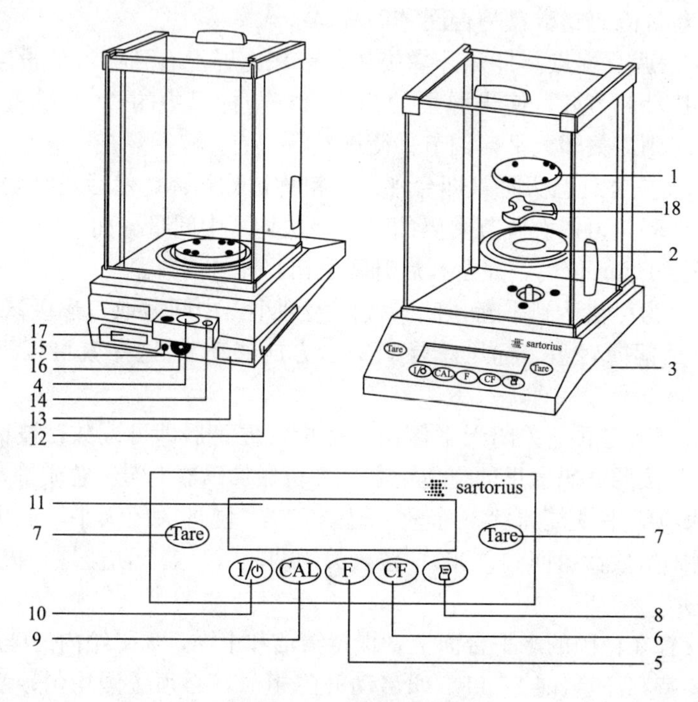


图 1-21　电子天平

1—秤盘；2—屏蔽环；3—地脚螺栓；4—水平仪；5—功能键；6—CF 清除键；7—除皮键；8—打印键（数据输出）；9—调校键；10—开关键；11—显示器；12—CMC 标签；13—具有 CE 标记的型号牌；14—防盗装置；15—菜单—去联锁开关；16—电源接口；17—数据接口；18—秤盘支架

2）电子天平简易操作程序

① 调水平：

调整地脚螺栓高度，使水平仪内空气气泡位于圆环中央。

② 开机：

接通电源，按开关键(I/⏻)直至全屏自检。

③ 预热：

天平在初次接通电源或长时间断电后，至少需要预热 30min。

为取得理想的测量结果，天平应保持在待机状态。

④ 校正：

首次使用天平必须进行校正，按校正键(CAL)，天平将显示所需校正砝码质量，放上砝码直至出现 g，校正结束。

⑤ 称量：

使用除皮键(Tare)，除皮清零。放置样品进行称量。

⑥ 关机：

天平应一直保持通电状态（24h），不使用时将开关键关至待机状态，使天平保持保温状态，可延长天平使用寿命。

3）电子天平操作使用说明

① 预热时间

为了达到理想的测量结果，电子天平在初次接通电源或者在长时间断电之后，至少需要 30min 的预热时间，只有这样，天平才能达到所需要的工作温度。

② 显示器接通与关断（待机状态）

为了接通或者关断显示器，请按下(I/⏻)键。

③ 仪器自检

在接通以后，电子称量系统自动实现自检功能。当显示器显示零时，自检过程即结束，此时，天平工作准备就绪。

为了使您获得信息，在天平的显示屏上出现如下标记：

在右上部显示 0，表示 OFF。既天平曾经断电（重新接电或断电时间长于 3s）。

左下方显示 0，表示仪器处于待机状态。

显示器已通过(I/⏻)键关断，天平处于工作准备状态。一旦接通，仪器便可立刻工作，而不必经历预热过程。

显示◇表示仪器正在工作。在接通后到按下第一个键的时间内，显示此标记◇，如果仪器正在工作时显示这个标记，则表示天平的微处理器正在执行某个功能，因此，不再接受其他任务，如图 1-22 所示。

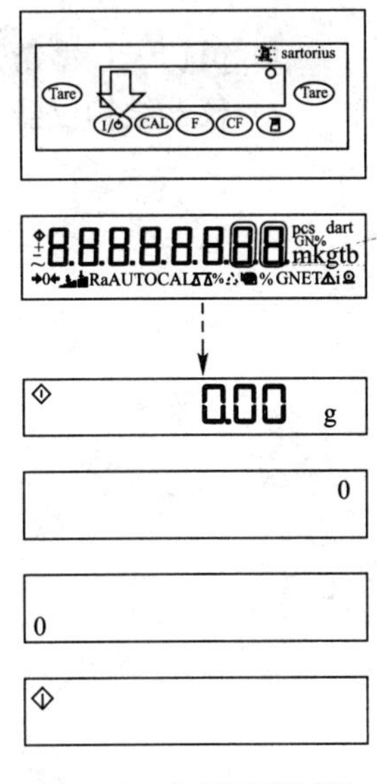


图 1-22 电子天平面板

④ 清零

只有当仪器经过清零之后，才能执行准确的质量测量。请您按下两个除皮键中的一个，以便使质量显示为 0。这种清零操作可在天平的全量程范围内进行。

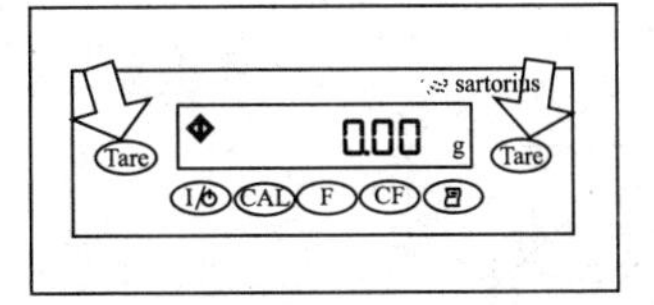


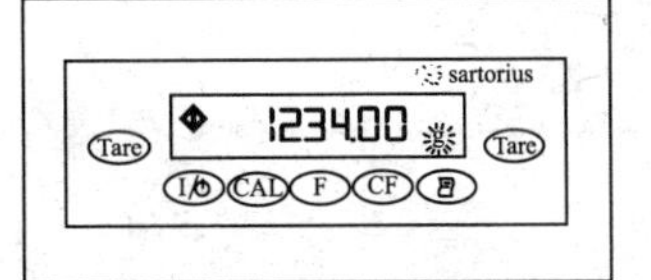


图 1-23 电子天平读数示意

⑤ 简单称量（确定质量）

将物品放在秤盘上。当显示器上出现作为稳定标记的质量单位“g”或其他选定的单位时，读出质量数值，如图 1-23 所示。

⑥ 使用一级天平注意事项：

为避免测量误差，必须将空气密度考虑在内，下列公式可用于计算被称物的真实质量：

$$m = n_w \frac{1 - p_1/8000}{1 - p_1/p} \tag{1-1}$$

式中　$m$——被称物质量；

$n_w$——读数值；

$p_1$——称量时的空气密度；

$p$——被称物的密度。

**2. 测量仪器**

（1）酸度计

酸度计又称 pH 计，是一种通过测量电势差的方法测量溶液 pH 值的仪器，除可以测量溶液的 pH 值外，还可以测量氧化还原电对的电极电势值（mV）及配合电磁搅拌进行电位滴定等。实验室常用的酸度计有雷磁 25 型、pH S-25 型和 pH S-3C 型等。各种型号仪器的原理相同，只是结构和精度不同。根据教学需要，本章介绍的是 pH S-3C 型精密 pH 计的使用。

1）pH S-3C 型精密 pH 计使用说明

2）仪器结构仪器主机：外形结构（见图 1-24）

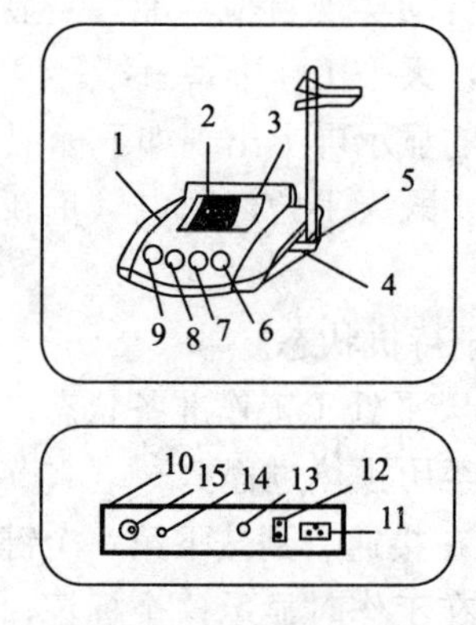


图 1-24　pH 计

1—机箱盖；2—显示屏；3—面板；4—机箱底；5—电极梗插座；6—定位调节旋钮；7—斜率补偿调节旋钮；8—温度补偿调节旋钮；9—选择开关旋钮（pH）；10—仪器后面板；11—电源插座；12—电源开关；13—保险丝；14—参比电极接口；15—测量电极插座

3）仪器附件及选购件（见图 1-25）

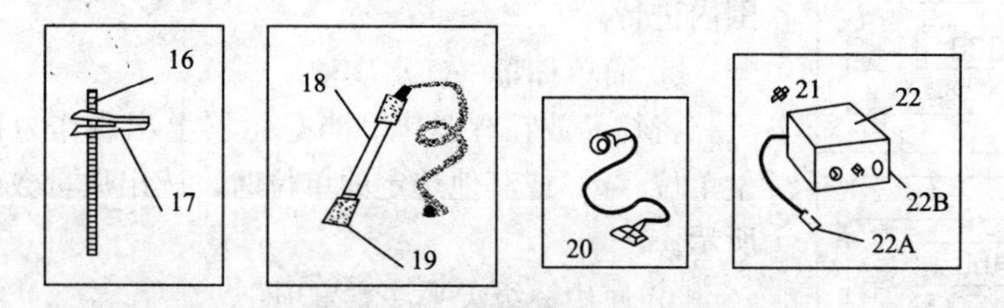


图 1-25　pH 计附件

16—电极梗；17—电极夹；18—E-201-C-9 型塑壳可充式复合电极；19—电极套；20—电源线；21—Q9 短路插头；22—电极转换器（选购件）；22A—转换器插头；22B—转换器插头

4）操作步骤（见图 1-26）

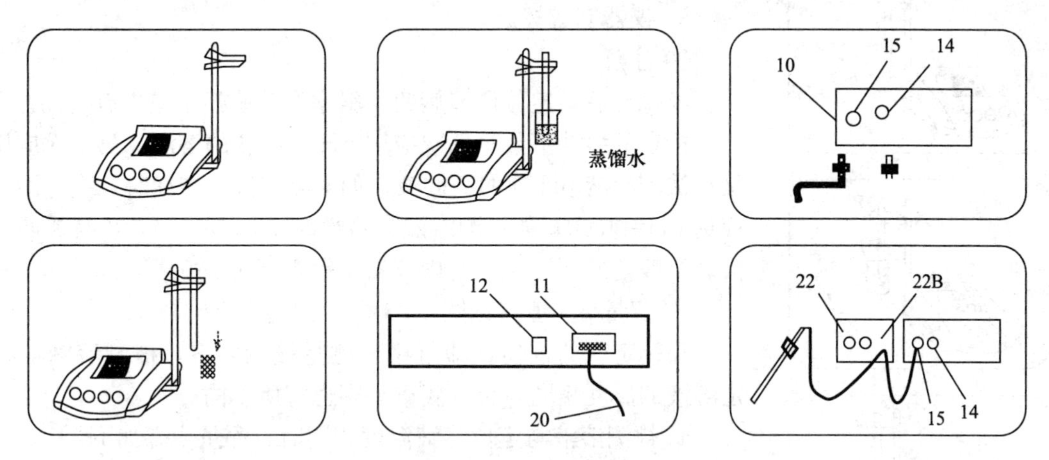


图 1-26　pH 计操作说明

① 开机前准备（见图 1-24、图 1-25）

a. 电极梗（16）旋入电极梗插座（5），调节电极夹（17）到适当位置；

b. 复合电极（18）夹在电极夹（17）上，拉下电极（18）前端的电极套（19）；

c. 拉下橡皮套，露出复合电极（18）上端小孔；

d. 用蒸馏水清洗电极。

② 开机

a. 电源线（20）插入电源插座（11）；

b. 按下电源开关（12），电源接通后，预热 30min，接着进行标定。

③ 标定（见图 1-25、图 1-27）

仪器使用前，先要标定。一般说来，仪器在连续使用时，每天要标定一次。

a. 在测量电极插座（15）处，拔去 Q9 短路插头（21）；

b. 在测量电极插座（15）处插上复合电极（18）；

c. 如不用复合电极，则在测量电极插座（15）处插上电极转换器插头（22）；玻璃电极插头插入转换器插座（22B）处；参比电极接入参比电极接口（14）处；

d. 把选择开关选钮（9）调到 pH 档；

e. 调节温度补偿旋钮（8），使旋钮白线对准溶液温度值；

f. 把斜率调节旋钮（7）顺时针旋到底（即调到 100%位置）；

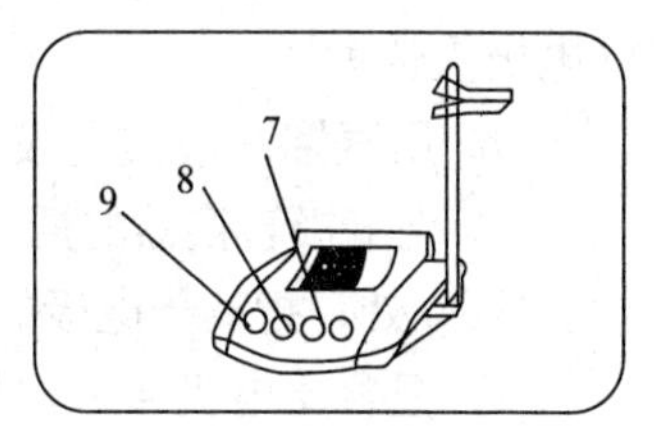


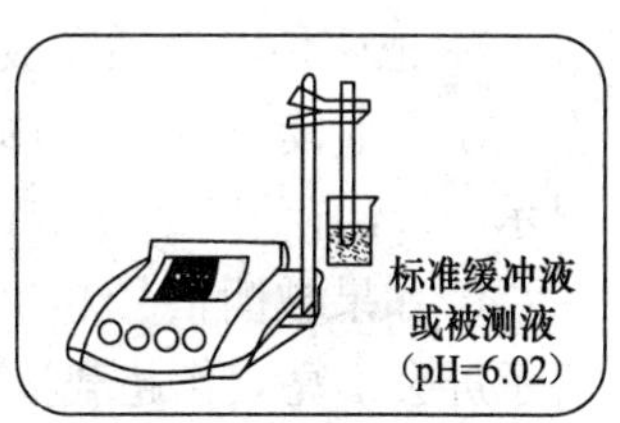


图 1-27　pH 计电极的标定

g. 把用蒸馏水清洗过的电极插入 pH＝6.86 的缓冲溶液中；

h. 调节定位调节旋钮、使仪器显示读数与该缓冲溶液当时温度下的 pH 值一致（如用混合磷酸盐定位温度为 10℃时，pH＝6.92）；

i. 用蒸馏水清洗电极、再插入 pH＝4.00（或 pH＝9.18）的标准缓冲溶液中，调节斜率旋钮使仪器显示读数与该缓冲溶液中当时温度下的 pH 值一致；

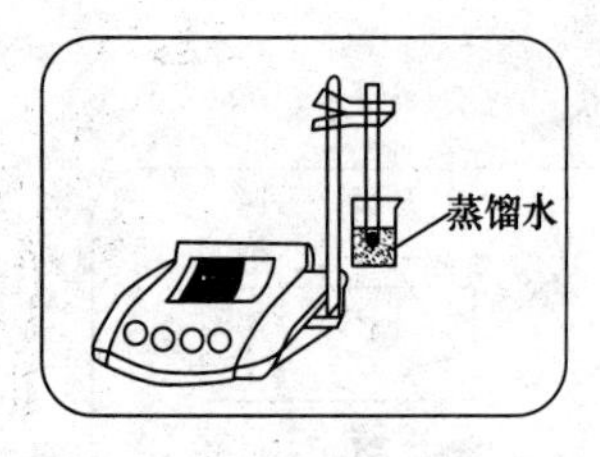


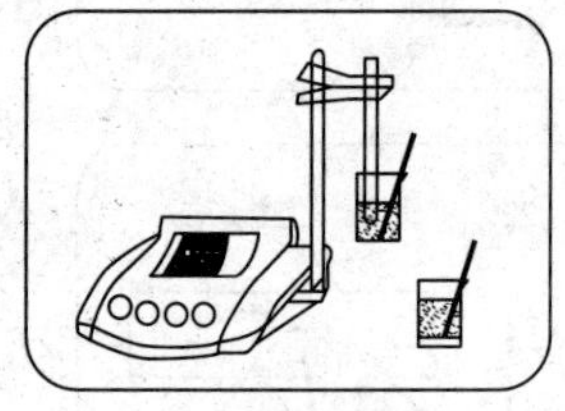

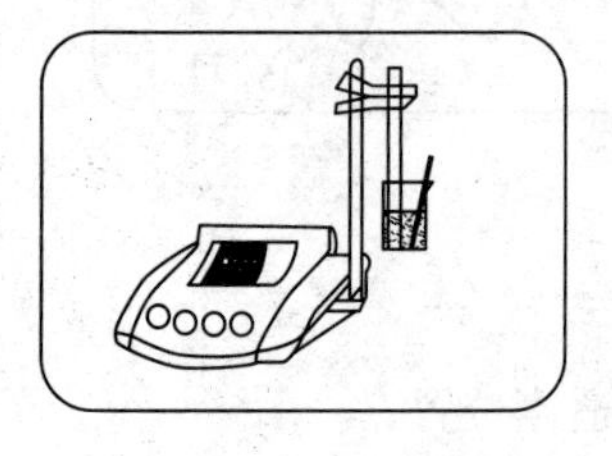

图 1-28　pH 值测量

j. 重复 g. ～i. 直至不用再调节定位或斜率两调节旋钮为止；

k. 仪器完成标定。

④ 注意

经标定后，定位调节旋钮及斜率调节旋钮不应再有变动。

标定的缓冲溶液第一次应用 pH＝6.86 的溶液，第二次应用接近被测溶液 pH 值的缓冲液，如被测溶液为酸性时，缓冲溶液应选 pH＝4.00；如被测溶液为碱性时则选 pH＝9.18 的缓冲溶液。一般情况下。在 24h 内仪器不需再标定。

⑤ 测量 pH 值（见图 1-28）

经标定过的仪器，即可用来测量被测溶液，被测溶液与标定溶液的温度相同与否、测量步骤也有所不同。

a. 被测溶液与定位溶液温度相同时，测量步骤如下：

(a) 用蒸馏水清洗电极头部，用被测溶液清洗一次；

(b) 把电极侵入被测溶液中，用玻璃棒搅拌溶液、使溶液均匀，在显示屏上读出溶液的 pH 值。

b. 被测溶液与定位溶液温度不同时，测量步骤如下：

(a) 用蒸馏水清洗电极头部，用被测溶液清洗一次；

(b) 用温度计测出被测溶液的温度值；

(c) 调节“温度”调节旋钮 (8)，使白线对准被测溶液的温度值；

(d) 把电极插入被测溶液内，用玻璃棒搅拌溶液，使溶液均匀后读出该溶液的 pH 值。

⑥ 测量电极电位（mV）值（见图 1-29）

a. 把离子选择电极或金属电极和参比电极夹在电极架上（电极夹选配）；

b. 用蒸馏水清洗电极头部，用被测溶液清洗一次；

c. 把电极转换器的插头（22A）插入仪器后部的测量电极插座（15）处；把离子电极的插头插入转换器的插座（22B）处；

d. 把参比电极接入仪器后部的参比电极接口（14）处；

e. 把两种电极插在被测溶液内，将溶液搅拌均匀后，即可在显示屏上读出该离子选择电极的电极电位（mV）值，还可显示±级性；

f. 如果被测信号超出仪器的测量范围，或测量端开路时，显示屏会不亮，作超载报警；

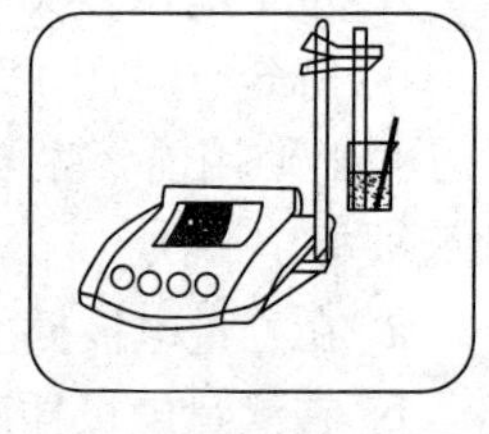

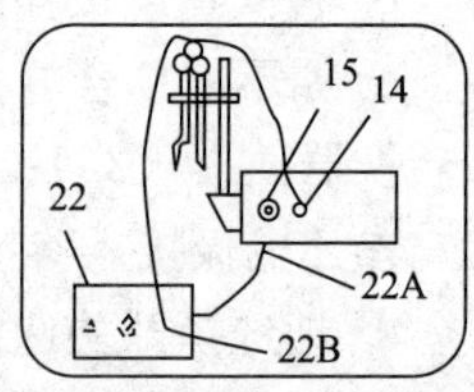


图 1-29　电极电位测定

g. 使用金属电极测量电极电位时，用带夹子的 Q9 插头，Q9 插入电极插座（15）处，夹子与金属电极导线相接，参比电极接入参比电极接口（14）处。

⑦ 电极使用维护的注意事项（见图 1-30）

a. 电极在测量前必须用已知 pH 值的标准缓冲溶液进行定位校准，其值愈接近被测值愈好。

b. 取下电极套后，应避免电极的敏感玻璃泡与硬物接触，因为任何破损或擦毛都使电极失效。

c. 测量后，及时将电极保护套套上，电极套内应放少量内参比补充液以保持电极球泡的湿润。切忌浸泡在蒸馏水中。

d. 复合电极的内参比补充液为3mol/L氯化钾溶液、补充液可以从电极上端小孔加入。

复合电极不使用时，拉上橡皮套，防止补充液干涸。

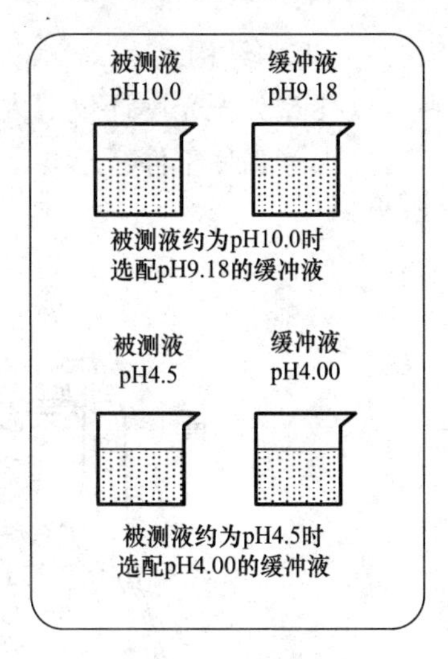


图 1-30　电极维护

(2) 分光光度计

分光光度法分析的基本原理是利用物质对不同波长光具有选择性吸收的现象来进行物质的定性和定量分析，并通过对吸收光谱的分析，判断物质的结构及化学组成。其理论依据是朗伯比尔定律：

$$A = -\lg T = \lg I_0/I = \varepsilon bc$$

$$T = I/I_0 \qquad (1\text{-}2)$$

式中　$T$——透光率；

$I$——透射光强度：

$I_0$——入射光强度；

$A$——吸光度；

$\varepsilon$——摩尔吸光系数，L/cm/mol；

$b$——比色皿的厚度，cm；

$c$——溶液的浓度，mol/L。

即当某一束平行单色光通过单一均匀的、非散射性的吸光物质溶液时，溶液的吸光度和液层厚度的乘积成正比。如果固定比色皿厚度测定有色溶液的吸光度，则溶液的吸光度与浓度之间成简单的线形关系，因此，可根据相对测量的原理，用标准曲线法进行定量分析。

常用实验室分光光度计有721型、722型、7200型等，本章介绍的是721型、7200型分光光度计的使用。

1) 721型分光光度计的使用

721型分光光度计面板图如图1-31所示。

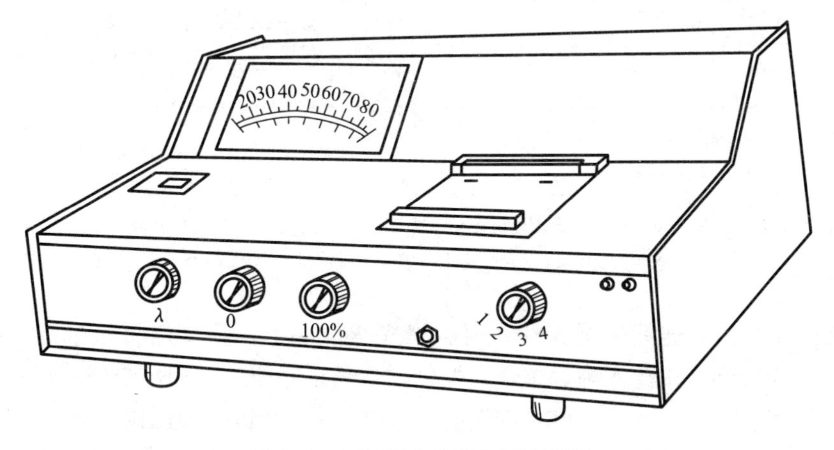


图 1-31　721型分光光度计面板图

① 基本结构

721 型分光光度计仪器内部分成光源灯部件、单色光器组件、入射光与出射光光量调节器、比色皿底部件、光电管盒（电子放大器）部件、稳压装置以及读数部分等，如图 1-32 所示。

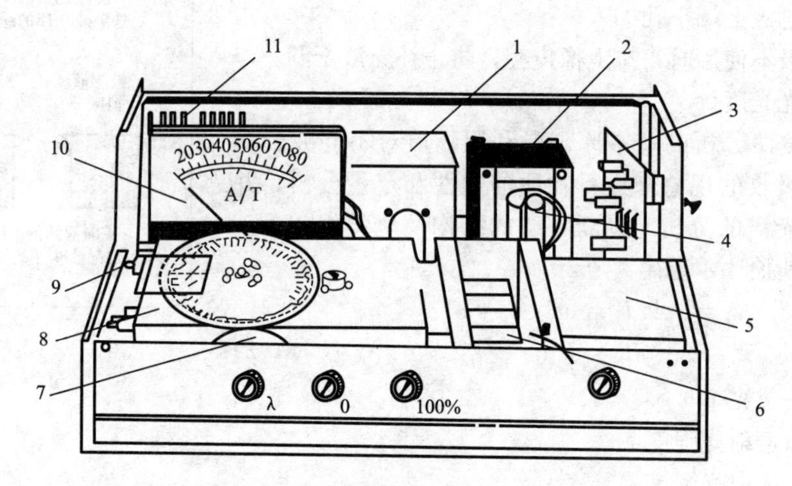


图 1-32　721 型分光光度计内部结构示意图

1—光源灯室；2—电源变压器；3—稳压电路控制板；4—滤波电解电容；5—光电管盒；6—比色部分；7—波长选择摩擦轮机构；8—单色光器组件；9—“0”粗调节电位器；10—读数电表；11—稳压电源大功率调整管（3DD15）

该仪器内部光路如图 1-33 所示。

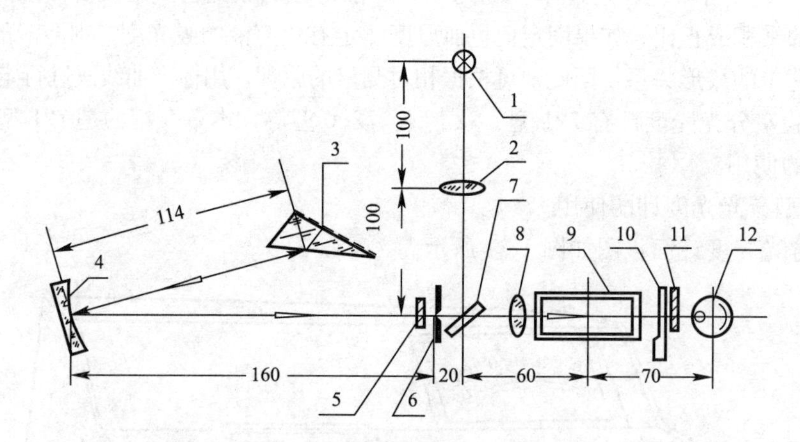


图 1-33　721 型分光光度计内部光路图

1—光源灯（12V、25W）；2—聚光透镜；3—色散棱镜；4—准直镜；5—保护玻璃；6—狭缝；7—反射镜；8—聚光透镜；9—比色皿；10—光门；11—保护玻璃；12—光电管

由光源灯 1 发出的连续辐射光线，射到聚光透镜 2 上，会聚后再经过反射镜 7 转角 90°反射至入射狭缝 6。由此入射到单色光器内，狭缝正好位于球面准直镜 4 的焦面上。当入射光线经过直镜反射后就以一束平行光射向棱镜 3（该棱镜的背面镀铝），光线进入棱镜后，就在其中色散，入射角在最小偏向角，入射光在铝面上反射后是依原路稍偏转一个角

度反射回来，这样从棱镜色散后出来的光线再经过物镜反射后，就会聚在出射狭缝上，出射狭缝和入射狭缝是一体的，为了减少谱线通过棱镜后呈弯曲形状对于单色性的影响，因此把狭缝的二片刀口做成弧形的，以便近似地吻合谱线的弯曲度，保证了仪器有一定的单色性。再经过聚光透镜（8）后进入比色皿（9），光线一部分被吸收；透射光进入光电管（12）产生相应的光电流，经放大后在读数电表读出。

② 使用方法

a. 校正

(a) 在仪器尚未接通电源时，电表的指针必须位于"0"刻线上，若不在"0"刻线，则可以用电表上的校正螺丝进行调节。

(b) 将仪器的电源开关接通，打开比色皿暗箱盖，仪器预热约 20min。选择需用的单色波长，使所需波长对准波长指示窗中的红线，灵敏度选择请参照（c），调节"0"位器使电表指针指向"0"，然后将比色皿暗箱盖合上，此时比色皿座处于参比溶液校正位置，使光电管受光；再调"100%"旋钮使电表指针到满度附近。表 1-2 为测定各种颜色溶液时对应的测定波长。

**不同颜色溶液的测定波长**　　　　**表 1-2**

| 被测溶液颜色 | 测定波长（nm） |
|---|---|
| 绿 | 400～420 |
| 黄绿 | 430～440 |
| 黄 | 440～450 |
| 橙红 | 450～490 |
| 红 | 490～530 |
| 青紫 | 540～560 |
| 蓝 | 570～600 |
| 蓝绿 | 600～630 |
| 绿蓝 | 630～760 |

(c) 放大器灵敏度有五档，是逐步增加的，"1"最低，其选择原则是保证使参比溶液的透光率能良好调到"100"的情况下，尽可能采用灵敏度较低档，这样仪器将有更高的稳定性。所以使用时一般置"1"，灵敏度不够时再逐渐升高，但改变灵敏度后须按（b）重新校正"0"和"100%"。

(d) 预热后，按（b）连续几次调整"0"和"100%"，仪器即可以进行测定工作。

(e) 测定波长改变后，需重新调整"0"和"100%"。

b. 测量

把比色皿定位装置的拉杆轻轻拉出一格，使装待测溶液的三只比色皿的溶液依次进入光路内，此时在电流表上分别读取三只比色皿内溶液的吸光度或透光率。

在使用时，应经常核对电流表的"0"点位置是否有改变，然后将参比溶液推入光路，核对透光率是否为 100%。

2）7200 型分光光度计使用手册（见图 1-34）

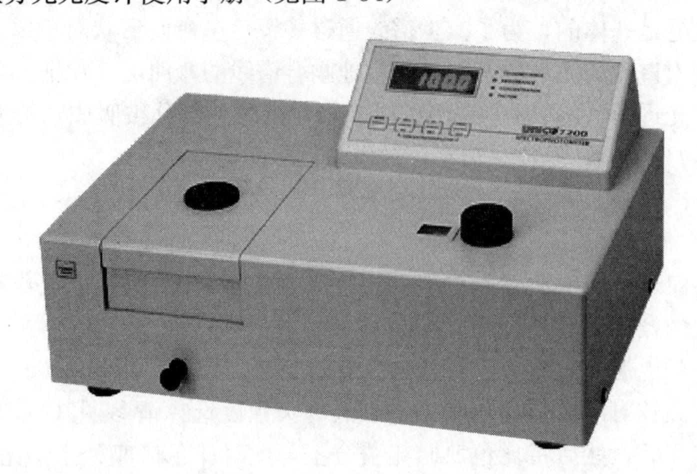

图 1-34　7200 型分光光度计

① 仪器结构（见图 1-35）

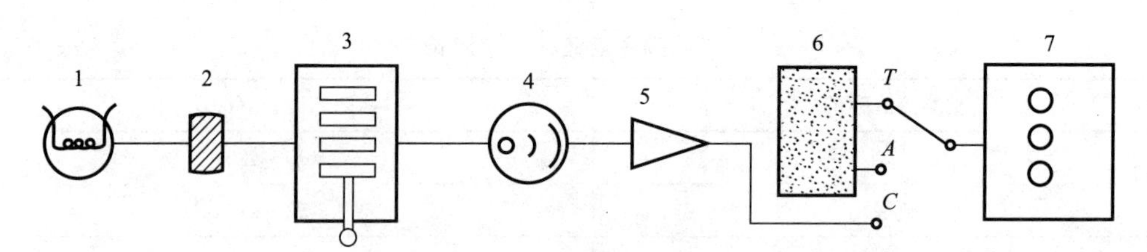


图 1-35　分光光度计结构

1—光源；2—单色器；3—试样室；4—光电管；5—线性运算放大器；6—对数运算放大器；7—数字显示器

② 工作原理（见图 1-36）

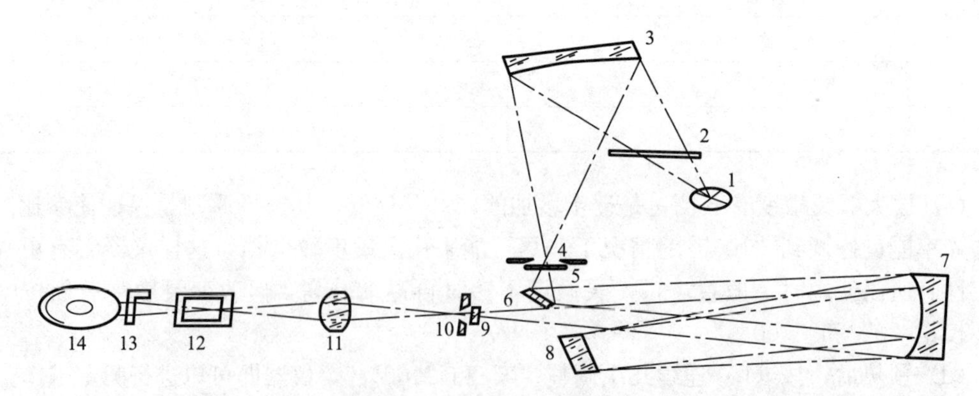


图 1-36　分光光度计工作原理

1—光源灯；2—滤光片；3—球面反射镜；4—入射狭缝；5—保护玻璃；6—平面反射镜；7—准直镜；8—光栅；9—保护玻璃；10—出射狭缝；11—聚光镜；12—试样室；13—光门；14—光电管

WFJ7200 型分光光度计有透射比、吸光度、已知标准样品的浓度值或斜率测量样品度等测量方式，你可根据需要选择合适的测量方式。

在开机前，需确认仪器样品室内是否有物品挡在光路上，光路上有阻挡物将影响仪器自检甚至造成仪器故障。

③ 基本操作

无论你选用何种测量方式，都必须遵循以下基本操作步骤。

a. 通电——仪器自检——预热20min。

b. 用〈MODE〉键设置测试方式：透射比（*T*），吸光度（*A*），已知标准样品浓度值方式（*C*）和已知标准样品斜率（*F*）方式。

c. 波长选择：用波长调节旋钮设置所需的单色光波长。

d. 放样顺序：打开样品室盖，在1～4号放置比色皿槽中，依次放入%*T*校具（黑体），参比液，样品液1和样品液2。仪器所附的比色皿，其透射比是经过配对测试的，未经配对处理的比色皿将影响样品的测试精度。比色皿透光部分表面不能有指印、溶液痕迹，被测溶液中不能有气泡、悬浮物，否则也将影响样品测试的精度。

e. 校具（黑体）校“0.000”：将%*T*校具（黑体）置入光路，在*T*方式下按“%*T*”键，此时仪器自动校正后显示“0.000”。

f. 参比液校“100”%*T*或“0.000”*A*：将参比液拉入光路中，按“0A/100%*T*”键调0*A*/100%*T*，此时仪器显示“BLA”，表示仪器正在自动校正，校正完毕后仪器显示“100”%*T*或“0.000”*A*后，表示校正完毕，可以进行样品测定。

g. 样品测定：将两样品液分别拉入光路中，此时若在“*T*”方式下则可依次显示样品的透射比（透光度）；若在“*A*”方式下，则显示测得的样品吸光度。

④ 样品浓度的测量方式

a. 已知标准样品浓度值的测量方法

（a）用〈MODE〉键设置测试方式：吸光度（*A*）状态。

（b）波长选择：用波长调节旋钮设置所需的单色光波长。

（c）放样顺序：打开样品室盖，在1～4号放置比色皿槽中，依次放入%*T*校具（黑体），参比液，样品液1和样品液2。仪器所附的比色皿，其透射比是经过配对测试的，未经配对处理的比色皿将影响样品的测试精度。比色皿透光部分表面不能有指印、溶液痕迹，被测溶液中不能有气泡、悬浮物，否则也将影响样品测试的精度。

（d）校具（黑体）校“0.000”：将%*T*校具（黑体）置入光路，在*T*方式下按“%*T*”键，此时仪器自动校正后显示“0.000”。

（e）用〈MODE〉键设置测试方式：（*C*）状态。

（f）将样品推（拉）入光路中。

（g）按“INC”或“DEC”键将已知的标准样品浓度值输入仪器 当显示器显示样品浓度值时，按“ENT”键。浓度值只能输入整数值，设定范围为0～1999。

（h）样品测定：将两样品液分别拉入光路中，这时，便可从显示器上分别得到被测样品的浓度值。

b. 已知标准样品浓度斜率（*K*值）的测量方法

（a）用〈MODE〉键设置测试方式：吸光度（*A*）状态。

（b）波长选择：用波长调节旋钮设置所需的单色光波长。

（c）放样顺序：打开样品室盖，在1～4号放置比色皿槽中，依次放入%*T*校具（黑体），参比液，样品液1和样品液2。仪器所附的比色皿，其透射比是经过配对测试的，未经配对处理的比色皿将影响样品的测试精度。比色皿透光部分表面不能有指印、溶液痕迹，被测溶液中不能有气泡、悬浮物，否则也将影响样品测试的精度。

(d) 校具（黑体）校“0.000”：将%$T$ 校具（黑体）置入光路，在 $T$ 方式下按“%$T$”键，此时仪器自动校正后显示“0.000”。

(e) 用〈MODE〉键设置测试方式：($F$) 状态。

(f) 按“INC”或“DEC”键输入已知的样品斜率值　当显示器显示标准样品斜率时，按“ENT”键。这时，测试方式指示灯自动指向“$K$”，斜率只能输入整数值。

(g) 样品测定：将被测样品依次推（或拉）入光路，这时，您便可从显示器上分别得到被测样品的浓度值。

⑤ 注意事项：

a. 预热是保证仪器准确稳定的重要步骤。

b. 比色皿的清洁程度，直接影响实验结果。因此，特别要将比色皿清洗干净。先用自来水将用过的比色皿反复冲洗，然后用蒸馏水淋洗，倒立于滤纸片上，待干后再收回比色皿盒中。必要时，还要对比色皿进行更精细的处理，如用浓硝酸或铬酸洗液浸泡、冲洗。

c. 比色皿与分光光度计应配套使用，否则会引起较大的实验误差。

d. 比色皿内盛液应为其容量的 2/3，过少会影响实验结果，过多易在测量过程中外溢，污染仪器。

e. 拿放比色皿时，应持其“毛面”，杜绝接触光路通过的“光面”。如比色皿外表面有液体，应用绸布拭干，以保证光路通过时不受影响。

f. 若待测液浓度过大，应选用短光径的比色皿，一般应使吸光度读数处于 0.1～0.8 范围内为宜。由于测定空白、标准和待测溶液时使用同样光径的比色皿，故不必考虑因光径变化而引起的影响。

3) T6 新世纪紫外可见分光光度计快速操作指南

① 仪器面板图（见图 1-37）

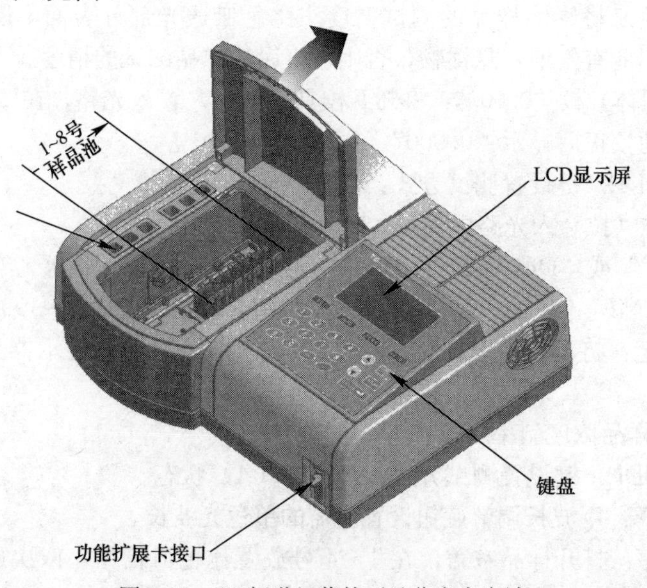


图 1-37　T6 新世纪紫外可见分光光度计

② 仪器键盘

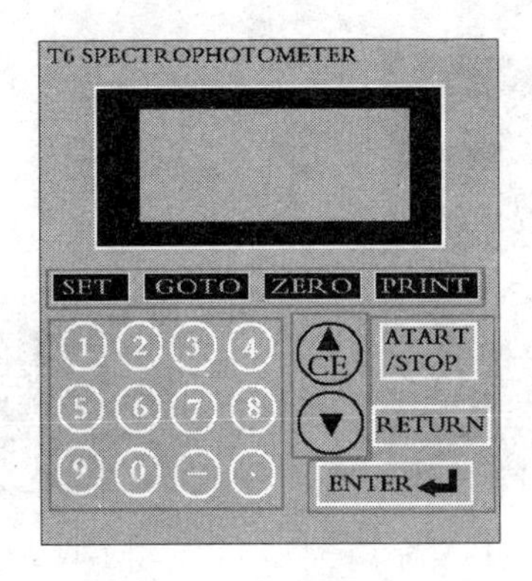


图 1-38　T6 新世纪紫外可见分光光度计键盘

4）T6 新世纪紫外可见分光光度计操作指南

① 开机自检

依次打开打印机、仪器主机电源，仪器开始初始化；约 3min 时间初始化完成，见图 1-39。

初始化完成后，仪器进入主菜单界面，见图 1-40。

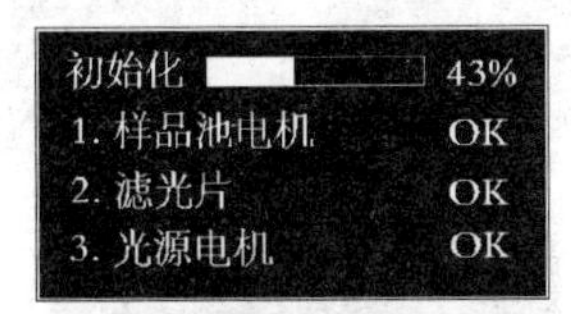


图 1-39　初始化界面

图 1-40　主菜单界面

② 进入光度测量状态

在上图所示状态按 ENTER 键，进入光度测量界面，见图 1-41。

③ 进入测量界面

按 START/STOP 键进入样品测定界面，见图 1-42。

图 1-41　光度测量界面

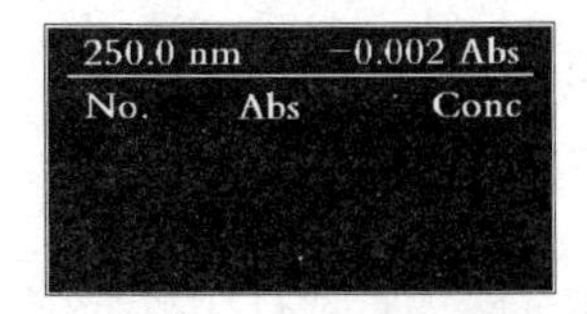


图 1-42　测量界面

④ 设置测量波长

按 GOTO λ 键，在下图界面输入测量的波长，例如需要在 460nm 测量，输入 460，按 ENTER 键确认，仪器将自动调整波长。

调整波长完成后如图 1-43 所示。

⑤ 进入设置参数

在这个步骤中主要设置样品池。按 SET 键进入参数设定界面，按 ▼ 键使光标移动到“试样设定”，如图 1-44 显示。按 ENTER 键确认，进入设定界面。

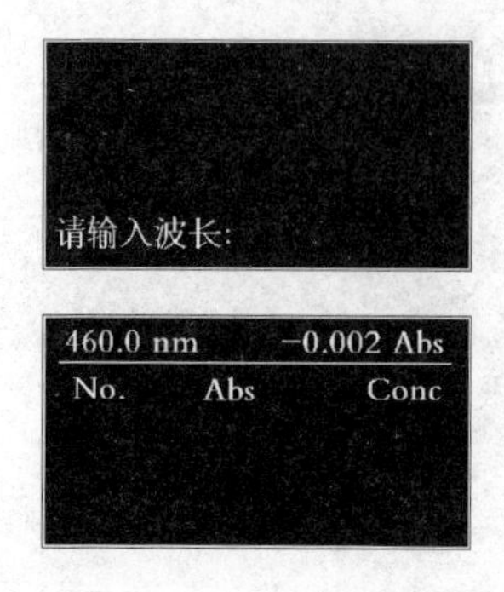


图 1-43 调整波长界面

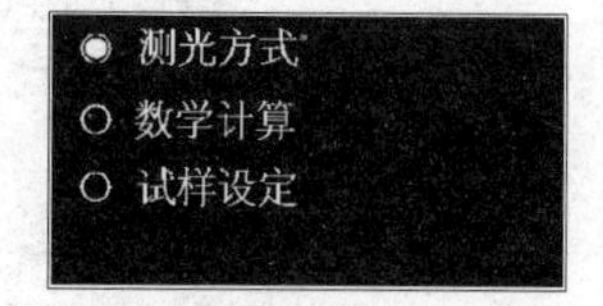


图 1-44 设置参数界面

⑥ 设定使用样品池个数

按▼使光标移动到“样池数”，如图 1-45 显示。按 ENTER 键循环选择需要使用的样品池个数（主要根据使用比色皿数量确定，比如使用 2 个比色皿，则修改为 2)。

⑦ 样品测量

按 RETURN 键返回到参数设定界面，再按 RETURN 键返回到光度测量界面。在 1 号样品池内放入空白溶液，2 号池内放入待测样品。关闭好样品池盖后按 ZERO 键进行空白校正，再按 START/STOP 键进行样品测量。测量结果如图 1-46 显示：

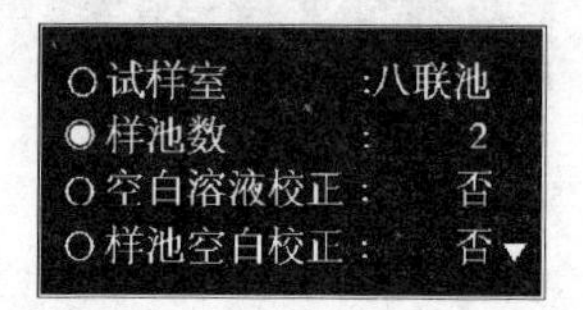


图 1-45 样品池个数设定界面

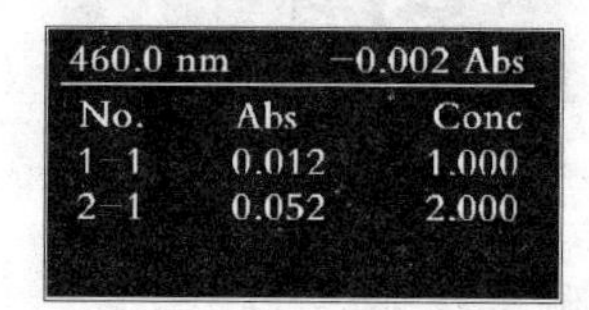


图 1-46 样品测量结果

如果需要测量下一个样品，取出比色皿，更换为下一个测量的样品按 START/STOP 键即可读数。如果需要更换波长，可以直接按 GOTO λ 键，调整波长。

如果每次使用的比色皿数量是固定个数，下一次使用仪器时可以跳过第⑤、⑥步骤直接进入样品测量。需要注意的是，更换波长后必须重新按 ZERO 键进行空白校正。

⑧ 结束测量

测量完成后按 PRINT 键打印数据，如果没有打印机请记录数据。退出程序或关闭仪器后测量数据将消失。确保已从样品池中取出所有比色皿，清洗干净以便下一次使用。按 RETURN 键直到返回到仪器主菜单界面后再关闭仪器电源。

## 十、实验中的误差问题

实验中常需要测定各种不同的物理量，测定时由于某些因素的干扰，会影响结果的准确度，而且重复测定，其结果不会完全相同。测定值与真实值之间存在一定差值，我们将其称为测量误差。测量误差一般分为系统误差、偶然误差和过失误差。

**1. 误差分析**

（1）系统误差

在相同条件下对同一物理量进行多次测量时，其测量误差的大小及符号都不变，若改变实验条件，则测量误差又按另一确定规律变化。这种测量误差称为系统误差。

产生此种误差的原因常见于仪器构造的不完善（如天平不灵敏、温度计未校正等）、环境因素的影响（如大气压、温度的变化等）、实验方法的限制（如引用了近似公式）、试剂不纯以及操作者本身感觉器官的不健全而引起。

系统误差不具抵偿性，在相同条件下重复多次测量也无法互相抵消。系统误差产生的诸因素可以被发现和克服。由于它有时会比偶然误差大出一个或几个数量级，因此在实验中要注意发现及尽可能排除系统误差。在多数情况下，系统误差对测量结果的影响可以用修正值来消除。

（2）偶然误差

当系统误差已被修正，在同一实验条件下多次重复测定某一物理量时，每次测量的结果仍不完全相同，多次测量值之间总会存在着微小的差异。测量结果总是在某一数值附近无规则地变动，其误差符号或正或负，误差绝对值大小不定，此种误差称为偶然误差。偶然误差是由于一些偶然因素造成的，是不可避免的。它的大小和符号服从正态分布规律，具有抵偿性。因此在实际测定中可以采用在相同条件下多次重复测量同一物理量再取平均值的方法以减少偶然误差。

（3）过失误差

由于实验者操作方法的不正确或犯了不应犯的错误如看错读数等所引起的误差。此种误差是不允许发生的，也是可以完全避免的。

在以上三类误差中，除偶然误差之外，其他两种误差是可以避免或设法消除的，故最好的实验结果应只含有偶然误差。

**2. 误差的表示方法**

（1）绝对误差和相对误差

从误差理论可知，由于偶然误差分布的对称性，在消除了系统误差及其他意外因素的影响后，运用正确的实验方法，经过无限多次测量后所得到的平均值，称为人为设定的真值。即

$$x_{真} = \lim_{n \to \infty} \frac{\sum_{i=1}^{n} x_i}{n} \tag{1-3}$$

式中　$x_{真}$——真值，即真实值，在一定条件下，被测量客观存在的实际值；

$x_i$——测量值，实验中实际的测量结果；

$n$——测量次数。

将测量值与真值之间的差值，称为绝对误差，用 $\delta_i$ 表示，则有

$$\delta_i = x_i - x_{真} \tag{1-4}$$

而绝对误差与真值的比值，称为相对误差

$$\delta_{相} = \frac{\delta_i}{x_{真}} \times 100\% \tag{1-5}$$

然而在实际测量中，一般只能做到有限次的测量，故只能将有限次测量的算术平均值作为可靠值，即

$$\overline{x} = \frac{\sum_{i=1}^{n} x_i}{n} \tag{1-6}$$

因此以有限次测量的算术平均值代替真值计算所得的误差，应称为偏差。测量值与平均值的差异，称为绝对偏差，用 $d_i$ 表示：

$$d_i = x_i - \overline{x}_{真} \tag{1-7}$$

则相对偏差即为

$$d_{相对} = \frac{d_i}{\overline{x}} \times 100\% \tag{1-8}$$

严格地说，误差和偏差是有差别的，但习惯上以误差代替偏差。

(2) 平均误差和相对平均误差

在实际测量中，由于真值难以确定，故常用 $d_i$ 代替 $\delta_i$。又因各次测量误差的数值可正可负，不能表达整个测量的特点，因此引入平均误差的概念，用 $\overline{d}_i$ 表示平均误差，则有

$$\overline{d}_i = \frac{\sum_{i=1}^{n} |d_i|}{n} \tag{1-9}$$

故相对平均误差 $\overline{d}_{相对}$ 即为

$$\overline{d}_{相对} = \frac{\overline{d}_i}{\overline{x}} \tag{1-10}$$

**3. 标准误差**

标准误差又称均方根误差，其定义为

$$\sigma = \sqrt{\frac{\sum_{i=1}^{n} d_i^2}{n-1}} \tag{1-11}$$

使用平均误差的优点是计算简便，但用它来计算测量误差时，有可能会把质量不高的测量值掩盖住。而标准误差是说明在一定条件下相等精度的一组测量中偶然误差出现的概率分布状况，对一组测量中的较大及较小误差都比较灵敏，因此能较好地表示测量的精度。

**4. 准确度和精密度**

准确度反映了测量结果与真值接近的程度。误差越小，测量的准确度越高。其定义为

$$准确度 = \frac{1}{n}\sum_{i=1}^{n} |x_i - x_{真}| \tag{1-12}$$

精密度则是指同一物理量多次测量值之间彼此符合的程度和测量值有效数字的位数。它反映了偶然误差的影响。偶然误差小，所测数据的重复性好，测量的精密度就高。在物理化学中常用前述的平均误差和标准误差来表示测量的精密度。

准确度和精密度是两个不同的概念。对一个具体量的测量，如偶然误差小，虽然精密度高，但若在测定过程中存在着较大的系统误差，其准确度变低。故高的精密度不能保证

有高的准确度。但若准确度高，则其系统误差和偶然误差都一定小，故其精密度一定高。

## 十一、实验数据的记录和处理

### 1. 可疑值的舍弃

在实验测量过程中，常发现有个别数据与其他测量值相距较远，若将其保留，对平均值会产生较大影响。但对这类数据不能随意舍去，除非有充分理由证明此值是由过失误差所造成的，方可舍弃。否则必须要从误差理论出发来决定该数值的取舍。令 $\sigma$ 为无限多次测量所得的标准误差，则根据偶然误差的正态分布规律，用数理统计的方法证明：在一组测量数据中，大于 $3\sigma$ 的测量误差的出现概率约为 0.3%。所以在多次重复测量中，当个别测量值的误差绝对值大于 $3\sigma$ 时，可认为是属于过失误差造成的，可以舍弃。

另一种由 H・M・Goodwin 提出的取舍方法是：先略去可疑值，再计算其他各测量值的平均值和每个值的绝对误差 $d_i$，然后计算平均误差 $\overline{d}_i$：

$$d_i = \frac{\sum_{i=1}^{n} |d_i|}{n} \tag{1-13}$$

如果可疑测量值与平均值的偏差 $d$ 大于或等于 4 倍的 $\overline{d}_i$，即

$$|d| \geqslant 4\overline{d}_i \tag{1-14}$$

按正态分布这种可疑测量值存在的概率约只有 0.1%，故此可疑值可舍弃。

另外，注意舍弃的数值不能大于数据总数的五分之一。有几个或更多个数值相同时，也不能舍弃。

### 2. 关于有效数字

如前所述，在实验中对任一物理量的测定都只能达到一定的准确度，只能以一定的近似值来表示这些测量结果。因此测量值计算的准确度不应超过测量的准确度，否则将会歪曲结果的真实性。在记录数据时，只需写出它的有效数字，并尽可能包括测量误差表示其不确定值的范围。所谓有效数字，即测量的准确度所达到的数字，包括测量中确定的几位数及最后估计的一位数。如刻度为 1/10℃的水银温度计，其读数为 36.53℃，则 3、6、5 均为确定可靠数字，最后的 3 则是估计的数字。应写为 36.53±0.01℃。

在确定有效数字时，要注意零，紧接小数点后面的零，不作为有效数字。如：0.00015 的有效数字仅为两位，可写成 $1.5\times10^{-4}$；但 0.000150 可写成 $1.50\times10^{-4}$，表示有效数字是三位，最后一个零是有效数字。对 3600 这样的数字，有效数字的位数不易确定，一般也采用指数形式的写法来表示有效数字的位数。如写成 $3.60\times10^{3}$，则表示三位有效数字；若写成 $3.6\times10^{3}$，则表示两位有效数字。有效数字有严格的运算规则，因在分析化学中已有详细论述，在此不再赘述。在计算实验结果时须按照运算规则计算，以免出现错误结果。

### 3. 实验数据的处理

实验结果常用三种表示法：列表法、作图法和方程式法。一篇完整的实验报告往往包括这三种方法。现分别简述如下。

(1) 列表法

将做完实验后的原始数据设计成表格形式，并将其有规律地排列出来，一目了然，便

于处理及运算。列表时应注意：

1）每个表要有编号和简明完整的名称。

2）自变量 $x$ 和因变量 $y$ 之间的相应数值按一定顺序列出，以清楚看出二者关系。

3）在表的每一行或者每一列的第一栏，应详细写出名称、数量、单位和因次。

4）填写数据前要先处理好有效数字的位数。填写时数字排列要整齐，位数及小数点要对齐。

（2）作图法

将实验结果用图形表示出来，能更直观地表现出实验数据的规律性及特点。如极大、极小、转折点等；从图上能方便地进行实验数据的分析比较以及可进一步求得其函数关系的数学表达式。作图法具有列表法无法比拟的优点，因此，在物理化学实验中应用极为广泛。常见有以下几种应用。

1）求内插值。根据实验所得数据，用规定的方法作出函数间相互关系的曲线，根据这条曲线，找出与某函数相对应的物理量的值。此法即为平时所称的工作曲线法。

2）求外推值。所谓外推法，就是在适当的条件下，将测量数据间的线性关系外推到测量范围以外，以求得某一个函数的极限值。外推法常用于无法直接测量的某一个数据，如无限稀释时强电解质的 $\Lambda_m^\infty$ 的测量即可用此法测定。因无限稀释的实验条件是无法实现的，所以不能由实验直接测定 $\Lambda_m^\infty$。但是由于强电解质稀溶液的 $\Lambda_m$ 与浓度 $c$ 之间的线性关系，可准确测定其工作曲线，再作图外推至浓度为零，即可得无限稀释的强电解质溶液的 $\Lambda_m^\infty$。

3）求经验方程。若自变量 $x$ 和因变量 $y$ 之间有下列线性关系 $y=mx+b$，应用实验数据（$x_i$，$y_i$）作图，得出一条尽可能连接诸实验点的直线，$m$ 为直线的斜率，$b$ 是直线在 $y$ 轴上的截距，从而可得出经验方程。有些非线性函数关系经过线性变换，也可作类似处理。如阿伦尼乌斯（Arrhenius）公式：

$$k = A \cdot e^{-\frac{E_a}{RT}} \tag{1-15}$$

两边取其对数再以 $\ln k$ 对 $1/T$ 作图，可得一直线，从直线的斜率和截距，可得活化能 $E_a$ 和碰撞频率 $A$ 的数值。

4）求转折点和极限值。为作图法常用的方法，是作图法最大的优点之一。如最高和最低恒沸点的测定、电势滴定中滴定终点的求得等都用此法。

5）图解微分。可在所得曲线的某些点作出与该曲线相应的切线，根据坐标图计算出曲线在该点的斜率，即可得该点函数微商值。求函数的微商在物理化学实验数据处理中是常使用的方法。如测定不同浓度的表面张力后，利用此法求某点的斜率，再进一步求算溶液的表面吸附量即为一例。

6）图解积分。用求面识计算相应的物理量。如电化学中求电量时，测出不同时刻通过的电流，以电流对时间作图，求出曲线所包围的面积，即得电量数值。

作图法的原则及一般步骤如下：

1）选择合适的绘图工具和坐标纸。绘图时需有合适的铅笔（中等硬度）、透明的直尺、曲线板、曲线尺以及圆规等工具，铅笔要削尖，不可用手凭空描绘。一般情况下选用直角坐标纸，有时要用到半对数坐标纸、对数坐标纸或三角坐标纸（对三组分体系相图），视具体情况而定。

用直角坐标纸作图时，以自变量为横轴，因变量为纵轴，不一定以零点作为坐标原点，应视作图情况而定。坐标纸大小要恰当，太小会使所绘图形不能表示全部有效数字，造成较大绘图误差；太大则会造成不必要的浪费。比例尺的范围也要合适，否则会使图形变形，结果不准确。选择比例尺的一般原则：

① 能表示全部有效数字，使所求得的物理量的准确度与测量的准确度相适应。

② 坐标纸上每小格所对应的数值便于迅速、简便地读数和计算。坐标分度要合理，常用分度为 1、2、5，全图布局也要匀称合理。

③ 对直线图，比例尺的选择应使其斜率接近于 1。

2）作图步骤

① 画坐标轴。注意标明该轴所表示的变量名称及单位，标上合适的分度值。

②作测量点。将测得的数值以点绘于图上，若有不同组数据，应以不同的符号予以区别。描点常用符号为：·、⊙、⊡、×、△……。各符号中心点应处于数据代表的位置，符号面积不宜过大，应与测量准确度相近。

③ 作曲线。根据所描的数据点，用曲线板作出尽可能接近各点的曲线，曲线应光滑、连续、清晰，曲线两旁的数据点应分布均匀，且各点与曲线间距离应尽可能小，因为它表示了测量的误差。更确切地说，要使所有的点离开曲线距离的平方和为最小。曲线做好后，应写上清楚完备的图名。一个完整的图，除图名之外，有纵、横坐标表示变量的名称、单位、刻度值、点和曲线。实验条件可在图中或图名下面注明。

作图法应用广泛，但作图结果的好坏对实验结果的准确性影响较大，故用作图方法处理实验数据时，应严格按照上述要求，认真作图以减小作图误差，得出较准确的实验结果。

（3）方程式法

使用数学方程式表示实验数据，不但表达方式较前两种方法更为简便，而且更便于进行微分、积分、内插、外延等运算，取值时也方便得多。经验方程式是变量间客观规律的一种近似描述，是理论探讨的线索和依据。将所得的实验数据，归纳总结成数学方程式，是科学思维能力的一个重要训练。求方程式有两类方法：图解法和计算法。下面分别进行简单地讨论。

1）图解法。在 $x$-$y$ 坐标纸上根据所测实验数据，得一直线。再根据方程 $y=mz+b$，将直线延长与 $y$ 轴相交，则 $y$ 轴上的截距即为 $b$。设此直线与 $x$ 轴的夹角为 $\theta$，则 $m=\tan\theta$。

也可在直线两端选两个点，其坐标分别为（$x_1$，$y_1$）、（$x_2$，$y_2$），代入直线方程，可得：

$$\begin{cases} y_1 = mx_1 + b \\ y_2 = mx_2 + b \end{cases} \tag{1-16}$$

解此联立方程，即得：

$$m = \frac{y_2 - y_1}{x_2 - x_1} \tag{1-17}$$

$$b = y_1 - mx_1 \tag{1-18}$$

或是
$$b=y_2-mx_2$$

在此法中，所选两点必须是直线上两点，而不是实验数据点，且两点间距离要尽量取得大些，以减少所得值误差。

在此所介绍的主要是直线方程式。某些非线性的函数关系式可按前述方法经过线性变换后，再按上法求算即可。

2）计算法。直接根据所测数据进行计算。又可分为平均法和最小二乘法。

将实验得到的$n$组数据（$x_1$，$y_1$）、（$x_2$，$y_2$）…（$x_n$，$y_n$），若符合直线方程，代入$y=mx+b$，可得：

$$\begin{cases} y_1=mx_1+b \\ y_2=mx_2+b \\ \vdots \quad\quad \vdots \\ y_n=mx_n+b \end{cases} \tag{1-19}$$

由于测定值均存在偏差，若定义

$$\delta_i=mx_i+b-y_i \qquad i=1,2,3,\cdots k$$

$\delta_i$ 称为第$i$组数据的残差。对残差进行处理，可求得$m$和$b$。常用处理残差的方式之一即为平均法。平均法较简单，其原理认为正、负残差大致相等，所以经验公式中残差的代数和为零。

即
$$\sum_{i=1}^{n}\delta_i=0 \tag{1-20}$$

再将上列方程组分为方程数相等或基本相等的两组：

$$\begin{cases} y_1=mx_1+b \\ \vdots \quad\quad \vdots \\ y_k=mx_k+b \end{cases}$$

及

$$\begin{cases} y_{k+1}=mx_{k+1}+b \\ \vdots \quad\quad \vdots \\ y_n=mx_n+b \end{cases}$$

叠加起来，得到下列两个方程式：

$$\sum_{i=1}^{k}\delta_i=m\sum_{i=1}^{k}x_i+kb-\sum_{i=1}^{k}y_i=0 \tag{1-21}$$

$$\sum_{i=k+1}^{n}\delta_i=m\sum_{i=k+1}^{n}x_i+(n-k)b-\sum_{i=k+1}^{n}y_i=0 \tag{1-22}$$

两式联立解之，便可求得$m$和$b$之值。

例如，现有下列数据，按上述方法处理如下：

**实验数据**　　　　**表 1-3**

| $x$ | 1 | 3 | 5 | 8 | 10 | 15 | 20 |
|---|---|---|---|---|---|---|---|
| $y$ | 5.4 | 10.5 | 15.3 | 23.2 | 28.1 | 40.4 | 52.8 |

按实验数据的前后顺序依次将数据组合成两组：

$$\delta_1 = m + b - 5.4 \qquad \delta_5 = 10m + b - 28.1$$
$$\delta_2 = 3m + b - 10.5 \qquad \delta_6 = 15m + b - 40.4$$
$$\delta_3 = 5m + b - 15.3 \qquad \delta_7 = 20m + b - 52.8$$
$$\delta_4 = 8m + b - 23.2$$

根据 $\sum_i \delta_i = 0$，上面两组数据之和为零。即得：

$$\begin{cases} 17m + 4b - 54.4 = 0 \\ 45m + 3b - 121.3 = 0 \end{cases}$$

再联立求解此两方程式，得：

$$m = 2.48, \quad b = 3.05$$

由此所求直线方程为

$$y = 2.48x + 3.05$$

平均法简单但不十分准确。因为在有限次的测量中，假定残差之和为零不是能严格成立的。

方法二为最小二乘法。这是一种较为准确的处理方法。它需要若干较精密的数据（最少七个以上）。方法的基本点为：最佳结果能使残差的平方和为最小。设残差的平方和为 $\Delta$：

$$\Delta = \sum_{i=1}^{n} \delta_i^2 = 最小 \tag{1-23}$$

亦即

$$\Delta = \sum_{i=1}^{n} (mx_i + b - y_i)^2 = 最小 \tag{1-24}$$

使 $\Delta$ 为极小值的必要条件为：$\frac{\partial \Delta}{\partial m}$和$\frac{\partial \Delta}{\partial b}$等于零。故此得出两个方程式：

$$\begin{cases} \dfrac{\partial \Delta}{\partial m} = 2\sum_{i=1}^{n} (mx_i + b - y_i) \cdot x_i = 0 \\ \dfrac{\partial \Delta}{\partial b} = 2\sum_{i=1}^{n} (mx_i + b - y_i) = 0 \end{cases} \tag{1-25}$$

即

$$\begin{cases} b\sum_{i=1}^{n} x_i + m\sum_{i=1}^{n} x_i^2 - \sum_{i=1}^{n} x_i y_i = 0 \\ nb + m\sum_{i=1}^{n} x_i - \sum_{i=1}^{n} y_i = 0 \end{cases} \tag{1-26}$$

解此二元一次方程组，可得 $m$、$b$ 值：

$$m = \frac{n\sum_{i=1}^{n} x_i y_i - \sum_{i=1}^{n} x_i \sum_{i=1}^{n} y_i}{n\sum_{i=1}^{n} x_i^2 - \left(\sum_{i=1}^{n} x_i\right)^2} \tag{1-27}$$

$$b = \frac{\sum_{i=1}^{n} y_i - m\sum_{i=1}^{n} x_i}{n} \tag{1-28}$$

还可得到各点对于所得直线的拟合度（相关系数）$R$：

$$R = m\left[\frac{\sum_{i=1}^{n} x_i^2 - \left(\sum_{i=1}^{n} x_i\right)^2 \Big/ n}{\sum_{i=1}^{n} y_i^2 - \left(\sum_{i=1}^{n} y_i\right)^2 \Big/ n}\right]^{\frac{1}{2}}$$

$R$ 值越接近 1，说明所测的 $x_i$ 和 $y_i$ 之间的线性关系越好。

仍以前例按最小二乘法处理数据如下：

**数据处理**　　**表 1-4**

| 函数 | $n$=1～7 的数值 | | | | | | | 总和 |
|---|---|---|---|---|---|---|---|---|
| $x$ | 1 | 3 | 5 | 8 | 10 | 15 | 20 | 62 |
| $y$ | 5.4 | 10.5 | 15.3 | 23.2 | 28.1 | 40.4 | 52.8 | 175.7 |
| $x^2$ | 1 | 9 | 25 | 64 | 100 | 225 | 400 | 824 |
| $xy$ | 5.4 | 31.5 | 76.5 | 185.6 | 281 | 606 | 1056 | 2242 |

由表 1-4 可知：$n = 7, \sum_{i=1}^{7} x = 62, \sum_{i=1}^{7} y = 175.7, \sum_{i=1}^{7} x^2 = 824, \sum_{i=1}^{7} xy = 2242$。代入式（1-27）和式（1-28）中，可得：

$$m = \frac{7 \times 2242 - 62 \times 175.7}{7 \times 824 - 62^2} = 2.50$$

$$b = \frac{175.7 - 2.50 \times 62}{7} = 3.00$$

故所求直线方程为 $y=2.50x+3.00$。

上述计算结果最为可靠，但较麻烦。目前由于可编程序计算器的广泛普及，用计算机程序进行最小二乘法处理数据结果已极为简便。

# 第二章　基本操作与元素性质实验

## 实验一　仪器的认领、洗涤和干燥

### 一、实验目的

1. 熟习化学实验室的规章制度和要求；
2. 领取实验常用仪器，熟悉其名称、规格、主要用途和使用注意事项；
3. 学习并掌握常用玻璃仪器的洗涤和干燥方法。

### 二、仪器、材料

1. 仪器：电吹风、锥形瓶、酸式滴定管、碱式滴定管、容量瓶、离心试管、试管、比色管、烧杯、量杯、漏斗、布氏漏斗、蒸发皿和表面皿。

2. 材料：洗衣粉、去污粉。

### 三、实验内容

**1. 认领仪器**

按仪器清单逐个认领和认识基础实验中的常用仪器，并按表 2-1 的格式填写；

**仪器认领格式**　　**表 2-1**

| 仪器名称 | 用途 | 注意事项 |
| --- | --- | --- |
|  |  |  |

**2. 玻璃仪器的洗涤**[1]

本实验要求用水或洗衣粉（去污粉）将领取的仪器洗涤干净。

**3. 常用仪器的干燥**

本实验要求吹干烧杯、蒸发皿、漏斗、布氏漏斗、表面皿、量杯等玻璃仪器。

### 四、思考题

1. 常用玻璃仪器可采用哪些方法洗涤？选择洗涤方法的原则是什么？怎样判断玻璃仪器是否洗涤干净？用铬酸洗液洗仪器时应注意哪些事项？

2. 烤干试管时为什么要始终保持管口向下倾斜？带有刻度的计量仪器为什么不能用加热的方法干燥？

**注释：**

[1] 仪器的洗涤及干燥参见第一章绪论“玻璃仪器的洗涤与干燥”。

# 实验二 电子天平称量练习

## 一、实验目的

1. 了解分析天平的构造，掌握其操作方法；
2. 练习减量法称量。

## 二、仪器、试剂与材料

1. 仪器：电子天平（BS224S型）、电子台秤、烧杯（50mL）、称量瓶。
2. 试剂：$NaCO_{3(s)}$（干燥）。
3. 材料：长形纸条、天平刷。

## 三、实验内容

1. 将两个洁净干燥的烧杯编号，先在电子台秤上粗称其质量，然后在电子天平上准确称量，记录质量。

2. 取一只装有试样的称量瓶，在电子天平上准确称量，记下质量，然后自天平中取出称量瓶，将试样慢慢倾入上述已知质量的第一只烧杯中（如图2-1所示）。倾样过程要试称，以估计还需倾出的试样量，直至倾出0.2～0.4g的试样。按同样操作再倾出第二份试样于第二只烧杯中，作好记录。

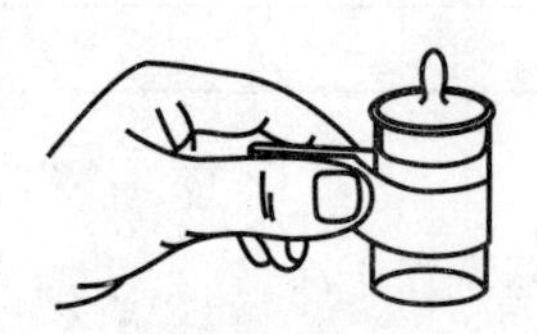

图2-1 用纸带拿称量瓶的方法

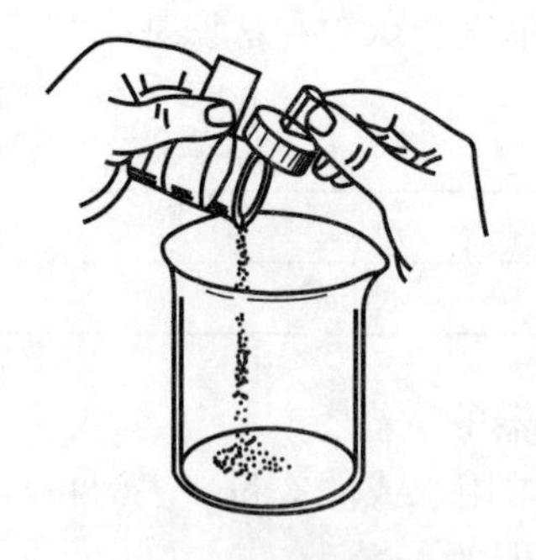

图2-2 样品转移操作

3. 检查装有试样的称量瓶减轻的质量是否等于烧杯因倾入试样而增加的质量，如果不相等，求出差值。要求称量的绝对值小于0.5mg。如不符合要求，分析原因后重新称量。

## 四、实验结果与数据处理

按以下（格式示例）记录并计算称量的绝对差值。

称量误差计算示例（单位：g）　表 2-2

| 记录项目 | 第一份 | 第二份 |
|---|---|---|
| 称量瓶＋试样的质量（倒出前） | 16.6559 | 16.3348 |
| 称量瓶＋试样的质量（倒出前） | 16.3348 | 16.0623 |
| 称出试样质量 | 0.3211 | 0.2725 |
| （烧杯＋称出试样）的质量 | 28.5790 | 26.8963 |
| 空烧杯质量 | 28.2576 | 26.6240 |
| 称出试样的质量 | 0.3214 | 0.2723 |
| 绝对差值 | 0.0003 | 0.0002 |

## 五、思考题

1. 试样的称量方法有哪几种？怎样进行操作？各有何优缺点？
2. 称量中如何运用优选法较快地确定出物体的质量？
3. 在称量的记录和计算中，如何正确运用有效数字？

# 实验三　电解质溶液和离子平衡

## 一、实验目的

1. 加深对电离平衡、同离子效应、盐类水解等理论的理解；
2. 配制缓冲溶液并试验其性质；
3. 了解沉淀平衡及溶度积规则的应用；
4. 学习离心分离操作。

## 二、实验原理

电解质溶液中的离子反应和离子平衡是化学变化和化学平衡的一个重要方面。无机化学反应大多数是在水溶液中进行的，参与这些反应的物质主要是酸、碱、盐，它们都是电解质，在水溶液中能够电离成带电的离子。因此酸、碱、盐之间的反应实际上是离子反应。

**1. 电解质的分类和弱电解质的电离**

电解质一般分为强电解质和弱电解质，在水溶液中能完全电离的电解质称为强电解质；在水溶液中仅能部分电离的电解质称为弱电解质。弱电解质在水溶液中存在下列电离平衡，如一元弱酸：

$$HA \rightleftharpoons H^+ + A^-$$

$$K_{sp}^{\ominus}(HAc) = \frac{c(H^+)c(A^-)}{c(HA)} \tag{2-1}$$

**2. 同离子效应**

在弱电解质溶液中，加入与该弱电解质有共同离子的强电解质时，使弱电解质的电离度降低的现象称为同离子效应。例如，在 HAc 溶液中加入 NaAc：

$$HAc + Ac^- \rightleftharpoons NaAc + H^+$$

$$NaAc \rightleftharpoons Ac^- + Na^+$$

增加 $Ac^-$ 的浓度，平衡向左移动，使 HAc 电离度降低，酸性降低，pH 值增大。

同理，在氨水溶液中加入氯化铵，增加 $NH_4$ 的浓度，可使电离度降低，pH 值降低。

**3. 缓冲溶液**

弱酸及其弱酸盐或弱碱及其弱碱盐所组成的混合溶液为缓冲溶液，其 pH 值能在一定范围内抵御少量酸、碱或适度稀释的影响而基本保持不变。

缓冲溶液的 pH 值取决于 $pK_a^{\ominus}$（或 $pK_b^{\ominus}$）及 $\frac{c_{酸}}{c_{碱}}$，当 $c_{碱}=c_{酸}$ 时，$pH=pK_b^{\ominus}$ 或 $pOH=pK_b^{\ominus}$。故配制一定 pH 值的缓冲溶液时，可选与其相近的弱酸及其盐或与其接近的弱碱及其盐。

**4. 盐类的水解**

盐类的水解反应是由组成盐的离子和水所电离的 $H^+$ 或 $OH^-$ 离子作用，生成弱酸或弱碱的反应过程，水解反应能使溶液显酸性或碱性。

通常水解后生成的酸或碱越弱，则盐的水解度越大，水解是中和反应的逆反应，是吸热反应，加热能促进水解作用。水解产物的浓度也是影响水解平衡移动的因素。

**5. 沉淀溶解平衡**

在难溶电解质的饱和溶液中，未溶解的固体和溶解后形成的离子间存在多相离子平衡：

$$A_nB_m \rightleftharpoons nA^{m+} + mB^{n-}$$

$$K_{sp}^{\ominus} = [A^{m+}]^n \cdot [B^{n-}]^m \tag{2-2}$$

$K_{sp}^{\ominus}$ 称为溶度积，表示在难溶电解质饱和溶液中，难溶电解质浓度幂的乘积。溶度积大小与难溶电解质的溶解有关，反映了物质的溶解能力。

溶度积可作为沉淀与溶解的判断基础，对于难溶电解质 $A_nB_m$，若

$[A^{m+}]^n \cdot [B^{n-}]^m > K_{sp}^{\ominus}$ 时，溶液过饱和，沉淀析出；

$[A^{m+}]^n \cdot [B^{n-}]^m = K_{sp}^{\ominus}$ 时，溶液饱和，平衡状态；

$[A^{m+}]^n \cdot [B^{n-}]^m < K_{sp}^{\ominus}$ 时，溶液未饱和，无沉淀析出。

如果在溶液中有两种或两种以上的离子都能被同一个沉淀剂所沉淀，根据各种沉淀的溶度积的差异，它们在沉淀时次序有所不同，则这种先后沉淀的现象叫分步沉淀。

使一种难溶电解质转化为另一种难溶电解质，即把沉淀转化为另一种沉淀的过程称为沉淀的转化，一般来说，溶度积大的难溶电解质易转化为溶度积小的难溶电解质。

## 三、仪器、试剂与材料

1. 仪器：离心机、离心试管、量杯（10mL）、烧杯（50mL 玻璃；100mL 塑料）、酒精灯、洗瓶、铁三脚架、石棉网、玻棒。

2. 试剂：NaAc (s)、$NH_4Cl$ (s)、$Fe(NO_3)_2 \cdot 9H_2O$ (s)、Zn (粒) (s)、$HNO_3$ (6mol/L)、HCl (0.1mol/L，2mol/L)、HAc (0.1mol/L)、NaOH (0.1mol/L，2mol/L)、$NH_3 \cdot H_2O$ (0.1mol/L，6mol/L)、$NaHCO_3$ (0.1mol/L)、$Al_2(SO_4)_2$ (0.1mol/L)、$K_2CrO_4$ (0.1mol/L)、$K_2Cr_2O_7$ (0.1mol/L)、$Na_2CO_3$ (0.1mol/L)、NaAc (0.1mol/L)、$Na_2SO_4$

(0.1mol/L)、$FeCl_3$ (0.1mol/L)、$Pb(NO_3)_2$ (0.1mol/L)、$AgNO_3$ (0.1mol/L)、$NH_4Ac$ (0.1mol/L)、NaCl (0.1mol/L)、MgCl (0.1mol/L)、$CaCl_2$ (0.1mol/L)、$NH_4Cl$ (0.1mol/L，饱和溶液)、$(NH_4)_2C_2O_4$ (饱和溶液)、甲基橙、酚酞。

3. 材料：精密 pH 试纸、广泛 pH 试纸。

## 四、实验内容

**1. 比较盐酸和醋酸的酸性**

(1) 在两支试管中，分别滴入 5 滴 0.1mol/L HCl 和 0.1mol/L HAc，再各滴入 1 滴甲基橙指示剂，稀释至 5mL，观察溶液的颜色。

(2) 分别用玻璃棒蘸 1 滴 0.1mol/L HCl 和 0.1mol/L HAc 溶液于两片 pH 试纸上，观察 pH 试纸的颜色并判断 pH 值。

(3) 在两支试管中分别加入 2mL 0.1mol/L HCl 和 0.1mol/L HAc，再各加 1 颗锌粒，并加热试管，比较两支试管中反应的快慢。比较两者酸性有什么不同，为什么?

**2. 用 pH 试纸测定下列溶液的 pH 值，并与计算结果比较**

NaOH (0.1mol/L)、$NH_3 \cdot H_2O$ (0.1mol/L)、HAc (0.1mol/L)。

**3. 同离子效应和缓冲溶液**

(1) 取 2mL 0.1mol/L HAc 溶液，加入一滴甲基橙指示剂，摇匀，溶液是什么颜色? 再加入少量固体 NaAc，使它溶解后，溶液的颜色有何变化? 为什么?

(2) 取 2mL 0.1mol/L $NH_3 \cdot H_2O$ 溶液，加一滴酚酞指示剂，摇匀，溶液是什么颜色? 再加入少量固体 $NH_4Cl$，使它溶解后，溶液的颜色有何变化? 解释之?

(3) 在一支试管中加入 3mL 0.1mol/L HAc 和 3mL 0.1mol/L NaAc 搅拌均匀后，用精密 pH 试纸测定其 pH 值，然后将溶液分成两份，第一份加入 2 滴 0.1mL 0.1mol/L HCl，摇匀，测其 pH 值。另一份加入 2 滴 0.1mol/L NaOH，摇匀，测其 pH 值，解释观察到的现象。

(4) 在试管中加 6mL 蒸馏水，测其 pH 值。将其分成二份，在一份中加 2 滴 0.1mol/L NaOH，摇匀，用 pH 试纸测其 pH 值，与上一实验作比较，得到什么结论?

**4. 盐类水解和影响水解平衡的因素**

(1) 用精密 pH 试纸测定 0.1mol/L 的 $NH_4Ac$、$NH_4Cl$、NaCl、$Na_2CO_3$ 的 pH 值，解释所观察到的现象。

(2) 取少量 (绿豆大小两颗) 固体 $Fe(NO_3)_2 \cdot 9H_2O$，用 6mL 蒸馏水溶解后观察溶液的颜色，然后分成三份，第一份留作比较，第二份加几滴 6mol/L $HNO_3$，第三份小火加热煮沸。观察现象，并解释之。加入 $HNO_3$ 或加热对水解平衡有何影响? 试加以说明。

(3) 分别取 1mL 0.1mol/L $Al_2(SO_4)_3$ 溶液和 1mL 0.1mol/L $NaHCO_3$ 溶液于两支小试管中，并用 pH 试纸测试它们的 pH 值，写出它们的水解方程式。然后将 $NaHCO_3$ 倒入 $Al_2(SO_4)_3$ 中，观察有何现象? 试加以说明。

**5. 沉淀的生成和溶解**

(1) 在两支小试管中分别加入约 0.5mL 饱和 $(NH_4)_2C_2O_4$ 溶液和 0.5mL 0.1mol/L $CaCl_2$ 溶液，观察白色沉淀 $CaC_2O_4$ 的生成。然后在第一支试管内缓慢加入 2mol/L HCl 溶液约 2mL，并不断振荡，观察沉淀是否溶解？在第二只试管中逐滴加入饱和 $NH_4Cl$ 溶液，并不断振荡观察沉淀是否溶解？试加以说明。

(2) 在二支试管中分别加入 1mL 0.1mol/L $MgCl_2$ 溶液，并逐滴加入 6mol/L $NH_3 \cdot H_2O$ 至有白色 $Mg(OH)_2$ 沉淀生成，然后在第一支试管中加入 2mol/L HCl 溶液，沉淀是否溶解？在第二支试管中逐滴加入饱和 $NH_4Cl$ 溶液，并不断振荡，观察沉淀是否溶解？

(3) $Ca(OH)_2$、$Mg(OH)_2$ 和 $Fe(OH)_3$ 溶液溶解度比较

1) 分别取约 0.5mL 0.1mol/L $CaCl_2$、$MgCl_2$ 和 $FeCl_3$ 溶液倒入三支试管中，各加入 2mol/L NaOH 溶液数滴，观察记录三支试管中有无沉淀生成。

2) 将 2mol/L NaOH 换成 2mol/L $NH_3 \cdot H_2O$，重复上述实验，观察记录三支试管中有无沉淀生成。

3) 分别取 4 滴饱和 $NH_4Cl$ 和 6mol/L $NH_3 \cdot H_2O$ 混合溶液（体积比为 1∶1）于三支小试管中，然后各加入约 0.5mL 0.1mol/L $CaCl_2$、$MgCl_2$ 和 $FeCl_3$ 溶液，观察并记录三支试管中有无沉淀产生。

(4) 比较上述三个实验 $Ca(OH)_2$、$Mg(OH)_2$ 和 $Fe(OH)_3$ 溶解度的相对大小并加以解释。

(5) 沉淀转化

1) 在一支试管中加入 0.5mL 0.1mol/L $Pb(NO_3)_2$ 溶液，再加入 0.5mL 0.1mol/L $Na_2SO_4$，观察白色沉淀生成，然后再加入 0.5mL 0.1mol/L $K_2Cr_2O_7$ 溶液，搅拌，观察白色 $PbSO_4$ 沉淀转化为黄色的 $PbCrO_4$ 沉淀，写出反应式并根据溶度积的原理进行解释。

2) 取数滴 0.1mol/L $AgNO_3$，加入两滴 $K_2CrO_4$ 溶液，观察砖红色 $Ag_2CrO_4$ 沉淀生成。沉淀经离心、洗涤，然后再加入 0.1mol/L NaCl 溶液，观察砖红色沉淀转化为 AgCl 沉淀，写出反应式并加以解释。

## 五、思考题

1. 已知 $H_3PO_4$、$NaH_2PO_4$、$Na_2HPO_4$ 和 $Na_3PO_4$ 四种溶液的浓度相同，试判断它们的酸碱性并解释。

2. 加热对水解有何影响，为什么？

3. 将 10mL 0.2mol/L HAc 与 10mL 0.1mol/L NaOH 混合，问所得溶液是否具有缓冲作用？这个溶液的 pH 值在什么范围之内？

4. 沉淀的溶解与转化条件有哪些？

5. 沉淀氢氧化物是否一定要在碱性条件下进行？是不是溶液的碱性越强（即加的碱越多），氢氧化物沉淀得越完全，为什么？

# 实验四 沉淀溶解平衡

## 一、实验目的

1. 掌握沉淀溶解平衡的原理和溶度积规则；

2. 了解沉淀的生成、溶解、分步沉淀和沉淀转化的基本原理。

## 二、实验原理

沉淀溶解平衡是热力学原理四大平衡之一，在普通化学、无机化学、分析化学及物理化学中均占有重要地位。本实验将通过沉淀的生成、溶解、分步沉淀和沉淀转化的基本原理诠释沉淀溶解平衡的关系。

在一定温度下，难溶电解质在溶液中有沉淀溶解平衡

$$K_{sp} = [M^{n+}]^m \cdot [A^{m-}]^n \quad (2\text{-}3)$$

沉淀在一定的条件下可以生成、可以转化。此外，溶液的酸度、氧化还原反应、配位反应都可以影响沉淀溶解平衡。

若某一溶液中加入多种离子，当加入一种能够跟这些离子均产生沉淀的沉淀试剂，则按照溶解度的大小，这些离子先后产生沉淀。

若在已经平衡的沉淀溶解体系中加入某种试剂，会让原沉淀向另一种沉淀转化。

分步沉淀和沉淀的转化的应用很广，本实验验证了这一规律，并可以利用这一规律进行沉淀的分离。

## 三、仪器、试剂与材料

1. 仪器：试管、滴管、酒精灯、玻璃棒、试管夹、试管架。

2. 试剂：HCl（2mol/L，6mol/L）、$HNO_3$（6mol/L）、NaOH（2mol/L，6mol/L）、$NH_3 \cdot H_2O$（6mol/L）、$AgNO_3$（0.1mol/L）、$Pb(NO_3)_2$（0.1mol/L）、KI（0.1mol/L）、NaCl（0.1mol/L）、$K_2CrO_4$（0.1mol/L）、$BaCl_2$（0.1mol/L）、饱和草酸铵、$Na_2S$（0.1mol/L）、$Na_2SO_4$（0.1mol/L）、$Al(NO_3)_3$（0.1mol/L）、$Fe(NO_3)_3$（0.1mol/L）。

## 四、实验内容

### 1. 沉淀的生成

（1）在两支试管中分别加入 5 滴 $AgNO_3$ 和 $Pb(NO_3)_2$ 溶液摇匀，然后再各加入 5 滴 KI 溶液，观察沉淀的生成和颜色。

（2）在两支试管中分别加入 5 滴 $AgNO_3$ 和 $Pb(NO_3)_2$ 溶液摇匀，然后再各加入 5 滴 $K_2CrO_4$ 溶液，观察沉淀的生成和颜色。

### 2. 沉淀的溶解

（1）在一支试管中加入 5 滴 $BaCl_2$ 溶液，然后再加入 2 滴饱和草酸铵溶液，观察沉淀的生成和颜色。若溶液较多则弃去上清液，在沉淀上滴加数滴盐酸，观察现象。

（2）在一支试管中加入 5 滴 $AgNO_3$ 溶液，然后再加入 2 滴 NaCl 溶液，观察沉淀的生成和颜色。若溶液较多则弃去上清液，在沉淀上滴加数滴氨水，观察现象。

（3）在一支试管中加入 5 滴 $AgNO_3$ 溶液，然后再加入 2 滴 $Na_2S$ 溶液，观察沉淀的生成和颜色。若溶液较多则弃去上清液，在沉淀上滴加数滴硝酸并加热，观察现象。

### 3. 分步沉淀

在一支试管中加入 2 滴 $Na_2S$ 溶液和 2 滴 $K_2CrO_4$ 溶液，用水稀释至 2mL，摇匀，然后再加入 1 滴 $Pb(NO_3)_2$ 溶液，观察沉淀的生成和颜色。然后再逐渐滴加 $Pb(NO_3)_2$ 溶液，

观察沉淀的变化。

**4. 沉淀的转化**

在一支试管中加入5滴$Pb(NO_3)_2$溶液和5滴$Na_2SO_4$溶液，观察沉淀的生成和颜色。然后再加5滴$K_2CrO_4$溶液，观察沉淀的变化。

## 五、实验结果与数据处理

记录沉淀的变化现象，并写出反应方程式。

## 六、思考题

1. 哪些方法可以让沉淀溶解？
2. 沉淀转化与$K_{sp}$有无直接关系？

# 实验五 酸碱标准溶液的配制和浓度比较

## 一、实验目的

1. 了解用间接法配制标准溶液的方法；
2. 熟悉滴定管、移液管的正确使用与操作；
3. 掌握准确判定滴定终点的方法。

## 二、实验原理

标准溶液是指浓度确切已知并可用来滴定的溶液，一般采用直接法和间接法配制。通常，只有基准物质[1]才能用直接法配制，而其他物质只能用间接法配制。

直接法是准确称量一定量的基准物质，溶解后定量地转移至一定体积的容量瓶中，稀释定容，摇匀。溶液的浓度可通过计算直接得到。间接法是先配制近似于所需浓度的溶液，再用基准物（或已标定的标准溶液）来标定其准确浓度。

本实验中要配制HCl和NaOH标准溶液，由于浓盐酸易挥发，固体NaOH易吸收空气中的水分和$CO_2$，因此，不能用直接法配制标准溶液。只要用基准物质标定HCl和NaOH标准溶液中的一种，获得其准确浓度，就可以根据它们的体积比求得另一种溶液的准确浓度。

0.1mol/L NaOH和0.1HClmol/L溶液的相互滴定，其突跃范围为4～10，甲基橙、甲基红、中性红或酚酞等均属在此范围内变色的指示剂。

## 三、仪器、试剂与材料

1. 仪器：酸式滴定管（25mL）、碱式滴定管（25mL）、锥形瓶（250mL）、电子台秤。
2. 试剂：NaOH（s）、HCl（6mol/L）、甲基橙（0.1%）、酚酞（0.1%）。
3. 材料：标签纸。

## 四、实验内容

**1. 0.1mol/L HCl 和 0.1mol/L NaOH 溶液的配制**

（1）通过计算求出配制 500mL 0.1mol/L HCl 溶液所需 6mol/L HCl 的体积。然后用量杯量取配制好的 HCl，倾入有玻璃塞的细口瓶中，用蒸馏水稀释至 500mL，充分摇匀。贴上标签。

（2）通过计算求出配制 500mL 0.1mol/L NaOH 所需固体的量，用小烧杯在电子台秤上迅速称量，加水溶解，稀释至 500mL，充分摇匀，贮于有橡皮塞的细口瓶中。贴上标签[2]。

**2. 酸碱溶液浓度的比较**

（1）酸、碱滴定管的准备（参见绪论常用仪器的使用方法）。分别用配制好的酸、碱标准溶液润洗后，将配制好的溶液装满滴定管。调节滴定管的液面，使至 0.00 刻度或零点稍下处，静止 1min，再准确读取滴定管液面位置（注意读到小数点后几位），并记录读数。

（2）酸碱标准溶液的标定。从碱式滴定管中准确放出 20～30mL 0.1mol/L NaOH 溶液于锥形瓶中，加 1 滴甲基橙指示剂，用酸式滴定管中 0.1mol/L 的 HCl 溶液滴定，在滴定过程中要不断摇动锥形瓶，使溶液混匀，当滴定接近终点时[3]，用少量水淋洗挂在瓶壁上的酸液，再继续滴定，直到加入 1 滴或半滴 HCl 溶液就使溶液由黄色变为橙色为止。准确读取并记录最后所用 HCl 溶液的体积。平行滴定三次，记录读数，分别求出体积比（$V_{NaOH}/V_{HCl}$），直至 3 次测定结果的相对平均偏差在 0.2%以内，取平均值。

（3）以酚酞作指示剂，进行碱滴定酸的实验时，终点由无色变微红，其他操作同上，求出它们的体积比，将所得结果与上面酸滴定碱的结果进行比较，并讨论之。

## 五、实验结果与数据处理

比较酸碱标定时的数据，讨论造成结果差异的原因。

## 六、思考题

1. HCl 和 NaOH 标准溶液能否直接配制？为什么？

2. 滴定管在装入标准溶液前，为什么要用该标准溶液润洗内壁 2～3 次？而滴定用的锥形瓶是否也要用此标准溶液润洗，或将其烘干？

3. 配制 HCl 溶液和 NaOH 溶液所用水的体积，是否需要准确量度？为什么？

4. 在 HCl 溶液与 NaOH 溶液浓度比较的滴定中，分别以甲基橙和酚酞作指示剂，所得的洗液体积比是否一致？为什么？

**注释：**

[1] 基准物质应符合下列条件要求：

（1）试剂的组成与其化学式完全相符；

（2）试剂的纯度在 99.9%以上；

（3）试剂在一般情况下很稳定；

（4）试剂最好有较大的摩尔质量。

［2］ 这样配制的 NaOH 溶液将含有 $CO_3^{2-}$，若要求除去其中的 $CO_3^{2-}$，可加入 $BaCl_2$ 溶液使其生成沉淀，利用沉淀上层的清液配制 NaOH 溶液。

［3］ 接近终点时，滴定液加入瞬间锥形瓶中会出现红色，渐渐褪至黄色。

# 实验六　氧化还原反应与电化学

## 一、实验目的

1. 了解电极电势与氧化还原反应的关系；
2. 验证反应物浓度、介质对氧化还原反应的影响；
3. 理解氧化态还原态浓度和酸度对电极电势的影响；
4. 掌握测定电极电势的原理和方法。

## 二、实验原理

氧化还原平衡是热力学四大平衡之一，在普通化学、无机化学、分析化学及物理化学中均占有重要地位。

氧化还原过程是物质之间电子得失的过程。某种物质得失电子能力的大小或者说氧化、还原能力的强弱，可用它们氧化态和还原态所组成电对的电极电势的相对高低来衡量。一个电对的电极电势（以还原电势为准）代数值越大，其氧化态氧化能力就越强，而还原态还原能力就越弱，反之亦然。根据两电对电极电势的大小，可判断一个氧化还原反应进行的方向和程度。标准电极电势 $\varphi^{\ominus}$（1mol/L，25℃）通常为还原电势，即

$$\text{氧化态} + n\text{e} = \text{还原态} \tag{2-4}$$

电对的电极电势不仅决定于电对的本性，而且还决定于溶液浓度和温度及介质等条件。在25℃时，电极电势与浓度的关系可用 Nernst 方程表示：

$$\varphi = \varphi^{\ominus} - \frac{0.05921}{n}\lg\frac{\alpha_{(\text{还原态})}}{\alpha_{(\text{氧化态})}} \tag{2-5}$$

影响溶液中离子浓度的因素如络合剂、沉淀剂、酸度，同样影响电极电势，从而影响氧化还原反应。

单独的电极电势是无法测量的，实验中，只能测量两个电对组成原电池的电动势。如果原电池中有一个电对的电极电势是已知的，则能算出另一个电对的电极电势。

## 三、仪器、试剂与材料

1. 仪器：pH 计（pHS-3C 型）、烧杯（50mL）、试管、盐桥、甘汞电极、导线、电极（锌片，铜片）。

2. 试剂：$H_2SO_4$（3mol/L）、HAc（6mol/L）、$NH_3 \cdot H_2O$（浓）、$CuSO_4$（0.1mol/L，1.0mol/L）、$ZnSO_4$（0.1mol/L，1.0mol/L）、$FeCl_3$（0.1mol/L）、$KMnO_4$（0.01mol/L）、KBr（0.1mol/L）、KI（0.1mol/L）、$Pb(NO_3)_2$（0.1mol/L）、$CCl_4$。

3. 材料：砂纸、铅粒、锌片。

## 四、实验内容

**1. 比较锌、铅、铜在电位序中的位置**

（1）在两支小试管中分别加入 1mL0.1mol/L $Pb(NO_3)_2$ 和 1mL0.1mol/L $CuSO_4$，然后各加入一片表面擦净的锌片，放置片刻，观察锌片表面有何变化。

用表面擦净的铅粒代替锌片，分别与 0.1mol/L $ZnSO_4$ 和 0.1mol/L $CuSO_4$ 溶液反应，观察铅粒表面有何变化。

写出反应式，说明电子转移方向，并确定锌、铜、铅在电位序中的相对位置。

（2）在小试管中加入 3～4 滴 0.10mol/L KI 溶液，用蒸馏水稀释到 1mL，加入 2 滴 0.1mol/L $FeCl_3$，摇匀后，再加入 0.5mL $CCl_4$，充分振荡，观察 $CCl_4$ 层的颜色有何变化。

（3）用 0.1mol/L KBr 溶液进行同样的实验，观察 $CCl_4$ 的颜色。

根据 2.、3. 实验结果，定性地比较 $\varphi^{\ominus}_{Br_2/Br^-}$、$\varphi^{\ominus}_{I_2/I^-}$、$\varphi^{\ominus}_{Fe^{3+}/Fe^{2+}}$ 的相对大小，并指出哪个电对的氧化态是最强的氧化剂，哪个电对的还原态是最强的还原剂。

**2. 酸度对氧化还原速度的影响**

在两支各装有 0.5mL 0.1mol/L KBr 的试管中，分别加入 0.5mL 3mol/L $H_2SO_4$ 溶液和 6mol/L HAc 溶液，然后往两个试管中各加入 0.1mol/L $KMnO_4$ 溶液。观察并比较两个试管中紫色褪去的快慢。写出反应式并加以解释。

**3. 电动势的测定**

用细砂纸除去金属棒表面的氧化层及其他物质，洗净、擦干。在一个 50mL 的烧杯中加入 10mL1.0mol/L $CuSO_4$ 溶液，并插入铜电极，组成一个半电池。在另一个 50mL 的烧杯中加入 10mL1.0mol/L $ZnSO_4$ 溶液，插入锌电极（如图 2-3 所示），组成另一个半电池。用盐桥连接两个半电池，用 pH 计[1]测出原电池的电动势。

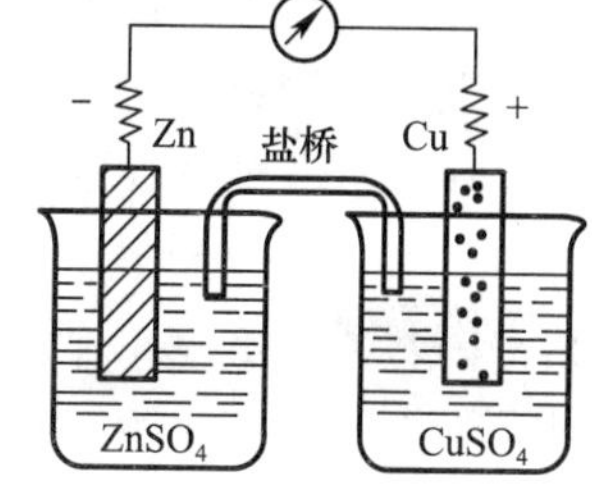


图 2-3　Cu-Zn 原电池

**4. 形成沉淀及配合物对电极电势的影响**

将约 8mL 浓 $NH_3 \cdot H_2O$ 溶液缓缓加入 Cu|$CuSO_4$（1.0mol/L）半电池的 $CuSO_4$ 溶液中，开始生成 $Cu(OH)_2$ 沉淀，慢慢地沉淀溶解，搅拌，待沉淀完全溶解后与半电池 Zn|$ZnSO_4$（1.0mol/L）组成原电池，测定电动势。并与内容 3 的电动势值比较，试说明 $Cu^{2+}$ 形成配合物对 $\varphi_{Cu^{2+}/Cu}$ 有何影响？

**5. 浓度变化对电极电势的影响**

测定原电池 Zn|$ZnSO_4$（0.1mol/L）‖$CuSO_4$（1.0mol/L）|Cu 的电动势，并与内容 3 的电动势值比较，试说明 $Zn^{2+}$ 浓度降低对 $E_{Zn^{2+}/Zn}$ 有何影响？

## 五、思考题

1. 氧化剂与还原剂是否一定要相互接触时才能反应？
2. 盐桥的作用是什么？能否不用？
3. 有哪些因素影响电极电势？
4. 由实验步骤 4 的电动电势值，试计算 $[Cu(NH_3)_4]^{2+}$ 的稳定常数。

**注释：**

[1] 用导线把铜电板与 pH 计的“＋”极相连，锌电板与 pH 计的“－”极相连，将 pH 计上的 pH－mV 开关板向“mV”处，列出此原电池的电动势。

# 实验七　配位化合物的生成和性质

## 一、实验目的

1. 了解配位化合物的生成与组成，配离子与简单离子及配位化合物与复盐的区别；

2. 比较不同配体对离子稳定性的影响；

3. 了解配位化合物的形成对中心离子性质改变及沉淀反应、氧化还原反应和溶液酸度对配位平衡的影响。

## 二、实验原理

配位平衡是热力学四大平衡之一，在普通化学、无机化学、分析化学及物理化学中均占有重要地位。配位化合物在土建类专业和生物类专业中均有不同的意义，因此是基础化学实验中较为重要的实验项目之一。

配位化合物是由形成体（中心离子或原子）和一定数目的配位体（阴离子或中性分子）以配位键相结合形成的具有一定的组成和空间构型的复杂化合物（简称配合物）。配离子在水溶液中存在配合—离解的平衡，例如 $[Ag(NH_3)_4]^{2+}$ 在水溶液中存在：

$$[Ag(NH_3)_4]^{2+} \rightleftharpoons 2Ag^+ + 4NH_3$$

其平衡常数为 $K^{\ominus}_{不稳}$。通常用稳定常数表示配离子的稳定性，$K^{\ominus}_{稳}=1/K^{\ominus}_{不稳}$。不同的配离子具有不同的稳定常数；对于同种类型的配离子，稳定常数越大，配离子越稳定。

金属离子一旦形成配离子后，由于配位体的配位作用，使原来离子或化合物的存在形式、颜色、溶解性、氧化还原反应性及酸碱性等方面发生了变化。且配位平衡与沉淀溶解平衡、氧化还原平衡在一定条件下可以相互转化。

**螯合物**

螯合物是中心离子与配位体形成环状结构的配合物。很多金属离子的螯合物具有特征的颜色，并且难溶于水，易溶于有机溶剂，因此常用于化学实验中鉴定金属离子，如 $Ni^{2+}$ 离子的鉴定反应就是利用 $Ni^{2+}$ 离子与丁二酮肟在弱碱性条件下反应，生成玫瑰红色螯合物。

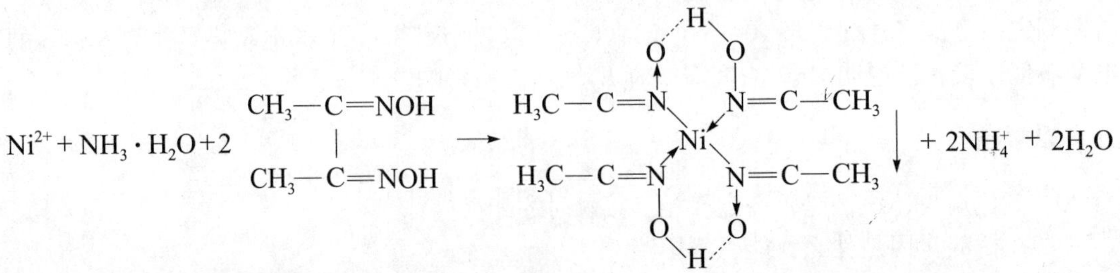

$$Ni^{2+} + NH_3 \cdot H_2O + 2\begin{array}{l} CH_3—C{=}NOH \\ \quad\ | \\ CH_3—C{=}NOH \end{array} \longrightarrow \begin{array}{c} H \\ O\qquad O \\ H_3C—C{=}N\quad N{=}C—CH_3 \\ Ni \\ H_3C—C{=}N\quad N{=}C—CH_3 \\ O\qquad O \\ H \end{array}\downarrow + 2NH_4^+ + 2H_2O$$

## 三、仪器、试剂与材料

1. 仪器：离心机、烧杯（100mL）、试管、酒精灯、石棉网。

2. 试剂：$(NH_4)_2C_2O_4$（s）、$H_2SO_4$（1mol/L）、HCl（6mol/L）、NaOH（2mol/L，6mol/L）、$NH_3 \cdot H_2O$（2mol/L，6mol/L，浓）、KSCN（0.1mol/L）、$K_3[Fe(CN)_6]$（0.1mol/L）、$K_4[Fe(CN)_6]$（0.1mol/L）、KI（0.1mol/L）、KBr（0.1mol/L）、$FeCl_3$（0.1mol/L）、$BaCl_2$（0.1mol/L）、NaCl（0.1mol/L）、$FeSO_4$（0.1mol/L）、$CuSO_4$（0.1mol/L）、$NH_4Fe(SO_4)_2$（0.1mol/L）、$NH_4F$（10%）、$Na_2S$（0.5mol/L）、$Na_2S_2O_3$（0.1mol/L）、$PbNO_3$（0.1mol/L）、$Fe(NO_3)_2$（0.5mol/L）、乙醇（95%）、$CCl_4$、甘油、二乙酰二肟乙醇溶液。

3. 材料：pH 试纸、Cu 片。

## 四、实验内容

**1. 配离子的生成和组成**

在三支小试管中分别加入 0.5mL $CuSO_4$溶液，再小心滴加 2mol/L $NH_3 \cdot H_2O$，观察浅蓝色 $Cu_2(OH)_2SO_4$沉淀的生成。继续滴加氨水，直至沉淀完全溶解，再加 1 滴氨水，观察溶液的颜色。

在其中一份溶液中加入 1 滴 0.1mol/L $BaCl_2$溶液，另一份加入 1 滴 2mol/L NaOH 溶液，观察现象。并根据实验结果说明铜氨配合物的内界和外界，写出反应式。

在第三支试管中加入 2mL95%乙醇，摇动试管，观察现象。过滤，观察晶体的形状。形成晶体留待步骤 5. 使用。

**2. 简单离子和配离子的区别**

形成配离子后，由于配位体的配位作用，使原来离子或化合物的存在形式、颜色、溶解性、氧化还原反应性及酸碱性等方面发生了变化。

现有浓度均为 0.1mol/L 的 $FeSO_4$、$K_4[Fe(CN)_6]$、$K_3[Fe(CN)_6]$、KSCN、KI、$FeCl_3$溶液，浓度为 0.5mol/L 的 $Na_2S$ 溶液和 $CCl_4$，试设计实验验证 $Fe^{3+}$ 与 $CN^-$ 形成配离子 $[Fe(CN)_6]^{3-}$ 后在存在形式、沉淀及氧化还原反应性方面的区别。

**3. 配位化合物与复盐、单盐的区别**

取 2 支试管，分别加入 0.5mL0.1mol/L $FeCl_3$ 溶液、0.1mol/L $K_3[Fe(CN)_6]$ 及 0.1mol/L $NH_4Fe(SO_4)_2$溶液，然后各加入 KSCN 溶液 2 滴，观察溶液颜色的变化，与上面步骤中 $FeCl_3$与 KSCN 反应的现象比较，写出反应式，并说明。

**4. 配位解离平衡与沉淀溶解平衡**

在离心管试内加入 0.5mL $AgNO_3$溶液和 0.5mL NaCl 溶液。离心分离，弃去清液，并用少量蒸馏水把沉淀洗涤两次，弃去洗涤液，然后加入 2mol/L $NH_3 \cdot H_2O$ 至沉淀刚好溶解为止。

往以上溶液中加 1 滴 NaCl 溶液，是否有 AgCl 溶液生成？再加入 1 滴 KBr 溶液，有无 AgBr 沉淀生成？沉淀是什么颜色？继续加入 KBr 溶液至不再产生 AgBr 沉淀为止。离心分离，弃去清液，并用少量蒸馏水洗涤沉淀 2～3 次，弃去洗涤液，然后加入 $Na_2S_2O_3$ 溶液直至沉淀刚好溶解为止。往以上溶液中加入 1 滴 KBr 溶液，是否有 AgBr 沉淀产生？再加一滴 KI 溶液，有没有 AgI 沉淀产生？沉淀是什么颜色？

由以上实验，讨论沉淀溶解平衡与配位解离平衡的相互影响，并比较 AgCl、AgBr、

AgI 的 $K_{sp}$的大小和 $[Ag(NH_3)_2]^+$、$[Ag(S_2O_3)_2]^{3-}$的 $K_{稳}$大小，写出有关反应方程式。

**5. 配位平衡与酸碱平衡**

取步骤 1. 自制的 $[Cu(NH_3)_4]^{2+}$溶液，然后逐滴加入 1mol/L$H_2SO_4$，边滴加边振荡，观察是否有沉淀产生？继续加入 $H_2SO_4$至溶液呈酸性，又有什么变化？解释现象，说明原因。

**6. 配体的取代**

取 2 支试管各加入 0.5mL $Fe(NO_3)_3$溶液，在其中一支试管中滴加 6mol/L HCl，振荡后观察颜色有无变化？并比较。接着往这支试管中加入几滴 KSCN 溶液，观察颜色有无变化，再往这支试管中滴加 10%的 $NH_4F$ 溶液，观察颜色有何变化？最后往这支试管中加入小半匙固体草酸铵，振荡后观察溶液颜色的变化。写出上述离子反应式，并说明反应进行的理由。

**7. 螯合物的生成**

(1) 取几滴 $NiSO_4$溶液，加入 2 滴浓 $NH_3 \cdot H_2O$ 和 2 滴二乙酰二肟乙醇 $C_2H_5OH$ 溶液，观察现象写出反应式。

(2) 取一小段 pH 试纸，在试纸的一端加入 1 滴 $H_3BO_3$，在试纸的另一端加入 1 滴甘油，待甘油与 $H_3BO_3$相互渗透，观察试纸两端及交错点的 pH 值，并解释之。

## 五、思考题

1. 配位反应常用来分离和鉴定某些离子，试设计一个实验方案，分离混合液中的 $Ag^+$、$Fe^{3+}$、$Cu^{2+}$。

2. 试举例说明不同配位体对配离子稳定性的影响。

# 实验八　d 区重要元素化合物性质与应用（铬、锰、铁、钴、镍）

## 一、实验目的

1. 了解 Cr、Mn、Fe、Co、Ni 重要元素氢氧化物的酸碱性及氧化还原性；掌握各主要氧化态物质之间的相互转化；

2. 掌握其+2 价氧化值化合物的还原性、+3 价氧化值化合物的氧化性的递变规律。

3. 掌握钴、镍氨化合物的生成和性质。

## 二、实验原理

铬、锰和铁、钴镍分别为第四周期的ⅥB、ⅦB、ⅧB 族元素。几种元素的重要化合物的性质如下：

**1. Cr、Mn 的重要化合物性质**

Cr (III) 氢氧化物呈两性，盐易水解。在强碱性介质中，Cr（Ⅲ）表现较强的还原性，易被中等强度的氧化剂（如 $H_2O_2$）氧化为 $CrO_4^{2-}$：

$$2[Cr(OH)_4]^- + 3H_2O_2 + 2OH^- \rightleftharpoons 2CrO_4^{2-} + 8H_2O$$

在酸性介质中，$Cr^{3+}$具有明显的稳定性，只有强氧化剂（如 $KMnO_4$）才能将其氧化为 $Cr_2O_7^{2-}$，如：

$$10Cr^{3+} + 6MnO_4^- + 11H_2O \rightleftharpoons 5Cr_2O_7^{2-} + 6Mn^{2+} + 22H^+$$

铬酸盐和重铬酸盐可以互相转化，在水溶液中存在下列平衡：

$$2CrO_4^{2-} + 2H^+ \rightleftharpoons Cr_2O_7^{2-} + H_2O$$

Cr（Ⅵ）具有强氧化性，易被还原为 $Cr^{3+}$，如：

$$Cr_2O_7^{2-} + SO_3^{2-} + 8H^+ \rightleftharpoons 2Cr^{3+} + 3SO_4^{2-} + 4H_2O$$

在酸性介质中，$Cr_2O_7^{2-}$与 $H_2O_2$作用生成蓝色过氧化铬 $CrO(O_2)_2$，这个反应用于鉴定 $Cr_2O_7^{2-}$或 $Cr^{3+}$：

$$Cr_2O_7^{2-} + 4H_2O_2 + 2H^+ \rightleftharpoons 2CrO(O_2)_2 + 5H_2O$$

Mn（Ⅱ）氢氧化物显碱性，在空气中易被氧化，逐渐变成棕色的 $MnO_2$ 水合物 $MnO(OH)_2$。

$$Mn^{2+} + 2OH^- \rightleftharpoons Mn(OH)_2(\text{白色})$$

$$2Mn(OH)_2 + O_2 \rightleftharpoons 2MnO(OH)_2(\text{棕红色})$$

+6 价的 $MnO_4^{2-}$在酸性或弱碱性介质中易发生歧化反应，$MnO_4^{2-}$能稳定存在于强碱性条件下。

$$3MnO_4^{2-} + 2H_2O \rightleftharpoons 2MnO_4^- + MnO_2 + 4OH^-$$

在酸性介质中，$Mn^{2+}$很稳定，只有在较强的酸性条件下与强氧化剂作用（如 $NaBiO_3$、$PbO_2$、$(NH_4)_2S_2O_8$等），才能被氧化为 $MnO_4^-$：

$$5NaBiO_3 + 2Mn^{2+} + 14H^+ \rightleftharpoons 2MnO_4^- + 5Bi^{3+} + 5Na^+ + 7H_2O$$

$$5PbO_2 + 2Mn^{2+} + 4H^+ \rightleftharpoons 2MnO_4^- + Pb^{2+} + 2H_2O$$

$MnO_2$在酸性介质中具有强氧化性，还原产物为 $Mn^{2+}$：

$$MnO_2 + 4HCl(\text{浓}) \rightleftharpoons MnCl_2 + Cl_2\uparrow + 2H_2O$$

$MnO_4^-$具有强氧化性，在酸性介质中氧化性更强。$MnO_4^-$在不同介质中的还原产物不同，在酸性、中性和碱性介质中，还原产物分别为 $Mn^{2+}$、$MnO_2$和 $MnO_4^{2-}$。

$MnO_4^-$与 $Mn^{2+}$易发生歧化反应的逆反应。

**2. Fe、Co、Ni 的重要化合物性质**

Fe（Ⅱ）、Co（Ⅱ）、Ni（Ⅱ）氢氧化物的显碱性。依次为白色、粉红和绿色。空气中的氧对它们的作用各不相同：$Fe(OH)_2$很快被氧化为红棕色的 $FeO(OH)$；$Co(OH)_2$缓慢地被氧化成褐色的 $CoO(OH)$；$Ni(OH)_2$与氧不发生反应。

Fe（Ⅱ）、Co（Ⅱ）、Ni（Ⅱ）的氢氧化物都显碱性 $FeO(OH)$ 与酸作用生成 $Fe^{3+}$，而 $CoO(OH)$、$NiO(OH)$ 与盐酸反应时，分别生成 $Co^{2+}$、$Ni^{2+}$。这是因为在酸溶液中 $Co^{2+}$、$Ni^{2+}$是强氧化剂，它们能将 $H_2O$ 氧化为 $O_2$，$Cl^-$氧化为 $Cl_2$。

$Fe^{2+}$是常用的还原剂，$Fe^{3+}$是弱氧化剂。它们易发生水解。

Fe、Co、离子都能生成配合物。Co（Ⅱ）配合物不稳定，易被氧化为 Co（Ⅲ）配合物；Ni（Ⅱ）的配合物稳定。

## 三、仪器、试剂与材料

1. 仪器：试管、离心试管、酒精灯、水浴锅、离心机。

2. 试剂：$(NH_4)_2Fe(SO_4)_2 \cdot 6H_2O$（s）、$NaBiO_3$（s）、$NH_4Cl$（s）、$Na_2SO_3$（s）、HCl（浓）、NaOH（2mol/L，6mol/L，40%）、$H_2SO_4$（3mol/L）、$K_2Cr_2O_7$（0.1mol/L）、HAc（2mol/L）、$NH_3 \cdot H_2O$（2mol/L，浓）、$KMnO_4$（0.1mol/L）、$HNO_3$（6mol/L）、$CrCl_3$（0.1mol/L）、$NH_4Cl$（0.5mol/L）、$BaCl_2$（0.1mol/L）、$CoCl_2$（0.1mol/L，0.5mol/L）、$NiSO_4$（0.1mol/L，0.5mol/L）、$H_2O_2$（3%）、$MnSO_4$（0.1mol/L）、乙醇（95%）、$Br_2$水。

3. 材料：淀粉KI试纸。

## 四、实验内容

**1. 低价氢氧化物的生成和性质**

（1）在试管中加入1mL蒸馏水，用1～2滴3mol/L $H_2SO_4$酸化，煮沸片刻（为什么?）在其中溶解少许$Fe(SO_4)_2 \cdot 7H_2O$晶体。同时，在另一试管中加入1mL 2mol/L NaOH溶液，煮沸赶尽氧气，迅速加到$FeSO_4$溶液中（不要摇匀），观察现象；然后摇匀，静置片刻，观察颜色变化。

（2）在试管中加入少量0.1mol/L $CoCl_2$溶液，滴加2mol/L NaOH溶液，立即观察沉淀的颜色。然后将沉淀分成两份，一份静置一段时间，观察变化；另一份加入数滴3%$H_2O_2$溶液，观察现象。后者沉淀保留，供实验2.（1）用。

（3）在试管中加入少量0.1mol/L $NiSO_4$溶液，滴加2mol/L NaOH溶液，产生沉淀。摇匀后静置一段时间，观察沉淀颜色有无变化。然后，将沉淀分成两份，一份加入3%$H_2O_2$溶液，另一份加溴水，观察现象。前者的沉淀保留，供实验2.（2）用。

**2. 高价氢氧化物的生成和性质**

（1）将实验1.（2）中得到的CoO(OH)沉淀离心沉降，用蒸馏水洗涤沉淀1～2次。然后，在沉淀再加入少量浓HCl，用湿润的淀粉KI试纸检验逸出的气体。

（2）以同样方法对实验1.（3）中制得的NiO(OH)沉淀进行操作，检验产生的气体。通过以上实验，总结Fe（Ⅱ）、Co（Ⅱ）、Ni（Ⅱ）还原性和Fe（Ⅲ）、Co（Ⅲ）、Ni（Ⅲ）氧化性的递变规律。

**3. 低价盐的还原性**

（1）在试管中加入少量0.1mol/L $CrCl_3$，滴加6mol/L NaOH溶液，至生成沉淀又溶解。然后加入适量3%$H_2O_2$溶液，微热，观察现象。

（2）在试管中加入5滴0.1mol/L $MnSO_4$和3滴6mol/L $HNO_3$溶液，然后加入少量$NaBiO_3$固体，摇荡，观察溶液的颜色变化。

**4. 高价盐的氧化性**

（1）取数滴$K_2Cr_2O_7$溶液，用3mol/L $H_2SO_4$酸化，滴加0.5mL95%乙醇，摇荡试管，微热，观察溶液的颜色变化。

（2）取三支试管，各加入少量0.1mol/L $KMnO_4$溶液，然后在第一支试管中加入几滴

3mol/L $H_2SO_4$溶液，在第二支试管中加入几滴蒸馏水，在第三支试管中加入几滴 6mol/L NaOH 溶液，最后再往各试管中分别加一小勺固体 $Na_2SO_3$，振荡溶液，观察紫红色溶液的变化。

（3）另取三支试管，各加入少量 0.1mol/L $KMnO_4$溶液，然后将滴加介质及还原剂的次序颠倒，观察实验结果与（2）有何不同？为什么？

**5. $Cr_2O_7^{2-}$ 与 $CrO_4^{2-}$ 的转化**

（1）取 5 滴 0.1mol/L $K_2Cr_2O_7$溶液于试管中，加入 2 滴 2mol/L NaOH 观察溶液颜色的变化，在此溶液中加入 2 滴 0.1moL/L $BaCl_2$，观察沉淀的生成。

（2）取 5 滴 0.1mol/L $K_2Cr_2O_7$溶液于试管中，加入 2 滴 2mol/L HAc，观察溶液颜色的变化，在此溶液中加入 2 滴 0.1mol/L $BaCl_2$，观察沉淀的生成。

**6. 锰酸盐的生存及不稳定性**

（1）取适量 0.1mol/L $KMnO_4$溶液，加入过量 40%NaOH，再加入少量固体 $Na_2SO_3$，微热，搅拌，静置片刻，离心，绿色清液即 $K_2MnO_4$溶液。

（2）取少量绿色清液，滴加 3mol/L $H_2SO_4$溶液，观察现象。

（3）取少量绿色清液，加入少许 $NH_4Cl$ 固体，振荡试管，使其溶解，微热，观察现象。

**7. 钴和镍的氨配合物**

（1）取少量 0.5mol/L $CoCl_2$ 溶液，滴加 0.5mol/L $NH_4Cl$ 溶液，然后，逐滴加入 2mol/L $NH_3 \cdot H_2O$，振荡试管，观察沉淀的颜色，再继续加入过量的浓 $NH_3 \cdot H_2O$，至沉淀溶解为止。观察反应物的颜色。最后把溶液放置一段时间，观察溶液颜色的变化。说明钴氨配合物的性质。

（2）取适量 0.5mol/L $NiSO_4$ 溶液，滴加 0.5mol/L $NH_4Cl$ 溶液，然后，逐滴加入 2mol/L $NH_3 \cdot H_2O$，振荡试管，观察沉淀的颜色，再继续加入过量的浓 $NH_3 \cdot H_2O$，至沉淀溶解为止。观察反应物的颜色。最后把溶液分成四份，第一份溶液中加入几滴 2mol/L NaOH，第二份溶液中加入几滴 3mol/L $H_2SO_4$溶液，有何现象？把第三份溶液用水稀释，是否有沉淀产生？把第四份煮沸，又有何变化？综合实验结果，说明镍氨配合物的稳定性。

## 五、思考题

1. 如何实现 Cr（Ⅲ）→Cr（Ⅵ）→Cr（Ⅲ）的转化？
2. 验证 $K_2Cr_2O_7$和 $PbO_2$的氧化性时，应选用何种酸作介质？
3. 在制备 $Mn(OH)_2$、$Fe(OH)_2$和 $Co(OH)_2$时，为什么要将相应溶液先煮沸？
4. 用最简便的方法，区别下列 3 组溶液：

$SnCl_2$和 $MnSO_4$、$K_2CrO_4$和 $FeCl_3$、$MnSO_4$和 $MgSO_4$。

# 实验九　ds 区重要元素化合物性质与应用（铜、银、锌、镉、汞）

## 一、实验目的

1. 了解 Cu、Ag、Zn、Cd、Hg 氢氧化物的性质；

2. 熟悉 Cu、Ag、Zn、Cd、Hg 常见配合物的性质；

3. 掌握 Cu（Ⅰ）和 Cu（Ⅱ）之间相互转化的条件。

## 二、实验原理

副族元素的性质在无机化学中占有重要地位。土建类专业中涉及的大量金属材料也与副族元素的性质有关。

在周期系中 Cu、Ag 属ⅠB 族元素，Zn、Cd、Hg 为ⅡB 族元素。他们化合物的重要性质如下：

**1. Cu、Ag、Zn、Cd、Hg 氢氧化物的酸碱性和脱水性**

$Cu^{2+}$、$Zn^{2+}$、$Cd^{2+}$ 都能与 NaOH 反应生成相应的氢氧化物沉淀，其中 $Cu(OH)_2$ 不稳定，具有两性，加热至 90℃易脱水而分解成 CuO（黑）；$Ag^+$ 与 NaOH 反应生成的 Ag(OH) 更不稳定，在常温下迅速分解为 $Ag_2O$（棕色）；$Zn(OH)_2$ 显两性；$Cd(OH)_2$ 呈碱性；Hg（Ⅱ）、Hg（Ⅰ）的氢氧化物则极易脱水而分别转变成 HgO（黄色）、$Hg_2O$（黑色）。

**2. Cu、Ag、Zn、Cd、Hg 的配位性**

能与多种配体形成配合物是 $Cu^{2+}$、$Cu^+$、$Ag^+$ 的显著特征。$Zn^{2+}$、$Cd^{2+}$ 易与过量氨水反应，生成氨配离子。$Hg^{2+}$、$Hg_2{}^{2+}$ 在大量 $NH_4^+$ 存在下，才可生成氨配离子。

**3. Cu（Ⅰ）与 Cu（Ⅱ）的相互转化**

$Cu^+$ 在水溶液中极不稳定，易发生歧化反应（$\varphi^{\ominus}_{Cu^+/Cu} > \varphi^{\ominus}_{Cu^{2+}/Cu^+}$）

$$2Cu^+ \rightleftharpoons Cu^{2+} + Cu \qquad K^{\ominus} = 1.48 \times 10^6$$

根据平衡移动的原理，只有形成难溶电解质或配合物，才能得到稳定的 Cu（Ⅰ）化合物，例如：

$$Cu^{2+} + Cu + 4Cl^- \rightleftharpoons 2[CuCl_2]^-$$

$$2[CuCl_2]^- \longrightarrow Cu_2Cl_2 + 2Cl^-$$

## 三、仪器、试剂与材料

1. 仪器：试管、离心试管、离心机、烧杯（100mL）、酒精灯。

2. 试剂：$Na_2SO_3$（s）、NaOH（2mol/L，6mol/L）、$NH_3 \cdot H_2O$（2mol/L，6mol/L）、HCl（2mol/L，浓）、$CuCl_2$（1mol/L）、$HgCl_2$（0.1mol/L）、KI（0.1mol/L）$AgNO_3$（0.1mol/L）、$Zn(NO_3)_2$（0.1mol/L）、$Cd(NO_3)_2$（0.1mol/L）、$Hg(NO_3)_2$（0.1mol/L）、$CuSO_4$（0.1mol/L）。

3. 材料：铜屑。

## 四、实验内容

**1. 氢氧化物的生成和性质**

（1）在试管中加入 4mL 0.1mol/L $CuSO_4$ 溶液，滴加 2mol/L NaOH 溶液，观察沉淀的颜色。将沉淀分别置于 3 支试管中，在其中两支试管中各加 2mol/L HCl、6mol/L NaOH 溶液；将第 3 支试管加热，观察现象。

（2）在试管中加入 0.5mL 0.1mol/L $AgNO_3$ 溶液，滴加 2mol/L NaOH 溶液，观察产

生沉淀的颜色。离心沉降，洗涤沉淀，将沉淀分成两份：一份加入 2mol/L $HNO_3$ 溶液，另一份加入 2mol/L $NH_3 \cdot H_2O$ 溶液，观察现象。

（3）在试管中加入 4mL 0.1mol/L $Zn(NO_3)_2$ 溶液，重复实验（1）的操作，验证 $Zn(OH)_2$ 的两性。

（4）在试管中加入 4mL 0.1mol/L $Cd(NO_3)_2$ 溶液，重复实验（1）的操作，验证 $Cd(OH)_2$ 是否显两性。

（5）在试管中加入少许 0.1mol/L $Hg(NO_3)_2$ 溶液，滴加少量 2mol/L NaOH 溶液，观察现象。

**2. 配合物的生成和性质**

（1）用 0.1mol/L $CuSO_4$ 溶液制取少量 $Cu(OH)_2$ 沉淀，离心分离，试验沉淀可否溶于 2mol/L $NH_3 \cdot H_2O$ 溶液。

（2）用 0.1mol/L $AgNO_3$ 溶液制取少量 AgCl 沉淀，离心分离，试验沉淀可否溶于 2mol/L $NH_3 \cdot H_2O$ 溶液。

（3）在试管中加入 10 滴 0.1mol/L $Zn(NO_3)_2$ 溶液，滴加 2mol/L $NH_3 \cdot H_2O$ 溶液，观察沉淀的生成。然后加入过量的 2mol/L $NH_3 \cdot H_2O$ 溶液，沉淀是否溶解？

（4）试管中加入 10 滴 0.1mol/L $Cd(NO_3)_2$ 溶液，按试验（3）进行操作，观察现象。

（5）在试管中加入 10 滴 0.1mol/L $Hg(NO_3)_2$ 溶液，加入 2mol/L $NH_3 \cdot H_2O$ 溶液，观察沉淀的生成。加入过量的 2mol/L $NH_3 \cdot H_2O$ 溶液，沉淀可否溶解？

（6）在试管中加入 10 滴 0.1mol/L $Hg(NO_3)_2$ 溶液中，加入数滴 6mol/L $NH_3 \cdot H_2O$ 溶液。生成沉淀后，加入过量的 6mol/L $NH_3 \cdot H_2O$ 溶液，沉淀是否溶解？

（7）在 5 滴 $Hg(NO_3)_2$ 溶液中，先加入少量 0.1mol/L KI 溶液，观察沉淀的颜色。再加过量 KI 溶液，出现什么现象？

**3. Cu（Ⅰ）和 Cu（Ⅱ）的相互转化**

（1）在 0.5mL 0.1mol/L $CuSO_4$ 溶液中，边滴加 0.1mol/L KI 溶液边振荡，观察有何变化？再加入适量 $Na_2SO_3$（s），以除去反应中生成的 $I_2$，离心分离，弃去清液，并用蒸馏水洗涤沉淀 2～3 次，再观察沉淀的颜色和状态。

（2）取 10 滴 1mol/L $CuCl_2$ 溶液，加 10 滴浓 2mol/L HCl，再加入 0.1g 铜屑，加热，至溶液颜色由深棕色呈泥黄色时为止。用滴管吸出几滴溶液，加入盛有 50mL 水的烧杯中，观察白色沉淀的生成。静置，用小滴管插入烧杯底部吸取少许 $Cu_2Cl_2$ 沉淀，分别与 2mol/L $NH_3 \cdot H_2O$ 溶液和浓 HCl 反应，观察现象。

## 五、思考题

1. Cu（Ⅰ）和 Cu（Ⅱ）各自稳定存在和相互转化的条件是什么？

2. 将 KI 加到 $CuSO_4$ 溶液中能否得到 $CuI_2$？$Cu_2I_2$ 沉淀是否可溶于浓 KI 溶液、浓 KSCN 溶液或浓 HCl？

3. 为什么向 $Cu(NO_3)_2$ 溶液中加 KI 产生 $Cu_2I_2$ 沉淀，而加 KCl 却得不到 $Cu_2Cl_2$ 沉淀？

4. 在 $Hg(NO_3)_2$ 溶液和 $Hg_2(NO_3)_2$ 溶液中，各加入少量 KI 和过量 KI 溶液，将分别产生什么现象？

# 实验十 硫酸亚铁铵的制备

## 一、实验目的

1. 了解复盐硫酸亚铁铵的特征和制法；
2. 练习使用微型仪器进行水浴加热，常压和减压过滤的方法；
3. 学习一种检验产品中杂质 $Fe^{3+}$ 离子含量的方法——目视比色法。

## 二、实验原理

硫酸亚铁铵 $(NH_4)_2Fe(SO_4)_2 \cdot 6H_2O$ 俗称摩尔盐，是一种工业上常用复盐，为绿色晶体，较硫酸亚铁稳定，在空气中不易被氧化，易溶于水，但难溶于乙醇[1]。

本实验采用如下方法制备硫酸亚铁铵：

1. 将铁粉（屑）与稀硫酸作用，得到硫酸亚铁溶液

$$Fe + H_2SO_4 \rightleftharpoons FeSO_4 + H_2 \uparrow$$

为阻止 $Fe^{2+}$ 离子在溶液中被氧化或发生水解，常使硫酸适当过量。

2. 将所得到的 $FeSO_4$ 溶液与等物质的量的 $(NH_4)_2SO_4$ 饱和溶液作用，通过浓缩，结晶，可得到溶解度较小的复盐硫酸亚铁铵的晶体

$$FeSO_4 + (NH_4)_2SO_4 + 6H_2O \rightleftharpoons (NH_4)_2Fe(SO_4)_2 \cdot 6H_2O$$

本实验采用目视比色法确定产品的杂质含量。目视比色法是确定物质中量和产品级别的一种简便快速方法。使离子在一定的条件下与某一被称为显色剂的溶液作用，生成带色的溶液，与已知杂质含量的带色溶液进行比较，可确定杂质含量的范围。本实验采用 KSCN 作显色剂目视比色确定产品中杂质 $Fe^{3+}$ 的含量范围。

## 三、仪器、试剂与材料

1. 仪器：电子台秤、锥形瓶（15mL）、烧杯（15mL，50mL）、抽滤瓶（10mL）、蒸发皿（30mm）、比色管（25mL）、吸量管（2mL）、布氏漏斗（20mm）、漏斗、酒精灯、玻棒、比色管架、洗瓶、铁三脚架、石棉网。

2. 试剂：铁粉或铁屑（s）、$(NH_4)_2SO_4$（s）、$H_2SO_4$（3mol/L）、HCl（2mol/L）、$Fe^{3+}$ 标准溶液（0.1000mg/L）[2]、$Na_2CO_3$（1mol/L）、KSCN（1.0mol/L）、乙醇（95%）。

3. 材料：pH 试纸、滤纸。

## 四、实验内容

### 1. 硫酸亚铁铵的制备

（1）铁粉（或屑）的净化——除去油污

称取一定量的铁粉于锥形瓶中，加入 1.0mol/L $Na_2CO_3$ 溶液 2mL，加热煮沸 5min，以除去铁粉表面的油污，用倾泻法除去碱液。用蒸馏水洗涤铁粉至中性（若铁粉干净可省去此步）。用 95%乙醇洗涤，晾干，备用。

（2）硫酸亚铁的制备

称取 0.2g 预处理过的铁粉于锥形瓶中加入 2mL3mol/L $H_2SO_4$，于水浴上加热 5～10min，反应开始时注意温度不应过高，防止因反应过于激烈，使溶液冒出。在加热过程中为防止 $FeSO_4$ 晶体析出，（由于水分的蒸发，浓度增大），可适当补充些蒸馏水（不宜过多）。当反应进行到铁粉基本溶解后，要求溶液的 pH 值不大于 1。趁热将溶液过滤在洁净的蒸发皿中。如滤纸上有结晶析出，可用数滴 3mol/L $H_2SO_4$ 洗涤滤纸，洗涤液合并到蒸发皿中。未反应完的铁粉用滤纸吸干后称重，计算已被溶解的铁量。

（3）硫酸亚铁铵的制备

根据反应中溶解的铁量，或生成 $FeSO_4$ 的理论产量，计算并称取所需固体 $(NH_4)_2SO_4$ 的量（考虑到硫酸亚铁在过滤等操作过程中的损失，其用量大致可按计算得到的理论量的 80%计算），配成饱和溶液（用水量可根据溶解度计算），然后倒入上面所制改的 $FeSO_4$ 溶液中，用玻棒搅拌均匀并调节 pH 值为 1～2 后，在沸水浴中加热蒸发浓缩，至溶液表面刚出现薄层结晶为止（注意浓缩过程中不宜搅动）。自水浴上取下蒸发皿，静置自然冷却至室温，即有硫酸亚铁铵晶体析出。减压过滤，用少量（约 1.0mL）95%乙醇洗涤晶体，抽干。取出晶体，用 2 张洁净的滤纸轻压吸去晶体中残留的水和乙醇，回收滤液。称量晶体，计算产率。

**2. 产品检验**

（1）标准色阶的配制

用吸量管吸取 $Fe^{3+}$ 含量为 0.1000mg/mL 的溶液 0.50、1.00、2.00mL 分别置于三支 25mL 比色管中，各加入 1mol/L KCNS 溶液 0.5mL，用自配 0.1mol/L HCl 溶液稀释到刻度，摇匀，备用。

（2）$Fe^{+3}$ 痕量分析

在电子台秤上称取 0.50g 硫酸亚铁铵样品（自制）于 25mL 比色管中，用自配 0.1mol/L HCl（用经煮沸除去溶解氧的蒸馏水稀释 1mol/L 的 HCl 溶液，配制成 50mL 溶液备用）10mL 溶解晶体，再加入 0.5mL（约 10 滴）1mol/L 的 KSCN 溶液，最后加入自配的稀 HCl 至刻度，摇匀，与标准色阶进行目视比色[3]。

## 五、思考题

1. 复盐有何特点？复盐与简单盐有何区别？

2. 为什么硫酸亚铁铵制备过程中需保持体系呈微酸性？

3. 在制取硫酸亚铁铵时，为什么不能直接加热而需用水浴加热来溶解铁粉？为什么反应初时温度不应过高？

4. 为什么产品溶液不能直接加热而需用水浴加热进行浓缩，且不宜搅动？

5. 本实验中，固体硫酸铵的理论需求量为多少？配成饱和溶液需要多少毫升的水？

6. 检验产品时，为什么须用煮沸过的蒸馏水？若用未经煮沸的蒸馏水，对检验结果有何影响？

**注释：**

[1]　$(NH_4)_2Fe(SO_4)_2 \cdot 6H_2O$ 的溶解度比组成它的简单盐的溶解度小得多。详见下表 2-3：

**不同温度下 $(NH_4)_2Fe(SO_4)_2 \cdot 6H_2O$ 及其组分盐的溶解度（g/100g $H_2O$）　　表 2-3**

| 组分盐 | 温度（℃） | | | | | | |
|---|---|---|---|---|---|---|---|
| | 0 | 10 | 20 | 30 | 40 | 50 | 60 |
| $FeSO_4 \cdot 7H_2O$ | 28.6 | 37.5 | 48.5 | 60.2 | 73.6 | 88.9 | 100.7 |
| $(NH_4)_2SO_4$ | 70.6 | 73.0 | 75.40 | 78.0 | 81.0 | — | 88.0 |
| $(NH_4)_2Fe(SO_4)_2 \cdot 6H_2O$ | 12.5 | 17.2 | — | — | 33.0 | 40.0 | — |

[2]　称取 0.8640g 硫酸亚铁铵 $(NH_4)_2Fe(SO_4)_2 \cdot 6H_2O$ 溶于 3mL0.1mol/L HCl 中，再全部移入 1000mL 溶量瓶中，用蒸馏水稀释至刻度摇匀，备用。

[3]　参照下表 2-4 确定产品等级：

**各种等级中 $(NH_4)_2Fe(SO_4)_2 \cdot 6H_2O$ 中 $Fe^{2+}$ 离子的含量　　表 2-4**

| 规　格 | Ⅰ级 | Ⅱ极 | Ⅲ级 |
|---|---|---|---|
| $Fe^{3+}$ 含量（mg/25mL 标准液） | 0.05 | 0.10 | 0.20 |
| $Fe^{3+}$ 含量（mg/1g 产品） | 0.05 | 0.10 | 0.20 |

# 实验十一　纸层析法分离鉴定 $Fe^{3+}$、$Co^{2+}$、$Ni^{2+}$、$Cu^{2+}$ 离子

## 一、实验目的

1. 学习纸层析法分离与鉴定金属离子的原理和基本操作方法；
2. 掌握相对比移值 $R_f$ 的测定方法及其应用。

## 二、实验原理

色谱法是分离提纯和鉴定物质的重要方法，在有机化学、生物化学和医学、药学领域中具有非常广泛的应用。色谱法可分为柱色谱、薄层色谱、纸色谱等，其中纸色谱法是一种简单、快速、准确、微量的分析分离方法，纸色谱又称纸层析，简称 PC。纸层析是以层析滤纸为支持物，利用被分离物质在两液相间分配的不同来进行分离的一种色谱技术。

本实验以滤纸纤维素吸附的水为固定相，以丙酮-盐为流动相，又称展开剂，属正相色谱。在滤纸下端点上 $Fe^{3+}$、$Co^{2+}$、$Ni^{2+}$、$Cu^{2+}$ 离子的混合液，将滤纸放入盛有适量展开剂的容器中，由于毛细作用，展开剂沿滤纸上升，当它经过试样点时，带动试样中的每个组分向上移动。由于 $Fe^{3+}$、$Co^{2+}$、$Ni^{2+}$、$Cu^{2+}$ 离子在固定相和流动相中具有不同的分配系数，在水中溶解度较大的组分向上移动速度较慢，而在丙酮-盐酸溶液中溶解度较大的组分向上移动较快，经过足够长的时间后所有组分均能彼此分开。然后，分别用氨水和硫化钠溶液喷雾，进行显色反应，出现黑色的样品斑点，氨水与盐酸反应生成氯化氨，硫化钠与各组分反应生成黑色硫化物（$Fe_2S_3$、CoS、NiS、CuS）。

可根据相对比移值 $R_f$ 进行样品的定性鉴定。当温度、层析纸、固定相、流动相一定时，每种物质的 $R_f$ 值为一定值，但由于影响值的因素较多，要严格控制比较困难，在作定性鉴定时，通常用纯组分作对照试验。相对比移值 $R_f$ 的计算公式为：

$$R_f=\frac{\text{斑点中心移动距离}}{\text{溶剂前沿移动距离}}=\frac{h}{H} \tag{2-6}$$

## 三、仪器、试剂与材料

1. 仪器：烧杯（800mL）或广口瓶、毛细管（0.1cm）。

2. 试剂：HCl（6mol/L）、$NH_3 \cdot H_2O$（浓）、$Na_2S$（0.5mol/L）、$FeCl_3$（0.03mol/L）、$CoCl_2$（0.03mol/L）、$CuCl_2$（0.03mol/L）、$FeCl_3$、$CoCl_2$、$NiCl_2$、$CuCl_2$混合液（溶液浓度均为0.3mol/L）、丙酮。

3. 材料：层析纸或滤纸（13cm×6cm）、食品保鲜膜。

## 四、实验内容

**1. 点样**

取一张13cm×16cm滤纸作层析纸，以16cm边为底边，在距底边2cm用铅笔画一条与底边平行的直线（称为基线），按图2-4将纸折叠成8片，并依次用铅笔写上$Fe^{3+}$、$Co^{2+}$、$Ni^{2+}$、$Cu^{2+}$混合物和未知样品，然后用毛细管在基线上分别点加相应的金属离子溶液。每试管的斑点中心应在基线上，且直径应小于0.5cm，将点好样的滤纸充分干燥。

**2. 展开**

在800mL烧杯中加35mL丙酮，10mL 6mol/L盐酸，盖上保鲜膜轻轻振摇烧杯，充分混合展开剂揭开塑料薄膜，按图2-5所示小心放入层析纸，展开剂液面应略低于层析纸上的铅笔线，盖上保鲜膜，将保鲜膜的边缘紧贴烧杯外壁。

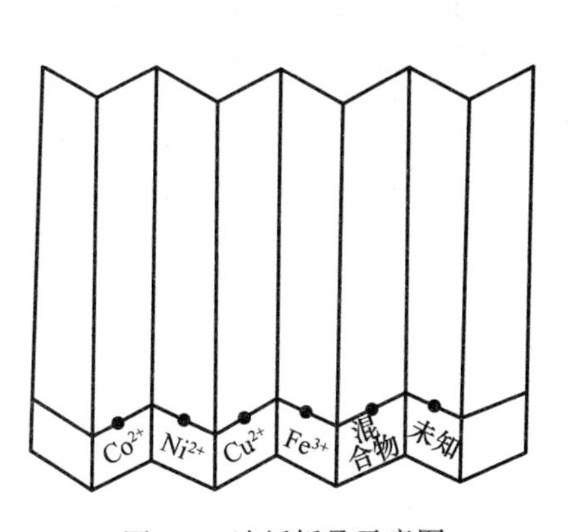

图2-4　滤纸折叠示意图

图2-5　纸层析简易装置示意图

仔细观察与记录在层析过程中产生的现象，当展开剂前沿到达距层析纸顶边2cm止层析，取出层析纸。立即用铅笔标出展开剂前沿位置，自然干燥层析纸，观察并记录各色斑的颜色及变化。

**3. 显色**

层析纸干燥后放在干燥器内的瓷板上，干燥器底部加少量浓氨水，层析纸在氨水中熏数分钟，取出层析纸，观察并记录斑点的颜色及其变化。再喷0.5mol/L $Na_2S$斑点的轮廓。

## 五、实验数据记录与处理

### 1. 记录

按表 2-5 实验现象；测量各斑点中心位置至基线的垂直距离 $h$；测量展开剂前沿至基线垂直距离 $H$（精确至 0.1cm），记录测量结果，计算相对比移值 $R_f$。

实验现象记录和数据处理 表 2-5

| 层析物质名称 | $FeCl_3$ | $CoCl_2$ | $NiCl_2$ | $CuCl_2$ | 混合物 | 未知物 |
|---|---|---|---|---|---|---|
| 层析时颜色 | | | | | | |
| 氨气显色 | | | | | | |
| 喷雾硫化钠显色 | | | | | | |
| $h$ 值（cm） | | | | | | |
| $H$ 值（cm） | | | | | | |
| $R_f$值 | | | | | | |

### 2. 数据处理

根据对照试验（比较 $R_f$值和颜色），鉴定未知溶液中的各离子，分析未知试样的组成。

## 六、思考题

1. 为什么要用铅笔而不用钢笔在层析纸上画基线？
2. 写出本实验中观察到的各种不同颜色物质的化学式。
3. $CoCl_2$在丙酮溶液中显何种颜色？
4. 若在展开剂中改用 5mL 12mol/L HCl，试估计各组分 $R_f$值的变化。
5. 如何利用纸层析法进行混合离子的定量分析？

# 第三章　有机化学实验

## 实验一　熔点和沸点的测定

### 熔点的测定

#### 一、实验目的

掌握熔点测定的基本原理和测定方法，测出给定物质的熔点。

#### 二、实验原理

熔点是有机材料重要的性质之一，每一个物质具有自己特定的熔点，学生可以根据物质的这一特性判断该物质是否为纯净物以及鉴别物质的种类。

将某物质的固液两相置于同一容器中，在一定温度和压力下，可能发生固相迅速转化为液相（固体熔化）、液相迅速转化为固相（液体固化）或固相和液相同时并存的三种情况。图 3-1（*a*）是固体的蒸气压-温度曲线。图 3-1（*b*）是该液态物质的蒸气压-温度曲线，如将（*a*）曲线和（*b*）曲线加和，即得图 3-1（*c*）曲线。

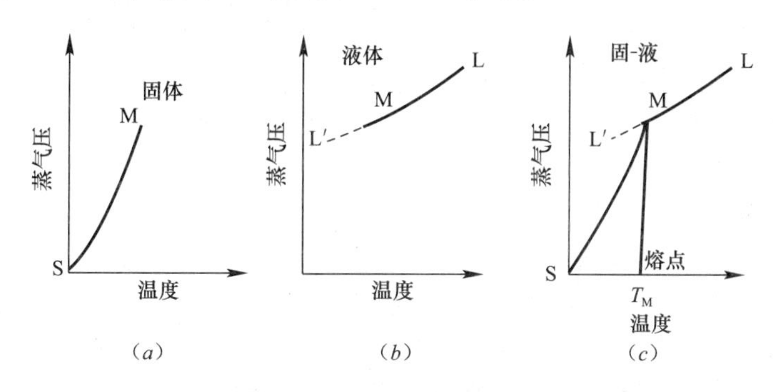


图 3-1　蒸汽压和温度的关系

由于固相的蒸气压随着温度变化的速率比相应的液相大，因此最后两曲线相交。在交叉点 M 处，固液两相同时并存，此时的温度 $T_M$ 即为该物质的熔点。当温度高于 $T_M$ 时，固相的蒸气压已较液相的蒸气压大，因而所有固相全部转变为液相；若温度低于 $T_M$ 时，则由液相转变为固相；所以要精确测定熔点，在接近熔点时加热速度一定要慢，温度的升高每分钟不能超过 1～2℃。只有这样，才能使整个熔化过程尽可能接近两相平衡的条件。

当含杂质时（假定两者不形成固溶体），根据拉乌尔定律可知，在一定的压力和温度条件下，在溶剂中增加溶质，导致溶剂蒸气分压降低（图 3-2 中 M′L′），固液两相交点 M′

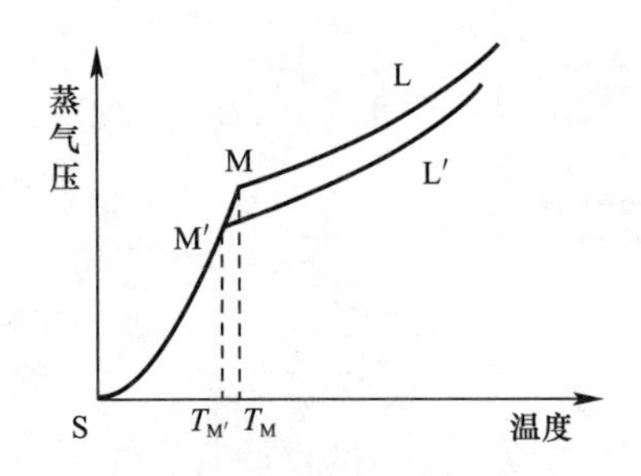

图 3-2 溶液和纯溶剂的蒸气压与温度的关系

即代表含有杂质的化合物达到熔点时的固液相平衡共存点，$T_{M'}$为含杂质时的熔点，显然，此时的熔点较纯粹者低。

因此，在鉴定某未知物时，如测得其熔点和某已知物的熔点相同或相近时，不能认为它们为同一物质。还需把它们混合，测出该混合物的熔点，若熔点仍不变，才能认为它们为同一物质。若混合物熔点降低，则说明它们属于不同的物质。故此种混合熔点试验，是检验两种熔点相同或相近的有机物是否为同一物质的最简便方法。

## 三、仪器、药品及材料

1. 实验仪器：提勒熔点管，毛细管（14 根）普通温度计，软木塞，表面皿，酒精喷灯；
2. 实验试剂：萘，苯甲酸，50%萘和 50%苯甲酸混合物，浓硫酸。

## 四、实验步骤

### 1. 熔点管的准备

用铬酸洗液和蒸馏水洗净玻璃管并烘干，将其平持在强氧化焰上旋转加热，待其呈暗樱红色时，将玻璃管移离火焰，开始慢拉，然后较快地拉长，同时往复地旋转玻璃管，直到拉成外径 1～1.2mm 为止，截得 80mm 长的一段，将其两端用小火焰的边缘熔触，使之封闭（封闭的管底要薄），以免有灰尘进入，需要时，把毛细管在中间截断，就成为两根各约为 40mm 长的熔点管。

### 2. 样品的装入

取 0.1～0.2g 充分干燥的试样，置于干净的表面皿上，用玻璃棒将其研磨成细末，聚成小堆，将熔点管的开口端插入试料中，样品被挤入管中。再把开口端向上，轻轻在桌面上敲击，使粉末落入管底，这样重复装试料几次。再用力在桌面上下振动，尽量使样品装得紧密。操作要迅速，以免样品受潮。样品中如有空隙，则不易传热。

### 3. 熔点的测定

按图 3-3 搭好装置，放入加热液（浓硫酸），用温度计水银球蘸取少量加热液，小心地将熔点管黏附于水银球壁上，或剪取一小段橡皮圈，套在温度计和熔点管的上部。将黏附有熔点管的温度计小心地插入加热溶液中，以小火在部位加热。开始时升温速度可以快些，当加热液温度距离该化合物熔点约 10～15℃时，调整火焰使温度每分钟上升约 1～2℃，愈接近熔点，升温速度应愈缓慢。这样做一方面是为了保证有充分的时间让热量由管外传至毛细管内，以使固体熔化；另一方面，由于观察者不可能同时观察温度计所示度数和试样的变化情况，只有缓慢加热，才可使此项误差减小。实验中要观察在初熔前试样是否有萎缩或软化、放出气体以及其他分解现象。

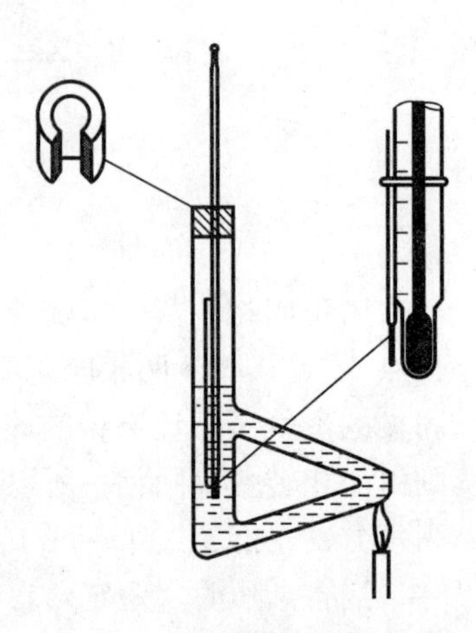
图 3-3 熔点测定实验装置

熔点测定，至少要有两次重复的数据。每一次测定都必须用新的熔点管另装试样，不得将已测过熔点的熔点管冷却，使其中试样固化后再做第二次测定。因为有时某些化合物会产生部分分解，有些经加热会转变为具有不同熔点的其他结晶形式。

如果测定未知物的熔点，应先对试样粗测一次，加热可以稍快，知道大致的熔点范围。待浴液温度冷至熔点以下 30℃左右，再另取一根装好试样的熔点管进行准确的测定。

一定要等熔点浴液冷却后，方可将硫酸（或液状石蜡）倒回瓶中。温度计冷却后，用纸擦去硫酸，方可用水冲洗，以免硫酸遇水发热，导致温度计水银球破裂。

依照上述方法测定萘、苯甲酸及两者的混合物（1∶1 配比）的熔点。

## 五、思考题

测定熔点时，若遇到下列情况，将产生什么结果？

（1）熔点管壁太厚。

（2）熔点管底部未完全封闭，尚有一针孔。

（3）熔点管不洁净。

（4）样品未完全干燥或含有杂质。

（5）样品研磨得不细或装得不紧密。

（6）加热太快。

# 沸点的测定

## 一、实验目的

掌握微量法测沸点，获得一定纯度的乙醇，测出 95%乙醇的沸点。

## 二、实验原理

沸点是有机物重要性质之一，可以利用沸点不同对有机物进行分离，学生通过沸点的测定可以帮助理解蒸馏及分馏的原理，同时也可帮助理解物理化学中热力学内容。

液体分子由于分子运动有从表面逸出的倾向，如果把液体置于密闭的真空系统中，液体分子继续不断地逸出而在液面上部形成蒸气，蒸气分子又会受到液体分子的吸引而重新进入液体。最后使得分子由液体逸出的速度与分子由蒸气中回到液体中的速度相等，此时液面上的蒸气达到饱和，称为饱和蒸气。它对液面所施的压力称为饱和蒸气压。

实验证明，液体的蒸气压只与温度有关，即液体在一定温度下具有一定的蒸气压。蒸气压的大小与系统中存在的液体和蒸气的绝对量无关。

将液体加热，它的蒸气压就随着温度升高而增大，当液体的蒸气压增大到与外界施于液面的总压力（通常是大气压力）相等时，液体就会沸腾。这时的温度称为液体的沸点。显然沸点与所受外界压力的大小有关。通常所说的正常沸点是在 101.325kPa 压力下液体的沸腾温度。例如，水的沸点为 100℃，即在 101.325kPa 压力下，水在 100℃时沸腾。在其他压力下的沸点应注明压力。例如，在 85.3kPa 时，水在 95℃沸腾，这时水的沸点可以表示为95℃/85.3kPa。

将液体加热至沸腾，使液体变为蒸气，然后使蒸气冷却，重新凝结为液体，这两个过程的联合操作称为蒸馏。很明显，蒸馏可将沸点不同的液体混合物分离开来。但液体混合物各组分的沸点必须相差较大（至少30℃以上），才能得到较好的分离效果。

纯的液体有机化合物在一定的压力下具有一定的沸点。但具有固定沸点的液体有机化合物不一定都是纯的有机化合物，因为某些有机化合物常常和其他组分形成二元或三元共沸混合物，它们也有一定的沸点。

测定液体沸点就是测定液体的蒸气压与外界施于液面的总压力相等时对应的温度。测定方法有两种：常量法（蒸馏）和微量法，本实验采用微量法。

## 三、仪器、药品及材料

1. 实验仪器：圆底蒸馏瓶，温度计，冷凝管，接液管，接受瓶（洁净干燥，2个），铁架，铁夹。酒精灯，酒精喷灯，电热炉，提勒熔点管，玻璃管，橡皮圈，软木塞；

2. 实验试剂：工业乙醇，95%乙醇，甘油。

## 四、实验步骤

### 1. 沸点管的制作

用玻璃管拉成内径约为3mm的细管，截取长6～8cm的一段，将其一端封闭（管底要薄），作为装试料的外管。

另取一根长16cm、内径约为1mm的毛细管，在中间部位封闭，自封闭处一端截取4～5mm，此端作为沸点管内管的下端，8mm长的一端作为沸点管内管的上端，内管总长度约9cm。

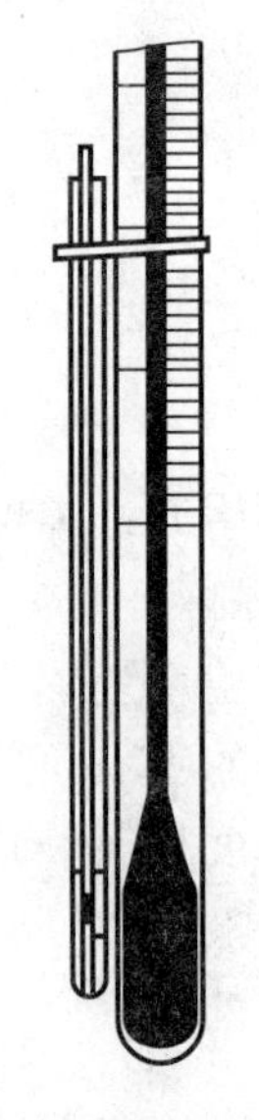

图3-4 沸点的测定

### 2. 装试料

把外管略微温热，迅速把开口端插入95%的乙醇待测液中，则有少量液体吸入管内。将管直立，使待测液流出管底，液体高度应为6～8mm。也可用细吸管把待测液装入外管，然后把内管插入外管里。将外管用橡皮圈或细铜丝固定在温度计上（见图3-4），像熔点测定时一样，把沸点管和温度计放入提勒熔点管内。

### 3. 加热测定

试样装好后，开始加热提勒管。由于沸点管内管里气体受热膨胀，很快有小气泡缓缓地从液体中逸出，当气泡由缓缓逸出变成快速而且连续不断地往外冒时，立即停止加热，随着温度的降低，气泡逸出的速度也明显减慢。当看到液体开始不冒气泡、气泡刚要缩入内管时，立即记下此时的温度，这时的温度即为该液体的沸点。

## 五、思考题

1. 什么叫沸点？液体的沸点与外界压力有什么关系？

2. 测定熔点时通常用水浴或油浴加热，它比直接加热有什么优点？

# 实验二　简单蒸馏和分馏

## 简 单 蒸 馏

### 一、实验目的

1. 学习蒸馏的基本原理；
2. 掌握简单蒸馏的实验操作方法。

### 二、实验原理

在蒸馏的过程中，蒸馏瓶内的混合液不断汽化，当液体的饱和蒸气压与液体表面的外压相等时，液体沸腾。一旦蒸汽的顶端达到温度计水银球部位时，温度计的读数就急剧上升。此时应适当调小加热速率，让水银球上液滴和蒸气温度达到平衡状态，控制加热温度，调节蒸馏速度，通常以 1～2 滴/s 为宜。

蒸馏可分为两个阶段。在第一阶段，也即在达到预期物质的沸点前，常有沸点较低的液体先蒸出，这部分馏出液称为前馏分（或馏头），因此应作为杂质弃掉；在第二阶段，馏头蒸出后，温度趋于稳定，蒸馏出来的液体称为正馏分，这部分液体是所要的产品。

随着正馏分的蒸出，蒸馏瓶内的混合液的体积不断减少。所需的馏分蒸出后，再维持原来的加热温度，就不会再有馏液蒸出了，温度会突然下降，此时应停止蒸馏。蒸馏瓶内的液体不能蒸干，以防蒸馏瓶过热或有过氧化物存在而发生爆炸。

在安装仪器时应注意：温度计水银球上限与蒸馏头支管下线在同一水平线上。如图 3-5 所示。

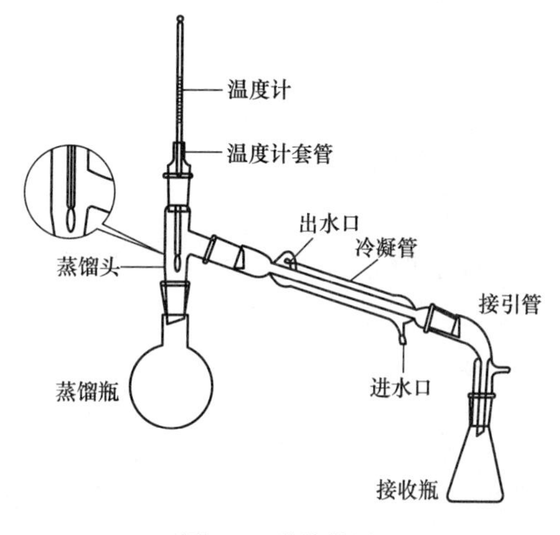


图 3-5　蒸馏装置

### 三、仪器、药品及材料

1. 实验仪器：蒸馏瓶，蒸馏头，温度计，温度计套管，冷凝管，接收瓶，接引管；
2. 实验试剂：工业丙酮，自来水。

### 四、实验步骤

1. 加料。取下温度计和温度计套管，在蒸馏头上放一长颈漏斗，注意长颈漏斗下口处的斜面应超过蒸馏头支管，慢慢地将 15mL 工业丙酮和 15mL 自来水倒入蒸馏瓶中。

2. 加沸石。为了防止液体暴沸，应加入 2～3 粒沸石。

3. 加热。开通冷凝水，开始加热时，电压可调的略高些，一旦液体沸腾，水银球部位出现液滴，开始控制调压器电压，以蒸馏速度每秒1～2滴为宜。蒸馏时，温度计水银球上应始终保持有液滴存在。

4. 馏分的收集和记录。前馏分蒸完，温度稳定后，换一个经过称量并干燥好的容器来接收正馏分，当温度超过沸腾范围时，停止接收。液体的沸程常可代表它的纯度，沸程越小，蒸出的物质越纯。纯粹液体沸程一般不超过1～2℃。

分别记录56～62℃、62～72℃、72～98℃、98～100℃时的馏出液体积，根据温度和体积画出蒸馏曲线。

5. 停止蒸馏。馏分蒸完后，应先停止加热，取下电热套。待稍冷却后馏出物不再继续流出后，取下接收瓶保存好产物，关掉冷凝水拆除仪器（与安装仪器顺序相反）并清洗。

## 五、思考题

1. 蒸馏过程中应注意哪些问题？
2. 沸石在蒸馏中的作用是什么？忘记加沸石时，应如何补加？

# 分 馏

## 一、实验目的

1. 学习分馏的基本原理；
2. 掌握分馏的基本操作方法。

## 二、实验原理

简单蒸馏只能使液体混合物得到初步的分离。为了获得高纯度的产品，理论上可以采用多次部分汽化和多次部分冷凝的方法，即将简单蒸馏得到的馏出液，再次部分汽化和冷凝，以得到纯度更高的馏出液。而将简单蒸馏剩余的混合液再次部分汽化，则得到易挥发组分含量更低、难挥发组分含量更高的混合液。只要上面的过程足够多，就可以将两种沸点相差很小的液体混合物分离成纯度很高的单一组分。简言之，分馏即为反复多次的简单蒸馏。在实验室常采用分馏柱来实现，而工业上采用精馏塔。

在分馏柱内，当上升的蒸气与下降的冷凝液互相接触时，上升的蒸气部分冷凝，放出热量。使下降的冷凝液部分汽化，两者之间发生了热量交换，其结果，上升蒸汽中易挥发组分增加，而下降的冷凝液中高沸点的组分（难挥发组分）增加，如果持续多次，就等于进行了多次的气液平衡，即达到了多次蒸馏的效果。这样靠近分馏柱顶部易挥发物质的组分含量高，而在烧瓶里高沸点组分（难挥发组分）的含量高。这样只要分馏柱足够高，就可将这种组分完全彻底分开。

分馏装置与简单蒸馏装置相似，不同之处是在蒸馏瓶与蒸馏头之间加了一根分馏柱，如图3-6所示。

## 三、仪器、药品及材料

1. 实验仪器：蒸馏瓶，蒸馏头，温度计，温度计套管，冷凝管，接收瓶，接引管，韦氏分馏柱；

2. 实验试剂：乙醇，沸石。

## 四、实验步骤

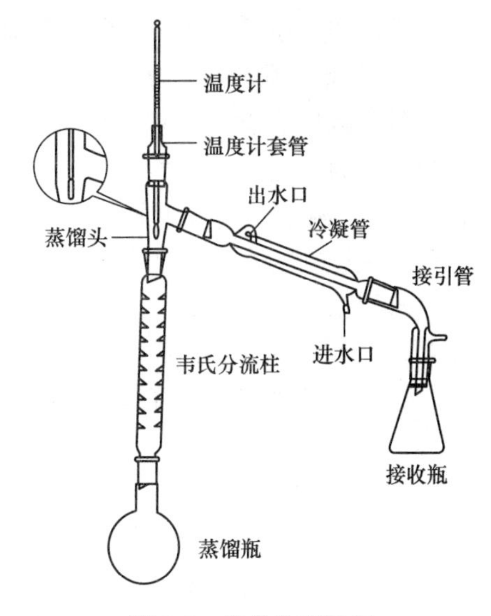


图 3-6　简单分馏装置

1. 在 25mL 圆底烧瓶内放置 5mL 乙醇，5mL 水及 1～2 粒沸石，按简单分馏装置安装仪器。

2. 开始缓缓加热，当冷凝管中有蒸馏液流出时，迅速记录温度计所示的温度。并控制加热速度，使馏出液以 1～2 滴/s 的速度蒸出。

3. 收集馏出液，注意并记录柱顶温度及接收器 A 的馏出液总体积。继续蒸馏，记录馏出液的温度及体积。将不同馏分分别量出体积，以馏出液体积为横坐标，温度为纵坐标，绘制分馏曲线。

4. 当大部分乙醇和水蒸出后，温度迅速上升，达到水的沸点，注意更换接收瓶。

5. 停止分馏。

## 五、注意事项

要使有相当量的液体沿柱流回烧瓶中，即要选择合适的回流比，使上升的气流和下降液体充分进行热交换，使易挥发组分尽量上升，难挥发组分尽量下降，分馏效果更好。

## 六、思考题

1. 为什么分馏时柱身的保温十分重要？

2. 为什么分馏时加热要平稳并控制好回流？

# 实验三　减压蒸馏

## 一、实验目的

1. 了解减压蒸馏的原理和应用范围；

2. 熟悉减压蒸馏的主要仪器设备，明确它们的作用；

3. 掌握减压蒸馏仪器的安装和操作程序。

## 二、实验原理

减压蒸馏是分离和提纯有机化合物的一种重要方法。特别适用于那些在常压蒸馏时未达到沸点即已受热分解、氧化或聚合的物质。

液体的沸点是指它的饱和蒸气压等于外界大气压时的温度，液体沸腾的温度是随外界压力的降低而降低的。所以如果用真空泵连接盛有液体的容器，使液体表面上的压力降低，即可降低液体的沸点，这种在较低压力下进行的蒸馏就称为减压蒸馏。

常用的减压蒸馏系统可分为蒸馏装置、抽气装置、保护与测压装置三部分。

**1. 蒸馏装置，它可分为三个组成部分：**

(1) 减压蒸馏瓶（又称克氏蒸馏瓶，也可用圆底烧瓶和克氏蒸馏头代替）有两个颈，其目的是为了避免减压蒸馏时瓶内液体由于沸腾而冲入冷凝管中，瓶的一颈中插入温度计，另一颈中插入一根距瓶底约 1～2mm、末端拉成毛细管的玻璃管。毛细管的上端连有一段带螺旋夹的橡皮管，螺旋夹用以调节进入空气的量，使极少量的空气进入液体，呈微小气泡冒出，作为液体沸腾的汽化中心，使蒸馏平稳进行，又起搅拌作用。

(2) 冷凝管，和普通蒸馏相同。主要作用是通入冷凝水，将馏出部分液化。

(3) 接液管（尾接管），和普通蒸馏不同的是，减压蒸馏的接液管上多了一个接抽气部分的小支管。

**2. 抽气装置**

通常用水泵或油泵。水泵所能达到的最低压力为当时室温下水蒸气的压力。若水温为 6～8℃，水蒸气压力为 0.93～1.07kPa；在夏天，若水温为 30℃，则水蒸气压力为 4.2kPa。油泵一般能抽至真空度为 13.3Pa。

**3. 保护和测压装置**

当用油泵进行减压蒸馏时，为了防止易挥发的有机溶剂、酸性物质和水蒸气进入油泵，必须在馏出液接收器与油泵之间顺次安装缓冲瓶、冷阱、真空压力计和几个吸收塔。缓冲瓶的作用是通过活塞调节系统内的压强，使系统稳定在所需真空度上。冷阱的作用是将蒸馏装置中冷凝管没有冷凝的低沸点物质收集起来，防止其进入后面的干燥系统或油泵中。吸收塔（又称干燥塔）通常设三个：第一个装无水 $CaCl_2$ 或硅胶，吸收水汽；第二个装粒状 NaOH，吸收酸性气体；第三个装切片石蜡，吸收烃类气体。如图 3-7 所示。

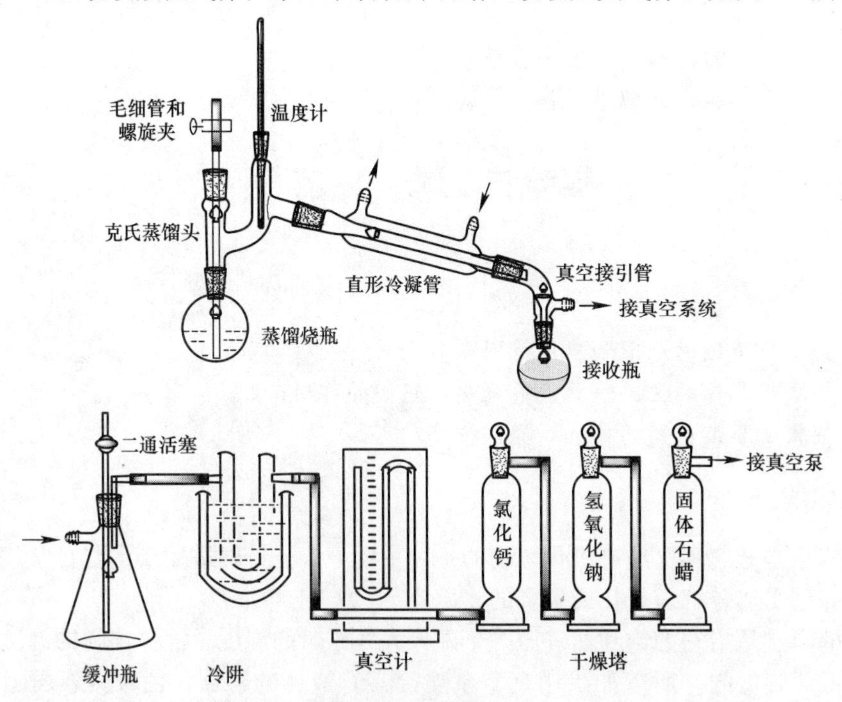


图 3-7 减压蒸馏装置

## 三、仪器、药品及材料

1. 实验仪器：克氏蒸馏头，蒸馏烧瓶，直型冷凝管，真空接引管，接收瓶，温度计，缓冲瓶，冷阱，干燥塔，水银测压计，毛细管和螺旋夹；

2. 实验试剂：粗制苯甲醇，沸石。

## 四、实验步骤

1. 在 50mL 梨形瓶中，加入 15g 粗制的苯甲醇，加入几粒沸石，安装好常压蒸馏装置，进行常压蒸馏，收集低沸点物质，温度到 120℃为止，停止蒸馏。

2. 换成减压蒸馏装置，用水泵再进行减压蒸馏，到 60℃以前无馏分蒸出为止。

3. 再换成油泵真空系统，按要求进行减压蒸馏，收集前馏分和预期温度前后 2℃温度范围的馏分，即为纯的苯甲醇。稳重，计算纯化过程的收率。

## 五、思考题

1. 在怎样的情况下才用减压蒸馏？

2. 在进行减压蒸馏时，为什么必须先抽气才能加热？

3. 当减压蒸完所要的化合物后，应如何停止减压蒸馏？为什么？

# 实验四　水蒸气蒸馏

## 一、实验目的

1. 掌握水蒸气蒸馏的原理和操作方法；

2. 从给定混合物中分离出苯胺。

## 二、实验原理

根据道尔顿定律，两种互不相溶的液体混合物的蒸气压等于两液体单独存在时的蒸气压之和。当组成混合物的两液体的蒸气压之和等于大气压时，混合物就开始沸腾。因此，互不相溶的液体混合物的沸点，要比每一种物质单独存在时的沸点都低。所以，常压下应用水蒸气蒸馏，能在低于 100℃的情况下将高沸点组分与水一起蒸出来。蒸馏时，混合物的沸点保持不变。直至其中一组分几乎完全蒸出（因为总的蒸气压与混合物中两者的相对量无关），温度才上升到留在瓶中液体的沸点。

混合物蒸气中各气体分压（$p_A$，$p_B$）之比等于它们的物质的量（$n_A$，$n_B$）之比，即 $n_A/n_B=p_A/p_B$

而

$$n_A=m_A/M_A \quad n_B=m_B/M_B \tag{3-1}$$

式中：$m_A$和 $m_B$分别为各物质在容器中蒸气的质量；$M_A$和 $M_B$分别为物质 A 和 B 的相对分子质量。

故

$$\frac{m_A}{m_B}=\frac{M_A n_A}{M_B n_B}=\frac{M_A p_A}{M_B p_B} \tag{3-2}$$

可见，这两种物质在馏出液中的相对质量（也就是它们在蒸气中的相对质量）与它们的蒸气压和相对分子质量成正比。

水具有小的相对分子质量和较大的蒸气压。这样就有可能来分离较高相对分子质量和较低蒸气压的物质。以溴苯为例，它的沸点为135℃，且和水不相混溶。当和水一起加热至95.5℃时，水的蒸汽压为86.1kPa，溴苯的蒸气压为15.2kPa，它们的总压力为101.325kPa，于是液体就开始沸腾。水和溴苯的相对分子质量分别为18和157，代入上式：

$$\frac{m_A}{m_B}=\frac{86.1\times 18}{15.2\times 157}=\frac{6.5}{10}$$

亦即蒸出6.5g水能够带出10g溴苯。溴苯在溶液中的组分占61%。

## 三、仪器、药品及材料

1. 实验仪器：铁质水蒸气发生器（或圆底烧瓶），安全玻管，水蒸气导管，螺旋夹，长颈圆底烧瓶，馏出液导管，冷凝管，锥形烧瓶，电热器，分液漏斗，普通漏斗；

2. 实验试剂：苯胺。

## 四、实验步骤

### 1. 水蒸气蒸馏装置的安装

按图3-8所示的装置和前面所述的组装顺序进行组装。

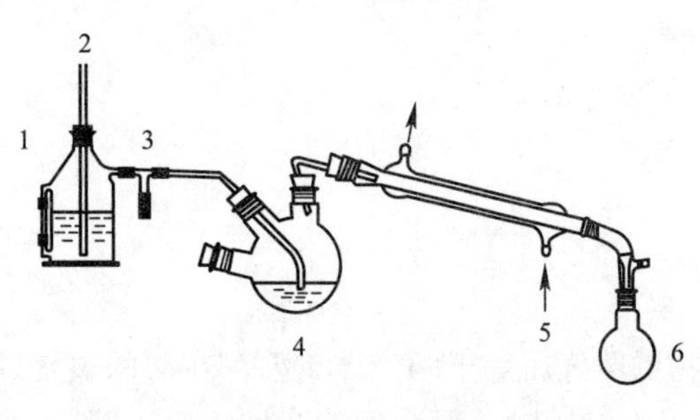

图3-8 水蒸气蒸馏装置

1—水蒸气发生器；2—安全管；3—三通T形管；4—三口圆底烧瓶；5—冷凝管；6—接收瓶

水蒸气发生器1通常是铁质的，也可用圆底烧瓶代替。器内盛水为其容量的3/4，可从其侧面的玻璃水位计察看器内的水平面。安全管2几乎插到发生器1的底部，用来调节1的压强，以免系统发生阻塞。蒸馏器是500mL的长颈圆底烧瓶4，瓶内蒸馏物液体不宜超过其容积的1/3，为防止瓶中因蒸汽通入使液体跳溅而冲入冷凝管内，将烧瓶的位置向发生器的方向倾斜45°并用铁夹夹紧，瓶内配置双孔软木塞，一孔插入水蒸气导管3，另一孔插入馏出液导管5。发生器1的支管和水蒸气导管3之间用一个T形管相连接。在T形管的支管上套一段短橡皮管，用螺旋夹旋紧，在操作中，如果发生不正常现象，应立刻旋开螺旋夹，与大气相通。

### 2. 蒸馏

将液体苯胺混合物50mL倒入烧瓶4中，开始蒸馏时，先把T形管上的夹子旋开，加热发生器，待有水蒸气从T形管的支管冲出时，再旋紧夹子，让水蒸气通入烧瓶中（为了使蒸气不致在烧瓶4内冷凝而积累过多，必要时可在烧瓶4下置一个石棉网，用小火加热），这时可以看到瓶中的混合物翻腾不息，不久在冷凝管中就出现有机物质和水的混合物。调节温度，使瓶内的混合物不致飞溅得太厉害，并控制馏出液的速度为每秒2～3滴。

在操作时，要随时注意安全管中的水柱是否发生不正常的上升现象，以及烧瓶中的液体是否发生倒吸现象。一旦发生这种现象，应立刻打开夹子，移去火焰，找出发生故障的原因。排除故障后，方可继续蒸馏。

**3. 结束蒸馏**

在停止蒸馏时，一定要先打开螺旋夹，使大气进入系统内，才可停止加热。

**4. 馏出液处理**

将接受瓶内液体转入分液漏斗，去除水层，用无水氯化钙干燥，过滤，称其质量。

## 五、思考题

1. 水蒸气蒸馏与普通蒸馏在原理上有什么不同？
2. 实验装置中安全玻管起什么作用？
3. 蒸馏时为什么要控制加热速度？

# 实验五　重结晶及过滤

## 一、实验目的

1. 学习重结晶法提纯固态有机化合物的原理和方法；
2. 掌握抽滤、热过滤操作和滤纸的折叠方法；
3. 了解重结晶时溶剂的选择。

## 二、实验原理

固体有机物在溶剂中的溶解度一般随温度的升高而增大。把固体有机物溶解在热的溶剂中使之饱和，冷却时由于溶解度降低，有机物又重新析出晶体。利用溶剂对被提纯物质及杂质的溶解度不同，使被提纯物质从过饱和溶液中析出，让杂质全部或大部分留在溶液中，从而达到分离提纯的目的，这一操作称为重结晶。

显然，重结晶的适用范围是，混合物中的A和B在溶解度上有明显的差别。

在重结晶操作中，最重要的是选择合适的溶剂。选择溶剂应符合下列条件：

（1）与被提纯的物质不发生反应；

（2）对被提纯的物质的溶解度在热的时候较大，冷时较小；

（3）对杂质的溶解度非常大或非常小（前一种情况杂质将留在母液中不析出，后一种情况是使杂质在热过滤时被除去）；

（4）对被提纯物质能生成较整齐的晶体。

重结晶只适宜杂质含量在5%以下的固体有机混合物的提纯。从反应粗产物直接重结晶是不适宜的，必须先采取其他方法初步提纯，然后再进行重结晶提纯。

## 三、仪器、药品及材料

1. 实验仪器：抽滤瓶，真空泵，表面皿，滤纸，玻璃棒，布氏漏斗；

2. 实验试剂：乙酰苯胺（粗品），活性炭。

## 四、实验步骤

称取 2g 粗乙酰苯胺于 250mL 烧杯中，加入 60mL 水、加热使之微沸，若不能完全溶解，再分几次加入少量水（每次 10mL 左右）用玻棒搅拌，微沸 2～3min，直到油状物质消失为止。若溶液有色，待其稍冷后（降低 10℃左右），加入约 0.2g 活性炭，重新加热至微沸，并不断搅拌。

与此同时，准备好热滤装置和一扇形滤纸，如图 3-9 所示。

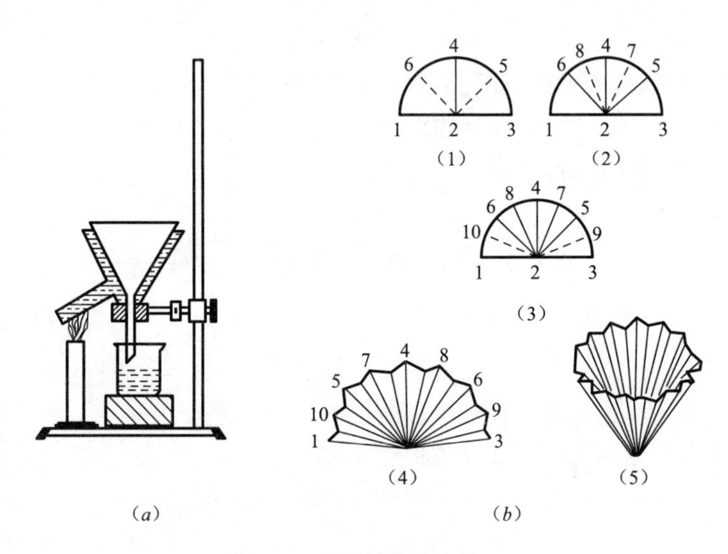


图 3-9　重结晶热过滤装置

(a) 热过滤装置图；(b) 折叠滤纸次序图

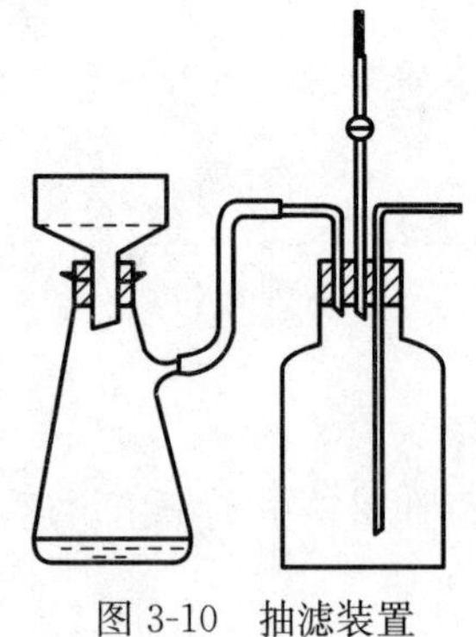

图 3-10　抽滤装置

将溶液趁热过滤，滤液用烧杯收集，如图 3-10 所示。滤毕，将收集的热滤液静置缓缓冷却（一般要几小时后才能完全，不要急冷滤液，因为这样形成的结晶会很细、表面积大、吸附的杂质多），使结晶完全析出。如果没有结晶析出，用玻棒搅动，促使结晶形成，借布氏漏斗用吸滤法过滤使结晶与母液分离，用少量冷水洗涤结晶一次，吸干后将产品移到滤纸上，置于表面皿上晾干或烘干称重，并将乙酰苯胺倒入指定回收瓶中。

## 五、思考题

1. 为什么活性炭要在固体物质完全溶解后加入？又为什么不能在溶液沸腾时加入？
2. 在布氏漏斗中用溶剂洗涤固体时应注意些什么？

# 实验六　环己烯的制备

## 一、实验目的

1. 学习环己烯的制备方法和分离提纯技术；
2. 掌握分馏原理及简单分馏装置。

## 二、实验原理

本实验以环己醇为原料，磷酸为催化剂，加热后环己醇分子内脱水生成环己烯，经简单分馏从反应体系中蒸出，反应式如下：

$$\text{环己醇(OH)} \xrightarrow[\triangle]{H_3PO_4} \text{环己烯} + H_2O$$

环己烯为无色透明液体，沸点：83℃，$d_4^{20}=0.8102$，$n_D^{20}=1.4465$，是工业上重要的合成原料，本实验有利于帮助学生理解醇的性质。

利用分馏柱来分离几种沸点相近的混合物的方法称为分馏，它在化学工业和实验室被广泛应用。现在最精密的分馏设备已能将沸点相差仅 1～2℃的混合物分开。

根据分压定律可知，易挥发、蒸气分压较大的组分在气相中的摩尔分数较高，将此蒸气冷凝（此过程相当于蒸馏）后得到的溶液中，易挥发组分含量比原混合溶液中多。如将所得溶液再行汽化，在它的蒸气冷凝后，易挥发组分的摩尔分数又将增加。多次重复，最终就能将两组分分开。分馏就是利用分馏柱来实现“多次重复”的蒸馏过程。

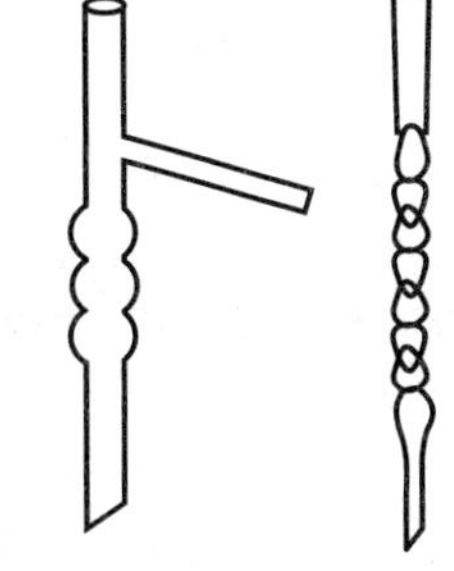

图 3-11　分馏柱

分馏柱如图 3-11 所示，利用增大液相和气相的接触面积的原理，经过多次热交换，低沸点组分被蒸馏出来，高沸点组分则不断冷凝流回加热容器中，从而将沸点不同的组分分离。

## 三、仪器与试剂

实验仪器：圆底烧瓶（50mL），分馏柱，球形冷凝管，直形冷凝管，温度计（100℃），锥形瓶，分液漏斗，蒸馏头，小玻璃漏斗，水浴；

实验试剂：环己醇，$H_3PO_4$（85%），NaCl（s），无水 $CaCl_2$，$Na_2CO_3$溶液（5%）。

## 四、实验步骤

在 50mL 干燥的圆底烧瓶中，加入 10g 环己醇（12.4mL，0.1mol）、5mL85% $H_3PO_4$，充分摇荡，使它们混合均匀。投入几粒沸石，安装好分馏装置，用小锥形瓶作接收器（置于冷水浴中）。

缓慢加热反应混合物至沸腾，以较慢速率进行蒸馏，控制分馏柱顶部温度不超过 73℃；当无液体蒸出时，适当提高加热温度；当温度到达 85℃，停止加热，馏出液为环己烯与水的混浊液。

在馏出液中分批加入1g NaCl，使之饱和；再加入3～4mL5%$Na_2CO_3$溶液，以中和其中的微量酸。然后，将该液体转移至分液漏斗，振摇后静置分层。分出下面的水层，将有机层由上口转入干燥的小锥形瓶中，加入约2g无水$CaCl_2$进行干燥。

将干燥后澄清透明的粗环己烯滤入30mL蒸馏瓶中，加入几粒沸石，用水浴加热蒸馏（所用的蒸馏装置必须干燥），收集82～85℃的馏分，产量为4～5g。

## 五、思考题

1. 在粗制的环己烯中，加入精盐使水层饱和的目的何在？
2. 在蒸馏终止前，出现的阵阵白雾是什么？

# 实验七 正丁醚的制备

## 一、实验目的

1. 学习酸催化下醇分子间脱水制醚的反应原理和实验方法；
2. 掌握使用分水器的实验操作。

## 二、实验原理

醇分子间脱水而生成醚是制备单纯醚的常用方法。反应必须在催化剂存在的情况下进行，所用催化剂可以是硫酸、氧化铝、苯磺酸等，本实验用硫酸作为催化剂。醇在酸存在下脱水既可生成醚又可生成烯烃，生成的产物取决于反应温度，所以必须严格控制反应温度。反应式如下：

$$2CH_3CH_2CH_2CH_2OH \xrightleftharpoons{H_2SO_4,\ 135℃} CH_3CH_2CH_2CH_2OCH_2CH_2CH_2CH_3 + H_2O$$

副反应：

$$CH_3CH_2CH_2CH_2OH \xrightarrow[>135℃]{H_2SO_4} CH_3CH_2CH{=}CH_2 + H_2O$$

生成醚的反应是可逆反应，可以不断将反应产物（水或醚）蒸出，使可逆反应朝着有利于生成醚的方向进行。

## 三、仪器和试剂

实验仪器：蒸馏烧瓶，分水器，冷凝管，电加热套，分液漏斗，温度计；

实验试剂：正丁醇25.0mL（20g，0.27mol），浓$H_2SO_4$ 4.0mL（7.3g，0.074mol），50% $H_2SO_4$溶液，无水$CaCl_2$。

## 四、实验步骤

### 1. 合成

（1）在100mL的烧瓶中，加入25.0mL的正丁醇，将4.0mL浓$H_2SO_4$缓慢加入，振荡烧瓶，使浓 $H_2SO_4$ 和正丁醇混合均匀，再加入几粒沸石。

(2) 按图 3-12 安装合成装置。分水器内预先加水至支管口后放出 2.8mL 水。

(3) 小火加热反应混合物至微沸，并保持平稳回流。当分水器水面上升至与支管口下沿几乎平齐，且温度上升到 135～138℃时，可停止加热。

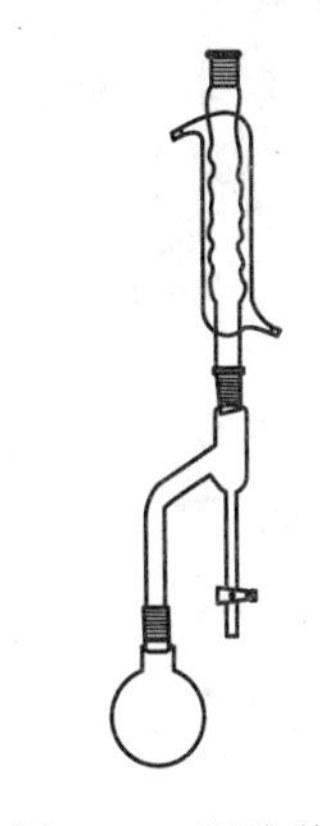

图 3-12 回流装置

**2. 分离和提纯**

(1) 反应烧瓶稍冷后，将反应物连同分水器中的水一起倒入盛有 50mL 水的分液漏斗中充分振荡。静置分层后弃去水层，保留有机层。有机层每次用 15mL50％的 $H_2SO_4$ 洗涤两次，再每次用 15mL 水洗涤两次。将粗产品移入干燥的小锥形瓶中，用约 2g 无水氯化钙干燥。

(2) 将干燥的粗产品转入 50mL 圆底烧瓶中。安装空气冷凝管，在空气浴上加热蒸馏，收集 139～144℃馏分。

(3) 称量或量取产品体积，并计算产率。

**3. 产物鉴定**

(1) 测产物沸点或折射率。

(2) 测产物红外光谱。正丁醚的产物光谱见图 3-13。

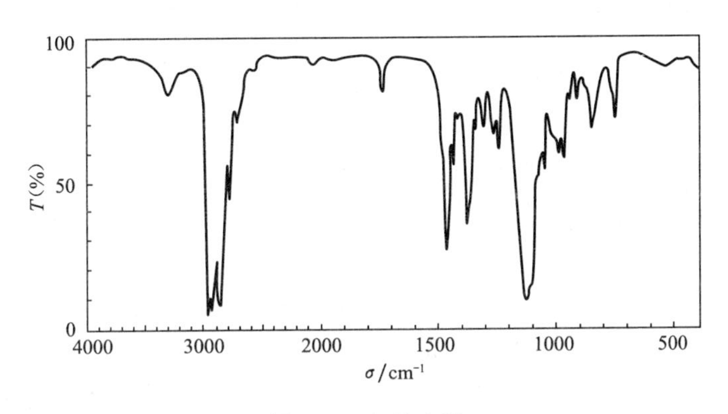


图 3-13 红外光谱

## 五、思考题

1. 某同学在回流结束时，将粗产品进行蒸馏以后，再进行洗涤分液。你认为这样做有什么好处？本实验略去这一步，可能会产生什么问题？

2. 如果最后蒸馏前的粗产品中含有正丁醇，能否用分馏方法将它去除？这样做好不好？

# 实验八 乙酸正丁酯的制备

## 一、实验目的

1. 初步掌握乙酸正丁酯的制备原理和方法；

2. 掌握分水器的使用及操作；

3. 进一步熟练掌握液体有机物的洗涤、干燥和分液漏斗的使用方法。

## 二、实验原理

羧酸酯一般都是由羧酸和醇在适量的浓硫酸催化下制得。

反应式如下：

$$CH_3COOH + CH_3CH_2CH_2CH_2OH \xrightleftharpoons{\text{浓} H_2SO_4} CH_3COOCH_2CH_2CH_2CH_3 + H_2O$$

副反应：

$$2CH_3CH_2CH_2CH_2OH \xrightleftharpoons{\text{浓} H_2SO_4} CH_3CH_2CH_2CH_2OCH_2CH_2CH_2CH_3 + H_2O$$

$$CH_3CH_2CH_2CH_2OH \xrightleftharpoons{\text{浓} H_2SO_4} CH_3CH_2CH{=}CH_2 + H_2O$$

为了促使反应向右进行，通常采用增加酸或醇的浓度，或者连续地移去产物（酯和水）的方法，在实验过程中可以两者兼用。至于是用过量的醇还是用过量的酸，取决于原料来源的难易和操作上是否方便等诸因素。另外，提高温度也可以加快反应速度。

## 三、实验仪器与试剂

实验仪器：50mL 蒸馏烧瓶，球形冷凝管，分水器，分液漏斗，锥形瓶，直形冷凝管，尾接管，正丁醇；

实验试剂：冰醋酸，浓硫酸，10% $Na_2CO_3$溶液，无水 $MgSO_4$。

## 四、实验步骤

1. 在 50mL 圆底烧瓶中依次加入 11.5mL 正丁醇、7.2mL 冰醋酸、3～4 滴浓硫酸，混匀，加两颗沸石。

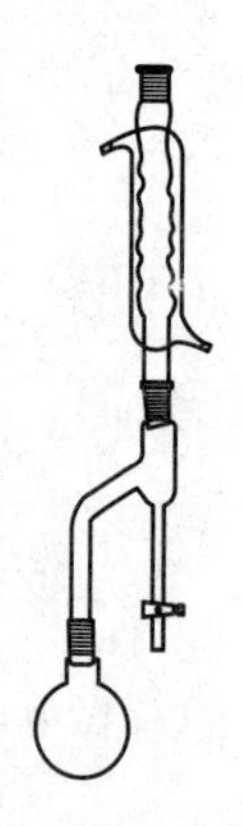

图 3-14　分水器及回流装置

2. 接上回流冷凝管和分水器，如图 3-14 所示。在分水器中预先加少量水至略低于支管（约为 1～2cm），反应一段时间后，把水分出，并保持分水器中水层液面在原来的高度。反应 40min 后，不再有水生成，即表示完成反应。

3. 停止加热，将分水器分出的酯层和反应液一起倒入分液漏斗中，用 10mL 水洗涤，并除去水层，有机相继续用 10mL 10%$Na_2CO_3$ 溶液洗涤至中性，分出水层。

再用 10mL 的水洗涤除去溶于酯中的少量无机盐，最后将有机层导入锥形管中，用无水硫酸镁干燥。

4. 将干燥的有机物滤入 50mL 干燥的蒸馏烧瓶中，常压蒸馏，收集 124～126℃的馏分，并计算产率。

## 五、思考题

1. 酯化反应有什么特点？实验如何提高产率？又如何加快反应速度？

2. 提高可逆反应产率的方法有哪些？

3. 计算反应完全时，分水器应分出多少水？

# 实验九　乙酰苯胺的制备

## 一、实验目的

1. 熟悉氨基酰化反应的原理及意义，掌握乙酰苯胺的制备方法；
2. 进一步掌握分馏装置的安装与操作；
3. 熟练掌握重结晶、趁热过滤和减压过滤等操作技术。

## 二、实验原理

芳香族伯胺的苯环和氨基都容易起反应，在有机合成上为了保护氨基，往往先把氨基乙酰化变为乙酰苯胺，然后进行其他反应，最后水解除去乙酰基。

采用乙酸酐为乙酰化试剂：

$$C_6H_5-NH_2 + (CH_3\overset{O}{\overset{\|}{C}})_2O \longrightarrow C_6H_5-NHCOCH_3 + CH_3COOH$$

本反应是可逆的，为提高平衡转化率，加入了过量的冰醋酸，同时不断地把生成的水移出反应体系，可以使反应接近完成。为了让生成的水蒸出，而又尽可能地不让沸点接近水的乙酸蒸出来，本实验采用较长的分馏柱进行分馏。实验加入少量的锌粉，是为了防止反应过程中苯胺被氧化。

## 三、仪器和试剂

1. 实验仪器：圆底烧瓶，布氏漏斗，冷凝管，蒸发皿，电加热套；
2. 实验试剂：苯胺，冰醋酸，乙酸酐，活性炭，乙醇，乙醚。

## 四、实验步骤

在25mL的圆底烧瓶中，加入2.2mL（0.024mol）苯胺，再小心加入3.5mL冰醋酸和3.5mL乙酸酐，乙酸酐与苯胺反应会产生热量。瓶上连一冷凝管，在石棉网上直接加热煮沸10min（即回流10min），然后放置冷却（可稍冷后用水冷却），倒入盛有12mL水和12g冰的烧杯中，充分搅拌，用布氏漏斗过滤，得乙酰苯胺结晶。用少量冰水洗后移出150mL烧杯中，准备重结晶。

加入温热水40mL，缓慢加热至沸（如乙酰苯胺未完全溶解，可再加15mL水，煮沸），溶解完全后，稍放冷，加入少量活性炭，重新加热至沸腾，趁热过滤。

将滤液冰冻，用布氏漏斗过滤。结晶用少量的乙醇和乙醚（各约5mL）洗涤。结晶放在蒸发皿上用小火烘干，产量约2g，熔点为114℃，计算产率。

## 五、思考题

1. 由苯胺制备乙酰苯胺，可用哪几种乙酰试剂？各有什么优点？

2. 过滤后的结晶，为什么还要用少量的乙醇和乙醚洗涤？

# 实验十 苯甲酸和苯甲醛的制备

## 一、实验目的

1. 理解康尼查罗反应的原理；
2. 熟练掌握萃取、洗涤，蒸馏及重结晶等纯化技术；
3. 掌握低沸点、易燃有机溶剂的蒸馏操作；
4. 掌握有机酸的分离方法。

## 二、实验原理

不含 α-H 的醛在稀碱的条件下可以发生自身氧化还原反应。

$$C_6H_5CHO + NaOH \longrightarrow C_6H_5COONa + C_6H_5CH_2OH$$

$$C_6H_5COONa + HCl \longrightarrow C_6H_5COOH + NaCl$$

纯苯甲醇为无色液体，沸点为 205.3℃。

纯苯甲酸为无色针状晶体，熔点 122.13℃。

$$d_{24}^{4}=1.0419, \quad n_{D}^{20}=1.5369$$

## 三、实验仪器与试剂

1. 实验仪器：锥形瓶，圆底烧瓶，直形冷凝管，接引管，接收器，蒸馏头，温度计，分液漏斗，布氏漏斗，吸滤瓶，玻璃棒；

2. 实验试剂：苯甲醛，氢氧化钠，浓盐酸，乙醚，饱和亚硫酸氢钠，10%碳酸钠，无水硫酸镁。

## 四、实验步骤

在 250mL 锥形瓶中，放入 20g 氢氧化钠和 50mL 水配置成的水溶液，振荡使氢氧化钠完全溶解，冷却至室温。在振荡下，分批加入 20mL 新蒸馏过的苯甲醛，分层。装回流冷凝管。加热回流 1h 间歇振摇直至苯甲醛油层消失，反应物变透明。

**1. 苯甲醇的制备**

（1）在反应物中加入足够量的水（最多 30mL），不断振摇，使其中的苯甲酸盐全部溶解。将溶液倒入分液漏斗中，每次用 20mL 乙醚萃取三次。合并上层的乙醚提取液，分别用 8mL 饱和亚硫酸氢钠，16mL10%碳酸钠和 16mL 水洗涤。分离出上层的乙醚提取液，用无水硫酸镁干燥；

（2）将干燥的乙醚溶液滤入 100mL 圆底烧瓶，连接好普通蒸馏装置，投入沸石后用温水浴加热，蒸出乙醚（回收）；

（3）直接加热当温度上升到 140℃时，改用空气冷凝管，收集 204～206℃的馏分。

**2. 苯甲酸的制备**

乙醚萃取后的溶液，用浓盐酸酸化使刚果红试纸变蓝，充分搅拌，冷却使苯甲酸析出完全，抽滤。粗产物分为两份，一份干燥，另一份重结晶。重结晶步骤：用沸水溶解产品稍冷却，加活性炭，加热煮沸，趁热过滤，冷却过滤。

**3. 称重并计算产率**

## 五、注意事项

(1) 使用浓碱时，操作要小心，不要沾到皮肤上。
(2) 苯甲醛要求新蒸，否则苯甲醛已氧化成苯甲酸而使苯甲醇的产量相对减少。
(3) 反应物要充分混合，否则对产率的影响很大。
(4) 本反应是放热反应，但反应温度不宜过高而要适时冷却，以免过量的苯甲酸生成。
(5) 蒸馏乙醚时严禁使用明火，实验室内也不准有他人在使用明火。

## 六、思考题

1. 为什么要振摇？白色糊状物是什么？
2. 各部分洗涤分别除去什么？
3. 萃取后的水溶液，酸化到中性是否最合适？为什么？若不用试纸，怎样知道酸化已经恰当？

# 实验十一 肉桂酸的制备

## 一、实验目的

1. 掌握 Perkin 反应制备肉桂酸的原理及方法；
2. 进一步熟悉和掌握水蒸气蒸馏、回流、脱色、热过滤等操作技术。

## 二、实验原理

芳香醛和具有 α-H 的脂肪酸酐，在相应的无水脂肪酸钾盐（或钠盐）的催化下共热，发生类似于羟醛缩合的反应，生成 α,β-不饱和芳香酸，这个反应称为 Perkin 反应。如：本实验中苯甲醛和乙酸酐在无水乙酸钾（钠）的存在下缩合制备肉桂酸。反应机理如下：乙酸酐受乙酸钾（钠）的作用，生成酸酐负离子，该负离子和醛发生亲核加成，经一系列中间体后，生成中间物 α,β-不饱和酸酐，经水解作用即得到肉桂酸。

$$C_6H_5CHO + CH_3-\overset{O}{\overset{\|}{C}}-O-\overset{O}{\overset{\|}{C}}-CH_3 \xrightarrow[150\sim170^\circ C]{CH_3COOK} C_6H_5CH{=}CH-\overset{O}{\overset{\|}{C}}-OH + CH_3COOH + H_2O$$

## 三、实验仪器和试剂

实验仪器：250mL 二口瓶或三口瓶（19mm），空气冷凝管，200℃的温度计，水蒸气蒸馏装置一套，抽滤装置，250mL 烧杯，表面皿等；

实验试剂：苯甲醛（新蒸）3mL（3.2g，0.03mol），无水碳酸钾（新溶），3g（0.03mol），乙酐 5.5mL（6g，0.06mol），饱和碳酸钠溶液，浓盐酸，活性炭。

相关物理常数：

**物理常数**　　　　**表 3-1**

| 化合物 | 分子量 | 熔点（℃） | 沸点（℃） | 相对密度（$d_4^{20}$） | 折光率（$n_D^{20}$） | 溶解度（g/100mL 水） |
|---|---|---|---|---|---|---|
| 苯甲醛 | 106.13 | −56 | 179 | 1.047 | 1.5456 | 0.3 |
| 乙酸酐 | 102.09 | −73 | 140 | 1.080 | 1.3904 | 12（热解） |
| 反式肉桂酸 | 148.16 | 135 | 300 | $1.2475_4^4$ | — | $0.04^{18}$ |
| 顺式肉桂酸 | 148.17 | 68 | $125^{19}$ | $1.284^4$ | — | 略溶 |
| 乙酸 | 60.05 | 16.6 | 118 | 1.049 | 1.3716 | 互溶 |

## 四、实验步骤

1. 称取新熔融并研细的无水醋酸钾粉末 3g 置于 250mL 三颈瓶中，再加入 3mL 新蒸的苯甲醛和 5.5mL 乙酐，振荡使之混合均匀。

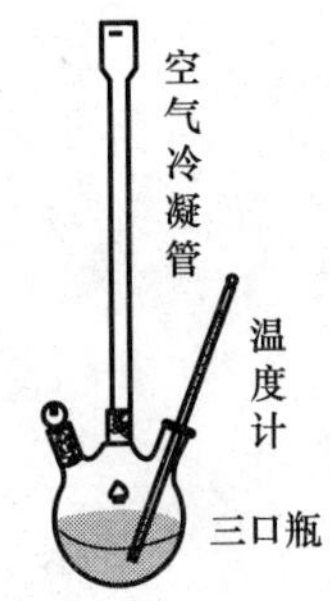


图 3-15　三颈烧瓶装置图

2. 按图 3-15 装配仪器。要求水银温度计水银球的位置处于液面以下，但不能与反应瓶底或瓶壁接触。

3. 用酒精灯加热，使反应温度维持在 150～170℃，反应时间 1h。

4. 边充分摇动烧瓶，边慢慢地加入固体碳酸钠（5～7.5g），直到反应混合物呈弱碱性为止。

5. 按图 3-16 装置仪器，进行水蒸气蒸馏，直到馏出液无油珠为止。

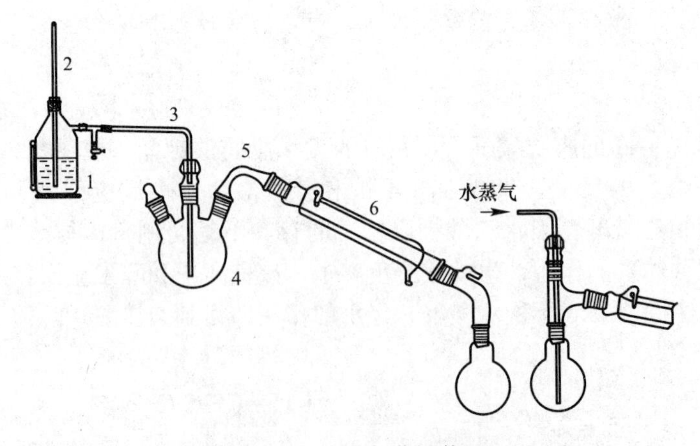


图 3-16　水蒸气蒸馏装置

1—水蒸气发生器；2—安全管；3—水蒸气导管；4—三口圆底烧瓶；5—馏出液导管；6—冷凝管

6. 在剩余反应液体中加入少许活性炭（0.5～1.0g），加热煮沸 10min，趁热过滤，得无色透明液体。

7. 将滤液小心地用浓盐酸酸化，使其呈明显的酸性，然后用冷水浴冷却，肉桂酸呈无定形固体析出。

8. 待冷至室温后，减压过滤。晶体用少量水洗涤并尽量抽水分。蒸气浴干燥，得粗肉桂酸。

9. 将粗肉桂酸用 30%乙醇进行重结晶，得无色晶体，并计算产率。

## 五、注意事项

(1) 苯甲醛久置后含有苯甲酸，后者不但会影响反应的进行，而且混在产物中不易除去，会影响产品质量。因此实验所用的苯甲醛必须重新蒸馏，收集 170～180℃的馏分。

(2) 本实验中使用的无水醋酸钾必须新鲜熔焙。将含水醋酸钾放入蒸发皿中加热，使其先在自己的结晶水中熔化，水分挥发后又结成固体，强热使固体再熔化，并不断搅拌，使水分蒸发后，趁热倒在金属板上，冷却后用研钵研碎，放入干燥器中待用。

## 六、思考题

1. 在水蒸气蒸馏之前，为什么要使反应液碱化？为什么不能用氢氧化钠溶液代替碳酸钠溶液来中和水溶液？

2. 用水蒸气蒸馏除去什么？能不能不用水蒸气蒸馏？

3. 若用丙酸酐与无水丙酸钾反应，得到什么产物？写出反应式。

# 实验十二　从茶叶中提取咖啡因

## 一、实验目的

1. 了解从茶叶中提取咖啡因的原理和方法；

2. 掌握索氏提取器的使用方法；

3. 掌握液固萃取、蒸馏、升华的基本操作。

## 二、实验原理

茶叶中含有多种黄嘌呤衍生物的生物碱，其中以咖啡因为主，约占 1%～5%。另外还含有 11%～12%的丹宁酸（又名鞣酸）、0.6%的色素、纤维素、蛋白质等。咖啡因是弱碱性化合物，易溶于氯仿（12.5%）、水（2%）及乙醇（2%）等。在苯中的溶解度为 1%（在热的苯中的溶解度为 5%）。丹宁酸易溶于水和乙醇，但不溶于苯。

咖啡因是杂环化合物嘌呤的衍生物，它的化学名称为：1,3,7—三甲基—2,6-二氧嘌呤，其结构式如下：

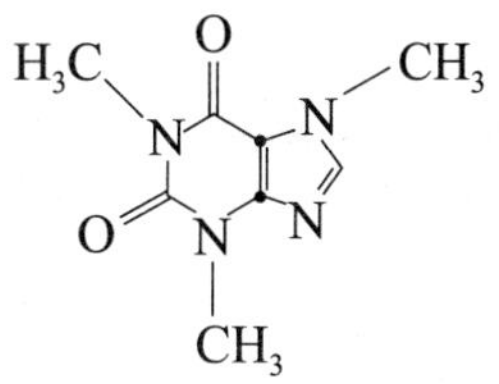

$H_3C$　O　$CH_3$
N　N
O　N　N
$CH_3$

含结晶水的咖啡因系无色针状结晶，味苦，能溶于水、乙醇、氯仿等。在100℃时即失去结晶水，并开始升华，120℃时升华相当显著，至178℃时升华很快。无水咖啡因的熔点为234.5℃。

咖啡因可由人工合成法或提取法获得。本实验采取索氏提取法从茶叶中提取咖啡因。利用咖啡因易溶于乙醇、易升华等特点，以95%乙醇作溶剂，通过索氏提取器进行连续抽提，然后浓缩、焙炒而得粗制咖啡因，再通过升华提取得到纯的咖啡因。

咖啡因可通过测定熔点及光谱法加以鉴别，还可通过水杨酸进一步确证。作为弱碱性化合物，咖啡因能与水杨酸作用生成水杨酸盐，其熔点为138℃。

图 3-17 提取装置

## 三、实验仪器与试剂

1. 实验仪器：索氏提取器，圆底烧瓶，量筒，烧杯，蒸发皿，玻璃漏斗，蒸馏瓶，电热炉，电子天平，玻璃棒，温度计；

2. 实验试剂：茶叶（8.0g），95%乙醇（80mL），生石灰（3～4g）。

## 四、实验步骤

### 1. 提取

按索氏提取器装置图安装提取装置（如图3-17所示），注意保护其侧面的虹吸管，勿使碰破。取4包茶叶（2.0g/包）放入索氏提取器的套筒中，在套筒中缓慢加入30mL乙醇，在圆底烧瓶中加入50mL乙醇，水浴加热，回流提取，直到提取液颜色较浅为止，进行6或7次，待冷凝液刚刚虹吸下去时立即停止加热。

### 2. 蒸馏

稍冷后取下回流冷凝管和索氏提取器，把提取液转移到100mL蒸馏瓶中，进行蒸馏，待蒸出60～70mL乙醇时（瓶内剩余体积约10mL），停止蒸馏。

### 3. 升华

把残留液趁热倒入盛有3～4g生石灰的蒸发皿中（可用少量蒸馏出的乙醇洗涤蒸馏瓶，将洗涤液一并倒入蒸发皿中）。搅拌成糊状，然后放在蒸气浴上蒸干成粉状。此时应十分注意加热强度，并充分翻搅、研磨。既要确保炒干，又要避免过热升华损失。若蒸发皿内物不沾玻璃棒，成为松散的粉末，表示溶剂已基本除去。稍冷后小心擦去蒸发皿前沿上的粉末（以防升华时污染产品），在蒸发皿上盖一张刺有许多小孔的滤纸（孔刺向上），再在滤纸上罩一玻璃漏斗（如图3-18所示）。用小火加热升华，控制温度在220℃左右。如果温度太高，会使产物冒烟炭化。当滤纸上出现白色针状结晶时，小心取出滤纸，将附在上面的咖啡因刮下。如果残渣仍为绿色可再次升华，直到变成棕色为止。合并几次升华的咖啡因。

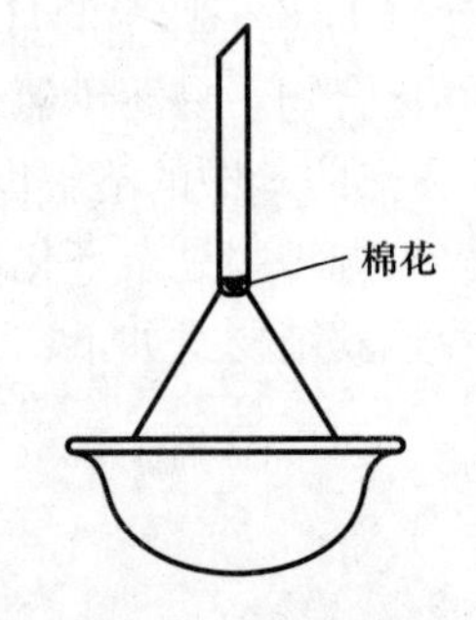


图 3-18 升华装置

## 五、思考题

1. 索氏提取器的原理是什么？与直接用溶剂回流提取比较有何优点？
2. 从茶叶中提取的粗咖啡因是否有绿色光泽？为什么？
3. 为什么在升华操作时，加热温度一定要控制在被升华物熔点以下？

# 第四章 物理化学实验

## 实验一 恒温器的组成及性能测试

### 一、实验目的

1. 了解恒温器的一般构造及恒温原理，初步掌握恒温器的装配及调试技术；
2. 学会绘制恒温器的灵敏度曲线；
3. 掌握水银接点温度计和贝克曼温度计的基本测量原理及正确的使用方法。

### 二、实验原理

许多物理化学参量，如蒸气压、折光率、黏度、表面张力、化学反应速率常数等都跟温度成函数关系，故要测定这些数据必须在恒温下进行。在物理化学实验中常用恒温器来达到这一目的。恒温器是一种以液体为恒温介质的恒温装置，它主要是靠继电器、温度控制器和电加热器配合工作来达到恒温目的。其恒温的简单原理线路如图 4-1 所示。

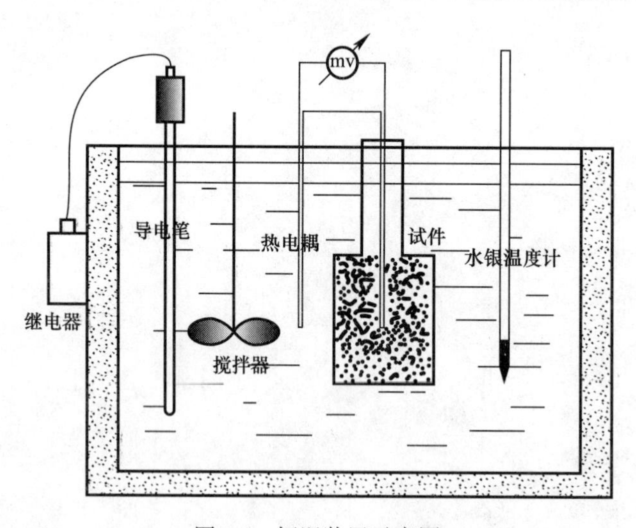


图 4-1 恒温装置示意图

当浴槽介质温度低于设定温度时，温度调节器通过继电器的作用使加热器工作，介质温度上升；当槽内温度升高到设定温度时，温度调节器接通，电源断开，电加热器即停止加热。如此周而复始，即可使浴槽温度在一定范围内保持恒定。

恒温器有不同的形式和规格。但一般都是由浴槽、加热器、搅拌器、温度调节器（水银接点温度计）、继电器和温度计组成的。其简单装置如图 4-2 所示。现分别简单介绍如下。

(1) 浴槽。浴槽包括容器和液体介质。容器有玻璃缸和金属容器，实验室中常用为玻璃缸，便于观察实验现象，其大小视实验需要而定。若设定的实验温度与室温相差较大，则用有保温装置的金属容器。

液体介质视需恒定温度的要求而定。在0～90℃时采用水浴恒温，为避免水分蒸发，温度高于50℃时，可在水面加一层液状石蜡，超过90℃时，则采用油浴（如液状石蜡、甘油等）。

(2) 加热器。常用的是电加热器。加热器功率的大小应视恒温浴槽的大小及恒温程度的需要而定。要求其热惰性小，面积大。

(3) 搅拌器。由电动机带动，其功能是使浴槽内介质各部分温度均匀一致。一般电动机的功率为40W，用变速器调节搅拌速度。其位置应在加热器上部或附近。

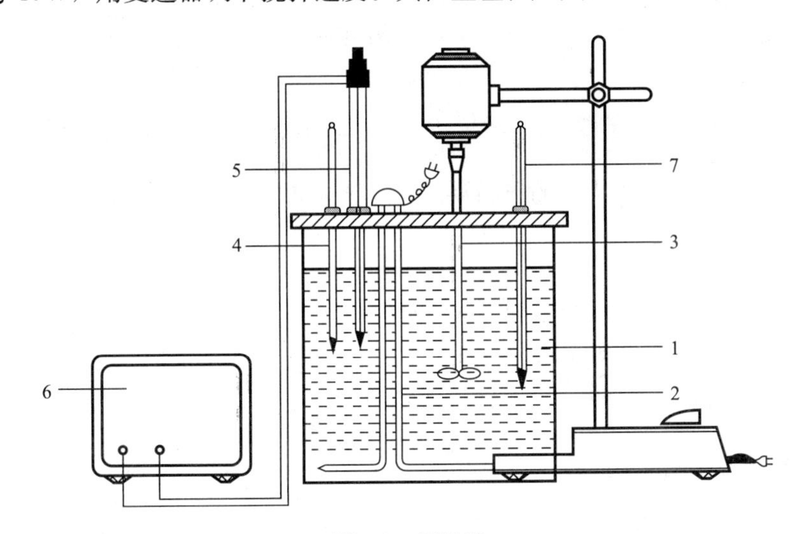


图4-2　恒温器

1—浴槽；2—电加热器；3—搅拌器；4—1/10℃水银温度计；5—水银接点温度计；6—调压变压器；7—贝克曼温度计

(4) 温度计。常用经过校正的1/10℃水银温度计来测量恒温器的恒定温度。在测定恒温器的灵敏度时，还需用更精确灵敏的温度计，如贝克曼温度计等。

(5) 温度调节器。是恒温器的感觉中枢，是决定恒温器精度的关键部件。目前普遍使用的温度调节器是水银接点温度计。其作用是：当恒温器的温度达到设定温度或低于设定温度时发出信号给继电器，进而控制对加热器的"断"及"通"以保持恒温器的温度恒定在一定温度范围内。

(6) 继电器。亦即温度控制器，为恒温器的温度控制中心。由水银接点温度计发来的"断"、"通"信号经控制电路放大后控制继电器触点的"开"、"关"，从而进一步控制电加热器加热回路的"通"和"断"。目前广泛使用的为晶体管继电器。

如前所述，由于恒温条件是通过一系列的元件综合作用后获得，故介质的传热过程不可避免地存在着滞后现象，所以恒温温度有一个在所设定的恒温点上下波动的温度范围，而且浴槽内各处温度也会因搅拌效果的优劣而不同。因此利用上述元件组装恒温器时，应注意各元件在槽中的布局是否合理。常用灵敏度作为衡量恒温器恒温性能好坏的一个重要

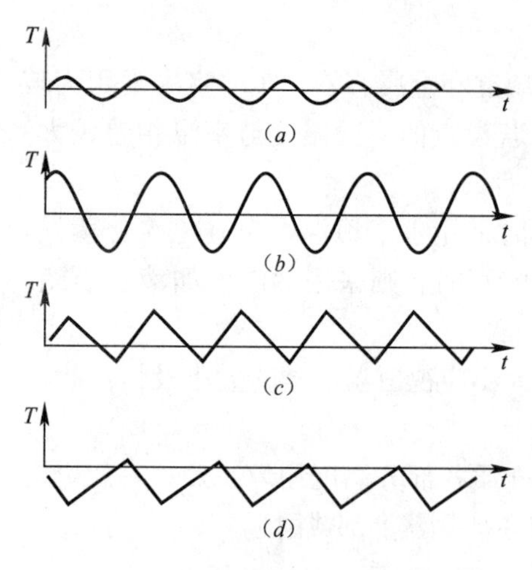

图 4-3 灵敏度曲线的几种形式

标志。一般，恒温器浴槽内温度波动越小，即各区域温度越均匀，则恒温器的灵敏度越高。

灵敏度与温度调节器、继电器、搅拌器的效率，加热器的功率以及组装技术等因素均有关。

为了对一个恒温器的性能即恒温的精确度有所了解，在使用前应先测定其灵敏度曲线（即温度随时间的变化曲线），通过其振幅的大小和形状，来判断恒温器的灵敏度。图 4-3 为常见的几种灵敏度曲线：(*a*) 表示恒温器灵敏度良好；(*b*) 表示灵敏度稍差；(*c*) 表示加热器功率过大；(*d*) 表示加热器功率过小或浴槽散热太快。

灵敏度的计算方法为：设所测最高温度为 $T_1$，最低温度为 $T_2$，则该恒温器的灵敏度 $T_E$ 为

$$T_E = \pm \frac{T_1 - T_2}{2} \tag{4-1}$$

综上所述，要组装一个优良的恒温器须选择合适的组件并进行合理的安装。

## 三、仪器、试剂

恒温装置 1 套：浴槽、电加热器、继电器、水银接点温度计、1/10℃水银温度计、搅拌器；调压器 1 台；贝克曼温度计 1 支；普通水银温度计 1 支；秒表 1 块；放大镜 1 个；电炉 1 台；烧杯（250mL，2 个）。以蒸馏水作恒温介质。

## 四、实验步骤

1. 将蒸馏水注入浴槽至 3/4 处，按图 4-1 所示依次将恒温器各组成部件安装好，请教师检查。

2. 接通电源，按附录中的要求调节水银接点温度计至所指定的恒温温度后（可从温度控制器的红绿指示灯交替亮与暗来判断），恒温一段时间，观察 1/10℃水银温度计的指示温度是否真正稳定。

3. 按要求调节好贝克曼温度计，当贝克曼温度计放入已恒温的恒温水浴中时，应使其读数停留在刻度 2.5°左右。调节后，垂直安装到恒温水浴中。

4. 用放大镜观察贝克曼温度计的读数，每隔 2min 记录 1 次读数，测定 30min。再重新调节水银接点温度计，将恒温温度提高 5℃，稳定后按上法重复测定 1 次。

## 五、注意事项

1. 安装恒温器时，注意其结构的合理性，搅拌器及水银接点温度计一定要安装在加热器附近。

2. 须将水银接点温度计先调至略低于所设定的恒温温度，再接通加热器。以免在水银接点温度计接通前，浴槽中水温已高于所设定温度，因体系热容过大，降温过程较费时间。

3. 恒温器中的恒定温度应以1/10℃水银温度计的指示为准，不能以水银接点温度计的刻度为指示依据。

4. 调节水银接点温度计至即将达恒定温度时，要缓慢细致地调节，不要让温度超过设定值。

5. 本实验中所用的水银接点温度计、继电器及贝克曼温度计的工作原理和使用方法见附录。

## 六、数据记录及处理

1. 将实验所测数据记录于表4-1中。

**恒温槽性能测试记录**　　**表 4-1**

室温_______℃　　大气压_______kPa

| 时间（min） | 2 | 4 | 6 | 8 | 10 | 12 | 14 | 16 | 18 | 20 | 22 | 24 | 26 | 28 | 30 | 32 | 34 |
|---|---|---|---|---|---|---|---|---|---|---|---|---|---|---|---|---|---|
| $T_1$（℃） | | | | | | | | | | | | | | | | | |
| $T_2$（℃） | | | | | | | | | | | | | | | | | |
| 实验温度（℃） | | | | 实验温度与调节 | | | | | | 调节贝克曼计水浴温度（℃） | | | | | | | |

2. 以时间为横坐标，温度为纵坐标，绘制两种不同温度时恒温器水浴的灵敏度曲线。

3. 从式（4-1）计算该恒温器的灵敏度。

## 七、思考题

1. 根据所测得的数据对恒温器的灵敏度加以讨论。

2. 可否用水银接点温度计上的温度刻度来指示恒温器水浴的温度？为什么？

3. 贝克曼温度计与一般水银温度计结构上有哪些明显不同？其意义是什么？

4. 调节贝克曼温度计使其在实验温度为26℃时的水银柱面停留在3～4℃刻度之间，则调节时水浴温度应为多少？

# 实验二　凝固点降低法测定摩尔质量

## 一、实验目的

1. 掌握凝固点的测定技术，测定非电解质的摩尔质量；

2. 了解用凝固点降低法研究植物的某些生理现象。

## 二、实验原理

稀溶液具有依数性，凝固点降低是依数性的一种表现。对理想稀溶液来说，其凝固点的降低值$\Delta T_f$（K）与溶质的质量摩尔浓度$b_B$（mol/kg）成正比，即

$$\Delta T_f = T_f^* - T_f = K_f \cdot \frac{m_B}{M_B m_A} = K_f b_B \tag{4-2}$$

所以

$$M_B = K_f \cdot \frac{m_B}{\Delta T_f m_A} \tag{4-3}$$

式中 $T_f^*$——纯溶剂的凝固点，K；

$T_f$——溶液的凝固点，K；

$K_f$——凝固点降低常数，特征性常数，K·kg/mol；

$m_B$——溶液中溶质的质量，kg；

$m_A$——溶液中溶剂的质量，kg；

$M_B$——溶质的摩尔质量，kg/mol；

$\Delta T_f$——溶液的凝固点降低值，K；

$b_B$——稀溶液中溶质的质量摩尔浓度，mol/kg。

式中 $K_f$的值只与溶剂本性有关，与溶质的性质无关。

常见溶剂的凝固点降低常数值见表 4-2。

**常见溶剂的凝固点降低常数值** **表 4-2**

| 溶剂 | 水 | 醋酸 | 苯 | 环己烷 | 环己醇 |
|---|---|---|---|---|---|
| $T_f^*$ (K) | 273.15 | 289.75 | 278.65 | 279.65 | 297.05 |
| $K_f$ (K·kg/mol) | 1.86 | 3.90 | 5.12 | 20 | 39.3 |

据此，若已知某种溶剂的凝固点降低常数 $K_f$，并测得该溶液的凝固点降低值 $\Delta T_f$，溶剂和溶质的质量 $m_A$、$m_B$，就可通过式（4-3）计算溶质的摩尔质量 $M_B$。

纯溶剂的凝固点是它的液相和固相共存时的平衡温度，若将纯溶剂逐步冷却，在未凝固时纯溶剂冷却过程中温度随时间均匀下降，开始凝固后由于放出凝固热补偿了热损失，体系将保持液固两相共存的平衡温度，直到全部凝固，然后温度继续均匀下降，其冷却曲线如图 4-4 的（*a*）所示，但实际过程中纯液体凝固时，由于开始结晶出的微小晶粒的饱和蒸气压大于相同温度下的液体饱和蒸气压，所以往往发生“过冷现象”，即液体的温度要降低到凝固点以下才析出固体，随后温度再回升到稳定的平衡温度，待液体全部凝固后，温度再逐渐下降，其冷却曲线如图 4-4（*b*）所示。

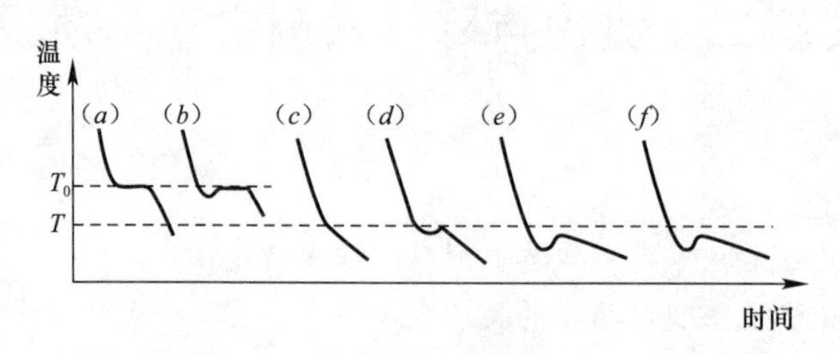


图 4-4 冷却曲线

溶液的凝固点是该溶液的液相与溶剂的固相共存时的平衡温度，若将溶液逐步冷却，由于部分溶剂凝固而析出，使剩余溶液的浓度逐渐增大，因而剩余溶液与溶剂固相的平衡温度也在逐渐下降，其冷却曲线与纯溶剂不同，无水平线段而是向下倾斜的直线。如图 4-4 的（*c*），（*d*）。如果稍有过冷现象，见图 4-4 的（*d*），对摩尔质量的测定无显著影响；如果过冷严重，见图 4-4 的（*e*），则所测得的凝固点将偏低，影响摩尔质量的测定结果。因此在测定过程中必须设法控制过冷程度，一般可通过控制寒剂的温度、搅拌速度等方法达到。在测定过程中出现过冷现象，则按图 4-5 中方法，凝固点从冷却曲线外推而得。

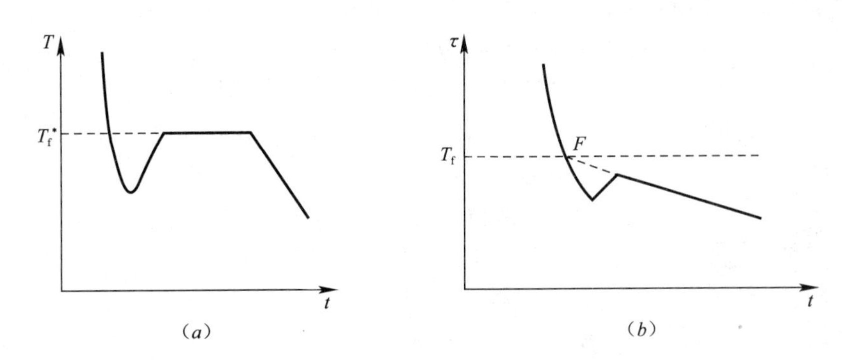


图 4-5　冷却曲线

(a) 纯溶剂的冷却曲线；(b) 溶液的冷却曲线

生物体内有自动调节液体浓度以适应外界环境的能力，植物的抗旱性和抗寒性与溶液蒸气压下降和凝固点下降规律有关。植物处在低温或干旱条件下，通过酶的作用可将多糖、蛋白质等大分子物质分解成小分子的双糖、单糖、草酸、氨基酸等，从而大大提高生物体内液体中溶质的有效质点浓度，使体系的渗透压升高，凝固点下降，以抵御外界的干旱、低温条件，细胞液浓度越大，其凝固点下降越大，使细胞液能在较低的温度下不冻结，从而表现出一定的抗寒能力。同样，由于细胞液的蒸汽压下降较大，使得细胞的水分蒸发减少，因此表现出植物的抗旱能力增强。所以测定植物液汁的凝固点降低，可以用来研究植物的某些生理现象。

难挥发的非电解质稀溶液的渗透压 Π 与溶液的浓度及热力学温度成正比，即

$$\Pi = b_B \cdot R \cdot T = \frac{\Delta T_f}{K_f} \tag{4-4}$$

所以，测出稀溶液的凝固点降低值，即可由式（4-4）求出它的渗透压。

## 三、仪器、试剂

凝固点测定仪 1 套；贝克曼温度计 1 支；普通温度计（－10～100℃）1 支；读数放大镜 1 个；移液管（50mL）1 支；称量瓶；烧杯（1000mL、400mL）各 1 个。

葡萄糖（分析纯）；蒸馏水；植物汁液；粗食盐及冰。

## 四、实验步骤

### 1. 调节贝克曼温度计

在水凝固点时调节贝克曼温度计的汞柱读数在 2～4 之间。调节方法参阅本书附录。

### 2. 冷冻剂的制备

将玻璃缸内放入一定量的碎冰块，加入适量的冷水和粗食盐，搅拌使冷冻剂温度比被测系统的凝固点降低 2～3℃。

测定过程中还要不断加入食盐和冰块并经常搅动，使冷冻剂维持一定的低温。

**3. 溶剂凝固点的测定**

（1）近似凝固点的测定

仪器装置如图 4-6 所示，取干净的测定管，加入纯溶剂 30mL 左右（其量应没过温度计下端水银槽），插入贝克曼温度计及细搅棒后，开始测定溶剂的近似凝固点。将测定管直接插入冷冻剂中，轻轻上下移动搅棒，溶剂温度便不断下降，当有冰花出现时，贝克曼温度计的水银柱不再下降，读出温度计读数（读至小数点后两位），此即为溶剂近似凝固点的刻度（$T_f'$）。

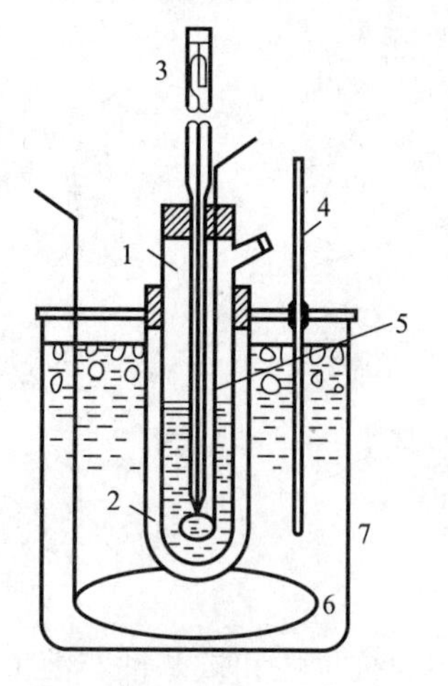


图 4-6　凝固点测定示意图
1—测定管；2—外套管；
3—贝克曼温度计；4—温度计；
5—小搅棒；6—大搅棒；7—冰槽

（2）精确凝固点的测定

取出测定管，用手心捂住管壁下部片刻，同时不断搅拌，使晶体熔化（注意：不要使体系温度升的过高，以利于后面实验顺利进行）。再将测定管插入冷冻剂中冷却，轻轻搅动，使温度下降到 $T_f'+0.3$℃左右，将测定管外部擦干并套上套管（套管要事先置于冷冻剂中，以免管内空气温度过高），由于套管中的测定管周围有空气层，不与冷冻剂直接接触，故冷却速度较慢，从而使溶剂各部分温度均一。此时继续缓慢而均匀地搅拌溶剂，搅拌时应防止搅棒与温度计及管壁摩擦，当温度比 $T_f'$低 0.5K 左右时开始剧烈搅拌，以打破过冷现象，促使晶体出现。当晶体析出时温度迅速上升，这时便改为缓慢搅拌，当温度达到某一刻度稳定不变时，读出该温度值（读至小数点后三位）。重复测定一次，两次读数差值不可超过 0.005K，取平均值，即为溶剂的凝固点 $T_f$。

**4. 葡萄糖溶液凝固点的测定**

由于固态纯溶剂的析出，溶液的浓度会逐渐增大，因此剩余溶液与固态纯溶剂成平衡的温度也在逐步下降。所以溶液的凝固点，是溶液中刚刚析出固态溶剂时的温度。因此，应控制实验操作不使溶液温度过冷太多。

称取 1.5g（4 位有效数字）葡萄糖置于干燥清洁的烧杯中，用移液管吸取 30mL 蒸馏水注入杯中，搅均匀后，用少量溶液冲洗测定管、玻搅棒和贝克曼温度计三次，余下的溶液倒入测定管中，按照测量纯溶剂凝固点的方法先后测定溶液的凝固点的近似值与精确值。

**5. 植物液汁渗透压的测定**

取两个不同的植物液汁样本，如室温及低温、干燥或潮湿下保存的马铃薯，分别榨取其液汁。依上法测定其凝固点。（注意测定管、玻搅棒及贝克曼温度计均用测定液汁先冲洗两次；搅拌不要过于剧烈，以免产生很多泡沫使溶剂不容易结晶析出。）计算其渗透压值，说明它们产生差别的原因。

## 五、注意事项

1. 本实验的误差主要来自于过冷程度的控制，实验过程中要控制过冷温度在低于凝固点的 0.3℃时为宜。

2. 冰浴温度要控制在－2～－3℃，且要常搅拌。

3. 由式（4-2）可见，增大溶质的量，凝固点降低值将增大，从而可减小温度测量的相对误差，但溶质过多此式将不适用。一般加入溶质的量以使凝固点降低 0.5℃左右为宜。

4. 读取凝固点温度时，一定要有固相析出达固液平衡，但析出的晶体要尽可能少。

## 六、数据记录及处理

1. 将实验数据记录于表 4-3 中。

实验数据记录　　表 4-3

| $H_2O$ (mL) | | 葡萄糖质量（g） | | 干燥马铃薯的质量（g） | | 潮湿马铃薯的质量（g） | |
|---|---|---|---|---|---|---|---|
| 时间 | 温度（℃） | 时间 | 温度（℃） | 时间 | 温度（℃） | 时间 | 温度（℃） |
| $t$ (s) | 1　2　3 | $t$ (s) | 1　2　3 | $t$ (s) | 1　2　3 | $t$ (s) | 1　2　3 |

2. 在同一个直角坐标系如图 4-5 所示中分别作出纯溶剂和溶液的冷却曲线，用外推法求凝固点 $T_f^*$、$T_f$，然后求出凝固点的降低值 $\Delta T_f$。

3. 根据测定的 $\Delta T_f$ 计算葡萄糖的摩尔质量，并与理论值比较，计算测定的百分误差。

4. 计算植物液汁的渗透压。

## 七、思考题

1. 根据什么原则考虑加入溶质的量，太多或太少对实验结果影响如何？

2. 本实验中为什么要测纯溶剂的凝固点？

3. 为什么测定凝固点时，必须将测定管配上套管后再浸入冰浴？若不配上套管会发生什么后果？

4. 为什么会产生过冷现象？如何控制过冷过程？

# 实验三　配位化合物的组成及稳定常数的测定

## 一、实验目的

1. 掌握用等摩尔连续递变法测定配合物的组成和稳定常数的基本原理和方法；

2. 掌握分光光度计的使用。

## 二、实验原理

从朗伯-比尔（Lambert-Beer）定律：入射光强 $I_0$ 与透射光强 $I$ 之间存在如下关系：

$$I = I_0 \cdot e^{-K \cdot C \cdot l}$$

移项后取对数，则

$$\ln \frac{I_0}{I} = K \cdot C \cdot l$$

令 $A = \ln \frac{I_0}{I}$，可得

$$A = K \cdot C \cdot l \tag{4-5}$$

式中 $A$——吸光度；

$K$——吸收系数，在溶质、溶剂和波长一定时，$K$ 是常数；

$C$——样品浓度，mol/L；

$l$——溶液厚度，cm。

从式（4-5）可知：在一定波长下，$K$ 和 $l$ 为定值时，吸光度 $A$ 与溶液浓度 $C$ 成正比。此时如选择适宜的吸收波长，使其既对被测物有最大的吸收，又使溶液中其他物质干扰最小，在此工作波长下测出一系列不同浓度溶液的吸光度值，作出 $A$-$C$ 曲线，再测定未知浓度物质的吸光度 $A$，即能从 $A$-$C$ 曲线上求得相应浓度值。

对配合物 $ML_n$，在溶液中存在着配合及解离反应，其反应式为

$$M + nL \rightleftharpoons ML_n$$

达到平衡时，

$$K_{稳} = \frac{[ML_n]}{[M][L]^n} \tag{4-6}$$

式中 $K_{稳}$——配合物稳定常数；

[M] ——达平衡时溶液中金属离子浓度，mol/L；

[L] ——达平衡时溶液中配位体浓度，mol/L；

$[ML_n]$ ——平衡时配位化合物浓度，mol/L；

n——配合物的配位数。

在 [M]+[L] 为一定值的条件下，改变 [M] 和 [L]，则当 [L]/[M]=n 时，配合物浓度可达最大值，也即

$$\frac{d[ML_n]}{d[M]} = 0 \tag{4-7}$$

配合物的形成常伴有明显的颜色变化。如果在可见光的某个波长区域，对配合物 $ML_n$ 有很强的吸收，而金属离子和配位体几乎不吸收，则可用前述的分光光度法原理来测定配合物组成及其稳定常数。

**1. 等摩尔连续递变法测定配合物组成**

等摩尔连续递变法为一基本的物理化学分析方法。其原理为：配制一系列的溶液，使得金属离子和配位体的总的物质的量不变，而依次改变两个组分摩尔分数的比值，则这一系列溶液称为等摩尔系列溶液。测定这一系列溶液吸光度 $A$ 的变化，再作组成-吸光度图（$x$-$A$ 图），即可如式（4-7）所表明，从图中曲线的极大点求得配合物的组成。

为实验方便起见，操作时常取相同物质的量浓度的金属离子溶液和配位体溶液，维持总体积数不变，按金属离子和配位体不同的体积比配制一系列溶液，则体积比也相当于摩尔分数的比值。假定 A 在极大值时配位体 L 溶液的摩尔分数为 $x_L$，则

$$x_L = \frac{V_L}{V_M + V_L}$$

因此，金属离子的摩尔分数为

$$x_M = 1 - x_L$$

故配位数

$$n = \frac{x_L}{x_M} = \frac{x_L}{1 - x_L} \tag{4-8}$$

由于在选定的工作波长下，金属离子和配位体仍存在着一定程度的吸收，故所得到的吸光度并不完全是由配合物 $ML_n$ 的吸收所引起，因此必须加以校正。方法如下：

如图 4-7 所示，在吸光度-组成曲线图上，连接 [M]=0 及 [L]=0 两点的直线 $MN$，则直线上所表示的不同组成的吸光度值可认为是由于金属离子和配位体的吸收所引起的。因此，校正后该溶液组成下配合物浓度的吸光度值 $\Delta A$ 应为实验所得到的吸光度值 $A$ 减去相应组成直线上的吸光度值 $A_0$，即 $\Delta A = A - A_0$。然后再作 $\Delta A$-组成曲线，即可从曲线极大点求得配合物的实际组成。如图 4-8 所示。

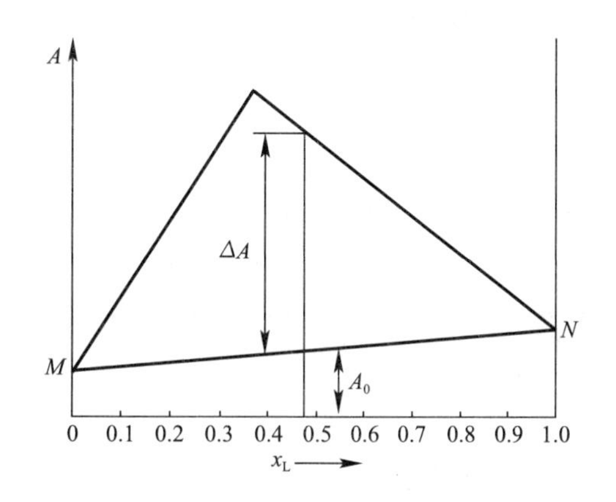


图 4-7　校正前的吸光度-组成曲线

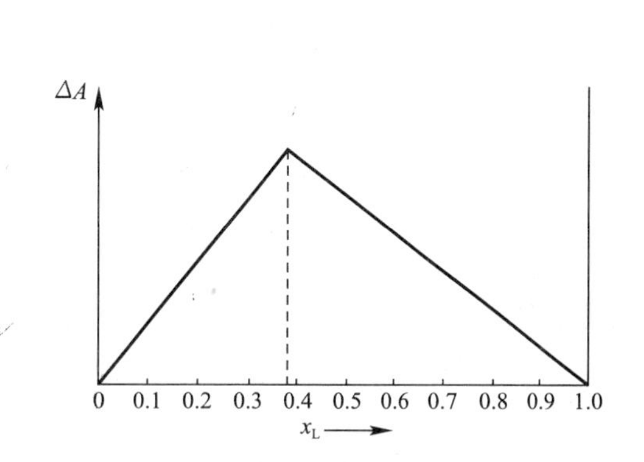


图 4-8　校正后的吸光度-组成曲线

**2. 稳定常数的测定**

在测定配合物组成后，即可根据下述方法求配合物的稳定常数。设开始时金属离子和配位体的浓度分别用 $a$，$b$ 表示，达到平衡时配合物的浓度为 $x$，因此有

$$K = \frac{x}{(a-x)(b-nx)^n} \tag{4-9}$$

由于吸光度已校正，故可认为溶液的吸光度正比于配合物的浓度。配制两组金属离子和配位体总的物质的量不同的系列溶液，在同一个坐标图上分别作两组溶液的吸光度-组成图，可得两条曲线，在这两曲线上找出吸光度相同的两点，如图 4-9 所示：过纵轴上的任一点作横轴的平行线，交两曲线于 $C$，$D$ 两点，此两点所对应的溶液的配合物 $ML_n$ 浓度应相同。现设对应于 $C$，$D$ 两点溶液中的金属离子和配位体的浓度分别为 $a_1$，$b_1$；$a_2$，$b_2$，则从式（4-9）可得

$$K = \frac{x}{(a_1-x)(b_1-nx)^n} = \frac{x}{(a_2-x)(b_2-nx)^n} \tag{4-10}$$

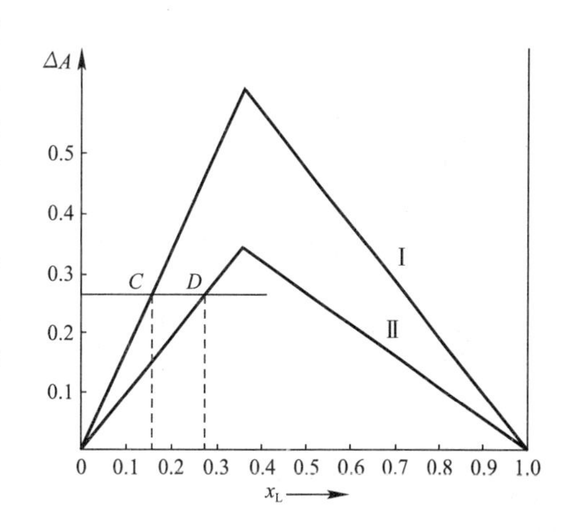


图 4-9　两系列溶液的吸光度-组成曲线

解上述方程，可求得 $x$，然后由式（4-9）可计算配合物的稳定常数 $K_{稳}$。

## 三、仪器、试剂

7200 型分光光度计 1 台；pH 计 1 台；酸式滴定管（50mL，2 支），量筒（250mL，1 个）；容量瓶（50mL，22 个）；移液管（10mL，3 支）。

0.005mol/L 硫酸铁铵溶液；0.005mol/L“试钛灵”（1,2-二羟基苯-3,5 二磺酸钠）溶液；pH 为 4.6 的 $HAc-NH_4Ac$ 缓冲溶液。

## 四、实验步骤

1. 学习并了解 7200 型分光光度计的工作原理及使用方法。

2. 配制 pH=4.6 的 $HAc-NH_4Ac$ 缓冲溶液 250mL。

3. 按表 4-4 配制 11 个待测溶液样品，依次将各样品加蒸馏水稀释至 50mL。

溶液样品配制 表 4-4

| 样品 体积（mL） 编号 | 1 | 2 | 3 | 4 | 5 | 6 | 7 | 8 | 9 | 10 | 11 |
|---|---|---|---|---|---|---|---|---|---|---|---|
| 0.005mol/L $Fe^{3+}$ 溶液 | 0.00 | 1.00 | 2.00 | 3.00 | 4.00 | 5.00 | 6.00 | 7.00 | 8.00 | 9.00 | 10.00 |
| 0.005mol/L 试钛灵溶液 | 10.00 | 9.00 | 8.00 | 7.00 | 6.00 | 5.00 | 4.00 | 3.00 | 2.00 | 1.00 | 0.00 |
| pH 为 4.6 的缓冲溶液 | ←10.00→ | | | | | | | | | | |

4. 将 0.005mol/L 的硫酸铁铵溶液和 0.005mol/L 的试钛灵溶液分别稀释至 0.0025mol/L，再按表 4-4 配制第二组待测溶液样品。

5. 测定上述溶液的 pH 值（只需取其中任一样品测定即可）。

6. 测定配合物的最大吸收波长 $\lambda_{max}$：以蒸馏水作为空白试剂，用 6 号样品测定。从波长 500nm 开始，每隔 10nm 测定 1 次吸光度 $A$ 值，绘出该溶液的吸收曲线，则吸收曲线的最大吸收峰所对应的波长，即为 $\lambda_{max}$。在此波长下，1 号和 11 号溶液样品的吸光度应接近于零。

7. 于 $\lambda_{max}$（工作波长）下依次测定第一组和第二组溶液的吸光度 $A$ 值。

## 五、注意事项

1. 由于溶液的 pH 值对配合物组成有影响，故配制缓冲溶液时一定要准确，注意使其 pH 值范围符合指定要求。

2. 更换溶液测吸光度时，比色皿应用蒸馏水冲洗干净并用待测溶液荡洗 2～3 次。

3. 实验中应正确使用分光光度计，注意调整“0”和满度（100%）的位置。

## 六、数据记录及处理

1. 将所测实验数据填入表 4-5 中。

配合物组成测定数据 表 4-5

室温_______℃ 大气压_______kPa

| 样品编号 | 1 | 2 | 3 | 4 | 5 | 6 | 7 | 8 | 9 | 10 | 11 |
|---|---|---|---|---|---|---|---|---|---|---|---|
| 吸光度 $A$（第 1 组） | | | | | | | | | | | |
| 吸光度 $A$（第 2 组） | | | | | | | | | | | |
| $\lambda_{max}$（nm） | | 配位数 $n$ | | | | | | | | | |

2. 作两组溶液的吸光度-组成曲线。

3. 若在工作波长下对金属离子和配位体的吸收不完全为零，则需按前述方法进行校正，作两组溶液校正后的吸光度-组成图，求出配位数 $n$。

4. 从上图找出两组溶液中有相同吸光度的两点所对应的溶液组成 $a_1$，$b_1$；$a_2$，$b_2$。从式（4-10）求得 $x$ 值，并进一步计算配合物稳定常数。

5. 根据 $\Delta_r G_m^{\ominus} = -RT\ln K_{稳}^{\ominus}$，计算配合反应的标准吉布斯函数变化。

## 七、思考题

1. 在工作波长下，除配合物 $ML_n$ 之外，金属离子和配位体如仍有一定程度的吸收，应如何校正？

2. 为什么只有在维持物质的总量不变时，改变金属离子和配位体的摩尔比，使其摩尔分数之比 $x_L/x_M = n$ 时，配合物的浓度最大？

3. 为什么同一坐标纸上的两条曲线上吸光度相同的两点所对应的配合物浓度相同？

# 实验四 液相反应平衡常数的测定

## 一、实验目的

1. 用分光光度法测定弱电解质的电离常数；
2. 掌握分光光度法测定甲基红电离常数的基本原理；
3. 掌握分光光度计及 pH 计的正确使用方法。

## 二、实验原理

弱电解质的电离常数测定方法很多，如电导法、电位法、分光光度法等。本实验测定电解质（甲基红）的电离常数，是根据甲基红在电离前后具有不同颜色和对单色光的吸收特性，借助分光光度法的原理，测定其电离常数，甲基红在溶液中的电离可表示为：

酸式（HMR）红色

$$H^+ \Big\Uparrow\!\Big\Downarrow OH^-$$

$$(CH_3)_2\text{—N—}\langle\text{C}_6\text{H}_4\rangle\text{—N=N—}\langle\text{C}_6\text{H}_4\text{—}CO_2\rangle$$

碱式（MR）黄色

则其电离平衡常数 $K$ 表示为：

$$K_c = \frac{[H^+][MR^-]}{[HMR]} \tag{4-11}$$

或

$$pK = pH - \lg\frac{[MR^-]}{[HMR]} \tag{4-12}$$

由式（4-12）可知，通过测定甲基红溶液的 pH 值，再根据分光光度法（多组分测定方法）测得［$MR^-$］和［HMR］值，即可求得 pK 值。

根据朗伯-比尔（Lambert-Bear）定律，溶液对单色光的吸收遵守下列关系式：

$$A = -\ln\frac{I}{I_0} = \varepsilon c l \tag{4-13}$$

式中　$A$——吸光度；

$I/I_0$——透光率 $T$；

$c$——溶液浓度，mol/L；

$l$——溶液的厚度，cm；

$\varepsilon$——摩尔吸光系数。

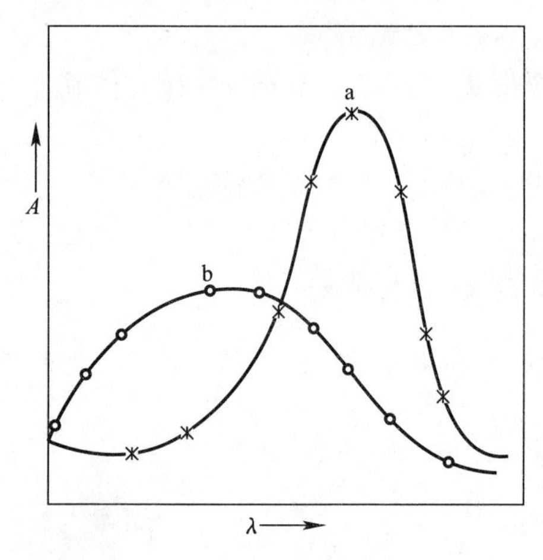


图 4-10　部分重合的光吸收曲线

溶液中如含有一种组分，其对不同波长的单色光的吸收程度，如以波长 $\lambda$ 为横坐标，吸光度 $A$ 为纵坐标作图可得一条曲线，如图 4-10 所示中单组分 a 和单组分 b 的曲线均称为吸收曲线，亦称为吸收光谱曲线。

根据公式（4-13）当吸收槽长度一定时，式（4-13）可写为 $A=\varepsilon c$。组分 a 和 b 的吸光度则分别表示为：

$$A_a = \varepsilon_a c_a \tag{4-14}$$

$$A_b = \varepsilon_b c_b \tag{4-15}$$

如在该波长时，溶液遵守朗伯-比尔定律，可选用此波长进行单组分的测定。

溶液中如含有两种组分（或两种组分以上）的溶液，又具有特征的光吸收曲线，并在各组分的吸收曲线互不干扰时，可在不同波长下，对各组分进行吸光度测定。

当溶液中两种组分 a、b 各具有特征的光吸收曲线，且均遵守朗伯-比尔定律，但吸收曲线部分重合，如图 4-10 所示，则两组分（a+b）溶液的吸光度应等于各组分吸光度之和，即吸光度具有加和性。当吸收槽长度一定时，则混合溶液在波长分别为 $\lambda_a$ 和 $\lambda_b$ 时的吸光度 $A_{\lambda_a}^{a+b}$ 和 $A_{\lambda_b}^{a+b}$ 可表示为：

$$A_{\lambda_a}^{a+b} = A_{\lambda_a}^{a} + A_{\lambda_a}^{b} = \varepsilon_{\lambda_a}^{a} c_a + \varepsilon_{\lambda_a}^{b} c_b \tag{4-16}$$

$$A_{\lambda_b}^{a+b} = A_{\lambda_b}^{a} + A_{\lambda_b}^{b} = \varepsilon_{\lambda_b}^{a} c_a + \varepsilon_{\lambda_b}^{b} c_b \tag{4-17}$$

由光谱曲线可知，组分 a 代表［HMR］，组分 b 代表［$MR^-$］，根据式（4-16）可得到［$MR^-$］，即：

$$c_b = \frac{A_{\lambda_a}^{a+b} - \varepsilon_{\lambda_a}^{a} c_a}{\varepsilon_{\lambda_a}^{b}} \tag{4-18}$$

将式（4-18）代入式（4-17）则可得［HMR］，即：

$$c_a = \frac{A_{\lambda_b}^{a+b}\varepsilon_{\lambda_a}^{b} - A_{\lambda_a}^{a+b}\varepsilon_{\lambda_b}^{b}}{\varepsilon_{\lambda_b}^{a}\varepsilon_{\lambda_a}^{b} - \varepsilon_{\lambda_b}^{b}\varepsilon_{\lambda_a}^{a}} \tag{4-19}$$

式中，$\varepsilon_{\lambda_a}^{a}$，$\varepsilon_{\lambda_a}^{b}$，$\varepsilon_{\lambda_b}^{a}$ 和 $\varepsilon_{\lambda_b}^{b}$ 分别表示单组分在波长为 $\lambda_a$ 和 $\lambda_b$ 时的 $\varepsilon$ 值。而 $\lambda_a$ 和 $\lambda_b$ 可以通过测定单组分的光吸收曲线，分别求得其最大吸收波长。如在该波长下，各组分均遵守朗

伯-比尔定律，则其测得的吸光度与单组分浓度应为线性关系，直线的斜率即为 $K$ 值，再通过两组分的混合溶液可以测得 $A_{\lambda_a}^{a+b}$ 和 $A_{\lambda_b}^{a+b}$，根据式（4-18）、式（4-19）可以求出［$MR^-$］和［HMR］值。

## 三、仪器、试剂

分光光度计 1 台；酸度计 1 台；饱和甘汞电极（217 型，1 支）；玻璃电极 1 支；容量瓶（100mL，5 只；50mL，2 只；25mL，6 只）；量筒（50mL，1 只）；烧杯（50mL，4 只）；移液管（10mL，1 支；5mL，1 支）。

95％乙醇（分析纯）；0.01mol/L HCl 溶液；0.1mol/L HCl 溶液；甲基红（分析纯）；0.04mol/L 乙酸钠溶液；0.01mol/L 乙酸钠溶液；0.02mol/L 乙酸溶液。

## 四、实验步骤

### 1. 制备溶液

（1）甲基红溶液。称取 1.00g 甲基红，加入 300mL95％乙醇，待溶后，用蒸馏水稀释至 500mL 容量瓶中。

（2）甲基红标准溶液。取 10.00mL 上述溶液，加入 50mL95％乙醇，用蒸馏水稀释至 100mL 容量瓶中。

（3）溶液 a。取 10.00mL 甲基红标准溶液，加入 0.1mol/L HCl 溶液 10mL，用蒸馏水稀释至 100mL 容量瓶中。

（4）溶液 b。取 10.00mL 甲基红标准溶液，加入 0.04mol/L 乙酸钠溶液 25mL，用蒸馏水稀释至 100mL 容量瓶中。溶液 a 的 pH 值约为 2，甲基红以酸式存在；溶液 b 的 pH 值约为 8，甲基红以碱式存在。将溶液 a、b 和空白液（蒸馏水）分别放入三个洁净的比色皿内。

### 2. 吸收光谱曲线的测定

接通电源，预热仪器。测定溶液 a 和溶液 b 的吸收光谱曲线，求出最大吸收峰的波长 $\lambda_a$ 和 $\lambda_b$。波长从 380nm 开始，每隔 20nm 测定一次，在吸收高峰附近，每隔 5nm 测定一次，每改变一次波长都要用空白溶液校正，直至波长为 600nm 为止。作 $A$-$\lambda$ 曲线。求出波长 $\lambda_a$ 和 $\lambda_b$ 值。

### 3. 验证朗伯-比尔定律，并求出 $\varepsilon_{\lambda_a}^{a}$，$\varepsilon_{\lambda_b}^{a}$，$\varepsilon_{\lambda_a}^{b}$ 和 $\varepsilon_{\lambda_b}^{b}$。

（1）将 a 溶液用 0.01mol/L HCl 溶液稀释至开始浓度的 0.2、0.4、0.6、0.8 倍；b 溶液用 0.01mol/L 乙酸钠溶液稀释至开始浓度的 0.2、0.4、0.6、0.8 倍。

（2）在波长为 $\lambda_a$、$\lambda_b$ 处分别测定上述各溶液的吸光度 $A$。如果在 $\lambda_a$、$\lambda_b$ 处，上述溶液符合朗伯-比尔定律，则可得四条 $A$-$c$ 直线，由此可求出 $\varepsilon_{\lambda_a}^{a}$，$\varepsilon_{\lambda_b}^{a}$，$\varepsilon_{\lambda_a}^{b}$ 和 $\varepsilon_{\lambda_b}^{b}$ 值。

### 4. 测定混合溶液的总吸光度及其 pH 值。

（1）配制四个混合液。

1）10mL 标准液＋25mL0.04mol/L 乙酸钠溶液＋50mL0.02mol/L 乙酸溶液，用蒸馏水稀释至 100mL。

2）10mL 标准液＋25mL0.04mol/L 乙酸钠溶液＋25mL0.02mol/L 乙酸溶液，用蒸馏水稀释至 100mL。

3）10mL 标准液＋25mL0.04mol/L 乙酸钠溶液＋10mL0.02mol/L 乙酸溶液，用蒸馏水稀释至 100mL。

4）10mL 标准液＋25mL0.04mol/L 乙酸钠溶液＋5mL0.02mol/L 乙酸溶液，用蒸馏水稀释至 100mL。

（2）条件允许，可用超级恒温水浴 25℃恒温 5min 后再进行测量。

（3）分别用 $\lambda_a$ 和 $\lambda_b$ 波长测定上述四个溶液的总吸光度。

（4）测定上述四个溶液 pH 值。

## 五、注意事项

1. 使用分光光度计时，先接通电源，预热 20min。为了延长光电管的寿命，在不测定时，应将暗盒盖打开。仪器连续使用不应超过 2h。

2. 使用酸度计前应预热半小时，使仪器稳定。

3. 玻璃电极使用前需在蒸馏水中浸泡一昼夜。

4. 使用比色皿时，应注意溶液不要装的太满，溶液约为 80%即可。并注意比色皿上白色箭头的方向，指向光路方向。

5. 实验用水最好是二次蒸馏水。

6. 指示剂易见光分解，标准液可在测吸光度时再加入。

## 六、数据记录及处理

1. 将实验步骤 3 和步骤 4 中所测得的数据分别列入表 4-6 和表 4-7 中：

**不同浓度甲基红溶液的吸光度测定　　表 4-6**

室温______℃　　　　大气压______kPa

| | a 溶液 | | | | b 溶液 | | | |
|---|---|---|---|---|---|---|---|---|
| | 0.2（倍） | 0.4（倍） | 0.6（倍） | 0.8（倍） | 0.2（倍） | 0.4（倍） | 0.6（倍） | 0.8（倍） |
| $A_{\lambda_a}^{a}$ | | | | | | | | |
| $A_{\lambda_b}^{a}$ | | | | | | | | |
| $A_{\lambda_a}^{b}$ | | | | | | | | |
| $A_{\lambda_b}^{b}$ | | | | | | | | |

**混合溶液的总吸光度及 pH 值测定　　表 4-7**

室温______℃　　　　大气压______kPa

| 编号 | $A_{\lambda_a}^{a+b}$ | $A_{\lambda_b}^{a+b}$ | pH 值 |
|---|---|---|---|
| 1 | | | |
| 2 | | | |
| 3 | | | |
| 4 | | | |

2. 根据实验步骤 2 测得的数据作 $A$-$\lambda$ 图，绘制溶液 a 和 b 的吸收光谱曲线，求出最大吸收波长 $\lambda_a$ 和 $\lambda_b$。

3. 实验步骤 3 中得到四组 $A$-$c$ 关系图，从图上可求得单组分溶液 a 和溶液 b 在波长各

为 $\lambda_a$ 和 $\lambda_b$ 时的 $\varepsilon^{a}_{\lambda_a}$，$\varepsilon^{a}_{\lambda_b}$，$\varepsilon^{b}_{\lambda_a}$ 和 $\varepsilon^{b}_{\lambda_b}$。

4. 由实验步骤 4 所测得的混合溶液的总吸光度，根据式（4-18）、式（4-19），求出各混合溶液中［$MR^-$］和［HMR］值。

5. 根据测得的 pH 值，按式（4-12）求出各混合溶液中甲基红的电离平衡常数。

## 七、思考题

1. 测定的溶液中为什么要加入盐酸、乙酸钠和乙酸溶液？

2. 在测定吸光度时，为什么每个波长都要用空白液校正零点？理论上应该用什么溶液作为空白溶液？本实验用的是什么溶液？为什么？

3. 温度对本实验的测定结果有何影响？采取哪些措施可以减少温度引起的误差？

# 实验五　双液体系沸点-组成图的绘制

## 一、实验目的

1. 测定常压下不同浓度的环己烷-乙醇二元体系的沸点和气-液两相平衡组成。绘制沸点-组成图，并确定体系的最低恒沸点和相应的组成；

2. 正确掌握阿贝折射仪的使用方法。

## 二、实验原理

一个完全互溶双液体系的沸点-组成图（即相图），表明了在各种沸点时液相组成和与之平衡的气相组成的关系，它对实现该体系中两组分的分离及分馏过程有很大的实用价值。

在恒压下完全互溶双液体系的沸点与组成有下列三种情况：

（1）理想的双液系，其溶液的沸点介于两纯物质沸点之间，如图 4-11（*a*）所示，如苯和甲苯。

（2）各组分对拉乌尔定律发生正偏差，其溶液有最低恒沸点，如图 4-11（*b*）所示，如苯与乙醇。

（3）各组分对拉乌尔定律发生负偏差，其溶液有最高恒沸点，如图 4-11（*c*）所示，如卤化氢与水，丙酮与氯仿。

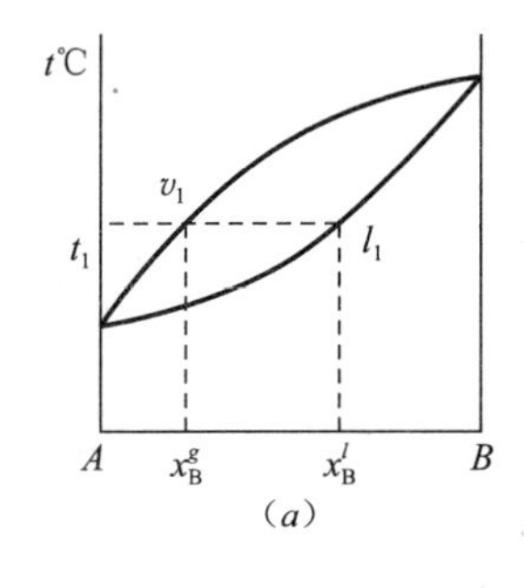


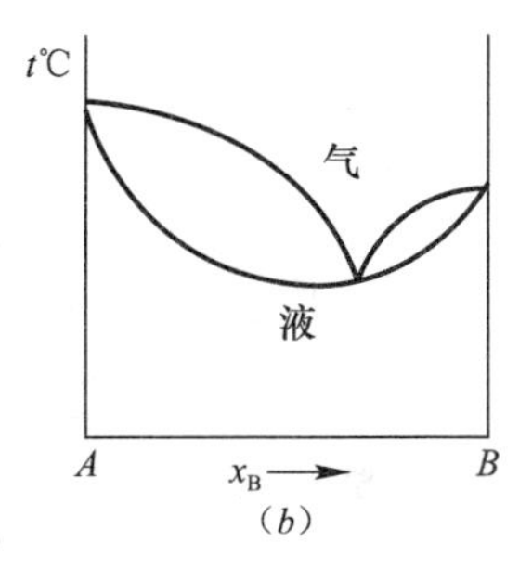


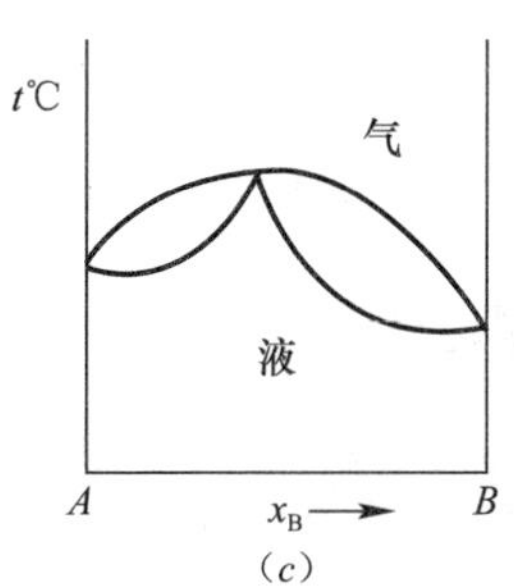


图 4-11　二元液系 *T*-*x* 图

本实验测定的环已烷-乙醇二元气、液恒压相图，如图 4-12 所示。图中横坐标表示二元系的组成（以组分 B 的摩尔分数表示），纵坐标为温度。显然曲线的两个端点 $T_A^*$、$T_B^*$ 即为在恒压下纯 A 组分和纯 B 组分的沸点。若溶液原始组分为 $x_{0,1}$，设沸腾达到气-液平衡的温度 $T_1$时，其平衡气-液组分分别为 $y_1$与 $x_1$。用不同组分的溶液进行测定，可得一系列 $T$-$x$-$y$ 数据，据此画出一张由液相线与气相线组成的完整相图。图 4-12 特点是当系统组分为 $X_e$时，沸腾温度为 $T_e$，此时气相组分与液相组分相同。因为 $T_e$是所有组分中的沸点最低者，所以这类相图称为具有最低恒沸点的气-液平衡相图。

为了绘制二元液系的相图，需在气、液相达到平衡后，同时测定气相组分、液相组分和溶液沸点。本实验用回流冷凝法测定环已烷-乙醇体系不同组成的溶液的沸点和气、液组成，其装置如图 4-13 所示。用电热丝直接加热溶液，以减少过热现象。用回流分析法分离气、液两相，回流器上的冷凝器使平衡蒸气凝聚在小槽内。用阿贝折射仪测定其相应的液相和气相冷凝液的折射率以确定液、气的组成。因为在一定温度下，纯物质具有确定的折射率，当两种物质互溶形成溶液后，溶液的折射率与其组成有一定的顺变关系，预先测定一定温度下一系列已知组成的乙醇-环已烷混合溶液的折射率，作出折射率对组成的工作曲线，以后即可根据测得的样品液的折射率由此曲线找出相应的组成。参见阿贝折射仪原理及使用方法。

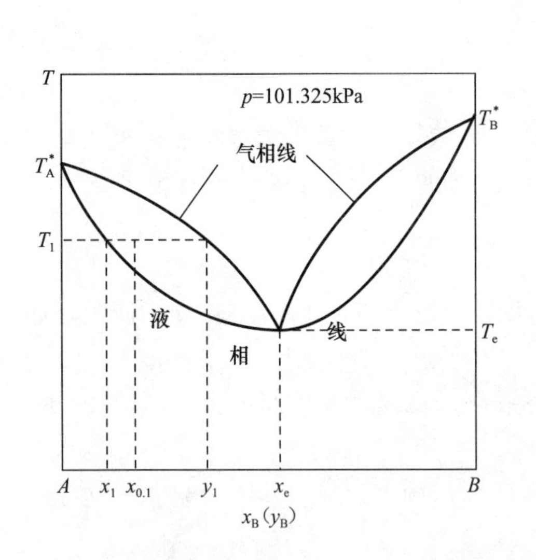


图 4-12　有最低恒沸点的二元气、液平衡相图

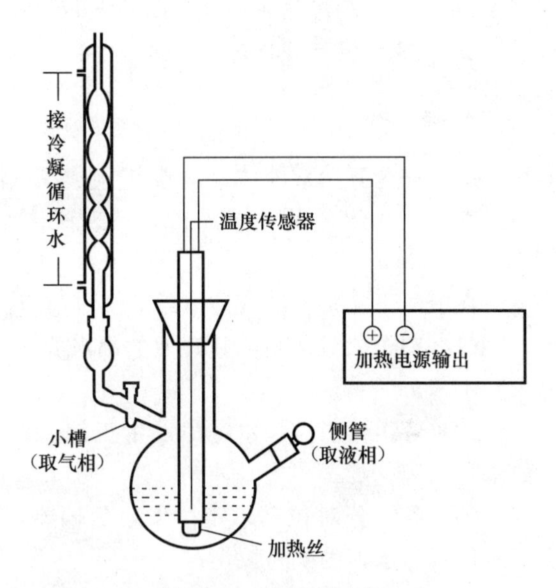


图 4-13　沸点测定仪

## 三、仪器、试剂

沸点测定仪 1 套；阿贝折射仪 1 台；超级恒温水浴 1 台；调压变压器 1 台；温度计（50～100℃±0.02℃；0～100℃±0.2℃）各 1 支；分析天平（共用）；磨口锥形瓶（50mL）8 个；带刻度量液管（1mL、2mL、5mL、10mL）各 1 支；取样吸管（长、短）各 7 支；洗耳球 1 个；擦镜纸。

无水乙醇（分析纯）；环已烷（分析纯）。

## 四、实验步骤

### 1. 标准工作曲线绘制

用阿贝折射仪测定纯环己烷、纯乙醇及一系列已知准确摩尔分数的环己烷-乙醇溶液，绘制折射率-组成工作曲线。不同摩尔分数溶液的配制方法如下：洗净并烘干 8 个小磨口锥形瓶或容量瓶，冷却后准确称量（用感量为 0.1mg 的电子天平），然后用带刻度的移液管分别加入 1mL、2mL、3mL、4mL、5mL、6mL 的乙醇，分别称其质量，再依次分别加入 6mL、5mL、4mL、3mL、2mL、1mL 的环己烷，再准确称量。塞紧塞子后摇匀，另外两个空瓶分别加入纯环己烷与乙醇。分别算出环己烷的摩尔分数。

在恒温下分别测定这些样品的折射率，以折射率为纵坐标，环己烷摩尔分数为横坐标，作出工作曲线。

### 2. 沸点和气、液相成分的测定

在洗净、烘干的蒸馏瓶中加 20mL 乙醇，并按图 4-13 装好仪器，温度计的水银球一半浸入液体内，一半露在蒸汽中，冷凝管接通冷却水。将电阻丝接在调压变压器的输出端，电阻丝要靠近烧瓶底部的中心，不能露出液面。通电加热，注意调压变压器输出电压控制在 10V 左右，使液体温度升高并沸腾，待温度稳定后数分钟，记下温度及大气压。切断电源，待液体稍冷后用两支洗净、干燥的滴管分别取出支管 4 处的气相冷凝液和蒸馏瓶中的液体各几滴，测定它们的折射率。

蒸馏瓶中加入 1mL 环己烷，按前方法测其沸点及气、液两相样品的折射率。再依次加入 1mL、2mL、3mL、3mL、4mL、5mL 的环己烷，做同样实验。

上述实验结束后，将蒸馏瓶中的母液倒入回收瓶中，然后用少量环己烷先后洗蒸馏瓶 3～4 次，注入 20mL 环己烷，再装好仪器，按上述方法先测定纯环己烷的沸点及气、液两相的折射率，然后依次加入 0.2mL、0.2mL、0.5mL、0.5mL、2mL、5mL、5mL 的乙醇，分别测定它们的沸点及气、液两相样品的折射率。

## 五、注意事项

1. 在测气、液相样品的折射率时的温度要与测标准工作曲线时的温度相同。

2. 沸点仪中温度计水银球的位置应一半浸在液体中，一半露在蒸气中。

3. 电热丝及其接触点不能露出液面，否则通电加热会引起有机溶液燃烧，温度计水银球不要触及电热丝。加热时电压不能过度，能使待测液沸腾即可。

4. 待温度计读数恒定后才能读取溶液的沸腾温度，因为此时气-液两相才达到平衡。

5. 在每一份样品的蒸馏过程中，由于整个体系的成分不可能保持恒定，因此，平衡温度会略有变化，特别是当溶液中两种组成的量相差较大时，变化更为明显。因此，每加入一份样品后，只要待溶液沸腾，正常回流 1～2min 后，即可取样测定，不可等待时间过长。

6. 测定折射率时，操作要迅速，以免液体蒸发组成改变，每次测量前需先用丙酮数滴将折光仪棱镜镜面洗净，用清洁绸布或擦镜纸擦干。

## 六、数据记录及处理

1. 以折射率为纵坐标，环己烷摩尔分数为横坐标，作出标准工作曲线。

2. 根据工作曲线找出步骤2中各次蒸馏的气、液两相组成，将气、液两相平衡时的沸点、折射率、气、液两相组成等数据填入表4-8中。

各样品的实验结果及气、液两相组分 表4-8

室温______℃ 大气压______kPa

| 混合溶液的体积组成 | | 沸点（℃） | 气相冷凝液分析 | | 液相冷凝液分析 | |
|---|---|---|---|---|---|---|
| 每次加环己烷（mL） | 每次加乙醇（mL） | | 折射率 | 乙醇摩尔分数 | 折射率 | 乙醇摩尔分数 |
| | | | | | | |
| | | | | | | |

3. 作沸点-气、液组成图，并找出最低恒沸点及相应的恒沸混合物的组成。

## 七、思考题

1. 作乙醇-环己烷标准溶液的折射率-组成曲线的目的是什么？

2. 测定纯环己烷及纯乙醇的沸点时为什么要求蒸馏瓶必须是干燥的？测混合液沸点和组成时则不必须将原先附在瓶壁的混合液绝对弄干净，为什么？

3. 每次加入蒸馏瓶中的环己烷或乙醇是否应严格按规定的精确值来进行？

4. 如何判定气-液相已达平衡状态？一般而言，如何才能准确测得溶液的沸点？

# 实验六 电导测定的应用

## Ⅰ 电导法测定弱电解质的电离平衡常数及难溶盐的溶解度

## 一、实验目的

1. 用电导率仪法测定乙酸的电离平衡常数和难溶盐溶解度；

2. 掌握电导率仪的正确使用方法。

## 二、实验原理

电导率仪法测定溶液电导率是以“电阻分压”原理为基础的不平衡测量法。常用为DDS-11A型或DDS-11D型电导率仪，仪器测量原理见附录。

电解质溶液为离子导体，它通过正、负离子在电场中的定向迁移来传导电流。其导电能力可用电导$G$来度量，$G$是电阻的倒数，单位是S（西门子）。即

$$G=\frac{1}{R} \tag{4-20}$$

物理化学中不同电解质溶液的导电能力常用电导率$\kappa$来表示，$\kappa$与电导$G$的关系为

$$G=\frac{1}{R}=\kappa\left(\frac{A}{l}\right) \tag{4-21}$$

也可写作

$$\kappa=G\cdot\frac{l}{A} \tag{4-22}$$

式中　$\kappa$——电解质溶液的电导率，S/m；

$G$——电解质溶液的电导，S；

$l$——两电极间的距离，m；

$A$——电极面积，$m^2$；

对于一定的电导池而言，$l$和$A$均为定值，故$l/A$为一常数，用$K_{cell}$表示，称为电导池常数。故式（4-22）又可表示为

$$\kappa=G\cdot K_{cell} \tag{4-23}$$

由式（4-23）知，只要测得电导池常数和电导（或者电阻），即可求得该电解质溶液的电导率。电导池常数的测法，采用间接法测定。即首先测量已知电导率的某一浓度的电解质溶液的电导$G_1$（或者$R_1$），然后代入式（4-23），从而求出该电导池的$K_{cell}$。

对浓度为$c$的电解质溶液，其摩尔电导率$\Lambda_m$与电导率之间的关系为

$$\Lambda_m=\kappa\cdot\frac{1}{c} \tag{4-24}$$

式中$c$的单位为$mol\cdot m^{-3}$，可换算成mol/L。

根据电离学说，弱电解质的电离度$\alpha$随溶液的稀释而增大，当溶液无限稀释时，弱电解质全部电离，即$\alpha\to1$，此时溶液的摩尔电导率称为无限稀释摩尔电导率，用$\lambda_m^{\infty}$表示。则弱电解质的电离度可用下式表示：

$$\alpha=\frac{\Lambda_m}{\Lambda_m^{\infty}} \tag{4-25}$$

式中　$\Lambda_m$——浓度为$c$时溶液的摩尔电导率，$S\cdot m^2/mol$；

$\alpha$——弱电解质的电离度；

$\lambda_m^{\infty}$——无限稀释时的摩尔电导率，$S\cdot m^2/mol$。

如果一个电解质分子电离为$\nu_+$个正离子和$\nu_-$个负离子，则其$\lambda_m^{\infty}$可通过下式求得

$$\Lambda_m^{\infty}=\nu_+\lambda_{m,+}^{\infty}+\nu_-\lambda_{m,-}^{\infty} \tag{4-26}$$

式中$\lambda_{m,+}^{\infty}$、$\lambda_{m,-}^{\infty}$——无限稀释时正、负离子的摩尔电导率，$S\cdot m^2/mol$。

测量一定温度下某一浓度的弱电解质的摩尔电导率，并由手册查出$\lambda_{m,+}^{\infty}$和$\lambda_{m,-}^{\infty}$，由式（4-26）及式（4-25）即可算出一定温度下该浓度的弱电解质的电离度。

对于MA型（即1-1型）电解质，在水溶液中达电离平衡时，电离平衡常数$K$与浓度及电离度的关系为

$$K=\frac{\frac{c}{c^{\ominus}}\cdot\alpha^2}{1-\alpha} \tag{4-27}$$

将式（4-25）代入式（4-27）得

$$K=\frac{\Lambda_{m}^{2}\frac{c}{c^{\ominus}}}{\Lambda_{m}^{\infty}(\Lambda_{m}^{\infty}-\Lambda_{m})} \tag{4-28}$$

由实验测出电解质溶液的电导率 $\kappa$，就可由式（4-24）和式（4-28）求出弱电解质的电离平衡常数。

用电导法还可测得难溶盐的溶解度。一般难溶盐在水中的溶解度很小，其饱和溶液可近似看作无限稀释溶液，因此溶液的摩尔电导率可认为等于无限稀释溶液的摩尔电导率，由无限稀释离子的摩尔电导率求得。将式（4-24）和式（4-26）联立，可得其浓度

$$c=\frac{\kappa_{(\text{盐})}}{\nu_{+}\lambda_{m,+}^{\infty}+\nu_{-}\lambda_{m,-}^{\infty}} \tag{4-29}$$

由于溶液极稀，水的电导率不能忽略。故

$$\kappa_{(\text{盐})}=\kappa_{(\text{溶液})}-\kappa_{(\text{水})} \tag{4-30}$$

代入式（4-29），得

$$c=\frac{\kappa_{(\text{溶液})}-\kappa_{(\text{水})}}{\nu_{+}\lambda_{m,+}^{\infty}+\nu_{-}\lambda_{m,-}^{\infty}} \tag{4-31}$$

浓度已知，即可进一步求得难溶盐的溶解度和标准溶度积。

## 三、仪器、试剂

DDS-11D 型电导率仪 1 台；超级恒温水浴 1 套；烧杯（100mL，6 个）；移液管（25mL，1 支）；洗耳球 1 个；容量瓶（50mL、100mL，各 1 个）。

0.0100mol/L KCl 溶液；0.1000mol/L HAc 溶液；$BaSO_4$ 饱和溶液；重蒸馏水。

## 四、实验步骤

1. 用逐步稀释法配制 0.0500mol/L、0.0250mol/L 的 HAc 溶液。
2. 调节恒温水浴至温度为 25.00±0.01℃。将待测溶液置恒温水浴中恒温。
3. 按附录要求调整好电导率仪。
4. 用已恒温好的 0.0100mol/L KCl 溶液标定电极常数。方法见说明书。
5. 用重蒸馏水充分清洗电导池和铂电极，然后在电导池中装入已在恒温水浴中恒温 15min 的重蒸馏水，用电导率仪测量重蒸馏水的电导率 3 次，取平均值。
6. 依次用重蒸馏水，HAc 溶液荡洗电导池 3 次，向电导池内加入已恒温好的 HAc 溶液。用电导率仪从稀到浓依次测各浓度 HAc 溶液的电导率。每个样品测 3 次，取平均值。
7. 依次用重蒸馏水、$BaSO_4$ 饱和溶液荡洗电导池 3 次，向电导池内加入已恒温好的 $BaSO_4$ 饱和溶液，用电导率仪测 $BaSO_4$ 饱和溶液的电导率，测 3 次取平均值。
8. 实验结束后，切断电源，停止恒温，取出电导池，洗涤电极，然后将电极浸泡在重蒸馏水中待用。

## 五、注意事项

1. HAc 溶液浓度一定要配制准确。
2. 电极的引线不能潮湿，否则将测不准。

3. 测量重蒸馏水时要迅速，否则电导率会变化很快，因空气中 $CO_2$ 溶入水中，致水中有碳酸根离子生成，影响结果。

4. 使用铂电极时不可发生碰撞。用蒸馏水冲洗电极时不可直接冲击铂黑。

5. 盛被测溶液的容器必须清洁，无电解质离子沾污。

## 六、数据记录及处理

将实验所测数据记录并进行处理，结果填入表 4-9。

**电导率仪法电导率数据** **表 4-9**

室温______℃ 大气压______kPa

| 溶液 | 参数 | $\kappa_{测}$ (S/m) | $\kappa_{平}$ (S/m) | $\Lambda_m$ (S·m²/mol) | $\alpha$ | $K$ | $K_{平均}$ |
|---|---|---|---|---|---|---|---|
| HAc (0.0250mol/L) | | | | | | | |
| | | | | | | | |
| | | | | | | | |
| HAc (0.0500mol/L) | | | | | | | |
| | | | | | | | |
| | | | | | | | |
| HAc (0.1000mol/L) | | | | | | | |
| | | | | | | | |
| | | | | | | | |
| $BaSO_4$（饱和） | | | | | | | |
| | | | | | | | |
| | | | | | | | |
| $H_2O$（重蒸馏） | | | | | | | |
| | | | | | | | |
| | | | | | | | |

恒温温度______℃ 电极常数______$m^{-1}$

## 七、思考题

1. 对于 KCl 及 HAc 溶液，温度升高，其电导率将会怎样变化？

2. 待测溶液为何要事先恒温？

# Ⅱ 电导滴定

## 一、实验目的

1. 掌握电导滴定法测定溶液浓度的原理和方法；

2. 测定 NaOH、$Na_2SO_4$ 溶液的浓度。

## 二、实验原理

在容量分析中，标准试剂与被检测体系发生化学反应，常引起体系的电导率发生变化，利用测量待测溶液在滴定过程中电导的变化转折来指示滴定终点的方法称为电导滴定。电导滴定可用于酸碱中和反应、沉淀反应、配合反应及氧化还原反应，尤其是有 $H^+$ 和 $OH^-$ 参与的反应。当溶液浓度很稀、溶液混浊及溶液有颜色干扰而不易使用指示剂时，此法更为有效。

被滴定溶液中的一种离子与滴入试剂中的另一种离子结合，使得溶液中离子浓度发生变化，或者被滴定溶液中原有的离子被另一种迁移速率不同的离子所替代，从而导致溶液的电导率发生变化。滴定过程中测量电导或电导率随滴入溶液体积的变化值，以电导或电导率对滴入溶液的体积作图，再将两条直线部分外推，所得交点即为滴定终点。图 4-14 是常见的两种电导滴定的 $\kappa$-$V$ 曲线。

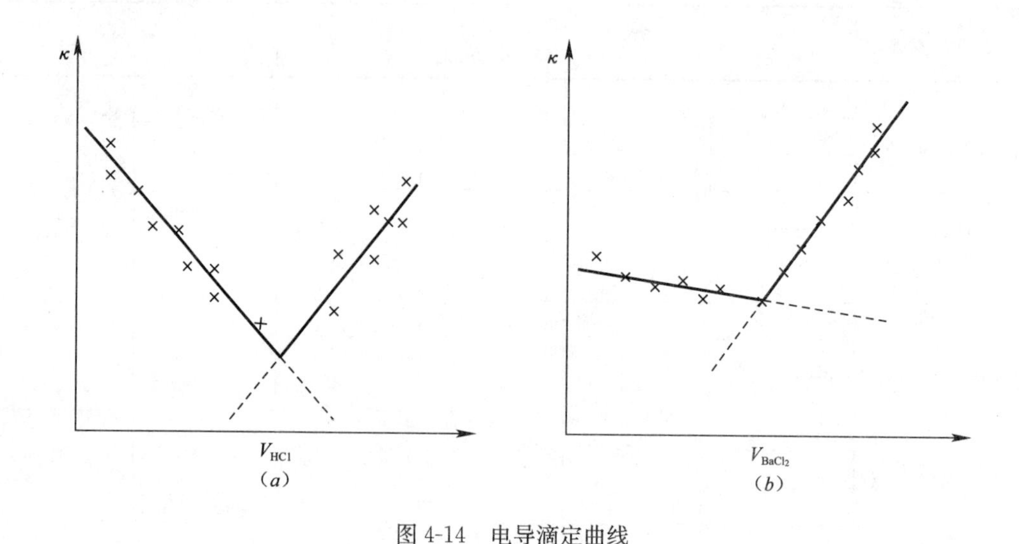


图 4-14　电导滴定曲线

图 4-14（$a$）为强电解质 HCl 滴定 NaOH 溶液的 $\kappa$-$V$ 曲线，其化学反应式为

$$H^+ + Cl^- + Na^+ + OH^- \longrightarrow Na^+ + Cl^- + H_2O$$

滴定过程中，溶液中的 $OH^-$ 被 $Cl^-$ 替代。由于 $OH^-$ 的电导率远大于 $Cl^-$ 的电导率，所以随着滴定的进行，在终点前，溶液的电导率越来越小；终点后，溶液的电导率由于过量 $H^+$ 和 $Cl^-$ 的浓度逐渐增加而越来越大。在滴定终点前后，溶液电导的改变有一个突出的转折点，相对于这个转折点的 HCl 的体积 $V_{HCl}$，就是完全中和 NaOH 溶液时所需 HCl 的量。通过相应的计算，可以确定被滴定 NaOH 溶液的浓度。

用标准 $BaCl_2$ 溶液滴定 $Na_2SO_4$ 时，溶液电导和加入 $BaCl_2$ 体积的关系如图 4-14（$b$）所示。

一定温度时，在稀溶液中，离子的电导与其浓度成正比。如果滴定剂加入后，使原溶液体积改变较大，那么所加入溶液的体积与溶液的电导就不呈线性关系，这是由于存在稀释效应的影响。若使滴定剂的浓度高于被测样品浓度的 10～20 倍，则可基本消除稀释效应的影响。如果稀释效应显著，溶液的电导应按稀释程度加以校正，校正后再作 $\kappa$-$V$ 曲线。校正公式如下：

$$\kappa = \frac{\kappa_{测}(V + V_1)}{V} \tag{4-32}$$

式中　$\kappa$——校正后溶液的电导率，S/m；

$\kappa_{测}$——实测的溶液电导率，S/m；

$V$——被滴定溶液的体积，mL；

$V_1$——加入滴定溶液的体积，mL。

## 三、仪器、试剂

DDS-11D型电导率仪1台；恒温磁力搅拌器1台；酸式滴定管（25mL，2支）；烧杯（500mL，2个）；移液管（25mL，2支）。

0.1000mol/L标准HCl溶液；0.0500mol/L标准$BaCl_2$溶液；0.1mol/L NaOH溶液；0.05mol/L $Na_2SO_4$溶液。

## 四、实验步骤

1. 用移液管准确吸取25.00mL待测溶液（NaOH或$Na_2SO_4$）置于500mL烧杯中，加蒸馏水稀释至250mL左右，烧杯中放入搅拌器转子后置于磁力搅拌器上，插入洗净的电导电极并按照图4-15安装仪器。

2. 在恒温搅拌状态下，用滴定管将配制好的标准溶液滴入待测溶液中（用HCl滴定NaOH，用$BaCl_2$滴定$Na_2SO_4$）。开始每次滴加标准溶液2mL，每次滴加后搅拌均匀再测其电导率。终点前后每次滴加0.5～1.0mL，直到溶液电导率有显著改变后，再按原量每次2mL滴加几次即可。记录每次滴定所用标准溶液的体积及与之对应的溶液的电导率$\kappa$。

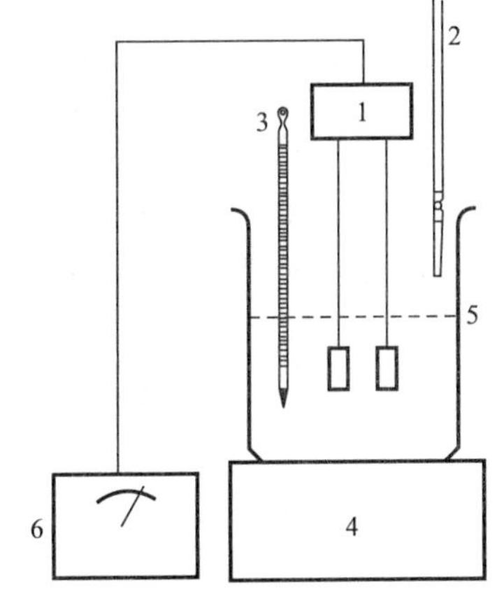


图4-15　电导滴定装置

1—电导电极；2—滴定管；3—温度计；4—恒温磁力搅拌器；5—烧杯；6—电导率仪

## 五、注意事项

1. 为防止电导池内溶液浓度不均，每次滴加标准溶液后，都要充分搅拌再测量溶液的电导率。

2. 电导电极使用前后应浸泡在蒸馏水内以防止铂黑钝化。

3. 为提高测量精度，在使用“$\times10^3\mu S/cm$”及“$\times10^4\mu S/cm$”两档时，校正应在电导电极插头插入插孔，电极浸入待测溶液的状况下进行。

## 六、数据记录及处理

### 1. 数据记录

将实验中测得的$V_{标准}$～$\kappa$数据记录于表4-10中。

**电导滴定中的 $V_{标准}$～$\kappa$ 数据** **表 4-10**

室温_______℃ 大气压_______kPa

| 0.1000mol/L HCl 滴定 25.00mL 0.1mol/L NaOH 溶液 | | | | | | |
|---|---|---|---|---|---|---|
| HCl（mL） | 0 | 2 | 4 | 6 | 8 | 10 |
| $\kappa$（$\mu S \cdot cm^{-1}$） | | | | | | |
| HCl（mL） | 12 | …… | | | | |
| $\kappa$（$\mu S/cm$） | | | | | | |
| 0.0500mol/L $BaCl_2$滴定 25.00mL 0.05mol/L $Na_2SO_4$溶液 | | | | | | |
| $BaCl_2$（mL） | 0 | 2 | 4 | 6 | 8 | 10 |
| $\kappa$（$\mu S/cm$） | | | | | | |
| $BaCl_2$（mL） | 12 | …… | | | | |
| $\kappa$（$\mu S/cm$） | | | | | | |

恒温温度_______℃

**2. 数据处理**

由表 4-10 记录的原始数据作 $\kappa$～$V$ 标准曲线，从曲线中找出滴定终点时标准溶液的用量，由之计算出待测溶液 NaOH 及 $Na_2SO_4$的物质的量浓度。

## 七、思考题

1. 为什么标准溶液的浓度要比待测溶液浓度大 10～20 倍？
2. 电导滴定为何要在恒温下进行？
3. 溶液的浓度对电导率产生什么影响？

# 实验七 蔗糖水解速率常数的测定

## 一、实验目的

1. 掌握物理法测定蔗糖水解反应的速率常数和半衰期的方法；
2. 了解旋光仪的基本工作原理，掌握旋光仪的正确使用方法。

## 二、实验原理

蔗糖在水中发生水解反应生成葡萄糖与果糖，其反应为

$$\underset{(蔗糖)}{C_{12}H_{22}O_{11}} + H_2O \xrightarrow{H^+} \underset{(葡萄糖)}{C_6H_{12}O_6} + \underset{(果糖)}{C_6H_{12}O_6}$$

此反应本应为二级反应。在水中此反应的速率极慢，通常需要在 $H^+$ 的催化作用下进行。由于反应过程中，体系存在着大量的水，因此，虽有少数水参加反应，但仍可近似地认为反应过程中水的浓度不变。且 $H^+$ 作为催化剂，其浓度也不随时间而变。因此，蔗糖水解反应可看作是准一级反应，具有一级反应的动力学特征。

一级反应的动力学方程可由式（4-33）表示：

$$\ln c = -kt + \ln c_0 \tag{4-33}$$

式中　$c$——反应至时间 $t$ 时反应物的浓度，mol/L；

$k$——反应的速率常数，$min^{-1}$；

$c_0$——反应物的初始浓度，mol/L；

$t$——反应时间，min。

当 $c=\frac{c_0}{2}$ 时，时间 $t$ 可用反应的半衰期 $t_{1/2}$ 表示

$$t_{1/2} = \frac{\ln 2}{k} = \frac{0.693}{k} \tag{4-34}$$

从式（4-34）不难看出，在不同反应时间测定反应物相应的浓度，并以 $\ln c$ 对 $t$ 作图，可得一直线，由直线的斜率即可求得反应的速率常数 $k$。本实验采用物理法测定反应的速率常数。由于蔗糖及其水解产物都具有旋光性，且旋光方向、能力不同，因此可利用反应过程中体系旋光度的变化来度量反应的进程。

测量旋光度所用的仪器称为旋光仪，有目测式和自动式两种。溶液旋光度的大小与溶液中所含旋光物质的旋光能力、溶剂性质、溶液浓度、样品管长度、温度、波长等有关。当所有非浓度条件均固定时，旋光度 $\alpha$ 与旋光性物质的浓度 $c$ 呈线性关系，即

$$\alpha = kc \tag{4-35}$$

式中比例常数 $k$ 与物质旋光能力、溶剂性质、样品管长度、温度等有关。

作为反应物的蔗糖是右旋性物质，其比旋光度为 $[\alpha]_D^{20}=66.6°$；生成物中葡萄糖也是右旋性物质，其比旋光度为 $[\alpha]_D^{20}=52.5°$，而果糖是左旋性物质，其比旋光度 $[\alpha]_D^{20}=-91.9°$。由于生成物中果糖的左旋性比葡萄糖的右旋性大，外消旋作用结果使生成物呈现左旋性质。因此，随着反应的进行，体系的右旋角度不断减小，至零以后变成左旋，直至蔗糖完全水解，此时左旋角度达到最大值 $\alpha_\infty$。

设反应开始时体系的旋光度为 $\alpha_0$；反应终了时体系的旋光度为 $\alpha_\infty$。

$$\alpha_0 = k_{反}\, c_0 \quad (t=0，蔗糖尚未水解) \tag{4-36}$$

$$\alpha_\infty = k_{生}\, c_0 \quad (t=\infty，蔗糖完全水解) \tag{4-37}$$

式（4-36）和式（4-37）中 $k_{反}$、$k_{生}$ 分别为反应物和生成物的旋光系数。

当时间为 $t$ 时，蔗糖浓度为 $c$，此时体系的旋光度为 $\alpha_t$

$$\alpha_t = k_{反}\, c + k_{生}(c_0 - c) \tag{4-38}$$

由式（4-36）、式（4-37）和式（4-38）联立可得：

$$c_0 = \frac{\alpha_0 - \alpha_\infty}{k_{反} - k_{生}} = k'(\alpha_0 - \alpha_\infty) \tag{4-39}$$

$$c = \frac{\alpha_t - \alpha_\infty}{k_{反} - k_{生}} = k'(\alpha_t - \alpha_\infty) \tag{4-40}$$

将式（4-39）、式（4-40）代入式（4-33），可得

$$\ln(\alpha_t - \alpha_\infty) = -kt + \ln(\alpha_0 - \alpha_\infty) \tag{4-41}$$

可见 $\ln(\alpha_t - \alpha_\infty)$ 与 $t$ 呈线性关系。利用作图法和最小二乘法均可求得反应的速率常数 $k$。

## 三、仪器、试剂

**1. 自动旋光法**

自动旋光仪 1 台；普通温度计 1 支；锥形瓶（150mL、100mL，各 1 个）；烧杯（250mL，1 个）；秒表 1 块；电炉 1 个；移液管（25mL，2 支）。

蔗糖（分析纯）；4.00mol/L HCl 溶液。

**2. 目测旋光法**

目测旋光仪 1 台；超级恒温水浴 1 台；锥形瓶（150mL，1 个；100mL，2 个）；移液管（25mL，2 支）。

4.00mol/L HCl 溶液；蔗糖（分析纯）。

## 四、实验步骤

**1. 室温自动旋光仪法**

（1）了解和熟悉 WZZ 型自动旋光仪的原理和正确使用方法。

（2）旋光仪示数调零。蒸馏水为非旋光物质，可用来调整旋光仪的零点。调零时，先洗净样品管，将管的一端加上盖子，由另一端向管内灌蒸馏水，在管口上面形成一凸液面，然后盖上玻片和套盖，一手握住管上的金属鼓轮，另一手旋盖。注意不能用力过猛，以免压碎玻璃片；亦不可旋得过紧，以免产生应力，造成误差。将旋光管用滤纸擦干，放入预先打开的自动旋光仪暗室中，旋转调零旋钮，使旋光仪整数盘和小数示数盘归零。然后按复测按钮，复调 3 次。

（3）反应过程旋光度（$\alpha_t$）的测定。称取 20g 蔗糖，放入 150mL 锥形瓶内，另加入 100mL 蒸馏水，使蔗糖完全溶解。若溶液混浊，则需过滤。用移液管吸取蔗糖溶液 25mL 放入清洁干燥的 100mL 锥形瓶内，再用另一支移液管吸取 25mL4.00mol/L HCl 溶液，加入 25mL 的蔗糖溶液中并使之均匀混合，注意 HCl 溶液加入一半时开始计时。迅速用此混合液荡洗样品管两次然后装满样品管，擦去管外壁溶液，将样品管放入旋光仪暗室中，测量旋光度。反应初始阶段每隔 2min 读数一次，测定 6 次后每隔 3min 读数一次，再测 6 次，以后每 5min 读数一次再测 6 次，最后每 10min 测一次，再测 4 次。

（4）$\alpha_\infty$ 的测量。将锥形瓶内剩余的蔗糖和 HCl 的混合液置于 50～60℃的水浴内恒温 60min，使其加速反应至完全。然后冷却至实验温度，测量其旋光度，该旋光度即可近似认为是 $\alpha_\infty$。

（5）注意事项：

1）由于反应体系酸度很大，因此，样品管一定要擦干净后才能放入旋光仪的暗室内，以免管外黏附的酸腐蚀旋光仪。实验结束后必须将样品管洗净。

2）读取旋光度值时，应先读小数盘示数，然后读整数盘示数，以减少读数误差。

3）本实验未用恒温装置，只能测定室温下的速率常数，因此，实验过程中应每隔 10min 记取室温一次，取其平均值。

**2. 恒温目测旋光仪法**

（1）了解 301 型目测旋光仪的原理和使用方法。

（2）测旋光仪的零点校正。

接通旋光仪电源，将装满蒸馏水的样品管擦干，放入旋光仪的光槽中，盖上槽盖。调节目镜使视野清晰，再旋转检偏镜所连接的刻度盘至观察到的三分视界消失、明暗度相等为止。记下检偏镜的旋光度 $\alpha$，重复测量 3 次，取平均值。此平均值即为旋光仪的零点，可用来校正旋光仪的系统误差。

$$\alpha_{校正}=\alpha_{测量}-\alpha_{零点} \tag{4-42}$$

（3）$\alpha_t$的测定。将恒温水浴调节到所需反应温度（室温以上，40℃以下）。称取 20g 蔗糖放入 150mL 锥形瓶内，加入 100mL 蒸馏水，使蔗糖完全溶解，若溶液混浊，则需过滤。用移液管吸取蔗糖溶液 25mL，注入预先清洁干燥的 100mL 锥形瓶内并加塞。用另一移液管吸取 25mL 4.00mol/L 的 HCl 溶液，放入另一个 100mL 锥形瓶内并加塞。将两锥形瓶一起置于恒温水浴内恒温 15min 以上，然后取出两锥形瓶，擦干瓶外壁上的水珠，将 HCl 溶液倒入盛有蔗糖溶液的锥形瓶中，倒入一半时开始计时。将样品混合均匀后，立即用少量反应液荡洗样品管两次，然后将反应液装满样品管，旋上套盖，放入已事先恒温好的旋光仪内，测量不同时间体系的旋光度。第一个数据要求在反应开始后 1～2min 内进行测定。在反应开始后 15min 以内每 2min 测一次。15～30min 内，每 3min 测一次，测定 6 次后，每 10min 测一次，直到旋光度为负值为止。

（4）$\alpha_\infty$的测量。将剩余的蔗糖和 HCl 的混合液在实验开始时即置于 50～60℃的水浴内加热，使其加速反应至完全。然后将其冷却至实验温度再测旋光度，此旋光度即为 $\alpha_\infty$ 值。

（5）注意事项：

1）旋光仪恒温夹套应事先与恒温水浴连接，并打开恒温水浴水泵，使恒温水在旋光仪恒温夹套内循环 20min 后方可测量 $\alpha_t$数值。

2）若旋光仪不带有恒温夹套，则尽量使恒温温度与室温接近，每次读数后将旋光管取出放入恒温水浴中，临测定前再将旋光管从恒温水浴中取出并放入旋光仪光槽中。并且相应减小 HCl 溶液的浓度，使两次测定间隔延长，这样可减小测量误差。

3）由于酸会腐蚀金属，故实验结束后，必须用水洗净旋光管并将仪器擦干。

4）旋光管中不能有气泡。

5）测量 $\alpha_\infty$时，水浴温度不应高于 60℃，否则将产生蔗糖的脱水反应，使反应物变质。在加热过程中应将锥形瓶塞塞上，以免溶液蒸发影响浓度。

## 五、数据记录及处理

1. 将实验过程中所测得数据分别记录于表 4-11 和表 4-12 中。

**蔗糖转化 $\alpha\sim t$ 原始数据**（自动旋光法）　　**表 4-11**

室温________℃　　大气压________kPa

| $t$（min） | |
|---|---|
| $\alpha_t$（度） | |
| $t$（min） | |
| $\alpha_t$（度） | |

恒温温度________℃

蔗糖转化 $\alpha \sim t$ 原始数据（目测旋光法）　　表 4-12

室温________℃　　大气压________kPa

| $t$（min） | |
|---|---|
| $\alpha_t$（度） | |
| $t$（min） | |
| $\alpha_t$（度） | |

恒温温度________℃

2. 将上表中原始数据按表 4-13 要求计算并分别填入表 4-13 中。

旋光法测反应速率常数数据处理　　表 4-13

| 自动旋光仪法 | | | | 目测旋光仪法 | | | |
|---|---|---|---|---|---|---|---|
| $t$ | $\alpha_t$ | $\alpha_t-\alpha_\infty$ | $\ln(\alpha_t-\alpha_\infty)$ | $t$ | $\alpha_t$ | $\alpha_t-\alpha_\infty$ | $\ln(\alpha_t-\alpha_\infty)$ |
| | | | | | | | |
| 反应温度：________℃；$\alpha_\infty$： | | | | 反应温度：________℃；$\alpha_t$： | | | |

注：目测旋光仪法使用表 4-13 时计算应代入 $\alpha_{校正}$。

3. 作图法求反应的速率常数

以 $\ln(\alpha_t-\alpha_\infty)$ 对 $t$ 作图，可得一条直线，直线的斜率即为反应的速率常数 $k$。将 $k$ 代入式（4-34）即得水解反应的半衰期 $t_{1/2}$。

4. 最小二乘法求反应的速率常数

由式（4-43）可知 $\ln(\alpha_t-\alpha_\infty)$ 与 $t$ 呈线性关系，本实验数据较多，故可用最小二乘法进行统计分析，求出回归直线的斜率 $m$ 和截距 $b$，得回归方程

$$\ln(\alpha_t-\alpha_\infty)=mt+b \tag{4-43}$$

式中，$m=-k$，$b=\ln(\alpha_0-\alpha_\infty)$。

## 六、思考题

1. 本实验是否一定要校正旋光仪的零点，为什么？
2. 配制蔗糖溶液时浓度是否需要非常精确？为什么？
3. 反应开始时，可否将蔗糖溶液加到盐酸溶液中去？为什么？
4. 本实验能否以测定第一个数据的读数时间为 $t=0$ 的时间？测第一个数据的读数时间早些或晚些对实验结果有无影响？

# 实验八　乙酸乙酯皂化反应速率常数的测定

## 一、实验目的

1. 掌握一种测定化学反应速率常数的物理方法——电导法；

2. 学会用图解法求二级反应速率常数及计算活化能；

3. 掌握电导率仪的使用。

## 二、实验原理

乙酸乙酯皂化反应：

$$CH_3COOC_2H_5 + NaOH \longrightarrow CH_3COONa + C_2H_5OH$$

它的反应速率可以用单位时间内 $CH_3COONa$ 浓度的变化来表示：

$$\frac{dx}{dt} = k(a-x)(b-x) \tag{4-44}$$

式中 $a$、$b$ 分别表示反应物酯和碱的初始浓度，$x$ 表示经过 $t$ 时间后 $CH_3COONa$ 的浓度，$k$ 即 $k_{CH_3COONa}$，表示相应的反应速率系数。

因为反应速度与两个反应物浓度都是一次方的正比关系，所以称为二级反应。若反应物初始浓度相同，均为 $c_0$，即 $a=b=c_0$，则式（4-44）变为：

$$\frac{dx}{dt} = k(c_0-x)^2 \tag{4-45}$$

当 $t=0$ 时，$x=0$；$t=t$ 时，$x=x_0$ 积分上式得：

$$\int_0^x \frac{dx}{(c_0-x)} = \int_0^x k dt$$

$$k = \frac{1}{tc_0} \cdot \frac{c_0-c}{c} \tag{4-46}$$

式中 $c$ 为 $t$ 时刻的反应物浓度，即 $c_0-x$。

为了得到在不同时间的反应物浓度 $c$，本实验用电导率仪测定溶液电导率 $\kappa$ 的变化来表示。这是因为随着皂化反应的进行，溶液中导电能力强的 $OH^-$ 离子逐渐被导电能力弱的 $CH_3COO^-$ 离子所取代，所以溶液的电导率逐渐减小（溶液中 $CH_3COOC_2H_5$ 与 $C_2H_5OH$ 的导电能力都很小，故可忽略不计）。显然溶液的电导率变化是与反应物浓度变化相对应的。

在电解质的稀溶液中，电导率 $\kappa$ 与浓度 $c$ 有如下的正比关系：

$$\kappa = K \cdot c \tag{4-47}$$

式中比例常数 $K$ 与电解质性质及温度有关。

当 $t=0$ 时，电导率 $\kappa_0$ 对应于反应物 NaOH 的浓度 $c_0$，因此：

$$\kappa_0 = K_{NaOH} \cdot c_0 \tag{4-48}$$

当 $t=t$ 时，电导率 $\kappa_t$ 应该是浓度为 $c$ 的 NaOH 的电导率和浓度为（$c_0-c$）的 $CH_3COONa$ 的电导率之和：

$$\kappa_t = K_{NaOH} \cdot c + K_{CH_3COONa}(c_0-c) \tag{4-49}$$

当 $t=\infty$ 时，$OH^-$ 离子完全被 $CH_3COO^-$ 离子代替，因此电导率 $\kappa_\infty$ 应与产物的浓度 $c_0$ 相对应：

$$\kappa_\infty = K_{CH_3COONa} \cdot c_0 \tag{4-50}$$

联立以上各 $\kappa$ 的表达式，可以得到

$$c_0 = \frac{1}{K_{NaOH} - K_{CH_3COONa}}(\kappa_0 - \kappa_\infty) \tag{4-51}$$

$$c=\frac{1}{K_{NaOH}-K_{CH_3COONa}}(\kappa_t-\kappa_\infty) \tag{4-52}$$

将式（4-51）和式（4-52）代入式（4-44），得

$$\kappa_t=\frac{1}{K_{CH_3COONa}\cdot c_0}\left(\frac{\kappa_0-\kappa_t}{t}\right)+\kappa_\infty \tag{4-53}$$

用$\kappa_t$对$\kappa_0-\kappa_t/t$作图为一条直线，其斜率为$1/K_{CH_3COONa}\cdot c_0$，从斜率可以求得反应速率常数$k$。

式（4-53）也可改写为：

$$\frac{\kappa_0-\kappa_t}{\kappa_t-\kappa_\infty}=K_{CH_3COONa}\cdot c_0\cdot t \tag{4-54}$$

据此，以$t$为横坐标、$\frac{\kappa_0-\kappa_t}{\kappa_t-\kappa_\infty}$为纵坐标作图，可以得到一条直线，从其斜率$K_{CH_3COONa}\cdot c_0$中可求得反应速率常数$k_{CH_3COONa}$。

由实验测得$\kappa_0$、$\kappa_\infty$和$t$时的$\kappa_t$可计算速率常数$k$。

反应速率常数$k$与温度$T$的关系一般符合阿伦尼乌斯方程，即

$$\frac{d\ln k}{dT}=\frac{E_a}{RT^2} \tag{4-55}$$

积分上式，得

$$\ln k=-\frac{E_a}{RT}+C \tag{4-56}$$

式中 $C$——积分常数；

$E_a$——反应的表观活化能，J/mol。

显然在不同的温度下测定速率常数$k$，以$\ln k$对$1/T$作图，应得一直线，由直线的斜率可算出$E_a$值；也可以通过测定两个不同温度时的速率常数，用定积分式来计算，即

$$\ln\frac{k_2}{k_1}=\frac{E_a}{R}\left(\frac{1}{T_1}-\frac{1}{T_2}\right) \tag{4-57}$$

## 三、仪器、试剂

DDS-11D型电导率仪1台；电导电极1支；电子天平（感量0.1mg）1台；恒温水浴1套；电子秒表1块；叉式反应管两支；移液管（10mL，3支）；试管2支；酸式滴定管1支；容量瓶（100mL，1个）。

0.02mol/L标准NaOH溶液（4位有效数字）；0.01mol/L NaAc溶液；0.02mol/L乙酸乙酯溶液。

## 四、实验步骤

1. 配制标准NaOH溶液（此部分由教师完成）。

2. 配制乙酸乙酯溶液：

方法一：根据实验室给出的准确NaOH溶液的标准浓度，计算配制100mL相同物质的量浓度的乙酸乙酯溶液所需乙酸乙酯的质量（乙酸乙酯的摩尔质量为88.11g/mol）。在100mL容量瓶中放入约10mL蒸馏水，在电子天平上称其质量后滴入所需质量的乙酸乙

酯，再称质量。如果加入乙酸乙酯实际质量超过计算量较多（>4mg），应将容量瓶洗净、重称。如果加入乙酸乙酯质量比计算用量超出较少（<4mg），则按实际质量计算应配溶液的体积。将容量瓶加蒸馏水到标线，再用滴定管补充水至计算出的体积，摇匀后待用。

方法二：根据实验室给出的标准 NaOH 溶液的准确浓度、室温下乙酸乙酯的体积质量及摩尔质量，计算配制与 NaOH 溶液相同浓度的乙酸乙酯溶液 100mL 所需乙酸乙酯的质量。在 100L 容量瓶中加入 2/3 体积的蒸馏水，用 1mL 带刻度移液管吸取所需乙酸乙酯加入容量瓶中，加水至刻度，摇匀备用。

3. 调节恒温槽。调节恒温槽温度至 25.0℃（参见恒温槽使用说明）。

4. 校正电导率仪。（参见 DDS-11D 型电导率仪使用说明书和电导电极使用说明书）。

5. 测定 $\kappa_\infty$。用一支经蒸馏水洗净、干燥的试管装入适量 0.01mol/L NaAc 溶液。将试管用铁夹固定在恒温槽内，恒温 10min 后测电导率，即 $\kappa_\infty$。测定电导率后取出试管、保留溶液。用蒸馏水清洗电导电极备用。

6. 测定 $\kappa_0$。另取一经蒸馏水洗净、干燥的试管装入适量 0.01mol/L NaOH 溶液，浸入恒温槽内，恒温 10min 后测电导率，即为 $\kappa_0$。保留溶液，电极用蒸馏水清洗备用。

7. 测定 $\kappa_t$。在用蒸馏水清洗并干燥的叉形管的斜管中加入 10mL0.02mol/L NaOH 溶液，直管中加入 10mL 同浓度的乙酸乙酯溶液，塞上橡皮塞，将叉形管浸入恒温槽恒温。10min 后取出叉形管，倾斜叉形管，使斜管中的 NaOH 溶液与直管中的乙酸乙酯溶液混合，同时启动电子秒表，再将溶液在直管与斜管之间反复倒三次，使两溶液混合均匀，将所有溶液都集中在直管中，然后将叉形管重新固定在恒温槽中，取下橡皮塞，插入电导电极（注意：从恒温槽中取出叉形管开始至重新固定在恒温槽中的所有操作都要尽快进行，否则溶液温度下降太多，增加了实验误差），当反应进行到 2min 时（从第一次倾斜叉形管开始），读取并记录电导率一次，以后每隔 2min 读取一次，30min 后停止记录。取出电导电极用蒸馏水清洗，重新浸泡在蒸馏水中备用。

8. 测定 35℃时的 $\kappa_\infty$、$\kappa_0$、$\kappa_t$。

（1）用步骤 5 中用过的 NaAc 溶液测定 35℃时的 $\kappa_\infty$。

（2）用步骤 6 中用过的 NaOH 溶液测定 35℃时的 $\kappa_0$。

（3）用步骤 7 测定 35℃时的 $\kappa_t$。

## 五、数据记录及处理

1. 列表表示不同时间 $t$ 的 $\kappa_t$、$\kappa_0-\kappa_t$、$\kappa_0-\kappa_t/t$。

2. 作 $\kappa_t-(\kappa_0-\kappa_t)/t$ 图，由直线斜率求出相应温度下的 $k$ 值。

3. 用式（4-57）求出活化能。

## 六、思考题

1. 为什么当 NaOH 溶液与乙酸乙酯溶液一开始混合就要同时计时，且混合既要快又要使两种溶液混合均匀？

2. 为什么本实验要在恒温下进行？而且 NaOH 和乙酸乙酯溶液混合前要预先恒温？

3. 若乙酸乙酯和氢氧化钠的浓度较大，使用电导法测皂化反应的速度常数是否妥当，为什么？

4. 由实验结果得到的值，计算反应开始10min后NaOH消耗掉的百分数?

# 实验九　固体自溶液中的吸附

## 一、实验目的

1. 通过测定活性炭在乙酸溶液中的吸附，验证弗罗因德利希（Fremdlich）吸附等温式；

2. 求弗罗因德利希吸附等温式中的经验常数，作出活性炭在水溶液中吸附乙酸的吸附等温线；

3. 了解活性炭在溶液中的吸附性质。

## 二、实验原理

活性炭是一种高度分散的多孔性吸附剂，应用广泛。在乙酸水溶液中，活性炭可以将乙酸吸附在它的表面上。在一定温度下，活性炭吸附量的大小，与乙酸的平衡浓度有关，可用弗罗因德利希吸附等温式来表示它们之间的函数关系：

$$\frac{x}{m}=kc^{n} \tag{4-58}$$

式中　$x$——吸附平衡时吸附质被吸附的量，mol；

$m$——吸附平衡时吸附剂的质量，g；

$\frac{x}{m}$——吸附量，mol/g；

$c$——吸附平衡时溶液的浓度，mol/L；

$k$，$n$——两个经验常数，其值取决于温度，溶剂，吸附质和吸附剂的性质。

式（4-58）的对数形式是

$$\lg\frac{x}{m}=n\lg c+\lg k \tag{4-59}$$

以 $\lg\frac{x}{m}$ 对 $\lg c$ 作图，可得一直线，直线的斜率是 $n$，截距是 $\lg k$，由此可求出 $k$ 和 $n$。

## 三、仪器、试剂

恒温振荡器1套；磨口带塞锥形瓶（150mL，6个）；锥形瓶（150mL，8个）；滴定管（50mL，酸式、碱式，各1支）；吸量管（5mL、10mL，各1支）；移液管（25mL，1支）。

0.4mol/L 乙酸溶液；0.1000mol/L NaOH 标准溶液；酚酞指示剂；活性炭（20～40目，比表面300～400m$^2$/g，色层分析用）。

## 四、实验步骤

1. 活性炭经活化（稀盐酸浸泡2～3d后，用蒸馏水洗至pH值为5～6），在150℃下烘干4～8h后备用。

2. 准确称取6份各约1g的活性炭，分别放入6只编好号的150mL磨口带塞锥形瓶内，按记录表格中的要求配制乙酸溶液，并立即加盖，置于25℃恒温振荡器中振荡1h

（若室温变化不大，可在室温下振荡），以达到吸附平衡。

3. 滤去活性炭，弃去初滤液（约 10mL），将续滤液收集在干燥的锥形瓶中。按记录表格规定的体积取样，以酚酞为指示剂，用 0.1000mol/L NaOH 标准溶液滴定。

## 五、注意事项

1. 注意严格按编好的序号及记录表格中的要求配制乙酸溶液，防止加错样品。
2. 操作过程中注意加塞瓶盖，以防乙酸挥发。
3. 吸附过程中应充分振摇，以达到吸附剂与吸附质之间的吸附平衡。

## 六、数据记录及处理

1. 将实验数据填入表 4-14 中。
2. 按下式计算吸附量并填入表 4-14 中。

$$\frac{x}{m}=\frac{V(c_0-c)}{m} \tag{4-60}$$

式中 $V$——被滴定的乙酸溶液总体积，mL；
$m$——活性炭质量，g。

3. 绘制$\frac{x}{m}$对 $c$ 的吸附等温线。

4. 绘制 $\lg\frac{x}{m}$对 $\lg c$ 图，从所得直线的斜率和截距求出经验常数 $k$ 和 $n$。

**活性炭对乙酸的吸附** **表 4-14**

室温________℃ 大气压________kPa

| 序 号 | 1 | 2 | 3 | 4 | 5 | 6 |
|---|---|---|---|---|---|---|
| 0.4mol/L HAc（mL） | 50.00 | 25.00 | 15.00 | 7.50 | 4.00 | 2.00 |
| 蒸馏水（mL） | 0.00 | 25.00 | 35.00 | 42.50 | 46.00 | 48.00 |
| 加入活性炭量 $m$（g） | | | | | | |
| HAc 原始浓度 $c_0$（mol/L） | | | | | | |
| 取样量 $V$（mL） | 5.00 | 10.00 | 25.00 | 25.00 | 25.00 | 25.00 |
| NaOH 消耗量（mL） | | | | | | |
| HAc 平衡浓度 $c$（mol/L） | | | | | | |
| $\frac{x}{m}$（mol/g） | | | | | | |
| $\lg\frac{x}{m}$ | | | | | | |
| $\lg c$ | | | | | | |

## 七、思考题

1. 如何表示固体物质的吸附量?
2. 固体物质的吸附量大小与哪些因素有关?
3. 固体吸附剂吸附气体与从溶液中吸附溶质有何不同?

# 实验十　固液吸附法测定比表面

## 一、实验目的

1. 用溶液吸附法测定活性炭的比表面；

2. 了解溶液吸附法测定比表面的基本原理及测定方法。

## 二、实验原理

比表面是指单位质量（或单位体积）的物质所具有的表面积，其数值与分散粒子大小有关。

测定固体比表面的方法很多，常用的有 BET 低温吸附法、电子显微镜法和气相色谱法，但它们都需要复杂的仪器装置或较长的实验时间。而溶液吸附法则仪器简单，操作方便。本实验用乙酸溶液测定活性炭的比表面。此法较实用。

实验表明在一定浓度范围内，活性炭对有机酸的吸附符合朗格缪尔（Langmuir）吸附方程：

$$\Gamma = \Gamma_\infty \frac{Kc}{1+Kc} \tag{4-61}$$

式中　$\Gamma$——吸附量，通常指单位质量吸附剂上吸附溶质的摩尔数；

$\Gamma_\infty$——饱和吸附量，mol/kg；

$c$——吸附平衡时溶液的浓度；

$K$——常数。

将式（4-61）整理可得如下形式：

$$\frac{c}{\Gamma} = \frac{1}{\Gamma_\infty K} + \frac{1}{\Gamma_\infty} c \tag{4-62}$$

作 $c/\Gamma$-$c$ 图，得一直线，由此直线的斜率和截距可求 $\Gamma_\infty$ 和常数 $K$。

如果用乙酸作吸附质测定活性炭的比表面时，可按下式计算：

$$S_0 = \Gamma_\infty \times 6.023 \times 10^{23} \times 24.3 \times 10^{-20} \tag{4-63}$$

式中　$S_0$——比表面，m/kg；

$\Gamma_\infty$——饱和吸附量，mol/kg；

$6.023\times10^{23}$——阿伏伽德罗常数；

$24.3\times10^{-20}$——每个乙酸分子所占据的面积，$m^2$。

式（4-62）中吸附量 $\Gamma$ 可按下式计算：

$$\Gamma = \frac{c_0 - c}{m} V \tag{4-64}$$

式中　$c_0$——起始浓度，mol/L；

$c$——平衡浓度，mol/L；

$V$——溶液的总体积，L；

$m$——加入溶液中吸附剂质量，kg。

## 三、仪器、试剂

具塞三角瓶（100mL，5 只）；三角瓶（150mL，2 只）；烧杯（50mL，5 只）；滴定管（50mL，酸式、碱式各 1 只）；漏斗 1 只；移液管（10mL，6 只）；振荡器 1 台。

活性炭；0.4mol/L HAc 溶液；0.1000mol/L NaOH 溶液；酚酞指示剂。

## 四、实验步骤

1. 取 5 个洗净干燥的具塞三角瓶，分别放入约 1g（准确到 0.001g）的活性炭，并将 5 个三角瓶标明号数，用滴定管分别按表 4-15 所列数量加入蒸馏水与乙酸溶液。

蒸馏水与乙酸溶液加入量　　表 4-15

| 瓶　号 | 1 | 2 | 3 | 4 | 5 |
|---|---|---|---|---|---|
| $V_{蒸馏水}$ (mL) | 25.00 | 35.00 | 40.00 | 45.00 | 47.50 |
| $V_{乙酸溶液}$ (mL) | 25.00 | 15.00 | 10.00 | 5.00 | 5.00 |

2. 将各瓶溶液配好以后，用磨口瓶塞塞好，并在塞上加橡皮圈以防塞子脱落，摇动三角瓶，使活性炭均匀悬浮于乙酸溶液中，然后将瓶放在振荡器上固定好，振荡 30min。

3. 振荡结束后，用干燥漏斗过滤，为了减少滤纸吸附影响，将开始过滤的约 5mL 滤液弃去，其余溶液滤于干燥的 50mL 烧杯中。

4. 从 1、2 号瓶中各取 15.00mL，从 3、4、5 号瓶中各取 30.00mL 的乙酸溶液，用标准 NaOH 溶液滴定，以酚酞为指示剂，每瓶滴 2 份，求出吸附平衡后乙酸的浓度。

5. 用移液管取 5.00mL 原始 HAc 溶液并标定其准确浓度。

## 五、注意事项

1. 溶液的浓度配制要准确。
2. 活性炭颗粒要均匀并干燥。

## 六、数据记录及处理

1. 计算各瓶中乙酸的起始浓度 $c_0$，平衡浓度 $c$ 及吸附量 $\Gamma$。
2. 以吸附量 $\Gamma$ 对平衡浓度 $c$ 作曲线。
3. 作 $c/\Gamma$-$c$ 图，并求出 $\Gamma_{\infty}$ 和常数 $K$。
4. 由 $\Gamma_{\infty}$ 计算活性炭的比表面。

## 七、思考题

比表面测定与哪些因素有关，为什么？

# 实验十一　溶液表面吸附和表面张力测定

## 一、实验目的

1. 掌握最大气泡压力法测定溶液表面张力的原理和技术；

2. 熟悉利用吉布斯（Gibbs）吸附公式定量描述溶液表面吸附量与浓度的关系；

3. 掌握小型超级恒温水槽的构造及使用方法。

## 二、实验原理

物质表面层中的分子与本体相中的分子二者所处的力场是不同的。在液体内部的任一分子皆处于同类分子的包围之中，平均来看，该分子与其周围分子间的吸引力是球形对称的，各个相反方向上的力彼此相互抵消，其合力为零。故液体内部的分子可以无规则的运动而不消耗功。然而表面层中的分子则处于力场不对称的环境中。液体内部分子对表面层中分子的吸引力，远远大于液面上蒸气分子对它的吸引力，使表面层中的分子恒受到指向液体内部的拉力，因而液体表面的分子总是趋于向液体内部移动，力图缩小表面积。从热力学观点来看，液体表面缩小，导致体系总的 Gibbs 能减小，为一自发过程。如欲使液体产生新的表面积 $\Delta A$，就需消耗一定量的功 $W$，其大小与 $\Delta A$ 成正比。从物理学的角度看，是作用在单位长度界面上的力，故称表面张力（其单位为 N/m）。

表面张力是液体的重要性质之一，液体的表面张力与温度有关，温度愈高，表面张力愈小，到达临界温度时，液体与气体不分，表面张力趋近于零。溶液的表面张力与液体的性质，溶质的含量有关，对于纯溶剂而言，其表面层与内部的组成是相同的，但是对溶液来说却不然，当加入溶质后，溶剂的表面张力要发生变化。根据能量最低原则，若溶质能降低溶剂的表面张力，则表面层中溶质的浓度比溶液内部的大。反之，溶质能使表面张力升高时，则它在表面层中的浓度比溶液内部的低。这种现象称为溶液的表面吸附。

实验表明，在一定温度和压力下，稀溶液表面吸附溶质的量与溶液的表面张力和加入的溶质的量（即溶液浓度）有关，其关系可用吉布斯（Gibbs）吸附等温式表示：

$$r_{\mathrm{B}} = \frac{-c_{\mathrm{B}}}{RT}\left(\frac{\mathrm{d}\sigma}{\mathrm{d}c_{\mathrm{B}}}\right)T \tag{4-65}$$

式中 $r$——表面吸附量，mol/m²；

$\sigma$——溶液的表面张力，N/m；

$c_{\mathrm{B}}$——溶液浓度，mol/L；

$R$——摩尔气体常数，8.314J/mol/K；

$T$——绝对温度，K；

$\frac{\mathrm{d}\sigma}{\mathrm{d}c_{\mathrm{B}}}$——表面活度。

最大泡压法测定溶液表面张力的装置如图 4-16 所示。

装置中毛细管口和液面刚好相切时，液面立即沿着毛细管上升。打开分液漏斗活塞，调节螺旋止水夹，使水缓慢滴下，体系的压力便缓慢增加。毛细管内液面受到的压力大于试管内液面压力，压差为 $\Delta p$。由于 $\Delta p$ 的作用，毛细管液面逐渐下降并在管口产生气泡。在气泡形成过程中，气泡半径由大变小，再由小变大，然后再如图 4-17 中（$a$）（$b$）（$c$）所示。当 $\Delta p$ 在毛细管端面上产生的作用力稍大于毛细管口液体的表面张力时，气泡将从毛细管口逸出，这时的 $\Delta p$ 为最大，称为 $\Delta p_{\max}$，可由微压差计读出。

设 $R$、$r$ 分别为毛细管半径和气泡半径。当气泡半径等于毛细管半径时，产生的附加压力最大，此时压力计上的 $\Delta p$ 也最大。$\pi r^2 \Delta p_{\max}$ 为气泡在毛细管口被压出时受到向下的

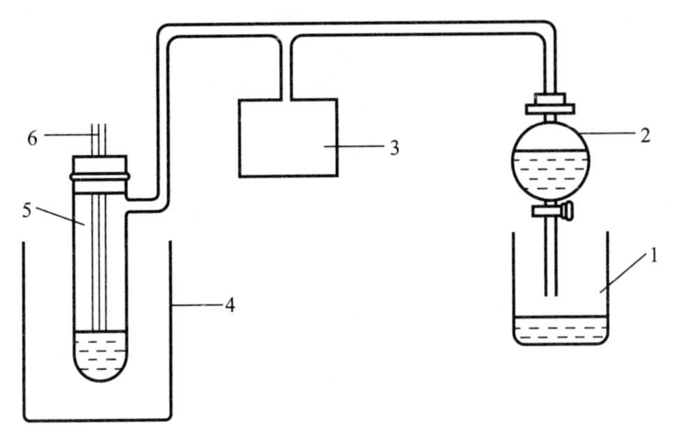


图 4-16　溶液表面张力的装置示意图

1—磨口烧杯玻璃；2—滴液漏斗；3—数字式微压差测量仪；4—恒温容器；5—带支管试管；6—毛细管

作用力，$2\pi r\sigma$ 为溶液表面张力在毛细管口产生的作用力，当两作用力相等时，有气泡在毛细管口逸出。

即
$$\pi R^2\Delta p_{\max}=2\pi r\sigma \tag{4-66}$$

故
$$\sigma=\frac{R}{2}\Delta p_{\max} \tag{4-67}$$

在同一温度下，用同一毛细管和压差计测定两种溶液的表面张力，故 $\frac{r}{2}$ 为一常数，表示为 $K=\frac{r}{2}$，称为仪器常数。从式（44-65）可得出

$$\sigma = K\Delta p_{\max} \tag{4-68}$$

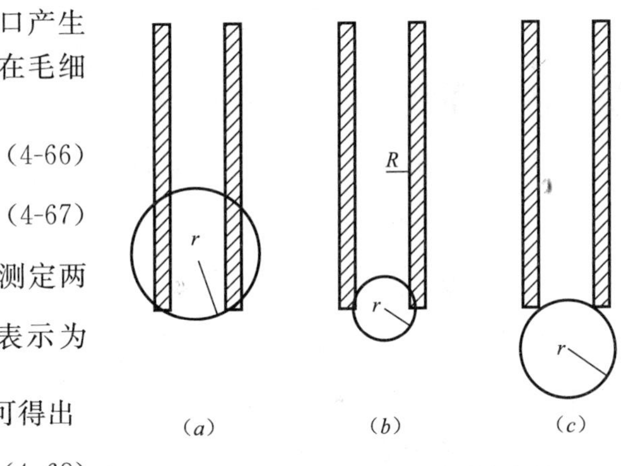


图 4-17　气泡形成过程中其半径的变化情况示意图

设将已知表面张力 $\sigma_1$ 的液体作为标准，通过实验测得 $\Delta p_{\max,1}$ 值，即可得出 $K$ 值。再用同一仪器测定表面张力为 $\sigma_2$ 的待测液体的 $\Delta p_{\max,2}$ 值，则有

$$K=\frac{\sigma_1}{\Delta p_{\max,1}}$$

$$\sigma_2=K\Delta p_{\max,2}$$

$$=\frac{\sigma_1}{\Delta p_{\max,1}}\cdot\Delta p_{\max,2} \tag{4-69}$$

从式（4-69）可求出待测液体的表面张力 $\sigma_2$。

测定各平衡浓度下的相应表面张力 $\sigma$，作出 $\sigma$-$c$ 曲线，如图 4-18 所示，并在曲线上指示浓度的点 $c_1$ 作一切线交纵轴于点 $N$，再通过点 $c_1$ 作一条横轴平行线交纵轴于点 $M$，则有如下的关系式

$$-c_1\frac{\mathrm{d}\sigma}{\mathrm{d}c}=\overline{MN}\text{ 即 }\Gamma_1=\frac{\overline{MN}}{RT} \tag{4-70}$$

由以上方法计算出适当间隔（浓度）所对应的 $\Gamma$ 值，便可作出 $\Gamma$-$c$ 曲线，如图 4-19 标有 $\Gamma_\infty$ 的虚线表示吸附已达饱和，此溶质的浓度再增加，表面浓度也不再增加，其表面张

力也不继续下降。

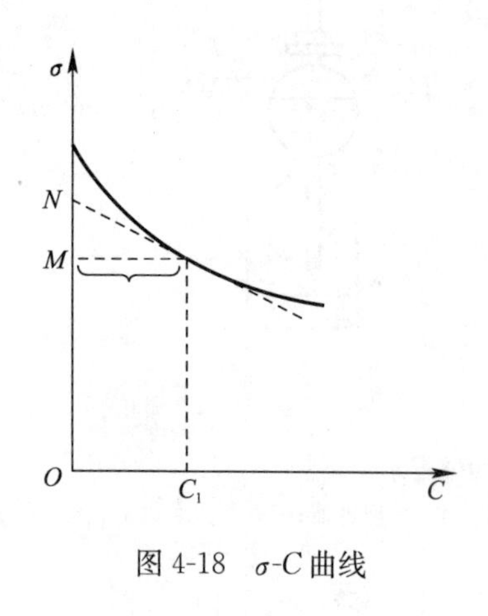


图 4-18　σ-C 曲线

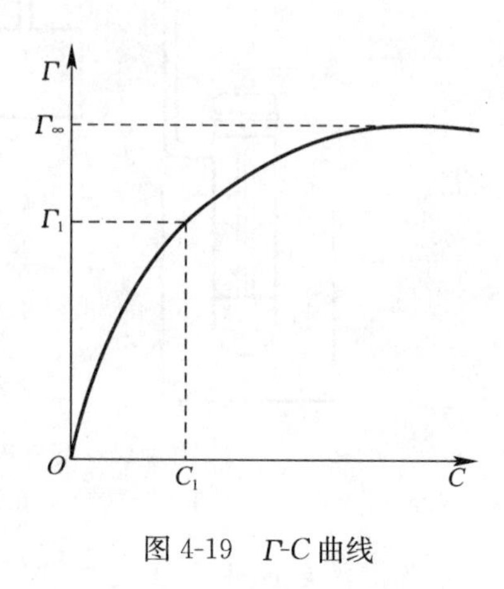


图 4-19　Γ-C 曲线

## 三、仪器、试剂

超级恒温槽 1 套；表面张力测定实验装置 1 套；带刻度移液管（2mL、1mL 各 1 支）。

正丁醇（分析纯）；蒸馏水；无水乙醇（分析纯）。

## 四、操作步骤

1. 用称量法配制质量分数为 5%、10%、15%、20%、25%、30%、40%、50%的乙醇水溶液。

2. 仪器的清洗。将表面张力测定仪 1、2 用洗液浸泡数分钟后，再用自来水及蒸馏水冲洗干净，不要在玻璃面上留有水珠，使毛细管有很好的润湿性。

3. 接通超级恒温水槽电源，并调节电接触温度计使之恒温于 25℃并串接入恒温水夹套中。

4. 仪器常数的测定。在分液漏斗中加入适量水。在管 2 中注入少量蒸馏水。装好毛细管 1，并使毛细管下端刚好与蒸馏水液面接触（多余液体由活塞放出）。按图 4-16 装好，为检查仪器是否漏气，打开分液漏斗活塞，调节止水夹滴水增压，在微压差计上有一定读数显示，关闭活塞，停 1min 左右，若数字微压差计显示的读数值不变，说明仪器不漏气。再打开活塞继续滴水增压，空气泡将从毛细管下端逸出，控制滴液速度使空气泡逸出速度每分钟 6 个左右。可以观察到，当空气泡刚要破裂时，微压差计显示的压力值最大，读取微压差计压力值 $\Delta p_{max}$ 至少重复 3 次，求平均值。由蒸馏水的表面张力 $\sigma_0$（见表 4-16）及实验测得的压力值 $\Delta p_{max}$ 可算出 $K$ 值。

5. 乙醇溶液系列表面张力的测定。关闭分液漏斗活塞，倒掉蒸馏水。用少量待测溶液将管 2 及毛细管冲洗 2～3 次，然后倒入要测定的乙醇溶液。从最稀溶液开始，按上述方法依次测出不同浓度乙醇溶液表面张力 σ。

将乙醇溶液测完后，洗净管子及毛细管，再重测一次蒸馏水的表面张力，与前面测出蒸馏水的表面张力值进行比较，并加以分析。

## 五、注意事项

1. 必须保持毛细管高度清洁，要求在实验前或实验后将其浸泡于洗液中，实验时用水冲洗干净。

2. 毛细管应保持垂直，其管口应平整、光滑，其尖端处刚好与液面相切。

3. 由稀到浓依次测定乙醇溶液时，每次测量必须用少量被测溶液洗涤测定管及毛细管，确保毛细管内外溶液的浓度一致。

## 六、数据记录及处理

1. 将实验所得数据及处理结果填入表 4-16 中。

**最大泡压法测定表面张力数据** **表 4-16**

实验温度________℃ 水的表面张力 $\sigma$：________ 大气压________ kPa

| $c$（%）（乙醇） | $\Delta p_{max}$ | | | | $K=\frac{\sigma_0}{\Delta p_{max,0}}$ | $\sigma$ | $\frac{d\sigma}{dc}$ | $\Gamma$ |
|---|---|---|---|---|---|---|---|---|
| | 1 | 2 | 3 | 平均 | | | | |
| （纯水） | | | | | | | | |
| | | | | | | | | |
| | | | | | | | | |

2. 计算仪器常数 $K$，不同乙醇浓度时的 $\sigma$ 值，作出乙醇的 $\sigma$-$c$ 曲线图。

3. 在 $\sigma$-$c$ 曲线图上用切线法求各适当间隔的浓度的 $\Gamma$ 值，作出 $\Gamma$-$c$ 等温吸附线，并求出饱和吸附量 $\Gamma_\infty$ 及对应浓度。

## 七、思考题

1. 本实验中影响表面张力测定的主要因素有哪些？如何将这些因素的影响减至最小？
2. 如果被测溶液中混入无机盐一类的杂质，这对测定结果有否影响？
3. 为什么不能将毛细管插进液体里去？
4. 气泡如出得很快，对结果各有什么影响？

# 实验十二 溶胶的电泳

## 一、实验目的

1. 观察电泳现象，掌握用宏观电泳法测定胶粒移动速度及电动电势；
2. 利用界面移动法测定 $Fe(OH)_3$ 溶胶的电动电势；
3. 熟悉 $Fe(OH)_3$ 溶胶的制备方法。

## 二、实验原理

几乎所有胶体体系的颗粒都带电荷。这是由于胶体本身电离，或胶体向分散介质选择的吸附一定量的离子，或与分散介质摩擦而带上某种电荷，又因为静电作用和离子热运动的结果在固-液界面上建立起一定电势的双电层，在电场或外力的作用下，双电层沿着移动界面分离开，在此滑移面上产生的电势差叫电动电势（即 $\zeta$ 电势）。这种使液-固相对运动又与电性能相关的现象叫电动现象。电动现象包括了电泳、电渗、流动电势及沉降电势。常用电泳法测定胶粒的 $\zeta$ 电势。

在外加电场作用下，胶粒的紧密层和扩散层（即双电层）在其界面上错开，向两不同的电极方向移动，这种带有紧密层的分散相粒子在电场作用下的定向移动现象，称为电泳。在同一电场中，同一胶粒电泳的速度，不仅与外加电场有关，还与 $\zeta$ 电势大小有关。因此，在一定外加电场下，若测出胶粒的电泳速率即可计算其 $\zeta$ 电势。

利用电泳测定电动电势有宏观法和微观法两种。宏观法是观察在电泳管内溶胶与辅助液间的界面在电势作用下的移动速率。微观法为借助于超显微镜观察单个胶体粒子在电场中定向移动速率。对于高度分散的溶胶，如 $Fe(OH)_3$ 溶胶或过浓的溶胶，因不宜观察个别粒子的运动，只能用宏观法。对于颜色太淡或浓度过稀的溶胶，则宜用微观法。

宏观电泳法的原理如图 4-20 所示。例如测定 $Fe(OH)_3$ 溶胶的电泳，则在 U 形的电泳测定管中先注入棕红色的 $Fe(OH)_3$ 溶胶，然后在溶胶液面上小心地滴入无色的稀 KCl 溶液，使溶胶与 KCl 溶液之间有明显的界面。在 U 形管的两端各放一根电极，通电一定时间后，即可看见 $Fe(OH)_3$ 溶胶的棕红色界面向负极上升，而在正极则界面下降。说明 $Fe(OH)_3$ 溶胶带正电荷。

本实验是通过观察溶胶与另一不含胶粒的导电液体（即辅助液）的界面在电场中的移动速率来计算 $\zeta$ 电势。在电泳仪两极之间接上外加电压 $E$（V）后，在时间 $t$（s）内溶胶界面移动的距离为 $h$（cm），则胶粒的电泳速率 $\mu$（cm/s）为：

$$\mu = \frac{h}{t} \tag{4-71}$$

如辅助液电导与溶胶电导相近，两极间的距离为 $l$（cm），则外加电场强度为：

$$E = \frac{V}{l} \tag{4-72}$$

$\zeta$ 电势可根据下列公式计算：

$$\zeta = \frac{\eta \cdot \mu}{\varepsilon_0 \cdot \varepsilon_r \cdot E} \tag{4-73}$$

式中　$\varepsilon_r$——分散介质的介电常数，对水而言，$\varepsilon_r = 81$；

$\eta$——分散介质的黏度，25℃时，$\eta = 0.8904 \times 10^{-3} Pa \cdot s$；

$\varepsilon_0$——真空介电常数，其值为 $8.854 \times 10^{-12} F/m$，1F=1C/V。

通过式（4-71）和式（4-72）分别求得胶粒的电泳速率 $\mu$ 和电场强度 $E$，再代入式（4-73）即可求得 $\zeta$ 电势。

## 三、仪器、试剂

直流稳压电源 1 台；电子秒表 1 块；U 型电泳测定管 1 支；电导率仪（DDS-11D 型）1 台；Pt 电极（圆形）2 支；玻璃漏斗 1 个；滴管 2 支；软尺 1 把；连接导线 2 根；橡皮塞（与 U 型电泳测定管配套）2 个；塑料烧杯（400mL，2 只）；塑料洗瓶 1 个。

$Fe(OH)_3$溶胶（已纯化）；KCl溶液（其电导率与溶胶的电导率一致）。

## 四、实验步骤

### 1. $Fe(OH)_3$溶胶的制备与纯化

（1）用水解法制备$Fe(OH)_3$溶胶

利用水解法制备$Fe(OH)_3$溶胶，其反应为

$$FeCl_3 + 3H_2O \longrightarrow Fe(OH)_3 + 3HCl$$

聚集在溶液表面上的$Fe(OH)_3$分子与HCl又起反应

$$Fe(OH)_3 + HCl \longrightarrow FeOCl + 2H_2O$$

而FeOCl离解成$FeO^+$和$Cl^-$离子。$Fe(OH)_3$溶胶吸附$FeO^+$离子带正电，其胶团结构式为：

$$\{[Fe(OH)_3]m \cdot nFeO^+ \cdot (n-x)Cl^-\}^{x+} \cdot xCl^-$$

在200mL烧杯中加入95mL蒸馏水，加热煮沸，慢慢地滴入5mL质量分数为10%$FeCl_3$溶液，并不断搅拌，加完后继续煮沸数分钟。由于水解结果，得到深红棕色的$Fe(OH)_3$溶胶，在冷却时无颜色变化。化学法所得到的溶胶都带有电解质，而电解质浓度过高会影响溶胶的稳定，要使溶胶稳定，必须纯化。

（2）火棉胶系半透膜的制备

火棉胶系半透膜可用硝化纤维的酒精-乙醚溶液制成，极易燃，操作时必须远离火焰，保持室内通风良好。半透膜孔径由溶液成分决定。硝化纤维含量和乙醚含量较高，则孔较细，反之酒精较多，其孔较粗。

**火棉胶制造半透膜的配方**　　**表4-17**

| 火棉胶成分 | 细孔隔膜 | 中等孔隔膜 | 粗孔隔膜 |
|---|---|---|---|
| 硝化纤维 | 6g | 4g | 2g |
| 酒精 | 质量分数95% 25mL | 质量分数95% 25mL | 质量分数90% 50mL |
| 乙醚 | 75mL | 50mL | 50mL |

选择一个500mL的短颈烧瓶，内壁必须光滑，充分洗净后烘干。冷却，在瓶中倒入30mL的质量分数为6%的火棉溶胶液（溶剂为1∶3乙醇-乙醚液），小心转动烧瓶，使火棉胶粘附在烧瓶上形成均匀薄层，倾出多余的火棉胶于回收瓶中。倒置烧瓶于铁圈上，仍不断旋转，让剩余的火棉胶流尽，并让乙醚蒸发，可用电吹风吹冷风，以加快蒸发，直至嗅不出乙醚气味为止，如此时用手指轻轻接触火棉胶膜而不粘着，则可再用电吹风热风吹5min。然后加水入瓶内至满（注意：加水不宜太早，因若乙醚未蒸发完，则加水后膜呈白色而不适用，但亦不可太迟，使膜变干硬后不易取出），浸膜于水中约几分钟，剩余在膜上的乙醇即被溶去。倒去瓶内之水，用刀再在瓶口剥开一部分膜，在此膜和瓶壁间灌水至满，膜即脱离瓶壁。轻轻取出即成膜袋，将膜袋灌水悬空，袋中之水应能逐渐渗出。本实验要求水渗出速度不小于4mL，否则不符合要求需重新制备。此外，还应检验袋里是否有漏洞，若有漏洞，只需擦干有洞的部分，用玻璃棒蘸火棉胶少许，轻轻接触漏洞，即可补好。制好的半透膜，不用时需在水中保存，否则袋发脆易裂，且渗析能力降低。

(3) 溶胶的纯化

把制得的 $Fe(OH)_3$溶胶置于半透膜袋内，用线拴住袋口，置于 800mL 烧杯内，烧杯内加蒸馏水 300mL，维持温度 60～70℃之间进行热渗析。每半小时换一次水，并取 1mL 检验其中 $Cl^-$ 和 $Fe^{3+}$（检验时分别用质量分数为 1%的 $AgNO_3$溶液及质量分数为 1%的 KNCS 溶液），直至不能检验出 $Cl^-$ 和 $Fe^{3+}$ 为止。也可通过测溶胶的导电率的方法来判断溶胶纯化的程度。纯化好的 $Fe(OH)_3$溶胶的导电在 $10^{-5}\Omega^{-1}$左右。

**2. 配置辅助液**

将纯化好的 $Fe(OH)_3$溶胶用电导率仪测定其电导率。配制 KCl 稀溶液并采用往溶液中增加 KCl 或添加蒸馏水的办法调节 KCl 的浓度，直至其电导率与溶胶的电导率相等。

**3. 测定电泳速度**

宏观法测电动势的电泳管如图 4-20 所示。

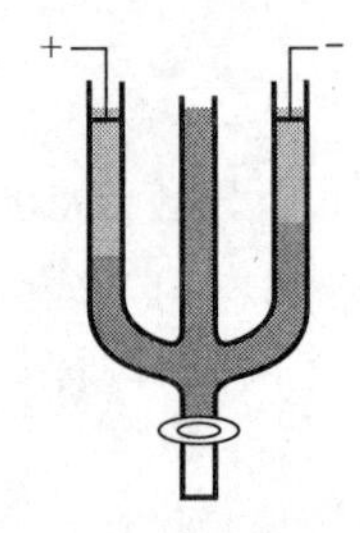


图 4-20　电泳仪示意图

将电泳测定管（U 形管）先用蒸馏水后用已纯化的 $Fe(OH)_3$溶胶洗几次，并垂直固定在铁架上，关闭 U 形管上的活塞。$Fe(OH)_3$溶胶由小漏斗注入电泳仪的 U 形管至适当的地方，再用滴管分别将等量的电导率与溶胶相同的 KCl 溶液徐徐沿着管壁加入 U 形管左右两臂（小心！要保证溶液与 KCl 溶液界面清晰）约 6～8cm 高。然后轻轻将铂电极插入 KCl 液层中（距 $Fe(OH)_3$溶胶 3cm 以上），切勿搅动液面，铂电极应放平勿斜，并使铂电极浸入液面下的深度相等。记下溶胶液面的高度位置。将两铂电极分别接在直流电源的正、负极上。打开电源，调节输出电压为 32V 左右，同时开始计时。至 50～60min 时，测量 $Fe(OH)_3$溶胶液面上升和下降的距离。记下电压值，然后量出两圆盘铂电极间的距离（不是水平横距离，而是 U 形管内溶液的导电距离），此距离需测量 3～4 次，并取其平均值。拆去电源，$Fe(OH)_3$溶胶倒入回收瓶中，洗净 U 形管，并在其中注水浸泡铂电极。

## 五、注意事项

1. 测定溶胶的电泳速率时，电极要轻轻插入辅助液层，操作时要特别小心，不能搅乱溶胶和辅助液的分界面，否则难以观察界面移动情况。

2. 实验时辅助液的选择条件：①不能与溶胶发生化学反应；②不使溶胶聚沉；③因辅助液的离子对溶胶的电泳速率有影响，因此所选用的辅助液的电导率要与溶胶相等或相近，才能清晰地观察到溶胶与辅助液的界面移动现象。

3. 溶胶的制备条件和净化效果均影响电泳速率，因此制备溶胶过程中应很好控制浓度、温度、搅拌及滴加速度。

4. 可用一简单方法净化溶胶：在制得的 100mL $Fe(OH)_3$溶胶中加入尿素 6.3g，消除低分子的影响，效果也很好。

## 六、数据记录及处理

1. 将测得的数据列于表 4-18 中。

**实验数据记录**　　表 4-18

实验温度＿＿＿＿℃　溶胶种类：＿＿＿＿　$\eta$：＿＿＿＿　$\varepsilon$：＿＿＿＿　大气压＿＿＿＿kPa

| 电泳时间 $t$（s） | 电压 $E$（V） | 两极间距离 $l$（cm） | 胶体界面移动距离 $h'$（cm） | 电泳速率 $\mu$（cm/s） |
|---|---|---|---|---|
| | | | | |

2. 由式（4-73）计算 $Fe(OH)_3$胶粒的 $\zeta$ 电势。
3. 根据胶体界面移动的方向说明胶粒带何种电荷，为何带这种符号？

## 七、思考题

1. 电泳速度与哪些因素有关？
2. 要准确测定溶胶的电泳速度，必须注意哪些问题？
3. 本实验中所使用的稀 KCl 溶液的导电率为什么必须和所测溶胶的电导率尽量接近？

# 实验十三　溶胶的制备及其聚沉值的测定

## 一、实验目的

1. 用化学凝聚法制备碘化银溶胶；
2. 用直观法测定聚沉值，比较 3 种电解质的聚沉能力。了解其价数规则。

## 二、实验原理

胶体是分散相粒子直径为 1～100nm 的一种高度分散的分散体系。通常可以用两种方法制得，分子凝聚法和粒子分散法。

本实验是用化学凝聚法制备碘化银溶胶，化学反应是生成难溶性化合物，先使反应在稀溶液中进行。使其晶粒的增长速率放慢。此时可得到细小的粒子（1～100nm）。体系的沉降稳定性得到保证；其次，让一种反应物过量，其目的是在晶体表面形成扩散双电层——聚集稳定性的基本因素。

图 4-21 是以 KI 来稳定 AgI 溶胶的结构式和胶团构造示意图。

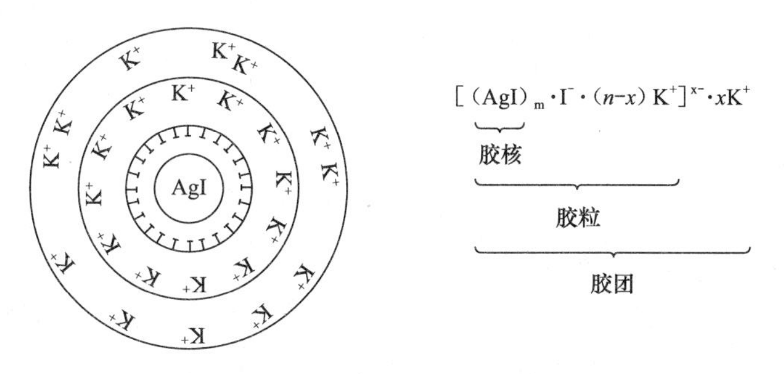


图 4-21　AgI 胶团结构示意图

由图可看出，胶粒是带电的，而胶团是电中性的。

固定层和扩散层之间具有一电势称为动电势，又称 $\zeta$ 电势。它要随固定层内离子浓度的改变而变化。在溶胶中加入电解质后，由于电解质进入固定层，使胶核表面异电性的离子增加了。电势因而降低。当胶粒的布朗运动具有的能量足以克服该 $\zeta$ 电势的势能时，胶粒相互碰撞而聚沉。而使一升溶胶聚沉的电解质的最小浓度叫聚沉值。

从电解质聚沉作用的实验研究，得出一个经验规则（Hardy-Schulze，价数规则）。根据这个规则，起聚沉作用的离子，其聚沉值随价数的增加而降低；对于二价离子，发生聚沉作用的突变浓度比一价离子要低数十倍，而三价离子要低数百倍。

## 三、仪器、试剂

移液管（1mL、2 支，2mL、1 支，5mL、2 支）；试管 12 只；烧杯（400mL，1 个）；玻璃棒 1 支；吸耳球 1 个。

1.7% $AgNO_3$溶液；1.7%KI 溶液；0.0004mol/L $Al(NO_3)_3$溶液；0.5mol/L KCl 溶液；0.05mol/L $MgCl_2$溶液；蒸馏水。

## 四、实验步骤

**1. 碘化银溶胶的制备**

将 10 滴 1.7% $AgNO_3$溶液，用水稀释到 100mL，在搅拌下滴加 1mL1.7%KI 溶液，生成浅蓝色带乳光的碘化银溶胶。

**2. 测定氯化钾溶液的聚沉值**

按蒸馏水、氯化钾溶液和碘化银溶胶的先后顺序，取表 4-19 所列的毫升数加入编号试管中。混合均匀后静置 15min，观察聚沉情况。确定沉淀的试管中哪一个氯化钾用量最少。并计算其聚沉值。

**氯化钾溶液的聚沉情况** **表 4-19**

| 试管编号 | 1 | 2 | 3 | 4 |
|---|---|---|---|---|
| 0.5mol/L KCl 溶液（mL） | 0 | 0.5 | 1.5 | 2.0 |
| 蒸馏水（mL） | 2.5 | 2.0 | 1.0 | 0.5 |
| 碘化银溶胶（mL） | 5 | 5 | 5 | 5 |
| 聚沉情况（有无浑浊或沉淀） | | | | |

**3. 测定氯化镁溶液的聚沉值**

按蒸馏水、氯化镁溶液和碘化银溶胶的先后顺序，取表 4-20 所列的毫升数加入编号试管中。混合均匀后静置 15min，观察聚沉情况。同上法确定氯化镁的聚沉值。

氯化镁溶液的聚沉情况　表 4-20

| 试管编号 | 1 | 2 | 3 | 4 |
|---|---|---|---|---|
| 0.05mol/L $MgCl_2$溶液（mL） | 0 | 0.1 | 0.2 | 0.4 |
| 蒸馏水（mL） | 2.5 | 2.4 | 2.3 | 2.1 |
| 碘化银溶胶（mL） | 5 | 5 | 5 | 5 |
| 聚沉情况（有无浑浊或沉淀） | | | | |

**4. 测定硝酸铝溶液的聚沉值**

按蒸馏水、硝酸铝溶液和碘化银溶胶的先后顺序，取表 4-21 所列的毫升数加入编号试管中。以相同的方法确定硝酸铝的聚沉值。

硝酸铝溶液的聚沉情况　表 4-21

| 试管编号 | 1 | 2 | 3 | 4 |
|---|---|---|---|---|
| 0.0004mol/L $Al(NO_3)_3$溶液（mL） | 0 | 0.1 | 0.2 | 0.4 |
| 蒸馏水（mL） | 2.5 | 2.4 | 2.3 | 2.1 |
| 碘化银溶胶（mL） | 5 | 5 | 5 | 5 |
| 聚沉情况（有无浑浊或沉淀） | | | | |

## 五、注意事项

1. 本实验制备溶胶时要保证玻璃器皿的清洁，否则实验现象不明显或溶胶提前聚沉。
2. 观察要细致。

## 六、数据记录及处理

1. 写出碘化银溶胶的胶团结构式。
2. 列表说明聚沉试验的结果。并计算氯化钾、氯化镁、硝酸铝对碘化银溶胶的聚沉值。

$$聚沉值 = \frac{c_{ini} \times V_{min}}{V} \times 1000\text{m} \cdot \text{mol/L}$$

式中　$c_{ini}$——电解质溶液的初始浓度，mol/L；

$V_{min}$——用量最少的电解质溶液的体积，mL；

$V$——实验体系的总体积，mL。

3. 比较 3 种电解质的聚沉值，确定胶体粒子带电符号。

## 七、思考题

1. 离子的价态对溶胶的聚沉有何影响？

2. 聚沉值与聚沉能力的关系如何?

# 实验十四　黏度法测高分子化合物的相对分子质量

## 一、实验目的

1. 掌握黏度法测定高分子化合物相对分子质量的原理和使用乌氏（Vbbelonde）黏度计测定液体黏度的方法；

2. 掌握用旋转黏度计测量液体黏度的方法。

## 二、实验原理

黏度是指液体对流动所表现的阻力，这种力反抗液体中邻接部分相对移动，因此可看作内摩擦。图 4-22 是液体流动的示意图。当相距为 d$s$ 的两个液层以不同速率（$v$ 和 $v+$d$v$）移动时，产生的流速梯度为 d$v$/d$s$，当建立平稳流动时，维持一定的流速所需的力（即液体对流动的阻力）$f'$与液层的接触面积 A 以及流速梯度 d$v$/d$s$ 成正比，即

$$f' = \eta A \frac{\mathrm{d}v}{\mathrm{d}s} \tag{4-74}$$

如以 $f$ 表示单位面积液体的黏滞阻力，$f=f'/A$，则

$$f = \eta\left(\frac{\mathrm{d}v}{\mathrm{d}s}\right) \tag{4-75}$$

式（4-75）称为牛顿黏度定律的表示式，其比例常数 $\eta$ 称为黏度系数，简称黏度。

液体黏度的测量方法有毛细管法、落球法、转筒法。毛细管法可用于液体绝对黏度和相对黏度测量。转筒法也称旋转柱体法，可使用旋转黏度计测量液体的绝对黏度，其结构原理如图 4-23 所示。黏度计工作时，同步电机以稳定的速度旋转，连接刻度圆盘，再通过游丝和转轴带动转子旋转。如果转子未受到液体的阻力，指针在刻度盘上指出的读数为“0”；反之，如果转子受到液体的黏滞阻力，则游丝产生扭矩，与黏滞阻力抗衡最后达到平衡，这时与游丝连接的指针在刻度圆盘上指示一定的读数（即游丝的扭转角）。将读数乘上特定的系数就得到液体的黏度（mPa·s），即

$$\eta = K\alpha \tag{4-76}$$

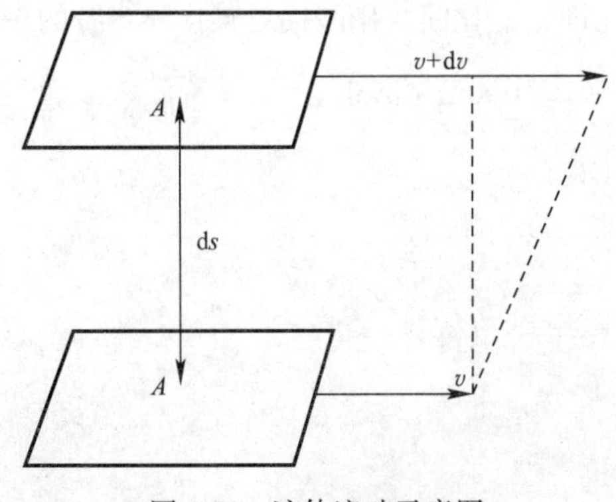


图 4-22　液体流动示意图

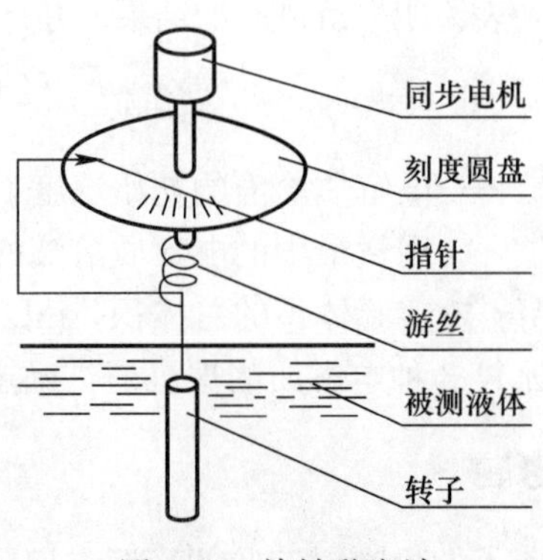


图 4-23　旋转黏度计

式中　$\eta$——绝对黏度，mPa·s；

$K$——系数；

$\alpha$——指针所指读数（偏转角度）。

利用高分子溶液的黏度和其相对分子质量间的某种经验方程来测定和计算高分子化合物的相对分子质量的方法，称为黏度法。所测得的高分子化合物的相对分子质量为黏均相对分子质量。

将高分子化合物加入到纯溶剂中形成稀溶液，溶液的黏度 $\eta$ 总是比纯溶剂的黏度 $\eta_0$ 大得多，若将 $\eta$ 和 $\eta_0$ 进行不同的组合，可得到黏度的四种表示方法：

（1）相对黏度

$$\eta_r = \frac{\eta}{\eta_0} \tag{4-77}$$

表示溶液黏度与溶剂黏度的比值。

（2）增比黏度

$$\eta_{sp} = \frac{\eta - \eta_0}{\eta_0} = \eta_r - 1 \tag{4-78}$$

表示溶液黏度比溶剂黏度增加的相对值。

（3）比浓黏度

$$\eta_c = \frac{\eta_{sp}}{c} \tag{4-79}$$

表示单位浓度的溶质对黏度的贡献。

（4）特性黏度

$$[\eta] = \lim_{c \to 0} \frac{\eta_{sp}}{c} = \lim_{c \to 0} \frac{\ln \eta_r}{c} \tag{4-80}$$

表示溶液浓度无限稀释时的比浓黏度。它是几种黏度中最能反映溶质分子本性的一种物理量，代表了在无限稀释的溶液中，单位浓度高分子化合物溶液黏度变化的分数。

在溶液浓度很稀时，比浓黏度、相对黏度与溶液浓度 $c$ 的关系是

$$\frac{\eta_{sp}}{c} = [\eta] + K_1[\eta]^2 c \tag{4-81}$$

$$\frac{\ln \eta_r}{c} = [\eta] - K_2[\eta]^2 c \tag{4-82}$$

根据这两个经验公式，处理实验数据并作图，从稀溶液向无限稀释处外推求 $[\eta]$（见图 4-24）。

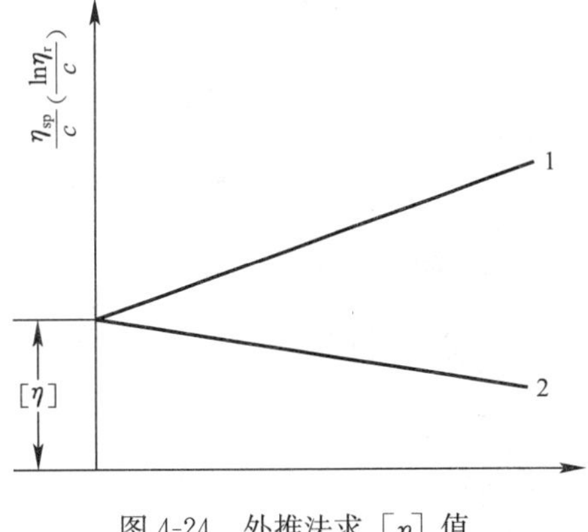


图 4-24　外推法求 $[\eta]$ 值

1—$\frac{\eta_{sp}}{c}$—$c$ 曲线；2—$\frac{\ln\eta_r}{c}$—$c$

特性黏度和高分子化合物相对分子质量之间有如下的经验方程：

$$[\eta] = K\overline{M}_\eta^\alpha \tag{4-83}$$

式中　$K$ 和 $\alpha$——与溶剂，高分子化合物及温度有关的经验常数；

$\overline{M}_\eta$——高分子化合物的黏均相对分子质量。

聚乙二醇在25℃以水为溶剂时，$K=6.88\times10^{-2}$，$\alpha=0.64$。在测得溶液的［$\eta$］值后，代入式（4-83），即可求得高分子化合物聚乙二醇的黏均相对分子质量。

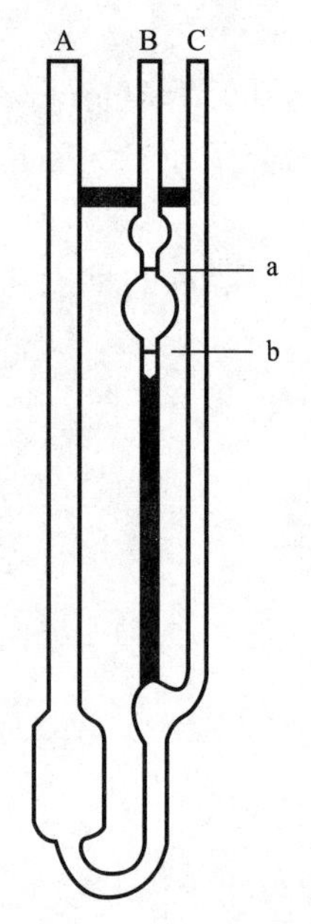

图4-25 乌氏黏度计

乌氏黏度计是常用的一种测定溶液黏度的玻璃仪器，如图4-25所示。其测定黏度的方法，亦称毛细管法。即在指定温度下，测定一定体积的某液体流过一定长度的毛细管所需时间，可求得该液体的相对黏度。它最大的优点是可以在黏度计内采取逐渐稀释的方法而连续测得不同浓度溶液的相对黏度 $\eta_r$。

在温度一定时，当液体在一定长度的毛细管中因重力作用而流出时，其黏度可用下式描述：

$$\eta=\frac{\pi pr^4t}{8lV}=\frac{\pi h\rho gr^4t}{8lV} \tag{4-84}$$

式中 $p$——液体流动时在毛细管两端间的压力差（即液体的密度 $\rho$、重力加速度 $g$ 和流经毛细管液体的平均液柱高度 $h$ 三者的乘积）；

$r$——毛细管的半径，m；

$V$——流经毛细管的液体体积，$m^3$；

$t$——$V$ 体积液体的流出时间，s；

$l$——毛细管长度，cm。

在相同条件下，使用同一黏度计测定两种液体的黏度时（例如，纯溶剂 $\eta_0$ 与高分子化合物稀溶液 $\eta$），则两液体的黏度之比等于其密度与流出时间的乘积之比：

$$\frac{\eta}{\eta_0}=\frac{\rho t}{\rho_0 t_0} \tag{4-85}$$

通常测定高分子相对分子质量时都是在稀溶液的条件下进行，故溶液的密度与溶剂的密度可近似地认为相等，则在测定溶液和溶剂的相对黏度时，有

$$\eta_r=\frac{\eta}{\eta_0}=\frac{t}{t_0} \tag{4-86}$$

因此，通过测定在毛细管中一定体积的溶液和溶剂的流出时间，可求得 $\eta_r$，并进一步求得$\frac{\eta_{sp}}{c}$、$\frac{\ln\eta_r}{c}$及［$\eta$］，代入式（4-83），即得聚乙二醇的 $\overline{M}_\eta$ 值。本测定方法具有设备简单、操作简便、精确度好等特点。

## 三、仪器、试剂

恒温水浴1套；乌氏黏度计1支；秒表1块；洗耳球1个；移液管（10mL、5mL，各1支）；3号砂芯漏斗1只；NDJ-11型旋转黏度计1台。

聚乙二醇（药用品，相对分子质量在2万左右）；蒸馏水；丙三醇（分析纯）；烧杯。

## 四、实验步骤

### 1. 毛细管法测定高分子的相对分子质量

（1）高分子溶液的配制。准确称取20g聚乙二醇样品，以蒸馏水为溶剂，配制成2%

的聚乙二醇溶液。

（2）洗涤黏度计。取适量新鲜配制的洗液，经砂芯漏斗过滤后，浸洗黏度计，再用自来水洗净，最后用蒸馏水清洗三次，并干燥待用。

（3）溶液流出时间的测定。调节恒温水浴温度为25.00±0.02℃，将黏度计置于恒温水浴中，严格保持黏度计处于垂直位置，并使水面浸没球1（见图4-25）。用移液管吸取20mL2%聚乙二醇溶液，注入$A$管，在水浴中恒温5min，在C管套上橡皮管并将其用夹子夹紧使之不漏气。用洗耳球由$B$管将溶液经毛细管吸入球2和球1中，然后打开侧管$C$之夹子，使之与大气相通，让溶液依靠重力自由流下。当液面到达刻度线$a$时，立即按表开始计时，直至液面下降到刻度线$b$时再按秒表，记录液体流经毛细管的时间。重复三次取平均值（每次测得时间不应相差0.2s），此即为溶液的流出时间$t_1$。然后再依次加入5mL蒸馏水4次；分别测定稀释后溶液流出时间$t_2$、$t_3$、$t_4$、$t_5$，每个数据重复测三次，取平均值。溶液稀释后，必须保证混合均匀，可用洗耳球从B管将液面吸到小球刻度以上，反复吸洗小球，使之浓度均匀。

溶液流出时间测定完毕后，将溶液弃去，用自来水反复冲洗黏度计，最后用蒸馏水冲洗三次，待用。

（4）溶剂流出时间的测定。用移液管吸取20mL蒸馏水，注入洁净的黏度计内，并将黏度计垂直置于25.00±0.02℃的恒温水浴中，恒温5min。按前述步骤，测定溶剂流经毛细管的时间$t_0$，重复三次取平均值。

（5）注意事项

1）黏度计必须十分洁净，要注意防止微粒杂质阻塞毛细管。必要时，溶液、溶剂在实验前均经砂芯漏斗过滤。

2）高分子化合物在溶剂中溶解缓慢，配制时要注意其是否完全溶解。亦可由实验教师提前数天做准备，配制好溶液待用。

3）实验是在同一黏度计内测定溶剂及一系列不同浓度溶液的流出时间。故溶剂、溶液每次加入的体积要准确。且每次测定前都要恒温5min，保持测定温度的一致。

4）测定完毕后，速将黏度计冲洗干净，以免溶剂挥发后，高分子化合物的薄膜粘于仪器内部，甚至阻塞毛细管而影响再次使用。

5）乌氏黏度计易损坏，使用时要小心，用铁夹夹紧，将其固定好。

6）温度对黏度的影响很大，同种液体在不同实验温度下黏度不同。

**2. 用旋转黏度计测定溶液的绝对黏度**

（1）准备被测液体，将被测液体置于直径不小于70mm的烧杯或直筒形容器中，准确地控制被测液体温度。

（2）将保护架装在仪器中（向右旋入装上，向左旋出卸下）。

（3）首先大约估计被测液体的黏度范围，然后根据量程表选择适当的转子和转速。

（4）当估计不出被测液体的大致黏度时，应假定为较高的黏度，试用由小到大的转子由慢到快的转速。原则是高黏度的液体选用小的转子，慢的转速；低黏度的液体选用大的转子和快的转速。

（5）将选配好的转子旋入连接螺杆（向左旋入装上，向右旋出卸下）。旋转升降旋钮，使仪器缓慢地下降，转子逐渐浸入被测液体中，直至转子液面标志和液面相平为止，调整仪器水平。按下指针控制杆，开启电机开关，转动变速旋钮，对准速度指示点，放松指针控制杆，使转子在液体中旋转，经过多次旋转（一般 3～4min）待指针趋于稳定（或按规定时间进行读数）。按下指针控制杆（注意：不得用力过猛，转速慢时可不利用控制杆，直接读数）使读数固定下来，再关闭电机，使指针停在读数窗内，读取读数。当电机关停后如指针不处于读数窗内，则可继续按住指针控制杆，反复开启和关闭电机，经几次练习即能熟练掌握，使指针停于读数窗内，读取读数。

（6）当指针所指的数值过高或过低时，要变换转子和转速，使读数约在 30～90 格之间为佳。

量程和系数对照表如表 4-22 所示。

**量程和系数对照表**　　　　**表 4-22**

温度________℃　　　　大气压________kPa

| 转速（r/min10） | | 60 | 30 | 12 | 6 |
|---|---|---|---|---|---|
| 转子 | 1 | 1 | 2 | 5 | 10 |
| | 2 | 5 | 10 | 25 | 50 |
| | 3 | 20 | 40 | 100 | 200 |
| | 4 | 100 | 200 | 500 | 1000 |

## 五、数据记录及处理

1. 将实验数据整理后填入表 4-23。

**高分子化合物的黏度测定数据**　　　　**表 4-23**

水浴温度________℃　　　　室温________℃　　　　大气压________kPa

| | 流出时间 | | | | $\eta_r$ | $\eta_{sp}$ | $\frac{\eta_{sp}}{c}$ | $\ln\eta_r$ | $\frac{\ln\eta_r}{c}$ |
|---|---|---|---|---|---|---|---|---|---|
| | 测量值 | | | 平均值 | | | | | |
| | 1 | 2 | 3 | | | | | | |
| 溶剂 $t_0$ | | | | | | | | | |
| 溶液 $t_n$ | $c_1$ | | | | | | | | |
| | $c_2$ | | | | | | | | |
| | $c_3$ | | | | | | | | |
| | $c_4$ | | | | | | | | |
| | $c_5$ | | | | | | | | |

2. 以 $c$ 为横坐标，作$\frac{\ln\eta_r}{c}$对 $c$ 和$\frac{\eta_{sp}}{c}$对 $c$ 图，并外推至 $c\rightarrow0$ 处，求［$\eta$］。

3. 根据式（4-83），计算聚乙二醇的黏均相对分子质量 $\overline{M}_\eta$。

4. 测量实验时的室温，计算所测定液体的黏度，与文献值比较并讨论。

## 六、思考题

1. 在测定时为什么要把黏度计放垂直？

2. 为什么要用［$\eta$］来求高分子化合物的相对分子质量？它和纯溶剂的黏度 $\eta_0$ 有何区别。

3. 影响毛细管法测定溶液黏度的因素有哪些？如何防止？

# 第五章　生物化学实验

## 实验一　糖的还原性

### 一、实验目的

掌握用糖的还原反应来鉴定糖的原理和方法。

### 二、实验原理

还原糖的性质和测定在生物工程专业所学《生物化学》中占有重要地位，该实验项目也是食品专业和发酵专业所必须具有的专业技能素质，同时也涉及环境工程和给水排水科学与工程专业的学生需要掌握的基础生物化学知识。

费林（Fehling）试剂和本尼迪特（Benedict）试剂均为含 $Cu^{2+}$ 的碱性溶液，能使具有自由醛基或酮基的糖氧化，其本身则被还原成红色或黄色的 $Cu_2O$[1]。此法常用作还原糖的定性或定量测定。其反应表示如下：

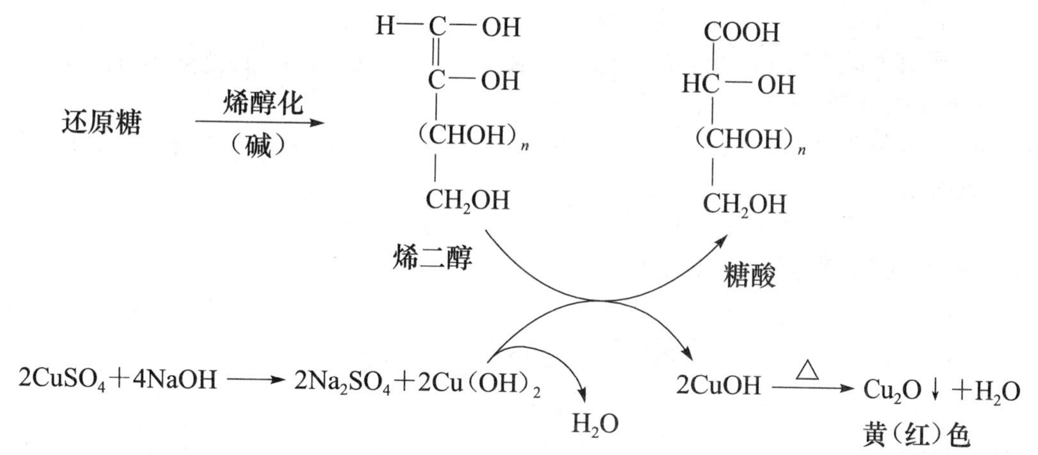


目前临床上多用本尼迪特法，因为此方法具有：①试剂稳定，不需临用时配制；②不因氯仿的存在而被干扰；③肌酐或肌酸等物质所产生的干扰程度远较费林试剂小等优点。

### 三、实验器材

1. 吸管 1.0mL（×5）、2.0mL（×1）。
2. 试管 1.5cm×15cm（×6）。
3. 恒温水浴锅。
4. 木试管夹。

## 四、实验试剂

1. 费林试剂

试剂 A：称取硫酸铜（$CuSO_4 \cdot 5H_2O$）34.5g，溶于蒸馏水并稀释至 500mL。

试剂 B：称取氢氧化钠 125g，酒石酸钾钠[2] 137g，溶于蒸馏水并稀释至 500mL。

临用时将试剂 A 与试剂 B 等体积混合。

2. 本尼迪特试剂：称取 85g 柠檬酸钠（$Na_3C_6H_5O_7 \cdot 11H_2O$）及 50g 无水碳酸钠，溶解于 400mL 蒸馏水中。另溶解 8.5g 硫酸铜于 50mL 热水中。将硫酸铜溶液缓缓倾入柠檬酸钠—碳酸钠溶液中，边加边搅，如有沉淀可过虑。此混合液可长期使用[3]。

3. 1%淀粉溶液：1g 淀粉溶于 100mL 蒸馏水。

4. 1%蔗糖溶液[4]：1g 蔗糖溶于 100mL 蒸馏水。

5. 1%葡萄糖溶液：1g 葡萄糖溶于 100mL 蒸馏水。

## 五、实验操作

于 3 支试管中加入费林试剂 A 和 B 各 1mL，混匀，分别加入 1%葡萄糖溶液、1%蔗糖溶液和 1%淀粉溶液 1mL，置沸水浴中加热数分钟，取出，冷却，观察各管的变化。

另取 3 支试管，分别加入 1%葡萄糖溶液、1%蔗糖溶液和 1%淀粉溶液 1mL，然后每管加本尼迪特试剂 2mL，置沸水浴中加热数分钟，取出，冷却，和上面结果比较。

**注释：**

[1]　由于沉淀速度不同，形成的颗粒大小不同，颗粒大的为红色，小的为黄色。

[2]　酒石酸钾钠的作用是防止反应产生的氢氧化铜或碳酸铜沉淀，使之变为可溶性的而又略能解离的复合物，从而保证继续供给 $Cu^{2+}$。

[3]　如因存放较久而产生沉淀，可取上清液使用，不必重新配制。存放较久的本尼迪特试剂较新配制的更好。

[4]　所用蔗糖应用 C.P. 以上规格，且应事先以本尼迪特试剂检验合格再用，否则将因药品不纯，或部分分解而有还原性。

# 实验二　多糖的试验

## 一、实验目的

1. 熟悉淀粉多糖的碘试验反应原理和方法；

2. 进一步了解淀粉的水解过程。

## 二、实验原理

淀粉广布于植物界，谷、果实、种子、块茎中含量丰富，工业用的淀粉主要来源于玉米、山芋、马铃薯。本试验以马铃薯为原料，利用淀粉不溶或难溶于水的性质来制备淀粉。

淀粉遇碘呈蓝色[1]，是由于碘被吸附在淀粉上，形成一复合物，此复合物不稳定，极易被醇、氢氧化钠和加热等使颜色褪去，其他多糖大多能与碘呈特异的颜色，此类呈色物质也不稳定。

淀粉在酸催化下加热，逐步水解成分子较小的糖，最后水解成葡萄糖，其过程如下：

$$\underset{\text{淀粉}}{(C_6H_{10}O_5)x} \longrightarrow \underset{\text{各种糊精}}{(C_6H_{10}O_5)y} \longrightarrow \underset{\text{麦芽糖}}{C_{12}H_{22}O_{11}} \longrightarrow \underset{\text{葡萄糖}}{C_6H_{12}O_6}$$

淀粉完全水解后，失去与碘的作用，同时出现单糖的还原性。

## 三、实验器材

1. 马铃薯。
2. 纱布、研钵（×1）。
3. 布式漏斗（×1）、抽滤瓶 500mL（×1）。
4. 表面皿 $\phi$10cm（×1）、白瓷板、皮头滴管。
5. 试管 1.5cm×15cm（×4）。
6. 电炉、石棉网。
7. 烧杯 50mL（×1）。
8. 量筒 25mL（×1）。
9. 吸管 1.0mL（×1）。
10. 木试管夹。

## 四、实验试剂

1. 稀碘液：配制 2%碘化钾溶液，加入适量碘，使溶液呈淡棕黄色即可。

2. 0.1%淀粉：称取淀粉 1g，加少量水，调匀，倾入沸水，边加边搅，并以热水稀释至 1000mL，可加数滴甲苯防腐。

3. 10%NaOH 溶液：称取 NaOH 10g，溶于蒸馏水并稀释至 100mL。

4. 20%硫酸：量取蒸馏水 78mL 置烧杯中，加入浓硫酸 20mL，混匀，冷却后贮于试剂瓶中。

5. 10%碳酸钠溶液：称取无水碳酸钠 10g，溶于蒸馏水并稀释至 100mL。

6. 本尼迪特试剂：见实验一。

## 五、实验操作

### 1. 马铃薯淀粉的制备

将生马铃薯去皮，在研钵中充分研碎，加水混合，用纱布过滤，除去粗颗粒，滤液中的淀粉很快沉到底部，多次用水洗淀粉，抽滤，滤饼放在表面皿上，在空气中干燥即得。

### 2. 淀粉与碘的反应

（1）置少量自制淀粉于白瓷板上，加 1～3 滴稀碘液，观察颜色变化。

（2）取试管 1 支，加 0.1%淀粉液 5mL，再加 2 滴稀碘液，摇匀后，观察其颜色变化。将管内液体分成 3 份，其中 1 份加热，观察颜色是否褪去。冷却后，颜色是否全部恢复。另 2 份分别加入乙醇或 10%NaOH 溶液，观察颜色变化并解释之。

**3. 淀粉的水解**

在一小烧杯内加入1%淀粉溶液25mL及20%硫酸1mL，放在石棉网上小火加热，微沸后每隔2min取出反应液2滴置于白瓷板上做碘试验。与此同时另取反应液3滴，用10%碳酸钠溶液中和后，做本尼迪特试验（参阅实验一），记录实验结果并解释之。

**注释：**

[1] 此试验时，溶液呈中性或酸性。

# 实验三 蛋白质的两性反应和等电点的测定

## 一、实验目的

1. 了解蛋白质的两性解离性质；
2. 初步学会测定蛋白质等电点的一种方法。

## 二、实验原理

蛋白质由许多氨基酸组成，虽然绝大多数的氨基与羧基成肽键结合，但是总有一定数量自由的氨基与羧基，以及酚基、巯基、胍基、咪唑基等酸碱基团，因此蛋白质和氨基酸一样是两性电解质。调解溶液的酸碱度达到一定的氢离子浓度时，蛋白质分子所带的正电荷和负电荷相等，以兼性离子状态 $R\begin{matrix} COO^- \\ NH_3^+ \end{matrix}$ 存在，在电场内该蛋白质分子既不向阴极移动，也不向阳极移动，这时溶液的pH值，称为该蛋白质的等电点（pI）。当溶液的pH值低于蛋白质等电点时，即在$H^+$较多的条件下，蛋白质分子带正电荷成为阳离子；当溶液的pH值大于等电点时，即在$OH^-$较多的条件下，蛋白质分子带负电荷，成为阴离子。

$$R\begin{matrix} COOH \\ NH_3^+ \end{matrix} \xleftarrow{H^+} R\begin{matrix} COO^- \\ NH_3^+ \end{matrix} \xrightarrow{OH^-} R\begin{matrix} COO^- \\ NH_2 \end{matrix}$$

| | 阳离子 | 兼性离子 | 阴离子 |
|---|---|---|---|
| | $pH < pI$ | $pH = pI$ | $pH > pI$ |
| 在电场中： | 向阴极移动 | 不移动 | 向阳极移动 |

蛋白质等电点多接近于pH=7.0，略偏酸性的等电点也很多，如白明胶的等电点为pH=4.7，也有偏碱性的，如精蛋白等电点为pH在10.5～12.0。在等电点时，蛋白质溶解度最小，容易沉淀出。

在水质分析、环境水样处理和发酵液的提取中，利用蛋白质等电点进行水质净化和分析以及发酵液的浓缩、发酵产物的提纯都是相当普遍的工艺。因此，该实验对生物工程、发酵工程、食品科学与工程、环境工程、给水排水科学与工程等专业都具有应用价值。

## 三、实验器材

1. 吸管1.0mL（×1）、2.0mL（×1）、5.0mL（×3）。

2. 试管 1.5cm×15cm（×10）。

3. 细滴管（×2）。

4. 试管架。

## 四、实验试剂

1. 0.5%酪蛋白溶液（以 0.01mol/L 氢氧化钠溶液作溶剂）。

2. 酪蛋白醋酸钠溶液：称取纯酪蛋白 0.25g 于 100mL 烧杯中，加蒸馏水 20mL 及 1.00mol/L 氢氧化钠溶液 5mL（必须准确）。摇荡使酪蛋白溶解。然后加 1.00mol/L 醋酸 5mL（必须准确），倒入 50mL 容量瓶内，用蒸馏水稀释至刻度，混匀，结果是酪蛋白溶于 0.10mol/L 醋酸钠溶液内，酪蛋白的浓度为 0.5%。

3. 0.01%溴甲酚绿指示剂。

4. 0.02mol/L 盐酸溶液。

5. 0.10mol/L 醋酸溶液。

6. 0.02mol/L 氢氧化钠溶液。

7. 0.01mol/L 醋酸溶液。

8. 1.00mol/L 醋酸溶液。

## 五、实验操作

### 1. 蛋白质的两性反应

（1）取一支试管，加 0.5%酪蛋白溶液 20 滴和 0.01%溴甲酚绿指示剂[1] 5～7 滴，混合均匀。观察溶液呈现的颜色，并说明原因。

（2）用细滴管缓慢加入 0.02mol/L 盐酸溶液，随滴随摇，直至有明显的大量沉淀产生，此时溶液的 pH 值接近于酪蛋白的等电点。观察溶液颜色的变化。

（3）继续滴入 0.02mol/L 盐酸溶液，观察沉淀和溶液颜色的变化，并说明原因。

（4）再滴入 0.02mol/L 氢氧化钠溶液进行中和，观察是否出现沉淀，解释原因。继续滴入 0.02mol/L 氢氧化钠溶液，为什么沉淀又会溶解？溶液的颜色如何变化？说明了什么问题？

### 2. 酪蛋白等电点的测定

（1）取九支粗细相近的干燥试管，编号后按表 5-1 的顺序准确地加入各种试剂。加入每种试剂后应混合均匀。

**蛋白质等电点的测定**　　　　**表 5-1**

| 试管编号 | | 1 | 2 | 3 | 4 | 5 | 6 | 7 | 8 | 9 |
|---|---|---|---|---|---|---|---|---|---|---|
| 加入的试剂 | 蒸馏水（mL） | 2.4 | 3.2 | — | 2.0 | 3.0 | 3.5 | 1.5 | 2.75 | 3.38 |
| | 1.00mol/L 醋酸溶液（mL） | 1.6 | 0.8 | — | — | — | — | — | — | — |
| | 0.10mol/L 醋酸溶液（mL） | — | — | 4.0 | 2.0 | 1.0 | 0.5 | — | — | — |
| | 0.01mol/L 醋酸溶液（mL） | — | — | — | — | — | — | 2.5 | 1.25 | 0.02 |
| | 酪蛋白醋酸钠溶液（mL） | 1.0 | 1.0 | 1.0 | 1.0 | 1.0 | 1.0 | 1.0 | 1.0 | |
| 溶液的最终 pH | | 3.5 | 3.8 | 4.1 | 4.4 | 4.7 | 5.0 | 5.3 | 5.6 | 5.9 |
| 沉淀出现的情况 | | | | | | | | | | |

(2) 静止约 20min，观察每支试管内溶液的混浊度，以－，＋，＋＋，＋＋＋，＋＋＋＋符号表示沉淀的多少。根据观察结果，指出哪一个 pH 是酪蛋白的等电点?

(3) 该实验要求各种试剂的浓度和加入量必须相当准确。除了需要精心配制试剂以外，实验中应严格地按照定量分析的操作进行。为保证实验的重复性，或为了进行大批量的测定，可以事先按照上述的比例配制成大量的 9 种不同浓度的醋酸溶液，实验时分别准确吸取 4mL 该溶液，再各加入 1mL 酪蛋白醋酸钠溶液。

## 六、思考题

1. 何谓蛋白质的等电点?

2. 在等电点时蛋白质的溶解度为什么最低? 请结合你的实验结果和蛋白质的胶体性质加以说明。

3. 在本实验中，酪蛋白处于等电点时则从溶液中沉淀析出，所以说，凡是蛋白质在等电点时必然沉淀出来，上面这种结论对吗? 为什么? 请举例说明。

**注释：**

[1]　溴甲酚绿指示剂变色的 pH 值范围是 3.8～5.4。指示剂的酸色型为黄色，碱色型为蓝色。

# 实验四　蛋白质的沉淀反应

## 一、实验目的

学习了解蛋白质沉淀反应的原理及方法。

## 二、实验原理

多数蛋白质是亲水胶体，当其稳定因素被破坏或与某些试剂结合成不溶解的盐后，即产生沉淀。

环境水样中微生物菌体及大分子化学物质都可以形成胶体，在对胶体进行分离的时候可以采用蛋白质的沉淀反应去除菌体和化学物质。因此，环境工程和给水排水科学与工程专业的学生可以通过掌握蛋白质沉淀反应来进行污水及饮用水水质的净化。

利用基因工程技术制备各种生物制品的时候，发酵液通常因为菌体自溶等原因形成蛋白质胶体，这样不利于后期产物的提取与分离，并且会造成过滤困难的现象。利用蛋白质的沉淀反应可以去除蛋白质杂质，有利于后期的其他分离技术。生物工程及制药相关专业的学生可以通过本实验初步掌握蛋白质沉淀的方法。

食品酿造工业及酿造酒工艺中，食品特别是葡萄酒的发酵都需要维持发酵液的稳定性，而蛋白质胶体的形成不利于发酵液的稳定，后酵阶段容易引起生物絮凝和凝聚，因此，利用蛋白质沉淀反应去除发酵液中的不稳定物质对发酵食品的品质起到尤为重要作用。因此，本实验也适用于食品相关专业。

## 三、实验器材

1. 吸管 1.0mL (×1)、2.0mL (×2)、5.0mL (×2)。

2. 试管 1.5cm×15cm（×6）。

3. 皮头滴管（×2）。

4. 试管架、吸耳球、玻棒、药匙。

5. 烧杯 50mL（×1）。

## 四、实验试剂

1. 蛋白质试液（卵清蛋白液）：将鸡（鸭）蛋白用蒸馏水稀释 20～40 倍，2～3 层纱布过滤，滤液冷藏备用。

2. 硫酸铵晶体：如颗粒太大，最好研碎。

3. 饱和硫酸铵溶液：蒸馏水 100mL，加硫酸铵至饱和。

4. 95%乙醇。

5. 结晶氯化钠。

6. 1%醋酸铅：1g 醋酸铅溶于蒸馏水并稀释至 100mL。

7. 5%鞣酸溶液：5g 鞣酸溶于蒸馏水并稀释至 100mL。

8. 1%硫酸铜溶液：1g 硫酸铜溶于蒸馏水并稀释至 100mL。

9. 饱和苦味酸溶液。

10. 1%醋酸溶液：冰醋酸 1mL 用蒸馏水稀释至 100mL。

## 五、实验操作

**1. 蛋白质盐析作用**

（1）原理：向蛋白质溶液中加入中性盐至一定浓度，蛋白质即析出。这种作用称为盐析。

（2）操作：

1）取蛋白质溶液 5mL，加入等量饱和硫酸铵（此时硫酸铵的浓度为 50%），微微摇动试管，使溶液混合后静置数分钟，球蛋白即析出（如无沉淀可再加少许饱和硫酸铵。）

2）将上述混合液过滤，滤液中加硫酸铵粉末，至不再溶解，析出的即为清蛋白。再加水稀释，观察沉淀是否沉淀。

（3）注意：

1）应先加蛋白溶液，然后加饱和硫酸铵溶液。

2）固体硫酸铵若加到过饱和则有结晶析出，勿与蛋白质沉淀混淆。

**2. 酒精沉淀蛋白质**

（1）原理：酒精为脱水剂，能破坏蛋白质胶体质点的水化层而使其沉淀析出。

（2）操作：取蛋白质溶液 1mL，加晶体 NaCl 少许（加速沉淀并使其沉淀完全），待溶解后再加入 95%乙醇 2mL 混匀。观察有无沉淀析出。

**3. 重金属盐沉淀蛋白质**

（1）原理：蛋白质与重金属离子（如 $Cu^{2+}$，$Ag^{+}$，$Hg^{2+}$ 等）结合成不溶性盐类而沉淀。

（2）操作：取试管 2 支，各加蛋白质溶液 2mL，一管内滴加 1%醋酸铅溶液，另一管内滴加 1%$CuSO_4$ 溶液，至有沉淀产生。

**4. 生物碱试剂沉淀蛋白质**

(1) 原理：植物体内具有显著生理作用的含氮碱性化合物称为生物碱（或植物碱）。能沉淀生物碱或与其产生颜色反应的物质称为生物碱试剂，如鞣酸、苦味酸、磷钨酸等。生物碱试剂能和蛋白质结合生成沉淀，可能因蛋白质和生物碱含有相似的含氮基团之故。

(2) 操作：取试管3支各加入2mL蛋白质溶液及1%醋酸溶液4～5滴，向另一管中加5%鞣酸溶液数滴，另一管中加饱和苦味酸溶液数滴，观察结果。

## 六、思考题

1. 哪些沉淀反应蛋白质仍具有活性？
2. 哪些沉淀反应蛋白质已经变性？

# 实验五　酪蛋白的制备

## 一、实验目的

学习从牛乳中制备酪蛋白的原理和方法。

## 二、实验原理

牛乳中主要的蛋白质是酪蛋白，含量约为35g/L。酪蛋白是一些含磷蛋白质的混合物，等电点为pH4.7。利用等电点时溶解度最低的原理，将牛乳的pH调至4.7时，酪蛋白就沉淀出来。用乙醇洗涤沉淀物，除去脂类杂质后便可得到纯的酪蛋白。

## 三、实验器材

1. 离心机；
2. 布氏漏斗装置；
3. 精密pH试纸或酸度计；
4. 电炉、石棉网；
5. 烧杯500mL（×1）；
6. 温度计；
7. 表面皿。

## 四、实验试剂

1. 新鲜牛奶；
2. 95%乙醇；
3. 无水乙醚；
4. 0.2mol/L pH4.7醋酸-醋酸钠缓冲液：

先配制A液与B液：

A液：0.2mol/L醋酸钠溶液：称 $NaAc \cdot 3H_2O$ 54.44g，定容至2000mL。

B液：0.2mol/L醋酸溶液：称优级纯醋酸（含量大于99.8%）12.0g，定容至

1000mL。

取 A 液 1770mL，B 液 1230mL 混合即得 pH4.7 的醋酸-醋酸钠缓冲液 3000mL。

5. 乙醇-乙醚混合液：

乙醇：乙醚＝1：1（V/V）。

## 五、实验操作

1. 将 100mL 牛奶加热至 40℃。在搅拌下慢慢加入预热至 40℃、pH4.7 的醋酸缓冲液 100mL，用精密 pH 试纸或酸度计调 pH4.7；

将上述悬浮液冷却至室温，离心 15min（3000r/min），弃去清液，得酪蛋白粗制品；

2. 用水洗沉淀 3 次，离心 10min（3000r/min），弃去上清液；

3. 在沉淀中加入 30mL 乙醇，搅拌片刻，将全部悬浊液转移至布氏漏斗中抽滤；用乙醇一乙醚混合液洗沉淀 2 次，最后用乙醚洗沉淀 2 次，抽干；

4. 将沉淀摊开在表面皿上，风干；得纯酪蛋白纯品；

5. 准确称量，计算含量和得率。

含量：酪蛋白 g/100mL 牛乳（g%）

得率：（测得含量/理论含量）×100%

## 六、思考题

1. 为什么酪蛋白可在等电点 pH 下沉淀出来？

2. 蛋白质为什么可以用有机溶剂沉淀？

# 实验六　双缩脲法测定蛋白质含量

## 一、实验目的

1. 掌握双缩脲法定量测定蛋白质含量的原理和方法；

2. 学会使用 581-G 光电比色计或 72 型分光光度计并了解仪器的基本结构。

## 二、实验原理

蛋白质含有两个以上的肽键，因此有双缩脲反应。在碱性溶液中蛋白质与 $Cu^{2+}$ 形成紫红色络合物，其颜色的深浅与蛋白质的浓度成正比，而与蛋白质的分子量及氨基酸成分无关，因此被广泛地使用。

在一定的实验条件下，未知样品的溶液与标准蛋白质溶液同时反应，并于 540～560nm 下比色，可以通过标准蛋白质的标准曲线求出样品的蛋白质浓度。标准蛋白质溶液可以用结晶的牛（或人）血清蛋白、卵清蛋白或酪蛋白粉末配制。

除—CONH—有此反应外，$—CONH_2$，$—CH_2—NH_2$，$—CS—NH_2$ 等基团亦有此反应。

血清总蛋白含量关系到血液与组织间水分的分布情况，在机体脱水的情况下血清总蛋白质含量升高，而在机体发生水肿时，血清总蛋白含量下降，所以测定血清蛋白质含量具有临床意义。

## 三、实验器材

1. 吸管 1.0mL（×1）、2.0mL（×1）、5.0mL（×3）；
2. 吸耳球；
3. 试管 1.5cm×15cm（×8）；
4. 试管架；
5. 光电比色计或分光光度计。

## 四、实验试剂

1. 标准酪蛋白溶液（5mg/mL）：用 0.05mol/L 氢氧化钠配制。

2. 双缩脲试剂：溶解 1.50g 硫酸铜（$CuSO_4 \cdot 5H_2O$）和 6.0g 酒石酸钾钠（$C_4H_4KNa_2O_6 \cdot 4H_2O$）于 500mL 水中，在搅拌下加入 300mL 10%氢氧化钠溶液，用水稀释到 1000mL，贮存在内壁涂以石蜡的瓶中。此试剂可长期保存，以备使用。

3. 血清稀释液：人血清原液用水稀释 10 倍，冰箱保存使用。

## 五、实验操作

**1. 制标准曲线（学生自己列表，依次加入溶液）**

取一系列试管，分别加入 0，0.4，0.8，1.2，1.6，2.0mL 的标准酪蛋白溶液，用水补足到 2mL，然后加入 4mL 双缩脲试剂在室温下（15～25℃）放置 30min，与 540nm 波长下或用绿色滤波片用 581-G 光电比色计或 72 型分光光度计比色测定。最后以光密度为纵坐标，酪蛋白的含量为横坐标绘制标准曲线，作为定量的依据。

**2. 未知样品蛋白质浓度的测定**

未知样品必须进行稀释调整，使 2mL 中含有 1～10mg 蛋白质，才能进行测定。

吸取 1mL 1∶10 稀释的血清待测液，用水补足到 2mL。操作同前。平行做两份。与标准曲线的各管同时比色。比色后从标准曲线上查出其蛋白质浓度，再按照稀释倍数求出每毫升血清原液的蛋白质含量。

## 六、思考题

1. 如何选择未知样品的用量？
2. 为什么作为标准的蛋白质必须用凯氏定氮法测定纯度？
3. 对于作为标准的蛋白质应有何要求？

# 实验七　考马斯亮蓝 G-250 法测定蛋白质含量

## 一、实验目的

蛋白质是细胞中最重要的含氮生物大分子之一，承担着各种生物功能。蛋白质的定量分析是蛋白质构造分析的基础，也是农牧产品品质分析、食品营养价值比较、生化育种、临床诊断等的重要手段。根据蛋白质的理化性质，提出多种蛋白质定量方法。考马斯亮蓝G-250法是比色法与色素法相结合的复合方法，简便快捷，灵敏度高，稳定性好，是一种较好的常用方法。通过本实验学习考马斯亮蓝G-250法测定蛋白质含量的原理，了解分光光度计的结构、原理和在比色法中的应用。

## 二、实验原理

考马斯亮蓝法测定蛋白质浓度，是利用蛋白质-染料结合的原理，定量地测定微量蛋白浓度的快速、灵敏的方法。考马斯亮蓝G-250的化学式为：

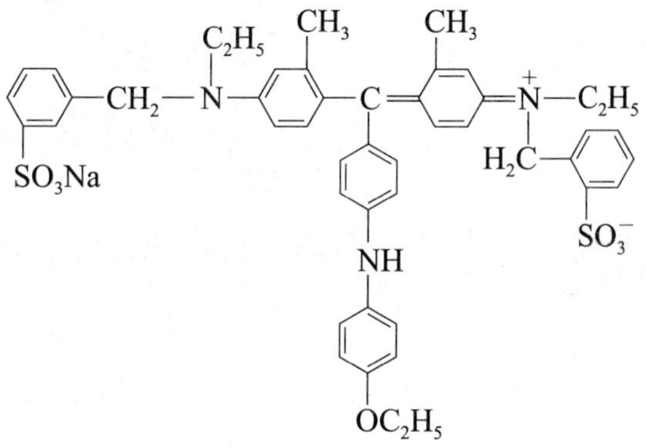

G-250

考马斯亮蓝G-250存在着两种不同的颜色形式：红色和蓝色。考马斯亮蓝G-250在酸性游离状态下呈棕红色，最大光吸收在465nm，当它与蛋白质结合后变为蓝色，最大光吸收在595nm。在一定的蛋白质浓度范围内，蛋白质-染料复合物在波长为595nm处的光吸收与蛋白质含量成正比，通过测定595nm处光吸收的增加量可知与其结合蛋白质的量。蛋白质和考马斯亮蓝G-250结合，在2min左右的时间内达到平衡，完成反应十分迅速，其结合物在室温下1h内保持稳定。蛋白质-染料复合物具有很高的消光系数，使得在测定蛋白质浓度时灵敏度很高，可测微克级蛋白质含量。

## 三、实验试剂和器材

### 1. 仪器

电子天平、试管、试管架、移液管、容量瓶、721型分光光度计

### 2. 试剂

（1）标准蛋白质溶液：称取10mg牛血清白蛋白，溶于蒸馏水并定容至100mL，制成100μg/mL牛血清白蛋白溶液。

（2）考马斯亮蓝G-250蛋白试剂：称取100mg考马斯亮蓝G-250，溶于50mL90％乙醇中，加入85％的磷酸100mL，最后用蒸馏水定容到1000mL。

（3）2g绿豆芽研磨后的提取液定容至50mL。

## 四、实验步骤

### 1. 标准曲线绘制

取6支试管，按表5-2加入各试剂。

蛋白质含量测定加样表 表 5-2

| 试剂＼管号 | 0 | 1 | 2 | 3 | 4 | 5 |
| --- | --- | --- | --- | --- | --- | --- |
| 100μg/mL 牛血清白蛋白溶液（mL） | 0 | 0.2 | 0.4 | 0.6 | 0.8 | 1.0 |
| 蒸馏水（mL） | 1.0 | 0.8 | 0.6 | 0.4 | 0.2 | 0 |
| 考马斯亮蓝液（mL） | 5.0 | 5.0 | 5.0 | 5.0 | 5.0 | 5.0 |
| 蛋白质含量（μg） | 0 | 20 | 40 | 60 | 80 | 100 |

加入考马斯亮蓝 G-250 蛋白试剂后，摇匀，放置 2min 后，在 595nm 波长下比色测定，记录 $A_{595}$。以各管相应标准蛋白质含量（μg）为横坐标、$A_{595}$ 为纵坐标，绘制标准曲线。

**2. 样品测定**

试管中加自制蛋白质样品 1.0mL，再加入 5.0mL 考马斯亮蓝 G-250 试剂，摇匀，放置 5min 后，在 595nm 波长下比色，记录 $A_{595}$。

根据所测 $A_{595}$ 从标准曲线上查得蛋白质含量。

## 五、实验结果

根据所测样品提取液的吸光度，在标准曲线上查得相应的蛋白质含量（μg），按式（5-1）计算：

$$样品蛋白质含量(\mu g/g\ 鲜重)=\frac{查得的蛋白质含量(\mu g)\times 提取液总体积(mL)}{样品鲜重(g)\times 测定时所取的提取液体积(mL)} \tag{5-1}$$

## 六、注意事项

1. 如果测定要求很严格，可以在试剂加入后的 5～20min 内测定光吸收，因为在这段时间内颜色是最稳定的。比色反应需在 1h 内完成。

2. 测定中，蛋白-染料复合物会有少部分吸附于比色杯壁上，实验证明此复合物的吸附量是可以忽略的。测定完后可用乙醇将蓝色的比色杯洗干净。

# 实验八 血清蛋白的醋酸纤维薄膜电泳

## 一、实验目的

学习醋酸纤维薄膜电泳的操作，了解电泳技术的一般原理。

## 二、实验原理

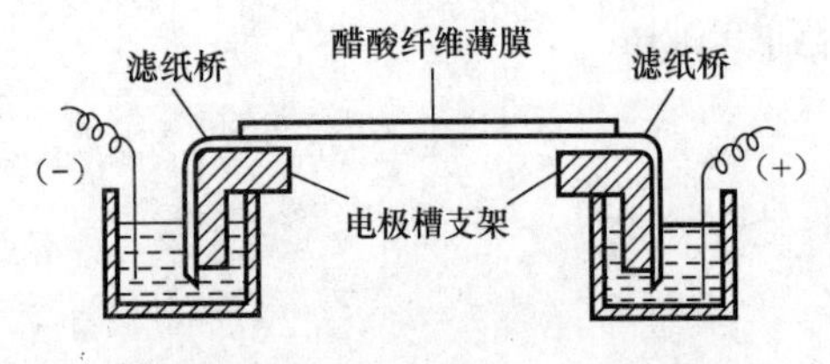


图 5-1 醋酸纤维薄膜电泳装置示意图

醋酸纤维薄膜电泳是用醋酸纤维薄膜作为支持物的电泳方法，其装置示意图如图 5-1 所示。

醋酸纤维薄膜是由二乙酸纤维素制成，它具有均一的泡沫样的结构，厚度仅为 120μm，有强渗透性，对分子移动无阻力，作为区带电泳的支持物进行蛋白电泳有简便、快速、样品用量少、应用范围广、分离清晰、没有吸附现象等优点。目前已广泛用于血清蛋白、脂蛋白、血红蛋白，糖蛋白和同工酶的分离及用在免疫电泳中。

## 三、实验器材

1. 醋酸纤维薄膜（2cm×8cm）；
2. 常压电泳仪；
3. 点样器（市售或自制）；
4. 培养皿（染色及漂洗用）；
5. 粗滤纸、白磁反应板；
6. 竹镊子、玻璃板。

## 四、实验试剂

1. 巴比妥缓冲溶液（pH8.6，离子强度0.07）：
含巴比妥2.76g，巴比妥钠15.45g，加水至1000mL。
2. 染色液：
含氨基黑10B 0.25g，甲醇50mL，冰醋酸10mL，水40mL（可重复使用）。
3. 漂洗液：
含甲醇或乙醇45mL，冰醋酸5mL，水50mL。
4. 透明液：
含无水乙醇7份，冰醋酸3份。

## 五、实验操作

1. 浸泡：用镊子取醋酸纤维薄膜1张（识别出光泽面与无光泽面，并在角上用笔做上记号）放在缓冲液中浸泡20min。

2. 点样：把膜条从缓冲液中取出，夹在两层粗滤纸内吸干多余的液体，然后平铺在玻璃板上（无光泽面朝上），将点样器先在放置在白磁反应板上的血清中沾一下，再在膜条一端2～3cm处轻轻地水平地落下并随即提起，这样即在膜条上点上了细条状的血清样品[1]，点样示意图见图5-2。

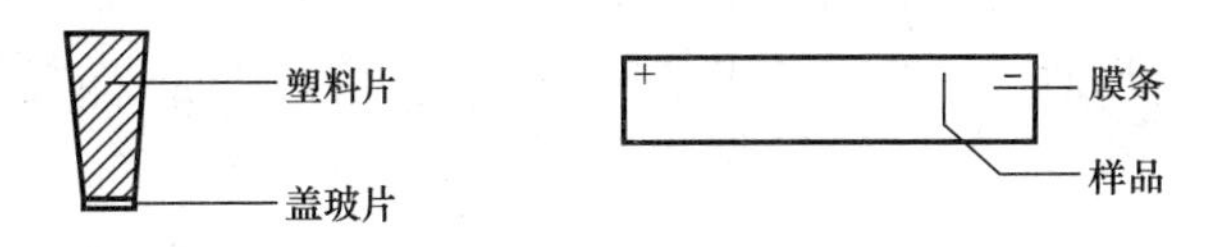


图5-2　点样示意图

3. 电泳：在电泳槽内加入缓冲液，使两个电极槽内的液面等高，将膜条平悬于电泳槽支架的滤纸桥上，先剪裁尺寸合适的滤纸条，取双层滤纸条附着在电泳槽的支架上，使它的一端与支架的前沿对齐，而另一端浸入电极槽的缓冲溶液内。用缓冲液将滤纸全部润湿并驱除气泡，使滤纸紧贴在支架上，即为滤纸桥（它是联系醋酸纤维薄膜和两极缓冲液之间的“桥梁”）。膜条上点样的一端靠近负极，盖严电泳室，通电，调节电压至160V，

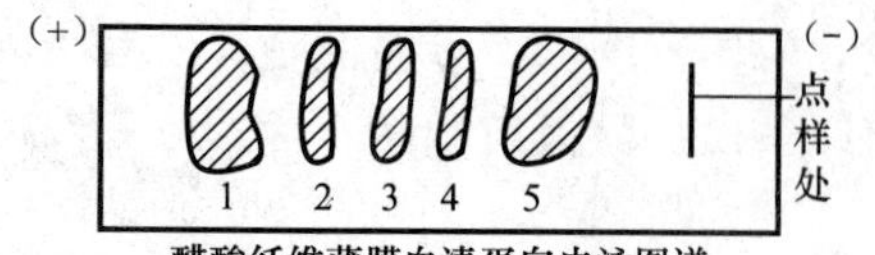


图 5-3　电泳示意图

从左至右，依次为：1—血清蛋白；2—$\alpha_1$ 球蛋白；3—$\alpha_2$ 球蛋白；4—$\beta$ 球蛋白；5—$\gamma$ 球蛋白

电流强度为 0.4～0.7mA/cm（膜宽），电泳时间约为 25min。

4. 染色：电泳完毕后将膜条取下并放在染色液中浸泡 10min。

5. 漂洗：将膜条从染色液中取出后移置到漂洗液中漂洗数次，至无蛋白区底色脱净为止，可得色带清晰的电泳图谱。

定量测定时可将膜条用滤纸压平吸干，按区带分段剪开，分别浸在体积 0.4mol/L 氢氧化钠溶液中半小时，并剪取相同大小的无色带膜条作空白对照，在 $A_{650}$ 或者将干燥的电泳图谱膜条放入透明液中浸泡 2～3min 后取出贴于洁净玻璃板上，干后即为透明的薄膜图谱，可用光密度计直接测定。

## 六、思考题

1. 用醋酸纤维薄膜作电泳支持物有什么优点？
2. 电泳图谱清晰的关键是什么？如何正确操作？

**注释：**

[1]　点样好坏是电泳图谱是否清晰的关键，可让学生先在滤纸上练习。

# 实验九　枯草杆菌蛋白酶活力测定

## 一、实验目的

1. 学习测定蛋白酶活力的方法；
2. 掌握 72 型分光光度计的原理和使用方法；
3. 学习绘制标准曲线的方法。

## 二、实验原理

酚试剂又名 Folin 试剂，是磷钨酸和磷钼酸的混合物，它在碱性条件下极不稳定，可被酚类化合物还原产生蓝色（钼蓝和钨蓝的混合物）。

酪蛋白经蛋白酶作用后产生的酪氨酸可与酚试剂反应，所生成的蓝色化合物可用分光光度法测定。

## 三、实验器材

1. 72 型分光光度计。
2. 恒温水浴锅。
3. 吸管 1.0mL（×1）、2.0mL（×1）、5.0mL（×3）、吸耳球。
4. 试管 1.5cm×15cm（×8）、试管架。
5. 小漏斗、滤纸。

## 四、实验试剂

1. 酚试剂：于2000mL磨口回流装置内加入钨酸钠（$Na_2WO_4 \cdot 2H_2O$）100g，钼酸钠（$Na_2MoO_4 \cdot 2H_2O$）25g，水700mL，85%磷酸50mL，浓盐酸100mL。微火回流10h后加入硫酸锂150g、蒸馏水50mL和溴数滴摇匀。煮沸约15min，以驱逐残溴，溶液呈黄色。冷却后定容到1000mL。过滤，置于棕色瓶中保存。

使用前用氢氧化钠标定，加水稀释至1mol/L（约加1倍水）。

2. 0.55mol/L碳酸钠溶液。

3. 10%三氯乙酸溶液。

4. 0.5%酪蛋白溶液：

称取酪蛋白2.5g，用0.5mol/L的氢氧化钠溶液4mL润湿，加0.02mol/L pH7.5磷酸缓冲少许，在水浴中加热溶解。冷却后，用上述缓冲液定容至500mL。此试剂临用时配制。

5. 0.02mol/L pH7.5磷酸缓冲液：

称取磷酸氢二钠（$Na_2HPO_4 \cdot 12H_2O$）71.64g，用水定容至1000mL为A液。称取磷酸二氢钠（$NaH_2PO_4 \cdot 2H_2O$）31.21g，用水定容至1000mL为B液。取A液840mL，B液160mL，混合后即成0.2mol/L（pH7.5）磷酸缓冲液。临用时稀释10倍。

6. 100μg/mL酪氨酸溶液：

精确称取烘干的酪氨酸溶液100mg，用0.2mol/L盐酸溶液溶解，定容至100mL，临用时用水稀释10倍，再分别配制成几种10～60μg/mL浓度的酪氨酸溶液。

7. 酶液：

称取1g枯草杆菌蛋白酶的酶粉，用少量0.02mol/L pH7.5的磷酸缓冲溶液，然后用同一缓冲溶液定容至100mL。振摇约15min，使其充分溶解，然后用干纱布过滤。吸取滤液5mL，稀释至适当倍数（如20、30或40倍）供测定用[1]。

此酶液可在冰箱中保存一周。

## 五、实验操作[2]

### 1. 绘制标准曲线

取不同浓度（10～60μg/mL）酪氨酸溶液各1mL，分别加入0.55mol/L碳酸钠溶液5mL，酚试剂1mL。置30℃恒温水浴中显色15min，用分光光度计在$A_{680}$处测光吸收值，用空白管（只加水、碳酸钠溶液和酚试剂）作对照，以光吸收值为纵坐标，以酪氨酸的μg数为横坐标，绘制标准曲线。

### 2. 酶活力测定

吸取0.5%酪蛋白溶液2mL置于试管中，在30℃水浴中预热5min后加入预热（30℃，5min）的酶液1mL，立即计时。反应10min后，由水浴取出，并立即加入10%三氯乙酸溶液3mL，放置15min，用滤纸过滤。

同时另做一对照管，即取酶液1mL先加入3mL 10%的三氯乙酸溶液，然后再加入0.5%酪蛋白溶液2mL，30℃保温10min，放置15min，过滤。

取3支试管，编号。分别加入样品滤液、对照滤液和水各1mL。然后各加入

0.55mol/L的碳酸钠溶液5mL，混匀后再各加入酚试剂1mL，立即混匀，在30℃显色15min。以加水的一管作空白，在$A_{680}$处测对照及样品的光吸收值。

**3. 计算酶活力**

规定在30℃、pH7.5的条件下，水解酪蛋白每分钟产生酪氨酸1μg为一个酶活力单位。

则1g枯草杆菌蛋白酶在30℃，pH7.5的条件下所具有的活力单位为：

$$(A_{样}-A_{对})\cdot K\cdot V/t\cdot N \tag{5-2}$$

式中 $A_{样}$——为样品液光吸收值；

$A_{对}$——为对照液光吸收值；

$K$——为标准曲线上光吸收为1时的酪氨酸μg数；

$t$——为酶促反应的时间（min），本实验$t=10$；

$V$——为酶促反应管的总体积（mL），本实验$V=6$；

$N$——为酶液的稀释倍数，本实验$N=2000$。

## 六、思考题

1. 酶的实验为什么要设对照又要设空白？
2. 稀释的酶溶液是否可长期使用？说明原因？

**注释：**

[1] 一般将酶粉稀释2000倍，若酶活力很高，可酌情再稀释。

[2] 本实验分两次完成，第一次绘制标准曲线，第二次测酶活力。酶液的提取及稀释由教师课前准备好。

# 实验十 酶活力的测定

## Ⅰ 液化型淀粉酶活力的测定

## 一、实验目的

1. 了解酶活力测定的意义；
2. 掌握液化型淀粉酶活力测定的原理及方法。

## 二、实验原理

液化型淀粉酶能催化淀粉水解生成小分子量的糊精和少量的麦芽糖和葡萄糖。本实验以碘的呈色反应来测定水解作用的速度，从而衡量酶活力的大小。

## 三、仪器和试剂

**1. 仪器**

调色板（白色）1块；

试管 25mm×250mm 1 支；
恒温水浴锅 1 只；
烧杯 100mL 1 只；
容量瓶 1 只；
漏斗 1 只；
玻棒、滴管；
吸管 20mL。

**2. 实验试剂**

原碘液：称取碘 11g，碘化钾 22g，加入少量水，使碘完全溶解后，定容至 500mL，贮于棕色瓶内。

稀碘液，取原碘液 2mL，加碘化钾 20g，用水溶解定容至 500mL，贮于棕色瓶内。

2%可溶性淀粉溶液：精确称取可溶性淀粉 2.0000g（以绝干计），用 10mL 水调匀，倾入 90mL 沸水中，再加热煮沸 2～3min，使溶液透明为止，冷后定容至 100mL，此溶液需新鲜配制。

0.02mol/L 柠檬酸——磷酸氢二钠缓冲溶液（pH=6.0），称取柠檬酸（$C_6H_8O_7 \cdot 2H_2O$）8.07g，磷酸氢二钠 45.23g，加水溶解并定容至 1000mL，配制后用 pH 计校正 pH。

标准“终点色”溶液：

（1）精确称取氯化钴（$CoCl_2 \cdot 6H_2O$）40.2439g，重铬酸钾 0.4878g，加水溶解并定容至 500mL。

（2）0.04%铬黑 T 溶液：精确称取铬黑 T 40mg，加水溶解并定容至 100mL。取（1）液 40mL 与（2）液 5.0mL 混合，即为标准“终点色”溶液。此溶液宜冰箱保存，有效期为 15 天。

## 四、实验步骤

**1. 待测酶液的制备**

精确称量酶粉 2.0000g，加入小烧杯内，用少量 0.02mol/L 柠檬酸——磷酸氢二钠缓冲溶液溶解，并用玻棒捣研，将上层清液倾入容量瓶内（容量瓶大小根据酶粉活力单位决定稀释倍数后选择），残渣部分再加入少量上述缓冲液，如此反复捣研 3～4 次，最后全部移入容量瓶中，用上述缓冲液定容至刻度，摇匀，用四层纱布（或滤纸）滤液即为待测之酶液。

如为液体样品，可直接过滤。即取一定量滤液入容量瓶中，加上述缓冲液稀释至刻度，摇匀，备用。

**2. 测定**

（1）取标准“终点色”溶液 8 滴，滴于调色板空穴内，作为比较终点颜色的标准。

（2）吸取 2%可溶性淀粉 20mL 及 pH6.0、0.2mol/L 柠檬酸-磷酸氢二钠缓冲溶液 5mL，置于大试管中，在 60℃恒温水浴中预热 4～5min。然后加入待测之酶液 0.5mL，立即记录时间，充分摇匀。定时用滴管从试管中取出反应液约 0.5mL，滴于预先盛有稀碘液（1.5mL）的调色板室穴内，当穴内呈色反应由紫色逐渐变成红棕色，直至与标准“终点色”相同时，即为反应终点，并记录时间 $T$（min）。

**3. 计算**

1g 酶粉（或 1mL 酶液）于 60℃，pH＝6.0 的条件下，1h 液化可溶性淀粉的克数，称为液化型淀粉酶的活力单位数，即：

$$酶的活力单位 = (60/T \times 20 \times 2\% \times n)/0.5 \quad (5\text{-}3)$$

（g 可溶性淀粉 /g 酶 · h 60℃pH6.0）

式中　$T$——反应时间，min；

60——分钟换成小时；

20×2%——可溶性淀粉的质量，g；

0.5——吸取待测酶液的量，mL；

$n$——稀释倍数。

**4. 注意事项**

（1）酶反应时间控制在 2～2.5min 之内。否则，应改变酶液稀释倍数重新测定。

（2）本实验中，吸取 2%可溶性淀粉及酶液的量必须准确，否则误差较大。

## 五、思考题

1. 什么是酶活力？
2. 如何进行酶的定性测定？如何进行酶的定量测定？
3. 标准“终点色”的作用是什么？

# Ⅱ　薄层层析法鉴定转氨酶活性

## 一、实验目的

氨基酸是组成蛋白质的基本结构单元，构成蛋白质的 L-α-氨基酸共有 20 种。其中丙氨酸族、丝氨酸族、天冬氨酸族等 12 种氨基酸是通过转氨基作用合成的。催化转氨基作用的酶叫转氨酶，植物体内转氨酶种类很多，在氮代谢中具有重要作用，有 3 类转氨酶即谷-丙转氨酶、谷-乙（乙醛酸）转氨酶、谷-草转氨酶活性最高。转氨基作用是合成氨基酸的重要途径，经过它沟通了生物体内蛋白质、碳水化合物、脂类等代谢，是一类极为重要的生化反应。

通过本实验初步认识转氨基作用，学习并掌握薄层层析的原理和操作方法。这一技术在生化物质的分离、鉴定、纯化、制备等方面有着广泛的应用。

## 二、实验原理

转氨酶在磷酸吡哆醛（醇或胺）的参与下，把 α-氨基酸上的氨基转移到 α-酮酸的酮基位置上，生成一种新的酮酸和一种新的 α-氨基酸。新生成的氨基酸种类可用薄层层析法鉴定。以谷-丙转氨酶为例，其可逆反应用下式表示：

$$丙氨酸 + \alpha\text{-}酮戊二酸 \xleftrightarrow{谷\text{-}丙转氨酶} 丙酮酸、谷氨酸$$

## 三、实验仪器、试剂和材料

**1. 仪器**

离心机、离心管；

吹风机；
恒温培养箱；
烘箱；
玻璃板（8cm×15cm）；
层析缸；
培养皿（直径10cm）；
喷雾器；
玻璃棒及滴管；
点样毛细管一束；
研钵；
试管3支；
吸管0.5mL 3支，2mL 1支。

**2. 试剂**

0.1mol/L 丙氨酸；
0.1mol/L α-酮戊二酸（用NaOH中和至pH7.0）；
含有0.4mol/L蔗糖的0.1mol/L pH8.0的磷酸缓冲溶液；
pH7.5的磷酸缓冲溶液；
正丁醇；
乙酸；
0.1mol/L 谷氨酸；
0.25%茚三酮丙酮溶液。

**3. 材料**

发芽2～3日的绿豆芽。

## 四、操作步骤

**1. 酶液的制备**

取3g（25℃）萌发3天的绿豆芽（去皮），放入研钵中加2mL pH8.0磷酸缓冲溶液研成匀浆，转入离心管。研钵用1mL缓冲液冲洗，并入离心管，离心（3000r/min，10min），取上清液备用。

**2. 酶促反应**

取3个干试管编号，按表5-3分别加入试剂和酶液。

样品配制　表5-3

| 管　号 | 1 | 2 | 3 | 4 | 5 | 6 |
|---|---|---|---|---|---|---|
| 0.005mol/L $(NH_4)_2SO_4$ | 0 | 0.1 | 0.2 | 0.3 | 0.4 | 0.5 |
| 蒸馏水 | 10.0 | 9.9 | 9.8 | 9.7 | 9.6 | 9.5 |
| 10%酒石酸钾钠 | 0.5 | 0.5 | 0.5 | 0.5 | 0.5 | 0.5 |
| 0.5mol/L NaOH | 0.5 | 0.5 | 0.5 | 0.5 | 0.5 | 0.5 |
| 奈氏试剂 | 1.0 | 1.0 | 1.0 | 1.0 | 1.0 | 1.0 |

摇匀后置试管于37℃恒温箱中保温30min，取出后各加3滴30%乙酸终止酶反应，于

沸水浴上加热 10min，使蛋白质完全沉淀，冷却后离心或过滤，取上清液或滤液备用。

**3. 薄板的制备**

取 3g 硅胶 G（可制 8cm×15cm 的薄板 2 块），放入研钵中加蒸馏水 10mL 研磨，待成糊状后，迅速均匀地倒在已备好的干燥洁净的玻璃板上，手持玻璃板在桌子上轻轻振动。使糊状硅胶 G 铺匀，室温下风干，使用前置 105℃烘箱中活化 30min。

**4. 点样**

在距薄板底边 2cm 处，等距离确定 5 个点样点（相邻两点间距 1.5cm）。取反应液及谷氨酸、丙氨酸标准液分别点样，反应液点 5～6 滴，标准液点 2 滴，每点一次用吹风机吹干后再点下一次。

**5. 展层**

在层析缸中放入一直径为 10cm 的培养皿，注入展开剂（正丁醇：乙酸：水；体积比为 3：1：1），深度为 0.5cm 左右。将点好样的薄板放入缸中（注意不能浸及点样点），密封层析缸，上行展开。待溶液前沿上升至距薄板上沿约 1cm 处时取出，用毛细管标出前沿位置。吹干后用 0.25％的茚三酮丙酮溶液均匀喷雾（注意不能有液滴），置烘箱（60～80℃）中或用热吹风机显色 5～15min，即可见各种氨基酸的层析斑点，用毛细管轻轻标出各斑点中心点（或照相记录）。

**6. 结果处理**

从层析图谱上鉴定 α-酮戊二酸和丙氨酸是否发生了转氨基反应，并写出反应式。

## 五、注意事项

1. 在同一实验系统中使用同一制品同一规格的吸附剂，颗粒大小最好在 250～300 目。制板时硅胶 G 加水研磨时间应掌握在 3～5min，研磨时间过短硅胶吸水膨胀不够，不易铺匀；研磨时间过长，来不及铺板硅胶 G 就会凝固。

2. 配制展开剂时，应现用现配，以免放置过久其成分发生变化。

3. 保持薄板的洁净，避免人为污染，干扰实验结果。

4. 点样和显色用吹风机时勿离薄板太近，以防吹破薄层。

## 六、思考题

1. 转氨基作用在代谢中有何意义？

2. 用薄层层析还可分离鉴定哪些物质？

# Ⅲ 分光光度法测定血液中转氨酶的活力

## 一、实验目的

了解转氨酶在代谢过程中的重要作用及其在临床诊断中的意义，学习和掌握分光光度法进行转氨酶活力测定的原理和方法。

## 二、实验原理

生物体内广泛存在的氨基转移酶也称转氨酶，能催化 α-氨基酸的 α-氨基与 α-酮酸的 α-

酮基互换，在氨基酸的合成和分解，尿素和嘌呤的合成等中间代谢过程中有重要作用。转氨酶的最适 pH 接近 7.4，它的种类甚多，其中以谷氨酸-草酰乙酸转氨酶（简称谷-草转氨酶）和谷氨酸-丙酮酸转氨酶（简称谷-丙转氨酶）的活力最强。它们催化的反应如下：

$$\underset{\alpha\text{-酮戊二酸}}{\begin{array}{c}COOH\\|\\CH_2\\|\\CH_2\\|\\C{=}O\\|\\COOH\end{array}} + \underset{\text{天冬氨酸}}{\begin{array}{c}COOH\\|\\CH_2\\|\\H-C-NH_2\\|\\COOH\end{array}} \xrightleftharpoons[\text{谷草转氨酶}]{(GOT)} \underset{\text{谷氨酸}}{\begin{array}{c}COOH\\|\\CH_2\\|\\CH_2\\|\\H-C-NH_2\\|\\COOH\end{array}} + \underset{\text{草酰乙酸}}{\begin{array}{c}COOH\\|\\CH_2\\|\\C{=}O\\|\\COOH\end{array}}$$

$$\underset{\alpha\text{-酮戊二酸}}{\begin{array}{c}COOH\\|\\CH_2\\|\\CH_2\\|\\C{=}O\\|\\COOH\end{array}} + \underset{\text{丙氨酸}}{\begin{array}{c}CH_3\\|\\H-C-NH_2\\|\\COOH\end{array}} \xrightleftharpoons[\text{谷丙转氨酶}]{(GPT)} \underset{\text{谷氨酸}}{\begin{array}{c}COOH\\|\\CH_2\\|\\CH_2\\|\\H-C-NH_2\\|\\COOH\end{array}} + \underset{\text{丙酮酸}}{\begin{array}{c}CH_3\\|\\C{=}O\\|\\COOH\end{array}}$$

正常人血清中只含有少量转氨酶。当发生肝炎、心肌梗死等病患时，血清中转氨酶活力常显著增加，所以在临床诊断上转氨酶活力的测定有重要意义。

测定转氨酶活力的方法很多，本实验采用分光光度法。谷丙转氨酶作用于丙氨酸和 α-酮戊二酸后，生成的丙酮酸与 2,4-二硝基苯肼作用生成丙酮酸 2,4-二硝基苯腙。

$$\begin{array}{c}COOH\\|\\C{=}O\\|\\CH_3\end{array} + H_2N-NH-C_6H_3(NO_2)_2 \longrightarrow \begin{array}{c}COOH\\|\\C{=}N-NH-C_6H_3(NO_2)_2\\|\\CH_3\end{array} + H_2O$$

丙酮酸 2,4-二硝基苯腙加碱处理后呈棕色，可用分光光度法测定。从丙酮酸 2,4-二硝基苯腙的生成量，可以计算酶的活力。

## 三、实验仪器和试剂

**1. 仪器**

分光光度计；

恒温水浴锅；

试管及试管架；

吸管。

**2. 实验试剂**

0.1mol/L 磷酸缓冲溶液（pH7.4）；

2.0μmol/mL 丙酮酸钠标准溶液：取分析纯丙酮酸钠 11mg 溶解于 50mL 磷酸缓冲液内（当日配制）；

谷丙转氨酶底物：取分析纯 α-酮戊二酸 29.2mg，L-丙氨酸 1.78g 置于小烧杯内，加 1mol/L 氢氧化钠溶液约 10mL 使完全溶解。用 1mol/L 氢氧化钠溶液或盐酸调整 pH 至 7.4 后，加磷酸缓冲溶液至 100mL。然后加氯仿数滴防腐。此溶液每毫升含 α-酮戊二酸 2.0μmol，丙氨酸 200μmol。在冰箱内可保存一周；

2,4-二硝基苯肼溶液：在 200mL 锥形瓶内放入分析纯 2,4-二硝基苯肼 19.8mg，加 100mL 1mol/L 盐酸。把锥形瓶放在暗处并不时摇动，待 2,4-二硝基苯肼全部溶解后，滤入棕色玻璃瓶内，置冰箱内保存；

0.4mol/L 氢氧化钠溶液；

人血清。

## 四、实验步骤

### 1. 标准曲线的绘制

取 6 支试管，分别标上 0,1,2,3,4,5 六个号。按表 5-4 所列的次序添加各试剂。

**标准曲线配制**　　　　表 5-4

| 试剂（mL） | 试管号 | | | | | |
|---|---|---|---|---|---|---|
| | 0 | 1 | 2 | 3 | 4 | 5 |
| 丙酮酸钠标准液 | — | 0.05 | 0.10 | 0.15 | 0.20 | 0.25 |
| 谷丙转氨酶底物 | 0.50 | 0.45 | 0.40 | 0.35 | 0.30 | 0.25 |
| 磷酸缓冲液（0.1mol/L，pH7.4） | 0.10 | 0.10 | 0.10 | 0.10 | 0.10 | 0.10 |

2,4-二硝基苯肼可与有酮基的化合物作用形成苯腙。底物中的 α-酮戊二酸与 2,4-二硝基苯肼反应，生成 α-酮戊二酸苯腙。因此，在制作标准曲线时，需加入一定量的底物（内含 α-酮戊二酸）以抵消由 α-酮戊二酸产生的消光影响。

先将试管置于 37℃恒温水浴中保温 10min 以平衡内外温度。向各管内加入 0.5mL 2,4-二硝基苯肼溶液后再保温 20min，最后，分别向各管内加入 0.4mol/L 氢氧化钠溶液 5mL。在室温下静置 30min，以 0 号试管作空白，分别测定各试管中 520nm 波长处的吸光度 $A$。用丙酮酸的 μmol 数为横坐标，光吸收值 $A$ 为纵坐标，画出标准曲线。

### 2. 酶活力的测定

取 2 支试管并标号，用第 1 号试管作为未知管，第 2 号试管作为空白对照管。各加入谷丙转氨酶底物 0.5mL，置于 37℃水浴内保温 10min，使管内外温度平衡。取血清 0.1mL 加入第 1 号试管内，继续保温 60min。到 60min 时，向 1、2 号试管内各加入 2,4-二硝基苯肼试剂 0.5mL，向第 2 号试管中补加 0.1mL 血清，再向 1、2 号试管内各加入 0.4mol/L 氢氧化钠溶液 5mL。在室温下静置 30min 后，测定未知管的 $A_{520}$ 波长光吸收值（显色后 30min 至 2h 内其色度稳定）。在标准曲线上查出丙酮酸的 μmol 数。

### 3. 计算

用 1μmol 丙酮酸代表 1.0 单位酶活力，计算每 100mL 血清中转氨酶的活力单位数。

## 五、思考题

1. 转氨酶在代谢过程中的重要作用及在临床诊断中的意义有哪些？

2. 此实验中2,4-二硝基苯肼与丙酮酸的颜色反应是不是特异性的?

# 实验十一　小麦萌发前后淀粉酶活力的比较

## 一、实验目的

1. 学习分光光度计的原理和使用方法;
2. 学习测定淀粉酶活力的方法;
3. 了解小麦萌发前后淀粉酶活力的变化。

## 二、实验原理

种子中贮藏的碳水化合物主要以淀粉的形式存在。淀粉酶能使淀粉分解为麦芽糖。

$$2(C_6H_{10}O_5)n + H_2O \longrightarrow nC_{12}H_{22}O_{11}$$

麦芽糖有还原性，能使3,5-二硝基水杨酸还原成棕色的3-氨基-5-硝基水杨酸。后者可用分光光度计法测定。

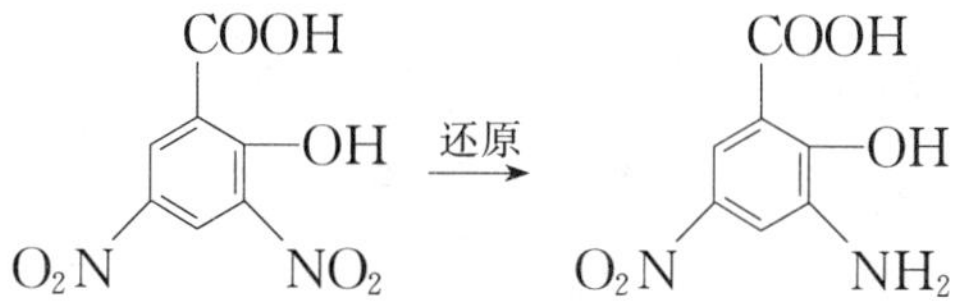

COOH　OH　$O_2N$　$NO_2$　$\xrightarrow{\text{还原}}$　COOH　OH　$O_2N$　$NH_2$

休眠种子的淀粉酶活力很弱，种子吸胀萌动后，酶活力逐渐增强，并随着发芽天数的增长而增加。本实验通过测定小麦种子萌发前后淀粉酶活力，来了解此过程中淀粉酶活力的变化情况。

## 三、实验仪器和材料

### 1. 仪器

25mL刻度试管;
吸管;
乳体;
离心管;
分光光度计;
离心机;
恒温水浴。

### 2. 试剂

0.1%标准麦芽糖溶液20mL：精确称量100mg麦芽糖，用少量水溶解后，移入100mL容量瓶中，加蒸馏水至刻度;

pH6.9，0.02mol/L磷酸缓冲溶液100mL;

1%淀粉溶液100mL：1g可溶性淀粉溶于100mL 0.02mol/L磷酸缓冲液，其中含有0.006mol/L氯化钠;

1%3,5-二硝基水杨酸试剂：1g 3,5-二硝基水杨酸溶于20mL 2mol/L的氢氧化钠溶液和 50mL 水中；再加入 30g 酒石酸钾钠，定容至 100mL。若溶液混浊，可先过滤再使用；

1%氯化钠溶液 300mL；

海砂 5g。

## 四、实验步骤

### 1. 种子发芽

小麦种子浸泡 2.5h 后，放入 25℃恒温箱内或在室温下发芽。小麦萌发所需要的时间与品种有关，若难以萌发，可适当延长浸泡时间和发芽时间。

### 2. 酶液提取

取发芽第三天或第四天的幼苗 15 株，放入研钵内，加海砂 200mg，加 1%氯化钠溶液 10mL，用力磨碎。在室温下放置 20min，搅拌几次。将提取液离心（1500r/min）6～7min。将上清液倒入量筒，测定酶提取液的总体积。进行酶活力测定时，将酶提取液稀释 10 倍。

取干燥种子或浸泡 2.5h 后的种子 15 粒作为对照（提取步骤同上）。

### 3. 酶活力测定

（1）取 25mL 刻度试管 4 支，编号。按表 5-5 要求加入各试剂（各试剂需 25℃预热 10min）。

酶活力试剂配制　　表 5-5

| 试管标号 | 1 | 2 | 3 | 4 |
|---|---|---|---|---|
| 试剂 | 干燥种子（或浸泡 2.5h）的酶提取液 | 发芽 3 天或 4 天幼苗的酶提取液 | 标准管 | 空白管 |
| 酶液（mL） | 0.5 | 0.5 | — | — |
| 标准麦芽糖溶液（mL） | — | — | 0.5 | — |
| 1%淀粉溶液（mL） | 1 | 1 | 1 | 1 |
| 水（mL） | — | — | — | 0.5 |

将各管混匀，放在 25℃水浴中保温 3min 后，立即向各管中加入 10%3,5-二硝基水杨酸溶液 2mL。

（2）取出各试管，放入沸水浴中加热 5min。冷却至室温，加水稀释至 25mL，将各管充分混匀。

（3）用空白管作对照；在 500nm 处测定各管的光吸收值，将读数填入表 5-6。

酶活力吸光值　　表 5-6

| 试管号 | 1. 干燥种子的酶提取液 | 2. 发芽 3 天或 4 天幼苗的酶提取液 | 3. 标准 | 4. 空白 |
|---|---|---|---|---|
| 500nm 光吸收值 | | | | |
| 计算值 | | | | |

### 4. 计算

根据溶液的浓度与光吸收值成正比的关系，即：$A_{标准}/A_{未知}=c_{标准}/c$

未知：

$$c(\text{酶液管浓度}) = A_{\text{酶}} \times c_{\text{标准}} / A_{\text{标准}} \quad (5\text{-}4)$$

式中　$c$——浓度；

$A$——光吸收值。

## 五、思考题

1. 如何选择未知样品的浓度？
2. 实验中误差的来源及消除方法有哪些？

# 实验十二　菜花（花椰菜）中核酸的分离和鉴定

## 一、实验目的

初步掌握从菜花中分离核酸的方法和RNA、DNA的定性检定。

## 二、实验原理

用冰冷的稀三氯乙酸或稀高氯酸溶液在低温下抽提菜花匀浆，以除去酸溶性小分子物质，再用有机溶剂，如乙醇、乙醚等抽提，去掉脂溶性的磷脂等物质，最后用浓盐溶液（10%氯化钠溶液）和0.5mol/L高氯酸（70℃）分别提取DNA和RNA，再进行定性鉴定。

由于核糖和脱氧核糖有特殊的颜色反应，经显色后所呈现的颜色深浅在一定范围内和样品中所含的核糖和脱氧核糖的量成正比，因此可用此法来定性、定量地测定核酸。

**1. 核糖的测定**

测定核糖的常用方法是苔黑酚（即3,5-二羟甲苯法Orcinol反应）。当含有核糖的RNA与浓盐酸及3,5-二羟甲苯在沸水浴中加热10～20min后，有绿色物产生，这是因为RNA脱嘌呤后的核糖与酸作用生成糠醛，后者再与3,5-二羟甲苯作用产生绿色物质。

$$\text{RNA} + \text{浓盐酸} + \text{HO-}C_6H_3(CH_3)\text{-OH} \xrightarrow[FeCl_3]{100℃} \text{绿色复合物}$$

DNA、蛋白质和黏多糖等物质对测定有干扰作用。

**2. 脱氧核糖的测定**

测定脱氧核糖的常用方法是二苯胺法。含有脱氧核糖的DNA在酸性条件下和二苯胺在沸水浴中共热10min后，产生蓝色。这是因为DNA嘌呤核苷酸上的脱氧核糖遇酸生成ω-羟基-6-酮基戊醛，它再和二苯胺作用产生蓝色物质。

$$\text{DNA} + \text{二苯胺试剂} \xrightarrow{100℃} \text{蓝色物}$$

此法易受多种糖类及衍生物和蛋白质的干扰。

上述二种定糖的方法准确性较差，但快速、简便，能鉴别DNA与RNA，是鉴定核酸、核苷酸的常用方法。

## 三、实验器材

1. 量筒；

2. 剪刀；
3. 恒温水浴锅；
4. 离心机；
5. 电炉、石棉网；
6. 布氏漏斗装置；
7. 吸管；
8. 烧杯。

## 四、实验试剂

1. 新鲜花菜；
2. 95%乙醇；
3. 丙酮；
4. 5%高氯酸溶液；
5. 0.5mol/L 高氯酸溶液；
6. 10%氯化钠溶液；
7. 标准 RNA 溶液（5mg/100mL）；
8. 标准 DNA 溶液（15mg/100mL）；
9. 粗氯化钠；
10. 海砂；
11. 二苯胺试剂

将 1g 二苯胺溶于 100mL 冰醋酸中，再加入 2.75mL 浓硫酸（置冰箱中可保存 6 个月，使用前在室温下摇匀）。

12. 三氯化铁浓盐酸溶液

将 2mL10%三氯化铁溶液（用 $FeCl_3 \cdot 6H_2O$ 配制）加入到 400mL 浓盐酸中。

13. 苔黑酚乙醇溶液

溶解 6g 苔黑酚于 100mL95%乙醇中（可在冰箱中保存 1 个月）。

## 五、实验操作

### 1. 核酸的分离

（1）取菜花的花冠 20g，剪碎后置于研钵中，加入 20mL 95%乙醇和 400mg 海砂，研磨成匀浆。然后用布氏漏斗抽滤，弃去滤液。

（2）滤渣中加入 20mL 丙酮，搅拌均匀，抽滤，弃去滤液。

（3）再向滤渣中加入 20mL 丙酮，搅拌 5min 后抽干（用力压滤渣，尽量除去丙酮）。

（4）在冰盐浴中，将滤渣悬浮在预冷的 20mL 5%的高氯酸溶液中，搅拌，抽滤，弃去滤液。

（5）将滤渣悬浮于 20mL 95%的乙醇中，抽滤，弃去滤液。

（6）滤渣中加入 20mL 丙酮，搅拌 5min，抽滤至干，用力压滤渣，尽量除去丙酮。

（7）将干燥的滤渣重新悬浮在 40mL 10%氯化钠溶液中，在沸水浴中加热 15min，放置，冷却，抽滤至干，留滤液。并将此操作重复进行一次。将两次滤液合并，为提取物一。

（8）将滤渣重新悬浮在20mL 0.5mol/L高氯酸溶液中。加热到70℃、保温20min（恒温水浴）后抽滤，留滤液（为提取物二）。

**2. RNA，DNA的定性鉴定**

（1）二苯胺反应（见表5-7）

二苯胺反应试剂配制　表5-7

| 管　号 | 1 | 2 | 3 | 4 | 5 |
|---|---|---|---|---|---|
| 蒸馏水 | 1 | — | — | — | — |
| RNA溶液 | — | 1 | — | — | — |
| DNA溶液 | — | — | 1 | — | — |
| 提取物一 | — | — | — | 1 | — |
| 提取物二 | — | — | — | — | 1 |
| 二苯胺试剂 | 2 | 2 | 2 | 2 | 2 |
| 放沸水浴中10min后的现象 | | | | | |

（2）苔黑酚的反应（见表5-8）

苔黑酚反应试剂配制　表5-8

| 管　号 | 1 | 2 | 3 | 4 | 5 |
|---|---|---|---|---|---|
| 蒸馏水 | 1 | — | — | — | — |
| DNA溶液 | — | 1 | — | — | — |
| RNA溶液 | — | — | 1 | — | — |
| 提取物一 | — | — | — | 1 | — |
| 提取物二 | — | — | — | — | 1 |
| 三氯化铁浓盐酸溶液 | 2 | 2 | 2 | 2 | 2 |
| 苔黑酚乙醇溶液 | 0.2 | 0.2 | 0.2 | 0.2 | 0.2 |
| 放沸水浴中10～20min后的现象 | | | | | |

根据现象分析提取物一和提取物二主要含有什么物质？

## 六、思考题

1. 核酸分离时为什么要除去小分子物质和脂类物质？本实验是怎样除掉的？
2. 实验中呈色反应时RNA为什么能产生绿色复合物？DNA产生蓝色物质？

# 实验十三　氨基酸的分离鉴定——纸层析法

## 一、实验目的

通过氨基酸的分离，学习纸层析法的基本原理及操作方法。

## 二、实验原理

纸层析法是用滤纸作为惰性支持物的分配层析法。层析溶剂是有机溶剂和水组成。

物质被分离后在纸层析图谱上的位置是用 $R_f$ 值（比移）来表示的。

$$R_f = \frac{\text{原点到层析点中心的距离}}{\text{原点到溶剂前沿的距离}} \tag{5-5}$$

在一定的条件下某种物质的 $R_f$ 值是常数。$R_f$ 值的大小与物质的结构、性质、溶剂系统、层析滤纸的质量和层析温度等因素有关。本实验利用纸层析法分离氨基酸。

## 三、实验器材

1. 层析缸、小烧杯；
2. 毛细管；
3. 喷雾器、电吹风；
4. 培养皿；
5. 层析滤纸（新华一号）；
6. 分液漏斗；
7. 吸管、量筒。

## 四、实验试剂

**1. 扩展剂**

是 4 份水饱和的正丁醇和一份醋酸的混合物。将 20mL 正丁醇和 5mL 冰醋酸放入分液漏斗中，与 15mL 水混合，充分振荡，静置后分层，放出下层水层。取漏斗内的扩展剂约 5mL 置于小烧杯中做平衡溶剂，其余的倒入培养皿中备用。

**2. 氨基酸溶液**

0.5%的赖氨酸、脯氨酸、缬氨酸、苯丙氨酸、亮氨酸溶液及它们的混合液（各组分浓度均为 0.5%）各 5mL。

**3. 显色剂**

0.1%水合茚三酮正丁醇溶液。

## 五、实验操作

1. 将盛有平衡溶剂的小烧杯置于密闭的层析缸中。

2. 取层析滤纸（长 22cm、宽 14cm）一张。在纸的一端距边缘 2～3cm 处用铅笔划一条直线，在此直线上每隔 2cm 作一记号。

3. 点样：用毛细管将各氨基酸样品分别点在这 6 个位置上，干后再点一次。每点在纸上扩散的直径最大不超过 3mm。

4. 扩展：用线将滤纸缝成筒状，纸的两边不能接触。将盛有约 20mL 扩展剂的培养皿迅速置于密闭的层析缸中，并将滤纸直立于培养皿中（点样的一端在下，扩展剂的液面低于点样线 1cm）。待溶剂上升 15～20cm 时即取出滤纸，用铅笔描出溶剂前沿界线，自然干燥或用吹风机热风吹干。

5. 显色：用喷雾器均匀喷上0.1%茚三酮正丁醇溶液，然后置烘箱中烘烤5min（100℃）或用热风吹干即可显出各层析斑点，见图5-4。

6. 计算各种氨基酸的 $R_f$ 值。

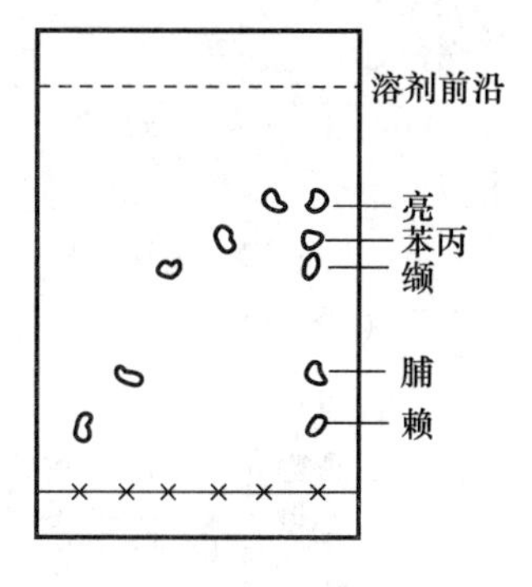

图5-4　纸层分析示意图

## 六、思考题

1. 何谓纸层析法？
2. 何谓 $R_f$ 值？影响 $R_f$ 值的主要因素是什么？
3. 怎样制备扩展剂？
4. 层析缸中平衡溶剂的作用是什么？

**注：**本实验所用层析缸是用大的标本缸代替的。若用标准的层析缸，滤纸平衡后应用长颈漏斗从层析缸上部小孔加入扩展剂。

# 实验十四　离子交换柱层析法分离氨基酸

## 一、实验目的

学习用阳离子交换树脂柱分离氨基酸的操作方法和基本原理。

## 二、实验原理

各种氨基酸分子的结构不同，在同一pH时与离子交换树脂的亲和力有差异，因此，可依亲和力从小到大的顺序被洗脱液洗脱下来，达到分离的效果。

## 三、实验器材

1. 20cm×1cm层析管；
2. 分光光度计；
3. 部分收集器；
4. 恒压洗脱瓶；
5. 试管；
6. 吸管；
7. 搪瓷杯；
8. 电炉。

## 四、实验试剂

1. 苯乙烯磺酸钠型树脂（强酸1×8，100～200目，可用上海华东化工学院产品）；
2. 2mol/L盐酸溶液；
3. 2mol/L氢氧化钠溶液；
4. 标准氨基酸溶液：天冬氨酸、赖氨酸和组氨酸均配制成2mg/mL的0.1mol/mL盐酸溶液；

5. 混合氨基酸溶液：将上述天冬氨酸、赖氨酸和组氨酸溶液按 1∶2.5∶10 的比例混合；

6. 柠檬酸-氢氧化钠-盐酸缓冲液（pH5.8，钠离子浓度 0.45mol/L）：取柠檬酸（$C_6H_8O_7 \cdot H_2O$）14.25g、氢氧化钠 9.30g 和浓盐酸 5.25mL 溶于少量水后，定容至 500mL，冰箱保存；

7. 显色剂：2g 水合茚三酮溶于 75mL 乙二醇单甲醚中，加水至 100mL；

8. 50％乙醇水溶液。

## 五、实验操作

1. 层析柱的准备：将干的强酸型阳离子交换树脂水浸或搅拌 2h，使其充分溶胀，再用 4 倍体积的 2mol/L 的氢氧化钠溶液浸泡 1h 或搅拌半小时，倾去清液，洗至中性。再用 2mol/L 的盐酸溶液处理，做法同上，最后用 2mol/L 的氢氧化钠溶液如上法处理，使其成为 $Na^+$ 型，洗至中性，搅拌 1h 后装成一个直径 1cm、高 16～18cm 的层析柱。

2. 氨基酸的洗脱：用 pH5.8 的柠檬酸缓冲液流洗平衡交换柱（装置如图 5-5 所示）。调节流速为 0.5mL/min，流出液达床体积的 4 倍时即可上样。由柱上端仔细加入氨基酸混合液 0.25～0.5mL，同时开始收集流出液。当样品液弯月面靠近树脂顶端时，即刻加入 0.5mL 柠檬酸缓冲液冲洗加样品处。待缓冲液弯月面靠近树脂顶端时，再加入 0.5mL 缓冲液。如此重复两次，然后用滴管小心注入柠檬酸缓冲液（切勿搅动床面）。并将柱与洗脱瓶和部分收集器相连。开始用试管收集洗脱液，每管收集 1mL，共收集 60～80 管。

3. 氨基酸的鉴定：向各管收集液中加 1mL 水合茚三酮显色剂并混匀，在沸水浴中准确加热 15min 后冷却至室温，再加 1.5mL 的 50％乙醇溶液。放置 10min。以收集液第 2 管为空白，测定 $A_{570}$ 波长的光吸收值。以光吸收值为纵坐标，以洗脱体积为横坐标绘制洗脱曲线，如图 5-6 所示。已知 3 种氨基酸的纯溶液为样品，按上述方法和条件分别操作，将得到的洗脱曲线与混合氨基酸的洗脱曲线对照，可确定 3 个峰的大致位置及各峰为何种氨基酸。

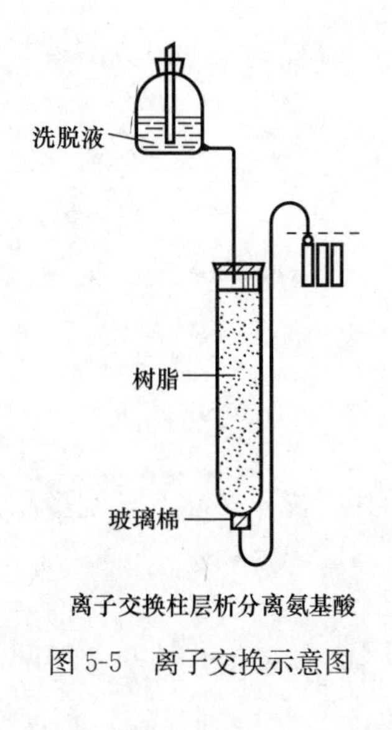


图 5-5　离子交换示意图

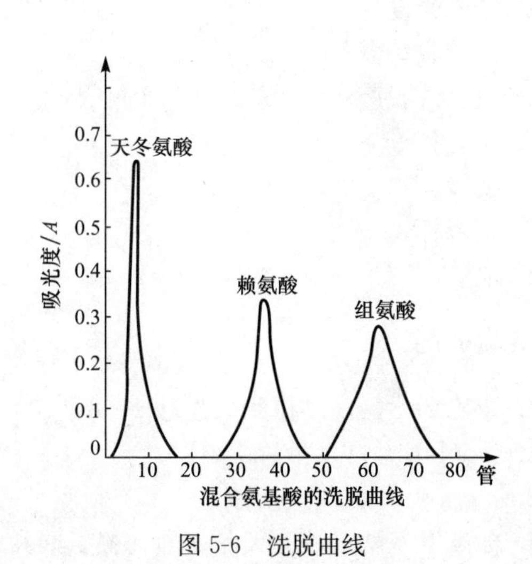


图 5-6　洗脱曲线

# 实验十五　用阳离子交换树脂摄取氯化钠

## 一、实验目的

通过用阳离子交换树脂摄取氯化钠实验，学习离子交换层析法的原理和基本操作。

## 二、实验原理

离子交换层析法是利用各种离子对交换剂的亲和力程度不同而达到分离的方法。在水处理过程中是去除金属离子最为常用的手段，同时也是味精和其他氨基酸生产过程中重要的提取工艺。

本实验利用阳离子交换剂摄取氯化钠的作用，作为柱层析法的基本训练。

该实验对环境工程、给水排水科学与工程、生物工程、土木工程及工程管理的学生均有重要意义。

## 三、实验器材

1. 碱滴定管 25mL；
2. 层析管（1cm×20cm）；
3. 恒压洗脱瓶（可用分液漏斗或下口瓶代用）；
4. 锥形瓶；
5. 烧杯；
6. 玻璃棒；
7. 吸管。

## 四、实验试剂

1. 强酸型阳离子交换树脂（磺酸型）和弱酸型阳离子交换树脂（酚醛型）；
2. 10mg/mL 氯化钠溶液；
3. 标准氢氧化钠溶液（浓度约为 0.1mol/L）；
4. 酚酞指示剂；
5. 2mol/L 盐酸溶液；
6. 2mol/L 氢氧化钠溶液。

## 五、实验操作

将干的强酸型树脂水浸泡过夜或搅拌 2h，使其充分溶胀，再用 4 倍体积的 2mol/L 的盐酸浸泡 1h 或搅拌半小时，倾去清液，洗至中性。再用 2mol/L 的氢氧化钠溶液处理，做法同上，最后用 2mol/L 的盐酸如上法处理，使其成为氢型，洗至中性待用。将氢型树脂装柱，当柱的顶部快干的时候，加入 6mL 10mg/mL 的氯化钠溶液，使其流入柱内。待溶液的弯月面正好在树脂的顶端时，用水洗脱。收集 40mL 洗脱液，用 0.1mol/L 标准氢氧化钠滴定收集的洗脱液。计算钠离子的交换率。

$$\text{Na}^{+}\text{的交换率}=\frac{(N\times V)_{\text{NaOH}}\times 58.5\text{mg}}{6\text{mL}\times 10\text{mg/mL}}\times 100\% \qquad (5\text{-}6)$$

式中　$N$——标准氢氧化钠溶液的摩尔浓度；

$V$——滴定时所消耗标准氢氧化钠溶液的毫升数。

用弱酸型阳离子交换树脂重复上面的实验，并讨论实验结果。

# 实验十六　凝胶过滤法分离蛋白质

## 一、实验目的

1. 了解生物化学领域中大分子分离纯化的各种方法；
2. 了解凝胶层析的原理以及应用；
3. 通过血红蛋白脱盐实验，初步掌握凝胶层析技术；
4. 进一步掌握包括离子交换柱层析、亲和层析及吸附层析等其他分离纯化的方法。

## 二、实验原理

在含有血红蛋白（$M_w$=64500）加入过量的高铁氰化钾（$K_3Fe(CN)_6$，$M_w$=327.25），血红蛋白与高铁氰化钾反应生成高铁血红蛋白（Methemoglobin，MetHb）。为了除去多余的高铁氰化钾，得到较纯的MetHb样品，将上述混合物通过交联葡聚糖凝胶柱，用磷酸缓冲液洗脱，从颜色的不同，可直接观察到MetHb（红褐色）洗脱较快，而小分子高铁氰化钾（黄色）洗脱较慢，达到将MetHb完全分离出来的目的。

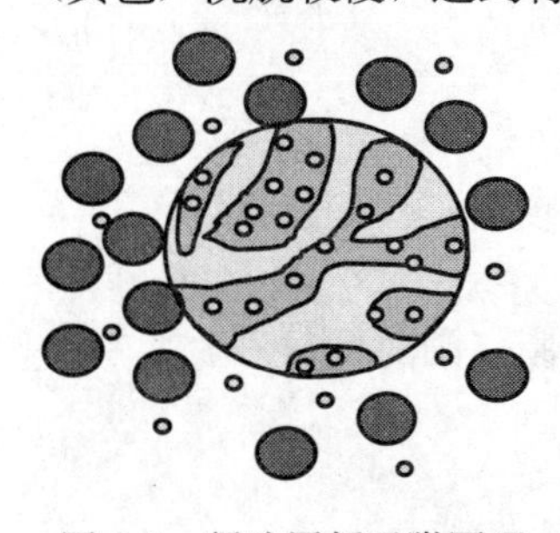

图 5-7　凝胶层析吸附原理

凝胶层析又称凝胶排阻层析、凝胶过滤、分子筛层析和凝胶渗透层析，是一种按分子大小分离物质的层析方法，广泛应用于蛋白质、核酸、多糖等生物大分子的分离和纯化。该方法是把样品加到充满着凝胶颗粒的层析柱中，然后用缓冲液洗脱。大分子无法进入凝胶颗粒中的静止相中，只能存在于凝胶颗粒之间的流动相中，因而以较快的速度首先流出层析柱，而小分子则能自由出入凝胶颗粒中，并很快在流动相和静止相之间形成动态平衡，因此就要花费较长的时间流经柱床，从而使不同大小的分子得以分离。

凝胶层析所用的基质是具有立体网状结构、筛孔直径一致，且呈珠状颗粒的物质。这种物质可以完全或部分排阻某些大分子化合物于筛孔之外，而对某些小分子化合物则不能排阻，但可让其在筛孔中自由扩散、渗透。任何一种被分离的化合物被凝胶筛孔排阻的程度可用分配系数$K_{av}$（被分离化合物在内水和外水体积中的比例关系）表示。$K_{av}$值的大小与凝胶床的总体积（$V_t$）、外水体积（$V_o$）及分离物本身的洗脱体积（$V_e$）有关，即：

$$K_{av}=(V_e-V_o)/(V_t-V_o)$$

在限定的层析条件下，$V_t$和$V_o$都是恒定值，而$V_e$值却是随着分离物分子量的变化而变化的。分离物分子量大，$K_{av}$值小；反之，则$K_{av}$值增大。因此，在同一凝胶柱上分离分子量不同的物质时，由于流动相的作用，这些分离物质将发生排阻和扩散效应。若缓冲

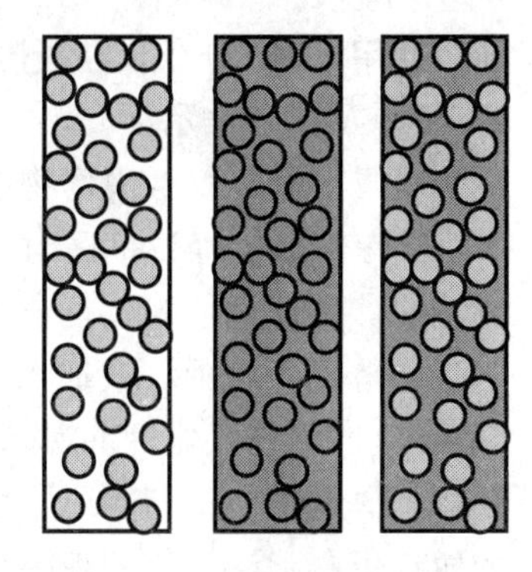
图 5-8　凝胶层析示意图

液连续地倾入柱中，柱中物质的排阻和扩散效应也将连续地发生，其最终结果是分子量大的物质先从柱中流出，分子量小的物质则后从柱中流出。流出物用部分收集器分管等量或等时地收集起来，检测后分段合并相同组分的各管流出物，即等于把分子量不同的物质相互分离开了。其分离效果受操作条件（如基质的颗粒大小、均匀度、筛孔直径和床体积的大小、洗脱液的流速以及样品的种类等）的影响，而最直接的影响是 $K_{av}$ 值的差异性，$K_{av}$ 值差异性大，分离效果好；$K_{av}$ 值差异性小，则分离效果很差，或根本不能分开。

分配系数 $K_{av}$ 既是判断分离效果的一个参数，又是测定蛋白质分子量的一个依据。从公式 $K_{av}=(V_e-V_o)/(V_t-V_o)$ 可知，只要测出床体积 $V_t$ 和外水体积 $V_o$ 以及洗脱体积 $V_e$，即可计算出 $K_{av}$ 值。而凝胶床总体积 $V_t$ 可用两种方法得到：

计算法：根据层析柱体积计算总体积，可用下列公式表示

$$V_t = \pi r2h$$

式中 $r$ 为层析柱半径；$h$ 为凝胶床高度；π为圆周率。在用此公式计算凝胶床总体积时，须精确地分段测量，以防内径不匀造成误差。另外还需注意到，在层析过程中，尤其是软胶的操作压力要小，以防凝胶床的高度降低。

测量法：由凝胶床的组成可知，床体积 $V_t$ 等于外水体积 $V_o$、内水体积 $V_i$ 与凝胶颗粒实际占有体积 $V_g$ 之和。即

$$V_t = V_o + V_i + V_g \tag{5-7}$$

因 $V_g$ 与 $V_t$ 相比很小，可忽略不计，故

$$V_t = V_o + V_i \tag{5-8}$$

而 $V_o$ 和 $V_i$ 可通过实验测得：当把分子量不同的混合溶液铺在凝胶床上时，其在内水体积和外水体积中的分布是不一样的。溶液中的分子大于凝胶孔径上限者不能进入凝胶网孔内，而被排阻在外水体积的溶液中。凝胶床的洗脱体积 $V_e$ 刚好等于外水体积。即 $V_e=V_o(K_{av}=0)$。然而，溶液中的分子小于凝胶孔径下限者能自由进入凝胶网孔内，凝胶床的洗脱体积 $V_e$ 应等于凝胶床总体积，即 $V_e=V_t=V_o+V_i$（$K_{av}=1$）。而溶液中的分子大小介于凝胶孔径上限和下限之间者，则能进入部分凝胶网孔中，故其洗脱体积 $V_e$ 是在 $V_o$ 和 $V_t$ 之间（$K_{av}$ 在 0～1 之间）。

通常选用蓝色葡聚糖 2000 作为测定外水体积的物质。该物质分子量大（为 200 万），呈蓝色，它在各种型号的葡聚糖凝胶中都被完全排阻，并可借助其本身颜色，采用肉眼或分光光度仪检测（210nm 或 260nm 或 620nm）洗脱体积（即 $V_o$）。但是，在测定激酶等蛋白质的分子量时，不宜用蓝色葡聚糖 2000 测定外水体积，因为它对激酶有吸附作用，所以有时用巨球蛋白代替。测定内水体积（$V_i$）的物质，可选用硫酸铵、N-乙酰酪氨酸乙酯，或者其他与凝胶无吸附力的小分子物质。

以床体积 $V_t$（等于πr2h）和测得值 $V_o$ 来计算分配系数的值为 $K_{av}$，若以床体积 $V_t$（等于 $V_o+V_i$）和测得值 $V_o$ 来计算分配系数的值为 $K_d$。在同一层析条件下，对同一物质计算出来的 $K_{av}$ 和 $K_d$ 值尽管有一定的差异性，但都是有效的。只因 $K_{av}$ 计算方便，所以目

前多使用 $K_{av}$。分离物在凝胶过滤层析时的行为，除用 $K_{av}$ 和 $K_d$ 表示外，还可用 $V_e/V_o$ 或 $V_o/V_e$（$R$ 值）表示。

凝胶过滤不仅常用作物质的分离，还可以根据需要用某种试剂非常方便地处理某种物质，当该物质流经试剂区时，因为可连续接触新鲜试剂，因而可以充分发生反应，最后经过洗脱，再与过量的试剂分开。本实验就是通过凝胶过滤，用还原剂 $FeSO_4$ 处理血红蛋白。即首先在层析柱中加入含有还原剂的溶液，使形成一个还原区带，当血红蛋白样品（血红蛋白与铁氰化钾的混合液）流经还原区带时，褐色的高铁血红蛋白立即生成紫色的还原型血红蛋白，随着还原型血红蛋白继续下移，与缓冲液中的氧分子结合又形成了鲜红的血红蛋白。铁氰化钾则因分子量小，在层析柱中呈现其本来的黄色带而远远地落在血红蛋白的后边。

## 三、实验材料和器材

### 1. 实验器材

层析柱：$\phi$10mm×20cm；恒流泵；500mL，250mL 试剂瓶；50mL 烧杯；其他：医用镊子；5mL 带刻度滴管；圆片滤纸。

### 2. 实验材料与试剂

20mmol/L 磷酸二氢钠；20mmol/L 磷酸氢二钠；pH7.0，20mmol/L 磷酸缓冲液：将（1）、（2）以 61∶29 的比例混合；40mmol/L $FeSO_4$（用时现配）；0.2M $Na_2HPO_4$，80mmol/L $Na_2H_2EDTA$；抗凝血（哺乳动物血样，以 1∶6 的比例加入 2.5%柠檬酸钠，置于 4℃冰箱中保存。贮存期以不超过 3 个月为宜）；葡聚糖凝胶：Sephadex G-25；固体铁氰化钾。

## 四、实验方法与步骤

### 1. 葡聚糖凝胶的预处理

取 3g 葡聚糖凝胶（Sephadex-25）干粉，浸泡于 50mL 蒸馏水中充分溶胀（室温，12h），然后反复倾斜除去表面的悬浮微粒，再加入 pH7.0 磷酸缓冲液沸水浴中 2～3h 去除颗粒内部空气，最后加入 pH7.0 磷酸缓冲液浸泡过夜备用。

### 2. 装柱

（1）将层析柱垂直固定在铁架台上，注意上下不要颠倒；

（2）将层析柱下端的止水螺丝旋紧，向柱中加入约 1～2cm 高的缓冲液，把溶胀好的糊状凝胶边搅拌边倒入柱中，最好一次连续装完，若分次装入，需用玻璃棒轻轻搅动柱床上层凝胶，以免出现界面。装柱长度至少 8cm。自然沉降 20min，最后放入略小于层析柱内径的圆形滤纸片，以防将来加样时凝胶被冲起。

### 3. 平衡

以恒流泵控制流速为 1 滴/5s，用磷酸缓冲液洗脱平衡 10min。注意在任何时候不要使液面低于凝胶表面，否则可能有气泡混入，影响液体在柱内的流动与最终生物大分子物质的分离效果。

### 4. 血红蛋白样品的制备

取 1mL 抗凝血于烧杯中，加入 10mL pH7.0、20mmol/L 磷酸缓冲液，再加入固体铁氰化钾，使浓度达到5mg/mL。

**5. 层析柱还原层的形成**

取1mL 40mmol/L $FeSO_4$ 于小烧杯中，加入1mL 0.2mol/L $Na_2HPO_4$，80mmol/L $Na_2H_2$ EDTA混合液搅拌均匀。待层析柱上缓冲液几乎全部进入凝胶时，速取该混合液0.4mL加入层析柱中，待混合液完全进入柱床后加入0.7mL缓冲液。(注意还原剂的混合液要新鲜配制，尽可能缩短在空气中暴露的时间)。

**6. 上样**

将柱中多余的液体从底部流出后关闭止水螺丝，取前面制备好的血红蛋白样品0.5mL，将样品溶液小心加到凝胶柱上，打开止水螺丝，使样品溶液流入柱内。

**7. 洗脱**

用缓冲液进行洗脱，控制缓冲液在约1滴/5s的流速，观察并记录实验现象。

**8. 清洗**

待所有色带流出层析柱后，加快流速，继续清洗层析柱2min。回收凝胶，以备再用。

## 五、思考题

1. 在向凝胶柱加入样品时，为什么必须保持胶面平整？上样体积为什么不能太大？
2. 请解释为什么在洗脱样品时，流速不能太快或者太慢？
3. 某样品中含有1mg A蛋白（Mr10，000Da），1mg B蛋白（Mr30，000Da），4mg C蛋白（Mr60，000Da），1mg D蛋白（Mr90，000Da），1mg E蛋白（Mr120，000Da），采用Sephadex G75（排阻上下限为3，000～70，000Da）凝胶柱层析，请指出各蛋白的洗脱顺序。

# 实验十七 酶作用的专一性

## 一、实验目的

了解酶的一种催化特性——对底物的选择性及检查酶的专一性原理与方法。

## 二、实验原理

酶作用的专一性是酶与一般催化剂的主要区别之一。所谓酶作用的专一性，即酶仅与一种或一类相似的物质起一定的催化作用，而对其他物质则不能起催化作用。本实验以蔗糖酶（来源于酵母）及枯草杆菌α-淀粉酶对淀粉和蔗糖的作用为例，来说明酶作用的专一性。

淀粉和蔗糖缺乏自由醛基（苷羟基），无还原性，但在α-淀粉酶的作用下，淀粉很容易水解成糊精及少量麦芽糖，葡萄糖，使之具有还原性。在同样条件下，α-淀粉酶不能催化蔗糖的水解，蔗糖酶能催化水解蔗糖生成具有还原性的葡萄糖和果糖，但不能催化淀粉水解。

本实验采用本尼迪特（Benedict）试剂检测还原糖。

## 三、实验器材

1. 试管及试管架；

2. 恒温水浴锅；

3. 吸管。

## 四、实验试剂

1. 2%蔗糖溶液；

2. 1%可溶性淀粉溶液：

称取可溶性淀粉1g。加水10mL，调匀，倾入90mL预先煮沸的蒸馏水中，边加边搅拌均匀，再煮沸2～3min，冷却后定容至100mL，此溶液需新鲜配制。

3. 枯草杆菌α-淀粉酶的稀释液；

4. 蔗糖酶液：

取适性干酵母100g，置于研钵内，加少量细砂及50mL蒸馏水，用力研磨提取约1h，再加蒸馏水使总体积为500mL左右，过滤。滤液保存在冰箱内备用。

5. 本尼迪特（Benedict）试剂：（配制方法见实验一）。

## 五、实验操作

1. 取2支试管，各加入本氏试剂2mL，再分别加入1%可溶性淀粉溶液和2%蔗糖溶液各4滴，混合均匀后，放在沸水浴中煮2～3min，观察有无红黄色沉淀发生，纯净的淀粉和蔗糖应无红黄色沉淀产生。

2. α-淀粉酶的专一性实验

取3支试管，分别加入1%可溶性淀粉3mL，2%蔗糖溶液3mL及蒸馏水3mL。再向3支试管各添加蔗糖酶液1mL，混匀，放入37℃恒温水浴中保温。15min后取出，各加本氏试剂2mL，摇匀后，放在沸水中煮2～3min，观察有无红黄色沉淀产生？为什么？

3. 蔗糖酶的专一性实验

取3支试管，分别加入1%可溶性淀粉溶液3mL，2%蔗糖溶液3mL及蒸馏水3mL。再向3支试管各添加蔗糖酶液1mL，混匀，放入37℃恒温水浴中保温，10min后取出，各加本氏试剂2mL，摇匀后，放入沸水浴中煮2～3min，观察有无红黄色沉淀产生？为什么？

## 六、思考题

1. 纯净的淀粉和蔗糖有无还原性？为什么？

2. 酶的专一性分哪几类？

3. 酶的专一性实验，为何设计这三组？

# 实验十八　温度对酶活性的影响

## 一、实验目的

1. 了解温度对酶活性的影响；

2. 掌握试验温度对酶活性影响的原理及方法。

## 二、实验原理

酶的催化作用受温度的影响很大，温度对酶的催化反应有双重效应，一方面，温度上或可以使加快；另一方面，温度升高又可以使酶因变性而失活。

本实验以枯草杆菌α-淀粉酶和蔗糖酶为例，说明温度对酶活性的影响。

## 三、实验器材

1. 试管及试管架；
2. 恒温水浴锅；
3. 吸管。

## 四、实验试剂

1. 5％可溶性淀粉溶液，新鲜配制；
2. 2％蔗糖溶液；
3. 碘-碘化钾溶液：将碘化钾 20g 及碘 10g 溶于 100mL 水中，使用前稀释 10 倍；
4. 本尼迪克特试剂（配制方法见实验一）；
5. α-淀粉酶释液；
6. 蔗糖酶液；
7. 冰。

## 五、实验操作

**1. 温度对α-淀粉酶活性的影响**

取 3 支试管，编号，各加入 0.5％可溶性淀粉溶液 3mL，分别置于冰水浴、37℃水浴及沸水浴中，保温 5min，各缓缓加入 1mL α-淀粉酶稀释液（试管勿从水浴中取出）；继续保温 5min，取出 37℃水浴及沸水浴中的试管，置于冰水浴中，冷却后，各加入碘-碘化钾溶液 1mL，比较各管颜色，并解释之。

**2. 温度对蔗糖活性酶的影响**

取 3 支试管，编号，各加入 2％蔗糖溶液 3mL，分别置于冰水浴、37℃水浴及沸水中，保温 5min 后，各加入 1mL 蔗糖酶液；继续保温 10min，取出；各加入 2mL 本氏试剂，置于沸水浴中煮 2～3min，比较各管颜色，并解释之。

## 六、思考题

1. 温度对酶活性影响的机理。
2. 实验温度对酶活性影响的一般方法。
3. 如果要定量测定温度对酶活性的影响，实验方案应该如何设计？

# 实验十九　pH 对酶活性的影响

## 一、实验目的

1. 了解 pH 对酶活性的影响；
2. 掌握试验 pH 对酶活性影响的原理及方法。

## 二、实验原理

酶的活力受环境的 pH 影响极为显著。通常只在一定的 pH 范围内才表现它的活性。一种酶的活性表现最高的 pH 值为该酶的最适 pH，低于或高于最适 pH 时，酶的活性渐次降低。不同酶的最适 pH 不同。本实验以枯草杆菌 $\alpha$-淀粉酶来说明 pH 对酶活性的影响。

## 三、实验器材

1. 试管及试管架；
2. 恒温水浴锅；
3. 吸管；
4. 白瓷调色板 1 块。

## 四、实验试剂

1. 5%可溶性淀粉溶液，新鲜配制；
2. $\alpha$-淀粉酶稀释液；
3. 0.2mol/L 磷酸氢二钠溶液：称取 $Na_2HPO_2 \cdot 2H_2O$ 35.51g，溶于水，定容至 100mL；
4. 0.1mol/L 柠檬酸溶液：称取 $C_6H_8O_7 \cdot H_2O$ 21.01g，溶于水中，定容至 1000mL；
5. 碘-碘化钾溶液。

## 五、实验操作

1. 取 8 支试管，编号，用吸管按下表比例添加 0.2mol/L 磷酸氢二钠溶液和 0.1mol/L 柠檬酸溶液，制备 pH 为 4.4～7.2 的缓冲液。

**pH 对酶活性影响缓冲溶液配比** **表 5-9**

| 试管号码 | 0.2mol/L 磷酸氢二钠（mL） | 0.1mol/L 柠檬酸（mL） | pH |
|---|---|---|---|
| 1 | 4.41 | 5.59 | 4.4 |
| 2 | 4.93 | 5.07 | 4.8 |
| 3 | 5.36 | 4.64 | 5.2 |
| 4 | 5.80 | 4.20 | 5.6 |
| 5 | 6.32 | 3.68 | 6.0 |
| 6 | 6.93 | 3.07 | 6.4 |
| 7 | 7.73 | 2.27 | 6.8 |
| 8 | 8.70 | 1.30 | 7.2 |

2. 取 9 支试管，编号，将上述 8 种缓冲液分别吸取 3mL，分别加入相应号的试管中（第 1～8 号）。第 9 号试管加 pH5.6 缓冲液 3mL。然后再向各试管添加 0.5%可溶性淀粉溶液 2mL。将 9 支试管放入 37℃恒温水浴中预热 5～10min。

3. 向第 9 支试管添加 $\alpha$-淀粉酶稀释液 2mL，摇匀，仍在 37℃温水浴中保温。1min

后，每隔15s自第9号试管中取出1滴混合液，置白瓷板空穴中，以碘-碘化钾溶液试之，检验淀粉水解的程度，待结果呈橙黄色时，取出试管记下酶作用的时间（自加入酶液时开始）注意：掌握第9号试管的水解程度是本实验成败的关键。

4. 以上1min的间隔，依次向第1～8号试管加入α-淀粉酶稀释液2mL，摇匀，并仍在37℃恒温水浴中保温。然后，按9号管酶作用的时间，依次将各管取出，并立即加入碘-碘化钾溶液2滴，观察各管呈现的颜色，并说明之。

## 六、思考题

1. pH对酶活性影响的机理。
2. 掌握试验pH对酶活性影响的原理及方法。
3. 如果要定量测定pH对酶活性影响方案如何设计？

# 实验二十　酶的激活剂和抑制剂

## 一、实验目的

1. 了解激活剂和抑制剂对酶活性的影响；
2. 掌握试验激活剂、抑制剂对酶活性影响的原理与方法。

## 二、实验原理

酶的活性常受某些物质的影响，有些物质能使酶的活性增加，称为酶的激活剂；有些物质能使酶的活性降低，称为酶的抑制剂。激活剂和抑制剂影响酶作用的需要量很小，并常有特异性。

本实验以唾液淀粉酶为例，说明氯离子（$Cl^-$）对该酶的激活作用以及铜离子（$Cu^{2+}$）对该酶的抑制作用。

## 三、实验器材

1. 试管及试管架；
2. 恒温水浴锅；
3. 吸管。

## 四、实验试剂

1. 5%可溶性淀粉溶液，新鲜配制；
2. 1%NaCl溶液；
3. 0.5%$CuSO_4$溶液；
4. 唾液淀粉酶液；
5. 碘-碘化钾溶液；

实验者先用清水漱口后，取唾液1mL，稀释100倍左右。

## 五、实验操作

1. 取 3 支试管，编号后各加入 3mL，0.5%可溶性淀粉溶液及 1mL 稀释唾液。又：第 1 号试管中加 1mL 1%氯化钠溶液，第 2 号试管加 1mL 0.5%硫酸铜溶液，第 3 号试管加 1mL 蒸馏水，第 2 号试管加 1mL 蒸馏水。

2. 将上述 3 支试管，放入 37℃恒温水浴中保温 10～15min 后取出（保温时间因唾液淀粉酶活力而异，重做一次，以求明显之结果）。冷却后分别加入 4～5 滴碘-碘化钾溶液。观察比较三支试管颜色的深浅，并解释之。

## 六、思考题

1. 回忆激活剂与抑制剂的分类；
2. 掌握激活剂，抑制剂对酶活性影响的方法；
3. 如果定量测定激活剂、抑制剂对酶活性的影响，方案如何制定？

# 实验二十一 紫外吸收法测定蛋白质含量

## 一、实验目的

1. 掌握紫外分光光度法测定蛋白质含量的原理；
2. 学习紫外分光光度的仪器原理及使用方法。

## 二、实验原理

由于蛋白质中存在共轭双键的酪氨酸和色氨酸，因此蛋白质具有吸收紫外光的性质。吸收高峰在 280nm 处。在此波长范围内，蛋白质溶液的光密度值（$O.D._{280}$，或吸收值）与其浓度成正比关系，可作定量测定。

该法迅速、简便、不消耗样品，低浓度盐类不干扰测定。因此，已在蛋白质和酶的生化制备中广泛采用。

本法的缺点是：

（1）对于测定那些与标准蛋白质中酪氨酸和色氨酸含量差异较大的蛋白质，有一定的误差。故该法适用于测定与标准蛋白质氨基酸组成相似的蛋白质。

（2）若样品中含有嘌呤、嘧啶等吸收紫外光的物质，会出现较大的干扰。例如，在制备酶的过程中，层析柱的流出液内有时混杂有核酸，应予校正。核酸强烈吸收波长为 280nm 的紫外光，它对 260nm 紫外光的吸收更强。但是，蛋白质恰恰相反，280nm 的紫外吸收值大于 260nm 的紫外吸收值。

利用它们的这些性质，通过计算可以适当校正核酸对于测定蛋白质浓度的干扰作用。但是，因为不同的蛋白质和核酸的紫外吸收是不同的，虽然经过校正，测定结果还存在一定的误差。

## 三、实验器材

1. 紫外分光光度计；
2. 吸量管；
3. 试管和试管架。

## 四、实验试剂

1. 标准蛋白质溶液：任选一种。

(1) 牛血清清蛋白溶液：准确称取经凯式定氮法校正的结晶牛血清清蛋白，配制成浓度为 1mg/mL 的溶液。

(2) 卵清蛋白质溶液：将约 1g 卵清溶于 100mL0.9%氯化钠溶液中，离心，取上清液。按微量凯式定氮法测其蛋白质含量，用 0.9%氯化钠溶液稀释至蛋白质浓度为 1mg/mL。

2. 待测蛋白质溶液：浓度为 1mg/mL 左右的溶液。

## 五、操作方法

**1. 制作标准曲线**

**2. 按表 5-10 分别向每支试管加入各种试剂，混匀。选用光程为 1cm 的石英比色杯，在 280nm 波长处分别测定各管溶液的光密度值（O. D. $_{280}$）。以光密度值为纵坐标，蛋白质浓度为横坐标，绘出标准曲线。**

蛋白质测定标准曲线配比　　表 5-10

| 管　号 | 1 | 2 | 3 | 4 | 5 | 6 | 7 | 8 |
|---|---|---|---|---|---|---|---|---|
| 标准蛋白质（mL） | 0 | 0.5 | 1.0 | 1.5 | 2.0 | 2.5 | 3.0 | 4.0 |
| 蒸馏水（mL） | 4 | 3.5 | 3.0 | 2.5 | 2.0 | 1.5 | 1.0 | 0 |
| 蛋白质浓度（mg/mL） | 0 | 0.125 | 0.25 | 0.375 | 0.50 | 0.625 | 0.75 | 1.0 |
| O. D. $_{280}$ | | | | | | | | |

**3. 测定样品**

取待测蛋白质溶液 1mL，加入蒸馏水 3mL，混匀，按上述方法测定 280nm 的光密度，并从标准曲线上查出待测蛋白质的浓度。

**4. 某些溶液蛋白质浓度的测定**

将待测的蛋白质溶液稀释至光密度在 0.2～2.0 之间，在波长 260nm 和 280nm 处，分别测出光密度值（O. D. $_{260}$和 O. D. $_{280}$）。计算 O. D. $_{280}$/O. D. $_{260}$的比值后，从表查出校正因子“$F$”值，同时可查出该样品内混杂的核酸的百分含量，将 $F$ 值代入，再由式（5-9）直接计算出该溶液的蛋白质浓度。

$$蛋白质浓度(mg/mL) = F \times 1/d \times O.D._{280} \times D \tag{5-9}$$

式中　O. D. $_{280}$——为该溶液在 280nm 波长下的紫外吸收；

$d$——为石英比色杯的厚度（以 cm 表示）；

$D$——为溶液的稀释倍数。

## 六、思考题

1. 本法和其他测定蛋白质含量法相比，有何缺点及优点?
2. 若样品中含有核酸类杂质，应如何校正?

# 实验二十二 紫外吸收法测定核酸的含量

## 一、实验目的

1. 通过实验，了解紫外线（UV）吸收法测定核酸浓度的原理；
2. 进一步熟悉紫外分光光度计的使用方法。

## 二、实验原理

核酸及其衍生物，核苷酸、核苷、嘌呤和嘧啶有吸收 UV 的性质，其吸收高峰在 260nm 波长处。核酸的摩尔消光系数（或称吸收系数）用 ε（*P*）来表示。ε（*P*）为每升溶液中含有 1g 原子核酸磷的光吸收值（即 *A* 值）（见表 5-11）。测得未知浓度核酸溶液的 $A_{260}$值，即可以计算出其中 RNA 或 DNA 的含量。该法操作简便，迅速，并对被测样品无损，用量也少。

核酸摩尔消光系数及相关数值 表 5-11

| | ε（*P*） | 含磷量（%） | $A_{260nm}$ |
|---|---|---|---|
| | pH7， 260nm | | 1μg/mL |
| RNA | 7700～7800 | 9.5 | 0.022～0.024 |
| DNA-Na 盐 | 6600 | 9.2 | 0.02 |
| （小牛胸腺） | | | |

蛋白质和核苷酸也能吸收紫外光。通常蛋白质的吸收高峰在 280nm 波长处，在 260nm 出的吸收值仅为核酸的 1/10 或更低，因此对于含有微量蛋白质的核酸样品，测定误差较小。RNA 的 260nm 与 280nm 吸收的比值在 2.0 以上；DNA 的 260nm 与 280nm 吸收的比值则在 1.9 左右，当样品中蛋白质含量较高时，比值下降。若样品内混在有大量蛋白质和核苷酸等吸收紫外光的物质，应设法先除去。

## 三、试剂和器材

**1. 试剂**

钼酸铵－过氯酸沉淀剂：取 3.6mL 70%过氯酸和 0.25g 钼酸铵溶于 96.4mL 蒸馏水中，即成 0.25%钼酸铵～2.5%过氯酸溶液。5%～6%氨水：用 25%～30%氨水稀释5 倍。

**2. 测试样品**

干酵母粉（RNA）。

**3. 器材**

电子分析天平，离心机，离心管，紫外分光光度计，烧杯，冰浴，容量瓶（50mL），移液管，试管及试管架。

## 四、操作方法

1. 准确称取待测的核酸样品 0.5g，加少量 0.01mol/L NaOH 调成糊状，再加适量水，用 5%～6%氨水调至 pH7.0，定容至 50mL。

取两支离心管，甲管加入 2mL 样品溶液和 2mL 蒸馏水，乙管加入 2mL 样品溶液和 2mL 沉淀剂。混匀，在冰浴上放置 30min，在 3000r/min 下离心 10min。从甲、乙两管中分别吸取 0.5mL 上清液，用蒸馏水定容至 50mL。选择厚度为 1cm 的石英比色杯，在 260nm 波长处测定 A 值。

2. 计算：

$$\text{RNA 或 DNA 浓度} = \frac{\Delta A_{260}}{0.024(\text{或 } 0.020) \times L} \times N \tag{5-10}$$

式中　$\Delta A_{260}$——甲管稀释液在 260nm 波长处 $A$ 值减去乙管稀释液在 260nm 波长处 $A$ 值。

$$\text{核酸}\ \% = \frac{\text{1mL 待测液中测得的核酸微克数}}{\text{1mL 待测液中制品的微克数}} \times 100 \tag{5-11}$$

在本实验中，1mL 待测液中制品量为 50μg。

## 五、思考题

1. 干扰本实验的物质有哪些?
2. 设计排除这些干扰的实验。

# 实验二十三　维生素的测定

## 一、实验目的

了解维生素 A 的定性测定，维生素 B1 的定性测定，维生素 B2 的定性测定。

## 二、实验原理

维生素 A 与 $SbCl_3$ 作用生成蓝色，此蓝色反应虽非维生素 A 的特异反应（如胡萝卜素亦有类似反应，不过呈色程度很弱），但一般可用作维生素 A 的定性测定。维生素 B1，在碱性条件下与赤血盐作用，在紫外线照射下，发生蓝色荧光。

注意：$SbCl_3$ 遇水生成碱式盐［$Sb(OH)_2Cl$］，再变成氯氧化锑（SbOCl），此化合物与维生素 A 不作用，并发生混浊，妨碍实验进行。

## 三、实验操作

### 1. 维生素 A

取干燥试管一支，加 1～2 滴维生素 A 及 10 滴氯仿，混匀，加醋酐 2 滴及 $SbCl_3$-氯仿液 2mL，观察颜色变化并记录之。

注意：

(1) 实验所用仪器和试剂需干燥无水，加醋酐的目的在于脱水。

(2) 凡接触过 $SbCl_3$ 的玻璃仪器需先用10%盐酸溶液洗涤后，再用水冲洗。

**2. 维生素B1**

(1) 取试管一支，加维生素B1注射液1～2滴，蒸馏水5mL，0.5mol氢氧化钠溶液3mL，1%铁氰化钾约0.5mL，丁醇约2mL，充分振荡。

(2) 静置10min左右，待分层后在暗室中用紫外灯照射丁醇层，观察发生蓝白色荧光。

**3. 维生素B2**

取试管一支，加维生素B2注射液1～2滴，蒸馏水5～10mL，摇匀，在暗室用紫外灯照射，观察发生绿色荧光。

## 四、思考题

了解维生素A、B1、B2的生理用途。

## 五、注意事项

1. $SbCl_3$ 有潮解性及强腐蚀性，凡接触过 $SbCl_3$ 的玻璃仪器需先用10%盐酸溶液洗涤后，再用水冲洗。

2. 维生素A实验所用仪器和试剂须干燥无水，加醋酐的目的在于脱水。

# 实验二十四 发酵过程中无机磷的利用

## 一、实验目的

1. 掌握定磷法的原理和操作技术；
2. 了解发酵过程中无机磷的作用。

## 二、实验原理

酵母能使蔗糖和葡萄糖发酵产生乙醇和二氧化碳。此发酵作用和酵解作用的中间步骤基本相同。在酵母体内蔗糖先经蔗糖酶水解为葡萄糖和果糖，葡萄糖和果糖在发酵过程中再经磷酸化作用和其他反应生成各种磷酸酯。

本实验利用无机磷与钼酸形成的磷钼酸络合物能被还原剂 $\alpha$-1,2,4-氨基萘酚磺酸钠还原成钼蓝的原理来测定发酵前后反应混合物中无机磷的含量，用以观察发酵过程中无机磷的消耗。

## 三、实验器材

1. 分光光度计；
2. 恒温水浴锅；
3. 试管1.5cm×15cm（15支）、试管架（2个）；
4. 研钵；

5. 小漏斗、滤纸；

6. 吸管 0.1mL（1 支）、0.5mL（2 支）、1.0mL（1 支）、5.0mL（5 支）、吸管架、吸耳球；

7. 锥形瓶、50mL（1 个）。

## 四、实验试剂

1. 新鲜啤酒酵母；

2. 蔗糖；

3. 磷酸盐溶液：称取 $Na_2HPO_4 \cdot 12H_2O$ 120.7g（或 $Na_2HPO_4 \cdot 2H_2O$ 60g）和 $KH_2PO_4$ 20g 溶解于蒸馏水中，定容至 1000mL，在冰箱中贮存备用。临用时稀释 1～5 倍；

4. 标准磷酸盐溶液：将磷酸二氢钾（$KH_2PO_4$）在 110℃烘干 2h，在干燥器中冷却后，准确称取 0.1098g，用蒸馏水溶解，定容到 1000mL，成为每 mL 溶液含 25μg 无机磷的标准磷酸盐溶液；

5. 5%三氯乙酸溶液；

6. 3mol/L 硫酸和 2.5%钼酸铵等体积混合液；

7. α-1,2,4-氨基萘酚磺酸钠溶液：将 0.25gα-1,2,4-氨基萘酚磺酸，15g 亚硫酸氢钠及 0.5g 亚硫酸钠溶于 100mL 蒸馏水中。使用前，加水 3 份混合均匀。

## 五、实验操作

### 1. 标准曲线的制定

按下表次序在各管内加入不同量的标准磷酸盐溶液和试剂，充分摇匀后于 37℃水浴中保温 10min。冷却后，在 $A_{660}$ 波长下测定光吸收值，以含磷总量为横坐标，光吸收值为纵坐标，绘制标准曲线。应注意，不可待各管都加完 α-1,2,4-氨基萘酚磺酸钠溶液以后再同时混匀。应加一管，混匀一管，保温一管，力求各管的无机磷与还原剂反应的时间严格一致。

无机磷利用标准曲线配制表　　表 5-12

| 管　号 | 标准磷酸盐溶液（mL） | 含磷量（μg） | 蒸馏水（mL） | 钼酸铵-硫酸混合液（mL） | α-1,2,4-氨基萘酚磺酸钠溶液（mL） | | $A_{660}$光吸收值 |
|---|---|---|---|---|---|---|---|
| 1 | 0 | 0 | 3.0 | 2.5 | 0.5 | 37℃水浴保温 10min 后冷却至室温 | |
| 2 | 0.2 | 5 | 2.8 | 2.5 | 0.5 | | |
| 3 | 0.4 | 10 | 2.6 | 2.5 | 0.5 | | |
| 4 | 0.6 | 15 | 2.4 | 2.5 | 0.5 | | |
| 5 | 0.8 | 20 | 2.2 | 2.5 | 0.5 | | |
| 6 | 1.0 | 25 | 2.0 | 2.5 | 0.5 | | |

### 2. 酵母发酵

称取 2～4g 新鲜啤酒酵母[1]和 1g 蔗糖，放入研钵内仔细研碎。加入 5mL 蒸馏水和 5mL 磷酸盐溶液研磨均匀。将匀浆转移至 50mL 锥形瓶中并立即取出 0.5mL 均匀的悬浮液，加入到已盛有 3.5mL 三氯乙酸溶液的试管中，摇匀，作为试样 1。将锥形瓶放入 37℃恒温水浴中，每隔 30min 取出 0.5mL 悬浮液，立即加入到已盛有 3.5mL 三氯乙酸溶液的试管中，摇匀。共取 3 次作为试样 2、3、4。将每个试样静置 10min 后用干过滤纸过滤以分别取得各试样的无蛋白滤液。注意在每次吸取悬浮液前，将锥形瓶中的混合物充分摇匀。

**3. 无机磷的测定**

取 5 支洁净干燥的试管，编号后按下表加入各种溶液并按标准曲线制定的同样方法操作，分别测定各管 $A_{660}$ 的吸光度，各管均应作一平行管，取其吸光度的平均值，从标准曲线上查出各试样的无机磷含量，以试样 1 的无机磷含量为 100%，计算酵母发酵 30、60min 和 90min 后消耗无机磷的相对%数。

**无机磷测定配制表** **表 5-13**

| 管 号 | 发酵时间（min） | 无蛋白滤液（mL） | 蒸馏水（mL） | 钼酸铵-硫酸溶液（mL） | α-1,2,4-氨基萘酚磺酸钠溶液（mL） | | $A_{660}$吸光度 |
|---|---|---|---|---|---|---|---|
| 1 | 0 | 0.1（试样 1） | 2.9 | 2.5 | 0.5 | 37℃保温10min 后冷却至室温 | |
| 2 | 30 | 0.1（试样 2） | 2.9 | 2.5 | 0.5 | | |
| 3 | 60 | 0.1（试样 3） | 2.9 | 2.5 | 0.5 | | |
| 4 | 90 | 0.1（试样 4） | 2.9 | 2.5 | 0.5 | | |
| 5 | — | — | 3.0 | 2.5 | 0.5 | | |

## 六、思考题

1. 本实验如何观察发酵过程中无机磷的消耗？
2. 本实验中，切不要将各种溶液加完再混匀，为什么？

**注释：**

[1] 在本实验的预备试验中，应首先摸索酵母的用量及磷酸盐的稀释倍数。这取决于酵母的新鲜程度及发酵液中无机磷的基础含磷量。可先依上述操作做一试样 1，测其光吸收值，变更酵母用量和磷酸盐的稀释倍数使试样 1 的光吸收值在 0.5 左右，如此测定效果明显，目测也可分辨各试样的颜色梯度。

# 实验二十五 质粒 DNA 的提取及检测

## 一、实验目的

1. 掌握碱裂解提取质粒 DNA 的方法；
2. 掌握琼脂糖凝胶电泳检测 DNA 的方法。

## 二、实验原理

碱裂解法是一种应用最为广泛的制备质粒 DNA 的方法，碱变性抽提质粒 DNA 是基于染色体DNA与质粒DNA的变性与复性的差异而达到分离目的。在pH值高达12.6的碱性条件下，染色体DNA的氢键断裂，双螺旋结构解开而变性。质粒DNA的大部分氢键也断裂，但超螺旋共价闭合环状的两条互补链不会完全分离，当以pH4.8的NaAc/KAc高盐缓冲液去调节其pH值至中性时，变性的质粒DNA又恢复原来的构型，保存在溶液中，而染色体DNA不能复性而形成缠连的网状结构，通过离心，染色体DNA与不稳定的大分子RNA、蛋白质—SDS复合物等一起沉淀下来而被除去。

细菌质粒是一类双链、闭环的DNA，大小范围从1kb至200kb以上不等。各种质粒都是存在于细胞质中、独立于细胞染色体之外的自主复制的遗传成分，通常情况下可持续稳定地处于染色体外的游离状态，但在一定条件下也会可逆地整合到寄主染色体上，随着染色体的复制而复制，并通过细胞分裂传递到后代。

质粒已成为目前最常用的基因克隆的载体分子，重要的条件是可获得大量纯化的质粒DNA分子。目前已有许多方法可用于质粒DNA的提取，本实验采用碱裂解法提取质粒DNA。

## 三、实验材料

1. 含pUC19质粒的大肠杆菌，1.5mL塑料离心管，离心管架，枪头及盒、卫生纸。

2. 微量移液器（20μL，200μL，1000μL），台式高速离心机，恒温振荡摇床，高压蒸汽消毒器（灭菌锅），涡旋振荡器，恒温水浴锅，双蒸水器，冰箱等。

## 四、实验试剂

1. LB液体培养基：称取蛋白胨（Tryptone）10g，酵母提取物（Yeast extract）5g，NaCl 10g，溶于800mL蒸馏水中，NaOH调pH至7.5，加水至总体积1L，高压下蒸汽灭菌15min。

2. 氨苄青霉素（Ampicillin，Amp）母液：配成100mg/mL水溶液，－20℃保存备用。

3. 溶液Ⅰ：50mmol/L葡萄糖，25mmol/L Tris-HCl（pH8.0），10mmol/L EDTA（pH8.0）。

配制方法：1mol/L Tris-HCl（pH8.0）12.5mL，0.5mol/L EDTA（pH8.0）10mL，葡萄糖4.730g，加$ddH_2O$至500mL。在121℃高压灭菌15min，贮存于4℃。

4. 溶液Ⅱ：0.2mol/L NaOH，1％SDS。

配制方法：2mol/L NaOH 1mL，10％SDS 1mL，加$ddH_2O$至10mL。使用前临时配置。

5. 溶液Ⅲ：醋酸钾（KAc）缓冲液，pH4.8。

配制方法：5mol/L KAc 300mL，冰醋酸57.5mL，加$ddH_2O$至500mL。4℃保存备用。

6. 苯酚/氯仿/异戊醇（25∶24∶1）。氯仿可使蛋白变性并有助于液相与有机相的分开，异戊醇则可起消除抽提过程中出现的泡沫。酚和氯仿均有很强的腐蚀性，操作时应戴手套。

7. 无水乙醇。

8. 70%乙醇。

9. TE：10mmol/L Tris-HCl（pH8.0），1mmol/L EDTA（pH8.0）。

配制方法：1mol/L Tris-HCl（pH8.0）1mL，0.5mol/L EDTA（pH8.0）0.2mL，加 dd$H_2O$至 100mL。121℃高压湿热灭菌 20min，4℃保存备用。

1mol/L Tris Cl（Tris（三羟甲基）氨基甲烷）：800mL $H_2O$ 中溶解 121g Tris 碱，用浓盐酸调 pH 值，混匀后加水到 1L；

0.5mol EDTA（乙二胺四乙酸）：700mL $H_2O$ 中溶解 186.1g $Na_2EDTA \cdot 2H_2O$，用 10mol/L NaOH 调 pH8.0（需约 50mL），补 $H_2O$ 到 1L。

## 五、实验步骤

1. 挑取 LB 固体培养基上生长的单菌落，接种于 20mL LB（含 Amp100μg/mL）液体培养基中，37℃、250r/min 振荡培养过夜（约 12～14h）。

2. 取 1.5mL 培养液倒入 1.5mL eppendorf 管中，12000r/min 离心 1～2min。弃上清，将离心管倒置于卫生纸上，使液体尽可能流尽。

3. 菌体沉淀重悬浮于 100μL 溶液Ⅰ中（需剧烈振荡，使菌体分散混匀），室温下放置 5～10min。

4. 加入新配制的溶液Ⅱ200μL，盖紧管口，快速温和颠倒 eppendorf 管数次，以混匀内容物（千万不要振荡），冰浴 5min，使细胞膜裂解（溶液Ⅱ为裂解液，故离心管中菌液逐渐变清）。

5. 加入 150μL 预冷的溶液Ⅲ，盖紧管口，将管温和颠倒数次混匀，见白色絮状沉淀，可在冰上放置 5min。12000r/min 离心 10min。溶液Ⅲ为中和溶液，此时质粒 DNA 复性，染色体和蛋白质不可逆变性，形成不可溶复合物，同时 K＋使 SDS-蛋白复合物沉淀。

6. 上清液移入干净 eppendorf 管中，加入等体积的酚/氯仿/异戊醇，振荡混匀，12000r/min 离心 10min。（450μL 的苯酚/氯仿/异戊醇。）

7. 小心移出上清于一新微量离心管中，加入 2 倍体积预冷的无水乙醇、混匀、室温放置 2～5min，离心 12000r/min×10min。

8. 弃上清，将管口敞开倒置于卫生纸上使所有液体流出，加入 1mL 70%乙醇洗沉淀一次，12000r/min 离心 5min。

9. 吸除上清液，将管倒置于卫生纸上使液体流尽，室温干燥。

10. 将沉淀溶于 20μL TE 缓冲液中。

11. 用琼脂糖凝胶电泳检测。

## 六、注意事项

1. 提取过程应尽量保持低温。

2. 沉淀 DNA 通常使用冰乙醇，在低温条件下放置时间稍长可使 DNA 沉淀完全。沉淀 DNA 也可用异丙醇（一般使用等体积），且沉淀完全，速度快，但常把盐沉淀下来，所以多数还是用乙醇。

# 实验二十六　酵母核糖核酸的分离及组分鉴定

## 一、实验目的

1. 了解并掌握稀碱法提取 RNA 的原理和方法；
2. 了解核酸的组分并掌握其鉴定方法。

## 二、实验原理

由于 RNA 的来源和种类很多，因而提取制备方法也很各异。一般有苯酚法、去污剂法和盐酸胍法。其中苯酚法又是实验是最常用的。组织匀浆用苯酚处理并离心后，RNA 即溶于上层被酚饱和的水相中，DNA 和蛋白质则留在酚层中。向水层加入乙醇后，RNA 即以白色絮状沉淀析出，此法能较好的除去 DNA 和蛋白质。上述方法提取的 RNA 具有生物活性。工业上常用稀碱法和浓盐法提取 RNA，用这两种方法所提取的核酸均为变性的 RNA，主要用作制备核苷酸的原料，其工艺比较简单。浓盐法使用 10%左右氯化钠溶液，90℃提取 3～4h，迅速冷却，提取液经离心后，上清液用乙醇沉淀 RNA。稀碱法使用稀碱使酵母细胞裂解，然后用酸中和，除去蛋白质和菌体后的上清液用乙醇沉淀 RNA 或调 pH2.5 利用等电点沉淀。

酵母含 RNA 达 2.67%～10.0%，而 DNA 含量仅为 0.03%～0.516%，为此，提取 RNA 多以酵母为原料。

RNA 含有核糖、嘌呤碱、嘧啶碱和磷酸各组分。加硫酸后沸水浴加热可使 RNA 水解，从水解液中可用定糖，定磷和加银沉淀等方法测出上述组分的存在。

## 三、试剂和器材

**1. 试剂**

（1）0.04mol/L NaOH 溶液；95%乙醇；1.5mol/L 硫酸；浓氨水；0.1mol/L 硝酸银。

（2）酸性乙醇溶液：30mL 乙醇加 0.3mL HCl。

（3）三氯化铁浓盐溶液：将 2mL 10%三氯化铁（$FeCl_3 \cdot 6H_2O$）溶液加入 400mL 浓 HCl。

（4）苔黑酚（3,5-二羟基甲苯）乙醇溶液：称取 6g 苔黑酚溶于 95%乙醇 100mL。

（5）定磷试剂：

17%硫酸：将 17mL 浓硫酸（比重 1084）缓缓倾入 83mL 水中；

2.5%钼酸铵：2.5g 钼酸铵溶于 100mL 水中；

10%抗坏血酸溶液：10g 抗坏血酸溶于 100mL 水，棕色并保存溶液；

临用时将三种溶液和水按下列比例混合：

17%硫酸∶2.5%钼酸铵∶10%抗坏血酸∶水=1∶1∶1∶2（V/V）。

**2. 材料**

干酵母粉。

**3. 器材**

移液管 0.2mL（1 支），2.0mL（1 支），1mL（4 支）；量筒 10mL（1 个），50mL（1 个）；滴管；水浴锅；离心机。

## 四、实验操作

**1. 酵母 RNA 提取**

称 5g 干酵母粉悬浮于 30mL 0.04mol/L NaOH 溶液中并在研钵中研磨均匀。悬浮液转入三角烧瓶，沸水浴加热 30min，冷却，转入离心管。3000r/min，离心 15min 后，将上清慢慢倾入 10mL 酸性乙醇，边加边搅动。加毕，静置，待 RNA 沉淀完全后，3000r/min 离心 3min。弃去上清液。用 95%乙醇洗涤沉淀两次。再用乙醚洗涤沉淀一次后，用乙醚将沉淀转移至布氏漏斗抽滤，沉淀在空气中干燥。称量所得 RNA 粗品的重量，计算：

$$\text{干酵母粉 RNA 含量}(\%)=\frac{\text{RNA 重(g)}}{\text{干酵母粉重(g)}}\times 100\% \tag{5-12}$$

**2. RNA 组分鉴定**

取 2g 提取的核酸，加入 1.5M 硫酸 10mL，沸水浴加热 10min 制成水解液，然后进行组分鉴定。

（1）嘌呤碱：取水解液 1mL 加入过量浓氨水。然后加入 1mL 0.1mol/L 硝酸银溶液，观察有无嘌呤碱银化合物沉淀。

（2）核糖：取水解液 1mL，三氯化铁浓盐酸溶液 2mL 和苔黑酚乙醇溶液 0.2mL。放沸水浴中 10min。注意观察核糖是否变成绿色。

（3）磷酸：取水解液 1mL，加定磷试剂 1mL。在水浴中加热观察溶液是否变成蓝色。

## 五、思考题

1. 为什么用稀碱溶液可以使酵母细胞裂解？
2. 如何从酵母中提取到较纯的 RNA？

# 实验二十七　重组质粒 DNA 的转化

## 一、实验目的

掌握 DNA 重组的操作步骤及具体方法。掌握转化子的筛选方法。

## 二、实验原理

转化是将外源 DNA 分子导入到受体细胞，使之获得新的遗传特性的一种方法。转化所用的受体细胞一般是限制-修饰系统缺陷变异株，即不含限制性内切酶和甲基化酶（$R^-$，$M^-$）。将对数生长期的细菌（受体细胞）经理化方法处理后，细胞膜的通透性发生暂时性改变，成为能允许外源 DNA 分子进入的感受态细胞。进入受体细胞的 DNA 分子通过复制和表达实现信息的转移，使受体细胞具有了新的遗传性状。将经过转化的细胞在筛选培养基上培养，即可筛选出转化子（带有异源 DNA 分子的细胞）。转化过程所用的受体细胞一般是限制修饰系统缺陷的变异株，即不含限制性内切酶和甲基化酶的突变体（$R^-$，$M^-$），它可以容忍外源 DNA 分子进入体内并稳定地遗传给后代。受体细胞经过一些特殊方法（如电击法，$CaCl_2$，RbCl（KCl）等化学试剂法）的处理后，细胞膜的通透性发生了暂时性的改变，成为能允许外源 DNA 分子进入的感受态细胞（Compenent cells）。

本实验采用 $CaCl_2$ 法制备感受态细胞。其原理是细胞处于 0～4℃，$CaCl_2$ 低渗溶液中，大肠杆菌细胞膨胀成球状。转化混合物中的 DNA 形成抗 DNA 酶的羟基-钙磷酸复合物粘附于细胞表面，经 42℃ 90s 热激处理，促进细胞吸收 DNA 混合物。将细菌放置在非选择性培养基中保温一段时间，促使在转化过程中获得新的表型，如氨苄青霉素耐药（Ampr）得到表达，然后将此细菌培养物涂在含 Amp 的选择性培养基上，倒置培养过夜，即可获得细菌菌落。

本实验采用 pBS 质粒转化大肠杆菌 DH5$\alpha$ 菌，由于 pBS 质粒带有氨苄青霉素抗性基因（Ampr），可通过 Amp 抗性来筛选转化子。如受体细胞没有转入 pBS，则在含 Amp 的培养基上不能生长。能在 Amp 培养基上生长的受体细胞（转化子）肯定已导入了 pBS。转化子扩增后，可将转化的质粒提取出，进行电泳、酶切等进一步鉴定。

## 三、仪器、材料及试剂

### 1. 仪器

（1）恒温摇床；
（2）电热恒温培养箱；
（3）台式高速离心机；
（4）低温冰箱；
（5）恒温水浴锅；
（6）制冰机；
（7）分光光度计；
（8）微量移液枪。

### 2. 材料

（1）E. coli DH5$\alpha$ 菌株：$R^-$，$M^-$，$Amp^-$；
（2）pBS 质粒 DNA：购买或实验室自制；
（3）eppendorf 管。

### 3. 试剂

LB 液体培养基：称取蛋白胨（Tryptone）10g，酵母提取物（Yeast extract）5g。

NaCl 10g，溶于 800mL 去离子水中，用 NaOH 调 pH 至 7.5，加去离子水至总体积 1L，高压下蒸汽灭菌 20min。

LB 固体培养基：液体培养基中每升加 12g 琼脂粉，高压灭菌。

Amp 母液：配成 50mg/mL 水溶液，－20℃保存备用。

含 Amp 的 LB 固体培养基：将配好的 LB 固体培养基高压灭菌后冷却至 60℃左右，加入 Amp 储存液，使终浓度为 50mg/mL，摇匀后铺板。

麦康凯培养基（MacConkey Agar）：取 52g 麦康凯琼脂，加蒸馏水 1000mL，微火煮沸至完全溶解，高压灭菌，待冷至 60℃左右加入 Amp 储存液使终浓度为 50$\mu$g/mL，然后摇匀后涂板。

0.05mol/L $CaCl_2$ 溶液：称取 0.28g $CaCl_2$（无水，分析纯），溶于 50mL 重蒸水中，定容至 100mL，高压灭菌。

含 15%甘油的 0.05mol/L $CaCl_2$：称取 0.28g $CaCl_2$（无水，分析纯），溶于 50mL 重蒸水中，加入 15mL 甘油，定容至 100mL，高压灭菌。

## 四、实验步骤

### 1. 受体菌的培养

从 LB 平板上挑取新活化的 E. coli DH5α 单菌落，接种于 3～5mL LB 液体培养基中，37℃下振荡培养 12h 左右，直至对数生长后期。将该菌悬液以 1∶100～1∶50 的比例接种于 100mL LB 液体培养基中，37℃振荡培养 2～3h 至 $OD_{600}$＝0.5 左右。

### 2. 感受态细胞的制备

（1）将培养液转入离心管中，冰上放置 10min，然后于 4℃下 3000g 离心 10min。

（2）弃去上清，用预冷的 0.05mol/L 的 $CaCl_2$ 溶液 10mL 轻轻悬浮细胞，冰上放置 15～30min 后，4℃下 3000g 离心 10min。

（3）弃去上清，加入 4mL 预冷含 15%甘油的 0.05mol/L 的 $CaCl_2$ 溶液，轻轻悬浮细胞，冰上放置几分钟，即成感受态细胞悬液。

（4）感受态细胞分装成 200μL 的小份，贮存于－70℃可保存半年。

### 3. 转化

（1）从－70℃冰箱中取 200μL 感受态细胞悬液，室温下使其解冻，解冻后立即置冰上。

（2）加入 pBS 质粒 DNA 溶液（含量不超过 50ng，体积不超过 10μL），轻轻摇匀，冰上放置 30 分钟。

（3）42℃水浴中热激 90s 或 37℃水浴 5min，热激后迅速置于冰上冷却 3～5min。

（4）向管中加入 1mL LB 液体培养基（不含 Amp），混匀后 37℃振荡培养 1h，使细菌恢复正常生长状态，并表达质粒编码的抗生素抗性基因（Ampr）。

（5）将上述菌液摇匀后取 100μL 涂布于含 Amp 的筛选平板上，正面向上放置半小时，待菌液完全被培养基吸收后倒置培养皿，37℃培养 16～24h。

同时做两个对照：

对照组 1：以同体积的无菌双蒸水代替 DNA 溶液，其他操作与上面相同。此组正常情况下在含抗生素的 LB 平板上应没有菌落出现。

对照组 2：以同体积的无菌双蒸水代替 DNA 溶液，但涂板时只取 5μL 菌液涂布于不含抗生素的 LB 平板上，此组正常情况下应产生大量菌落。

### 4. 计算转化率

统计每个培养皿中的菌落数。

转化后在含抗生素的平板上长出的菌落即为转化子，根据此皿中的菌落数可计算出转化子总数和转化频率，公式如下：

$$\text{转化子总数} = \text{菌落数} \times \text{稀释倍数} \times \text{转化反应原液总体积} / \text{涂板菌液体积} \quad (5\text{-}13)$$

$$\text{转化频率(转化子数 / 每毫克质粒 DNA)} = \text{转化子总数} / \text{质粒 DNA 加入量(mg)} \quad (5\text{-}14)$$

感受态细胞总数 = 对照组 2 的菌落数 × 稀释倍数 × 菌液总体积 / 涂板菌液体积 (5-15)

感受态细胞转化效率 = 转化子总数 / 感受态细胞总数 (5-16)

## 五、思考题

1. 制备感受态细胞的原理是什么？

2. 如果实验中对照组本不该长出菌落的平板上长出了一些菌落，你将如何解释这种现象？

## 六、注意事项

本实验方法也适用于其他 E. coli 受体菌株的不同的质粒 DNA 的转化。但它们的转化效率并不一定一样。有的转化效率高，需将转化液进行多梯度稀释涂板才能得到单菌落平板，而有的转化效率低，涂板时必须将菌液浓缩（如离心），才能较准确地计算转化率。

# 实验二十八　用甲醛滴定法测定氨基氮

## 一、实验目的

初步掌握甲醛滴定法测定氨基酸含量的原理和操作要点。正确掌握微量滴定方法。

## 二、实验原理

氨基酸是两极电解质，在水溶液中有如下平衡：$R—CH(N^+H_3)—COO^- \leftrightarrow R—CH(NH_2)COO^- + H^+$ —$N^+H_3$ 是弱酸，完全解离时 pH 为 11～12 或更高，若用碱滴定—$N^+H_3$ 释放的 $H^+$ 来测量氨基酸，一般指示剂变色域小于 10，很难准确指示终点。

常温下，甲醛能迅速与氨基酸的氨基结合，生成羟甲基化合物，使上述平衡右移，促使—$N^+H_3$ 释放 $H^+$，使溶液的酸度增加，滴定终点移至酚酞的变色域内（pH9.0 左右）。因此，可用酚酞作指示剂，用标准的氢氧化钠溶液滴定。

## 三、实验操作

1. 取 3 个 25mL 的锥形瓶，编号。向第 1、2 号瓶内各加入 0.1 当量/L 的标准甘氨酸溶液 2mL 和水 5mL，混匀。向 3 号瓶内加入 7mL 水。然后向三个瓶中各加入 5 滴酚酞指示剂，混匀后各加入 2mL 甲醛溶液再混匀，分别用 0.1 当量/L 标准氢氧化钠溶液滴定至溶液显微红色。

重复以上实验 2 次，记录每次每瓶消耗标准氢氧化钠溶液的毫升数。取平均值，计算甘氨酸氨基氮的回收率。

甘氨酸氨基氮的回收率为实际测得量与加入理论量的比值。

实际测得量为滴定第 1 号和第 2 号瓶耗用的标准氢氧化钠溶液毫升数的平均值与第 3

号瓶耗用的标准氢氧化钠溶液毫升数之差乘以标准氢氧化钠的摩尔浓度，再乘以 14.008。

2mL 乘以标准甘氨酸的摩尔浓度再乘以 14.008，即为加入理论量的毫克数。

2. 取未知浓度的甘氨酸溶液 2mL，依上述方法测定，平行做几份，取平均值。计算每毫升甘氨酸溶液中含氨基氮的毫克数。

$$氨基氮(mg/mL) = (V_{未} - V_{对}) \times N_{NaOH} \times 14.008/2 \tag{5-17}$$

式中　$V_{未}$——滴定待测液耗用标准氢氧化钠溶液的平均毫升数；

$V_{对}$——滴定对照液（第 3 号瓶）耗用标准氢氧化钠溶液的平均毫升数；

$N_{NaOH}$——标准氢氧化钠溶液的真实当量浓度。

## 四、思考题

计算回收率及氨基氮的含量。

# 实验二十九　脂肪酸的β-氧化

## 一、实验目的

1. 了解脂肪酸的β-氧化作用；
2. 掌握β-氧化作用的过程。

## 二、实验原理

在肝脏中或细胞线粒体内，脂肪酸经β-氧化作用生成乙酰辅酶 A。2 分子乙酰辅酶 A 可缩合生成乙酰乙酸。乙酰乙酸可脱羧生成丙酮，也可还原生成β-羟丁酸。乙酰乙酸、β-羟丁酸和丙酮总称为酮体。

本实验用新鲜肝糜与丁酸保温，生成的丙酮在碱性条件下，与碘生成碘仿。反应式如下：

$$2NaOH + I_2 \rightleftharpoons NaOI + NaI + H_2O$$

$$CH_3COCH_3 + 3NaOI \rightleftharpoons \underset{碘仿}{CHI_3} + CH_3COONa + 2NaOH$$

剩余的碘，可用标准硫代硫酸钠溶液滴定。

$$NaOI + NaI + 2HCl \rightleftharpoons I_2 + 2NaCl + H_2O$$

$$I_2 + 2Na_2S_2O_3 \rightleftharpoons Na_2S_4O_6 + 2NaI$$

根据滴定样品与滴定对照所消耗的硫代硫酸钠溶液体积之差，可计算由丁酸氧化生成丙酮的量。

## 三、实验器材

1. 5mL 微量滴定管、滴定架；
2. 恒温水浴锅；
3. 吸管 2mL×1、5mL×5；
4. 剪刀、镊子、研钵、吸耳球；

5. 锥形瓶 50mL（4 个）；
6. 漏斗、滤纸；
7. 试管（2 支）、试管架。

## 四、实验试剂

1. 鲜猪肝；
2. 0.1%淀粉溶液；
3. 0.9%氯化钠溶液；
4. 0.5mol/L 丁酸溶液：取 5mL 丁酸溶于 100mL 0.5mol/L 氢氧化钠溶液中；
5. 15%三氯乙酸溶液；
6. 10%氢氧化钠溶液；
7. 10%盐酸溶液；
8. 0.1mol/L 碘溶液：称取 12.7g 碘和约 25g 碘化钾溶于水中，稀释到 1000mL，混匀，用标准 0.05mol/L 硫代硫酸钠溶液标定；
9. 标准 0.01mol/L 硫代硫酸钠溶液：临用时将已标定的 0.05mol/L 硫代硫酸钠溶液稀释成 0.01mol/L；
10. 1/15mol/L pH7.6 磷酸盐缓冲液：1/15mol/L 磷酸氢二钠 86.8mL 与 1/15mol/L 磷酸二氢钠 13.2mL 混合。

## 五、实验操作

1. 肝糜制备：

新鲜猪肝脏，用 0.9%氯化钠溶液洗去污血，用滤纸吸去表面的水分。称取肝组织 5g 置研钵中。加少量 0.9%氯化钠溶液，研磨成细浆。再加 0.9%氯化钠溶液至总体积为 10mL。

2. 取 2 个 50mL 锥形瓶，各加入 3mL 1/15mol/L pH7.6 的磷酸盐缓冲液。向一个锥形瓶中加入 2mL 正丁酸，另一个锥形瓶作为对照，不加正丁酸。然后各加入 2mL 肝组织糜。混匀置于 43℃恒温水浴内保温。

3. 沉淀蛋白质，保温 1.5h 后，取出锥形瓶，各加入 3mL 15%三氯乙酸溶液，在对照瓶内追加 2mL 正丁酸，混匀，静置 15min 后过滤。将滤液分别收集在 2 支试管中。

4. 酮体的测定：

吸取 2 种滤液各 2mL 分别放入另 2 个锥形瓶中，再各加 3mL 0.1mol/L 碘溶液和 3mL 10%氢氧化钠溶液。摇匀后，静置 10min。加入 3mL 10%盐酸溶液中和。然后用 0.01mol/L 标准硫代硫酸钠溶液滴定剩余的碘。滴至浅黄色时，加入 3 滴淀粉溶液作指示剂。摇匀，并继续滴到蓝色消失。记录滴定样品与对照所用的硫代硫酸钠溶液的毫升数，并按式（5-18）计算样品中丙酮含量。

5. 计算

$$\text{肝脏的丙酮含量(mmol/g)} = (A - B) \times C_{Na_2S_2O_3} \times 1/6 \tag{5-18}$$

式中　$A$——滴定对照所消耗的 0.01mol/L 硫代硫酸钠溶液的毫升数；

$B$——滴定样品所消耗的0.01mol/L硫代硫酸钠溶液的毫升数；

$C_{Na_2S_2O_3}$——标准硫代硫酸钠溶液浓度，mol/L。

## 六、思考题

什么是酮体？本实验如何计算样品中丙酮的含量？

# 第六章　微生物学实验

## 实验一　显微镜的构造及使用方法

### 一、实验目的

1. 了解显微镜的构造、性能及成像原理；
2. 掌握显微镜的正确适用及维护方法。

### 二、实验器材

1. 显微镜、纱布、绸布；
2. 酵母菌示教标本。

### 三、普通光学显微镜简介

微生物的最显著的特点就是个体微小，必须借助显微镜才能观察到它们的个体形态和细胞结构。熟悉显微镜并掌握其操作技术是研究微生物不可缺少的手段。

显微镜可分为电子显微镜和光学显微镜两大类。光学显微镜包括：明视野显微镜、暗视野显微镜、相差显微镜、偏光显微镜、荧光显微镜、立体显微镜等。其中明视野显微镜为最常用普通光学显微镜，其他显微镜都是在此基础上发展而来的，基本结构相同，只是在某些部分作了一些改变。明视野显微镜简称显微镜。

**1. 显微镜的构造**

普通光学显微镜的构造可以分为机械和光学系统两大部分，见图 6-1。

（1）机械系统

镜座（Base）：在显微镜的底部，呈马蹄形、长方形、三角形等。

镜臂（Arm）：连接镜座和镜筒之间的部分，呈圆弧形，作为移动显微镜时的握持部分。

镜筒（Tube）：位于镜臂上端的空心圆筒，是光线的通道。镜筒的上端可插入接目镜，下面可与转换器相连接。镜筒的长度一般为 160mm。显微镜分为直筒式和斜筒式；有单筒式的，也有双筒式的。

旋转器（Nosepiece）：位于镜筒下端，是一个可以旋转的圆盘。有 3～4 个孔，用于安装不同放大倍数的接物镜。

载物台（Stage）：是支持被检标本的平台，呈方形或圆形。中央有孔可透过光线，台上有用来固定标本的夹子和标本移动器。

调焦旋钮：包括粗调焦钮（Coarse adjustment knob）和细调焦钮（Fine adjustment knob），是调节载物台或镜筒上下移动的装置。

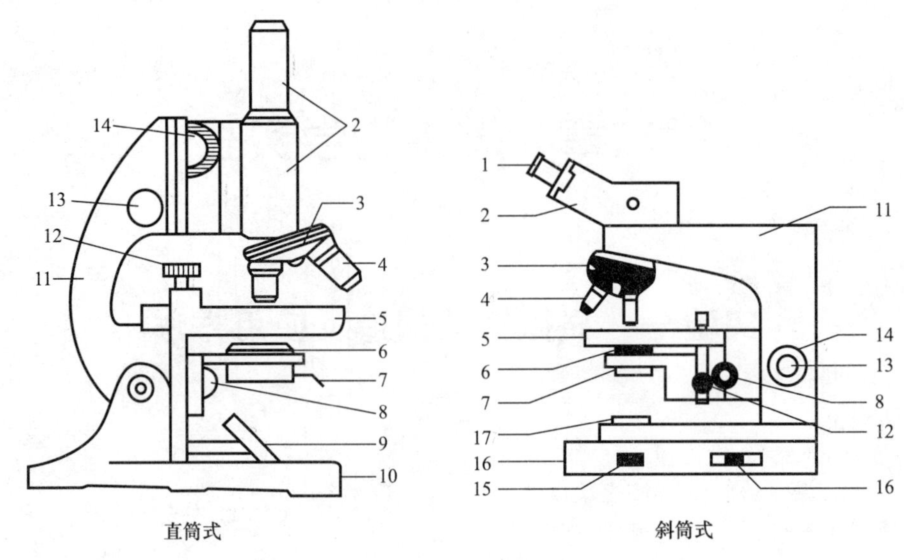


图 6-1　显微镜构造

1—目镜；2—镜筒；3—转换器；4—物镜；5—载物台；6—聚光器；7—虹彩光圈；8—聚光镜调节钮；9—反光镜；10—底座；11—镜臂；12—标本片移动钮；13—细调焦旋钮；14—粗调焦旋钮；15—电源开关；16—光亮调节钮；17—光源

(2) 光学系统

接物镜（Objective lens），常称为镜头，简称物镜，如图 6-2 所示是显微镜中最重要的部分，由许多块透镜组成。其作用是将标本上的待检物进行放大，形成一个倒立的实像，一般显微镜有 3～4 个物镜，根据使用方法的差异可分为干燥系和油浸系两组。干燥系物镜包括低倍物镜（4～10×）和高倍物镜（40～45×），使用时物镜与标本之间的介质是空气；油浸系物镜（90～100×）在使用时，物镜与标本之间夹有一种折射率与玻璃折射率几乎相等的油类物质（香柏油）作为介质。

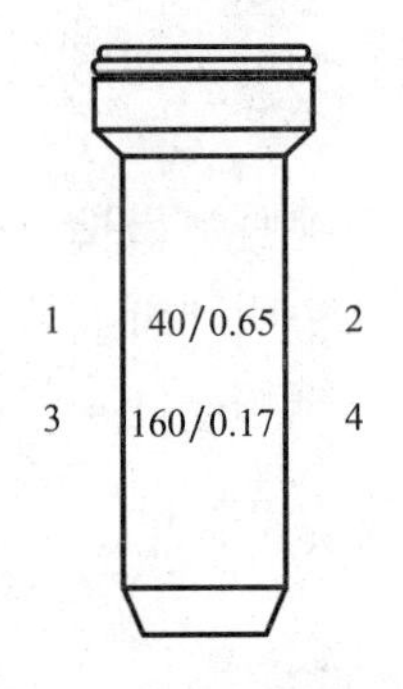


图 6-2　物镜的各种标记

1—放大倍数；2—数值口径；3—镜筒长度要求；4—指定盖玻片厚度

接目镜（Eyepiece lens）：通常称为目镜，一般由 2～3 块透镜组成。其作用将由物镜所形成的实像进一步放大，并形成虚像而映入眼帘。一般显微镜的标准目镜是 10×。

聚光镜（Condenser）：位于载物台的下方，由两个或几个透镜组成，其作用是将由光源来的光线聚成一个锥形光柱。聚光镜可以通过位于载物台下方的聚光镜调节旋钮进行上下调节，以求得最适光度。聚光器还附有虹彩光圈（Iris diaphragm），调节锥形光柱的角度和大小，以控制进入物镜的光的量。

反光镜：反光镜是一个双面镜，一面是平面，另一面是凹面，起到了把外来光线变成平行光线进入聚光镜的作用。使用内光源的显微镜就无须反光镜。

光源：日光和灯光均可，以日光较好，其光色和光强都比较容易控制，有的显微镜采用装在底座内的内光源。

**2. 显微镜的成像原理**

显微镜的放大作用是由物镜和目镜共同完成的。标本经物镜放大后，在目镜的焦平面上形成一个倒立实像，再经目镜进一步放大形成一个虚像，被人眼所观察到（见图 6-3）。

在油镜系中，载玻片与镜头之间多用香柏油作介质。因香柏油的折射率（$n=1.51$）与玻璃的折射率（$n=1.52$）几乎相等，故透过载玻片的光线通过香柏油后，直接进入物镜，而不发生折射。两组物镜光线通路的区别如图 6-4 所示。

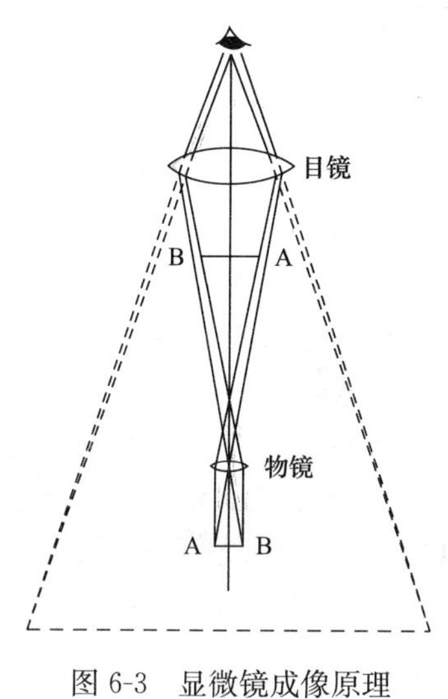


图 6-3　显微镜成像原理

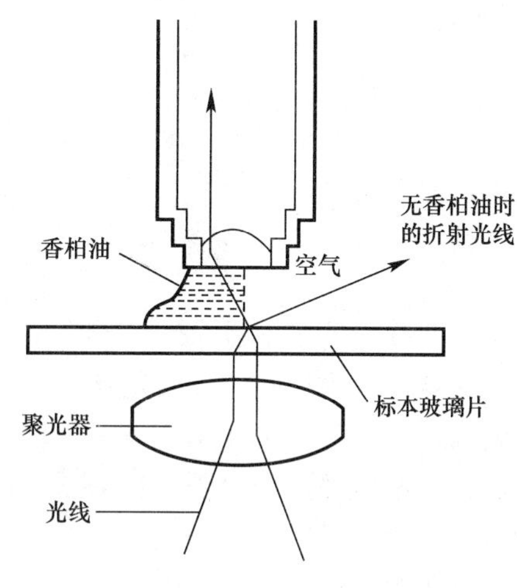


图 6-4　物镜光线通路

**3. 显微镜的性能**

（1）分辨率和数值口径

衡量显微镜性能好坏的指标主要是显微镜的分辨率，显微镜的分辨率（Resolving power）是指显微镜将样品上相互接近的两点清晰分辨出来的能力。它主要取决于物镜的分辨能力，物镜的分辨力是所用光的波长和物镜数值口径的函数。分辨率用镜头所能分辨出的两点间的最小距离表示，距离越小，分辨能力越好。可用公式表示：

$$D=\frac{1}{2}\frac{\lambda}{\mathrm{N.A}} \tag{6-1}$$

物镜的数值口径（Numberical aperture），简写为（N. A）：表示从聚光镜发出的锥形光柱照射在观察标本上，能被物镜所聚集的量。可用公式表示：

$$\mathrm{N.A}=n\sin\theta \tag{6-2}$$

式中　$n$——标本和物镜之间介质的折射率；

$\theta$——由光源投射到透镜上的光线和光轴之间的最大夹角。

光线投射到物镜的角度越大，数值口径就越大。如果采用一些高折射率的物质作介质，如使用油镜时采用香柏油作介质，则数值口径增大，从而提高分辩能力。物镜镜筒上标有数值口径，低倍镜为 0.25，高倍镜为 0.65，油浸镜为 1.25。这些数值是在其他条件都适宜的情况下的最高值，实际使用时，往往低于所标的值。

（2）放大倍数、焦距和工作距离

显微镜的放大倍数是物镜和目镜放大倍数的乘积。放大倍数一样时，由于目镜和物镜搭配不同，其分辨率也不同。一般来说，增加放大倍数应该是尽量用放大倍数高的物镜。物镜的放大倍数越大，焦距越短，物镜和样品之间的距离（工作距离）便越短。

**4. 显微镜的使用指南**

（1）观察前的准备：

显微镜的安置：取放显微镜时应一手握住镜臂、一手托住底座，使显微镜保持直立、平稳。置显微镜于平整的实验台上，镜座距实验台边缘3～4cm。镜检时姿势要端正。

接通电源，根据所用物镜的放大倍数，调节光亮度调节钮、调节虹彩光圈的大小，使视野内的光线均匀、亮度适宜。

（2）显微观察：

1）接通电源，采用白炽灯为光源时，应在聚光镜下加一蓝色的滤色片，除去黄光。一般情况下，对于初学者，进行显微观察时应遵从低倍镜到高倍镜再到油浸镜的观察程序，因为低倍镜视野较大，易发现目标及确定检查的位置。

2）低倍镜观察，将做好的酵母标本片固定在载物台上，用标本夹夹住，移动推进器使观察对象处在物镜的正下放。旋转旋转器，将10×物镜调至光路中央。旋转粗调焦钮将载物台升起，从侧面注视小心调节物镜接近标本片，然后用目镜观察，慢慢降载物台，使标本在视野中初步聚焦，再使用细调节钮调节图像至清晰。通过玻片夹推进器慢慢移动玻片，认真观察标本各部位，找到合适的目的物，仔细观察并记录所观察的结果。调焦时只应降载物台，以免一时的误操作而损坏镜头。注意无论使用单筒显微镜或双筒显微镜均应双眼同时睁开观察，以减少眼睛的疲劳，也便于边观察边绘图记录。

3）高倍镜观察，在低倍镜下找到合适的观察目标并将其移至视野中心，轻轻转动物镜转换器将高倍镜移至工作位置。对聚光镜光圈及视野亮度进行适当调节后微调细调节钮使物像清晰，仔细观察并记录。如果高倍镜和低倍镜不同焦，则按照低倍镜的调焦方法重新调节焦距。

4）油浸镜观察，在高倍镜或低倍镜下找到要观察的样品区域，用粗调焦钮先降载物台，然后将油镜转到工作位置。在待观察的样品区域加一滴香柏油，从侧面注视，用粗调节钮将载物台小心地上升，使油浸镜浸在香柏油并几乎与标本片相接。将聚光镜升至最高位置并开足光圈。慢慢地降载物台至视野中出现清晰图像为止，仔细观察并作记录。

（3）显微镜的维护：

1）观察结束后，先降载物台，取下载玻片。

2）用擦镜纸分别擦拭物镜和目镜。

3）用擦镜纸拭去镜头上的油，然后用擦镜纸蘸少许二甲苯擦去镜头上残留的油迹，最后再用干净的擦镜纸擦去残留的二甲苯。

4）清洁显微镜的金属部件。

5）将各部分还原，将物镜转成“八”字形，同时把聚光镜降下，以免物镜和聚光镜发生碰撞危险。

6）把显微镜放回原处。

## 四、实验报告

1. 根据讲义报告，对照实物，熟悉显微镜的构造。
2. 按显微镜的使用方法，分别用低倍镜和高倍镜对酵母细胞示教标本进行观察。
3. 哪个物镜的工作距离最短？

4. 有哪些部件可以调节视野中光的强弱?
5. 有哪些方法可以提高显微镜的分辨率?

# 实验二　显微镜油镜的使用及细菌形态的观察

## 一、实验目的

1. 了解简单染色法的原理，并掌握其操作方法；
2. 学习并掌握微生物涂片、染色的基本技术和无菌操作技术；
3. 巩固显微镜（油镜）的使用方法；
4. 初步认识细菌的形态特征。

## 二、实验原理

细菌个体微小，且较透明，必须借助染色法使菌体着色，与背景形成鲜明的对比，以便在显微镜下进行观察。根据实验目的不同，可分为简单染色法、鉴别染色法和特殊染色法等。简单染色法是最基本的染色方法，是利用单一染料对细菌进行染色。此法操作简便，适用于菌体一般形状和细菌排列的观察。常用作简单染色的染料有：美蓝、结晶紫、碱性复红等。

## 三、试剂与器材

1. 材料：大肠杆菌，枯草芽孢杆菌；
2. 试剂：吕氏碱性美蓝染液（或草酸铵结晶紫染液）、齐氏石炭酸复红染液；
3. 器材：显微镜、酒精灯、载玻片、接种环、双层瓶（内装香柏油和二甲苯）等。

## 四、实验内容

简单染色法：涂片→干燥→固定→染色→水洗→干燥→镜检。

**1. 涂片**

取两块载玻片，各滴一小滴蒸馏水于玻片中央，用接种环以无菌操作分别从培养14～16h的枯草芽孢杆菌和培养24h的大肠杆菌的斜面上挑取少量菌苔于水滴中，混匀并涂成薄膜。载玻片要洁净无油迹；滴蒸馏水和取菌不宜过多；涂片要均匀，不宜过厚。

**2. 干燥**

室温自然干燥。

**3. 固定**

固定时通过火焰2～3次即可。此过程称热固定，其目的是使细胞质凝固，以固定细胞形态，并使之牢固附着在载玻片上。

热固定温度不易过高，以载玻片背面不烫手为宜，否则会改变甚至破坏细胞形态。

**4. 染色**

（1）染色。滴加染液于涂片上（染液刚好覆盖涂片薄膜为宜）。吕氏碱性美蓝染色1～2min；石炭酸复红或草酸铵结晶紫染色约1min。

（2）水洗。倾去染液，用自来水冲洗，直至涂片上流下的水无色为止。

水洗时，不要直接冲洗液面，而应使水从载玻片的一段流下，水流不易过急过大，以免涂片薄膜脱落。

（3）干燥。自然干燥或用电吹风吹干，也可用吸水纸吸干。

（4）镜检。涂片干燥后镜检。在高倍镜或低倍镜下找到要观察的样品区域，用粗调焦钮先降载物台，然后将油镜转到工作位置。在待观察的样品区域加一滴香柏油，从侧面注视，用粗调节钮将载物台小心地上升，使油浸镜浸在香柏油并几乎与标本片相接。将聚光镜升至最高位置并开足光圈。慢慢地降载物台至视野中出现清晰图像为止，仔细观察并作记录。

## 五、注意事项

1. 涂片时，生理盐水及取菌不宜过多，涂片应尽可能均匀。
2. 水洗步骤水流不宜过大、过急，以免涂片薄膜脱落。

## 六、思考题

1. 你认为制备细菌染色标本时，尤其应该注意哪些环节？
2. 为什么要求制片完全干燥后才能用油镜观察？
3. 如果你的涂片未经热固定，将会出现什么问题？如果加热温度过高、时间太长，又会怎样呢？

# 实验三 革兰氏染色及芽孢染色

## 一、实验目的

1. 了解革兰氏染色法和芽孢染色法的原理，并掌握其操作方法；
2. 了解革兰氏染色法在细菌分类鉴定中的重要性；
3. 学习并掌握微生物涂片、染色的基本技术和无菌操作技术；
4. 巩固显微镜（油镜）的使用方法。

## 二、实验原理

革兰氏染色反应是细菌分类和鉴定的重要性状。它是1884年由丹麦医生Gram创立的。革兰氏染色法（Gram stain）不仅能观察到细菌的形态特征而且还可将所有细菌区分为两大类：染色反应呈蓝紫色的称为革兰氏阳性细菌，用$G^+$表示；染色反应呈红色（复染颜色）的称为革兰氏染色阴性细菌，用$G^-$表示。细菌对于革兰氏染色的不同反应，是由于它们细胞壁的成分和结构不同造成的。革兰氏阳性细菌的细胞壁主要是肽聚糖形成的网状结构组成的，在染色过程中，当用乙醇处理时，由于脱水而引起网状结构中的孔径变小，通透性降低，使结晶紫-碘复合物被保留在细胞内而不易着色，因此，呈现蓝紫色；革兰氏阴性细菌的细胞壁中肽聚糖含量低，而脂类物质含量高，当用乙醇处理时，脂类物质溶解，细胞壁的通透性增加，使结晶紫一碘复合物易被乙醇抽出而脱色，然后又被染上了复染液（番红）的颜色，因此呈现红色。

革兰氏染色需用四种不同的溶液：碱性染料（Basic Dye）初染液、媒染剂（Mordant）、脱色剂（Decolorising Agent）和复染液（Counterstain）。碱性染料的作用像是在细菌的简单染色法基本原理中所述的那样，而用于革兰氏染色的初染液一般是结晶紫（Crystal Violet）。媒染剂的作用是增加染料和细胞之间的亲和力或附着力，即以某种方式帮助染料固定在细胞上，使不易脱落，不同类型的细胞脱色反应不同，有的能被脱色，有的则不能，脱色剂常用95%的酒精（Ethanol）。复染液也是一种碱性染料，其颜色不同于初染液，复染的目的是使被脱色的细胞染上不同于初染液的颜色，而未被脱色的细胞仍然保持初染的颜色，从而将细胞区分成 $G^+$ 和 $G^-$ 两大类群，常用的复染液是番红。

芽孢染色法的基本原理，用着色力强的染色剂孔雀绿或石炭酸复红，在加热条件下染色，使染料不仅进入菌体也可进入芽孢内，进入菌体的染料经水洗后被脱色，而芽孢一经着色难以被水洗脱，当用对比度大的复染剂染色后，芽孢仍保留初染剂的颜色，而菌体和芽孢囊被染成复染剂的颜色，使芽孢和菌体更易于区分。

## 三、试剂与器材

1. 材料：金黄色葡萄球菌（*Staphylococcus aureus*），枯草芽孢杆菌（*Bacillus subtilis*）12～18h 营养琼脂斜面培养物，大肠杆菌（*Escherichia coli*）约 24h 营养琼脂斜面培养物，腊样芽孢杆菌（*B. cereus*），球形芽孢杆菌（*B. sphaericus*），生孢梭菌（*Clostridium sporogenes*）。

2. 试剂：革兰氏染色液（结晶紫液、碘液、95%乙醇、番红液）。5%孔雀绿水溶液，苯酚品红溶液，黑色素溶液。

3. 实验器材：小试管、滴管、烧杯、试管架、滤纸、木夹子、载玻片、盖玻片、凹载玻片、无菌水、显微镜等、接种环、双层瓶（内装香柏油和二甲苯）、擦镜纸、生理盐水等。

## 四、实验内容

### 1. 革兰氏染色法

（1）涂片

取两块载玻片，各滴一小滴蒸馏水于玻片中央，用接种环以无菌操作分别从培养 14～16h 的枯草芽孢杆菌和培养 24h 的大肠杆菌的斜面上挑取少量菌苔于水滴中，混匀并涂成薄膜。载玻片要洁净无油迹；滴蒸馏水和取菌不宜过多；涂片要均匀，不宜过厚。

（2）干燥

室温自然干燥。

（3）固定

固定时通过火焰 2～3 次即可。此过程称热固定，其目的是使细胞质凝固，以固定细胞形态，并使之牢固附着在载玻片上。热固定温度不易过高，以载玻片背面不烫手为宜，否则会改变甚至破坏细胞形态。

（4）染色

1）初染。加草酸铵结晶紫一滴，约 1～2min，水洗。

2）媒染。滴加碘液冲去残水，并覆盖约 1min，水洗。

3）脱色。将载玻片上面的水甩净，并衬以白背景，用 95％酒精滴洗至流出酒精刚刚不出现蓝色时为止，约 20～30s，立即用水冲净酒精。

4）复染。用番红液染 1～2min，水洗。

5）镜检。干燥后，置油镜下观察。革兰氏阴性菌呈红色，革兰氏阳性菌呈紫色。以分散开的细菌的革兰氏染色反应为准，过于密集的细菌，常常呈假阳性。

**2. 混合涂片法**

按上述方法，在同一玻片上，以大肠杆菌和枯草芽孢杆菌或金黄色葡萄球菌混合涂片、染色、镜检进行比较。

革兰氏染色的关键在于严格掌握酒精脱色程度，如脱色过度，则阳性菌可被误染为阴性菌；而脱色不够时，阴性菌可被误染为阳性菌。此外，菌龄也影响染色结果，如阳性菌培养时间过长，或已死亡及部分菌自行溶解了，都常呈阴性反应。

**3. 芽孢染色技术**

方法一：

（1）将培养 24h 左右的枯草芽孢杆菌或其他芽孢杆菌，作涂片、干燥、固定。

（2）滴加 3～5 滴孔雀绿染液于已固定的涂片上。

（3）用木夹夹住载玻片在火焰上加热，使染液冒蒸汽但勿沸腾，切忌使染液蒸干，必要时可添加少许染液。加热时间从染液冒蒸汽时开始计算约 4～5min。这一步也可不加热，改用饱和的孔雀绿水溶液染 10min。

（4）倾去染液，待玻片冷却后水洗至孔雀绿不再褪色为止。

（5）用番红水溶液复染 1min，水洗。

（6）待干燥后，置油镜观察，芽孢呈绿色，菌体呈红色。

方法二：

（1）取两支洁净的小试管，分别加入 0.2mL 无菌水，再往一管中加入 2～3 接种环的腊样芽孢杆菌的菌苔，另一管中加入 2～3 接种环的生孢梭菌的菌苔，两管中各自充分混合成浓厚的菌悬液。

（2）在菌悬液中分别加入 0.2mL 苯酚品红溶液，充分混合后，于沸水浴中加热 3～5min。

（3）用接种环分别取上述混合液 2～3 环于两载玻片上，涂薄，风干后，将载玻片稍倾斜于烧杯上，用 95％乙醇冲洗至无红色液体流出。

（4）再用自来水冲洗，滤纸吸干。

（5）取 1～2 接种环黑色素溶液于涂片处，立即展开涂薄，自然风干后，油镜观察，在淡紫色背景的衬托下，菌体为白色，菌体内的芽孢为红色。

## 五、注意事项

1. 涂片时，生理盐水及取菌不宜过多，涂片应尽可能均匀。

2. 乙醇脱色是革兰氏染色操作的关键环节，严格掌握脱色时间。

3. 芽孢染色火焰加热时，染液冒蒸汽但勿沸腾，切忌使染液蒸干。

## 六、思考题

1. 你认为要得到正确的改良的革兰氏染色结果必须注意哪些操作？关键在哪一步？为什么？

2. 若涂片中观察到的只是大量游离芽孢，很少看到芽孢囊及营养细胞，你认为这是什么原因？

3. 说明芽孢染色法的原理。用简单染色法能否观察到细菌的芽孢？

# 实验四　放线菌形态观察

## 一、实验目的

用放线菌的插片培养物观察放线菌的个体形态，初步了解放线菌的形态特征。

## 二、实验原理

放线菌是指能形成分枝丝状体或菌丝体的一类革兰氏阳性细菌。常见放线菌大多能形成菌丝体，紧贴培养基表面或深入培养基内生长的叫基内菌丝（简称"基丝"），基丝生长到一定阶段还能向空气中生长出气生菌丝（简称"气丝"），并进一步分化产生孢子丝及孢子。有的放线菌只产生基丝而无气丝。在显微镜下直接观察时，气丝在上层、基丝在下层，气丝色暗，基丝较透明。孢子丝依种类的不同，有直、波曲、各种螺旋形或轮生。孢子：常呈圆形、椭圆形或杆形。气生菌丝、孢子丝和孢子的形态、颜色常作为放线菌分类的重要依据。放线菌自然生长的个体形态的观察现多用插片培养法和压片法。

## 三、实验器材

1. 活材料：培养 5～7 天的链霉菌 5406 斜面菌种。

2. 培养基：高氏一号琼脂培养基。

3. 试剂及器材：无菌平皿、玻璃纸、9mL 无菌水若干支、酒精灯、火柴、接种环、镊子、玻璃刮铲、1mL 无菌吸管、剪刀、载玻片、显微镜；石炭酸复红染液。

## 四、实验方法

### 1. 插片法

将放线菌接种在琼脂平板上，插上灭菌盖玻片后培养，使放线菌菌丝沿着培养基表面与盖玻片的交接处生长而附着在盖玻上。观察时，轻轻取出盖玻片，置于载玻片上直接镜检。这种方法可观察到放线菌自然生长状态下的特征，而且便于观察不同生长期的形态。

（1）盖玻片用旧报纸隔层叠好后灭菌。

（2）将放线菌斜面菌种制成 $10^{-3}$ 的孢子悬液。

（3）将高氏一号琼脂培养基倒平板。

（4）分别用 1mL 无菌吸管取 0.2mL 5406 孢子悬液滴加在平板培养基上，并用无菌玻璃刮铲涂抹均匀。插上灭菌盖玻片后培养。

(5) 将接种的琼脂平板置 28～30℃下培养。

(6) 在培养 5 天后，从温室中取出平皿。在无菌环境下打开培养皿，用无菌镊子将盖玻片与培养基分离，用显微镜观察。

**2. 压片法**

用接种铲将平板上的菌苔连同培养基切下一小方块（宽 2～3mm），菌面朝上放在载玻片上。另取一洁净载玻片置火焰上微热后，盖在菌苔上，轻轻按压，使培养物（气生菌丝、孢子丝和孢子）粘附（“印”）在载玻片的中央，将有印记的一面朝上，火焰固定，染色（1min），水洗，干燥，油镜观察。

## 五、注意事项

1. 盖玻片灭菌前应该仔细清洗，否则影响效果。
2. 观察时气生菌丝与基内菌丝可能不在一个平面，要注意调整焦距观察。

## 六、思考题

1. 镜检时，你如何区分放线菌的基内菌丝和气生菌丝?
2. 绘图示意放线菌的形态。

# 实验五 霉菌形态观察

## 一、实验目的

1. 了解霉菌形态观察的原理；
2. 学习并掌握观察霉菌形态的操作方法；
3. 了解并掌握四类霉菌（根霉、毛霉、曲霉、青霉）的基本形态。

## 二、实验原理

霉菌可产生复合分枝的菌丝体，分基内菌丝和气生菌丝，气生菌丝生长到一定阶段分化产生繁殖菌丝，由繁殖菌丝产生孢子。霉菌菌丝体（尤其是繁殖菌丝）及孢子的形态特征是识别不同种类霉菌的重要依据。例如：青霉的繁殖菌丝无顶囊，经多次分枝，产生几轮对称或不对称的小梗，小梗上着生成串的青色分生孢子，孢子囊形如“扫帚”。而曲霉的分生孢子梗顶端膨大成顶囊，成球形。

菌的菌落观察：霉菌的菌落具有明显的特征，外观上很容易辨认。它们的菌落形态较大，质地疏松，呈现蛛网状、绒毛状、棉絮状或毛毡状。

菌落与培养基间的连接紧密，不易挑取。霉菌菌丝和孢子的宽度通常比细菌和放线菌粗得多，常是细菌菌体宽度的几倍至几十倍，因此，用低倍显微镜即可观察。观察霉菌的形态有多种方法，常用的有直接制片观察法、载玻片培养观察法和玻璃培养观察法三种方法，本实验用载玻片培养观察法。

## 三、试剂与器材

1. 菌种：曲霉（*Aspergillus sp.*），青霉（*Penicillium sp.*），根霉（*Rhizopus sp.*）和毛霉（*Mucor sp.*）培养 2～5d 的斜面培养物。

2. 培养基：马铃薯培养基（PDA），配方如表 6-1 所示：

**马铃薯培养基（PDA）配方**　　**表 6-1**

| 项　目 | 量 |
| --- | --- |
| 马铃薯碎片 | 200g |
| 蔗糖（或葡萄糖） | 20g |
| 琼脂 | 22～25g |
| 水 | 1000mL |
| pH | 自然 |

马铃薯去皮，切成块煮沸半小时，然后先用一层纱布过滤一次后用六层纱布过滤，再加糖和琼脂，溶化后补足水至 1000mL。110℃下灭菌 20～30min。

3. 仪器或其他用具：无菌吸管，酒精灯，平皿，载玻片，盖玻片，U 形玻棒，解剖刀，镊子，50%乙醇，20%的甘油以及显微镜等。

## 四、实验内容

**1. 培养小室的灭菌**

在平皿皿底铺一张略小于皿底的圆滤纸片，再放一 U 形玻棒，其上放一洁净载玻片和两块盖玻片，盖上皿盖、包扎后于 110℃灭菌 20～30min，烘干备用。

**2. 琼脂块的制作**

取已灭菌的马铃薯培养基（PDA）注入两个已灭菌平皿中，使之凝固成薄层。用解剖刀切成 0.5～1$cm^2$ 的琼脂块，并将其移至上述培养室中的载玻片上（每片放两块）。（注：制作过程应注意无菌操作）

**3. 接种**

用尖细的接种针挑取很少量的菌接种于琼脂块的边缘上，用无菌镊子将盖玻片覆盖在琼脂块上。（注：接种量要少，尽可能将分散的孢子接种在琼脂块边缘上，否则培养后菌丝过于稠密影响观察）

**4. 培养**

先在平皿的滤纸上加 3～5mL 灭菌的 20%甘油（用于保持平皿内的湿度），盖上皿盖，27℃培养一周。

**5. 镜检**

根据需要可以在不同的培养时间内取出载玻片置低倍镜下观察，必要时换高倍镜，绘制霉菌的形态，记录各种霉菌的形态特征。

## 五、注意事项

1. 观察时，宜用略暗光线；先用低倍镜找到适当视野，更换高倍镜观察。

2. 如果用0.1%美蓝对培养后的盖玻片进行染色后观察，效果会更好。

## 六、思考题

1. 你认为霉菌和放线菌菌丝的主要区别是什么?
2. 黑曲霉和黑根霉在形态特征上有什么区别?

# 实验六 酵母菌的形态观察及死活细胞的鉴定

## 一、实验目的

1. 进一步学习并掌握光学显微镜低倍镜和高倍镜的使用方法；
2. 观察并掌握酵母菌的细胞形态及其子囊、子囊孢子和假菌丝的形态；
3. 学习并掌握鉴别酵母菌细胞死活的方法；
4. 了解酵母菌子囊孢子的染色方法及假菌丝观察的压片培养法。

## 二、基本原理

酵母菌是不运动的单细胞真核微生物，其大小通常比常见的细菌大几倍甚至几十倍，因此，不必染色即可用显微镜观察其形态。大多数酵母以出芽方式进行无性繁殖，有的二分裂殖；子囊菌纲中的酵母菌在一定条件下，可产生子囊孢子进行有性生殖。酵母菌假菌丝的生成与培养基的种类、培养条件等因素有关。

美蓝是一种弱氧化剂，氧化态呈蓝色，还原态呈无色。用美蓝对酵母细胞进行染色时，活细胞由于细胞的新陈代谢作用，细胞内具有较强的还原能力，能将美蓝由蓝色的氧化态转变为无色的还原态型，从而细胞呈无色；而死细胞或代谢作用微弱的衰老细胞则由于细胞内还原力较弱而不具备这种能力，从而细胞呈蓝色，据此可对酵母菌的细胞死活进行鉴别。

## 三、实验材料

**1. 菌种**

酿酒酵母（*Saccharomyces cerevisiae*）、热带假丝酵母（*Candida tropicalis*）、粟酒裂殖酵母（*Sachizosaccharomyces pombe*）。

**2. 染色液**

0.1%美蓝染色液、孔雀绿染色液、沙黄染色液、95%乙醇等。

**3. 其他**

显微镜、载玻片、盖玻片、擦镜纸、吸水纸等。

## 四、操作步骤

**1. 水浸片观察**

(1) 制片：在干净的载玻片中央加一滴预先稀释至适宜浓度的酵母液体培养物，从侧面盖上一片盖玻片（先将盖玻片一边与菌液接触，然后慢慢将盖玻片放下使其盖在菌液上），应避免产生气泡，并用吸水纸吸去多余的水分（菌液不宜过多或过少，否则，在盖盖玻片时，菌液会溢出或出现气泡而影响观察；盖玻片不宜平着放下，以免产生气泡）。

（2）镜检：将制作好的水浸片置于显微镜的载物台上，先用低倍镜，后用高倍镜进行观察，注意观察各种酵母的细胞形态和繁殖方式，并进行记录。

**2. 美蓝染色**

（1）染色：在干净的载玻片中央加一小滴0.1%美蓝染色液，然后再加一小滴预先稀释至适宜浓度的酿酒酵母液体培养物，混匀后从侧面盖上盖玻片，并吸去多余的水分和染色液。(注意染色液和菌液不宜过多或过少，并应基本等量，而且要混匀)

（2）镜检：将制好的染色片置于显微镜的载物台上，放置约3min后进行镜检，先用低倍镜，后用高倍镜进行观察，根据细胞颜色区分死细胞（蓝色）和活细胞（无色），并进行记录。

（3）比较：染色约30min后再次进行观察，注意死细胞数量是否增加。

**3. 子囊孢子的染色与观察**

（1）活化酵母：将酿酒酵母移种至新鲜的麦芽汁琼脂斜面上，培养24h，然后再转种2～3次。

（2）生孢培养：将经活化的菌种转移到醋酸钠培养基上，28℃培养7～10d。

（3）制片：在洁净载玻片的中央滴一小滴蒸馏水，用接种环于无菌条件下挑取少许菌苔至水滴上，涂布均匀，自然风干后在酒精灯火焰上热固定（水和菌均不要太多，涂布时应尽量涂开，否则将造成干燥时间长；热固定温度不宜太高，以免使菌体变形）。

（4）染色：滴加数滴孔雀绿染色液，1min后水洗；加95%乙醇脱色30s，水洗；最后用0.5%沙黄染色液复染30s，水洗，最后用吸水纸吸干。

（5）镜检：将染色片置于显微镜的载物台上，先用低倍镜，后用高倍镜进行观察，子囊孢子呈绿色，菌体和子囊呈粉红色。注意观察子囊孢子的数目、形状，并进行记录。

**4. 假菌丝的观察**

压片培养法：取新鲜的酵母菌在薄层马铃薯浸出汁琼脂培养基平板上划线接种2～3条，取无菌盖玻片盖在接种线上，于25～28℃培养4～5天后，打开皿盖，置于显微镜下直接观察划线的两侧所形成的假菌丝的形状。

## 五、实验内容

1. 对所给的酵母菌制片进行形态观察；
2. 对死活酵母细胞进行美蓝染色鉴别。

## 六、实验报告

1. 绘制各种酵母菌的细胞形态图，注明菌名与放大倍数；
2. 图示美蓝染色结果；
3. 用美蓝染色法对酵母细胞进行死活鉴别时为什么要控制染液的浓度和染色时间？

# 实验七 微生物细胞大小测定

## 一、实验目的

1. 了解目镜测微尺和镜台测微尺的构造和使用原理；
2. 掌握微生物细胞大小的测定方法。

## 二、实验原理

微生物细胞的大小是微生物重要的形态特征之一，由于菌体很小，只能在显微镜下来测量。用于测量微生物细胞大小的工具有目镜测微尺和镜台测微尺。

目镜测微尺是一块圆形玻片，在玻片中央把5mm长度刻成50等份，或把10mm长度刻成100等份。测量时，将其放在接目镜中的隔板上（此处正好与物镜放大的中间像重叠）来测量经显微镜放大后的细胞物象。由于不同目镜、物镜组合的放大倍数不相同，目镜测微尺每格实际表示的长度也不一样，因此目镜测微尺测量微生物大小时须先用置于镜台上的镜台测微尺校正，以求出在一定放大倍数下，目镜测微尺每小格所代表的相对长度。

## 三、实验器材

1. 活材料：酿酒酵母（*Saccharomyces cerevisiae*）斜面菌种、枯草杆菌（*Baccillus subtilis*）染色标本片。

2. 器材：显微镜、目镜测微尺、镜台测微尺、盖玻片、载玻片、滴管、双层瓶、擦镜纸。

## 四、操作步骤

**1. 目镜测微尺的校正**

把目镜的上透镜旋下，将目镜测微尺的刻度朝下轻轻地装入目镜的隔板上，把镜台测微尺置于载物台上，刻度朝上。先用低倍镜观察，对准焦距，视野中看清镜台测微尺的刻度后，转动目镜，使目镜测微尺与镜台测微尺的刻度平行，移动推动器，使两尺重叠，再使两尺的“0”刻度完全重合，定位后，仔细寻找两尺第二个完全重合的刻度，计数两重合刻度之间目镜测微尺的格数和镜台测微尺的格数。因为镜台测微尺的刻度每格长10$\mu$m，所以由下列公式可以算出目镜测微尺每格所代表的长度。

例如目镜测微尺5小格正好与镜台测微尺5小格重叠，已知镜台测微尺每小格为10$\mu$m，则目镜测微尺上每小格长度为$=5\times10\mu m/5=10\mu m$。

用同法分别校正在高倍镜下和油镜下目镜测微尺每小格所代表的长度。

**2. 细胞大小的测定**

（1）将酵母菌斜面制成一定浓度的菌悬液（一般稀释到$10^{-2}$）。

（2）取一滴酵母菌菌悬液制成水浸片。

（3）移去镜台测微尺，换上酵母菌水浸片，先在低倍镜下找到目的物，然后在高倍镜下用目镜测微尺来测量酵母菌菌体的长、宽各占几格（不足一格的部分估计到小数点后一位数）。测出的格数乘上目镜测微尺每格的校正值，即等于该菌的长和宽。

（4）同法用油镜测定枯草杆菌染色标本的长和宽。

## 五、实验报告

记录所测量的酵母与细菌大小。

## 六、注意事项

1. 测量菌体的大小要在同一个标本片上测定10～20个菌体，求出平均值，才能代表该菌的大小。而且一般是用对数生长期的菌体进行测定。

2. 校正好后，当更换不同放大倍数的目镜或物镜时，必须重新校正目镜测微尺每一格所代表的长度。

# 实验八 微生物的显微直接计数法

## 一、实验目的

了解血球计数板的构造、计数原理和计数方法，掌握显微镜下直接计数的技能。

## 二、实验原理

显微计数法适用于各种含单细胞菌体的纯培养悬浮液，如有杂菌或杂质，常不易分辨。菌体较大的酵母菌或霉菌孢子可采用血球计数板，一般细菌则采用彼得罗夫·霍泽（Petrof Hausser）细菌计数板。两种计数板的原理和部件相同，只是细菌计数板较薄，可以使用油镜观察。而血球计数板较厚，不能使用油镜，计数板下部的细菌不易看清。

血球计数板是一块特制的厚型载玻片，有计数区，计数区都由400个小方格组成。计数区边长为1mm，则计数区的面积为$1mm^2$，每个小方格的面积为$1/400mm^2$。盖上盖玻片后，计数区的高度为0.1mm，所以每个计数区的体积为$0.1mm^3$，每个小方格的体积为$1/4000mm^3$。

使用血球计数板计数时，先要测定每个小方格中微生物的数量，再换算成每毫升菌液（或每克样品）中微生物细胞的数量。

$$\text{每毫升菌悬液中含有细胞数}=\text{每个小格中细胞平均数}(N)\times\text{系数}(K)\times\text{菌液稀释倍数}(d) \tag{6-3}$$

## 三、实验器材

1. 活材料：酿酒酵母（*Saccharomyces cerevisiae*）斜面或培养液。

2. 器材：显微镜、血球计数板、盖玻片（22mm×22mm）、吸水纸、计数器、滴管、擦镜纸。

## 四、实验方法

1. 视待测菌悬液浓度，加无菌水适当稀释（斜面一般稀释到$10^{-2}$），以每小格的菌数可数为度。

2. 取洁净的血球计数板一块，在计数区上盖上一块盖玻片。

3. 将酵母菌悬液摇匀，用滴管加样。

4. 静置片刻，在低倍镜下找到计数区后，再转换高倍镜观察并计数。

5. 计数时若计数区是由16个大方格组成，按对角线方位，数左上、左下、右上、右下的4个大方格（即100小格）的菌数。如果是25个大方格组成的计数区，除数上述四个大方格外，还需数中央1个大方格的菌数（即80个小格）。

6. 每个样品重复计数2～3次（每次数值不应相差过大，否则应重新操作），求出每一个小格中细胞平均数（$N$），按公式计算出每毫升菌悬液所含酵母菌细胞数量。

7. 测数完毕，取下盖玻片，用水将血球计数板冲洗干净，切勿用硬物洗刷或抹擦，以免损坏网格刻度。洗净后自行晾干或用吹风机吹干，放入盒内保存。

## 五、实验报告

记录每次计数的实验结果。

## 六、注意事项

1. 需要采用合适的稀释度。

2. 加样时，用滴管吸取少许，从计数板中间平台两侧的沟槽内沿盖玻片的下边缘滴入一小滴（不宜过多），让菌悬液利用液体的表面张力充满计数区，勿使气泡产生，并用吸水纸吸去沟槽中流出的多余菌悬液。

3. 计数时，由于活细胞的折光率和水的折光率相近，观察时应减弱光照的强度。

4. 如菌体位于大方格的双线上，计数时则数上线不数下线，数左线不数右线，以减少误差。

5. 对于出芽的酵母菌，芽体达到母细胞大小一半时，即可作为两个菌体计算。

# 实验九 玻璃器皿的清洗、包扎、灭菌

## 一、实验目的

掌握微生物实验室常用玻璃器皿的清洗及包扎方法。

## 二、基本原理

为确保实验顺利地进行，要求把实验所用玻璃器皿清洗干净。为保持灭菌后的无菌状态，需要对培养皿、吸管等进行包扎，对试管和三角瓶等加塞棉塞。这些工作看起来很普通简单，但如操作不当或不按操作规定去做，则会影响实验结果，甚至会导致实验的失败。

灭菌是指杀死一定环境中的所有微生物。微生物实验室常用的灭菌方法包括直接灼烧、恒温干燥箱灭菌、高压蒸汽灭菌、间歇灭菌、煮沸灭菌等方法。这些方法的基本原理是通过加热使微生物体内蛋白质凝固变性，从而达到杀菌的目的。

## 三、方法与步骤

**1. 器皿洗涤的注意事项和方法**

(1) 不能用有腐蚀作用的化学试剂，也不能使用比玻璃硬度大的物品来擦拭玻璃器皿；新的玻璃器皿应用2%的盐酸溶液浸泡数小时，用水充分洗干净。

(2) 用过的器皿应立即洗涤。

(3) 强酸、强碱、琼脂等能腐蚀、阻塞管道的物质不能直接倒在洗涤槽内，必须倒在废物缸内。

(4) 含有琼脂培养基的器皿，可先将培养基刮去，或用水蒸煮，待琼脂融化后趁热倒出，然后用清水洗涤。凡遇有传染性材料的器皿，应经高压蒸汽灭菌后再进行清洗。

(5) 一般的器皿都可用去污粉、肥皂或配成5%的热肥皂水来清洗。油脂很重的器皿应先将油脂擦去。沾有煤膏、焦油及树脂一类物质，可用浓硫酸或40%氢氧化钠或用洗液浸泡；沾有蜡或油漆物，可加热使之融熔后揩去，或用有机溶剂（苯、二甲苯、汽油、丙酮、松节油等）揩去。

(6) 载玻片或盖玻片，先擦去油垢，再放入5%肥皂水中煮10min，立即用清水冲洗，以后放在稀的洗液中浸泡2h，再用清水冲洗干净，最后用蒸馏水冲洗，干后浸于95%酒精中保存备用。

(7) 洗涤后的器皿应达到玻璃壁能被水均匀湿润而无条纹和水珠。

**2. 器皿包扎**

要灭菌后的器皿仍能保持无菌状态，需在灭菌前进行包扎。

(1) 培养皿：洗净的培养皿烘干后每10套（或根据需要而定）叠在一起，用牢固的纸卷成一筒，或装入特制的铁筒中，然后进行灭菌。

(2) 吸管：洗净、烘干后的吸管，在吸口的一头塞入少许脱脂棉花，以防在使用时造成污染。塞入的棉花量要适宜，多余的棉花可用酒精灯火焰烧掉。每支吸管用一条宽约4～5cm的纸条，以30°～45°的角度螺旋形卷起来，吸管的尖端在头部，另一端用剩余的纸条打成一结，以防散开，标上容量，若干支吸管包扎成一束进行灭菌。使用时，从吸管中间拧断纸条，抽出吸管。

(3) 试管和三角瓶：试管和三角瓶都需要做合适的棉塞，棉塞可起过滤作用，避免空气中的微生物进入容器。制作棉塞时，要求棉花紧贴玻璃壁，没有皱纹和缝隙，松紧适宜。过紧易挤破管口和不易塞入；过松易掉落和污染。棉塞的长度不小于管口直径的2倍，约2/3塞进管口。目前，国内已采用塑料试管塞，可根据试管的规格和实验要求来选择合适的塑料试管塞。

若干支试管用绳扎在一起，在棉花塞部分外包裹油纸或牛皮纸，再用绳扎紧。三角瓶加棉塞后用油纸包扎。

## 四、实验内容

(1) 根据要求清洗各玻璃器皿，包括：支试管（______支斜面，______支/人，______支分装制备无菌水，用于梯度稀释），______套培养平皿（______套划线，______套涂布，______套作倾注），刻度吸管______支，250mL三角瓶______个，涂布棒______

个，并进行包扎。

（2）用高压蒸汽灭菌锅对玻璃器皿进行灭菌。

# 实验十　培养基的配制及灭菌

## 一、实验目的

1. 掌握培养基的配制方法；
2. 掌握干热灭菌和高压蒸汽灭菌的操作方法。

## 二、实验材料

根据实验需要确定。

## 三、基本原理

培养基是人工配制的适合于微生物生长繁殖或积累代谢产物的营养基质。其中含有碳源、氮源、无机盐、生长因子及水等。并需要调整在一定得酸碱度范围之内。灭菌是指杀死一定环境中的所有微生物。微生物实验室常用的灭菌方法包括直接灼烧、恒温干燥箱灭菌、高压蒸汽灭菌、间歇灭菌、煮沸灭菌等方法。这些方法的基本原理是通过加热使微生物体内蛋白质凝固变性，从而达到杀菌的目的。

## 四、方法与步骤

### 1. 培养基的配制

（1）液体培养基的制备：

1）容器中先加入所需水量的一半或 2/3 的蒸馏水或自来水（视培养基的需要而定），然后按照培养基的配方，准确地称取各种原料，依次放入水中，加热可促进溶解。待各种药品溶解后，再加水到所需的量。对于牛肉膏、酵母膏等原料，在称量后要连同称量纸一起投入水中，待原料被洗下后再将称量纸取出。

2）培养基的酸碱度可用精密 pH 纸或酸度计等进行测定。调整可用 10% NaOH 或 10% HCl 溶液进行，调整时应避免调整过头再回调，因为这样容易影响培养基的体积和渗透压。

3）根据需要分装入试管或三角瓶。

4）加棉塞、包扎，注明培养基的名称、配制日期，然后进行灭菌。

（2）固体培养基的制备：

1）配制液体培养基，过程同上。

2）将调好 pH 值的液体培养基放在加有石棉板的电炉上加热，在沸腾状态下将琼脂加入，并不断搅拌直至完全融化为止。当琼脂完全融化后，要加热水补充加热过程中所蒸发的水分。琼脂的添加量视培养基的要求及琼脂的质量而定，一般为 1.5%～2.5%。

3）用两层纱布中间夹脱脂棉趁热过滤。如气温较低，应用保温漏斗过滤，以免培养基凝固。

4）分装试管时可用定量加液器或漏斗。分装入试管的培养基的量视需要而定。如用15mm×150mm的试管制作斜面，每管则装4～5mL，为管长的1/5～1/4。装入三角瓶的培养基的量一般为三角瓶容积的1/3～1/2。在分装时应注意不得使培养基沾污瓶口及试管口，以免浸湿棉塞，造成污染。

5）加棉塞，包扎，注明培养基的名称、配制日期，然后进行灭菌。

**2. 灭菌**

（1）干热灭菌。

（2）高压蒸汽灭菌锅的操作过程：

1）使用前，先在灭菌锅内加入适量的水，然后把要灭菌的物品放入锅内，盖上锅盖，对称地拧紧螺栓，以防漏气。

2）在灭菌锅底部加热，同时打开排气阀，待自排气阀冒热气3～5min后关闭。至压力表所示压力升至所需压力时开始计时。通过调整热源，而维持一定的压力。达到灭菌时间后，停止加热。

3）待锅内蒸汽全部排完后，方可打开排气阀，打开锅盖，取出灭菌物。如需制成斜面，则最好待试管内培养基降至50～60℃时再排。排得过早，会产生较多的冷凝水。

特别应注意的是，如不待压力降至零点便打开排气阀或打开锅盖，轻则会使容器内的培养基因突然减压而剧烈沸腾，沾污棉塞；重则会造成严重的人身伤亡事故。

4）使用完后，应及时将锅内的水放去，以防生锈。

5）将灭菌后的培养基置于37℃恒温箱中24h，作无菌培养。若无菌生长，可保存备用。

高压蒸汽灭菌锅种类和规格很多，以上操作步骤适用于手提式高压蒸汽灭菌锅。其他种类的灭菌锅，在使用时应严格按操作说明书操作。

## 五、实验内容

1. 根据要求配制天然培养基和合成培养基。
2. 用高压蒸汽灭菌锅对所配各培养基灭菌。

## 六、思考题

1. 在营养琼脂和察氏培养基中，何为碳源？何为氮源？
2. 作为培养基的凝固剂，琼脂有哪些优点？
3. 高压蒸汽灭菌的注意事项？

# 实验十一 微生物的纯培养技术

## 一、目的要求

掌握无菌操作的基本环节及各种分离、接种方法。

## 二、实验原理

分离微生物最常用的有三种方法：平板划线法、涂布平板和倾注平板法。在划线过程中，随着接种环在琼脂表面往返滑动，微生物细胞从接种环上转移到平板上，可使每个细胞在培养基表面形成一个菌落。平板划线法是目前使用最广泛的一种分离技术。而平板涂布技术和倾注平板法则都是先将样品进行稀释，而后用固体培养基使合适稀释液中的菌体定位。

在微生物的研究工作中，为了使微生物不断延续其生命，需一次次地将其接种到新培养基上。接种操作决不允许不需要的微生物进入培养基而造成污染。将污染降低到最低限度的接种技术成为无菌操作技术，它是微生物工作中的一种最重要而又最基本的操作。

## 三、实验材料

1. 菌种：枯草芽孢杆菌；

2. 培养基：牛肉膏、蛋白胨琼脂培养基；

3. 其他：酒精灯，接种环，玻璃涂棒，1mL 无菌吸管，无菌培养皿，盛有无菌水的试管。

## 四、实验步骤

**1. 接种的操作方法**

（1）斜面接种：

1）操作前，先用75%酒精擦手，待酒精挥发后，才能点燃酒精灯。

2）用斜面接种时，将菌种管和培养基管握在左手的大拇指和其他四指之间，使斜面向上，并处于水平位置。先将两支试管的棉塞旋转一下，以便于接种时拔出，并把棉塞握住，不得任意放在台子上或与其他物品相接触，再以火焰烧管口。

3）将上述在火焰上灭过菌的接种环伸入菌种管内，接种环先在试管内壁上或未长菌苔的培养基表面上接触一下，使接种环充分冷却，以免烫死菌种。然后用接种环在菌苔上轻轻地接触，刮出少许培养物，将接种环自菌种管内抽出，抽出时，勿与管壁相碰，也勿再通过火焰。

4）迅速地将沾有菌种的接种环伸入培养基试管口，在斜面上划线（波浪或直线），使菌体粘附在培养基上。划线时勿用力，否则会划破培养基表面。

5）将接种环抽出，灼烧管口，塞上棉塞。接种环放回原处前，要经火焰灼烧灭菌，同时须将棉塞进一步塞进，以免脱落。

（2）液体接种：

由斜面菌种接入液体培养基：基本操作方法与前相同，但使试管口部略高一些，以免培养基流出。接入菌体后，使接种环与管口壁轻轻地研磨将菌体擦下。接好种后，塞好棉塞，将试管在手掌中轻轻敲打，使菌体充分分散。

由液体菌种接入液体培养基：菌种为液体时，接种除用接种环外，还可用无菌吸管或滴管。只需在火焰旁拔去棉塞，将试管口通过火焰灭菌，用无菌吸管吸取菌液 0.1～0.2mL 注入平板后，用无菌的玻璃棒在平板表面作均匀涂布。

（3）穿刺接种：

穿刺接种是把菌种用穿刺的方法接种到固体深层培养基中，此法用于厌气性细菌接种，或为鉴定细菌时观察生理性能用。

操作方法与上相同，但使用的接种针要挺直。

将沾有菌种的接种针自培养基中心刺入，直到接近管底，但勿穿透，然后按原穿刺线慢慢地拔出。

**2. 分离的操作方法**

（1）平板划线分离法：

1）倒制平板：将融化的琼脂培养基冷却至45℃左右，在酒精灯火焰旁，以右手的无名指及小指夹持棉塞，左手打开无菌培养皿的盖的一边，右手持三角瓶向培养皿里注入10～15mL培养基。将培养皿稍加旋转摇动后，置于水平位置待凝。

2）划线分离：在酒精灯火焰上灼烧接种环，待其冷却后，以无菌操作取一环待离之菌液。划线时，琼脂平板可放在台子上也可以持在手中。左手握琼脂平板，在火焰附近稍抬起皿盖，右手持接种环伸入皿内，在平板上第一个区域沿“之”字形来回划线。划线时，使接种环与平板表面成30°～40°角轻轻接触，以腕力使接种环在琼脂表面作轻快地滑动，勿划破表面。灼烧接种环，待其冷却后，将手中培养皿旋转约70°角，用接种环在划过线的第一区域接触一下，然后在第二区域进行划线，并依次对第三和第四区域进行划线。

3）划线完毕后，在皿底用记号笔注明样品名称、日期、姓名（或学号），将整个培养皿倒置放入28～30℃恒温培养箱中培养。

4）24h后，观察并记录单菌落的生长和分布情况。

（2）倾注平板法：

1）编号：取4支装有9.0mL无菌水的试管排列于试管架上，依次标上$10^{-1}$，$10^{-2}$，$10^{-3}$，$10^{-4}$字样。

2）稀释：以1mL无菌吸管按无菌操作从样品管中吸取1mL菌液于$10^{-1}$试管中，然后用另一吸管在$10^{-1}$试管中来回吹吸三次，使其混合均匀，制成$10^{-1}$稀释液。再用此吸管从$10^{-1}$管中吸取1.0mL稀释液注入$10^{-2}$管中，依次制成$10^{-2}$、$10^{-3}$、$10^{-4}$、$10^{-5}$、$10^{-6}$稀释液。

3）加样：用1mL无菌吸管分别吸取$10^{-2}$，$10^{-3}$稀释液1mL注入已编好号的$10^{-2}$，$10^{-3}$号无菌培养皿中。

4）倾注平板：将融化后冷至45℃左右（以手持三角瓶，不觉烫手为宜）的琼脂培养基，向加有稀释液的各种培养皿中分别倒入10～15mL，迅速旋转培养皿，使培养基和稀释液充分混匀，水平放置，待其凝固后，倒置于28～30℃恒温箱中培养。

24h后，观察并记录各平板上菌落生长和分布情况，哪个稀释度最合适？

（3）涂布平板法：

1）平板制备：制备二套平板，并分别写上$10^{-2}$，$10^{-3}$。

2）稀释：同倾注平板法。

3）加样：用无菌吸管分别吸取$10^{-2}$，$10^{-3}$稀释板0.2mL对号注入编号的琼脂平板中。

4）涂布：用无菌涂棒在各平板表面进行均匀涂布。待涂布的菌液干后，将培养皿倒置于28～30℃恒温箱中培养。

24h后，观察并记录菌落生长和分布情况。

## 五、实验综合作业

将由葡萄球菌、大肠杆菌、北京棒杆菌组成的混合菌悬液进行分离、鉴别。

# 实验十二　稀释平板菌落计数法

## 一、实验目的

了解稀释平板计数的原理，掌握涂布平板培养法和混合平板培养法，认识细菌、放线菌、霉菌的菌落特征。

## 二、实验原理

稀释平板计数是根据微生物在固体培养基上所形成的单个菌落，即是由一个单细胞繁殖而成这一培养特征设计的计数方法，即一个菌落代表一个单细胞。计数时，首先将待测样品制成均匀的系列稀释液，尽量使样品中的微生物细胞分散开，使成单个细胞存在（否则一个菌落就不只是代表一个细胞），再取一定稀释度、一定量的稀释液接种到平板中，使其均匀分布于平板中的培养基内。经培养后，由单个细胞生长繁殖形成菌落，统计菌落数目，即可计算出样品中的含菌数。此法所计算的菌数是培养基上长出来的菌落数，故又称活菌计数。一般用于某些成品检定（如杀虫菌剂等）、生物制品检验、土壤含菌量测定及食品、水源的污染程度的检验。

## 三、实验器材

1. 活材料：苏云金芽孢杆菌（*Bacillus thuringiensis*）菌剂。

2. 培养基：牛肉膏蛋白胨琼脂培养基。

3. 器材：90mL无菌水、9mL无菌水、无菌平皿、lmL无菌吸管、天平、称样瓶、记号笔、玻璃刮铲等。

## 四、实验方法

### 1. 样品稀释液的制备

准确称取待测样品10g，放入装有90mL无菌水并放有小玻璃珠的250mL三角瓶中，用手或置摇床上振荡20min，使微生物细胞分散，静置20～30s，即成$10^{-1}$稀释液；再用1mL无菌吸管，吸取$10^{-1}$稀释液lmL，移入装有9mL无菌水的试管中，吹吸3次，让菌液混合均匀，即成$10^{-2}$稀释液；再换一支无菌吸管吸取$10^{-2}$稀释液1mL，移入装有9mL无菌水的试管中，也吹吸三次，即成$10^{-3}$稀释液；以此类推，连续稀释，制成$10^{-4}$

$10^{-5}$、$10^{-6}$、$10^{-7}$、$10^{-8}$、$10^{-9}$等一系列稀释菌液。

**2. 平板接种培养**

平板接种培养有混合平板培养法和涂抹平板培养法两种方法。

（1）混合平板培养法。将无菌平板编上$10^{-7}$、$10^{-8}$、$10^{-9}$号码，每一号码设置三个重复，用无菌吸管按无菌操作要求吸取$10^{-9}$稀释液各1mL放入编号$10^{-9}$的3个平板中，同法吸取$10^{-8}$稀释液各1mL放入编号$10^{-8}$的3个平板中，再吸取$10^{-7}$稀释液各1mL放入编号$10^{-7}$的3个平板中。然后在9个平板中分别倒入已融化并冷却至45～50℃的细菌培养基，轻轻转动平板，使菌液与培养基混合均匀，冷凝后倒置，适温培养。至长出菌落后即可计数。

（2）涂抹平板培养法。涂抹平板培养法与混合法基本相同，所不同的是先将培养基熔化后趁热倒入无菌平板中，待凝固后编号，然后用无菌吸管吸取0.1mL菌液对号接种在不同稀释度编号的琼脂平板上（每个编号设三个重复）。再用无菌刮铲将菌液在平板上涂抹均匀，每个稀释度用一个灭菌刮铲，更换稀释度时需将刮铲灼烧灭菌。在由低浓度向高浓度涂抹时，也可以不更换刮铲。将涂抹好的平板平放于桌上20～30min，使菌液渗透入培养基内，然后将平板倒转，保温培养，至长出菌落后即可计数。

## 五、实验报告

观察并记录实验结果。

## 六、注意事项

1. 用稀释平板计数时，待测菌稀释度的选择应根据样品确定。样品中所含待测菌的数量多时，稀释度应高，反之则低。通常测定细菌菌剂含菌数时，采用$10^{-7}$、$10^{-8}$、$10^{-9}$稀释度，测定土壤细菌数量时，采用$10^{-4}$、$10^{-5}$、$10^{-6}$稀释度，测定放线菌数量时，采用$10^{-3}$、$10^{-4}$、$10^{-5}$稀释度，测定真菌数量时，采用$10^{-2}$、$10^{-3}$、$10^{-4}$稀释度。

2. 计算结果时，常按下列标准从接种后的3个稀释度中选择一个合适的稀释度，求出每克菌剂中的含菌数。

（1）同一稀释度各个重复的菌数相差不太悬殊。

（2）细菌、放线菌、酵母菌以每皿30～300个菌落为宜，霉菌以每皿10～100个菌落为宜。

# 实验十三　土壤中微生物的分离、纯化

## 一、实验目的

1. 了解微生物分离和纯化的原理；
2. 掌握常用的分离纯化微生物的方法；
3. 通过对周围环境中微生物的观察，理解无菌操作原理，了解微生物的普遍存在性。

## 二、实验原理

从混杂微生物群体中获得只含有某一种或某一株微生物的过程称为微生物分离与纯化。平板分离法普遍用于微生物的分离与纯化。其基本原理是选择适合于待分离微生物的生长条件，如营养成分、酸碱度、温度和氧等要求，或加入某种抑制剂造成只利于该微生物生长，而抑制其他微生物生长的环境，从而淘汰一些不需要的微生物。

微生物在固体培养基上生长形成的单个菌落，通常是由一个细胞繁殖而成的集合体。因此可通过挑取单菌落获得一种纯培养。获取单个菌落的方法可通过稀释涂布平板或平板划线等技术完成。值得指出的是，从微生物群体中经分离生长在平板上的单个菌落并不一定保证是纯培养。因此，纯培养的确定除观察其菌落特征外，还要结合显微镜检测个体形态特征后才能确定，有些微生物的纯培养要经过一系列分离与纯化过程和多种特征鉴定才能得到。

## 三、实验器材

1. 培养基：淀粉琼脂培养基（高氏Ⅰ号培养基），牛肉膏蛋白胨琼脂培养基。

2. 仪器或其他用具：无菌玻璃涂棒，接种环，无菌培养皿，带螺帽试管 5 支，牙签 2 支，5mL 及 1mL 吸头 2 支，5mL 及 1mL 取液器各 1 支，30℃和 37℃培养箱，摇床。

## 四、实验方法

**1. 涂布平板法**

（1）配制肉汤蛋白胨固体培养基平板（每组 15 个）

1）牛肉膏 5g；

2）蛋白胨 10g；

3）NaCl 5g；

4）琼脂 20g；

5）自来水 1000mL，pH7.5，0.1MPa，121℃灭菌 20min。

（2）无菌生理盐水

1）250mL 三角瓶中加入 99mL 0.9% NaCl（加 20 个左右的玻璃珠）；

2）250mL 三角瓶中加入 50mL 0.9% NaCl（作 10 倍稀释用）。

（3）从土壤中分离和纯化微生物

1）采土样：选择较肥沃的土壤，铲去表土层，挖 5～20cm 深度的或特殊要求的地方土壤数 10g，装入灭过菌的牛皮纸袋内，封好袋口，做好编号记录，携回实验室供分离用。

2）制备土壤稀释液：称取土样 1.0g 放入盛 99mL 无菌水并带有玻璃珠的三角瓶中，置摇床振荡 5min 使土样均匀分散在稀释液中成为土壤悬液（$10^{-2}$）。用 1mL 的无菌吸头从中吸取 0.5mL 土壤悬液注入盛有 4.5mL 无菌水的试管中，吹吸 3 次，振荡混匀（$10^{-3}$）。然后再用同一支 1mL 吸头，从此管中吸取 0.5mL 注入另一盛有 4.5mL 无菌水的试管中（$10^{-4}$），依此类推制成 $10^{-5}$，$10^{-6}$，$10^{-7}$各种稀释度的土壤溶液。

（4）涂布

用一支 1mL 无菌吸头分别从稀释度 $10^{-7}$、$10^{-6}$和 $10^{-5}$的土壤稀释液中各吸取 0.1mL 对号放入已写好稀释度的肉汤蛋白胨培养基平板上，用无菌玻璃涂棒在培养基表面轻轻地涂布均匀。涂布时从低浓度到高浓度分别在培养基表面轻轻地涂布，可转动皿底一定角度，继续涂布，直至均匀。每个浓度做 3 个平板。

（5）培养

将平板倒置于 37℃恒温箱中培养 48h。统计每个平板长出的平均菌落数。根据下面菌落计数方法，算出每克土壤中的细菌含量。

（6）菌落计数方法

先计算相同稀释度的平均菌落数。若其中一个培养皿有较大片菌苔生长时，则不应使用，而应以无片状菌苔生长的平皿作为该稀释度的平均菌落数。若片状菌苔的大小不到培养皿的一半，而其余的一半菌落分布又很均匀时，可将此一半的菌落数乘以 2 用来代表全部平皿的菌落数，然后再计算该稀释度的平均菌落数。

**2. 平板划线分离法**

（1）倒平板

按稀释涂布平板法倒平板，并用记号笔标明培养基名称、土样编号和实验日期。

（2）划线

在近火焰处，左手拿皿底，右手拿接种环，挑取上述 $10^{-1}$的土壤悬液一环在平板上划线。划线的方法很多，但无论采用哪种方法，其目的都是通过划线将样品在平板上进行稀释，使之形成单个菌落。用接种环以无菌操作挑取土壤悬液一环，先在平板培养基的一边作第一次平行划线 3～4 条，再转动培养皿约 70°角，并将接种环上剩余物烧掉，待冷却后通过第一次划线部分作第二次平行划线，再用同样的方法通过第二次划线部分作第三次划线和通过第三次平行划线部分作第四次平行划线。

（3）划线完毕后，盖上培养皿盖，倒置于恒温箱培养。

（4）计数。

## 五、实验报告

1. 如果要分离得到极端嗜盐细菌，在什么地方取样品为宜？并说明理由。
2. 在不同的平板上分离得到了哪些类群的微生物？简述它们的菌落特征。
3. 如何确定平板上某单个菌落是否为纯培养？请写出试验的主要步骤。

## 六、注意事项

1. 划线时，每次转动培养皿，要将接种环上剩余物烧掉。
2. 菌落计数时注意：

（1）首先选择平均菌落数为 30～300 的平板，当只有一个稀释度的平均菌落数符合此范围时，则以该平均菌落数乘以其稀释倍数即为该样品中的微生物总数。

（2）若有两个稀释度的平均菌落数为 30～300，则按两者菌落总数之比值来决定。若其比值小于 2，应采取两者的平均数；若大于 2，则取其中较少的菌落总数。

（3）若所有稀释度的平均菌落数均大于 300，则应按稀释度最高的平均菌落数乘以稀释倍数。

（4）所有稀释度的平均菌落数均小于 30，则应按稀释度最低的平均菌落数乘以稀释倍数。

（5）所有稀释度的平均菌落数均不在30～300之间，则以最接近30或300的平均菌落数乘以稀释倍数。

# 实验十四 水中总大肠菌群的测定

## 一、实验目的

1. 熟悉水中大肠菌群的检测方法；
2. 了解以大肠菌群作为卫生检验指标菌的原理；
3. 掌握鉴别大肠菌群的方法；
4. 掌握以最大概率数法原理测定大肠菌群数量的方法。

## 二、实验原理

首先要了解为什么要检测水的大肠菌群。肠道病原菌在水中数量较少，又易变异和死亡，要直接测定水中的肠道病原菌，有许多困难。而大肠菌群是肠道好氧菌中最普遍和数量最多的一种，它们与多数肠道病原菌在水中的存活期相近，又易于培养和观察。因此，一般是通过测定诸如大肠菌群和大肠杆菌这类指标菌的数量来间接推测水源受肠道病原菌污染的可能性的。我国规定，每1000mL合格的饮用水中大肠菌群数不超过3个。

大肠菌群是指一群在37℃条件下培养24h后，能发酵乳糖的需氧和兼性需氧的革兰氏阴性无芽孢杆菌。大肠菌群主要包括大肠杆菌及与其近似的产气杆菌和一些中间类型的杆菌。大肠菌群能发酵乳糖，产酸、产气，革兰氏染色阴性，镜检无芽孢，并于伊红美蓝琼脂上形成具特殊颜色及光泽的菌落。本实验据此检出大肠菌群，并以最大概率数法测定其数量。

## 三、实验器材

**1. 水样**

**2. 培养基及染色剂的制备**

（1）乳糖蛋白胨培养液：将10g蛋白胨、3g牛肉膏、5g乳糖和5g氯化钠加热溶解于1000mL蒸馏水中，调节溶液pH为7.2～7.4，再加入1.6%溴甲酚紫乙醇溶液1mL，充分混匀，分装于试管中，于121℃高压灭菌器中灭菌15min，贮存于冷暗处备用。

（2）三倍浓缩乳糖蛋白胨培养液：按上述乳糖蛋白胨培养液的制备方法配制。除蒸馏水外，各组分用量增加至三倍。

（3）品红亚硫酸钠培养基：

1）贮备培养基的制备：于2000mL烧杯中，先将20～30g琼脂加到900mL蒸馏水中，加热溶解，然后加入3.5g磷酸氢二钾及10g蛋白胨，混匀，使其溶解，再用蒸馏水补充到1000mL，调节溶液pH为7.2～7.4。趁热用脱脂棉或绒布过滤，再加入10g乳糖，混匀，定量分装于250mL或500mL锥形瓶内，置于高压灭菌器中，在121℃灭菌15min，贮存于冷暗处备用。

2）平皿培养基的制备：将上法制备的贮备培养基加热融化。根据锥形瓶内培养基的容量，用灭菌吸管按比例吸取一定量的5%碱性品红乙醇溶液，置于灭菌试管中；再按比例称取无水亚硫酸钠，置于另一灭菌试管内，加灭菌水少许使其溶解，再置于沸水浴中煮沸10min（灭菌）。用灭菌吸管吸取已灭菌的亚硫酸钠溶液，滴加于碱性品红乙醇溶液内至深红色再褪至淡红色为止（不宜加多）。将此混合液全部加入已融化的贮备培养基内，并充分混匀（防止产生气泡）。立即将此培养基适量（约15mL）倾入已灭菌的平皿内，待冷却凝固后，置于冰箱内备用，但保存时间不宜超过两周。如培养基已由淡红色变成深红色，则不能再用。

（4）伊红美蓝培养基：

1）贮备培养基的制备：于2000mL烧杯中，先将20～30g琼脂加到900mL蒸馏水中，加热溶解。再加入2.0g磷酸二氢钾及10g蛋白胨，混合使之溶解，用蒸馏水补充至1000mL，调节溶液pH值为7.2～7.4。趁热用脱脂棉或绒布过滤，再加入10g乳糖，混匀后定量分装于250mL或500mL锥形瓶内，于121℃高压灭菌15min，贮于冷暗处备用。

2）平皿培养基的制备：将上述制备的贮备培养基融化。根据锥形瓶内培养基的容量，用灭菌吸管按比例分别吸取一定量已灭菌的2%伊红水溶液（0.4g伊红溶于20mL水中）和一定量已灭菌的0.5%美蓝水溶液（0.065g美蓝溶于13mL水中），加入已融化的贮备培养基内，并充分混匀（防止产生气泡），立即将此培养基适量倾入已灭菌的空平皿内，待冷却凝固后，置于冰箱内备用。

（5）革兰氏染色剂：

1）结晶紫染色液：将20mL结晶紫乙醇饱和溶液（称取4～8g结晶紫溶于100mL 95%乙醇中）和80mL 1%草酸铵溶液混合、过滤。该溶液放置过久会产生沉淀，不能再用。

2）助染剂：将1g碘与2g碘化钾混合后，加入少许蒸馏水，充分振荡，待完全溶解后，用蒸馏水补充至300mL。此溶液两周内有效。当溶液由棕黄色变为淡黄色时应弃去。为易于贮备，可将上述碘与碘化钾溶于30mL蒸馏水中，临用前再加水稀释。

3）脱色剂：95%乙醇。

4）复染剂：将0.25g沙黄加到10mL 95%乙醇中，待完全溶解后，加90mL蒸馏水。

**3. 器具**

高压蒸气灭菌器、恒温培养箱、冰箱、生物显微镜、载玻片、酒精灯、镍铬丝接种棒、培养皿（直径100mm）、试管（5×150mm），吸管（1mL、5mL、10mL）、烧杯（200mL、500mL、2000mL）、锥形瓶（500mL、1000mL）、采样瓶。

## 四、实验方法

**1. 采取水样**

被检验的水样收集在一个清洁无菌的，容量为100mL磨砂口带塞的瓶中。

（1）取自来水样：先将自来水龙头用火焰烧灼3min灭菌，再开放水龙头，使水流5min，然后以无菌容器接取水样。

（2）在静水中取样时，先以左手揭去盖子，将瓶口朝下浸入水深25～30cm处，然后翻转过来，待水注满后，取出塞好瓶口。

（3）在流动的水中取样对，瓶口必须直接朝水流方向，以免水流流过手指再流入瓶内。

**2. 生活饮用水**

(1) 初发酵试验：在两个装有已灭菌的50mL三倍浓缩乳糖蛋白胨培养液的大试管或烧瓶中（内有倒管），以无菌操作各加入已充分混匀的水样100mL。在10支装有已灭菌的5mL三倍浓缩乳糖蛋白胨培养液的试管中（内有倒管），以无菌操作加入充分混匀的水样10mL混匀后置于37℃恒温箱内培养24h。

(2) 平板分离：上述各发酵管经培养24h后，将产酸、产气及只产酸的发酵管分别接种于伊红美蓝培养基或品红亚硫酸钠培养基上，置于37℃恒温箱内培养24h，挑选符合下列特征的菌落：

1) 伊红美蓝培养基上：深紫黑色，具有金属光泽的菌落；紫黑色，不带或略带金属光泽的菌落；淡紫红色，中心色较深的菌落。

2) 品红亚硫酸钠培养基上：紫红色，具有金属光泽的菌落；深红色，不带或略带金属光泽的菌落；淡红色，中心色较深的菌落。

(3) 取上述特征的群落进行革兰氏染色：

1) 用以培养18～24h的培养物涂片，涂层要薄；

2) 将涂片在火焰上加温固定，待冷却后滴加结晶紫溶液，1min后用水洗去；

3) 滴加助色剂，1min后用水洗去；

4) 滴加脱色剂，摇动玻片，直至无紫色脱落为止（约20～30s），用水洗去；

5) 滴加复染剂，1min后用水洗去，晾干、镜检，呈紫色者为革兰氏阳性菌，呈红色者为阴性菌。

(4) 复发酵试验：上述涂片镜检的菌落如为革兰氏阴性无芽孢的杆菌，则挑选该菌落的另一部分接种于装有普通浓度乳糖蛋白胨培养液的试管中（内有倒管），每管可接种分离自同一初发酵管（瓶）的最典型菌落1～3个，然后置于37℃恒温箱中培养24h，有产酸、产气者（不论导管内气体多少皆作为产气论），即证实有大肠菌群存在。根据证实有大肠菌群存在的阳性管（瓶）数查表6-2，报告每升水样中的大肠菌群数。

**大肠菌群检数表**　　　　**表6-2**

（接种水样总量300mL：100mL 2份，10mL 10份）

| 10mL水量的阳性管数 | 100mL水量的阳性瓶数 | | |
|---|---|---|---|
| | 0 | 1 | 2 |
| | 1L水样中大肠菌群数 | 1L水样中大肠菌群数 | 1L水样中大肠菌群数 |
| 0 | <3 | 4 | 11 |
| 1 | 3 | 8 | 18 |
| 2 | 7 | 13 | 27 |
| 3 | 11 | 18 | 38 |
| 4 | 14 | 24 | 52 |
| 5 | 18 | 30 | 70 |
| 6 | 22 | 36 | 92 |
| 7 | 27 | 43 | 120 |
| 8 | 31 | 51 | 161 |
| 9 | 36 | 60 | 230 |
| 10 | 40 | 69 | >230 |

**3. 水源水**

（1）于各装有5mL三倍浓缩乳糖蛋白胨培养液的5个试管中（内有倒管），分别加入10mL水样；于各装有10mL乳糖蛋白胨培养液的5个试管中（内有倒管），分别加入1mL水样；再于各装有10mL乳糖蛋白胨培养液的5个试管中（内有倒管），分别加入1mL 1∶10稀释的水样。共计15管，三个稀释度。将各管充分混匀，置于37℃恒温箱内培养24h。

（2）平板分离和复发酵试验的检验步骤同“生活饮用水检验方法”。

（3）根据证实总大肠菌群存在的阳性管数，查表6-3，即求得每100mL水样中存在的总大肠菌群数。我国目前系以1L为报告单位，故MPN值再乘以10，即1L水样中的总大肠菌群数。

**最可能数（MPN）表** **表6-3**

（接种5份10mL水样、5份1mL水样、5份0.1mL水样时，不同阳性及阴性情况下100mL水样中细菌数的最可能数和95%可信限值）

| 出现阳性份数 | | | 每100mL水样中细菌数的最可能数 | 95%可信限值 | | 出现阳性份数 | | | 每100mL水样中细菌数的最可能数 | 95%可信限值 | |
|---|---|---|---|---|---|---|---|---|---|---|---|
| 10mL管 | 1mL管 | 0.1mL管 | | 下限 | 上限 | 10mL管 | 1mL管 | 0.1mL管 | | 下限 | 上限 |
| 0 | 0 | 0 | ＜2 | | | 2 | 0 | 1 | 7 | 1 | 17 |
| 0 | 0 | 1 | 2 | ＜0.5 | 7 | 2 | 1 | 0 | 7 | 1 | 17 |
| 0 | 1 | 0 | 2 | ＜0.5 | 7 | 2 | 1 | 1 | 9 | 2 | 21 |
| 0 | 2 | 0 | 4 | ＜0.5 | 11 | 2 | 2 | 0 | 9 | 2 | 21 |
| 1 | 0 | 0 | 2 | ＜0.5 | 7 | 2 | 3 | 0 | 12 | 3 | 28 |
| 1 | 0 | 1 | 4 | ＜0.5 | 11 | 3 | 0 | 0 | 8 | 1 | 19 |
| 1 | 1 | 0 | 4 | ＜0.5 | 15 | 3 | 0 | 1 | 11 | 2 | 25 |
| 1 | 1 | 1 | 6 | ＜0.5 | 15 | 3 | 1 | 0 | 11 | 2 | 25 |
| 1 | 2 | 0 | 6 | ＜0.5 | 15 | 3 | 1 | 1 | 14 | 4 | 34 |
| 2 | 0 | 0 | 5 | ＜0.5 | 13 | 3 | 2 | 0 | 14 | 4 | 34 |
| 3 | 2 | 1 | 17 | 5 | 46 | 5 | 2 | 0 | 49 | 17 | 130 |
| 3 | 3 | 0 | 17 | 5 | 46 | 5 | 2 | 1 | 70 | 23 | 170 |
| 4 | 0 | 0 | 13 | 3 | 31 | 5 | 2 | 2 | 94 | 28 | 220 |
| 4 | 0 | 1 | 17 | 5 | 46 | 5 | 3 | 0 | 79 | 25 | 190 |
| 4 | 1 | 0 | 17 | 5 | 46 | 5 | 3 | 1 | 110 | 31 | 250 |
| 4 | 1 | 1 | 21 | 7 | 63 | 5 | 3 | 2 | 140 | 37 | 310 |
| 4 | 1 | 2 | 26 | 9 | 78 | 5 | 3 | 3 | 180 | 44 | 500 |
| 4 | 2 | 0 | 22 | 7 | 67 | 5 | 4 | 0 | 130 | 35 | 300 |
| 4 | 2 | 1 | 26 | 9 | 78 | 5 | 4 | 1 | 170 | 43 | 190 |
| 4 | 3 | 0 | 27 | 9 | 80 | 5 | 4 | 2 | 220 | 57 | 700 |
| 4 | 3 | 1 | 33 | 11 | 93 | 5 | 4 | 3 | 280 | 90 | 850 |
| 4 | 4 | 0 | 34 | 12 | 93 | 5 | 4 | 4 | 350 | 120 | 1000 |
| 5 | 0 | 0 | 23 | 7 | 70 | 5 | 5 | 0 | 240 | 68 | 750 |
| 5 | 0 | 1 | 34 | 11 | 89 | 5 | 5 | 1 | 350 | 120 | 1000 |
| 5 | 0 | 2 | 43 | 15 | 110 | 5 | 5 | 2 | 540 | 180 | 1400 |
| 5 | 1 | 0 | 33 | 11 | 93 | 5 | 5 | 3 | 920 | 300 | 3200 |
| 5 | 1 | 1 | 46 | 16 | 120 | 5 | 5 | 4 | 1600 | 640 | 5800 |
| 5 | 1 | 2 | 63 | 21 | 150 | 5 | 5 | 5 | ≥2400 | | |

例如，某水样接种 10mL 的 5 管均为阳性；接种 1mL 的 5 管中有 2 管为阳性；接种 1∶10 的水样 1mL 的 5 管均为阴性。从最可能数（MPN）表中查检验结果 5～2～0，得知 100mL 水样中的总大肠菌群数为 49 个，故 1L 水样中的总大肠菌群数为 49×10＝490 个。

对污染严重的地表水和废水，初发酵试验的接种水样应做 1∶10、1∶100、1∶1000 或更高倍数的稀释，检验步骤同“水源水”检验方法。

如果接种的水样量不是 10mL、1mL 和 0.1mL，而是较低或较高的三个浓度的水样量，也可查表求得 MPN 指数，再经式（6-3）换算成每 100mL 的 MPN 值：

$$MPN\text{ 值} = MPN\text{ 指数} \times \frac{10(\text{mL})}{\text{接种量最大的一管}(\text{mL})} \tag{6-4}$$

## 五、注意事项

水样取好后，最好立即检查。若经贮存，水样内细菌数往往会发生变化。所以要求水样贮存温度保持 6～10℃，贮存时间不超过 6h。

## 六、思考题

1. 你所测的水样中，经检查，每升水中含多少大肠菌群数？
2. 造成本实验误差的主要原因有哪些？

# 实验十五 水中细菌总数的测定

## 一、实验目的

1. 懂得水样的采集和水样中细菌总数的测定方法；
2. 要了解和掌握平板菌落计数的原则。

## 二、实验原理

水中细菌总数的测定是进行水质检验的必要项目之一，主要作为判定饮用水、水源水、地表水等被污染程度的标志。本试验采用平板菌落计数技术来测定水中的细菌总数。该法是根据在固体培养基上所形成的菌落来进行计数。菌落总数是指在一定条件下，1mL 水样所生长出来的细菌菌落的总数。由于水中细菌种类繁多，它们对营养和其他生长条件的要求差别很大，不可能找到一种培养基和在一种条件下，使水中的所有细菌均能生长繁殖，因此，这种方法所得到的结果只是一种近似值。目前一般采用营养琼脂培养基，在需氧条件下，37℃培养 36～48h，所得到的细菌绝大部分是腐生性的嗜中温性需氧菌和兼性厌氧菌。

## 三、实验材料

1. 检样：矿泉水、河水等；
2. 培养基：营养琼脂培养基（牛肉膏蛋白胨）；

3. 其他：三角烧瓶，广口瓶，吸管，培养皿，试管，革兰氏染色所需的试剂等。

## 四、实验步骤

### 1. 水样的采集与处理

（1）饮用水：采样前，先用酒精棉球擦拭瓶口灭菌，以灭菌移液管或移液枪取水样。

（2）河水、湖水、池水：应取距水面 10～15cm 的深层水样。先将已灭菌的带玻璃塞的广口瓶，瓶口向下浸入水中，然后翻转过来使瓶口向上，拔去瓶塞，待水盛满后，将瓶塞盖好，再将瓶子从水中取出。在一定深度采水样时，需要用特制的采水器。采水器是一金属框，内装玻璃瓶，其底部装有重沉坠，可按需要坠入一定深度。瓶盖上系有一绳索，拉吊绳索即可打开瓶盖，待水样瓶中水盛满后，放松绳索，即自行盖上瓶盖。水样采集后，将水样瓶取出，并立即用无菌棉塞或灭菌胶塞塞好瓶口，以备检验。

水样采集后应立即检验，如需要保存或运送，应采取冰镇措施，但一般要求不得超过 4h。

### 2. 细菌总数的测定

（1）饮用水：

1）用灭菌吸管吸取 0.1mL 水样，涂布于事先准备好平板中，共做 2 个平皿。

2）另取一空的灭菌培养皿，倾注 15mL～20mL 牛肉膏蛋白胨培养基，作为空白对照。

3）将平皿倒置于 37℃培养箱内，培养 24h，进行菌落计数。

（2）河水、湖水、池水等：

1）稀释水样：取 3 支装有 9mL 无菌水的试管。取 1mL 水样注入第一支装有 9mL 无菌水的试管内，摇匀，再自第一管取上述稀释液 1mL，加入到第二支管内，如此稀释到第三管，分别制成稀释度为 $10^{-1}$、$10^{-2}$、$10^{-3}$ 的均匀稀释液。稀释倍数视水样污染程度而定，一般中度污染水样，取 $10^{-1}$、$10^{-2}$、$10^{-3}$（根据以往那个经验，应多稀释到 $10^{-5}$、$10^{-6}$、$10^{-7}$ 更好）三个连续稀释度，严重污染水样取 $10^{-2}$、$10^{-3}$、$10^{-4}$ 三个连续稀释度。

2）自最后三个稀释度的试管中各取 1mL 稀释水，涂布（涂匀很重要）于事先准备好的平板中，共做 2 个平皿。

3）待琼脂凝固后，将平皿倒置于 37℃培养箱内，培养 24h，进行菌落计数。

### 3. 菌落计数方法

参见微生物学实验平板菌落计数部分。

## 五、实验结果（要求每组除自来水之外，还要选两种水源检测，共计三种）

将实验数据填入表 6-4、表 6-5，并报告所检测水样的细菌总数。

1. 自来水

**自来水细菌计数表** 表 6-4

| 平　板 | 菌落数 | 自来水中细菌总数（个/mL） |
| --- | --- | --- |
| | | |
| | | |

2. 河水、湖水或池水等

水样细菌计数表 表 6-5

| 稀释度 | $10^{-1}$ | | $10^{-2}$ | | $10^{-3}$ | |
|---|---|---|---|---|---|---|
| 平板 | 1 | 2 | 1 | 2 | 1 | 2 |
| 菌落数 | | | | | | |
| 平均菌落数 | | | | | | |
| 计算方法 | | | | | | |
| 细菌总数（个/mL） | | | | | | |

3. 对得到的菌落进行简单染色和革兰氏染色观察，画出菌体的形态图，说明革兰氏染色的结果。

# 实验十六 细菌的生理生化反应

## 一、实验目的

1. 掌握微生物鉴定中常用的几种生化反应原理及结果判断方法；
2. 熟悉微生物生化反应中各种培养基的设计和用途。

## 二、实验方法

**1. 糖发酵试验**

微生物具有不同的利用各种碳源的能力，其原理在于不同微生物具有不同的酶系。微生物利用碳源能力和结果的不同可用于微生物的鉴定。

溴甲酚紫是一种酸碱指示剂，在 pH 中性时为紫色，碱性时为深红色，而在酸性时呈现黄色。试验时，在各试验管中加一倒置小管，称为杜氏管（Durham tube），分装入试验用培养基，高压灭菌，培养基将压进杜氏管，并赶走管内气体，随后滞留在管内的气体将是由微生物在生长过程中产生的。当溴甲酚紫的颜色由紫色变为黄色时，表明微生物利用碳源产生了酸性物质。

微生物在进行碳源代谢时可以产生不同的代谢产物。有些产物为酸性物质——如醋酸、甲酸以及乳酸等。酸性物质的积累有时会超出培养基的缓冲范围，导致 pH 下降，溴甲酚紫的颜色由紫色转为黄色。在产酸过程中，有时伴随气体的产生，这可以在杜氏管中的气泡反映出来；若碳源代谢的终产物为中性化合物，既无颜色变化也无气体产生，表明此时的代谢较为复杂。

（1）实验材料

细菌：大肠杆菌和伤寒杆菌培养物。

试剂：蛋白胨水培养基，葡萄糖，乳糖，麦芽糖，甘露醇，蔗糖，紫红指示剂。

其他：接种环、试管、杜氏小管。

（2）实验过程

1）在试验管上标记好试验用菌的名称。

2）使用无菌操作，将试验用菌接入各个试管，第六管为对照，不接种。

3）将试验管置于培养箱中，直立放置培养。

4）48h后和5天后检查培养状况。

记录试验结果：NR表示无反应或结果复杂；A表示产酸不产气；“AG”表示产酸产气；“B”表示产生碱性物质。

**2. IMViC试验**

IMViC是以下四个试验的缩写：吲哚试验（Indole production，I）、甲基红试验（Methyl red test，M）、V-P试验（Voges-proskauer test，V）和枸橼酸盐利用试验（Citrate utilization test，C），字母“i”是为了发音的需要加入的。

IMViC试验常用于革兰氏阴性的肠道细菌检测中。如产气杆菌和大肠杆菌在许多测试中反应很相似，极其容易混淆。IMViC则可以区分产气杆菌属和大肠杆菌属的微生物。

（1）实验材料

1）细菌：大肠杆菌培养物；产气杆菌培养物；普通变形杆菌培养物。

2）试剂：寇氏试剂、蛋白胨-水-磷酸盐培养基；甲基红试剂；6%α-萘酚；40%KOH溶液；西蒙氏枸橼酸盐琼脂斜面；醋酸铅营养琼脂高层。

3）其他：接种环等。

（2）实验方法

1）吲哚试验

色氨酸几乎存在于所有蛋白质中，有些细菌可以将色氨酸分解为吲哚，吲哚在培养基中的积累可以由寇氏试剂（Kovacs’reagent）检测出来。试验操作必须在48h内完成，否则吲哚进一步代谢，会导致假阴性的结果。

寇氏试剂包含三种成分——盐酸、异戊醇和对二甲基氨基苯甲醛，每种试剂均有其作用；醇用于浓缩分散在培养基中的吲哚；对二甲基氨基苯甲醛可以和吲哚反应形成红色的化合物，该反应必须在酸性条件下完成，盐酸的作用就是制造酸性环境。一旦指示剂的颜色变为红色，就表明吲哚试验为阳性（+）。

实验步骤：

① 在两支装有试验用培养基的试管上标记好试验菌名称，另一管作为对照。

② 按照无菌操作，接种于试验菌培养基中。

③ 37℃培养48h后，取出试验管，每管加入10滴寇氏试剂，在手掌中搓动试管，使管内液体混合均匀，置于试管架上5min后，观察，寇氏试剂由黄色转为红色表示有吲哚存在，为试验阳性（+）。

④ 记录试验结果。

2）甲基红试验

大肠杆菌和产气杆菌利用葡萄糖时有所不同，大肠杆菌接种到诸如MRVP培养基中时，将产生一些酸性物质，导致pH下降。而产气杆菌利用葡萄糖时则产生中性物质，培养基的pH没有显著变化。

实验步骤：

① 在两支装有试验用培养基的试管上标记好试验菌名称，另一管作为对照。

② 按照无菌操作，接种于试验菌培养基中。

③ 37℃培养 48h 后，取出试验管。取两个空试管，每管加入 5mL 培养基（此时无须无菌操作）。再加入 5 滴甲基红试剂，若甲基红试剂由黄色转为红色表示培养基为酸性，为试验阳性（+）。

④ 记录实验结果。

3）V-P 试验

产气杆菌利用葡萄糖时则产生的中性物质之一就是乙酰甲基甲醇，大肠杆菌并不产生此物质。V-P 试验即是用于特异性地检测乙酰甲基甲醇的实验。V-P 试验和甲基红试验一起，是检测大肠杆菌和产气杆菌的最有效方法。

实验步骤：

① 在两支装有试验用培养基的试管上标记好试验菌名称，另一管作为对照。

② 按照无菌操作，接种于试验菌培养基中。

③ 37℃培养 48h 后，取出试验管。加入 0.5mLα-萘酚溶液以及 0.5mL 40% KOH，静置 5min，若管内颜色转为红色为 V-P 试验阳性（+），如果所有试管均无红色产生，应稍微加热后，再看试验结果。

④ 记录实验结果。

4）枸橼酸盐利用试验

另一个可以区分大肠杆菌和产气杆菌的培养基是枸橼酸盐琼脂。若以枸橼酸盐作为唯一的碳源制备培养基，大肠杆菌不能在上面生长，而产气杆菌却可以生长得特别好。而且产气杆菌代谢产生的终产物为碱性，最终导致培养基 pH 的显著上升。指示剂溴百里酚蓝（Bromthymol blue）可以检测到这一变化，pH 中性时溴百里酚蓝为绿色，当 pH 达到 7.6 时，颜色转为深蓝。除此之外，枸橼酸盐利用试验也可以用于某些肠道致病菌的检查。大多数的沙门氏菌可以利用枸橼酸盐，但是伤寒沙门氏菌和所有志贺氏菌却不利用。

实验步骤：

① 在 3 支装有试验用西蒙氏培养基的试管上标记好试验菌名称，另一管作为对照。

② 按照无菌操作，接种于试验菌培养基中。

③ 37℃培养 48h 后，取出试验管，观察，若管内颜色转为深蓝色为枸橼酸盐利用试验阳性（+），若试管仍为绿色，为试验阴性（−）。

④ 记录实验结果。

**3. 明胶液化试验**

异养型微生物依赖于周围环境的有机物生长，而许多有机物由于分子量太大、结构过于复杂，不能被微生物吸收利用。有些微生物可以分泌水解性酶类到细胞外，在体外将大分子有机物分解为它们的结构单元或亚基，再加以吸收利用。不同类型的异养微生物可以水解的有机物是不同的，借此可以对微生物进行分类鉴定。

蛋白质是氨基酸的多聚物，蛋白质如明胶的水解过程为：

明胶→朊蛋白→蛋白胨→多肽→氨基酸

明胶酶是有些微生物分泌的一种蛋白酶，催化蛋白质分解。明胶液化试验用于判断微生物是否具有分解蛋白质的能力。将待检微生物穿刺接种于明胶培养基，经过培养，如细菌分解明胶就会发生明胶液化现象。

（1）实验材料

1）细菌：枯草杆菌、金黄色葡萄球菌和大肠杆菌斜面培养物。

2）试剂：淀粉琼脂平板、碘试剂、明胶高层培养基。

3）其他：接种环。

（2）实验方法

1）取明胶高层培养基3支，通过穿刺接种法，1支接种大肠杆菌，另1支接种枯草杆菌，余下1支为对照。

2）置37℃恒温箱中培养24～48h。

3）将试管置于冰箱或冰浴中30～60min。

4）观察结果，明胶培养基呈液化状态者为阳性（+）；无液化现象发生者则为阴性（—）。

**4. 硫化氢产生试验**

硫化氢（Hydrogen sulfide，HS）是某些微生物在分解半胱氨酸等含硫氨基酸时脱硫产生的。硫化氢的产生是半胱氨酸转化为丙酮酸和氨这一系列反应的第一步，可以由醋酸铅检测出来，硫化氢遇到醋酸铅，可以形成黑色的沉淀。

（1）实验材料

1）细菌：大肠杆菌培养物；普通变形杆菌培养物；枯草杆菌培养物；梭杆菌培养物。

2）试剂：醋酸铅营养琼脂高层；过氧化氢溶液（3%～10%）。

3）其他：接种针；灭菌牙签；灭菌枪头；载玻片；体视镜等。

（2）实验方法

1）使用接种针。按照无菌操作，将细菌接入醋酸铅琼脂高层。1支穿刺接种甲型副伤寒杆菌，另1支穿刺接种乙型副伤寒杆菌，注明菌名。

2）置37℃恒温箱中培养24～48h。

3）培养结束后，观察结果时，有黑褐色硫化铅者为阳性（+），无此现象者为阴性（—）。

4）记录实验结果。

## 三、实验报告

细菌生理生化反应试验测定结果。

## 四、注意事项

1. 甲基红试验中，不要过多滴加甲基红指示剂，以免出现假阳性反应。

2. 在糖发酵试验的培养管中装入倒置杜氏小管时，注意防止小管内有残留气泡。灭菌时适当延长煮沸时间可除去管内气泡。

## 五、思考题

1. 细菌生理生化反应试验中为什么要设有空白对照？

2. 现分离到一株肠道细菌，试结合本实验学到的知识设计一个试验方案进行鉴别。

## 六、附录——上述生理生化反应有关培养基与试剂

（一）培养基

1. 糖发酵培养基

（1）制备“蛋白胨-水”培养基（蛋白胨1%，氯化钠0.5%，pH7.6）备用。

（2）配制各种单糖（葡萄糖、乳糖、麦芽糖、甘露醇、蔗糖共5种）的20%水溶液，0.56～0.7kg/$cm^2$ 高压灭菌20min。

（3）取上述蛋白胨-水培养基100mL，加1.6%溴甲酚紫0.1mL，混匀，分装于小试管中，内倒置一杜氏小管，0.56～0.7kg/$cm^2$ 高压灭菌，以无菌操作加入相应的灭菌单糖溶液于每管中，使最终浓度为0.5%～1.0%。

2. “磷酸盐-葡萄糖-蛋白胨-水”培养基（甲基红-VP试验培养基）（表6-6）

**甲基红-VP试验培养基配制表**　　**表6-6**

| | |
|---|---|
| 蛋白胨 | 0.5g |
| 磷酸氢二钾 | 0.5g |
| 葡萄糖 | 0.5g |
| 蒸馏水 | 100mL |
| pH | 7.2～7.6 |
| 0.56～0.7kg/$cm^2$ 高压灭菌20min | |

3. 枸橼酸盐琼脂培养基（表6-7）

**枸橼酸盐琼脂培养基配制表**　　**表6-7**

| | |
|---|---|
| 枸橼酸钠（无水） | 0.2g |
| 氯化钠 | 0.5g |
| 硫酸镁 | 0.02g |
| 磷酸氢二钾 | 0.1g |
| 磷酸二氢铵 | 0.1g |
| 琼脂 | 2g |
| 蒸馏水 | 100mL |

以上成分加热融化，调pH至6.8～7.0，加入1%溴麝香草酚蓝1mL，混匀，分装试管，经0.7kg/$cm^2$ 高压灭菌20～30min后制成斜面即可。

4. 蛋白胨-水培养基（吲哚试验用）（表6-8）

**蛋白胨-水培养基配制表**　　**表6-8**

| | |
|---|---|
| 蛋白胨 | 1g |
| 氯化钠 | 0.5g |
| 蒸馏水 | 100mL |
| pH | 7.2～7.4 |
| 1kg/$cm^2$ 高压灭菌20min | |

5. 醋酸铅培养基（表 6-9）

醋酸铅培养基配制表　表 6-9

| | |
|---|---|
| 1.5%～2.0%普通肉汤琼脂培养基 | 100mL |
| 硫代硫酸钠 | 0.25g |
| 10%醋酸铅溶液 | 1mL |

将琼脂培养基加热融化，冷却至约 60℃，加入硫代硫酸钠，混合，高压灭菌。冷却至约 50℃，无菌操作加入醋酸铅溶液，混匀，分装试管，每管 3～5mL，直立待凝即可。醋酸铅溶液预先经 0.56kg/cm$^2$ 高压灭菌 15min。

6. 明胶培养基

肉汤培养基 100mL 加入明胶 12～18g，加热融化，分装试管，每管 2～3mL，0.56kg/cm$^2$ 高压灭菌 30min，最终 pH 为 7.2～7.4，直立待凝。

（二）试剂

1. 甲基红试剂

取甲基红 0.1g，溶于 300mL 95%乙醇中，蒸馏水定容至 500mL。

2. 寇氏试剂

5.0g 对二甲基氨基苯甲醛加至 75mL 戊醇中，置 50～60℃水浴中，搅拌使之完全溶解，冷却，将 25mL 浓盐酸一滴滴徐徐加入，边加边摇，配制后装棕色瓶并放暗处保存。

# 实验十七　微生物菌种保藏方法

## 一、实验目的

1. 了解菌种保藏的基本原理；
2. 掌握几种常用的菌种保藏方法。

## 二、实验原理

菌种保藏的方法很多。其原理却大同小异，不外乎为优良菌株创造一个适合长期休眠的环境，即干燥、低温、缺乏氧气和养料等。使微生物的代谢活动处于最低的状态，但又不至于死亡，从而达到保藏的目的。依据不同的菌种或不同的需求，应该选用不同的保藏方法。一般情况下，斜面保藏、半固体穿刺，石蜡油封存和沙土管保藏法较为常用，也比较容易制作。

## 三、实验器材

1. 菌株：待保藏的适龄菌株斜面。
2. 培养基：肉汤蛋白胨斜面，半固体及液体培养基。
3. 试剂：10%HCl、无水氯化钙、石蜡油、五氧化二磷。
4. 器具：用于菌种保藏的小试管（10×100mm）数支、5mL 无菌吸管、1mL 无菌吸管等、灭菌锅、真空泵、干燥器、冰箱无菌水、筛子（40 目、120 目）、标签、接种针、接种环、棉花、牛角匙等。

## 四、实验步骤

**1. 斜面保藏**

（1）流程：标记试管→接种→培养→保藏。

（2）步骤：

1）贴标签：取无菌的肉汤蛋白胨斜面数支。在斜面的正上方距离试管口 2～3cm 处贴上标签。

2）斜面接种：将待保藏的细菌用接种环以无菌操作在斜面上作划线接种。

3）培养：置 37℃恒温箱中培养 48h。

4）保藏：斜面长好后，直接放入 4℃的冰箱中保藏。这种方法一般可保藏三个月至半年。

**2. 半固体穿刺保藏**

（1）流程：标记试管→穿刺接种→培养→保藏。

（2）步骤：

1）贴标签：取无菌的半固体肉汤蛋白等直立柱数支，贴上标签，注明细菌菌名、培养基名称和接种日期。

2）穿刺接种：用接种针以无菌方式从待保藏的细菌斜面上挑取菌种，朝直立柱中央直刺至试管底部，然后又沿原线拉出。

3）培养：置 37℃恒温箱中培养 48h。

4）保藏：半固体直立柱长好以后，放入 4℃的冰箱中保藏。这种方法一般可保藏半年至一年。

**3. 石蜡油封存**

（1）流程：标记试管→接种→培养→加石蜡油→保藏。

（2）步骤：

1）贴标签：取无菌的肉汤蛋白胨斜面数支。在斜面的正上方距离试管口 2～3cm 处贴上标签。在标签纸上写明接种的细菌菌名、培养基名称和接种日期。

2）斜面接种：将待保藏的细菌用接种环以无菌操作在斜面上作划线接种。

3）培养：置 37℃恒温箱中培养 48h。

4）加石蜡油：无菌操作下将 5mL 石蜡油倒在培养好的菌种上面，加入的量以超过斜面或直立柱 1cm 高为宜。

5）保藏：石蜡油封存以后，同样放入 4℃冰箱中保存。也可直接放在低温干燥处保藏。这种方法保藏期一般为 1～2 年。

**4. 砂土管保藏**

（1）流程：制沙土管→灭菌→制菌液→加样→干燥→保藏。

（2）步骤：

1）制作沙土管：选取过 40 目筛的黄砂，酸洗，再水洗至中性，烘干备用；过 120 目筛子的黄土备用；按 1 份土加 4 份砂的比例均匀混合后，装入小试管，装量 1cm 左右。

2）灭菌：加压蒸汽灭菌，直至检测无菌为止。

3）制备菌液：取 3mL 无菌水至待保藏的菌种斜面中，用接种环轻轻刮下菌苔。振荡制成菌悬液。

4）加样：用 1mL 吸管吸取上述悬液 0.1mL 至砂土管，再用接种环拌匀。

5）干燥：把装好菌液的砂土管放入干燥器或同时用真空泵连续抽气，使之干燥。

6）保藏：干燥后的砂土管可直接放入冰箱中保藏；也可以用石蜡封住棉花塞后放冰箱中保藏。

## 五、实验报告

记录大肠杆菌斜面作液状石蜡封藏和枯草杆菌作砂土管保藏的要点。

## 六、注意事项

1. 接种时要在标签纸上写明接种的细菌菌名、培养基名称和接种日期。
2. 注意各种方法的保藏期限。

## 七、思考题

1. 菌种保藏中，石蜡油的作用是什么？
2. 经常使用的细菌菌株，使用哪种保藏方法比较好？
3. 砂土管法适合保藏哪一类微生物？

# 第七章　水质分析实验

## 实验一　醋酸解离度和解离常数的测定

### 一、实验目的

1. 了解用 pH 法测定醋酸解离度和解离常数的原理和方法；
2. 加深对弱电解质解离平衡的理解；
3. 学习 pH 计的使用方法，进一步学习滴定管、移液管的基本操作。

### 二、实验原理

HAc 是弱电解质，在水溶液中存在下列解离平衡。

$$HAc \rightleftharpoons H^+ + Ac^-$$

即：起始浓度 mol/L　　$c_0$　　0　　0

平衡浓度 mol/L　　$c_0 - c_{H^+}$　　$c_{H^+}$　　$c_{Ac^-}$

其解离常数

$$K^{\ominus}_{HAc} = \frac{c_{H^+}/c^{\ominus} \cdot c_{H^+}/c^{\ominus}}{c_{HAc}/c^{\ominus}} \tag{7-1}$$

式中　$c_0$——标准浓度，mol/L。

若 $c$ 代表 HAc 的初始浓度，则上式可改为：

$$K^{\ominus}_{HAc} = \frac{c^2_{H^+}}{c_0 - c_{H^+}/c^{\ominus}} \tag{7-2}$$

HAc 解度程度的大小，用 $\alpha$ 表示，即：

$$\alpha = \frac{已解离的电解质分子数}{溶液中原电解质分子数} \times 100\% \tag{7-3}$$

在稀的纯 HAc 溶液中，当 $c_{H^+} < 5\% c$ 时，$K^{\ominus}_{HAc}$ 与解离 $\alpha$ 的关系为：

$$\alpha = \sqrt{K^{\ominus}_{HAc}/c} \tag{7-4}$$

某一弱电解质的解离常数 $K^{\ominus}_a$ 仅与温度有关，而与该弱电解质溶液的浓度无关；其解离度 $\alpha$ 则随溶液浓度的降低而增大。可以用多种方法来测定弱电解质的 $\alpha$ 和 $K^{\ominus}_a$，本实验是通过对一系列已知浓度的 HAc 溶液的 pH 值的测定，按 $pH = -\lg c_{H^+/c^{\ominus}}$，换算成 $c_{H^+}$，并根据 $c_{H^+/c^{\ominus}} = c_0\alpha$，求其解离度 $\alpha$ 和解离常数 $K^{\ominus}_{HAc}$。

### 三、仪器、试剂与材料

1. 仪器：电子天平（BS224S 型），pH 计（pHS-211C 型），移液管（25mL），吸量管（5mL），锥形瓶（150mL），碱式滴定管（25mL），容量瓶（50mL），洗瓶烧杯（玻璃 25mL，塑料 250mL），洗耳球，玻棒。

2. 试剂：邻苯二甲酸氢钾（S）HAc 溶液（0.1mol/L），NaOH 溶液（0.1mol/L），酚酞指示剂。

3. 材料：滤纸，塑料花篮。

## 四、实验内容

**1. 标准 NaOH 溶液浓度的标定**

先配制 0.1mol/L NaOH 溶液 300mL，转入试剂瓶中，用橡皮塞塞紧，保存。在分析天平上用差减法准确称取三份邻苯二甲酸氢钾，每份重 0.4～0.46g，别放入 150mL 锥形瓶中，用 20～30mL 蒸馏水使之溶解。冷却后加入二滴酚酞指示剂，用 NaOH 标准溶液滴定使溶液显微红色，并且半分钟内不褪色为终点。计算 NaOH 标准溶液物质的量的浓度。

**2. HAc 溶液浓度的测定**

用移液管吸取三份 25.00mL 0.1mol/L HAc 溶液，分别置于三个 150mL 的锥形瓶中，各加 2 滴酚酞指示剂，分别用标准 NaOH 溶液滴定至溶液呈微红色，半分钟内不褪色为止。计算 HAc 溶液的浓度。

**3. 配制不同浓度的 HAc 溶液**

用移液管或滴定管分别取 25.00mL、5.00mL 及 2.50mL 已标定过的 0.1mol/L 的 HAc 溶液于三个 50.00mL 容量瓶中，用蒸馏水稀释至刻度，摇匀，待用，并计算出它们的准确浓度。

**4. 测定不同浓度 HAc 溶液的 pH 值**[1]

把以上三种不同浓度的 HAc 溶液及 HAc 原液分别放入四只干燥的 50mL 玻璃烧杯中，按由稀到浓的次序，在 pH 计上分别测定它们的 pH 值，记录数据和室温，计算电离度和电离常数。

## 五、实验数据与处理

已知浓度的 HAc 溶液的 pH 进行测定，根据 $pH=-\lg C_{H^+}$，换算出 $C_{H^+}$，代入解离常数表达式中，就可求得一系列对应的解离度 $\alpha$ 和解离常数 $K^{\ominus}_{HAc}$，取其平均值即为该温度下的醋酸解离常数。

**1. 标准 NaOH 溶液浓度的标定（表 7-1）**

**标准 NaOH 溶液浓度的标定　　表 7-1**

| 锥形瓶编号 | 邻苯二甲酸氢钾的重量（g） | $H_2O$ 的体积（mL） | NaOH 的体积（mL） | NaOH 的浓度（mol/L） | NaOH 浓度的平均值（mol/L） |
|---|---|---|---|---|---|
| 1 | | | | | |
| 2 | | | | | |
| 3 | | | | | |

**2. 醋酸溶液浓度的测定（表 7-2）**

**醋酸溶液浓度的测定　　表 7-2**

| HAc 溶液的体积（mL） | 消耗 NaOH 体积（mL） | HAc 溶液的准确浓度（mol/L） | HAc 浓度的平均值（mol/L） |
|---|---|---|---|
| | | | |

**3. 测定不同浓度醋酸溶液的pH（表7-3）**

$K^{\ominus}_{HAc}$的测定 表7-3

| 溶液的准确浓度（mol/L） | pH | $C_{H^+}$ | 解离度 α | $K^{\ominus}_{HAc}$ | $K^{\ominus}_{HAc}$的平均值 |
| --- | --- | --- | --- | --- | --- |
| | | | | | |

## 六、思考题

1. 如果改变所测HAc溶液的浓度或温度，对电离度和电离常数有何影响？
2. “电离度越大，酸度就越大”这句话是否正确？为什么？
3. 测定溶液的pH值时，是否需准确量取溶液的体积？
4. 实验中需测定哪些数据？pH计测得是浓度还是活度？

**注释：**

［1］ 测量pH之前，一定要用已知pH的标准缓冲溶液校正pH计的测量方法。

# 实验二 葡萄糖含量的测定

## 一、实验目的

1. 掌握碘量法的实验操作；
2. 熟悉碘价态变化的条件。

## 二、实验原理

碘量法是无机物与有机物分析中应用都较为广泛的一种氧化还原滴定法。在本实验中，碘（$I_2$）与NaOH作用可生成次碘酸钠（NaIO），它可与葡萄糖定量氧化生成葡萄糖酸（$C_6H_{12}O_7$）。反应结束后，在酸性条件下，未与葡萄糖作用的次碘酸钠可转变成单质碘析出，再用硫代硫酸钠标准溶液滴定析出的碘，便可计算出样品中葡萄糖的含量。

其反应式如下：

$$I_2 + C_6H_{12}O_6 + 2NaOH \rightleftharpoons C_6H_{12}O_7 + 2NaI + H_2O$$

$$3IO^- \rightleftharpoons IO_3^- + 2I^-$$

$$NaIO_3 + 5NaI + 6HCl \rightleftharpoons 3I_2 + 6NaCl + 3H_2O$$

$$I_2 + 2Na_2S_2O_3 \rightleftharpoons Na_2S_4O_6 + 2NaI$$

## 三、仪器、试剂与材料

1. 仪器：碘量瓶（150mL），细口瓶（500mL），锥形瓶（150mL），烧瓶（500mL），酸式滴定管（25mL），酸式滴定管（25mL），烧杯（100mL），洗瓶，洗耳球。

2. 试剂：KI（s），$Na_2S_2O_3$（s），HCl（2mol/L，1∶1），NaOH（0.2mol/L），

$1/6K_2Cr_2O_7$标准溶液（0.0500mol/L），$1/2I_2$（0.025mol/L），淀粉（0.5%），$C_6H_{12}O_6$（5%）。

3. 材料：滤纸。

## 四、实验内容

**1. $Na_2S_2O_3$ 标准溶液的配制与标定**

（1）0.05mol/L $Na_2S_2O_3$ 溶液的配制

称取适量 $Na_2S_2O_3 \cdot 5H_2O$ 溶于 300mL 新煮沸并冷却的蒸馏水中，转入细口瓶中，摇匀。

（2）$Na_2S_2O_3$ 标准溶液的标定：

移取 10.00mL 0.0500mol/L $1/6K_2Cr_2O_7$ 标准溶液于碘量瓶中，加入 0.5g KI，摇动溶解后加入 1.5mL（1∶1）HCl，盖上瓶塞，置暗处反应 5min，加入 50mL 新煮沸并冷却的蒸馏水，立即用 $Na_2S_2O_3$ 溶液滴定至颜色由红棕色转为浅黄色，加入 1mL 淀粉溶液继续滴定至蓝色刚好消失为终点。平行滴定三次。记录数据（$V_2$），计算 $Na_2S_2O_3$ 溶液的浓度。

（3）计算：

$$c_{Na_2S_2O_3}(mol/L) = \frac{1/6c_{K_2Cr_2O_7} \times 10.00}{V_1} \qquad (7\text{-}5)$$

式中 $c_{Na_2S_2O_3}$——$Na_2S_2O_3$ 标准溶液的浓度，mol/L；

$c_{K_2Cr_2O_7}$——$1/6K_2Cr_2O_7$ 标准溶液的浓度，mol/L；

10.00——$K_2Cr_2O_7$ 标准溶液的体积，mL；

$V_1$——滴定消耗 $Na_2S_2O_3$ 溶液的体积，mL。

**2. $I_2$ 溶液的配制与标定**

称取 3.5gKI 于 100mL 烧杯中，加入 10mL 水和 1g$I_2$，充分搅拌使 $I_2$ 溶解完全，转移至棕色瓶中，加水稀释至 150mL。

准确移取 10.00mL $I_2$ 溶液于 150mL 锥形瓶中，加 25mL 蒸馏水稀释，用已标定好的 $Na_2S_2O_3$ 标准溶液滴定至黄色，加入 1mL 淀粉溶液。继续滴定至蓝色刚好消失，即为终点。平行测定三份，计算 $I_2$ 溶液的浓度。

**3. 葡萄糖含量的测定**

取 5%葡萄糖注射液 0.5mL 准确稀释 50 倍，摇匀后，取 10.00mL 于碘量瓶中，准确加入碘标准溶液 10.00mL，再慢慢滴加 0.2mol/L 的 NaOH，边加边摇，直到溶液呈淡黄色。

将碘量瓶盖好，放置 10～15min，加入 3mL 2mol/L 的 HCl 溶液，立即用 $Na_2S_2O_3$ 标准溶液滴定至浅黄色时加入 1mL 淀粉溶液，继续滴定至蓝色刚好消失为终点。平行滴定 2～3 次，计算样品中葡萄糖含量。

## 五、实验数据与处理

$$C_6H_{12}O_6\% = \frac{(2c_{I_2}V_{I_2} - c_{Na_2S_2O_3}V_{Na_2S_2O_3}) \cdot M_{C_6H_{12}O_6}}{2000 \times 10.00} \times 100 \qquad (7\text{-}6)$$

式中 $c_{I_2}$——$I_2$ 标准溶液的浓度；

$V_{I_2}$——滴定时 $I_2$ 标准溶液所消耗的体积；

$c_{Na_2S_2O_3}$——$Na_2S_2O_3$ 标准溶液的浓度；

$V_{Na_2S_2O_3}$——滴定时 $Na_2S_2O_3$ 标准溶液所消耗的体积；

$M_{C_6H_{12}O_6}$——$C_6H_{12}O_6$ 的摩尔分子质量；

10.00——移取 $I_2$ 标准溶液的体积。

## 六、思考题

1. 配制溶液时为什么要加入过量 KI？为什么先用少量水进行溶解？
2. 氧化葡萄糖时，加稀 NaOH 溶液的速度能否加快，为什么？
3. 计算葡萄糖含量时是否需要 $I_2$ 的浓度值？
4. $I_2$ 溶液能否装在碱式滴定管中，为什么？

# 实验三 水样浑浊度的测定（分光光度法）

## 一、实验目的

1. 了解浊度的基本概念；
2. 掌握浊度的测定原理和方法。

## 二、实验原理

浑浊度是反映天然水及饮用水的物理性状的一项指标。天然水的浑浊度是由于悬浮物或胶态物所造成的，两者可使光线呈散射或吸收状态。在适当温度下，硫酸肼与六次甲基四胺聚合，形成白色高分子聚合物。以此作为浊度标准液，在一定条件下与水样浊度比较。

本法适用于测定天然水、饮用水的浑浊度，最低检测度为 3 度。

## 三、仪器、试剂与材料

1. 仪器：分光光度计（7200 型），具塞比色管（50mL，成套高型无色），移液管（5mL，10mL）。

2. 试剂：纯水[1]，硫酸肼溶液[2]，六次甲基四胺溶液[3]，福尔马肼标准混悬液[4]，福尔马肼浊度标准使用液[5]。

3. 材料：膜滤器（0.2μm），滤纸片。

## 四、实验内容

### 1. 标准曲线的绘制

吸取浊度标准溶液 0、0.25、0.50、0.75、1.00、1.25、2.50、3.75、5.00（mL），置于 50mL 比色管中，加纯水至标线。摇匀后即得浑浊度为 0、2、4、6、8、10、20、30、40（NTU）的标准系列。于 680nm 波长，用 3cm 比色皿，测定吸光度，绘制标准曲线。

**2. 水样的测定**

吸取 50.00mL 摇匀水样（无气泡，如浑浊度超过 100NTU，可酌情少取，用纯水稀释至 50.0mL），于 50mL 比色管中，按绘制标准曲线步骤测定吸光度，由标准曲线上查得水样浑浊度。

## 五、实验数据与处理

$$浊度(NTU)=\frac{A(B+C)}{C} \tag{7-7}$$

式中　$A$——稀释后水样的浊度，NTU；

$B$——稀释水体积，mL；

$C$——原水样体积，mL。

不同浑浊度范围测试结果的精度如表 7-4 所示：

**浑浊度范围的读数精度**　　表 7-4

| 浑浊度范围（NTU） | 读数精度（NTU） |
|---|---|
| 1～10 | 1 |
| 10～100 | 5 |
| 100～400 | 10 |
| 400～700 | 50 |
| 700 以上 | 100 |

## 六、思考题

1. 浊度与悬浮物的质量浓度有无关系？为什么？
2. 在校准和测量过程中为什么要使用同一个比色皿？

**注释：**

[1]　取蒸馏水经 0.2μm 膜滤器过滤，收集于用过滤水荡洗两次的锥瓶中。

[2]　硫酸肼溶液：称取硫酸肼 1.000g [$(NH_2)_2SO_4 \cdot H_2SO_4$，又名硫酸联胺] 溶于纯水中，并于 100mL 容量瓶中定容（该试剂毒性较强，属致癌物质，取用时请注意）。

[3]　六次甲基四胺溶液：称取 10.00g 六次甲基四胺 [$(CH_2)_6N_4$] 溶于纯水，于 100mL 容量瓶中定容。

[4]　福尔马肼标准混悬液：分别取 5.00mL 硫酸肼溶液、5.00mL 六次甲基四胺溶液于 1000mL 容量瓶中，混匀，于 25℃下静置 24h 后，用纯水稀释至刻度，摇匀。此标准混悬液浊度为 400NTU。

[5]　福尔马肼浊度标准使用液：将福尔马肼浊度标准混悬液用纯水稀释 10 倍。此混悬液浑浊度为 40NTU，使用时再根据需要适当稀释。

# 实验四　水中碱度的测定（酸碱指示剂滴定法）

## 一、实验目的

1. 了解碱度的基本概念；

2. 掌握碱度的测定方法。

## 二、实验原理

水的碱度是指水中含有能与强酸发生中和作用的全部物质。主要来自水样中存在的碳酸盐、重碳酸盐及氢氧化物等。碱度可用盐酸标准溶液进行滴定，其反应为：

$$OH^- + H^+ \longrightarrow H_2O$$

$$CO_3^{2-} + H^+ \longrightarrow HCO_3^-$$

$$HCO_3^- + H^+ \longrightarrow H_2O + CO_2 \uparrow$$

碱度的测定值因使用的指示剂终点 pH 值不同而有很大的差异，只有当试样中的化学组成已知时，才能解释为具体的物质。如用酚酞作为指示剂的滴定结果（pH＝8.3 时消耗的量）称为酚酞碱度，表示氢氧化物（$OH^-$）已被中和，碳酸盐（$CO_3^{2-}$）全部转化为重碳酸盐（$HCO_3^-$）；以甲基橙作为指示剂的滴定结果（pH＝4.4～4.5 时消耗的量）称为甲基橙碱度或总碱度，表示重碳酸盐（原有的和由碳酸盐转化成的）已被中和。通过计算可以求出相应的碳酸盐、重碳酸盐及氢氧根离子的含量，但是，对废水、污水等由于其组成复杂，这种计算无任何意义。

## 三、仪器、试剂与材料

1. 仪器：电子台秤，酸式滴定管（25mL），锥形瓶（250mL），移液管（50mL），洗瓶，吸耳球。

2. 试剂：HCl（0.1000mol/L），NaOH（0.1mol/L），甲基橙（0.1%），酚酞（0.1%）。

3. 材料：pH 试纸（广泛）。

## 四、实验内容

**1. 用酚酞作指示剂滴定**

用移液管取 50mL 水样于 250mL 锥形瓶中，加入酚酞指示剂 1～2 滴，如呈现粉红色，以 0.1000mol/L HCl 标准溶液滴定至颜色刚好消失为止。记下 HCl 消耗量为 $A$（平行两份）。若加入酚酞指示剂后无色，则不需要用 HCl 标准溶液滴定，直接进行步骤 2 的操作。

**2. 用甲基橙作指示剂滴定**

在上述每瓶溶液中各加入甲基橙指示剂 1 滴，如产生橙黄色，用 HCl 标准溶液继续滴定至溶液刚刚呈橙红色为止。记下 HCl 消耗量为 $B$。标准溶液的总用量为 $A+B$。

## 五、实验数据与处理

$$\text{酚酞碱度(以 CaO 计,mg/L)} = \frac{A \times C_{HCl} \times 28.04 \times 1000}{V} \tag{7-8}$$

$$\text{总碱度(以 CaO 计,mg/L)} = \frac{(A+B) \times C_{HCl} \times 28.04 \times 1000}{V} \tag{7-9}$$

## 六、思考题

1. 采集的水样如不立即进行测定而长期暴露于空气中，对其测定结果有何影响？

2. 影响碱度测定的因素有哪些？

# 实验五　水中总硬度的测定（络合滴定法）

## 一、实验目的

1. 了解工业用水硬度的常用表示方法；

2. 掌握 EDTA 配位滴点测定水的总硬度的原理和操作。

## 二、实验原理

当水样中有铬黑 T 指示剂存在时，水中 $Ca^{2+}$、$Mg^{2+}$ 能与 EDTA 络合形成稳定的水溶液无色配合物，也能与铬黑 T 形成水溶液酒红色配合物。在 pH＝10 的条件下滴定时，EDTA 先与 $Ca^{2+}$，再与 $Mg^{2+}$ 形成配合物，游离出指示剂铬黑 T，使溶液由酒红色变为蓝色（在 pH＝8～11 的水溶液中，铬黑 T 为纯蓝色），即为终点。根据 EDTA 标准溶液的用量，求出 $Ca^{2+}$、$Mg^{2+}$ 的总量。

由于有过量 $Mg^{2+}$ 存在时，滴定终点才能明显，故在缓冲溶液加入 EDTA-$Mg^{2+}$ 盐。

## 三、仪器、试剂与材料

1. 仪器：滴定管（25mL），锥形瓶（150mL），移液管（10mL），洗瓶，洗耳球。

2. 试剂：铬黑 T 指示剂[1]，HCl（6mol/L），$NH_3 \cdot H_2O$（6mol/L），EDTA-$Mg^{2+}$ 盐[2]，EDTA 标准溶液（0.010mol/L），氨性缓冲溶液（pH＝10）[3]。

3. 材料：滤纸。

## 四、实验内容

### 1. 0.010mol/L EDTA 标准溶液的配制

称取 3.72g 分析纯 $NaH_2Y_2 \cdot 2H_2O$ 于烧杯中，加入适量蒸馏水搅拌并使其溶解（必要时可温热，以加快溶解），然后在试剂瓶中稀释至 1000mL。按下述方法标定准确浓度。

（1）锌标准溶液的配制

准确称取 0.6～0.8g 分析纯锌粒，溶于 6mol/L 的 HCl 中，置于水浴上温热，溶解后用蒸馏水稀释至 1000mL。

$$c_{Zn}=\frac{m_{Zn}}{M_{Zn}\times V_{Zn}}=\frac{m_{Zn}}{65.37}(\text{mol/L}) \tag{7-10}$$

（2）EDTA 溶液浓度的标定

吸取 5.00mL 锌标准溶液于 150mL 三角瓶中，加入 25mL 蒸馏水，加调节溶液至中性，再加 2mL 缓冲溶液及 5 滴铬黑 T 指示剂，用 EDTA 溶液滴定至溶液由酒红色变为蓝色时，表示滴定已达终点。

$$c_{EDTA}=\frac{C_{Zn}\times V_{Zn}}{V_{EDTA}}(\text{mol/L}) \tag{7-11}$$

**2. 测定**[4]

量取水样[4]100mL（用滴定管或移液管）于150mL锥形瓶中，加入5mL氨性缓冲溶液[5]及少量铬黑T指示剂，摇匀，立即用EDTA标准溶液滴定。近终点时要慢滴，多摇，滴至溶液由酒红色变为纯蓝色时即为终点[6]，平行滴定3份，滴定所消耗的EDTA标准溶液的体积最大相差应小于0.1mL。

## 五、实验数据与处理

$$总硬度(°)=\frac{(cV)_{EDTA}\times M_{CaO}\times 1000}{V_{水样}\times 10}(mg/L) \quad (7\text{-}12)$$

式中 $(cV)_{EDTA}$——EDTA标准溶液浓度（mol/L）与滴定时消耗EDTA标准溶液的体积$V$（mL）的乘积；

$V_{水样}$——水样体积，mL；

$M_{CaO}$——CaO的摩尔质量，56.08g/mol。

## 六、思考题

1. 在pH=10时，以铬黑T为指示剂，为什么滴定的是$Ca^{2+}$、$Mg^{2+}$的含量？
2. 试设计测定水样中的“钙硬”、“镁硬”的分析方案。
3. 如果对硬度测定中的数据要求保留2位有效数字，应以何种量器量取100mL水样？
4. 如果水样中没有或含极少量$Mg^{2+}$时，测定总硬度的终点变色则不够敏锐，应采取什么办法来解决？

**注释：**

[1] 铬黑T指示剂：称取0.5g铬黑T溶于10mL氨性缓冲溶液中，用25mL无水$C_2H_5OH$稀释至100mL，塞紧。此溶液可稳定一月。

[2] EDTA-$Mg^{2+}$盐：称取0.780g $MgSO_4\cdot 7H_2O$及$Na_2EDTA\cdot 2H_2O$溶于50mL蒸馏水中，加入2mL $NH_4Cl$-$NH_3\cdot H_2O$溶液和5滴铬黑T指示剂（此时溶液应呈酒红色。若为天蓝色，应再加极少量$MgSO_4\cdot 7H_2O$使呈酒红色）。用EDTA溶液标准滴定至溶液由酒红色变转为天蓝色为止（切勿过量）。

[3] 氨性缓冲溶液（pH=10）：将16.9g $NH_4Cl$溶于100mL $NH_3\cdot H_2O$中，再加入EDTA-$Mg^{2+}$盐，并用蒸馏水稀释至250mL，混匀（合并后，如溶液又变为酒红色，在计算结果时应扣除试剂空白）。

[4] 若水样的硬度较大，取样量可适当减少。若水样不澄清，应用干燥的过滤器过滤。

[5] 如果水样中的$HCO_3^-$、$H_2CO_3$含量较高，加缓冲液后常析出沉淀微粒，导致终点不稳定。此时，可在水样中加1～2滴6mol/L HCl溶液，并加热煮沸，冷却后再加入缓冲液。

[6] 在滴定终点附近，溶液常出现蓝紫色，在加入半滴或1滴EDTA标准溶液并摇荡之后，即能转变为特定的纯蓝色，此时即为终点。水样中若有$Fe^{3+}$、$Al^{3+}$、$Cu^{2+}$等离子，会干扰$Ca^{2+}$、$Mg^{2+}$的测定，$Fe^{3+}$、$Al^{3+}$可以用三乙醇胺掩蔽，$Cu^{2+}$则用$Na_2S$溶液使之生成CuS沉淀而消除干扰。

# 实验六　氯化物的测定（莫尔法）

## 一、实验目的

1. 学习 $AgNO_3$ 标准溶液的配制与标定方法；
2. 了解莫尔法测定水中 $Cl^-$ 的原理和方法；
3. 掌握滴定操作、移液管的使用。

## 二、实验原理

在含有 $Cl^-$ 的中性或弱碱性溶液中，以 $K_2CrO_4$ 作指示剂，用 $AgNO_3$ 滴定氯化物。氯化物先沉淀，到达终点时，稍过量的 $AgNO_3$ 与 $K_2CrO_4$ 则有橘黄色 $Ag_2CrO_4$ 沉淀生成。

$$Ag^+ + Cl^- \rightleftharpoons AgCl\downarrow（白色）\qquad K_{sp} = 1.8\times10^{-10}$$

$$2Ag^+ + CrO_4^{2-} \rightleftharpoons Ag_2CrO_4\downarrow（橘黄色）\qquad K_{sp} = 1.1\times10^{-12}$$

水样中含有亚硫酸盐及硫化氢，耗氧量超过15mg/L时，会干扰氯化物的测定。

## 三、仪器、试剂与材料

1. 仪器：电子天平（BS224S型），台天平，酸式滴定管（25mL），瓷蒸发皿（125mL），锥形瓶（250mL），容量瓶（1000mL，100mL），试剂瓶（125mL棕色细口），移液管（50mL），洗瓶，洗耳球，坩埚，滴管。

2. 试剂：C（$1/2H_2SO_4$）（0.05mol/L），NaOH（0.05mol/L），NaCl（0.1000mol/L）[1] $AgNO_3$ 标准溶液（0.1000mol/L），$K_2CrO_4$（5%）[2]，$Al(OH)_3$ 悬浮液[3]，酚酞（0.1%）[4]。

3. 材料：滤纸。

## 四、实验内容

### 1. $AgNO_3$ 标准溶液的标定

吸取25.00mLNaCl标准溶液，置于白色瓷蒸发皿内。另取一白色瓷蒸发皿，加25mL蒸馏水作为空白。

分别加入1mL $K_2CrO_4$ 溶液，在不停地搅拌下，用 $AgNO_3$ 溶液滴定，直至产生淡橘黄色为止。每毫升 $AgNO_3$ 液相当于氯化物（$Cl^-$）毫克数为：

$$T_{AgNO_3/Cl^-} = \frac{25\times0.500}{V_2 - V_1} \tag{7-13}$$

式中　$V_1$——用蒸馏水空白消耗 $AgNO_3$ 溶液的体积，mL；

$V_2$——标定NaCl标准溶液所消耗 $AgNO_3$ 溶液的体积，mL；

0.500——每1.00mL NaCl标准溶液所含0.500mg $Cl^-$。

### 2. 水样的测定

（1）取25mL原水样[5]或经过处理的水样（若氯化物含量高，可改取适量水样，用蒸馏水稀释至50mL）置于白色瓷蒸发皿内[6]，另取一瓷蒸发皿，加入25mL蒸馏水，作为空白。

(2) 分别加入两滴酚酞，用 0.05mol/L $H_2SO_4$ 溶液或 0.05mol/L NaOH 溶液调节至溶液红色刚好褪去[7][8]，再各加入 1mL $K_2CrO_4$ 溶液，用 $AgNO_3$ 标准溶液进行滴定，同时用玻璃棒不停地搅拌，直至产生淡橘黄色为止，记录用量。

## 五、实验数据与处理

$$\text{氯化物}(Cl^-,mg/L)=\frac{(V_2-V_1)\times T_{AgNO_3/Cl^-}\times 1000}{V_{\text{水样}}} \tag{7-14}$$

式中 $V_1$——蒸馏水空白消耗硝酸银溶液体积，mL；

$V_2$——水样消耗硝酸银溶液体积，mL；

$T_{AgNO_3/Cl^-}$——1mL $AgNO_3$ 溶液相当于氯化物（$Cl^-$）的重量，mg；

$V_{\text{水样}}$——水样体积，mL。

## 六、思考题

1. 莫尔法测定水中 $Cl^-$，为什么在中性或弱碱性溶液中进行？
2. 以 $K_2CrO_4$ 作指示剂时，其浓度过高过低对测定有何影响？
3. 用 $AgNO_3$ 标准溶液滴定 $Cl^-$ 时，为什么必须剧烈摇动？

**注释：**

**试剂的配制**

[1] NaCl 标准溶液：将分析纯 NaCl 置于坩埚内，加热至 500～600℃，冷却后称取 8.2423g 溶于蒸馏水中，并稀释至 500mL。准确吸取 10.0mL，用蒸馏水稀释至 100mL。此溶液 1.00mL 含有 0.500mg 氯化物（$Cl^-$）。

[2] $K_2CrO_4$ 溶液：称取 5g 分析纯 $K_2CrO_4$，溶于少量蒸馏水中，加入 $AgNO_3$ 溶液至砖红色（沉淀）不褪，搅拌均匀。放置过夜后，进行过滤。将滤液用蒸馏水稀释至 100mL。

[3] [$KAl(SO_4)_2\cdot 12H_2O$] 悬浮液：称取 125g 化学纯 [$KAl(SO_4)_2\cdot 12H_2O$]，溶于 1L 蒸馏水中，加热至 60℃后，缓慢加入 55mL 浓 $NH_3\cdot H_2O$，生成 $Al(OH)_3$ 沉淀，充分搅拌后静置。弃去上部清液，用蒸馏水反复洗涤沉淀，至倾出液无氯离子（用 $AgNO_3$ 检验）为止。最后加入 300mL 蒸馏水，使之呈悬浮液。使用前应振荡均匀。

[4] 酚酞指示剂：称取 0.5g 酚酞，溶于 50mL 95％的乙醇中，加入 50mL 蒸馏水，再滴加 NaOH 溶液，使溶液呈微红色。

**水样的处理**

[5] 溴化物、碘化物能起相同反应，但天然水中一般含量不高，故可忽略不计。

[6] 如水样带有颜色，则取 150mL 水样，置于 250mL 三角瓶内，加入 2mL $Al(OH)_3$ 悬浮液，振荡均匀后过滤，弃去最初滤下的 20mL。

[7] 当水样中有 $NH_4^+$ 存在时，酸度宜控制在 pH 为 6.5～7.2 的范围内。

[8] 如水样含有亚硫酸盐和硫化物，应加 NaOH 溶液将水样调节至中性或弱碱性，再加入 1mL 30％的 $H_2O_2$，搅拌均匀。如水样的耗氧量超过 15mg/L 时，可加入少许 $KMnO_4$ 晶体，煮沸后加入数滴 $C_2H_5OH$ 溶液，以除去多余的 $KMnO_4$，再进行过滤。

# 实验七　高锰酸盐指数的测定（酸性高锰酸钾法）

## 一、实验目的

1. 学会高锰酸钾标准溶液的配制与标定；
2. 掌握清洁水样中高锰酸盐指数的测定原理和方法。

## 二、实验原理

水样在强酸并加热条件下，一定量的高锰酸钾将水样中的某些有机（含无机）物和还原物质氧化，过量的高锰酸钾用的草酸还原后，再以高锰酸钾标准溶液回滴剩余的草酸。根据高锰酸钾溶液实际所消耗的量，即可计算出高锰酸盐的指数值（$mgO_2/L$）。

$$2KMnO_4 + 5H_2C_2O_4 + 3H_2SO_4 \longrightarrow K_2SO_4 + 2MnSO_4 + 10CO_2 + 8H_2O$$

当水样的高锰酸盐指数值超过 10mg/L 时，则酌情分取少量试样，用水稀释后再行测定。

本法适用于氯离子含量不超过 300mg/L 的水样。

## 三、仪器、试剂与材料

1. 仪器：电子天平（BS224S 型），电子台秤，酸式滴定管（25mL），酸式滴定管（25mL），锥形瓶（250mL），移液管（50mL），容量瓶（1000mL），量杯，滴管，沸水浴装置（或电热套），洗瓶，洗耳球，玻棒。

2. 试剂：$H_2SO_4$（1∶3）[1]，$C_{1/5}KMnO_4$ 贮备液（0.1mol/L）[2]，$C_{1/5}KMnO_4$ 使用液，（0.01mol/L）[3]，$C_{1/2}H_2C_2O_4 \cdot 2H_2O$ 标准贮备液（0.1000mol/L）[4]，$C_{1/2}H_2C_2O_4 \cdot 2H_2O$ 标准使用液（0.0100mol/L）[5]。

3. 材料：滤纸。

## 四、实验内容

1. 预处理（锥形瓶）。

取 250mL 锥形瓶 2 只，分别加入蒸馏水 50mL、1∶3 的 $H_2SO_4$ 2.5mL、0.01mol/L $KMnO_4$ 溶液 2mL，置入沸水浴中（或电热套内）煮沸 5min（溶液应保持红色不变）。将溶液倾出，并用少量蒸馏水将锥形瓶冲洗一次。

2. 分取 50mL 混匀的水样（视有机物含量而定），置于 250mL 锥形瓶中。

3. 加入 2.5mL 1∶3 $H_2SO_4$，混匀。

4. 自酸式滴定管加入 10.00mL 0.01mol/L $KMnO_4$ 溶液，并加入玻璃球 2～3 颗，摇匀，立即放入沸水浴中加热，并从水浴重新沸腾时计时，准确煮沸 30min（电热套内 10min）。且注意保持沸水的液面高于瓶内溶液液面。如加热过程中红色明显褪去（说明有机物含量过多），需将水样稀释重做。

5. 取下锥形瓶，趁热（70～80℃）自碱式滴定管加入 10.00mL 0.0100mol/L $H_2C_2O_4 \cdot 2H_2O$ 标准溶液，充分振摇，使红色褪尽。立即用 0.01mol/L $KMnO_4$ 溶液滴定，至溶液

呈微红色，即为终点。记录 $KMnO_4$ 溶液消耗量（$V_1$mL）。$V_1$ 超过 5mL 时，应另取少量水样用蒸馏水稀释重做[6]。

6. $KMnO_4$ 溶液校正系数（$K$）的测定。将上述已滴定至终点的水样至约（70～80℃），趁热加入 10.00mL 0.0100mol/L $H_2C_2O_4 \cdot 2H_2O$ 溶液，再用 0.01mol/L $KMnO_4$ 溶液滴定至微红色，记录 $KMnO_4$ 溶液消耗量（$V_2$，mL）。按下式求得 $KMnO_4$ 溶液的校正系数（$K$）。

$$K=\frac{10.00}{V} \tag{7-15}$$

式中 $V$——$KMnO_4$ 溶液消耗量，mL。

若水样稀释时，应同时另取 100mL 蒸馏水，按上述操作步骤进行空白试验。记录 $KMnO_4$ 溶液消耗量（$V_0$，mL）。

## 五、实验数据与处理

### 1. 水样未经稀释

$$高锰酸盐指数(mg,O_2/L)=\frac{[(10+V_1)K-10]\times M\times 8\times 1000}{100} \tag{7-16}$$

式中 $V_1$——$KMnO_4$ 溶液消耗量，mL；

$K$——$KMnO_4$ 溶液的校正系数；

$M$——$H_2C_2O_4$ 溶液浓度，mol/L；

8——氧（1/2O）摩尔质量。

### 2. 水样经稀释

$$高锰酸盐指数(mg,O_2/L)=\frac{[(10+V_1)K-10]-[(10+V_0)K-10]\times C\times M\times 8\times 1000}{V_2} \tag{7-17}$$

式中 $V_0$——$KMnO_4$ 溶液消耗量，mL；

$V_2$——分取水样量，mL；

$C$——稀释水样中含水的比值。

例如：10.0mL 水样，加 90mL 水稀释至 100mL，则 $C$=0.99。

## 六、思考题

1. 如果水样中 $Cl^-$ 的浓度＞300mg/L 干扰测定时，应采取何种措施防止这种干扰？

2. 在实际测定中，往往引入 $KMnO_4$ 标准溶液的校正系数 $K$，简述它的测定方法。说明 $K$ 与 $KMnO_4$ 标准溶液的 $C$ 之间的关系。

**注释：**

[1] $H_2SO_4$（1∶3）：将一份浓 $H_2SO_4$ 加入三份蒸馏水中，煮沸。滴加 $KMnO_4$ 溶液至 $H_2SO_4$ 溶液呈微红色。

[2] $C_{1/5}KMnO_4$ 贮备液（0.1mol/L）：称取 3.3g 分析纯 $KMnO_4$，溶于少量蒸馏水中，并稀释至 1000mL，煮沸 15min，静置两天以上。然后，用 $G_3$ 玻璃砂芯漏斗过滤，

滤液置于棕色瓶内，再于暗处保存。

[3]　$C_{1/5}KMnO_4$ 使用液（0.01mol/L）：取 100mL $KMnO_4$ 贮备液，溶于少量蒸馏水中，并稀释至 1000mL。

[4]　$C_{1/2}H_2C_2O_4 \cdot 2H_2O$ 标准贮备液（0.1000mol/L）：称取 6.3032g 分析纯 $H_2C_2O_4 \cdot 2H_2O$，溶于少量蒸馏水中，并稀释至 1000mL。

[5]　$C_{1/2}\ H_2C_2O_4 \cdot 2H_2O$ 标准使用液（0.0100mol/L）：取 10.00mL $H_2C_2O_4 \cdot 2H_2O$ 贮备液，溶于少量蒸馏水中，并稀释至 100mL。

[6]　用 $KMnO_4$ 溶液返滴定时，消耗量应为 4～6mL，如过大或过小，应重新取适量水样进行测定。因此在沸水浴加热完毕后，溶液仍应保存淡红色，如红色很浅或全部褪去，说明 $KMnO_4$ 溶液用量不够，需加大水样稀释倍数，再行测定。

# 实验八　化学需氧量的测定（重铬酸钾法）

## 一、实验目的

1. 学会标定硫酸亚铁铵 $(NH_4)_2Fe(SO)_2$ 标准溶液的方法；
2. 掌握水中 COD 的测定原理和方法；
3. 掌握回流装置、滴定操作、移液管的使用。

## 二、实验原理

在强酸性条件下，一定量的 $K_2Cr_2O_7$ 将水样中还原性物质（有机的和无机的）氧化，过量的 $K_2Cr_2O_7$ 以试亚铁灵作指示剂，用 $(NH_4)_2Fe(SO_4)_2$ 回滴。由消耗的 $K_2Cr_2O_7$ 量，即可计算出水样中还原性物质被氧化所消耗氧的数量。

本法可将大部分有机物氧化，但直链烃、芳香烃、苯等化合物不能氧化。若加入 $AgSO_4$ 作催化剂，直链烃类可完全被氧化，可芳香烃类仍不能被氧化。

氯化物在此条件下也能被 $K_2Cr_2O_7$ 氧化生成氯气，消耗一定量的 $K_2Cr_2O_7$，而干扰测定。因此，水样中氯化物高于 30mg/L 时，需加 $HgSO_4$ 使之成为络合物以消除干扰。

## 三、仪器、试剂与材料

1. 仪器：电子天平（BS224S 型），台天平，回流装置（含 500mL 磨口三角瓶、冷凝器、电热套、玻璃珠等），酸式滴定管（50mL），锥形瓶（150mL），容量瓶（1000mL），洗瓶，洗耳球，滴管。

2. 试剂：$HgSO_4$（s），$H_2SO_4$-$Ag_2SO_4$ 混合溶液[1]，$c$（$_{1/6}$ $K_2Cr_2O_7$）标准溶液（0.2500mol/L）[2]，$(NH_4)_2Fe(SO_4)_2$ 标准溶液（0.2500mol/L）[3]，试亚铁灵指示剂[4]。

3. 材料：滤纸。

## 四、实验内容

### 1. $c$ $(NH_4)_2Fe(SO_4)_2$ 标准溶液（0.2500mol/L）的标定

吸取 10.00mL $K_2Cr_2O_7$ 标准溶液于 250mL 锥形瓶中，用蒸馏水稀释至 100mL，加入

8mL 浓 $H_2SO_4$，待冷却后滴加 2～3 滴试亚铁灵指示剂，用 $(NH_4)_2Fe(SO_4)_2$ 标准溶液滴定。使溶液由橙黄色变蓝绿色至刚变到红褐色为止。记录消耗的 $(NH_4)_2Fe(SO_4)_2$ 标准溶液的毫升数（$V$），计算其浓度。

$$c_{(NH_4)_2Fe(SO_4)_2} = \frac{10.00 \times 0.2500}{V} \tag{7-18}$$

**2. 水样的测定——回流法**[5]

（1）吸取 20mL 水样（混匀）于 150mL 磨口三角（或圆底）烧瓶中，加入玻璃珠数粒，再加入 0.4g $HgSO_4$、5mL $H_2SO_4$-$Ag_2SO_4$ 混合试剂及 10.0mL $K_2Cr_2O_7$ 标准溶液。

分次缓慢加入 25mL $H_2SO_4$-$Ag_2SO_4$ 混合试剂[6]，边加边摇动，装上回流冷凝器，加热回流 2h[7]。

（2）冷却 5min 后，先用 80mL 蒸馏水从冷凝管口冲洗冷凝管壁，再用蒸馏水稀释磨口三角（或圆底）烧瓶，使瓶内溶液约至 140mL（因酸度太高，终点不明显，所以烧瓶内溶液总体积不得少于 140mL）。

（3）取下烧瓶，完全冷却后加入 2～3 滴试亚铁灵指示剂，用 $(NH_4)_2Fe(SO_4)_2$ 标准溶液滴定至溶液由橙黄色到蓝绿色，最后变成红褐色为止。记录水样消耗的 $(NH_4)_2Fe(SO_4)_2$ 标准溶液的毫升数（$V_1$）。

（4）同时以 20mL 蒸馏水代替水样做空白试验，操作步骤同水样的测定。记录空白试验所消耗的 $(NH_4)_2Fe(SO_4)_2$ 标准溶液的毫升数（$V_0$）[8]。

## 五、实验数据与处理

$$\text{化学需氧量}(O_2, mg/L) = \frac{(V_0 - V_1) \times 8 \times 1000}{V_{水样}} \tag{7-19}$$

式中 $V_{水样}$——水样体积，mL。

## 六、思考题

1. 水中高锰酸盐指数与化学需氧量 COD 有何异同？
2. COD 的计算公式中，为什么空白值（$V_0$）减水样值（$V_1$）？

**注释：**

**试剂的配制**

[1] $H_2SO_4$-$Ag_2SO_4$ 混合试剂：按 1g $AgSO_4$ 与 75mL 浓 $H_2SO_4$ 的比例混合配制（$AgSO_4$ 先用少量浓 $H_2SO_4$ 溶解）。

[2] C（$1/6K_2Cr_2O_7$）标准溶液（0.2500mol/L）：称取 12.2579g 分析纯 $K_2Cr_2O_7$（事先在 105～110℃烘箱内烘 2h，于干燥器内冷却），溶于蒸馏水中，稀释至 1L。

[3] $(NH_4)_2Fe(SO_4)_2$ 标准溶液（0.2500mol/L）：称取 98g 分析纯 $Fe(NH_4)_2(SO_4)_2 \cdot 6H_2O$ 溶于蒸馏水中，加入 20mL 浓 $H_2SO_4$，冷却后用蒸馏水稀释至 1L。使用时用 $K_2Cr_2O_7$ 标准溶液标定。

[4] 试亚铁灵指示剂：称取 1.485g 化学纯 $C_{12}H_8N_2 \cdot H_2O$ 与 0.695g $FeSO_4 \cdot 7H_2O$ 溶于蒸馏水中，稀释至 100mL。

水棒的测定

[5]　①若取用50mL水样加热回流时，其他试剂所加入的体积或重量都应按比例增加；②水样中的亚硝酸盐氮含量多时，对测定有影响。每毫克亚硝酸盐氮相当于1.14mg的化学需氧量，故可按每毫克亚硝酸盐氮加入10mg氨基磺酸的比例，加入氨基磺酸，以消除干扰。蒸馏水空白中也应加入等量的氨基磺酸；③若水样中含较多氯化物，则取少量水样，用蒸馏水稀释至50mL，加$HgSO_4$ 1g、浓$H_2SO_4$ 5mL。待$HgSO_4$溶解后，再加$K_2CrO_4$溶液25.0mL、浓$H_2SO_4$ 70mL、$AgSO_4$ 1g，加热回流2h。

[6]　若回流瓶沾$H_2SO_4$，应立即用自来水清洗掉。

[7]　回流时，以冒第一个气泡时开始计时（若溶液颜色变绿，说明水样中还原物质含量过高，应取少量水样稀释后再重新测定）。回流后，回流装移离电热套。

[8]　检验测定的准确度，可用邻苯二甲酸氢钾或$C_2H_6O_6$标准溶液做试验。1g邻苯二甲酸氢钾产生的理论COD是1.176g，1L溶有425.1mg纯邻苯二甲酸氢钾溶液的COD是500mg/L；1g $C_2H_6O_6$产生的理论COD是1.067g，1L溶有468.6mg纯$C_2H_6O_6$溶液的COD是500mg/L。$C_2H_6O_6$易被生物氧化，稳定性不及邻苯二甲酸氢钾。

# 实验九　铁的测定（邻二氮菲比色法）

## 一、实验目的

1. 熟悉分光光度计的构件作用、掌握仪器的测量方法；
2. 掌握用分光光度计微量铁的方法。

## 二、实验原理

在pH为8～9的溶液中，亚铁离子可与邻二氮菲形成橙红色络合物，以此进行比色测定。当pH在2.9～3.5且有过量试剂存在时，显色最快。生成的颜色可保持六个月。

本法直接测定的是亚铁离子，若需测定总铁，则可将高铁用盐酸羟胺还原后再测定。

水样经加酸煮沸，可将难溶的铁化合物溶解，同时，消除氰化物、亚硝酸盐对测定的干扰，并使多磷酸盐转变成正磷酸盐以减轻干扰。加入盐酸羟胺则可将高铁还原为低铁，还可消除强氧化剂的影响（不加盐酸羟胺，可测定溶解现低铁含量）。钴及铜超过5mg/L、镍超过2mg/L、锌超过铁含量的10倍时，对此法均有干扰。铋、镉、汞、钼、银可与试剂产生浑浊。

此法最低检出量为2.5μg铁。若取50mL水样，则最低检出浓度为0.05mg/L。

## 三、仪器、试剂与材料

1. 仪器：电子天平（BS224S型），分光光度计（7200型），容量瓶（1000mL，100mL），锥形瓶（150mL），移液管（10mL），洗瓶，洗耳球，滴管。

2. 试剂：HCl（3mol/L），$NH_3 \cdot H_2O$（6mol/L），$Fe^{2+}$标准贮备溶液（0.100mg/L）[1]，$Fe^{2+}$标准贮备溶液（10mg/L）[2]，HAC—NaAC缓冲溶液（pH=10）[3]，$NH_2OH \cdot HCl$

(10%)[4]，邻二氮菲溶液（0.1%）[5]。

3. 材料：滤纸。

## 四、实验内容

**1. 总铁的测定**

(1) 吸取 50mL 混匀的水样[6]（含铁量不超过 0.05mg），置于 150mL 锥形瓶中，加入 1.5mL 3mol/L HCl，玻璃珠 1～2 粒。加热煮沸至水样体积约为 25mL，冷却后定量移入 50mL 比色管中。

(2) 另取 50mL 比色管 8 支，分别加入 $Fe^{2+}$ 标准溶液 0，0.25，0.5，1.0，2.0，3.0，4.0 及 5.0mL，加蒸馏水至约 25mL。

(3) 向水样管[7]及标准管中各加入 1mL 10% $NH_2OH \cdot HCl$ 溶液，用 6mol/L $NH_3 \cdot H_2O$ 调节至中性，再各加入 2.5mL HAC-NaAC 缓冲溶液，2mL 邻二氮菲溶液，用蒸馏水稀释至 50mL 刻度，混匀，静置 10～15min 后。

(4) 以空白试剂作参比，在 $\lambda=510$nm 波长处，选用 1cm 比色皿（如含铁量低于 10μg，则用 3cm 比色皿），采用分光光度计，测定溶液的吸光度（$A$）。

(5) 由测得的（$A$）值，绘制以 $Fe^{2+}$ 浓度对（$A$）的标准曲线，并从标准曲线上查出 $Fe^{2+}$ 含量。

**2. $Fe^{2+}$ 的测定**

亚铁必须在采样时当场测定。操作步骤与测定总铁相同，但不加酸煮沸，也不加盐酸羟胺溶液。

## 五、实验数据与处理

$$C_{(\text{Fe,mg/L})}=\frac{A_{\text{试}}}{A_{\text{标}}}c_{\text{标}}=\frac{\text{相当于标准溶液用量(mL)}\times 10}{\text{水样体积(mL)}} \tag{7-20}$$

## 六、思考题

1. 配制 $Fe^{2+}$ 标准溶液时，用的是 $(NH_4)_2Fe(SO_4)_2$ 试剂，显色时为什么还要加 $NH_2OH \cdot HCl$?

2. 取溶液时，哪些应用移液管或吸量管、量筒？

3. 根据绘制标准曲线的实验数据，计算回归方程 $c=aA+b$ 中的 $a$ 和 $b$

式中　$c$——水中测定 $Fe^{2+}$ 的浓度或含量，mol/L；

$A$——$Fe^{2+}$ 的吸光度；

$a$——回归系数（回归直线斜率）；

$b$——回归直线截距。

**注释：**

**试剂的配制**

[1] $Fe^{2+}$ 标准贮备溶液（0.100g/L）：称取 0.7020g 分析纯 $(NH_4)_2Fe(SO_4)_2 \cdot 6H_2O$，溶于 50mL 蒸馏水中，加入 20mL 浓 $H_2SO_4$，用蒸馏水稀释至 1000mL，此溶液

1.00mL 含有 0.100mg。

[2] $Fe^{2+}$ 标准使用溶液（10mg/L）：吸取 $Fe^{2+}$ 标准贮备溶液 10.0mL，加蒸馏水至 100mL，此溶液 1.00mL 含有 10.0μg $Fe^{2+}$。

[3] HAC-NaAC 缓冲溶液（pH＝10）：取 28.8mL 分析纯冰 HAc 及 68g 分析纯 $CH_3COONa \cdot 3H_2O$，溶于蒸馏水中，并稀释至 1L。

[4] $NH_2OH \cdot HCl$（10%）：称取 10g 分析纯 $NH_2OH \cdot H_2O$，溶于蒸馏水中，并稀释至 100mL。

[5] 邻二氮菲溶液（0.1%）：称取 100mg $C_{12}H_8N_2 \cdot H_2O$，溶于加有两滴浓 HCl 的 100mL 蒸馏水中，贮存于棕色瓶内。

**总铁的测定**

[6] 总铁包括水体中的悬浮铁和生物体中的铁，因此应取充分摇匀的水样进行测定。

[7] 水样中若有难溶性铁盐，经煮沸后还未完全溶解时，可继续煮沸至水样体积达 15～20mL。

# 实验十　氨氮的测定（纳氏试剂分光光度法）

## 一、实验目的

1. 了解纳氏试剂比色法的操作；
2. 掌握直接纳氏试剂分光光度法测定水中氨氮的原理和方法。

## 二、实验原理

氨氮（$NH_3$-N）以游离氨（$NH_3$）或铵盐（$NH_4^+$）等形式存在于水体中，两者的组成比取决于水的 pH 值和水温。当 pH 值偏高时，游离氨的比例较高。反之，则铵盐的比例高，水温则相反。

水中游离氨与纳氏试剂（$K_2HgI_4$）的碱性溶液作用，生成黄棕（红）色胶态络合物（氨基汞络离子的碘衍生物——$[Hg_2ONH_2]I$），其反应式为：

$$2K_2[HgI_4]+3KOH+NH_3=[Hg_2ONH_2]I+7KI+2H_2O$$

$$NH_3+2K_2[HgI_4]+3KOH=\left[\;O\begin{matrix}\diagup Hg \diagdown \\ \diagdown Hg \diagup\end{matrix}NH_2\;\right]I+7KI+2H_2O$$

该络合物的色度与氨氮（$NH_3$-N）的含量成正比，可用分光光度法测定。在 420nm 的波长下，测定 $A$ 值，用标准曲线法求出水中氨氮的含量。

样品中含有悬浮物、余氯、金属离子、硫化物和有机物等对测定有干扰，处理方法如下：

1. 水样含有余氯时，可与氨结合生成氯胺，需加入适量硫代硫酸钠溶液脱氯后才能测定（每 0.5mL 可除去 0.25mg）。

2. 水样中若含有硫化物、酮、醛、醇等亦可引起溶液浑浊，或本身带有颜色且易为碱沉淀的金属离子如脂肪胺、芳香胺、$Fe^{3+}$等有色物质时，可取100mL水样于具塞碘量瓶中，加0.3%硫酸锌溶液1mL和25%氢氧化钠溶液0.1～0.2mL，使水pH值约为10.5，混匀，放置10min，用滤纸过滤，弃去2.5mL初滤液后，接取滤液备用。

3. 钙、镁金属离子加50%酒石酸钾钠溶液络合掩蔽以消除干扰。

4. 对污染严重的水样，或用凝聚沉淀及络合掩蔽后仍浑浊的水样，应采用蒸馏-纳氏试剂分光光度法。

本法适用于生活饮用水、地表水及工业废水中氨氮的测定。若取50mL水样，其最低检出浓度为0.02mg/L。

## 三、仪器、试剂与材料

1. 仪器：分光光度计（7200型），全玻璃磨口蒸馏装置，移液管（50mL，10mL），比色管（50mL），吸耳球，滴管。

2. 试剂：$H_2SO_4$（浓），NaOH（6mol/L），$ZnSO_4$（10%），纳氏试剂[1]，酒石酸钾钠（$KNaC_4H_4O_6 \cdot 4H_2O$）（50%）[2]，氯化铵标准贮备溶液[3]，铵标准使用溶液[4]。

3. 材料：pH试纸。

## 四、实验内容

**1. 无氨蒸馏水的制备（蒸馏法）**

每升蒸馏水中加入2mL浓$H_2SO_4$和少量$KMnO_4$溶液在全玻璃磨口蒸馏器中重蒸馏，弃去初馏液50mL，接收其余馏出液于具塞磨口玻璃容器中。密塞保存。

**2. 水样预处理（絮凝沉淀法）**

取100mL水样于比色管中，加入1mL 10% $ZnSO_4$，混匀，再加入0.1～0.2mL 6mol/L NaOH，调节pH至10.5左右，混匀。静置10min使沉淀，取上层清液50.0mL于50mL比色管中（或将水样过滤，弃初滤液25mL后，取滤液50.0mL于50mL比色管中）。

**3. 标准曲线的绘制及水样的测定**

（1）分取铵标准使用溶液0mL、0.25mL、0.40mL、0.60mL、0.80mL、1.0mL、2.0mL、4.0mL、6.0mL及10.0mL于10支50mL比色管中，用蒸馏水稀释至标线。

（2）向水样及标准溶液比色管内分别加入1.0mL $KNaC_4H_4O_64H_2O$溶液，混匀。再加入1.0mL纳氏试剂，混匀。放置10min后，在波长420nm处，用1cm比色皿，以水为参比，测定吸光度$A$。

（3）由测得的$A$，绘制以氨氮含量对$A$的标准曲线。并从标准曲线上查得氨氮含量(mg)。

## 五、实验数据与处理

$$\text{氨氮}(\mathrm{N,mg/L}) = \frac{m \times 1000}{V} \tag{7-21}$$

式中 $m$——标准曲线上查得的水样中氨氮的含量，mg；

$V$——水样体积，mL。

## 六、思考题

1. 纳氏试剂中 $HgI_2$ 及 KI 的比例，对显色反应的灵敏度有无较大影响？静置后生成的沉淀是否应除去？

2. 看似澄清、无色的水样，有无预处理的必要？

3. 水样中 $Ca^{2+}$、$Mg^{2+}$ 等金属离子的干扰，可加入 1mL 5%的 $KNaC_4H_4O_6 \cdot 4H_2O$ 溶液来消除，为什么？

4. 加入纳氏试剂显色后，为什么必须在较短时间内完成比色操作？

**注释：**

[1] 纳氏试剂：将 100g 分析纯 HgI 及 70g KI 溶于少量无氨蒸馏水中，将此溶液缓缓倾入已冷却的 500mL30%的 NaOH 中，并不停搅拌，然后再用无氨蒸馏水稀释至 1000mL。于暗处静置 24h，倾出上层清液，贮于棕色瓶中，用橡皮塞塞紧，避光保存。有效期可达一年。

[2] 酒石酸钾钠（$KNaC_4H_4O_6 \cdot 4H_2O$）(50%)：称取 50g 分析纯 $KNaC_4H_4O_6 \cdot 4H_2O$，溶于 10mL 蒸馏水中，加热煮沸至不含氨为止（或使约减少 20mL）。冷却后用蒸馏水稀释至 100mL。

[3] 氯化铵标准贮备溶液：将分析纯 $NH_4Cl$ 置于烘箱内，在 105℃下烘烤 1h，冷却后称取 3.8190g，溶于少量无氨蒸馏水中，移入 1000mL 容量瓶内，并稀释至标线。此溶液每毫升含 1.00mg 氨氮（N）。

[4] 铵标准使用溶液：吸取氯化铵标准贮备溶液 10.00mL，于 1000mL 容量瓶中，再用无氨蒸馏水稀释至标线。则此溶液每毫升含 0.0100mg 氨氮（N）。

# 实验十一　亚硝酸盐氮的测定（α-奈胺比色法）

## 一、实验目的

1. 了解水中亚硝酸氮的测定意义；
2. 掌握亚硝酸氮的测定方法和原理。

## 二、实验原理

亚硝酸盐（$NO_2^-$-N）是氨循环的中间产物，不稳定。根据水环境条件，可被氧化成硝酸盐，也可被还原成氨。

在 pH 为 2～2.5 酸性介质中，亚硝酸盐与对氨基苯磺酸起重氮化作用，再与盐酸 α-奈胺起偶氮反应，生成紫红色的偶氮染料。在 540nm 波长处有最大吸收。

本法适用于饮用水、地表水、地下水、生活污水和工业废水中亚硝酸盐氮的测定。最低检出浓度为 0.003mg/L；测定上限为 0.20mg/L。

## 三、仪器、试剂与材料

1. 仪器：分光光度计（7200 型），全玻璃蒸馏器，移液管（50mL，5mL），比色管

(50mL)，容量瓶（100mL，棕色），滴管，洗瓶，吸耳球。

2. 试剂：对氨基苯磺酸溶液（$NH_2C_6H_4SO_3H$）[1]，盐酸α-奈胺溶液（$C_{10}H_7NH_2HCl$）[2]，亚硝酸盐氮标准溶液[3]，HAc-NaAc缓冲溶液[4]，无亚硝酸盐氮蒸馏水[5]，$Al(OH)_3$悬浮液[6]。

3. 材料：滤纸片。

## 四、实验内容

**1. 水样处理**

取50mL水样将其调节至中性（若水样浑浊或色度较深，可先取10mL，加入2mL $Al(OH)_3$悬浮液，搅拌后静置数分钟，过滤，弃去初馏液约25mL）。置于50mL比色管中。

**2. 标准曲线的绘制与水样的测定**

（1）另取50mL比色管9支，分别加入亚硝酸盐氮标准溶液0、0.20、0.50、0.80、1.0、1.5、2.0、2.5及3.0mL，用蒸馏水稀释至50mL。

（2）向水样及标准系列比色管中，分别加入1mL对氨基苯磺酸溶液，摇匀，3min后，再各加入1mL HAc-NaAc缓冲溶液及1mL盐酸α-奈胺溶液，摇匀后放置10min，然后进行比色。

（3）由测得的$A$，绘制以氮含量对$A$的标准曲线。并从标准曲线上查得亚硝酸盐氮的含量（mg）。

## 五、实验数据与处理

$$亚硝酸盐氮(N,mg/L)=\frac{m}{V} \tag{7-22}$$

式中　$m$——由水样测得的校正$A$，从标准曲线上查得相应的亚硝酸盐氮的含量，mg；

$V$——水样的体积，mL。

## 六、思考题

采样后，为什么水样应尽快分析？

**注释：**

[1]　对氨基苯磺酸溶液（$NH_2C_6H_4SO_3H$）：称取0.6g分析纯对氨基苯磺酸（$NH_2C_6H_4SO_3H$），溶于70mL热蒸馏水中，冷却后加入20mL浓HCl，用蒸馏水稀释至100mL，贮于棕色瓶中，放入冰箱内保存。

[2]　盐酸α-奈胺溶液（$C_{10}H_7NH_2HCl$）：称取0.6g分析纯盐酸α-奈胺（$C_{10}H_7NH_2HCl$），加入1mL浓HCl，再加入约70mL蒸馏水，加热至溶解，用蒸馏水稀释至100mL，贮于棕色瓶中，放入冰箱内保存。

[3]　亚硝酸盐氮标准溶液：称取0.2463g干燥的分析纯亚硝酸钠，溶于少量蒸馏水中，加入1mL氯仿，并用蒸馏水稀释至100mL，此溶液每毫升含有0.10g亚硝酸盐氮。

[4]　HAc-NaAc缓冲溶液：称取16.4g分析纯NaAc或27.2g NaAc·$H_2O$溶于少量蒸馏

水中，并稀释至100mL。

[5] 无亚硝酸盐氮蒸馏水：于普通蒸馏水中加入少许$KMNO_4$晶体，使之呈红色，再加入少许$Ba(OH)_2$（或$Ca(OH)_2$）使之呈碱性。置于全玻璃蒸馏器中蒸馏，弃去50mL初馏液，收集中间蒸馏液。亦可于每升蒸馏水中加1mL浓$H_2SO_4$和0.2mL $MnSO_4 \cdot H_2O$溶液（每100mL水中含36.4g $MnSO_4 \cdot H_2O$），加入1～3mL 0.04% $KMNO_4$溶液至呈红色，重蒸馏。

[6] $Al(OH)_3$悬浮液：见实验十六中注释[3]。

# 实验十二　硝酸盐氮的测定（紫外分光光度法）

## 一、实验目的

1. 了解水中硝酸盐氮的测定意义；
2. 掌握硝酸盐氮的测定方法与原理。

## 二、实验原理

水中硝酸盐是在有氧环境下，亚硝酸盐、氨氮等各种形态的含氮化合物中最稳定的氮化物[1]，亦是含氮有机物经无机化作用最终的分解产物。亚硝酸盐可经氧化而生成硝酸盐，硝酸盐在无氧环境中，亦可受微生物的作用而还原为亚硝酸盐[2]。

本实验利用硝酸根离子在紫外区有强烈吸收，在220nm波长处的吸光度而定量测定硝酸盐氮。溶解的有机物在220nm波长处也会有吸收，而硝酸根离子在275nm波长处没有吸收。因此，在275nm波长处作另一次测量，以校正硝酸盐氮值。

此法适用于清洁地表水和未受明显污染的地下水中硝酸盐氮的测定。最低检出浓度为0.08mg/L；测定上限为4.0mg/L。

## 三、仪器、试剂与材料

1. 仪器：紫外分光光度计（T6新世纪），全玻璃磨口蒸馏器（500～1000mL），比色管（50mL），移液管（50mL，5mL）；容量瓶（100mL，棕色），滴管，洗瓶，吸耳球。

2. 试剂：HCl（1mol/L），$KNO_3$标准贮备液（0.1000mol/L）[3]，$KNO_3$标准使用液[4]，氨基磺酸溶液（0.8%）[5]，$Al(OH)_3$悬浮液[6]，无氨蒸馏水[7]。

3. 材料：滤纸片。

## 四、实验内容

### 1. 水样的预处理

取25mL滤液或脱色的水样（如水样浑浊：应过滤；水样有色：则应在100mL水样中加入4mL $Al(OH)_3$悬浮液，充分搅拌5min后，过滤。弃去初滤液10mL），于50mL容量瓶中，加入1mL HCl溶液（如亚硝酸盐氮高于0.1mg/L时，需加入0.1mL氨基磺酸溶液），用无氨蒸馏水稀释到刻度。

**2. 制备标准系列**

分取硝酸钾标准使用溶液1.00、2.00、3.00、4.00、10.00、15.00、20.00、40.00mL于50mL容量瓶内，各加入1mL HCl溶液，用无氨蒸馏水稀释到刻度。

**3. 吸光度的测定**

取1cm石英比色皿在紫外分光光度计上，用50mL蒸馏水加1mL HCl溶液作参比，测定吸光度，由标准系列可得到标准曲线，并根据水样的$A$从标准曲线上查出对应的$NO_3^-$浓度。此值乘以稀释倍数即得水样中$NO_3^-$值。

若存在有机物对测定有干扰作用，可同时分别测定波长在220nm及275nm处标准系列样及水样的吸光度，并得到校正的吸光度值：

$$A_{校} = A_{220nm} - A_{275nm} \tag{7-23}$$

## 五、实验数据与处理

$$硝酸盐氮(N,mg/L) = 硝酸盐氮用量(mL)/V_{水样} \tag{7-24}$$

## 六、思考题

1. 分光光度法对未知浓度物质溶液进行定量测定时，为什么要放置标准溶液？两者之间是什么关系？

2. 已知浓度求算法和标准曲线查找法各有什么优缺点？它们分别适用于什么具体情况？

3. 同时改变空白、标准和待测溶液的光径，为什么不会影响测定结果？

4. 紫外与可见光分光光度法有哪些相同点和不同点？

**注释：**

[1]　如何通过3种形态氮的测定来研究水体的自净作用？

[2]　在3种形态氮的测定中，要求水中不含$NH_3$、$NO_2$、$NO_3^-$。如何快速检测？

[3]　$KNO_3$标准贮备溶液：称取16g（105～110℃干燥4h）分析纯$KNO_3$，溶于无氨蒸馏水中，并稀释至1000mL。

[4]　$KNO_3$标准使用溶液：吸取$KNO_3$标准贮备溶液100mL于无氨蒸馏水中，并稀释至1000mL。

[5]　氨基磺酸溶液（0.8%）：避光保存于冰箱中。

[6]　$Al(OH)_3$悬浮液：称取125g化学纯［$KAl(SO_4)_2 \cdot 12H_2O$］，溶于1L蒸馏水中，加热至60℃后，缓慢加入55mL浓$NH_3 \cdot H_2O$，生成$Al(OH)_3$沉淀，充分搅拌后静置。弃去上部清液，用蒸馏水反复洗涤沉淀，至倾出液无氯离子（用$AgNO_3$检验）为止。最后加入300mL蒸馏水，使之呈悬浮液。使用前应振荡均匀。

[7]　无氨蒸馏水：见实验二十、实验内容1。

# 实验十三　水中溶解氧（DO）的测定（碘量法）

## 一、实验目的

1. 了解测定溶解氧（DO）的意义和方法；

2. 掌握碘量法测定溶解氧的操作技术。

## 二、实验原理

溶解于水中的氧称为溶解氧，当水体受到还原现物质污染时，溶解氧即下降，而有藻类繁殖时，溶解氧呈过饱和，因此，水体中溶解氧的变化情况，在一定程度上反映了水体受污染的程度。

在碱性碘化钾溶液中，水样中的溶解氧与 $Mn(OH)_2$ 结合生成碱式氧化锰 [$MnO(OH)_2$] 的棕色沉淀：

$$2Mn(OH)_2 + O_2 \rightleftharpoons \underset{\text{棕色沉淀}}{2MnO(OH)_2}$$

经酸化后，沉淀溶解生成高价锰的硫酸盐，又将 KI 氧化析出 $I_2$，游离碘以淀粉作指示剂，用硫代硫酸钠标准溶液滴定

$$2Na_2S_2O_3 + I_2 \rightleftharpoons Na_2S_4O_6$$

根据硫代硫酸钠标准溶液用量，计算出溶解氧的含量。

## 三、仪器、试剂与材料

1. 仪器：具塞碘量瓶（250mL 或 300mL），碱式滴定管（25mL），酸式滴定管（25mL），移液管（100mL，10mL），洗耳球。

2. 试剂：$H_2SO_4$（浓 3mol/L），$MnSO_4$ 溶液[1]，碱性碘化钾溶液[2]，淀粉溶液（1%），C1/6$K_2Cr_2O_7$ 标准溶液（0.025mol/L）[3]，$Na_2S_2O_3$ 溶液（~0.025mol/L）。

## 四、实验内容

### 1. $Na_2S_2O_3$ 标准溶液的标定

称取 6.2g $Na_2S_2O_3 \cdot 5H_2O$，溶于经煮沸冷却的水中，加入 0.2g 无水 $NaCO_3$，稀释至 1000mL 贮于棕色瓶中。使用前用 0.025mol/L $K_2Cr_2O_7$ 标准溶液标定。标定方法如下：

在 250mL 具塞碘量瓶中加入 1.0gKI、100mL 蒸馏水、10.00mL 0.025mol/L $K_2Cr_2O_7$ 标准溶液、5mL 3mol/L $H_2SO_4$，摇匀，加塞后置于暗处 5min，此时，有下列反应：

$$K_2Cr_2O_7 + 6KI + H_2SO_4 \rightleftharpoons 4K_2SO_4 + Cr_2(SO_4) + 7H_2O + 3I_2$$

用待标定的 $Na_2S_2O_3$ 溶液滴定至浅黄色。然后，加入 1%淀粉溶液 1.0mL，继续滴定至蓝色刚好消失，记录用量。平行滴定 3 份。

$Na_2S_2O_3$ 溶液的物质的量浓度 $c_1$ 为：

$$c_1 = \frac{6 \times c_2 \times V_2}{V_1} \tag{7-25}$$

式中　$c_2$——$K_2Cr_2O_7$ 标准溶液的物质的量浓度；

$V_1$——消耗 $Na_2S_2O_3$ 溶液的体积；

$V_2$——$K_2Cr_2O_7$ 标准溶液的体积。

### 2. 水样收集[4]

将洗净的 250mL 具塞碘量瓶用待测水样荡洗 3 次。用虹吸法取水样注满碘量瓶，迅速盖紧瓶盖，瓶中不能留有气泡。平行做 3 份水样。

若直接用自来水测定，则用软橡皮管与水管连接，另一端置于水样瓶底部缓慢注水，保持溢流数分钟后盖好瓶塞，注意保持瓶内无气泡。

**3. 溶解氧的固定**

取样之后，在现场立即向盛有样品的碘量瓶中加入 1mL $MnSO_4$ 溶液和 2mL 碱性碘化钾溶液（加入时，移液管顶端应插入液面以下）。小心盖上瓶塞，避免带入空气。

**4. 充分混合**

将碘量瓶上下颠倒转动 5 次左右（使瓶内充分混合），静置 5min 后（待沉淀沉降至瓶的一半深度时），再重新颠倒转动，保证混合均匀[5]。

**5. 游离碘**

再次静置溶液，当形成的沉淀物已沉降至瓶的一半深度后，缓慢加入 2mL 浓 $H_2SO_4$，盖上瓶塞，充分摇动使瓶内棕色沉淀物完全溶解，并使碘均匀分布。于暗处静置 5min。

**6. 滴定**

准确量取上述经酸化过的溶液 100mL（2 份）于碘量瓶中，用 0.025mol/L $Na_2S_2O_3$ 标准溶液滴定。当溶液滴定至淡黄色时，加入 1mL 淀粉溶液继续滴定至蓝色刚褪去为止，记录其用量（$V_1$）。

## 五、实验数据与处理

$$溶解氧(O_2,mg/L)=\frac{c_{1/2Na_2S_2O_3}\times V_{1Na_2S_2O_3}\times 8\times 1000}{100} \tag{7-26}$$

式中　$c_1$——$Na_2S_2O_3$ 溶液的物质的量浓度；

$V_1$——滴定时所消耗 $Na_2S_2O_3$ 溶液的体积。

## 六、思考题

1. 水样呈强酸强碱现时，需 NaOH 或 HCl 调至中现后方可测定，为什么？
2. 水样中游离氯大于 0.1mg/L 时，应先加 $Na_2S_2O_3$ 以去除，简述其处理方法。
3. 水样采集后，若含有藻类、悬浮物、氧化还原性物质，该如何进行预处理？

**注释：**

[1]　称取 480g $MnSO_4\cdot 4H_2O$ 溶于 1000mL 水中，若有不溶物，应过滤。

[2]　称取 500g NaOH 溶于 300～400mL 水中，另称取 150g KI 溶于 200mL 水中，待 NaOH 溶液冷却后，将两种溶液混合，稀释至 1000mL，贮于塑料瓶中，用黑纸包裹避光。

[3]　称取 7.3548g 在 105～110℃干燥 2h 的 $K_2Cr_2O_7$、溶解后转入 1000mL 容量瓶内，用水稀释至刻度，摇匀。

[4]　取河水或塘水样时，将水样装置投入水体中，待到达所需要的深度时停止下沉。此时，水样进入水样瓶并赶出空气至大瓶中，水继而进入大瓶并赶出大瓶的空气，直至大瓶中不再有空气为止（即水不再冒气泡）。取出水样装置，将瓶取下，迅速用玻璃塞盖紧。

[5]　若避光保存，样品最长能贮存 24h。

# 实验十四　生物化学需氧量（$BOD_5$）的测定（接种吸收法）

## 一、实验目的

1. 了解BOD的测定意义及稀释法测BOD的基本原理；

2. 掌握本方法的操作技能，如稀释水的制备、稀释倍数选择、稀释水的校正和溶解氧的测定等。

## 二、实验原理

生物化学需氧量是指在好氧条件下，微生物分解有机物的生物化学过程中，所需要消耗的溶解氧量。

根据参加反应的物质和最终生成的物质，可用下列反应来概括生物化学反应过程：

$$6C_6H_{12}O_6 + 16O_2 + 4NH_3 \rightleftharpoons 4C_5H_7O_2N + 16CO_2 + 28H_2O$$

$$\text{有机污染物} \longrightarrow CO_2 + H_2O + NH_3$$

此生物分解氧化的全过程时间很长，为便于测定，目前国内外普遍采用20±1℃培养5d，分别测定样品培养前后的溶解氧，二者之差值即为$BOD_5$。以氧的mg/L表示，简称$BOD_5$。

水体发生生物化学过程必须具备：

（1）水体中存在能降解有机物的好氧微生物。对易降解的有机物，如碳水化合物、脂肪酸、油脂等，一般微生物均能将其降解，如硝基或磺酸基取代芳烃等，则必须进行生物菌种驯化。

（2）有足够溶解氧。实验用的稀释水要充分曝气以达到氧的饱和或接近饱和。稀释还可以降低水中有机污染物的浓度，使整个分解过程在有足够溶解氧的条件下进行。

（3）有微生物生长所需的营养物质。本实验加入了一定量的无机营养物质，如磷酸盐、钙盐、镁盐和铁盐等。

水中有机污染物的含量越高，水中溶解氧消耗越多，BOD值也越高，水质越差。BOD是一种量度水中可被生物降解部分有机物（包括某些无机物）的综合指标，常用来评价水体有机物的污染程度，并已成为污水处理过程中的一项基本指标。

## 三、仪器、试剂与材料

1. 仪器：恒温培养箱（20±1℃），抽气泵（或无油压缩泵），量筒（1000～2000mL），特制搅拌棒[1]，溶解氧瓶（或碘量瓶250～300mL），细口玻璃瓶（20L），虹吸管[2]。

2. 试剂：HCl（0.5mol/L）[3]，NaOH（0.5mol/L），磷酸盐缓冲溶液[4]，$MgSO_4 \cdot 7H_2O$[5]，$CaCl_2$（1mol/L）[6]，$FeCl_3$（1mol/L）[7]，亚硫酸钠溶液（0.025mol/L）[8]，葡萄糖-谷氨酸标准溶液[9]，稀释水[10]，接种液[11]，接种稀释液[12]。

## 四、实验内容

### 1. 水样的预处理

（1）用0.5mol/L HCl或0.5mol/L NaOH溶液将水样调节pH≈7，但用量不要超过

水样体积的0.5%。若水样的酸度或碱度很高，可改用高浓度的碱或酸液进行中和。

(2) 水样中含有铜、铅、锌、镉、铬、砷、氰等有毒物质时，可使用经驯化的微生物接种液的稀释水进行稀释，或增大稀释倍数，以减小毒物的浓度。

(3) 含有少量游离氯的水样，一般放置1～2h，游离氯即可消失[12]。

**2. 水样的稀释**

确定稀释倍数：

地面水可由测得的高锰酸盐指数乘以适当的系数求出稀释倍数见表7-5（溶解氧含量较高、有机物含量较少的地面水，可不经稀释）。

**高锰酸盐指数与一系数的乘积求出的稀释倍数**　　**表7-5**

| 高锰酸盐指数（mg/L） | 系　数 | 高锰酸盐指数（mg/L） | 系　数 |
|---|---|---|---|
| <5 | — | 10～20 | 0.4、0.6 |
| 5～10 | 0.2、0.3 | >20 | 0.5、0.7、1.0 |

根据稀释倍数，用虹吸法沿筒壁先引入部分稀释水（或接种稀释水）于1000mL量筒中，加入需要量的均匀水样，再引入稀释水（或接种稀释水）至800mL，用特制搅拌棒在水面以下缓慢搅匀（防止气泡产生）。以同样的操作使两个溶解氧瓶充满水样直到溢出少许为止，加塞水封。立即测定其中一瓶溶解氧[13]。

**3. 对照样的配制**

另取两个溶解氧瓶，引入稀释水（或接种稀释水）作为空白。

**4. 培养**

将各份稀释比的水样，稀释水（或接种稀释水）空白各取一瓶另一瓶放入（20±1℃）恒温培养箱中，培养5d后。测其溶解氧（培养过程中每天添加封口水）。

**5. 溶解氧的测定**

溶解氧的测定方法参见实验十三水中溶解氧（DO）的测定。

(1) 用碘量法测定未经培养的各份稀释比的水样和空白水样中的剩余溶解氧。

(2) 用同样方法测定经培养5d后，各份稀释水样和溶解水样中的剩余溶解氧。

## 五、实验数据与处理

**1. 不经稀释直接培养的水样[14][15]**

$$\mathrm{BOD_5(mg/L)} = c_1 - c_2 \tag{7-27}$$

式中　$c_1$——水样在培养前的溶解氧浓度，mg/L；

$c_2$——水样经5d培养后，剩余溶解氧浓度，mg/L。

**2. 经稀释后培养的水样**

$$\mathrm{BOD_5(mg/L)} = \frac{(c_1 - c_2) - (B_1 - B_2)f_1}{f_2} \tag{7-28}$$

式中　$B_1$——稀释水（或接种稀释水）在培养前的溶解氧浓度，mg/L；

$B_2$——稀释水（或接种稀释水）在培养后的溶解氧浓度，mg/L；

$f_1$——稀释水（或接种稀释水）在培养液中所占比例；

$f_2$——水样在培养液中所占比例。

其中 $f_1$、$f_2$ 的计算：假如培养液的稀释比为3%，即3份水样，97份稀释水，则 $f_1=0.97$，$f_2=0.03$。

## 六、注意事项

1. 测定一般水样的 $BOD_5$ 时，硝化作用很不明显或根本不发生。但对于生物处理池出水，则含有大量硝化细菌。因此，在测定 $BOD_5$ 时也包括了部分含氮化合物的需氧量。对于这种水样，如只需测定有机物的需氧量，应加入硝化抑制剂，如丙烯基硫脲（ATU，$C_4H_8N_2S$）等。

2. 在两个或三个稀释比的样品中，凡消耗溶解氧大于2mg/L和剩余溶解氧大于1mg/L都有效，计算结果时，应取平均值。

3. 为检查稀释水、接种液的质量以及化验人员的操作技术，可将20mL葡萄糖-谷氨酸标准溶液用接种稀释水稀释至1000mL，测其 $BOD_5$，其结果应在180～230mg/L之间。否则，应检查接种液、稀释水或操作技术是否存在问题。

**注释：**

[1] 玻璃搅棒：棒长应比所用量筒高度长20cm。在棒的底端固定一个直径比量筒直径略小，并带有几个小孔的硬橡胶板。

[2] 虹吸管：供分取水样和添加稀释水用。

[3] 盐酸溶液（0.5mol/L）：将40mL（$\rho=1.18$g/mL）盐酸溶于水中，稀释至100mL。

[4] 磷酸盐缓冲溶液：将8.5g $KH_2PO_4$，21.75g $K_2HPO_4$，33.4g $Na_2HPO_4 \cdot 7H_2O$ 和1.7g $NH_4Cl$ 溶于水中，稀释至1000mL。此溶液的pH应为7.2。

[5] 硫酸镁溶液：将22.5g硫酸镁（$MgSO_4 \cdot 7H_2O$）溶于水中，稀释至1000mL。

[6] 氯化钙溶液：将27.5g无水氯化钙溶于水，稀释至1000mL。

[7] 氯化铁溶液：将0.25g氯化铁（$FeCl_3 \cdot 6H_2O$）溶于水，稀释至1000mL。

[8] 将1.575g亚硫酸钠溶于水，稀释至1000mL。此溶液不稳定，需每天配制。

[9] 葡萄糖-谷氨酸标准溶液：将葡萄糖（$C_6H_{12}O_6$）和谷氨酸（$HOOC-CH_2-CH_2-CHNH_2-COOH$）在103℃干燥1h，各称取150mg溶于水中，移入1000mL容量瓶内并稀释至标线，混合均匀。此标准溶液临用前配制。

[10] 稀释水：在5～20L玻璃瓶内装入一定量的水，控制水温在20℃左右。然后用无油空气压缩机或薄膜泵，将此水曝气2～8h，使水中的溶解氧接近于饱和，也可以鼓入适量纯氧。瓶口盖以两层经洗涤晾干的纱布，置于20℃培养箱中放置数小时，使水中溶解氧含量达8mg/L左右。临用前于每升水中加入氯化钙溶液、氯化铁溶液、硫酸镁溶液、磷酸盐缓冲溶液各1mL，并混合均匀。稀释水的pH值应为7.2，其 $BOD_5$ 应小于0.2mg/L。

[11] 接种液：根据所取水样用不同的方法获取适用的接种液。

[12] 接种稀释液：取适量接种液，加于稀释水中，混匀。每升稀释水中接种液加入量生活污水为1～10mL，表层土壤浸出液为20～30mL；河水、湖水为10～100mL。接种稀释水的pH值应为7.2，$BOD_5$ 值以在0.3～1.0mg/L之间为宜。接种稀释水配制后应立即使用。

[13] 如大于 0.10mg/L 的水样，可加亚硫酸钠溶液，以除去之。其加入量的计算方法是：取中和好的水样 100mL，加入 1∶1 乙酸 10mL，10%（m/V）碘化钾溶液 1mL，混匀。以淀粉溶液作指示剂，用亚硫酸钠标准溶液滴定游离碘。根据亚硫酸钠标准溶液消耗的体积及其浓度，计算水样中所需加亚硫酸钠溶液的量。

[14] 不经稀释水样的测定：以虹吸法将混匀的水样转移至两个溶解氧瓶内（转移过程中应注意不使其产生气泡）。按稀释水样的测定步骤，进行装瓶，测定。

[15] 工业废水：可由重铬酸钾法测得的 COD 值确定。通常需作三个稀释比，即使用稀释水时，由 COD 值分别乘以系数 0.075、0.15、0.225，即获得三个稀释倍数；使用接种稀释水时，则分别乘以 0.075、0.15 和 0.25，获得三个稀释倍数。稀释倍数确定后按下法之一测定水样。

# 实验十五 酚的测定（4-氨基安替比林比色法）

## 一、实验目的

1. 了解污染对水环境的影响；
2. 掌握用萃取比色法和直接光度法测定酚的原理和操作技术。

## 二、实验原理

在有氧化剂铁氰化钾存在且 pH＝10.0±0.2 的碱性介质中，酚类化合物与 4-氨基安替比林反应，生成橙红色的吲哚酚安替比林染料（生成的色度在水中能稳定约 30min，若用氯仿萃取，可使颜色稳定 4h，并能提高灵敏度，在 460nm 处有最大吸收），其水溶液在 510nm 处有最大吸收。

芳香胺对本法有干扰作用。凡与铁氰化钾起反应的物质均有影响。水样经蒸馏纯化处理，则大部分干扰物质均可除去。

本法最低检出量为 0.5μg，若取 250mL 水样测定，最低检出浓度为 0.002mg/L。

## 三、仪器、试剂与材料

1. 仪器：分光光度计（7200 型），全玻璃磨口蒸馏器（500mL），比色管（50mL），碘量瓶（250mL），具塞分液漏斗（1000mL）。

2. 试剂[1]：$H_3PO_4$（10%），无酚水[2]，4-氨基安替比林（$C_{11}H_{13}ON_3$，2%）[3]，$K_3[Fe(CN)_6]$（8%），$CuSO_4$（10%），酚标准贮备液[4]，酚标准中间液[5]，酚标准使用液[6]，$Na_2S_2O_3$（0.025mol/L）[7]，$NH_4Cl$-$NH_3 \cdot H_2O$ 缓冲溶液（pH≈10[8]），$CHCl_3$，$C_{1/6\,KBrO_3}$（0.1mol/L）—KBr 溶液[9]，$C_{1/6KIO_3}$ 标准溶液（0.0125mol/L$^{-1}$）[10]，淀粉溶液，甲基橙。

## 四、测定步骤

### 1. 水样预处理

（1）量取 250mL 水样置蒸馏瓶中，加数粒小玻璃珠以防暴沸，再加 2 滴甲基橙指示液，用磷酸溶液调 pH 至 4.0 以下使溶液由橘黄变橙红色，加入 5.0mL 硫酸铜溶液（如采样时已加过，则适量补加）。如加入硫酸铜溶液后产生较多黑色硫化铜沉淀，则应摇匀后放置片刻，待沉淀后，再滴加硫酸铜溶液，至不产生沉淀为止。

（2）连接冷凝器，加热蒸馏，至蒸馏出约 225mL 时，停止加热，放冷。向蒸馏瓶中加入 25mL 水，继续蒸馏至馏出液为 250mL 为止。蒸馏过程中，如发现甲基橙的红色褪去，应在蒸馏结束后，再加 1 滴甲基橙指示液。如发现蒸馏后残留液不显酸性，则应重新取样，增加磷酸加入量，进行蒸馏。

**2. 标准曲线的绘制**

于一组 8 支 50mL 比色管中，分别加入 0、0.50、1.00、3.00、5.00、7.00、10.00、12.50mL 酚标准中间液，加水至 50mL 标线。加 0.5mL 缓冲溶液，混匀，此时 pH 值为 10.0±0.2，加 4-氨基安替比林 1mL，混匀。再加 1mL 铁氰化钾，充分混匀后，放置 10min，立即于 510nm 波长处，用 2cm 比色皿，以水为参比，测量吸光度。经空白校正后，绘制吸光度对苯酚含量（mg）的标准曲线。

**3. 水样的测定**

分取适量馏出液放入 50mL 比色管中，稀释至 50mL 标线。用与绘制标准曲线相同的步骤测定吸光度，最后减去空白实验所得吸光度。

**4. 空白试验**

以水代替水样，经蒸馏后，按水样测定步骤进行测定，以其结果作为水样测定的空白校正值。

## 五、实验数据与处理

$$\text{挥发酚(以 } C_6H_5OH \text{ 计,mg/L)} = \frac{m \times 1000}{V} \tag{7-29}$$

式中　$m$——由水样的校正吸光度，从标准曲线上查得的苯酚含量，mg；

$V$——移取馏出液体积，mL。

## 六、注意事项

如水样挥发酚含量较高，移取适量水样并加至 250mL 进行蒸馏，则在计算时应乘以稀释倍数。

**注释：**

[1]　所用试剂均用不含酚和游离氯的蒸馏水配制。（无酚水应贮于玻璃瓶中，取用时应避免与橡胶制品-橡皮塞或乳胶管接触）

[2]　在 1L 蒸馏水中加入 0.2g 经 200℃活化 0.5h 的活性炭，充分振摇，放置过夜，用双层中速滤纸过滤，或加入氢氧化钠使水呈强碱性，并滴加高锰酸钾溶液至紫红色，移入蒸馏瓶中加热蒸馏，收集馏出液备用。储于硬质玻璃瓶中。

[3]　称取 2g 4-氨基安替比林（$C_{11}H_{13}N_3O$）溶于水，稀释至 100mL，置于冰箱中保存。可使用一周（注：固体试剂易潮解、氧化，宜保存在干燥器中）。

[4]　苯酚标准贮备液：称取 1.00g 无色苯酚溶于水，移入 1000mL 容量瓶中，稀释至标

线。至冰箱内保存，至少稳定一个月。

**标定方法：**

（1）吸 10.00mL 酚贮备液于 250mL 碘量瓶中，加水稀释至 100mL，加 10.0mL 0.1mol/L 溴酸钾-溴化钾溶液，立即加入 5mL 盐酸，盖好瓶盖，轻轻摇匀，于暗处放置 10min。加入 1g 碘化钾，密塞，再轻轻摇匀，放置暗处 5min。用 0.0125mol/L 硫代硫酸钠标准滴定溶液滴定至淡黄色，加入 1mL 淀粉溶液，继续滴定至蓝色刚好褪去，记录用量。

（2）同时以水代替苯酚贮备液作空白试验，记录硫代硫酸钠标准溶液滴定溶液用量。

（3）苯酚贮备液浓度由下式计算：

$$C_6H_5OH(mg/L)=\frac{c\times(V_1-V_2)\times 15.68}{V} \tag{7-30}$$

式中　$V_1$——空白实验中硫代硫酸钠标准滴定溶液用量，mL；

$V_2$——滴定苯酚贮备液时，硫代硫酸钠标准溶液滴定溶液用量，mL；

$V$——取用苯酚贮备液体积，mL；

$c$——硫代硫酸钠标准滴定溶液浓度，mol/L；

15.68——$1/6C_6H_5OH$ 摩尔质量，g/mol。

[5]　苯酚标准中间液：临用时取适量苯酚贮备液，用水稀释成溶液含酚量为 0.010mol/L。

[6]　苯酚标准使用液：吸取 5.00mL 苯酚标准中间液于 500mL 容量瓶中，用煮沸后冷却的蒸馏水稀释至刻度。此溶液含酚量为 1.00mg/mL。用前 2h 配制。

[7]　$Na_2S_2O_3$ 标准溶液（0.025mol/L）：称取 3.1g 硫代硫酸钠溶于煮沸放冷的水中，加入 0.2g 碳酸钠，稀释至 1000mL，临用前，用碘酸钾溶液标定。

**标定方法：**

取 10.00mL 碘酸钾溶液置 250mL 容量瓶中，加水稀释至 100mL，加 1g 碘化钾，再加 5mL（1+5）硫酸，加塞，轻轻摇匀。置暗处放置 5min，用硫代硫酸钠溶液滴定至淡黄色，加 1mL 淀粉溶液，继续滴定至蓝色刚褪去为止，记录硫代硫酸钠溶液用量。按下式计算硫代硫酸钠溶液浓度（mol/L）：

$$c_{Na_2S_2O_3\cdot H_2O}=\frac{0.0125\times V_4}{V_3} \tag{7-31}$$

式中　$V_3$——硫代硫酸钠标准溶液消耗量，mL；

$V_4$——移取碘酸钾标准参考溶液量，mL；

0.0125——碘酸钾标准参考溶液浓度，mol/L。

[8]　缓冲溶液（pH≈10）：称取 20g 氯化铵（$NH_4Cl$）溶于 100mL 氨水中，加塞，置冰箱中保存（应避免氨挥发所引起 pH 值的改变，注意在低温下保存和取用后立即加塞盖严，并根据使用情况适量配置）。

[9]　$c_{1/6KBrO_3}$（0.1mol/L）-KBr 溶液：称取 2.784g$KBrO_3$ 溶于水，加入 10gKBr，使其溶解，移入 1000mL 容量瓶中，稀释至标线。

[10]　$c_{1/6KIO_3}$ 标准溶液（0.0125mol/L）：称取预先经 180℃烘干的碘酸钾 0.4458g 溶于水，移入 1000mL 容量瓶中，稀释至标线。

# 实验十六　磷酸盐的测定[1]

## 一、实验目的

1. 掌握比色法测定磷酸盐的原理和方法；
2. 悉 7200 分光光度计的使用方法。

## 二、实验原理

在强酸性溶液中，磷酸盐与钼酸铵生成黄色的磷钼酸络合物，其反应式如下：

$$O_4{}^{2-} + 12Mo_7O_{24}^- + 27H^+ \longrightarrow H[P(Mo_7O_{24})_6] + 10H_2O$$

如在上述黄色溶液中加入适量还原剂[2]，磷钼酸中部分正六价钼则会被还原生成低价的蓝色的磷钼蓝络合物（当磷酸盐的含量较低时，其颜色强度与磷酸盐的含量成正比）。既提高了测定的灵敏度，还可消除等离子的干扰。经显色后，可在 690nm 波长下测定其吸光度。

## 三、仪器、试剂与材料

1. 仪器：分光光度计（7200 型），烘箱，容量瓶（50mL），吸量管（5mL，10mL），洗瓶。

2. 试剂：$(NH_4)_6Mo_7O_{24}$-$H_2SO_4$ 混合液[3]，甘油溶液[4]，磷酸盐标准溶液（0.01g/mL）[5]。

3. 材料：滤纸。

## 四、实验内容

### 1. 工作曲线的绘制

（1）标准系列的配制

分别吸入 0.00mL、0.10mL、0.30mL、0.50mL、1.00mL 和 2.00mL，每毫升含 0.01g $HPO_4^{2-}$ 的标准溶液于 6 个 50mL 已编号的容量瓶中，各加入蒸馏水约 25mL 后，再各加入 25mL $(NH_4)_6Mo_7O_{24}$—$H_2SO_4$ 混合溶液于其中[6][7]，摇匀。放置 5min 后，又滴加 4 滴 $SnCl_2$ 溶液，用蒸馏水稀释至刻度，充分摇匀，静置 10～12min。

于 690nm 波长处，用 1.0cm 比色皿以空白溶液作参比，测定标准溶液的吸光度。

以吸光度（$A$）为纵坐标，溶液中 $HPO_4^{2-}$ 离子的浓度为横坐标，在坐标纸上绘制工作曲线。

（2）样品的测定

取水样于 50mL 容量瓶中，与标准溶液相同条件显色，测定吸光度。从工作曲线上查出相对应的 $HPO_4^{2-}$ 浓度，并计算出水样中磷酸盐的含量。

### 2. 计算

$$HPO_4^{2-}(mg/L) = c_{标HPO_4^{2-}} \times \frac{50}{V} \tag{7-32}$$

式中　$c_{标HPO_4^{2-}}$——标准曲线上查出的 $HPO_4^{2-}$，mg/L；

50——水样稀释的总体积；

$V$——取用水样的体积。

## 五、实验数据与处理

计算磷酸盐含量。

## 六、思考题

1. 测定吸光度时，应该根据什么原则选择某一厚度的吸光度？
2. 空白溶液中为何要加入同标准溶液及未知溶液相同量的甘油溶液？
3. 本实验所用显色剂的用量是否应准确加入？过多过少对测定结果是否有影响？

**注释：**

[1] 本法可用于测定最低检出浓度为 0.01mg/L，测定上限为 0.6mg/L 的水样。

[2] 最常用的还原剂有 $SnCl_2$ 和抗坏血酸。用 $SnCl_2$ 反应的灵敏度高，显色快。但是，蓝色稳定性差。抗坏血酸的主要优点是显色较稳定，反应的灵敏度高，反应要求的酸度范围宽在 $[H^+]=0.48\sim1.44$mol/L，以 $[H^+]=0.8$mol/L 为宜。但反应速度慢。

[3] 在 700mL 蒸馏水中缓慢加入 80mL 浓硫酸，稍冷后，加入 25mL 钼酸铵，待完全溶解后加蒸馏水稀释至 1000mL。溶液贮存于棕色瓶中。

[4] 2.5g $SnCl_2$ 溶于 100mL 甘油中，在电炉上加热促使其溶解，溶液贮存于具塞瓶中，测定时加入 5 滴即可。

[5] 将磷酸二氢钾（$KH_2PO_4$）在 105℃烘干 1h，冷却后称取 0.1417g 溶于水中，移至容量瓶内，用蒸馏水稀释至刻度。将此溶液再稀释 10 倍，即得每毫升含 0.01mg $HPO_4^{2-}$ 离子的标准溶液。

[6] 钼酸铵的加入量要注意控制，过量太多使钼蓝显色不稳定。

[7] 溶液的酸度必须严格控制（一般在 1～2.0mol/L 范围内为宜）。如大于 2.0mol/L 则不容易还原。小于 1.0mol/L 溶液中过量的 $(NH_4)_6Mo_7O_{24}$ 也易被还原，使结果偏高。当降至 0.4mol/L 以下时。过量的钼全部被还原。

# 实验十七　锰含量的测定

## 一、实验目的

1. 了解用比色法测定水样中锰含量的原理；
2. 学习使用 7200 型分光光度计；
3. 进一步熟悉和掌握容量瓶、移液管等常用仪器的基本操作和使用。

## 二、实验原理

在酸性环境中，当有催化剂硝酸银存在时，用过硫酸盐能将可溶性低价锰化物氧化为紫红色高锰酸盐，据此以进行比色测定。其反应过程如下：

$$2Ag^{+}+S_2O_8^{2-}+2H_2O \longrightarrow Ag_2O+2SO_4^{2-}+4H^{+}$$

$$2Mn^{2+}+5Ag_2O+4H^{+} \longrightarrow 2MnO_4^{-}+10Ag^{+}+2H_2O$$

$$2Mn^{2+}+5S_2O_8^{2-}+8H_2O \xrightarrow{Ag^{+}\text{存在下}} 2MnO_4^{-}+10SO_4^{2-}+16H^{+}$$

所生成的 $MnO_4^{2-}$ 可用分光光度计以蒸馏水为参比溶液，在 525nm 下测定其吸光度。

将不同浓度的已知锰含量的系列标准 $MnSO_4$ 按上法进行同样显色处理后，在波长 525nm 下一一测定其吸光度，以上述（经显色处理后的）标准溶液的吸光度为纵坐标、锰的质量浓度为横坐标，作图。所得曲线称为标准曲线。通过标准曲线可由待测溶液的吸光度查出锰的质量浓度，并由此计算出锰的含量。

## 三、仪器、试剂与材料

1. 仪器：分光光度计（7200 型），吸量管（10mL），容量瓶（25mL），锥形瓶（100mL），吸耳球，酒精灯，铁三脚架，石棉网，玻棒，洗瓶。

2. 试剂：$(NH_4)_2S_2O_8(s)$，$HgSO_4$-$H_3PO_4$ 混合溶液[1]，$Mn^{2+}$ 标准溶液（0.1mg/mL）[2]。

3. 材料：滤纸。

## 四、实验内容

### 1. $Mn^{2+}$ 标准曲线的制作

取 8 只 100mL 的锥形瓶，分别加入每毫升含 0.01g 锰的标准溶液 0.00、0.05、0.10、0.15、2.00、4.00、6.00 和 8.00mL，加蒸馏水 20mL，充分摇匀，然后加混合溶液 2.5mL，置酒精灯上加热至 60～70℃时[3]，再加入 0.5g $(NH_4)_2S_2O_8$，继续加热至沸腾 1min 后[4]，取下锥形瓶，用流水迅速冷却至室温。将溶液全部转入容量瓶中，并用少量蒸馏水洗涤锥形瓶 1～2 次（洗涤液倒入容量瓶中），用蒸馏水稀释至刻度，摇匀待用。

选用 1cm 比色皿和 525nm 的波长光源，以蒸馏水为参比，利用 7200 型分光光度计，分别测定上述标准溶液的吸光度（A）。

以溶液的吸光度（A）为纵坐标，溶液中 $Mn^{2+}$ 的质量浓度为横坐标，在坐标纸上绘制标准曲线。

### 2. 水样中锰含量的测定[5]

取水样 20mL[6][7] 注入 100mL 锥形瓶中，按上述标准溶液的操作步骤和条件进行测定[8]，并根据所测吸光度，在标准曲线上查出相对应的锰的浓度，再计算出水样中锰的含量（mg/L）。

### 3. 计算

$$Mn^{2+}(mg/L)=c_{\text{标}Mn^{2+}}\times\frac{25}{V} \tag{7-33}$$

式中 $c_{\text{标}Mn^{2+}}$——标准曲线上查出的锰的浓度，mg/L；

25——水样稀释的总体积；

$V$——取用水样的体积。

## 五、实验数据与处理

在标准曲线上查出相对应的锰的浓度，再计算出水样中锰的含量（mg/L）。

## 六、思考题

1. 采用分光光度法绘制标准曲线的目的是什么？
2. 如何从未知液（水样中）的吸光度求得锰的含量？
3. 使用比色皿时应注意什么？
4. 水样中有机物含量过大，为什么要先加 $HNO_3$、$H_2SO_4$ 进行预处理？
5. 实验所加试剂中哪些是氧化剂？哪些是还原剂？各起什么作用？

**注释：**

[1] 溶解 7.5g $HgSO_4$ 于 600mL（2∶1）$HNO_3$ 溶液中，加入 $H_3PO_4$（比重 1.70）20mL 和 0.04g $AgNO_3$，搅拌，冷却后加蒸馏水稀释至 1000mL（若用含 $Mn^{2+}$ 的水溶液则不需此混合液）。硫酸汞的存在，可消除氯离子的干扰溶解；加入磷酸则能促使氧化作用更快进行，并避免水样中二氧化锰的形成，同时可消除铁离子的干扰。

[2] 溶解 0.3076g $MnSO_4 \cdot H_2O$ 于蒸馏水中，加入浓 $H_2SO_4$ 1mL，移入 1000mL 容量瓶内，加蒸馏水稀释至刻度。此溶液每毫升含 0.1mg $Mn^{2+}$，将此溶液稀释至 10 倍，即得每毫升含 0.01mg$Mn^{2+}$ 的标准溶液。

[3] 温度控制在 60～70℃时，氧化反应可以迅速进行。

[4] 加热时间过长，会使过量的过硫酸铵分解，因而影响高锰酸盐的颜色，产生负偏差。如冷却太慢，也有同样的作用。

[5] 锰含量的测定还可采用目视比色、标准对照等方法，本实验则采用的是分光光度法。

[6] 也可用含 $Mn^{2+}$ 的未知溶液代替。该溶液可由 0.077～0.11g（4 位有效数字）$MnSO_4$（分析试剂）溶于 1000mL 蒸馏水中配制而成。若用含 $Mn^{2+}$ 的未知溶液，则加 5mL 2mol/L 的 $H_2SO_4$，然后，加氧化剂和催化剂。

[7] 显色后，如溶液呈现浑浊或有其它有色离子存在时，可以采用空白校正法。即在比色测定或读取吸光度数据后，在此溶液中加入 $H_2O_2$ 0.05mL 摇匀，待高锰酸根离子的颜色褪尽且无气泡附着在比色槽壁后，再次进行比色或测量吸光度。从二次的差值求得锰含量。

[8] 水中含有有机物时，可增加 $(NH_4)_2S_2O_8$ 的量并适当延长加热时间，以破坏之。若有机物量大，则应预先处理。首先向水样中加入浓硫酸 5mL 和浓硝酸 5mL，加热蒸发至冒烟。待冷却后，加少量蒸馏水。此时，溶液应透明，否则，应再次处理。

# 实验十八　水中余氯的测定（氧化还原滴定法）

## 一、实验目的

1. 学会 $Na_2S_2O_3$ 标准溶液的配置和标定方法；

2. 掌握碘量法测定水中余氯的原理和方法。

## 二、实验原理

水中余氯在酸性溶液中与 KI 作用，释放出等化学计量的碘（$I_2$），以淀粉为指示剂，用 $Na_2S_2O_3$ 标准溶液滴定至蓝色消失，由标准溶液的用量和浓度求出水中的余氯（$Cl_2$，mg/L）。

$$I^- + CH_3COOH \longrightarrow CH_3COO^- + HI$$

$$2HI + HOCl \longrightarrow I_2 + H^+ + Cl^- + H_2O$$

$$HOCO^- /Cl^- = 1.49V \qquad I_2/I^- = 1.545V$$

$$I_2 + 2S_2O_6^{2-} \longrightarrow 2I^- + S_4O_6^{2-}$$

$$S_4O_6^{2-}/S_2O_3^{2-} = 1.08V$$

## 三、仪器、试剂及材料

1. 仪器：电子天平，电子台秤，碘量瓶（250mL），移液管（250mL），滴定管（25mL），量杯（50mL），容量瓶（500mL）。

2. 试剂：$H_2SO_4$（体积比为 1∶5）[1]，$Na_2S_2O_3$ 标准溶液（0.1mol/L）[2]，$Na_2S_2O_3$ 标准溶液（0.0100mol/L）[3]，1/6$K_2Cr_2O_7$ 标准溶液（0.025mol/L）[4]，HAC-NaAc 缓冲溶液（pH=4）[5]，淀粉溶液（1%）[6]。

3. 材料：滤纸。

## 四、实验内容

**1. 0.10mol·$L^{-1}$ $Na_2S_2O_3$ 标准溶液的标定**

吸取 25.00mL $K_2Cr_2O_7$ 标准溶液 3 份，分别放入碘量瓶中。加入 50mL 水和 1g KI，5mL（体积比为 1∶5）的 $H_2SO_4$ 溶液，放置 5min 后，用待标定的 $Na_2S_2O_3$ 标准溶液滴定至淡黄色，加入 1mL 1%淀粉溶液，继续滴定至蓝色刚好变为亮绿色（$Cr^{3+}$ 的颜色）为止。记录用量。

**2. 水样的测定**

（1）用移液管吸取 3 份 100mL 水样（如含量小于 1mg/L 时，可适当多取水样），分别放入 300mL 碘量瓶内，加入 0.5g KI 和 5mL HAC-NaAc 缓冲溶液（pH 应为 3.5～4.2，如大于此 pH 值，继续调至 pH≈4，再滴定）。

（2）用 0.0100mol/L $Na_2S_2O_3$ 标准溶液滴定至淡黄色[7]，加入 1mL 淀粉溶液，继续滴定至蓝色消失。记录用量。

## 五、实验数据与处理

（1）
$$c_{Na_2S_2O_3}(mol/L) = \frac{(c_{K_2Cr_2O_7} \times 25.00)}{V_1} \tag{7-34}$$

式中 $c_{Na_2S_2O_3}$——硫代硫酸钠标准溶液的浓度，mol/L；

$c_{K_2Cr_2O_7}$——重铬酸钾标准溶液的浓度（1/6$K_2Cr_2O_7$），mol/L；

$V_1$——硫代硫酸钠标准溶液的用量，mL；

25.00——吸取重铬酸钾标准溶液的体积，mL。

(2)
$$总余氯(Cl_2,mg/L)=\frac{c_{Na_2S_2O_3}V_2\times35.453\times1000}{V_水} \tag{7-35}$$

式中 $c_{Na_2S_2O_3}$——硫代硫酸钠标准溶液的浓度，mol/L；

$V_2$——硫代硫酸钠标准溶液的用量，mL；

$V_水$——水样体积，mL；

35.453——氯的摩尔质量（1/2$Cl_2$）g/mol。

## 六、思考题

1. 饮用水的出厂水和管网水中为什么必须含有一定量的余氯？
2. 滴定反应为什么必须在的弱酸性溶液中进行？

**注释：**

[1] 取 1mL $H_2SO_4$ 和 5mL $H_2O$ 加入蒸馏水稀释至 100mL。

[2] 称取 25.0g 分析纯 $Na_2S_2O_3\cdot5H_2O$，溶于已煮沸放冷的蒸馏水中，加入 0.2g 无水 $Na_2CO_3$ 和数粒 $HgI_2$，并稀释至 1000mL，贮存于棕色瓶内，此溶液约 0.1mol/L。

[3] 吸取 50.0mL 已标定的 0.1mol/L $Na_2S_2O_3$ 溶液，放入 500mL 容量瓶中，用蒸馏水稀释至刻度，摇匀。即可得 0.01mol/L $Na_2S_2O_3$ 的标准溶液。

[4] 称取 1.225g 优级纯 $K_2Cr_2O_7$（预先在 120℃下烘 2h，干燥器中冷却后称重)，用少量水溶解，转入 1000mL 容量瓶中，稀释至刻度。摇匀。

[5] 称取 146g 无水 NaAc（或 243g NaAc·3$H_2O$）溶于水中，加入 457mL HAc，用水稀释至 1000mL。

[6] 称取 1g 可溶性淀粉以少量蒸馏水调成糊状，加入沸蒸馏水至 100mL，混匀（为防腐，冷却后可加入 0.1g 水杨酸或氯化锌)。

[7] 用标准溶液滴定前，溶液呈棕色，量较多。如这时加入淀粉指示剂，由于与淀粉构成的深蓝色吸附化合物不易褪色，终点变色不敏锐。所以要先滴定至溶液呈淡黄色。再加淀粉指示剂，则使滴定终点时溶液由明显的蓝色变为无色。

# 实验十九 水中硫化物的测定

## 一、实验目的

1. 掌握沉淀的洗涤与转移方法；
2. 掌握用碘量法测定工业废水中硫化物的原理和方法；
3. 学会硫代硫酸钠标准溶液的配制与标定。

## 二、实验原理

地下水（特别是温泉水）及生活污水，通常含有硫化物，其中一部分是在厌氧条件下，由于细菌的作用，使硫酸盐还原或由含硫有机物的分解而产生的。某些工矿企业，如焦化、造气、选矿、造纸、印染和制革等工业废水亦含有硫化物。

水中硫化物包括溶解性的 $H_2S$、$HS^-$、$S^{2-}$，存在于悬浮物中的可溶性硫化物、酸可溶性金属硫化物以及未电离的有机、无机类硫化物。硫化氢易从水中逸散于空气，产生臭味，且毒性很大。它可与人体内细胞色素、氧化酶及该类物质中的二硫键（—S—S—）作用，影响细胞氧化过程，造成细胞组织缺氧，危及人的生命。硫化氢除自身能腐蚀金属外，还可被污水中的微生物氧化成硫酸，进而腐蚀下水道等。因此，硫化物是水体污染的一项重要指标（清洁水中，硫化氢的嗅觉阀值为 0.035μg/L）。本方法测定的硫化物是指水和废水中溶解性的无机硫化物和酸溶性金属硫化物。

水中硫化物与乙酸锌作用生成硫化锌沉淀，将其溶于酸中，在酸性条件下，与过量的碘作用，剩余的碘用硫代硫酸钠滴定。由硫代硫酸钠溶液所消耗的量，间接求出硫化物的含量。

有关反应式如下：

$$Zn(C_2H_3O_2)_2 + S^{2-} = ZnS + 2C_2H_3O_2$$

$$ZnS + 2HCl = ZnCl_2 + H_2S$$

$$H_2S + I_2 = 2HI + S\downarrow$$

$$I_2 + 2Na_2S_2O_3 = 2NaI + Na_2S_4O_6$$

## 三、实验方法选择

测定上述硫化物的方法，除亚甲蓝比色法和碘量滴定法以及离子选择电极法外，最近又开发了间接原子吸收法和气相分子吸收法。当水样中硫化物含量小于 1mg/L 时，采用对氨基二甲基苯胺光度法（即亚甲蓝分光光度法），或间接原子吸收法和气相分子吸收法。大于 1mg/L 时可采用碘量法。

## 四、水样保存

由于硫离子很容易氧化，硫化氢易从水样中逸出。因此，在采集时应防止曝气，并加入一定量的乙酸锌溶液和适量氢氧化钠溶液，使呈碱性并生成硫化锌沉淀。通常 1L 水样中加入 2mol/L(1/2 Zn(Ac)$_2$)的乙酸锌溶液 2mL，硫化物含量高时，可酌情多加直到沉淀完全为止。

水样充满瓶后立即密塞保存，在一周内完成分析测定。

水样的预处理

由于还原性物质，例如硫代硫酸盐、亚硫酸盐和各种固体的、溶解的有机物都能与碘起反应，并能阻止亚甲蓝和硫离子的显色反应而干扰测定；悬浮物、色度等也对硫化物的测定产生干扰。若水样中存在上述这些干扰物，且用碘量法或亚甲蓝法测定硫化物时，必须根据不同情况，按下述方法进行水样的预处理。

**1. 乙酸锌沉淀—过滤法**

当水样中只含有少量硫代硫酸盐、亚硫酸盐等干扰物质时，可将现场采集并已固定的水样，用中速定量滤纸或玻璃纤维滤膜进行过滤，然后按含量高低选择适当方法，经预处理后测定沉淀中的硫化物。

**2. 酸化—吹气法**

若水样中存在悬浮物或浑浊度高、色度深时，可将现场采集固定后的水样加入一定量的磷酸，使水样中的硫化锌转变为硫化氢气体，利用载气将硫化氢吹出，用乙酸锌-乙酸钠溶液或2%氢氧化钠溶液吸收，再行测定。

**3. 过滤—酸化—吹气分离法**

若水样污染严重，不仅含有不溶性物质及影响测定的还原性物质，并且浊度和色度都高时，宜用此法。即将现场采集且固定的水样，用中速定量滤纸或玻璃纤维滤膜过滤后，按酸化—吹气法进行预处理。

预处理操作是测定硫化物的一个关键性步骤，应注意既消除干扰的影响，又不致造成硫化物的损失。

## 五、实验方法（碘量法）

**1. 方法原理**

硫化物在酸性条件下，与过量的碘作用，剩余的碘用硫代硫酸钠溶液滴定。由硫代硫酸钠溶液所消耗的量，间接求出硫化物的含量。

**2. 干扰及消除**

试样中含有硫代硫酸盐、亚硫酸盐等能与碘反应的还原性物质产生正干扰，悬浮物、色度、浊度及部分重金属离子也干扰测定。硫化物含量为2.00mg/L时，样品中干扰物的最高容许含量分别为：$S_2O_3^-$ 30mg/L、$NO_2^-$ 2mg/L、$SCN^-$ 80mg/L、$Cu^{2+}$ 2mg/L、$Pb^{2+}$ 5mg/L和$Hg^{2+}$ 1mg/L；经酸化—吹气—吸收预处理后，悬浮物、色度、浊度亦不干扰测定，但$SO^{2-}$分离不完全会产生干扰。采用硫化锌沉淀过滤分离$SO^{2-}$，可有效消除30mg/L $SO^{2-}$的干扰。

**3. 方法的适用范围**

本方法适用于含硫化物在1mg/L以上的水和废水的测定。当试样体积为200mL，用0.01mol/L硫代硫酸钠溶液滴定时，可用于含硫化物0.40mg/L以上的水和污水测定。

**4. 仪器和设备**

（1）酸化—吹气—吸收装置（如图7-1所示）。

（2）恒温水浴，0～100℃。

（3）150mL或250mL碘量瓶。

（4）25mL或50mL棕色滴定管。

**5. 试剂**

实验用水为除氧水，于去离子水中通入纯氮气至饱和，以除去水中的溶解氧。

（1）盐酸（HCl）：$c$=1.19g/mL。

（2）磷酸（$H_3PO_4$）：$c$=1.69g/mL。

（3）乙酸（$CH_3COOH$）：$c$=1.05g/mL。

（4）载气：高纯氮，纯度不低于99.99%。

（5）盐酸溶液：（1+1），用盐酸（1）配制。

（6）磷酸溶液：（1+1）。

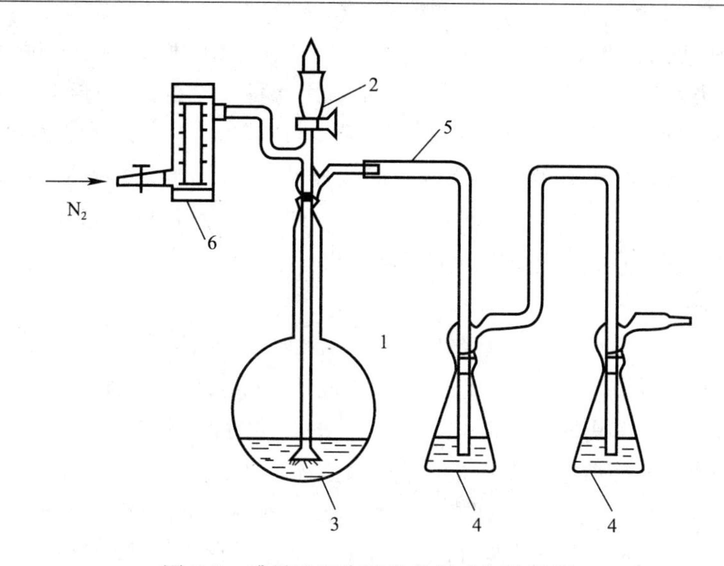


图 7-1 碘量法测定硫化物的吹气装置图

1—500mL 圆底反应瓶；2—加酸漏斗；3—多孔砂芯片；4—150mL 锥形吸收瓶，亦用作碘量瓶，直接用于碘量法滴定；5—玻璃连接管；6—流量计

（7）乙酸溶液：(1+1)。

（8）氢氧化钠溶液：$c$（NaOH）=1mol/L。将 40g 氢氧化钠溶于 500mL 水中，冷至室温，稀释至 1000mL。

（9）乙酸锌溶液：$c$（$Zn(CH_3COO)_2$）=1mol/L。称取 220g 乙酸锌（$Zn(CH_3COO)_2 \cdot 2H_2O$），溶于水并稀释至 1000mL，若混浊需过滤后使用。

（10）重铬酸钾标准溶液：$c$（$1/6K_2Cr_2O_7$）=0.1000mol/L。称取 105℃烘干 2h 的基准或优级纯重铬酸钾 4.9030g 溶于水中，稀释至 1000mL。

（11）1%淀粉指示液：称取 1g 可溶性淀粉用少量水调成糊状，再用刚煮沸水冲稀至 100mL。

（12）碘化钾。

（13）硫代硫酸钠标准溶液：$c$（$Na_2S_2O_3$）=0.1mol/L。

1）配制：称取 24.5g 五水合硫代硫酸钠（$Na_2S_2O_3 \cdot 5H_2O$）和 0.2g 无水碳酸钠（$Na_2CO_3$）溶于水中，转移到 1000mL 棕色容量瓶中，稀释至标线，摇匀。

2）标定：于 250mL 碘量瓶内，加入 1g 碘化钾及 50mL 水，加入重铬酸钾标准溶液 15.00mL，加入盐酸溶液 5mL，密塞混匀。置暗处静置 5min，用待标定的硫代硫酸钠溶液滴定至溶液呈淡黄色时，加入 1mL 淀粉指示液，继续滴定至蓝色刚好消失，记录标准溶液用量，同时作空白滴定。

硫代硫酸钠浓度 $c$（mol/L）由下式求出：

$$c = \frac{15.00}{(V_1 - V_2)} \times 0.1000 \tag{7-36}$$

式中 $V_1$——滴定重铬酸钾标准溶液时硫代硫酸钠标准溶液用量，mL；

$V_2$——滴定空白溶液时硫代硫酸钠标准溶液用量，mL；

0.1000——重铬酸钾标准溶液的浓度，mol/L。

(14) 硫代硫酸钠标准滴定液 $c$ ($Na_2S_2O_3$)-0.01mol/L：移取 10.00mL 上述刚标定过的硫代硫酸钠标准溶液于 100mL 棕色容量瓶中，用水稀释至标线，摇匀，使用时配制。

(15) 碘标准溶液 $c$ ($1/2I_2$)＝0.1mol/L：称取 12.70g 碘于 500mL 烧杯中，加入 40g 碘化钾，加适量水溶解后，转移至 1000mL 棕色容量瓶中，稀释至标线，摇匀。

(16) 碘标准溶液 $c$ ($1/2I_2$)＝0.01mol/L；移取 10.00mL 碘标准溶液于 100mL 棕色容量瓶中，用水稀释至标线，摇匀，使用前配制。

**6. 采样与保存**

采样时，先在采样瓶中加入一定量的乙酸锌溶液，再加水样，然后滴加适量的氢氧化钠溶液，使呈碱性并生成硫化锌沉淀。通常情况下，每 100mL 水样加 0.3mL 1mol/L 的乙酸锌溶液和 0.6mL 1mol/L 的氢氧化钠溶液，使水样的 pH 值在 10～12 之间。遇碱性水样时，应先小心滴加乙酸溶液调至中性，再如上操作。硫化物含量高时，可酌情多加固定剂，直至沉淀完全。水样充满后立即密塞保存，注意不留气泡，然后倒转，充分混匀，固定硫化物。样品采集后应立即分析，否则应在 4℃避光保存，尽快分析。

**7. 步骤**

(1) 试样的预处理

1) 按图连接好酸化—吹气—吸收装置，通载气检查各部位气密性。

2) 分别加 2.5mL 乙酸锌溶液于两个吸收瓶中，用水稀释至 50mL。

3) 取 200mL 现场已固定并混匀的水样于反应瓶中，放入恒温水浴内，装好导气管、加酸漏斗和吸收瓶。开启气源，以 400mL/min 的流速连续吹氮气 5min 驱除装置内空气，关闭气源。

4) 向加酸漏斗加入 (1＋1) 磷酸 20mL，待磷酸全部流入反应瓶后，迅速关闭活塞。

5) 开启气源，水浴温度控制在 60～70℃时，以 75～100mL/min 的流速吹气 20min，300mL/min 流速吹气 10min，再以 400mL/min 流速吹气 5min，赶尽最后残留在装置中的硫化氢气体。关闭气源，按下述碘量法操作步骤分别测定两个吸收瓶中硫化物含量。

(2) 测定

于上述两个吸收瓶中，加入 10.00mL 0.01mol/L 碘标准溶液；再加 5mL 盐酸溶液，密塞混匀。在暗处放置 10min，用 0.01mol/L 硫代硫酸钠标准溶液滴定至溶液呈淡黄色时，加入 1mL 淀粉指示液，继续滴定至蓝色刚好消失为止。

(3) 空白试验

以水代替试样，加入与测定试样时相同体积的试剂，按前述步骤进行空白试验。

(4) 结果表示

1) 预处理二级吸收的硫化物含量 $c_i$ (mg/L) 按下式计算：

$$c_i = \frac{c(V_0 - V_i) \times 16.03 \times 1000}{V}(i = 1,2) \tag{7-37}$$

式中　$V_0$——空白试验中，硫代硫酸钠标准溶液用量，mL；

$V_i$——滴定二级吸收硫化物含量时，硫代硫酸钠标准溶液用量，mL；

$V$——试样体积，mL；

16.03——硫离子 ($1/2S^{2-}$) 摩尔质量，g/mol；

$c$——硫代硫酸钠标准溶液浓度，mol/L。

2）试样中硫化物含量 $c$（mg/L）按下式计算：

$$c = c_1 + c_2 \tag{7-38}$$

式中　$c_1$——一级吸收硫化物含量，mg/L；

　　　$c_2$——二级吸收硫化物含量，mg/L。

**8. 精密度和准确度**

四个实验分析含硫（$S^{2-}$）12.5mg/L 的统一样品，其重复性相对标准偏差为 3.20%；再现性相对标准偏差为 3.92%；加标回收率为 92.4%～96.6%。

**9. 注意事项**

1）上述吹气速度仅供参考，必要时可通过硫化物标准溶液的回收率测定，以确定合适的吹气速度。

2）若水样 $SO_3^{2-}$ 浓度较高，需将现场采集且已固定的水样用中速定量滤纸过滤，并将硫化物沉淀连同滤纸转入反应瓶中，用玻璃棒捣碎，加水 200mL，转入预处理装置进行处理。

3）当加入碘标准溶液后溶液为无色，说明硫化物含量较高，应补加适量碘标准溶液，使呈淡黄色为止。空白试验亦应加入相同量的碘标准溶液。

# 实验二十　色度的测定（稀释倍数法）

## 一、实验目的

学习和掌握水中色度的测定。

## 二、实验原理

**1. 方法原理**

说明工业废水的颜色种类，如：深蓝色、棕黄色、暗黑色等，可用文字描述。

定量说明工业废水色度的大小，采用稀释倍数法表示色度。即将工业废水按一定的稀释倍数，用水稀释到接近无色时，记录稀释倍数，以此表示该水样的色度，单位为倍。

**2. 干扰及消除**

如测定水样的“真实颜色”，应放置澄清取上清液，或用离心法去除悬浮物后测定；如测定水样的“表观颜色”，待水样中的大颗粒悬浮物沉降后，取上清液测定。

## 三、实验仪器

50mL 具塞比色管，其标线高度要一致。

## 四、实验步骤

（1）取 100～150mL 澄清水样置于烧杯中，以白色瓷板为背景，观测并描述其颜色种类。

（2）分取澄清的水样，用水稀释成不同倍数。分取 50mL 分别置于 50mL 比色管中，管底部衬一白瓷板，由上向下观察稀释后水样的颜色，并与蒸馏水相比较，直至刚好看不出颜色，记录此时的稀释倍数。

# 实验二十一 pH值的测定

## 一、实验目的

1. 学习和掌握水中值的测定；

2. 熟练pH计的使用。

## 二、实验原理

pH值是水中氢离子活度的负对数。$pH=-\lg\alpha_{H^+}$。

天然水的pH值多在6～9范围内，这也是我国污水排放标准中的pH控制范围。pH值是水化学中常用的和最重要的检验项目之一。由于pH值受水温影响而变化，测定时应在规定的温度下进行，或者校正温度。通常采用玻璃电极法和比色法测定pH值。比色法简便，但受色度、浊度、胶体物质、氧化剂、还原剂及盐度的干扰。玻璃电极法基本上不受以上因素的干扰。然而，pH在10以上时，产生“钠差”，读数偏低，需选用特制的“低钠差”玻璃电极，或使用与水样的pH值相近的标准缓冲溶液对仪器进行校正。

**1. 玻璃电极法（A）**

（1）方法原理

以玻璃电极为指示电极，饱和甘汞电极为参比电极组成电池。在25℃理想条件下，氢离子活度变化10倍，使电动势偏移59.16mV，根据电动势的变化测量出pH值。许多pH计上有温度补偿装置，用以校正温度对电极的影响，用于常规水样监测可准确至0.1pH单位。较精密的仪器可准确到0.01pH。为了提高测定的准确度，校准仪器时选用的标准缓冲溶液的pH值应与水样的pH值接近。

（2）仪器

1）各种型号的pH计或离子活度计。

2）玻璃电极。

3）甘汞电极或银—氯化银电极。

4）磁力搅拌器。

5）50mL聚乙烯或聚四氟乙烯烧杯。

注：国产玻璃电极与饱和甘汞电极建立的零电位pH值有两种规格，选择时应注意与pH计配套。

（3）试剂

用于校准仪器的标准缓冲溶液，按表7-6规定的数量称取试剂，溶于25℃水中，在容量瓶内定容至1000mL。水的电导率应低于2μS/cm，临用前煮沸数分钟，赶除二氧化碳，冷却。取50mL冷却的水，加1滴饱和氯化钾溶液，测量pH值，如pH在6～7之间即可用于配制各种标准缓冲溶液。

pH 标准溶液的配置　　表 7-6

| 基本标准 | | |
|---|---|---|
| 酒石酸氢钾（25℃饱和） | 3.557 | 6.4g $KHC_4H_4O_6$① |
| 柠檬酸二氢钾 | 3.776 | 11.41g $KH_2C_6H_5O_7$ |
| 邻苯二甲酸氢钾 | 4.008 | 10.12g $KHC_8H_4O_4$ |
| 磷酸二氢钾＋磷酸氢二钠 | 6.865 | 3.388g $KH_2PO_4$②＋3.533g $Na_2HPO_4$ |
| 磷酸二氢钾＋磷酸氢二钠 | 7.413 | 1.179$KH_2PO_4$②＋4.302g $Na_2HPO_4$②③ |
| 四硼酸钠 | 9.180 | 3.80g $Na_2B_4O_7 \cdot 10H_2O$③ |
| 碳酸氢钠＋碳酸钠辅助标准 | 10.012 | 2.92g $NaHCO_3$＋2.64g $Na_2CO_3$ |
| 二水合四草酸钾 | 1.679 | 12.61g $KH_3C_4O_8 \cdot 2H_2O$④ |
| 氢氧化钙（25℃饱和） | 12.454 | 1.5g $Ca(OH)_2$① |

① 近似溶解度；
② 在 100～130℃烘干 2h；
③ 用新煮沸过并冷却的无二氧化碳水；
④ 烘干温度不可超出 60℃。

（4）步骤

1）按照仪器使用说明书准备。

2）将水样与标准溶液调到同一温度，记录测定温度，把仪器温度补偿旋钮调至该温度处。选用与水样 pH 值相差不超过 2 个 pH 单位的标准溶液校准仪器。从第一个标准溶液中取出两个电极，彻底冲洗，并用滤纸边缘轻轻吸干。再浸入第二个标准溶液中，其 pH 值约与前一个相差 3 个 pH 单位。如测定值与第二个标准溶液 pH 值之差大于 0.1pH 值时，就要检查仪器、电极或标准溶液是否有问题。当三者均无异常情况时方可测定水样。

3）水样测定：先用蒸馏水仔细冲洗两个电极，再用水样冲洗，然后将电极浸入水样中，小心搅拌或摇动使其均匀，待读数稳定后记录 pH 值。

（5）注意事项

1）玻璃电极在使用前应在蒸馏水中浸泡 24h 以上。用毕，冲洗干净，浸泡在纯水中。盛水容器要防止灰尘落入和水分蒸发干涸。

2）测定时，玻璃电极的球泡应全部浸入溶液中，使它稍高于甘汞电极的陶瓷芯端，以免搅拌时碰破。

3）玻璃电极的内电极与球泡之间以及甘汞电极的内电极与陶瓷芯之间不能存在气泡，以防断路。

4）甘汞电极的饱和氯化钾液面必须高于汞体，并应有适量氯化钾晶体存在，以保证氯化钾溶液的饱和。使用前必须先拔掉上孔胶塞。

5）为防止空气中二氧化碳溶入或水样中二氧化碳溢失，测定前不宜提前打开水样瓶塞。

6）玻璃电极球泡受污染时，可用稀盐酸溶解无机盐污垢，用丙酮除去油污（但不能用无水乙醇）后再用纯水清洗干净。按上述方法处理的电极应在水中浸泡一昼夜再使用。

7）注意电极的出厂日期，存放时间过长的电极性能将变劣。

**2. 便携式pH计法（B）**

（1）方法原理

pH值测量常用复合电极法。方法原理如下：

以玻璃电极为指示电极，以Ag/AgCl等为参比电极合在一起组成pH复合电极。利用pH复合电极电动势随氢离子活度变化而发生偏移来测定水样的pH值。复合电极pH计均有温度补偿装置，用以校正温度对电极的影响，用于常规水样监测可准确至0.1pH单位。

较精密仪器可准确到0.01pH单位。为了提高测定的准确度，校准仪器时选用的标准缓冲溶液的pH值应与水样的pH值接近。

（2）仪器

1）各种型号的便携式pH计。

2）50mL烧杯，最好是聚乙烯或聚四氟乙烯烧杯。

（3）试剂

用于配置标准缓冲溶液的水，与1．玻璃电极法相同。

（4）步骤

1）按照仪器使用说明书进行准备。

2）将仪器温度补偿旋钮调至待测水样温度处，选用与水样pH值相差不超过2个pH单位的标准溶液校准仪器。从第一个标准溶液中取出电极，彻底冲洗，并用滤纸吸干。再浸入第二个标准溶液中，其pH值约与第一个相差3个pH单位，如测定值与第二个标准溶液pH值之差大于0.1pH单位时，就要检查仪器、电极或标准溶液是否有问题。当三者均无异常情况时方可测定水样。

3）水样测定：先用蒸馏水仔细冲洗电极，再用水样冲洗，然后将电极浸入水样中，小心搅拌或摇动，待读数稳定后记录pH值。

（5）注意事项

1）由于不同复合电极构成各异，其浸泡方式会有所不同，有些电极要用蒸馏水浸泡，而有些则严禁用蒸馏水浸泡电极，须严格遵守操作手册，以免损伤电极。

2）测定时，复合电极（含球泡部分）应全部浸入溶液中。

3）为防止空气中二氧化碳溶入或水样中二氧化碳逸去，测定前不宜提前打开水样瓶塞。

4）电极受污染时，可用低于1mol/L稀盐酸溶解无机盐垢，用稀洗涤剂（弱碱性）除去有机油脂类物质，稀乙醇、丙酮、乙醚除去树脂高分子物质，用酸性酶溶液（如食母生片）除去蛋白质血球沉淀物，用稀漂白液、过氧化氢除去颜料类物质等。

5）注意电极的出厂日期，存放时间过长的电极性能将变劣。

# 实验二十二 水中氟离子的测定

## 一、实验目的

1. 掌握水中$F^-$测定的原理和方法；
2. 学会用标准曲线法测定水中氟含量。

## 二、实验原理

氟化物（$F^-$）是人体必需的微量元素之一，缺氟易患龋齿病，饮水中含氟的适宜浓度为0.5～1.0mg/L（$F^-$）。当长期饮用含氟量高于1.0～1.5mg/L的水时，则易患斑齿病，如水中含氟量高于4mg/L时，则可导致氟骨病。

氟化物广泛存在于自然水体中。有色冶金、钢铁和铝加工、焦炭、玻璃、陶瓷、电子、电镀、化肥、农药厂的废水及含氟矿物的废水中常常都存在氟化物。

水中氟化物的测定方法主要有：氟离子选择电极法、氟试剂比色法等电极法选择性好，适用范围宽，水样浑浊，有颜色均可测定，测量范围为0.05～1900mg/L。比色法适用于含氟较低的样品，氟试剂法可以测定0.05～1900mg/L（$F^-$）。

本实验采用氟离子选择电极法测定自来水中氟离子。安装电极时注意切勿使电极与硬物接触，防止出及杯底而损害；测定时，注意磁力搅拌子要与电极的球泡部位有一定的距离，搅拌速度不要过快，以免打坏电极；氟离子选择复合电极使用前，需用蒸馏水浸泡活化过夜或在0.1mol/L NaF溶液中浸泡12h，再用蒸馏水洗至空白电位300mV左右，方可使用。

电极的单晶薄膜切勿用手指或尖硬的东西碰划，以免损坏或沾上油污影响测定。使用后需用蒸馏水冲洗干净，然后浸入水中，长时间不用时，吹干保存。

将氟离子选择复合电极浸入欲测含氟溶液，构成原电池。该原电池的电动势与氟离子活度的对数呈线性关系，

$$E = b - 0.0529F^- \tag{7-39}$$

式中，$b$在一定条件下为一常数。故通过测量电极与已知氟离子浓度溶液组成原电池的电动势与待测$F^-$浓度溶液组成原电池电动势，即可计算出待测水样中氟离子浓度。

常用的定量方法是标准曲线法和标准加入法。

标准曲线法是在测定未知液之前，先将氟离子选择复合电极浸入一系列含有不同浓度的待测离子（含有离子强度缓冲溶液）的标准溶液中，测定它们的电动势$E$，并画出$E$-pF图，在一定浓度范围内它是一条直线。然后用同一电极测定待测的未知溶液（含有与标准溶液浓度相同的离子强度缓冲溶液）的电动势$E$x。从$E$-pF图上找出与$E$相应的pF，即可以计算出水中$F^-$的浓度。

## 三、实验仪器与试剂

### 1. 仪器

（1）PHB-9901测试仪。

（2）氟离子选择复合电极。

（3）磁力搅拌器、搅拌子。

### 2. 试剂

（1）氟化钠（NaF）：分析纯。

（2）二水合柠檬酸钠：分析纯。

（3）硝酸钠：分析纯。

（4）盐酸：1mol/L。

## 四、实验内容

### 1. 氟化物标准溶液的配制

（1）氟化物标准储备液的配制

称取0.1105g基准氟化钠（预先与105～110℃烘干2h，或者与500～650℃烘干40min，冷却）用水溶解后转入500mL容量瓶中，稀释至刻度，摇匀。储存在聚乙烯瓶中。此溶液每毫升含氟离子100μg。

（2）氟化物标准使用液的配制

用移液管吸取氟化物标准储备溶液10.00mL，注入100mL容量瓶中，稀释至刻度，摇匀。此溶液每毫升含氟离子10μg。

（3）总离子强度调节缓冲溶液（TISAB）的配制

称取5.88g二水合柠檬酸钠和8.5g硝酸钠，加水溶解，转入100mL容量瓶中，用盐酸调节pH至5～6，稀释至刻度，摇匀。

### 2. 标准曲线的绘制

用移液管分别吸取1.00mL、3.00mL、5.00mL、10.00mL、20.00mL氟化物标准溶液，分别置于5个100mL容量瓶中，加入10mL总离子强度调节缓冲溶液（TISAB），用水稀释至刻度，摇匀。分别移入100mL烧杯中，各放入一只搅拌子，按浓度由低到高的顺序，依次插入电极，连续搅拌溶液，读取搅拌状态下的稳定电位值（$E$）。在每次测定之前，都要用水将电极冲洗干净，并用滤纸吸去水分。在坐标纸上绘制E-$\lg c_{F^-}$标准曲线，最低浓度标于横坐标的起点上。

### 3. 水样的测定

取100mL容量瓶，加入10mL总离子强度调节缓冲溶液（TISAB），用自来水稀释至刻度，摇匀。将其转移至100mL烧杯中，放入一只搅拌子，插入电极，连续搅拌溶液，读取搅拌状态下的稳定电位值（$E$）。在每次测量之前，都要用水充分洗涤电极，并用滤纸吸去水分。

### 4. 实验数据记录（表7-7）

标样与水样原始记录　　表7-7

| 加入NaF（mL） | 1.00 | 3.00 | 5.00 | 10.00 | 20.00 | 水样1 | 水样2 |
|---|---|---|---|---|---|---|---|
| E（mV） | | | | | | | |

## 五、数据处理

### 1. 标准曲线的绘制

以$\lg c_{Naf}$为横坐标，$E$为纵坐标绘制标准曲线（表7-8）。

标准曲线绘制　　表7-8

| NaF（mL） | 1.00 | 3.00 | 5.00 | 10.00 | 20.00 |
|---|---|---|---|---|---|
| $c_F$（μg/mL）<br>$\lg c_F$<br>$E$（mV） | | | | | |

**2. 水样的计算**

根据测定的 $E$ 值，可知水样的 $\lg c_F$ 值，计算出水样氟离子浓度。

## 六、思考题

1. 测定 $F^-$ 时所谓的 TISAB 是什么？它包含哪些成分？各组分的作用是什么？
2. 测定 $F^-$ 时，为什么必须按溶液从稀到浓的次序进行？

# 第八章　环境监测实验

## 实验一　总悬浮颗粒物的测定（重量法）

### 一、实验目的

1. 学习和掌握质量法测定大气中总悬浮颗粒物（TSP）的方法；

2. 掌握中流量 TSP 采样器基本技术及采样方法。

### 二、实验原理

大气中总悬浮颗粒物不仅是严重危害人体健康的主要污染物，而且也是气态、液态污染物的载体，其成分复杂，并具有特殊的理化特性及生物活性，是大气污染监测的重要项目之一。

测定总悬浮颗粒物的方法是基于重力原理制定的，国内外广泛采用称量法。即利用抽气动力抽取一定体积的空气，通过已恒重的滤膜，则空气中粒径在 100$\mu$m 以下的悬浮颗粒被阻留在滤膜上，根据采样前后滤膜质量之差及采样体积，可计算总悬浮颗粒物的质量浓度。滤膜经处理后，可进行化学组分分析。

### 三、仪器、试剂与材料

1. 仪器：电子天平（BS224S 型），智能中流量采样器（KC-120E 型），温度计，气压计，超细玻璃纤维滤膜（8cm），干燥器。

平衡室（放置在天平室内，平衡温度在 20～25℃之间，温度变化小于±3℃，相对湿度小于 50%，湿度变化小于 5%。天平室温度应维持在 15～30℃之间）。

2. 材料：滤膜储存袋。

### 四、实验内容

**1. 采样**

（1）滤膜检查。每张滤膜使用前均需用光照检查，不得使用有针孔或有任何缺陷的滤膜采样。

（2）滤膜称量。采样滤膜在称量前需在平衡室内平衡 24h，然后在规定条件下迅速称量读数准确至 0.1mg，记下滤膜的编号和质量，将滤膜平展地放在光滑洁净的纸袋内，然后储存于盒内备用。采样前，滤膜不能弯曲或折叠。

(3) 安装滤膜。采样时，将已恒重的滤膜用小镊子取出，“毛”面向上，将其放在采样夹的网托上（网托事先用纸擦净）。放上滤膜夹，拧紧采样器顶盖，然后开机采样，调节采样流量为 100L/min。

(4) 采样开始后 5min 和采样前 5min 记录一次流量。一张滤膜连续采样 24h。

(5) 采样后，用镊子小心取下滤膜，使采样毛面朝内，以采样有效面积长边为中线对叠，将折叠好的滤膜放回表面光滑的纸袋并存储于盒内。

(6) 记录采样期的温度、压力。

**2. 样品测定**

采样后的滤膜在平衡室内平衡 24h，迅速称量。读数准确至 0.1mg。

## 五、数据处理

$$总悬浮颗粒物的含量(mg/m^3) = \frac{W}{Q_n \times T} \tag{8-1}$$

式中 $W$——阻留在滤膜上的总悬浮颗粒物的质量，mg；

$T$——采样时间，min；

$Q_n$——标准状态下的采样流量，$m^3/min$。

$$Q_n = Q_2\sqrt{\frac{T_2 \times P_1}{T_1 \times P_2}} \times \frac{273 \times P_3}{101.3 \times T_3} = 2.69 \times Q_2\sqrt{\frac{P_1 \times P_2}{T_1 \times T_2}} \tag{8-2}$$

式中 $Q_2$——现场采样表观流量，$m^3/min$；

$P_1$——采样器现场校准时大气压力，kPa；

$P_2$——采样时大气压力，kPa；

$T_1$——采样器现场校准时空气温度，K；

$T_2$——采样时的空气温度，K。

若 $T_2$、$P_2$ 与采样器现场校准时的 $T_1$、$P_1$ 相近，可用 $T_1$、$P_1$ 代之。

## 六、思考题

1. 采样点任何选择？
2. 滤膜在恒重称量时应注意哪些问题？

## 七、注意事项

1. 由于采样器流量计上表观流量与实际流量随温度、压力的不同而变化，所以采样器流量计必须校正后使用。

2. 要经常检查采样头是否漏气。当滤膜上的颗粒物与四周白边之间的界限模糊，表明板面密封垫没有垫好或滤膜上的总悬浮颗粒物性能不好，应更换板面密封垫，否则测定结果将会偏低。

3. 取采样后的滤膜时应注意滤膜是否出现物理性损伤及采样过程中只是否有穿孔漏气现象，若发现有损伤、穿孔漏气现象，应作废，重新取样。

# 实验二　可吸入颗粒物（$PM_{10}$）的测定（重量法）

## 一、实验目的

1. 掌握中流量重量发测定空气中可吸入颗粒物（$PM_{10}$）的原理和方法；
2. 了解监测区域的环境空气质量，及空气中可吸入颗粒物的危害性。

## 二、实验原理

可吸入颗粒物是我国环境空气中的主要污染物，一般按空气动力学直径将低于 10μm 的颗粒物称为可吸入颗粒物（$PM_{10}$），呈悬浮状态（微小液滴或粒子）分散在空气中。

可吸入颗粒物具有气溶胶物质，它易随呼吸进入人体肺中，进而在呼吸道或肺泡内积累，并可进入血液循环，对人体健康危害极大。

本实验应用 50%截点为 10μm 的旋风式分级个体采样器，按规定流量采样，空气中悬浮颗粒物按照空气动力学特性分级，分级被搜集在预先已恒重的滤膜上，根据采样前后滤膜质量之差和采样体积，即可计算空气中可吸入颗粒物的浓度，用 $mg/m^3$ 表示。

## 三、仪器、试剂与材料

1. 仪器：旋风式可吸入颗粒物采样器（50～150L/min），流量计，气压计，采样泵（100L/min），电子天平（BS224S 型），孔口校准器（经罗茨流量计校核过 3 次），秒表，干燥器，镊子，平衡室（要求温度在 0～25℃之间，温度变化±3℃，相对湿度小于 50%，湿度变化小于 5%）[1]。

2. 材料：滤膜贮存袋，玻璃纤维滤膜（8cm）。

## 四、实验内容

**1. 采样**

（1）滤膜检查。每张滤膜使用前均需透光照检查，确认无针孔或其他任何缺陷，并去除滤膜周边的绒毛后，放入平衡室内平衡 24h[1]。

（2）标准滤膜（对照滤膜）的称量。取清洁滤膜若干，在平衡室内称量，每张滤膜至少称量 10 次，计算每张滤膜的平均值得该张滤膜的原始质量，即得标准滤膜的质量。

（3）膜的称量。在平衡室内称量迅速称量已平衡 24h 的清洁滤膜（或样品前滤膜）两张，读数准确至 0.1mg，并将其平展地放在光滑洁净的纸袋内，然后储存于盒内备用；采样前，滤膜不能弯曲或折叠[2]。

（4）流量计的校准。用孔口校准器。

（5）滤膜安装。采样时，将已恒重的滤膜用小镊子取出，“毛”面向上（迎对气流方向），将其平放在采样夹的网托上（网托事先用纸擦净）。放上滤膜夹，拧紧采样器顶盖[3]。

（6）采样。按预定流量（一般为 100L/min）开机采样：

1）采样开始后5min和采样前5min记录一次流量（注意随时调整，使之保持预定采流量）。一张滤膜连续采样24h。

2）采样后，轻轻拧开采样器顶盖，用镊子小心取下滤膜，使采样毛面朝内，以采样有效面积长边为中线两次对叠，放回表面光滑的纸袋并存储于盒内。

(7) 记录采样期的温度、压力。

**2. 样品测定**

采样后的滤膜在平衡室内平衡24h，迅速称量。读数准确至0.1mg。

## 五、数据处理与处理

$$颗粒物(PM_{10})的含量(mg/m^3) = \frac{W}{Q_n \times T} \tag{8-3}$$

式中　$W$——采样在滤膜上的颗粒物的质量，$W = W_1 - W_2$，mg；

$T$——采样时间，min；

$Q_n$——标准状态下的采样流量，$m^3/min$。

$$Q_n = Q_2\sqrt{\frac{T_3 \times P_2}{T_2 \times P_3}} \times \frac{273 \times P_3}{101.3 \times T_3} = 2.69 \times Q_2\sqrt{\frac{P_2 \times P_3}{T_2 \times T_3}} \tag{8-4}$$

式中　$Q_2$——现场采样表观流量，$m^3/min$；

$P_2$——采样器现场校准时大气压力，kPa；

$P_3$——采样时大气压力，kPa；

$T_2$——采样器现场校准时空气温度，K；

$T_3$——采样时的空气温度，K。

若$T_3$、$P_3$与采样器现场校准时的$T_2$、$P_2$相近，可用$T_2$、$P_2$代之。

## 六、思考题

1. 如何选择采样点？
2. 可吸入颗粒物的浓度大小与能见度的好坏有何关系？

## 七、注意事项

1. 由于采样器流量计上表观流量与实际流量随温度、压力的不同而变化，所以采样器流量计必须校正后使用。

2. 要经常检查采样头是否漏气。当滤膜上的颗粒物与四周白边之间的界限模糊，表明板面密封垫没有垫好或滤膜上的总悬浮颗粒物性能不好，应更换板面密封垫，否则测定结果将会偏低。

3. 取采样后的滤膜时应注意滤膜是否出现物理性损伤及采样过程中是否有穿孔漏气现象，若发现有损伤、穿孔漏气现象，应作废，重新取样。

**注释：**

[1]　平衡室放置在天平室内，平衡温度在20～25℃之间，温度变化小于±3℃，相对湿度小于50%，湿度变化小于5%。天平室温度应维持在15～30℃之间。

[2] 若称量的质量标准滤膜的质量相差小于±5℃，记下清洁滤膜（或样品前滤膜）贮存袋的编号和质量，并将其平展地放在光滑洁净的纸袋内，然后储存于盒内备用；采样前，滤膜不能弯曲或折叠。若称量的质量标准滤膜的质量相差大于±5mg，应检查称量环境是否符合要求，并重新称量。

[3] 有些 $PM_{10}$ 采样器的抽气口在采样器的上方，安装滤膜时不要出错。

# 实验三 大气中二氧化硫的测定 (甲醛缓冲溶液吸收-盐酸副玫瑰苯胺分光光度法)

## 一、实验目的

1. 掌握大气采样器及吸收液采集大气样品的操作技术；

2. 学会用比色法 $SO_2$ 的方法。

## 二、实验原理

二氧化硫被甲醛缓冲溶液吸收后，生成稳定的羟基甲磺酸加成化合物。在样品溶液中加 NaOH 使加成化合物分解，释放出的 $SO_2$ 与盐酸副玫瑰苯胺作用，生成紫红色化合物，根据颜色深浅，用分光光度计测定。

主要干扰物为氮氧化物，臭氧及某些重金属元素，加入氨磺酸钠溶液可消除氮氧化物干扰；采样后放置一段时间可使臭氧自行分解；加入磷酸及环已二胺四已酸二钠盐可以消除或减少某些金属离子干扰。10mL 样品溶液中含 50g $Ca^{2+}$、$Mg^{2+}$、$Fe^{3+}$、$Ni^{2+}$、$Gd^{2+}$、$Cu^{2+}$、$Zn^{2+}$ 离子时，不干扰测定。10mL 样品溶液中含 50g $MnO_2$ 离子时，使吸光度降低 2.7%；含 10g 时降低 4.17%，空气中锰含量一般不会超过 $0.09mg/m^3$（相当于 5/10mL)，不致影响 $SO_2$ 的测定。

本法检出限为 0.2/10mg（按与吸光度 0.01 相对应的浓度计），当用 10mL 吸收液采气样 10L 时。最低检出浓度为 $0.02mg/m^3$；当用 50mL 吸收液 24h 采气样 300L，取出 10mL 样品溶液测定时。最低检出浓度为 $0.003mg/m^3$。

## 三、仪器、试剂与材料

1. 仪器：空气采样器（流量为 0～1L/min 或 24h 恒温、恒流自动连续空气采样器，流量为 0.2～0.3L/min)，多孔玻板吸收管（短时间采样），多孔玻板吸收瓶（具 50mL 标线用于 24h 采样)，具塞比色管（10mL)，恒温水浴。

2. 试剂：NaOH（1.5mol/L)，HCl（或 $H_3PO_4$ 1∶9)，环已二胺四乙酸二钠（CDTA-2Na)[1]，吸收液贮备液[2]，吸收液[3]，氨磺酸钠（$H_2NSO_3H$ 0.6%)[4]，盐酸副玫瑰苯胺（简称 PRA)[5]，$1/2I_2$ 溶液（0.1mol/L，0.05mol/L)[6]，$1/6KIO_3$（0.1000mol/L)[7]，$Na_2S_2O_3$ 标准贮备液（0.1mol/L)[8]，$Na_2S_2O_3$ 标准溶液（0.05mol/L)[9]，$Na_2SO_2$[10]，淀粉（0.5%)。

3. 材料：滤纸片。

## 四、实验内容

### 1. 采样

短时间采样，用内装 5mL 或 10mL 吸收液的 U 形多孔玻板吸收管，以 0.4L/min 流量，采样 10～20mL。采样时吸收液温度应保持在 23～29℃。

24h 采样，用内装 50mL 吸收液的 U 形多孔玻板吸收瓶，以 0.2～0.3L/min 流量，采样 24h。吸收液温度应保持在 23～29℃。

采样、运输和储存过程中，应避免阳光直接照射样品溶液，当气温高于 30℃时，采样如不当天测定，可将样品溶液储存于冰箱中。

### 2. 标准曲线的绘制

取 14 支 10mL 具塞比色管，分成 A、B 两组，每组各 7 只，分别对应编号，A 组按下表 8-1 所示。

亚硫酸钠标准系列　表 8-1

| 管　号 | 0 | 1 | 2 | 3 | 4 | 5 | 6 |
|---|---|---|---|---|---|---|---|
| 标准使用溶液 | 0.00 | 0.50 | 1.00 | 2.00 | 5.00 | 8.00 | 10.00 |
| 吸收液（mL） | 10.00 | 0.50 | 9.00 | 8.00 | 5.00 | 2.00 | 0.00 |
| $SO_2$（μg） | 0.00 | 0.50 | 1.00 | 2.00 | 5.00 | 8.00 | 10.00 |

B 组各管加入 1.00mL 0.05%盐酸副玫瑰苯胺使用溶液。A 组各管分别加 0.50mL 0.60%的氨磺酸钠溶液和 0.50mL 1.5mol/L 的 NaOH 溶液，混匀，再逐管倒入对应的盛有 PRA 使用溶液的 B 管中，立即混匀，放入恒温水浴中显色。显色温度于室温之差不超过 3℃。不同季节室温选择的显色温度和时间，如表 8-2 所示。

显色温度与时间　表 8-2

| 显色温度 | 10 | 15 | 20 | 25 | 30 |
|---|---|---|---|---|---|
| 显色时间（min） | 40 | 25 | 20 | 15 | 5 |
| 稳定时间（min） | 35 | 25 | 20 | 15 | 10 |

在 λ=577nm 处，用 1cm 比色皿，以水为参比。测定吸光度，以吸光度对 $SO_2$ 含量（μg）绘制标准曲线，或者用最小而乘法计算回归方程式：

$$Y = bX + a \tag{8-5}$$

式中　$Y$——准溶液吸光度（$A$）于试剂空白吸光度（$A_0$）之差，即：$Y=A-A_0$；

$X$——$SO_2$ 含量，μg；

$b$——回归方程式的斜率（吸光度/$SO_2$）；

$a$——回归方程式的截距，相关系数应大于 0.999。

### 3. 样品测定

（1）样品溶液中若有浑浊物，应离心分离除去。

（2）采样后样品放置 20min，以使臭氧分解。

（3）短时间采集样品，将吸收管中样品溶液全部移入 10mL 比色管中，用吸收液稀释至10mL标线，加0.6%氨磺酸钠溶液0.50mL，混匀，放置10min，以除去氮氧化物的干扰，以下操作同步骤2.“标准曲线绘制”。

(4) 24h采集样品，将吸收瓶中样品溶液移入50mL容量瓶（或比色管）中，用吸收液洗涤吸收瓶，洗涤液并入容量瓶（或比色管）中，用吸收液稀释至10mL标线，吸取适量样品溶液（视浓度大小而定）于10mL比色管中，用吸收液稀释至10mL标线，加0.6%氨磺酸钠溶液0.50mL，混匀，放置10min，以除去氮氧化物的干扰，以下操作同步骤2。

样品测定与绘制标准曲线时的温度之差应不超过2℃。

随每批样品应测定试剂空白液、标准控制样品或加标回收样品各1～2个，以检查试剂空白值和校正因子。

## 五、实验数据与处理

$$SO_2\text{ 的含量}(mg/m^3)=\frac{(A-A_0)\times B_s\times V_t}{V_n\times V_a}=\frac{[(A-A_0)-a]\times V_t}{V_n\times b\times V_a} \tag{8-6}$$

式中 $A$——样品溶液的吸光度；

$A_0$——试剂空白溶液的吸光度；

$B_s$——校正因子（1/b，$SO_2$ 吸光度）；

$b$——回归方程的斜率（吸光度/$SO_2$）；

$a$——回归方程的截距；

$V_t$——样品溶液总体积；

$V_a$——测定时所取样品溶液体积；

$V_n$——标准状态下的采样体积。

## 六、思考题

1. 实验过程中存在哪些干扰？应该任何消除？
2. 多孔玻板吸收管的作用是什么？

**注释：**

[1] 环己二胺四乙酸二钠（CDTA-2Na）：称取1.82g反式-1,2-环己二胺四乙酸（CDTA），溶解于6.5mL 1.5mol/L NaOH溶液中，用蒸馏水稀释至100mL。

[2] 吸收液储备液：取5.5mL 36%～38%甲醛、20mL 0.050mol/L CDTA-2Na溶液，称取2.04g邻苯二甲酸氢钾，溶解于少量蒸馏水中将3种溶液合并，用蒸馏水稀释至100mL，储存于冰箱中，可保持10年。

[3] 吸收液：使用时，用蒸馏水将吸收液储备液稀释至100倍。此溶液含甲醛为0.2mg/mL。

[4] 氨磺酸钠（$H_2NSO_3H$ 0.6%）：称取0.60g $H_2NSO_3H$，加入1.5mol/L NaOH溶液4.0mL，用蒸馏水稀释至100mL。

[5] 盐酸副玫瑰苯胺（简称PRA）：吸取20.00mL经提纯的0.25%PRA储备液（或25.00mL 0.20%PRA贮备液），移入100mL容量瓶中，加30mL 85%浓 $H_3PO_4$，

10.00mL 浓 HCl，用蒸馏水稀释至标线，摇匀，放置过夜后使用。此溶液避光密封保存，可使用 9 个月。

[6] $1/2I_2$ 溶液（0.1mol/L）：称取 12.7g（$I_2$）于烧杯中，加入 40g KI 和 25mL 水，搅拌至完全溶解，用蒸馏水稀释至 1000mL，储存于棕色细口瓶中。
准确量取上述溶液 250mL，用蒸馏水稀释至 500mL，储存于棕色细口瓶中。即为 $1/2I_2$ 0.05mol/L 溶液。

[7] $1/6KIO_3$（0.1000mol/L）：称取 3.567g $KIO_3$（优级纯，105～110℃干燥 2h），溶解于蒸馏水，移入 1000mL 容量瓶中，用蒸馏水稀释至标线，摇匀。备用。

[8] $Na_2S_2O_3$ 标准储备液（0.1mol/L）：称取 25.0g $Na_2S_2O_3 \cdot H_2O$ 溶解于 1000mL 新煮沸并已冷却的蒸馏水中，加 0.2g 无水 $NaCO_3$，储存于棕色细口瓶中，放置一周后标定其浓度。若溶液呈现浑浊时，应该过滤。

**标定方法：**

吸取 10.00mL 0.1000mol/L $KIO_3$ 溶液，置于 250mL 碘量瓶中，加 80mL 新煮沸并已冷却的蒸馏水、1.2g KI，振摇至完全溶解后，加 1∶9HCl（或 1∶9$H_3PO_4$ 溶液 5～7mL），立即盖好瓶塞，摇匀。于暗处放置 5min 后，继续滴定至蓝色刚好褪去，记录消耗体积（$V$），按下式计算浓度：

$$c_{Na_2S_2O_3} = \frac{0.1000 \times 10.00}{V} \tag{8-7}$$

式中 $c_{Na_2S_2O_3}$——$Na_2S_2O_3$ 储备液的浓度，mol/L；
$V$——滴定消耗 $Na_2S_2O_3$ 溶液的体积，mL。

[9] $Na_2S_2O_3$ 标准溶液（0.05mol/L）：取标定后的 0.1mol/L 的 $Na_2S_2O_3$ 标准储备液 250.0mL，置于 500mL 容量瓶中，用新煮沸并已冷却的蒸馏水稀释至标线，摇匀。

[10] $Na_2SO_2$：称取 0.2000g $Na_2SO_3$ 溶解于 200mL 0.05% CDTA-2Na 溶液中（用新煮沸并已冷却的蒸馏水配制）缓慢摇匀使其溶解。放置 2～3h 后标定。此溶液每毫升相当于含 320～340μg $SO_2$。

**标定方法：**

吸取上述 $Na_2S_2O_3$ 溶液 20.00mL，置于 250mL 碘量瓶中，加入新煮沸并已冷却的水 50mL、0.05mol/L 碘溶液 20.00mL 及冰乙酸 1.0mL，盖塞，摇匀。于暗处放置 5min，用 0.05mol/L 硫代硫酸钠标准溶液滴定至淡黄色，加入 0.5%淀粉溶液 2mL，继续滴定至蓝色刚好退去，记录消耗体积（$V$）。

另取配置亚硫酸钠溶液所用的 0.05% CDTA-2Na 溶液 20mL，同时进行空白滴定，记录消耗体积（$V$）。

平行滴定所用硫代硫酸钠标准溶液体积之差应不大于 0.04mL，同时取平均值计算浓度：

$$c(\text{以 } SO_2 \text{ 计})(\mu g/mL) = (V_0 - V) \times C_{Na_2S_2O_3} \times 32.02 \times \frac{1000}{20.00} \tag{8-8}$$

式中 $V_0$、$V$——滴定空白溶液、亚硫酸钠溶液所消耗的硫代硫酸钠标准溶液体积，mL；
$c_{Na_2S_2O_3}$——硫代硫酸钠标准溶液浓度，mol/L；
32.02——相当于 1mol/L 硫代硫酸钠标准溶液（$Na_2S_2O_3$）的 $SO_2$（$1/2SO_2$）的质量，g。

标定出准确浓度后，立即用吸收液稀释成 1.00mL 含 10.00μg $SO_2$ 的标准储备溶液。临用时，再用吸收稀释液为每毫升含 1.0μg 的 $SO_2$ 标准使用溶液。

# 实验四 大气中氮氧化物的测定（盐酸萘乙二胺比色法）

## 一、实验原理

1. 掌握大气采样器及吸收液采集大气样品的操作技术；
2. 学会用盐酸萘乙二胺比色法测定大气中氮氧化物的方法。

## 二、实验原理

大气中的氮氧化物中主要是一氧化氮和二氧化氮，实验采用盐酸萘乙二胺比色法，在测定氮氧化物浓度时，先用一氧化铬氧化管将一氧化氮氧化成二氧化氮。二氧化氮被吸收液吸收后生成亚硝酸，与对氨基苯磺酸起重氮化反应。再与盐酸萘乙二胺偶合，生成玫瑰红色偶氮染料，根据颜色深浅，比色定量，测定结果以 $NO_2$ 表示。

本方法检出限为 0.05μg/5mL，当采样体积为 6L 时，最低检出浓度为 0.01mg/m$^3$。

## 三、仪器、试剂与材料

1. 仪器：分光光度计（7200 型），多孔玻板吸收[1]（10mL），大气采样器（流量范围 0～1L/min），双球玻璃氧化管（0～1L/min），三氧化铬-砂子氧化管[2]（双球玻璃管）。

2. 试剂：亚硝酸钠标准贮备液[3]，亚硝酸钠标准使用液[4]。

## 四、实验内容

### 1. 采样

将 5mL 采样用的吸收液注入多孔玻板吸收管中，吸收管的进气口接三氧化铬-砂子氧化管，并使氧化管的进气端略向下倾斜，以免潮湿空气将氧化剂弄湿污染后面的吸收管。吸收管的出气口与大气采样器相连接，以 0.3L/min 的流量避光采样至吸收液呈浅玫瑰红色为止，记下采样时间，密封好采样管，带回实验室，当日测定。如吸收液不变色，应加大采样流量或延长采样时间。在采样同时，应测定采样现场的温度和大气压力，并做好记录。

### 2. 标准曲线的绘制

取 7 支 10mL 具塞比色管，按表 8-3 所列数据配制标准系列。

**测定 $NO_2$ 时所配制的标准系列** 表 8-3

| 管 号 | 0 | 1 | 2 | 3 | 4 | 5 | 6 |
|---|---|---|---|---|---|---|---|
| 5.0μg/5mL 的 $NO_2^-$ 标准溶液（mL） | 0.00 | 0.10 | 0.20 | 0.30 | 0.40 | 0.50 | 0.60 |
| 吸收原液（mL） | 4.00 | 4.00 | 4.00 | 4.00 | 4.00 | 4.00 | 4.00 |
| 水（mL） | 1.00 | 0.90 | 0.80 | 0.70 | 0.60 | 0.50 | 0.40 |
| $NO_2^-$ 含量（ug） | 0.0 | 0.5 | 1.0 | 1.5 | 2.0 | 2.5 | 3.0 |

加完试剂后摇匀，避免阳光直射，放置15min。在波长540nm处，用1cm比色皿，以水为参比，测定吸光度。

以测得的吸光度为纵坐标，溶液中$NO_2^-$含量（μg）为横坐标，绘制标准曲线，或用最小二乘法计算回归方程式：

$$Y = bX + a$$

式中　$Y$——标准溶液吸光度（$A$）与试剂空白液吸光度（$A_0$）之差别，即$Y=A-A_0$；

$X$——$NO_2^-$含量，μg；

$b$——回归方程式的斜率；

$a$——回归方程式的截距。

**3. 样品测定**

采样后，放置15min，将样品溶液移入1cm比色皿中，与标准曲线绘制时的方法和条件相同测定试剂空白液和样品溶液吸光度。若样品溶液吸光度超过标准曲线的测定上限，可用吸收液稀释后再测定吸光度，计算结果时应乘以稀释倍数。

## 五、实验数据与处理

$$\text{氮氧化物的含量(以 } NO_2 \text{ 计)(mg/L)} = \frac{(A - A_0) - a}{b \times V_r \times 0.76} \tag{8-9}$$

式中　$A$——样品溶液吸光度；

$A_0$——试剂空白液吸光度；

$b$——回归方程式的斜率；

$a$——回归方程式的截距；

$V_r$——标准状态下状态下的采样体积，L；

0.76——$NO_2$（气）转变为$NO_2^-$（液）的转换系数。

## 六、注意事项

（1）配制吸收液时，应避免在空气中长时间暴露，以免吸收空气中的氮氧化物。日光照射能使吸收液显色，因此在采样、运送及存放过程中，都应采取避光措施。

（2）在采样过程中，如吸收液体积显著缩小，要用水补充到原来的体积（应预先做好标记）。

（3）氧化管适用于相对湿度为30%～70%时使用，当空气相对湿度大于70%时，应勤换氧化管；小于30%时，在使用前，用经过水面的潮湿空气通过氧化管，平衡1h再使用。

## 七、思考题

1. 为什么所有试剂均要用不含亚硝酸盐的重蒸馏水配制？
2. 采样时，吸收液不变色的原因是什么？
3. 在采样时，为什么要记录采样现场的温度和大气压力？
4. 氧化管中石英沙的作用是什么？为什么氧化管变成绿色就失效了？
5. 氧化管为何做成双球形？双球形氧化管有何优点？

**注释：**

所有试剂均用不含亚硝酸盐的重蒸蒸馏水配制。检验方法是：要求用该蒸馏水配制的吸收液不呈现淡红色。

[1] 吸收液：称取5.0g对氨基苯磺酸，置于200mL烧坏中，将50mL冰醋酸与900mL水的混合液分数次加火烧杯中，搅拌使其溶解，并迅速转入1000mL棕色容量瓶中。待对氨基苯硝酸溶解后，加入0.05g盐酸萘乙二胺，溶解后，用水稀释至标线，摇匀。贮于棕色瓶中。此为吸收原液，放在冰箱中可保存一个月。

采样时，按4份吸收原液与1份水的比例混合该吸收液。

[2] 三氧化铬-砂子氧化管：将河砂洗净、晒干，筛取20～40目的部分，用（1+2）的盐酸浸泡一夜，用水洗至中性后烘干。将三氧化铬及砂子按（1∶20）的比例混合。加少量水调匀，放在红外灯下或烘箱里于105℃烘干，烘干过程中应搅拌数次。做好的三氧化铬-砂子应是松散的，若粘在一起，说明三氧化铬比例太大，可适当增加一些砂子，重新制备。将三氧化铬-砂子装入双球玻璃氧化管中，两端用脱脂棉塞好，并用塑料管制的小帽将氧化管的两端盖紧，备用。

[3] 亚硝酸钠标准贮备液：将粒状亚硝酸钠在干燥器内放置24h。称取0.1500g溶于少量水中，然后移入1000mL容量瓶内。用水稀释至标线。此溶液每毫升含100μg $NO_2$，贮于棕色瓶中，存放在冰箱内，可稳定三个月。

[4] 亚硝酸钠标准使用液：临用前，吸取10mL亚硝酸钠标准贮备液于100mL容量瓶中，用水稀释至标线。此溶液每毫升含5.0μg $NO_2^-$。

# 实验五 六价铬的测定（二苯碳酰二肼分光光度法）

## 一、实验目的

1. 掌握光度分析法的原理和测量方法；
2. 学会废水中六价铬含量的测定方法。

## 二、实验原理

工业废水中铬（Cr）的化合物的常见价态有+6价和+3价。在水体中，六价铬一般以$CrO_4^{2-}$、$Cr_2O_7^{2-}$、$HCrO_4^-$三种阴离子形式存在。受水中pH值、有机物、氧化还原物质、温度及硬度等条件影响，+6价和+3价的化合物可以互相转化。

铬的毒性及危害与其存在价态有关，通常认为+6价铬的毒性比+3价铬高100倍。+6价铬更易为人体吸收而且在体内蓄积，导致肝癌。因此，水体中+6价铬含量的测定是我国实施规定总量控制的一个重要指标之一。

在酸性溶液中（溶液酸度应控制在$C(H^+)=05\sim0.3mol/L$，且以0.2mol/L时显色最稳定）+6价铬可与二苯碳酰二肼（二苯胺基脲）作用，其反应式为：

$$O=C\begin{matrix}\diagup NH-NH-C_6H_5\\ \diagdown NH-NH-C_6H_5\end{matrix}+Cr^{6+}\longrightarrow O=C\begin{matrix}\diagup NH-NH-C_6H_5\\ \diagdown N-N-C_6H_5\end{matrix}+Cr^{3+}$$

反应生成紫红色络合物，其最大吸收波长为542nm，吸光度与浓度的关系符合比尔定律。

本方法最低检测质量为0.2μg六价铬。若取50mL水样测定，则最低检测质量浓度为0.004mg/L（以$Cr^{6+}$计）。

## 三、仪器、试剂与材料

1. 仪器：分光光度计（7200型），具塞比色管（50mL），移液管（50mL），吸耳球，洗瓶。

2. 试剂：$H_2SO_4$（1∶7）[1]，二苯碳酰二肼（2.5g/L）[2]，铬标准贮备液（100μg/mL）[3]，铬标准溶液（1.00μg/mL）[4]。

## 四、实验内容

**1. 水样的测定**

（1）水样的吸取

吸取50mL水样（含六价铬超过10μg时，可吸取适量水样稀释至50mL），置于50mL比色管中。

（2）标准系列的配制

取50mL比色管9支，分别加入六价铬标准溶液0mL、0.25mL、0.50mL、1.00mL、2.00mL、4.00mL、6.00mL、8.00mL和10.00mL，用水稀释至标线，摇匀。

（3）向水样及标准管中各加入2.5mL $H_2SO_4$溶液和2.5mL二苯碳酰二肼溶液[5]，立即混匀，放置10min[6]。

**2. 标准曲线的绘制**

以蒸馏水为参比，于540nm波长处，用3cm（或10cm）比色皿，测定水样及标准系列的吸光度。并从标准曲线上查得六价铬含量。

**3. 计算**

$$六价铬(Cr,mg/L)=\frac{m}{V} \tag{8-10}$$

式中　$m$——由标准曲线上查得的六价铬含量，μg；

$V$——水样的体积，mL。

## 五、思考题

1. 所有玻璃仪器（包括采样瓶）在使用时内壁要求光滑，其理由是什么？能否用铬酸洗涤液浸泡洗涤？

2. 显色前，常将水样调至中性，有无这个必要？

**注释：**

[1] 将10mL浓$H_2SO_4$（$\rho$=1.84）缓慢加入70mL纯水中，混匀。

[2] 称取0.25g二苯碳酰二肼（$C_{13}H_{14}N_4O_5$），溶于50mL丙酮加水稀释至100mL，摇匀。贮于棕色瓶内置冰箱中保存（颜色变深后不能再用）。

[3] 称取 0.2829g 分析纯 $K_2Cr_2O_7$（经 105～110℃干燥 2h），用蒸馏水溶解后。移入 1000mL 容量瓶中，用水稀释至标线，摇匀。此溶液每 1.00mL 含 $Cr^{6+}$ 100mg。

[4] 吸取 5.00mL 铬标准贮备液，置于 500mL 容量瓶中，用水稀释至标线，摇匀。此溶液每 1.00mL 含 $Cr^{6+}$ 1.00μg。

[5] 水样如有颜色，另取相同量的水样于 100mL 烧杯中，加入 2.5mL $H_2SO_4$ 溶液，于电炉上煮沸 2min，使水样中的六价铬还原为三价。溶液冷却后转入 50mL 比色管中，用水稀释至刻度后再多加 2.5mL 二苯碳酰二肼溶液，摇匀。放置 10min。

[6] 温度和放置时间对显色都有影响，15℃时颜色最稳定，显色后 2～3min，颜色可达最深，且于 5～15min 保持稳定。

# 实验六　水中铁的测定

## 一、实验目的

1. 熟悉原子吸收分光光度计的使用方法；
2. 熟悉测绘吸收光谱的一般方法；
3. 学会吸收光谱法中测定条件的选择方法；
4. 掌握用分光光度法测定铁的原理及方法。

## 二、实验原理

地壳中含铁量（Fe）约为 5.6%，分布很广，但天然水体中含量并不高。

实际水样中铁的存在形态是多种多样的，可以在真溶液中以简单的水合离子和复杂的无机、有机络合物形式存在。也可以存在于胶体，悬浮物的颗粒物中，可能是二价，也可能是三价的。而且水样暴露于空气中，二价铁易被迅速氧化为三价，样品 pH＞3.5 时，易导致高价铁的水解沉淀。样品在保存和运输过程中，水中细菌的增殖也会改变铁的存在形态。样品的不稳定性和不均匀性对分析结果影响颇大，因此必须仔细进行样品的预处理。

铁及其化合物均为低毒性和微毒性，含铁量高的水往往带黄色，有铁腥味，对水的外观有影响。我国有的城市饮用水用铁盐净化，若不能沉淀完全，影响水的色度和味感。如作为印染、纺织、造纸等工业用水时，则会在产品上形成黄斑，影响质量，因此这些工业用水的铁含量必须在 0.1mg/L 以下。水中铁的污染源主要是选矿、冶炼、炼铁、机械加工、工业电镀、酸洗废水等。

原子吸收法和等离子发射光谱法操作简单、快速，结果的精密度、准确度好，适用于环境水样和废水样的分析；邻菲啰啉光度法灵敏、可靠，适用于清洁环境水样和轻度污染水的分析；污染严重，含铁量高的废水，可用 EDTA 络合滴定法以避免高倍数稀释操作引起的误差。

## 三、水样的保存与处理

测总铁，在采样后立刻用盐酸酸化至 pH＜2 保存；测过滤性铁，应在采样现场经

0.45μm 的滤膜过滤，滤液用盐酸酸化至 pH<2；测亚铁的样品，最好在现场显色测定，或按方法 2. 操作步骤处理。

## 四、实验内容

### 1. 火焰原子吸收法（A）

（1）实验原理

在空气—乙炔火焰中，铁、锰的化合物易于原子化，可分别于波长 248.3nm 和 279.5nm 处，测量铁、锰基态原子对铁、锰空心阴极灯特征辐射的吸收进行定量。

（2）干扰及消除

影响铁、锰原子吸收法准确度的主要干扰是化学干扰。当硅的浓度大于 20mg/L 时，对铁的测定产生负干扰，当硅的浓度大于 50mg/L 时，对锰的测定也出现负干扰。这些干扰的程度随着硅浓度的增加而增加。如试样中存在 200mg/L 氯化钙时，上述干扰可以消除。

一般来说，铁、锰的火焰原子吸收分析法的基体干扰不太严重，由分子吸收或光散射造成的背景吸收也可忽略。但对于含盐量高的工业废水，则应注意基体干扰和背景校正。此外，铁、锰的光谱线较复杂，例如，在 Fe 线 248.3nm 附近还有 248.8nm 线；在 $M_n$ 线 279.5nm 附近还有 279.8nm 和 280.1nm 线，为克服光谱干扰，应选择最小的狭缝或光谱通带。

（3）方法的适用范围

本法的铁、锰检出浓度分别是 0.03mg/L 和 0.01mg/L，测定上限分别为 5.0mg/L 和 3.0mg/L。本法适用于地表水、地下水及化工、冶金、轻工、机械等工业废水中铁、锰的测定。

（4）仪器

1）原子吸收分光光度计。

2）铁、锰空心阴极灯。

3）乙炔钢瓶或乙炔发生器。

4）空气压缩机，应备有除水、除油装置。

5）仪器工作条件：不同型号仪器的最佳测试条件不同，可由各实验室自己选择。测试条件如表 8-4 所示。

原子吸收测定铁、锰的条件　　表 8-4

| 光　源 | Fe 空心阴极灯 | Mn 空心阴极灯 |
|---|---|---|
| 灯电流（mA） | 12.5 | 7.5 |
| 测定波长（nm） | 248.3 | 279.5 |
| 光谱通带（nm） | 0.2 | 0.2 |
| 观测高度（mm） | 7.5 | 7.5 |
| 火焰种类 | 空气—乙炔，氧化型 | 空气—乙炔，氧化型 |

（5）试剂

1）铁标准贮备液：准确称取光谱纯金属铁 1.000g，用 60mL（1+1）硝酸溶解完全后，加 10mL（1+1）硝酸，用去离子水准确稀释至 1000mL，此溶液含 1.00mg/mL 铁。

2）锰标准贮备液：准确称取 1.0000g 光谱纯金属锰（称量前用稀硫酸洗去表面氧化物，再用去离子水洗去酸，烘干。在干燥器中冷却后尽快称取），用 10mL（1+1）硝酸溶解。当锰完全溶解后，用 1%硝酸准确稀释至 1000mL，此溶液每毫升含 1.00mg 锰。

3）铁锰混合标准使用液：分别准确移取铁和锰标准贮备液 50.00mL 和 25.00mL，置 1000mL 容量瓶中，用 1%盐酸稀释至标线，摇匀。此液每毫升含 50.0μg 铁，25.0μg 锰。

（6）步骤

1）样品预处理

对于没有杂质堵塞仪器吸样管的清澈水样，可直接喷入火焰进行测定。如测总量或含有机质较高的水样时，必须进行消解处理。处理时先将水样摇匀，分取适量水样置于烧杯中，每 100mL 水样加 5mL 硝酸，置于电热板上在近沸状态下将样品蒸至近干。冷却后，重铁、锰的光谱线较复杂，例如，在 Fe 线 248.3nm 附近还有 248.8nm 线；在 Mn 线 279.5nm 附近还有 279.8nm 和 280.1nm 线，为克服光谱干扰，应选择最小的狭缝或光谱通带。

对于没有杂质堵塞仪器吸样管的清澈水样，可直接喷入火焰进行测定。如测总量或含有机质较高的水样时，必须进行消解处理。处理时先将水样摇匀，分取适量水样置于烧杯中，每 100mL 水样加 5mL 硝酸，置于电热板上在近沸状态下将样品蒸至近干。冷却后，重复上述操作一次。以（1+1）盐酸 3mL 溶解残渣，用 1%盐酸冲洗杯壁，用经（1+1）盐酸先洗干净的快速定量滤纸滤入 50mL 容量瓶中，以 1%盐酸稀释至标线。

每分析一批样品，平行测定两个试剂空白样。

2）校准曲线的绘制

分别取铁锰混合标准液 0mL、1.00mL、2.00mL、3.00mL、4.00mL、5.00mL 于 50mL 容量瓶中，用 1%盐酸稀释至刻度，摇匀。用 1%盐酸调零点后，在选定的条件下测定其相应的吸光度，经空白校正后绘制浓度-吸光度校准曲线。

3）试样的测定

在测定标准系列溶液的同时，测定试样及空白样的吸光度。由试样吸光度减去空白样吸光度，从校准曲线上求得试样中铁、锰的含量。

（7）计算

$$\text{铁}(\mathrm{Fe,mg/L})=\frac{m}{V} \tag{8-11}$$

式中　$m$——由校准曲线查得铁、锰量，μg；

$V$——水样体积，mL。

（8）注意事项

1）各种型号的仪器，测定条件不尽相同，因此，应根据仪器使用说明书选择合适条件。

2）当样品的无机盐含量高时，采用塞曼效应去除背景，无此条件时，也可采用邻近吸收线法去除背景吸收。在测定浓度容许条件下，也可采用稀释方法以减少背景吸收。

3）硫酸浓度较高时易产生分子吸收，以采用盐酸或硝酸介质为好。

4）铁和锰都是多谱线元素，在选择波长时要注意选择准确，否则会导致测量失败。

5）为了避免稀释误差，在测定含量较高的水样时，可选用次灵敏线测量。

**2. 邻菲啰啉分光光度法（B）**

（1）方法原理

亚铁离子在pH3～9之间的溶液中与邻菲啰啉生成稳定的橙红色络合物，其反应式为：

$$Fe^{2+}+3\,\text{phen} \longrightarrow \left[(\text{phen})_3 Fe\right]^{2+}$$

此络合物在避光时可稳定半年。测量波长为510nm，其摩尔吸光系数为$1.1\times 10^4$L/mol/cm。若用还原剂（如盐酸羟胺）将高铁离子还原，则本法可测高铁离子及总铁含量。

（2）干扰及消除

强氧化剂、氰化物、亚硝酸盐、焦磷酸盐、偏聚磷酸盐及某些重金属离子会干扰测定。

经过加酸煮沸可将氰化物及亚硝酸盐除去，并使焦磷酸、偏聚磷酸盐转化为正磷酸盐以减轻干扰。加入盐酸羟胺则可消除强氧化剂的影响。

邻菲啰啉能与某些金属离子形成有色络合物而干扰测定。但在乙酸—乙酸铵的缓冲溶液中，不大于铁浓度10倍的铜、锌、钴、铬及小于2mg/L的镍，不干扰测定，当浓度再高时，可加入过量显色剂予以消除。汞、镉、银等能与邻菲啰啉形成沉淀，若浓度低时，可加过量邻菲啰啉来消除；浓度高时，可将沉淀过滤除去。水样有底色，可用不加邻菲啰啉的试液作参比，对水样的底色进行校正。

（3）方法的适用范围

此法适用于一般环境水和废水中铁的测定，最低检出浓度为0.03mg/L，测定上限为5.00mg/L。对铁离子大于5.00mg/L的水样，可适当稀释后再按本方法进行测定。

（4）仪器

分光光度计，10mm比色皿。

（5）试剂

1）铁标准贮备液，准确称取0.7020g硫酸亚铁铵，溶于（1＋1）硫酸50mL中，转移至1000mL容量瓶中，加水至标线，摇匀。此溶液每毫升含100μg铁。

2）铁标准使用液：准确移取标准贮备液25.00mL置100mL容量瓶中，加水至标线，摇匀。此溶液每毫升含25.0μg铁。

3）（1＋3）盐酸。

4）10％盐酸羟胺溶液。

5）缓冲溶液：40g乙酸铵加50mL冰乙酸用水稀释至100mL。

6）0.5％邻菲啰啉（1,10-phenanthroline）水溶液，加数滴盐酸帮助溶解。

（6）步骤

1）校准曲线的绘制

依次移取铁标准使用液0mL、2.00mL、4.00mL、6.00mL、8.00mL、10.0mL置

150mL 锥形瓶中，加入蒸馏水至 50.0mL，再加（1+3）盐酸 1mL，10%盐酸羟胺 1mL，玻璃珠 1～2 粒。加热煮沸至溶液剩 15mL 左右，冷却至室温，定量转移至 50mL 具塞比色管中。加一小片刚果红试纸，滴加饱和乙酸钠溶液至试纸刚刚变红，加入 5mL 缓冲溶液、0.5%邻菲啰啉溶液 2mL，加水至标线，摇匀。显色 15min 后，用 10mm 比色皿，以水为参比，在 510nm 处测量吸光度由经过空白校正的吸光度对铁的微克数作图。

2）总铁的测定

采样后立即将样品用盐酸酸化至 pH<1，分析时取 50.0mL 混匀水样于 150mL 锥形瓶中，加（1+3）盐酸 1mL，盐酸羟胺溶液 1mL，加热煮沸至体积减少到 15mL 左右，以保证全部铁的溶解和还原。若仍有沉淀应过滤除去。以下按绘制校准曲线同样操作，测量吸光度并作空白校正。

3）亚铁的测定

采样时将 2mL 盐酸放在一个 100mL 具塞的水样瓶内，直接将水样注满样品瓶，塞好瓶塞以防氧化，一直保存到进行显色和测量（最好现场测定或现场显色）。分析时只需取适量水样，直接加入缓冲溶液与邻菲啰啉溶液，显色 5～10min，在 510nm 处以水为参比测量吸光度，并作空白校正。

4）可过滤铁的测定

在采样现场，用 0.45pm 滤膜过滤水样，并立即用盐酸酸化过滤水至 pH<1，准确吸取样品 50mL 置于 150mL 锥形瓶中，以下操作与步骤 1）相同。

（7）计算

$$铁(\mathrm{Fe,mg/L})=\frac{m}{V} \tag{8-12}$$

式中 $m$——由校准曲线查得铁、锰量，$\mu$g；

$V$——水样体积，mL。

（8）注意事项

1）各批试剂的铁含量如不同，每新配一次试液，都需重新绘制校准曲线。

2）含 $CN^-$ 或 $S^{2-}$ 离子的水样酸化时，必须小心进行，因为会产生有毒气体。

3）若水样含铁量较高，可适当稀释；浓度低时可换用 30mm 或 50mm 的比色皿。

## 五、思考题

1. 本实验中配制铁标准溶液的硫酸亚铁铵是分析纯试剂，显色时为什么还要加盐酸羟胺？

2. 本实验中吸取各溶液时，哪些应用移液管或吸量管？哪些可用量筒？为什么？

3. 为什么更换测定波长时，需要用参比溶液重新调节透光率至 100%后再测定？

4. 在实验中用 721 分光光度计测最大吸收波长与 $A_{max}$ =508nm 是否有差别？如有差别，请解释原因。

5. 水样测定取样体积不同时，对测定结果是否有影响？为什么？哪个取样量最佳？

# 第九章　食品分析实验

## 实验一　总酸度的测定（滴定法）

### 一、实验目的

掌握样品中总酸度的测定方法。

### 二、实验原理

食品中的有机酸（弱酸）用标准碱液滴定时，被中和生成盐类。用酚酞作指示剂，当滴定到终点（pH＝8.2，指示剂显红色）时，根据消耗的标准碱液体积，计算出样品总酸的含量。其反应式如下：$RCOOH+NaOH \longrightarrow RCOONa+H_2O$

### 三、样品的处理与制备

**1. 固体样品**

将样品适度粉碎过筛，混合均匀，取适量的样品，加入少量无二氧化碳的蒸馏水，将样品溶解到250mL容量瓶中，在75～80℃水浴上加热0.5h（若是果脯类，则在沸水中加热1h），冷却、定容，用干燥滤纸过滤，弃去初液，收集滤液备用。

**2. 含二氧化碳的饮料、酒类**

将样品于45℃水浴上加热30min，除去二氧化碳，冷却后备用。

**3. 调味品及不含二氧化碳饮料、酒类**

将样品混合均匀后直接取样，必要时也可加适量水稀释，若浑浊则需过滤。

**4. 咖啡样品**

将样品粉碎经40目筛，取10g样于三角瓶，加75mL 80%乙醇，加塞放置16h，并不时地摇动，过滤。

**5. 固体饮料**

称取5g样品于研钵中，加入少量无$CO_2$蒸馏水，研磨成糊状，用无$CO_2$蒸馏水移入250mL容量瓶中定容，摇匀后过滤。

### 四、样品滴定

准确吸取制备的滤液50mL，加入酚酞指示剂2～3滴，用0.1mol/L标准碱液滴定至微红色30s不褪色，记录用量，同时做空白实验。以下式计算样品含酸量。

$$总酸度(\%)=\frac{c\times(V_1-V_2)\times K\times V_3\times 100}{m\times V_4} \tag{9-1}$$

式中 $c$——标准氢氧化钠溶液的浓度，mol/L；

$V_1$——滴定所消耗标准碱液的体积，mL；

$V_2$——空白所消耗标准碱液的体积，mL；

$V_3$——样品稀释液总体积，mL；

$V_4$——滴定时吸取的样液的体积，mL；

$m$——样品质量或体积，g 或 mL；

$K$——换算为适当酸的系数，即 1mol 氢氧化钠相当于主要酸的克数。

因为食品中含有多种有机酸，总酸度测定结果通常以样品含量最多的那种酸表示。例如一般分析葡萄及其制品时，用酒石酸表示，其 $K=0.075$；测柑橘类果实及其制品时，用柠檬酸表示，其 $K=0.064$；分析苹果及其制品时，用苹果酸表示，其 $K=0.067$；分析乳品、肉类、水产品及其制品时，用乳酸表示，其 $K=0.090$；分析酒类、调味品，用乙酸表示，$K=0.060$。

## 五、注意事项

1. 样品浸泡，稀释用的蒸馏水中不含 $CO_2$，因为它溶于水生成酸性的 $H_2CO_3$，影响滴定终点时酚酞的颜色变化，一般的做法是分析前将蒸馏水煮沸并迅速冷却，以除去水中的 $CO_2$。样品中若含有 $CO_2$ 也有影响，所以对含有 $CO_2$ 的饮料样品，在测定前须除掉 $CO_2$。

2. 样品在稀释用水时应根据样品中酸的含量来定，为了使误差在允许的范围内，一般要求滴定时消耗 0.1mol/L NaOH 不小于 5mL，最好应在 10～15mL 左右。

3. 由于食品中含有的酸为弱酸，在用强碱滴定时，其滴定终点偏碱性，一般 pH 在 8.2 左右，所以用酚酞作终点指示剂。

4. 若样品有色（如果汁类）可脱色或用电位滴定法也可加大稀释比，按 100mL 样液加 0.3mL 酚酞测定。

各类食品的酸度以主要酸表示，但有些食品（如牛奶、面包等）也可用中和 100g（mL）样品所需 0.1mol/L（乳品）或 1mol/L（面包）NaOH 溶液的 mL 数表示，符号°T。新鲜牛奶的酸度为 16～18°T，面包酸度为 3～9°T。

# 实验二 植物组织中可溶性糖含量的测定

在作物的碳素营养中，营养物质主要是指可溶性糖和淀粉。它们在营养中的作用主要有：合成纤维素组成细胞壁；转化并组成其他有机物如核苷酸、核酸等；分解产物是其他许多有机物合成的原料，如糖在呼吸过程中形成的有机酸，可作为 $NH_3$ 的受体而转化为氨基酸；糖类作为呼吸基质，为作物的各种合成过程和各种生命活动提供了所需的能量。由于碳水化合物具有这些重要的作用，所以是营养中最基本的物质，也是需要量最多的一类。

# Ⅰ　蒽酮法测定可溶性糖

## 一、实验原理

糖在浓硫酸作用下，可经脱水反应生成糠醛或羟甲基糠醛，生成的糠醛或羟甲基糠醛可与蒽酮反应生成蓝绿色糠醛衍生物，在一定范围内，颜色的深浅与糖的含量成正比，故可用于糖的定量测定。

该法的特点是几乎可以测定所有的碳水化合物，不但可以测定戊糖与己糖含量，而且可以测所有寡糖类和多糖类，其中包括淀粉、纤维素等（因为反应液中的浓硫酸可以把多糖水解成单糖而发生反应），所以用蒽酮法测出的碳水化合物含量，实际上是溶液中全部可溶性碳水化合物总量。在没有必要细致划分各种碳水化合物的情况下，用蒽酮法可以一次测出总量，省去许多麻烦，因此，有特殊的应用价值。但在测定水溶性碳水化合物时，则应注意切勿将样品的未溶解残渣加入反应液中，不然会因为细胞壁中的纤维素、半纤维素等与蒽酮试剂发生反应而增加了测定误差。此外，不同的糖类与蒽酮试剂的显色深度不同，果糖显色最深，葡萄糖次之，半乳糖、甘露糖较浅，五碳糖显色更浅，故测定糖的混合物时，常因不同糖类的比例不同造成误差，但测定单一糖类时，则可避免此种误差。糖类与蒽酮反应生成的有色物质在可见光区的吸收峰为620nm，故在此波长下进行比色。

## 二、实验材料、试剂与仪器设备

### 1. 实验材料

任何植物鲜样或干样。

### 2. 试剂

（1）80%乙醇。

（2）葡萄糖标准溶液（100μg/mL）：准确称取100mg分析纯无水葡萄糖，溶于蒸馏水并定容至100mL，使用时再稀释10倍（100μg/mL）。

（3）蒽酮试剂：称取1.0g蒽酮，溶于80%浓硫酸（将98%浓硫酸稀释，把浓硫酸缓缓加入到蒸馏水中）1000mL中，冷却至室温，贮于具塞棕色瓶内，冰箱保存，可使用2～3周。

### 3. 仪器设备

分光光度计，分析天平，离心管，离心机，恒温水浴，试管，三角瓶，移液管（5mL、1mL、0.5mL），剪刀，瓷盘，玻棒，水浴锅，电炉，漏斗，滤纸。

## 三、实验步骤

1. 样品中可溶性糖的提取：称取剪碎混匀的新鲜样品0.5～1.0g（或干样粉末5～100mg），放入大试管中，加入15mL蒸馏水，在沸水浴中煮沸20min，取出冷却，过滤入100mL容量瓶中，用蒸馏水冲洗残渣数次，定容至刻度。

2. 标准曲线制作：取6支大试管，从0～5分别编号，按表9-1加入各试剂。

蒽酮法测可溶性糖制作标准曲线的试剂量 表 9-1

| 试 剂 | 管 号 | | | | | |
|---|---|---|---|---|---|---|
| | 0 | 1 | 2 | 3 | 4 | 5 |
| 100μg/mL 葡萄糖溶液（mL） | 0 | 0.2 | 0.4 | 0.6 | 0.8 | 1.0 |
| 蒸馏水（mL） | 1.0 | 0.8 | 0.6 | 0.4 | 0.2 | 0 |
| 蒽酮试剂（mL） | 5.0 | 5.0 | 5.0 | 5.0 | 5.0 | 5.0 |
| 葡萄糖量（μg） | 0 | 20 | 40 | 60 | 80 | 100 |

将各管快速摇动混匀后，在沸水浴中煮 10min，取出冷却，在 620nm 波长下，用空白调零测定光密度，以光密度为纵坐标，含葡萄糖量（μg）为横坐标绘制标准曲线。

3. 样品测定：取待测样品提取液 1.0mL 加蒽酮试剂 5mL，同以上操作显色测定光密度。重复 3 次。

## 四、结果计算

可溶性糖含量(%)＝从标准曲线查得糖的量(μg)×提取液体积(mL)×稀释倍数/[测定用样品液的体积(mL)×样品重量(g)×106]×100 (9-2)

# Ⅱ 苯酚法测定可溶性糖

## 一、实验原理

植物体内的可溶性糖主要是指能溶于水及乙醇的单糖和寡聚糖。苯酚法测定可溶性糖的原理是：糖在浓硫酸作用下，脱水生成的糠醛或羟甲基糠醛能与苯酚缩合成一种橙红色化合物，在 10～100mg 范围内其颜色深浅与糖的含量成正比，且在 485nm 波长下有最大吸收峰，故可用比色法在此波长下测定。苯酚法可用于甲基化的糖、戊糖和多聚糖的测定，方法简单，灵敏度高，实验时基本不受蛋白质存在的影响，并且产生的颜色稳定 160min 以上。

## 二、实验材料、试剂与仪器设备

**1. 实验材料**

新鲜的植物叶片。

**2. 试剂**

（1）90%苯酚溶液：称取 90g 苯酚（AR），加蒸馏水溶解并定容至 100mL，在室温下可保存数月。

（2）9%苯酚溶液：取 3mL 90%苯酚溶液，加蒸馏水至 30mL，现配现用。

（3）浓硫酸（比重 1.84）。

（4）1%蔗糖标准液：将分析纯蔗糖在 80℃下烘至恒重，精确称取 1.000g，加少量水溶解，移入 100mL 容量瓶中，加入 0.5mL 浓硫酸，用蒸馏水定容至刻度。

（5）100μg/L 蔗糖标准液：精确吸取 1%蔗糖标准液 1mL 加入 100mL 容量瓶中，加蒸馏水定容。

### 3. 仪器设备

分光光度计，电炉，铝锅，20mL 刻度试管，刻度吸管 5mL 1 支、1mL 2 支，记号笔，吸水纸适量。

## 三、实验步骤

1. 标准曲线的制作。取 20mL 刻度试管 11 支，从 0～10 分别编号，按表 9-2 加入溶液和水，然后按顺序向试管内加入 1mL 9%苯酚溶液，摇匀，再从管液正面以 5～20s 时间加入 5mL 浓硫酸，摇匀。比色液总体积为 8mL，在室温下放置 30min，显色。然后以空白为参比，在 485nm 波长下比色测定，以糖含量为横坐标，光密度为纵坐标，绘制标准曲线，求出标准直线方程。

**苯酚法测可溶性糖绘制标准曲线的试剂量**　　**表 9-2**

| 试　剂 | 管　号 | | | | | |
|---|---|---|---|---|---|---|
| | 0 | 1、2 | 3、4 | 5、6 | 7、8 | 9、10 |
| 100μg/L 蔗糖标准液（mL） | 0 | 0.2 | 0.4 | 0.6 | 0.8 | 1.0 |
| 蒸馏水（mL） | 2.0 | 1.8 | 1.6 | 1.4 | 1.2 | 1.0 |
| 蔗糖量（μg） | 0 | 20 | 40 | 60 | 80 | 100 |

2. 可溶性糖的提取。取新鲜植物叶片，擦净表面污物，剪碎混匀，称取 0.1～0.3g，共 3 份，分别放入 3 支刻度试管中，加入 5～10mL 蒸馏水，塑料薄膜封口，于沸水中提取 30min（提取 2 次），提取液过滤入 25mL 容量瓶中，反复冲洗试管及残渣，定容至刻度。

3. 测定。吸取 0.5mL 样品液于试管中（重复 2 次），加蒸馏水 1.5mL，同制作标准曲线的步骤，按顺序分别加入苯酚、浓硫酸溶液，显色并测定光密度。由标准线性方程求出糖的量，计算测试样品中糖含量。

## 四、结果计算

可溶性糖含量(%)＝从标准曲线查得糖的量(μg)×提取液体积(mL)×稀释倍数／[测定用样品液的体积(mL)×样品重量(g)×106]×100　　(9-3)

# 实验三　淀粉含量的测定

## 一、实验目的

1. 掌握食品中淀粉含量检测的原理；
2. 掌握食品中淀粉含量检测的方法并能应用。

## 二、实验原理

淀粉测定可先除去样品中的脂肪及其中的可溶性糖，再在一定酸度下，将淀粉水解为具有还原性的葡萄糖。通过对还原糖含量的测定，乘上一换算系数 0.9，即为淀粉含量，反应式如下：$H^+ + (C_6H_{10}O_5)n + nH_2O \longrightarrow nC_6H_{12}O_6$，根据反应公式，淀粉与葡萄糖之比为：162.1∶180.12＝0.9∶1，即0.9g淀粉水解后可得1g葡萄糖。

## 三、材料、仪器与试剂

1. 材料：马铃薯、苹果、葡萄等。

2. 仪器：滴定管（15mL）、移液管（5mL）、烧杯、三角瓶（150mL）、容量瓶（500mL，250mL，100mL）、漏斗、研钵、酒精灯、铁架台、滴定管夹、水浴锅、分析天平。

3. 试剂：硫酸铜、酒石酸钾钠、氢氧化钠、盐酸、次甲基蓝、醋酸铅、硫酸钠、酚酞。(1) 菲林试剂甲：称取硫酸铜34.639g加入蒸馏水溶解后，置于500mL容量瓶中，加水稀释到刻度，混匀。(2) 菲林试剂乙：称取酒石酸钾钠173g及氢氧化钠50g，加蒸馏水溶解后置于500mL容量瓶中，加水稀释到刻度，混匀，过滤后待用。(3) 蔗糖标准液的配制：用分析天平准确称取1g蔗糖，溶解后移入250mL容量瓶中定容，混匀后吸取50mL放入100mL容量瓶中，加2.5mL 12mol/L HCl，在沸水中煮10min，取出迅速用冷水冲洗冷却至室温，加1%酚酞2～3滴，加6mol/L NaOH中和至微红，定容，混匀，用此标准液滴定菲林试剂，求出标准蔗糖液1mL中蔗糖含量。

## 四、操作步骤

1. 样品处理：

称去皮切碎的苹果肉2g，置研钵中磨成匀浆，用蒸馏水冲洗转移入100mL容量瓶中，加2.5mL 12mol/L HCl在沸水浴中煮10min，取出冷却，此时样品中的蔗糖水解成还原糖。对含蛋白质较多的样品，可滴加10% $Pb(Ac)_2$ 到溶液不再产生白色絮状沉淀时为止，加饱和 $Na_2SO_4$ 除去多余的铅离子，然后加1%酚酞2～3滴，加6mol/L NaOH中和至微红，定容到100mL，摇匀后过滤待测。

2. 测定：

吸取5mL菲林试剂甲和5mL菲林试剂乙，放入150mL的三角瓶中。加入1～2滴次甲基蓝，置酒精灯上加热至沸腾，用竹制试管夹夹住三角瓶，边摇动边滴定，直至样品提取液将菲林试剂滴定至上清液变为无色（同时出现红棕色的氧化亚铜沉淀），记录下样品滴定用量的毫升数，重复一次，求两次读数的平均值为样品滴定用量。

## 五、计算

$$\text{淀粉}(\%) = \frac{\text{标准蔗糖 1mL 中含糖量} \times \text{滴定用量(样品液)}}{\text{样品重量} \times 10^3} \times \text{稀释倍数} \times 100 \times 0.9 \tag{9-4}$$

## 六、注意事项

1. 如样品含糖量高时需适当加大稀释倍数。

2. 掌握滴定终点标准时，需用白色做背景，便于观察溶液从蓝色转变为无色，且必须在沸腾时观察，否则易氧化成蓝色不易判别终点。

3. 总糖的测定亦可用此法，但需 HCl 将多糖水解，转化成还原糖并适当稀释后测定。

4. 样品中含有可溶性糖时，可先用乙醇溶解除去可溶性糖再测淀粉含量。

# 实验四　番茄酱中可溶性固形物含量的测定

## 一、实验目的

1. 了解番茄酱中可溶性固形物的含量；
2. 掌握阿贝折光计的使用与维护。

## 二、实验原理

折光率是各种物质的特征常数，每一种物质都有一定的折光率。由实验方法可以编制出某种物质的折光率随该物质的不同浓度而改变的关系表，这样只需测定出该物质的折光率，即可求出该物质的纯度或溶液的浓度（固形物含量）。现在改进的折光计中可直接读出固形物含量。

## 三、仪器与试剂

1. 仪器：阿贝折光计；
2. 其他：乙醚（或二甲苯），脱脂棉，滤纸。

## 四、操作方法

1. 分开折光计的两面棱镜，以脱脂棉蘸取乙醚或二甲苯擦净；
2. 取适量番茄酱样品放在 3～4 层脱脂纱布中，挤出汁液；
3. 用末端熔园之玻璃棒蘸取均匀试样汁液 1～2 滴，仔细滴入折光计棱镜中央；
4. 迅速闭合上下二棱镜，静置 1min，对准光源，由目镜观察，转动棱镜旋钮，使视野分成明暗两部分；
5. 旋转色散补偿器旋钮，使视野中除黑白两色外，无其他颜色；
6. 转动棱镜旋钮，使视野明暗两部分分界线正好位于十字线交叉点；
7. 从刻度上读下读数（折光率或固形物含量），并记录温度。

## 五、计算

从折光计上读出可溶性固形物含量后，根据所记录的温度，并按固形物含量对温度校正表换算成品 20℃时标准的可溶性固形物百分率。

# 实验五　食品中亚硝酸盐的测定（盐酸萘乙二胺分光光度法）

## 一、实验目的

1. 明确亚硝酸盐在食品中的作用以及限量标准；

2. 掌握盐酸萘乙二胺法测定食品中亚硝酸盐的原理、操作步骤、注意事项。

## 二、实验原理

样品经沉淀蛋白质，除去脂肪后，在弱酸条件下硝酸盐与对氨基苯磺酸重氮化后，再与盐酸萘乙二胺偶合形成紫红色的染料，与标准系列比较定量。

## 三、仪器（表 9-3）

实验仪器　　表 9-3

| | |
|---|---|
| 1. 722 分光光度计 | 若干，提前 20min 打开预热 |
| 2. 组织绞碎机、菜刀、砧板 | 1～2 套 |
| 3. 50mL 烧杯<br>500mL 烧杯<br>3L 大烧杯 | 2 个/组<br>1 个/组<br>2 个 |
| 4. 电炉 | 2 个 |
| 5. 托盘天平 | 1 个/组 |
| 6. 200mL 容量瓶<br>500mL 容量瓶 | 1 个<br>1 个/组 |
| 7. 恒温水浴锅 | 1～2 个 |
| 8. 25mL 具塞比色管 | 10 个/组 |
| 9. 滴管、漏斗、滤纸、吸小球 | 1 个/组 |
| 10. 玻璃棒、温度计、标记笔、标签纸 | 若干 |

## 四、试剂（所用试剂，除另有规定外，均为分析纯试剂，表 9-4）

实验所用试剂　　表 9-4

| | |
|---|---|
| 1. 亚铁氰化钾溶液：称取 106.0g 亚铁氰化钾［$K_4Fe_6$（CN）·$3H_2O$］，用水溶解后，稀释至 1000mL | 分装，1 瓶/大组 |
| 2. 乙酸锌溶液：称取 22.0g 乙酸锌［Zn（$CH_3COO)_2$·$2H_2O$］，加 3mL 冰乙酸溶于水，并稀释至 100mL | 分装，1 瓶/大组 |
| 3. 饱和硼砂溶液：称取 5.0g 硼酸钠（$Na_2BO_7$·$10H_2O$），溶于 100mL 热水中，冷却后备用 | 分装，1 瓶/大组 |
| 4. 对氨基苯磺酸溶液（4g/L）：称取 0.4g 对氨基苯磺酸，溶于 100mL 20%的盐酸中，置棕色瓶中混匀，避光保存 | 分装，1 瓶/大组 |
| 5. 盐酸萘乙二胺溶液（2g/L）：称取 0.2g 盐酸萘乙二胺，溶于 100mL 水中，避光保存，有致癌作用 | 分装，1 瓶/大组 |
| 6. 亚硝酸钠标准溶液（0.2g/L）：精密称取 0.1000g 于硅胶干燥器中干燥 24h 的亚硝酸钠，加水溶解移入 500mL 容量瓶中，并稀释至刻度。此溶液每毫升相当于 200μg 亚硝酸钠 | 分装，1 瓶/大组 |
| 7. 亚硝酸钠标准使用液（0.2μg/mL）：临用前，吸取亚硝酸钠标准溶液 5.00mL，置于 200mL 容量瓶中，加水稀释至刻度，此溶液每毫升相当于 5μg 亚硝酸钠 | 分装，1 瓶/大组 |
| 8. 蒸馏水 | 1 瓶/组 |

## 五、实验步骤

### 1. 样品的处理

（1）取样：取适量的火腿肠，放入搅碎机内搅碎。准确称取 5.0g 经绞碎、混匀的样品，置于 50mL 烧杯中。

（2）沉淀蛋白质：

1）加 12.5mL 硼砂饱和溶液，搅拌均匀，以 70℃ 左右的水约 300mL 将样品洗入 500mL 容量瓶中，置沸水浴中加热 15min，取出后冷却至室温。

2）一面转动一面加入 5mL 亚铁氰化钾溶液，摇匀，再加入 5mL 乙酸锌溶液，以沉淀蛋白质。

（3）过滤：加水定容，放置 0.5h，用滴管除去上层脂肪，清液用滤纸过滤，弃去初滤液 30mL，滤液备用。

### 2. 标准曲线的绘制

精密吸取 0.00mL，0.20mL，0.40mL，0.60mL，0.80mL，1.00mL，1.50mL，2.00mL，2.50mL 亚硝酸钠标准使用液（相当于 0μg、1μg、2μg、3μg、5μg、7μg、10μg、12μg、5μg 亚硝酸钠），分别置于 50mL 比色管中。各加 2mL 对氨基苯磺酸溶液（4g/L），混匀，静置 3～5min 后各加入 1mL 0.2%盐酸萘乙二胺溶液，加水至刻度，混匀，静置 15min，以零管调节零点，于波长 538nm 处测吸光度 $A$，绘制标准曲线。

### 3. 试样的测定

精密吸取按 40.0mL 样液于 50mL 比色管中。以下按标准曲线测定方法依次加入其他试剂。加水稀释至刻度，混匀，静置 15min，以零管调节零点，于波长 538nm 处测吸光度 $A$。同时做试剂空白。

## 六、数据记录（表 9-5）

**数据记录表**　　**表 9-5**

| 管号 | 0 | 1 | 2 | 3 | 4 | 5 | 6 | 7 | 8 | 样液 |
|---|---|---|---|---|---|---|---|---|---|---|
| $A_{538}$ | | | | | | | | | | |

## 七、数据处理

亚硝酸盐的含量按式（9-5）计算：

$$X = \frac{A}{m \times \frac{V_1}{V_2} \times 1000} \times 1000 \quad (9\text{-}5)$$

式中　$X$——试样中亚硝酸盐的含量，mg/kg；

$V_1$——测定时所取溶液体积，mL；

$V_2$——试样处理液总体积，mL；

$m$——试样质量，g；

$A$——试样测定液中亚硝酸盐的质量，μg。

部分食品中亚硝酸盐的限量标准见表9-6：

部分食品中亚硝酸盐的限量标准（以$NaNO_2$计） 表9-6

| 品 名 | 限量标准mg/kg |
|---|---|
| 食盐（精盐）、牛乳粉 | ≤2 |
| 香肠（腊肠）香肚、酱腌菜、广式腊肉 | ≤20 |
| 鲜肉类、鲜鱼类、粮食 | ≤3 |
| 肉制品、火腿肠、灌肠类 | ≤30 |
| 蔬菜 | ≤4 |
| 其他肉类罐头、其他腌制罐头 | ≤50 |
| 婴儿配方乳粉、鲜蛋类 | ≤5 |
| 西式蒸煮、烟熏火腿及罐头、西式火腿罐头 | ≤70 |

# 实验六 饮料中苯甲酸钠含量的测定

## 一、实验目的

1. 了解并掌握苯甲酸钠的防腐机制和苯甲酸钠作为食品添加剂的添加范围；
2. 根据碱滴定法则为原理，在实验中掌握碳酸饮料中苯甲酸钠含量测定方法；
3. 掌握紫外可见分光光度计的检测方法并得出准确的结果做对照；
4. 能分析出几种碳酸饮料中苯甲酸钠含量的精确数值。

## 二、实验原理

本实验采用碱滴定法测定碳酸饮料中苯甲酸钠的含量和紫外可见分光光度法测定碳酸饮料中苯甲酸钠的含量做对照实验。碱滴定法中本实验使用0.01mol/L的标准氢氧化钠溶液滴定碳酸饮料样品，记录在指示剂酚酞乙醇试剂下到达滴定终点，即初显粉红色时消耗的标准氢氧化钠标准溶液的体积，并计算出碳酸饮料中苯甲酸钠的含量。紫外可见分光光度法是利用物质的分子或离子对某一波长范围的光的吸收作用，对物质进行定性分析、定量分析及结构分析，所依据的光谱是分子或离子吸收入射光中特定波长的光而产生的吸收光谱。按所吸收光的波长区域不同，分为紫外分光光度法和可见分光光度法，合称为紫外可见分光光度法。与其他光谱分析方法相比，其仪器设备和操作都比较简单，费用少，分析速度快，灵敏度高，选择性好，精密度和准确度较高，用途更为广泛。

## 三、实验设备及试剂

### 1. 设备

电子分析天平（0.0001g），电热恒温水浴锅（室温+5℃～99℃），紫外可见分光光度计。

### 2. 试剂及材料

(1) 试剂的配制。盐酸（1+1）：1份体积的浓盐酸与1份体积的水相混合；4%的氯化钠水溶液；0.01mol/L 的标准氢氧化钠溶液；1%酚酞乙醇试剂；苯甲酸钠标准溶液；无水硫酸钠：分析纯，乙醚：分析纯，固体氯化钠：分析纯，乙醇：分析纯，蒸馏水。

（2）材料。可口可乐公司的雪碧碳酸饮料，百事公司的美年达碳酸饮料，七喜公司的七喜碳酸饮料。

## 四、实验步骤

**1. 碱滴定法测定苯甲酸钠的含量**

（1）样品的准备：分别用称取 3 种饮料试样 60g，再平均分成 3 份，搅拌至无气泡产生，备用。

（2）样品的处理：分别试样加入 150mL 的分液漏斗中，加入 5g 固体氯化钠，4mL 盐酸（1+1）于分液漏斗中。用 30mL 乙醚和 20mL 乙醚各提取一次，每次振摇 1min，弃去废液，合并醚层，再用 40mL 4%的氯化钠水溶液洗涤醚层 3 次，每次需静置 15min。弃去水层后，加入 15g 无水硫酸钠于醚层中，过滤，置于 100mL 烧杯中。在 40℃下水浴至挥发干后，加入 20mL 中性乙醇溶解残渣，用 50mL 水转移到锥形瓶中，加入 3 滴 1%酚酞乙醇试剂。

（3）苯甲酸钠的滴定：分别用 0.01mol/L 的标准氢氧化钠溶液滴定 1.2 的处理液至初显粉红色为终点，记录消耗的标准氢氧化钠标准溶液的体积（mL）。

（4）计算苯甲酸钠的测定含量。

$$(V-V_0)\times C\times 0.1441\times \text{苯甲酸钠(g/kg)} = 1000\text{mg} \tag{9-6}$$

苯甲酸钠的测定含量（mg）碱滴定法会比实际测定结果略偏高一点。其原因可能是饮料中多以柠檬酸为酸味剂，而柠檬酸虽微溶于乙醚，在提取过程中可能带出少量的柠檬酸，造成结果偏高，但当样品中苯甲酸钠含量较高，二者测定结果很接近时，柠檬酸将不影响碱滴定法结果的判定。

**2. 紫外分光光度法测定碳酸饮料中苯甲酸钠含量（对照实验）**

（1）苯甲酸钠的最大吸收峰的确定：准确吸取苯甲酸钠标准溶液 1.00mL 于 100mL 容量瓶中，用蒸馏水稀释成浓度为 10mg/L 的苯甲酸钠溶液，摇匀，以蒸馏水作参比，在波长分别在 200～400nm 波长范围内扫描，记录苯甲酸钠的最大吸收峰。

（2）标准曲线的绘制：吸取 10mL、0.1mL、0.2mL、0.5mL、1.0mL、1.5mL、2.0mL、3.0mL 于 100mL 容量瓶中，分别加入 1mL 氢氧化钠溶液，用蒸馏水定容至刻度，摇匀，在苯甲酸钠的最大吸收峰测其吸光度，并以吸光度（$A$）为纵坐标，浓度 $C$（mg/L）为横坐标，绘制标准曲线，计算得回归方程。

（3）苯甲酸钠的含量的测定：吸取 20mL 碳酸饮料样品于 50mL 具塞量筒中，加入 1mL 盐酸溶液摇匀，分别用 20mL 乙醚提取 2 次，每次振摇 1min，将上层乙醚提取液吸入另一 50mL 具塞量筒中，合并乙醚提取液，将提取液在 40℃下水浴至挥发干，去醚后的残渣用 1mL 氢氧化钠溶液溶解，再用蒸馏水定容至 25mL，摇匀，在苯甲酸钠的最大吸收峰测其吸光度。从标准曲线上查询相应苯甲酸钠的含量。

（4）结果及计算

1）苯甲酸钠的最大吸收峰为________。

2）苯甲酸钠标准曲线的绘制：通过表格数据，用 Excel 绘制出苯甲酸钠的标准曲线。

3）苯甲酸钠的含量的测定：通过测定到的苯甲酸钠的最大吸收峰的吸光度，从苯甲酸钠的标准曲线上查询到相应得苯甲酸钠含量。

## 五、注意事项

1. 在装满滴定液后，滴定前“初读”零点，应静置1～2min再读一次，如液面读数无改变，仍为零，才能滴定。滴定时不应太快，每秒钟放出3～4滴为宜，不应成液柱流下，尤其在接近计量点时，应一滴一滴逐滴加入。滴定至终点后，需等1～2min，使附着在内壁的滴定液流下来以后再读数。

2. 滴定管读数可垂直夹在滴定管架上或手持滴定管上端使自由地垂直读取刻度，读数时还应该注意眼睛的位置与液面处在同一水平面上，否则将会引起误差。

3. 用毕滴定管后，倒去管内剩余溶液，用水洗净，装入蒸馏水至刻度以上，用大试管套在管口上，这样下次使用前可不必再用洗液清洗。

4. 碱滴定法实验和紫外分光光度法测定的得出结果对照，在实验过程中存在误差，应设置重复组，取其平均值，以减少误差，保证实验结果的准确性。

5. 本实验测定的是碳酸饮料，其中含有大量的$CO_2$，很可能与碱反应，对滴定有一定的影响，在这种情况下，应在实验前先搅拌溶液，充分除去水中溶解的$CO_2$后再进行实验。

# 实验七　有机化合物红外光谱的测绘及结构分析

## 一、实验目的

1. 练习液膜法制备液体样品和溴化钾压片法制备固体样品的方法；
2. 学习红外光谱仪的使用方法及压片技术；
3. 学会简单有机物红外光谱图的解析。

## 二、基本原理

物质分子中的各种不同基团，在有选择地吸收不同频率的红外辐射后，发生振动能级之间的跃迁，形成具有鲜明特征性的红外吸收光谱。由于其谱带的数目、位置、形状和强度均随化合物及其聚集状态的不同而不同，因此，根据化合物的光谱，就可以像辨别人的指纹一样，确定该化合物中可能存在的某些官能团，进而推断未知物的结构。当然，如果分子比较复杂，还需要结合其他实验资料（如紫外光谱、核磁共振谱以及质谱等）来推断有关化合物的化学结构。最后可通过与未知样品相同测定条件下得到的标准样品的谱图或查阅标准谱图集（如“萨特勒”红外光谱图集）进行比较分析，作进一步证实。

对于乙酰乙酸乙酯，有酮式及烯醇式互变异构：

$$CH_3-\underset{\underset{O}{\|}}{C}-CH_2-\underset{\underset{O}{\|}}{C}-O-C_2H_5 \rightleftharpoons CH_3-\underset{\underset{OH}{|}}{C}=CH-\underset{\underset{O}{\|}}{C}-O-C_2H_5$$

（OH- - - -O）

在红外光谱图上能够看出酮式异构体中羰基因振动偶合而裂分成两个谱峰。

## 三、仪器及试剂

1. 仪器：Tensor 27 型傅立叶变换红外光谱仪（德国布鲁克公司）；可拆式液体池；压片机；玛瑙研钵；红外灯。

2. 试剂：除特别注明，所有试剂均为分析纯。溴化钾盐片；苯甲酸于 80℃下干燥 24h，存于干燥器中；溴化钾于 130℃下干燥 24h，存于干燥器中；无水乙醇；苯胺；乙酰乙酸乙酯；四氯化碳；擦镜纸。

## 四、操作步骤

**1. 测绘无水乙醇、苯胺、乙酰乙酸乙酯的红外吸收光谱——液膜法**

（1）扫描空气本底。红外光谱仪中不放任何物品，从 4000～400$cm^{-1}$进行波数扫描。

（2）扫描液体样品。在可拆式液池的金属板上垫上垫圈，在垫圈上放置两片溴化钾盐片（无孔的盐片在下，有孔的盐片在上），然后将金属盖旋紧（注意：盐片上的孔要与金属盖上的孔对准），将盐片夹紧在其中。用微量进样器取少量液体，从金属盖上的孔中将液体注入两片盐片之间（要让液体充分扩散，充满整个视野）。把此液体池插入红外光谱仪的试样安放处，4000～400$cm^{-1}$进行波数扫描，得到吸收光谱。

取下样品池，松开金属盖，小心取出盐片。先用擦镜纸擦净液体，再滴上四氯化碳洗去样品（千万不能用水洗），并晾干盐片表面。

重复步骤（2），得到苯胺、乙酰乙酸乙酯的红外吸收光谱。

最后，用四氯化碳将盐片表面洗净、擦干、烘干，收入干燥器中保存。

**2. 测绘苯甲酸的红外吸收光谱—溴化钾压片法**

（1）扫描空气本底。红外光谱仪中不放任何物品，从 4000～400$cm^{-1}$进行波数扫描。

（2）扫描固体样品。取 1～2mg 苯甲酸（已干燥），在玛瑙研钵中充分磨细后，再加入 400mg 干燥的溴化钾粉末，继续研磨至完全混合均匀，并将其在红外灯下烘 10min 左右。取出 100mg 装于干净的压模内（均匀铺洒并使中心凸起）于压片机上在 20MPa 压力下制成透明薄片。将此片装于样品架上，插入红外光谱仪的试样安放处，从 4000～400$cm^{-1}$进行波数扫描，得到吸收光谱。

最后，取下样品架，取出薄片，将模具、样品架擦净收好。

## 五、结果与讨论

1. 指出无水乙醇、苯胺、苯甲酸、乙酰乙酸乙酯红外吸收光谱图上主要吸收峰的归属。

2. 观察羟基的伸缩振动在乙醇及苯甲酸中有何不同。

3. 解释乙酰乙酸乙酯红外吸收光谱图上 1700$cm^{-1}$处出现双峰的原因。

## 六、注意事项

1. 溴化钾盐片易吸水，取盐片时需戴上指套。扫描完毕，应用四氯化碳清洗盐片，并立即将盐片放回干燥器内保存。

2. 盐片装入可拆式液池架后，金属盖不宜拧得过紧，否则会压碎盐片。

## 七、思考题

1. 在含氧有机化合物中，如在 1900～1600cm$^{-1}$区域中有强吸收带出现，能否判定分子中有羰基存在？

2. 羟基的伸缩振动在乙醇及苯甲酸中为何不同？

# 实验八 白酒芳香成分气相色谱分析

## 一、实验目的

1. 了解白酒中方向成分的组成情况；
2. 掌握气相色谱分析的方法。

## 二、实验原理

气相色谱是对气体物质或可以在一定温度下转化为气体的物质进行检测分析。由于物质的物性不同，其试样中各组分在气相和固定液液相间的分配系数不同，当汽化后的试样被载气带入色谱柱中运行时，组分在其中的两相间进行反复多次分配，由于固定相对各组分的吸附或溶解能力不同，虽然载气流速相同，各组分在色谱柱中的运行速度就不同，经过一定时间的流动后，便彼此分离，按顺序离开色谱柱进入检测器，产生的讯号经放大后，在记录器上描绘出各组分的色谱峰。根据出峰位置，确定组分的名称，根据峰面积确定浓度大小。

白酒香味成分复杂，除乙醇和水外，还有大量芳香组分存在。构成白酒质量风格的是酒内所含的香味成分的种类以及其量比关系。应用气相色谱法能快速而准确地测出白酒中的醇类、酯类、有机酸类、碳基化合物、酚类化合物以及高沸点化合物等成分的含量。

## 三、实验过程（填充柱 DNP 柱测定白酒中醇、酯等组分）

**1. DNP 柱直接进样法测定白酒中主要醇、酯成分**

白酒中醇和酯是主要香味成分。吸取原样品进行色谱分析，其优点是：操作简便，测定结果准确性高、快速；缺点是：极其微量的组分不易检出。

（1）样品的配制

1）2%内标的配制：

吸取 2mL 的内标——乙酸正丁酯于 100mL 的容量瓶中，（因内标物易挥发，可在瓶内先放少量酒精），用 55%～60%的乙醇定容。

2）1%～2%标样的配制：

分别吸取乙醛、甲醇、正丙醇、仲丁醇、乙缩醛、正丁醇、异戊醇、（正己醇）、（糠醛）各 1mL，乙酸乙酯、丁酸乙酯、戊酸乙酯、乳酸乙酯、己酸乙酯、乙酸异戊酯各 2mL 一起加入 100mL 容量瓶中，用 55%～60%（V/V）的乙醇定容，混匀后组成标样。（在容量瓶中先加少许乙醇，以防挥发）

3）混标的配制：

分别用移液管吸取标样 10mL 和内标 5mL，用 55%～60%（V/V）的乙醇定容到 100mL，混匀后（可分装）待用。

混标中各组分 $i$ 及内标含量计算公式：

$$m_i = c_i \times V_i \times d_i \times 1000 \tag{9-7}$$

$$m_s = c_s \times V_s \times d_s \times 1000 \tag{9-8}$$

式中　$m_i/m_s$——混标中各组分 $i$/内标的含量，mg/100mL；

$c_i/c_s$——混标中各组分 $i$/内标的浓度，V/V；

$V_i/V_s$——混标中各组分 $i$/内标的体积，mL；

$d_i/d_s$——混标中各组分 $i$/内标的密度，g/mL；

1000——算成以 mg 为单位的系数。

例：计算混标中正丁醇的含量

$$m_{正丁醇} = 1\% \times 10\text{mL} \times 0.809\text{g/mL} \times 1000 = 80.9\text{mg/100mL}\ 混标样$$

计算混标中乙酸乙酯的含量

$$m_{乙酸乙酯} = 2\% \times 10\text{mL} \times 0.809\text{g/mL} \times 1000 = 179.6\text{mg/100mL}\ 混标样$$

计算混标中内标一乙酸正丁酯的含量

$$m_s = 2\% \times 5\text{mL} \times 0.882\text{g/mL} \times 1000 = 88.2\text{mg/100mL}\ 混标样$$

建议：在这样条件不成熟的情况下，也可直接购买已配制好的混标待用。

4）酒样和内标混合样的配制：在酒样中加入 2%内标 0.2mL，配成 10mL 的酒样溶液，混匀后待用。

酒样内标含量计算公式同上。

即：$m_s$=2%×0.2mL×0.882g/mL×1000×100/10=35.28mg/100mL 酒样

在酒样中直接加入内标的方法：

在酒样中加入 10μL 的内标物，配成 25mL 的酒样。

酒样内标含量计算公式：

$$m_s = (V_s/1000) \times d_s \times 1000 \times 100/25 = 4 \times V_s \times d_s \tag{9-9}$$

即：$m_s$=4×10×0.882=35.28mg/100mL 酒样

式中　$m_s$——酒中内标物的含量，mg/100mL；

$V_s/1000$——内标的纯体积（μL 换算成以 mL 为单位的系数）；

$d_s$——内标的密度，g/mL；

1000——换算成以 mg 为单位的系数；

100/25——换算成以 100mL 计算的系数。

注：也可在 100mL 酒样中加 40μL 的内标物，或 10mL 酒样中加 4μL 的内标物。记住加入内标的量要非常准确。有电子天平的厂家可采用称重法加入，计算值更精确。

（2）色谱操作条件的选择

色谱仪：GC5890（同 HP5890）型气相色谱仪（南京科捷分析仪器有限公司），配 FID 检测器；

色谱柱：DNP 混合柱（邻苯二甲酸二壬酯 20%固定液，吐温-60 70%作减尾剂，载体为白色硅藻土 Chromosorb W-HP）不锈钢柱，$\phi3\times2$m；

柱温：85～105℃；

汽化室温度：130～145℃；

检测器温度：130～145℃；

载气流速：高纯氮 25～40mL/min；

氢气流速：40～60mL/min；

空气流速：300～600mL/min；

进样量：0.4～1μL。

（3）定性定量分析

1）定性分析：用标样测定各组分的保留时间，将测出的酒样中的各组分与标样对照，相同的保留时间作为定性的主要因素。

2）定量分析：采用内标法计算。将乙酸正丁酯作为内标物。

① 求定量校正因子

先进标样，得出各组分的保留时间和峰面积。根据定量校正因子的计算公式：

$$f_i = (A_s \times m_i)/(A_i \times m_s) \tag{9-10}$$

式中 $A_i$，$A_s$——分别为组分 $i$ 和内标物 $s$ 的峰面积；

$m_i$，$m_s$——分别为组分 $i$ 和内标物 $s$ 的含量。

然后根据数据处理机的报告，编制峰鉴定表，将各组分的保留时间和含量输入，算出各组分的定量校正因子。

② 计算酒样中醇酯的含量

根据公式：
$$f_i = (A_s \times m_i)/(A_i \times m_s) \tag{9-11}$$

推导出：
$$m_i = (A_s \times f_i)/(A_i \times m_s) \tag{9-12}$$

式中 $A_i$，$A_s$——分别为组分 $i$ 和内标物 $s$ 的峰面积；

$f_i$——组分 $i$ 的定量校正因子；

$m_s$——酒样中内标物的含量，mg/100mL。（$m_s = 4 \times 10 \times 0.882 = 35.28$mg/100mL 酒样）

（4）白酒中主要醇、酯在 DNP 柱上的相对保留时间及其参数一览表（表 9-7）：

参数一览表 表 9-7

| 化合物 | 结构式 | 密 度 | 相对保留时间 | 定量校正因子 |
|---|---|---|---|---|
| 乙醛 | $C_2H_4O$ | 0.788 | 0.059 | 1.81 |
| 甲醇 | $CH_3OH$ | 0.791 | 0.093 | 1.45 |
| 乙醇 | $C_2H_5OH$ | 0.791 | 0.125 | |
| 乙酸乙酯 | $C_4H_8O_2$ | 0.898 | 0.180 | 1.40 |
| 正丙醇 | $C_3H_7OH$ | 0.804 | 0.270 | 0.85 |
| 仲丁醇 | $C_4H_9OH$ | 0.808 | 0.320 | 0.81 |
| 乙缩醛 | $C_6H_{14}O_2$ | 0.825 | 0.349 | 1.30 |
| 异丁醇 | $C_4H_9OH$ | 0.806 | 0.430 | 0.68 |
| 正丁醇 | $C_4H_9OH$ | 0.809 | 0.590 | 0.73 |
| 丁酸乙酯 | $C_6H_{12}O_2$ | 0.879 | 0.690 | 1.10 |

续表

| 化合物 | 结构式 | 密　度 | 相对保留时间 | 定量校正因子 |
|---|---|---|---|---|
| 乙酸正丁酯 | $CH_3COOC_4H_9$ | 0.882 | 0.826 | 1.00 |
| 异戊醇 | $C_5H_{11}OH$ | 0.813 | 1.00 | 0.81 |
| 乙酸异戊酯 | $CH_3COOC_5H_{11}$ | 0.876 | 1.30 | 0.83 |
| 戊酸乙酯 | $C_7H_{14}O_2$ | 0.877 | 1.46 | 1.01 |
| 乳酸乙酯 | $C_5H_{10}O_3$ | 1.042 | 1.70 | 1.72 |
| 糠醛 | $C_5H_4O_2$ |  | 2.60 | 1.20 |
| 己醇 | $C_6H_{13}OH$ | 0.816 | 2.76 | 0.70 |
| 己酸乙酯 | $C_8H_{16}O_2$ | 0.872 | 3.06 | 0.90 |

(5) 补充：

1) DNP色谱柱的制备：

固定液配比和涂布

$$DNP = M \times 0.2 \tag{9-13}$$

$$吐温\text{-}60 = M \times 0.07 \tag{9-14}$$

式中　$M$——载体质量，g。

以丙酮为溶剂，将混合固定液溶解后倒入已称重的载体中，要求溶液全部吸入载体后略有余量。在水浴中蒸发至干，于105℃烘箱烘干1.2h，冷却后待用。

2) DNP色谱柱的老化：

色谱柱老化的目的是为了除去低沸点杂质和低分子固定液，并使固定液在载体表面有一个再分布的过程，使之均匀牢固。老化时，色谱柱的出口不要接检测器，通载气老化。

DNP色谱柱的老化方法：

① 恒温老化法：以柱温100℃，低载气流量下正常流量的1/4老化24h。

② 快速老化法：设柱初温50℃，恒温10min，以5℃/min的速率升至115℃，恒温60min再降温到50℃，重复老化一次即可。

**2. 杂醇油的分析**

杂醇油包括正丙醇、异丁醇和异戊醇。白酒卫生指标中规定：杂醇油＝异丁醇＋异戊醇，如用对二甲氨基苯甲醛比色法测定，正丙醇不显色，异丁醇和异戊醇显出的颜色也不相同。按标准要术，混合标样中异丁醇∶异戊醇＝1∶4，并不符合其在酒中的实际比值，因而会出现标准系列与酒样色调不完全相同而难以比较的缺陷。气相色谱法能准确定量异丁醇和异戊醇各自含量，结果更为准确可靠。

**3. 己酸乙酯、乳酸乙酯的快速测定**

浓香型白酒中己酸乙酯的含量是直接影响白酒质量的关键指标。在浓香型白酒厂的生产控制中，有时不需要酒中的全组分，而只要掌握其主体己酸乙酯的香味组分含量以及和其他香味组分尤其是乳酸乙酯的量比关系，需要一个快速测定方法。

分析方法：采用DNP柱＋吐温60柱，将柱温升高至120℃，此时己酸乙酯的出峰短到十几分钟左右，由于乙酸丁酯和异戊醇分离度下降，故不适合用作内标物（内标物直接影响到各组分的定量准确性，应与其他组分完全分开），而来用乙酸异戊酯为内标物，其在乳酸乙酯前出峰。

值得注意的是：柱温提高后，原先分离不好的糠醛和己醇分离开来，但出峰顺序发生改变，己醇在糠醛之前出峰。

**4. 丙酸乙酯的测定**

在大多数酒中，乙缩醛的含量比丙酸乙酯大得多。但有些酒中丙酸乙酯含量也不可忽视。因丙酸乙酯和乙缩醛在 DNP 柱上重合，因先预处理，在酒样中加入无机酸，使乙缩醛水解成醇和乙醛，而丙酸乙酯不变，再用 DNP 柱分析水解后的酒样，即可测出丙酸乙酯的含量。

乙缩醛水解式：$CH_3CH(C_2H_5O)_2+H_2O\xrightarrow{水解}2C_2H_5OH+CH_3CHO$

(1) 色谱分析条件

同前 DNP 分析条件。

(2) 定量分析

采用内标法计算。将乙酸正丁酯作为内标物。

1) 丙酸乙酯定量校正因子的测定

准确吸取丙酸乙酯 2mL，加入 100mL 的容量瓶中，用 60%（VW）的乙醇溶液定容，配成 2%的标准溶液。

准确吸取 2%的丙酸乙酯标准溶液和 2%的内标溶液各 0.1mL 于 10mL 的容量瓶中，用 60%（V/V）的乙醇溶液定容，进样分析。

丙酸乙酯定量校正因子的计算公式：

$$\begin{aligned} f_{丙酸乙酯} &= A_s \times m_{丙酸乙酯}/(A_{丙酸乙酯} \times m_s) \\ &= A_s \times d_{丙酸乙酯}/(A_{丙酸乙酯} \times d_s) \end{aligned} \tag{9-15}$$

式中　$A_{丙酸乙酯}$、$A_s$——分别为组分 $i$ 和内标物 $s$ 的峰面积；

$d_{丙酸乙酯}$、$d_s$——分别为组分 $i$ 和内标物 $s$ 的密度。

2) 计算酒样中丙酸乙酯的含量

准确吸取 5mL 酒样于 10mL 容量瓶中，滴加 1∶3 的盐酸溶液 2 滴，用蒸馏水定容，在室温下放置 1h，然后添加内标溶液 0.1mL，进样分析。

根据公式：
$$f_{丙酸乙酯}=A_s\times m_{丙酸乙酯}/(A_{丙酸乙酯}\times m_s) \tag{9-16}$$

推导出：
$$m_{丙酸乙酯}=A_s\times f_{丙酸乙酯}/(A_{丙酸乙酯}\times m_s) \tag{9-17}$$

式中　$A_{丙酸乙酯}$、$A_s$——分别为丙酸乙酯和内标物 $s$ 的峰面积；

$f_{丙酸乙酯}$——丙酸乙酯的定量校正因子；

$m_s$——酒样中内标物的含量，mg/100mL。($m_s=2\%\times0.882\times0.1\times1000\times(100/5)=35.28$mg/100mL)

3) 计算酒样中乙缩醛的含量

$$m_{乙缩醛} = 直接进样法测出的乙缩醛含量 - m_{丙酸乙酯} \times f_{乙缩醛}/f_{丙酸乙酯} \tag{9-18}$$

# 第十章　微生物学实验

## 实验一　含铬废水的处理——铁氧体法

### 一、实验目的

1. 了解用铁氧体法处理含铬废水的基本原理和方法；

2. 综合学习加热、溶液配制、酸碱滴定和固液分离等基本操作以及目测比色的检验方法。

### 二、实验原理

铬（VI）是毒性较强的元素之一。电镀等工业废水中的含铬废水（主要以 $Cr_2O_7^{2-}$ 或 $CrO_4^{2-}$ 形式存在）量一般每立方米从几毫克到千余毫克。若不予以处理而排放，将会对环境造成严重污染。

处理含铬废水的方法很多，本实验采用的是铁氧体法。其基本原理是使含铬废水中的 $Cr_2O_7^{2-}$（或 $CrO_4^{2-}$）在酸性条件下与过量还原剂 $FeSO_4$ 作用生成 $Cr^{3+}$ 与 $Fe^{3+}$，其反应为

$$Cr_2O_7^{2-}+6Fe^{2+}+14H^+ \rightleftharpoons 2Cr^{3+}+6Fe^{3+}+7H_2O$$

或

$$1/2C_2rO_7^{2-}+3Fe^{2+}+7H^+ \rightleftharpoons Cr^{3+}+3Fe^{3+}+7/2H_2O$$

然后加入适量碱液，调节溶液的 pH 值，并在适当的温度下，加少量 $H_2O_2$ 或通以空气搅拌，将溶液中一部分过量的 $Fe^{2+}$ 氧化为 $Fe^{3+}$，而使 $Fe^{3+}$、$Fe^{2+}$、$Cr^{3+}$ 成适当比例，并以氢氧化物 $Fe(OH)_3$、$Fe(OH)_2$、$Cr(OH)_3$ 形式共同析出沉淀。沉淀物经脱水等处理后，可得组成符合铁氧体组成的复合氧化物。

### 三、仪器、试剂与材料

1. 仪器：

电子台秤，吸量管（5mL），移液管（25mL），碱式滴定管（50mL），量杯（10mL，50mL，100mL），比色管（25mL），锥形瓶（250mL），烧杯（100mL，250mL，400mL），酒精灯，蒸发皿，吸滤瓶，布氏漏斗，玻璃抽气管，温度计，漏斗，试管，洗瓶，试管架，比色管架，滴定台，铁圈，铁架台，磁铁。

2. 试剂：$FeSO\cdot H_2O$（s），$H_2SO_4$（3mol/L），$H_2SO_4$-$H_3PO_4$ 混合溶液[1]，NaOH（mol/L），BaCl（0.1mol/L），$H_2O_2$（3%），$K_2Cr_2O_7$ 标准溶液（10mg/L）[2]，$(NH_4)_2Fe(SO_4)$ 标准溶液（0.05mol/L）[3]，二苯基碳酰二肼 $(C_6H_5NHNH)_2CO$[4]，二苯胺磺酸钠 $C_6H_5NHC_6H_4SO_3Na$（1%）[5]，含铬废水[6]。

3. 材料：pH 试纸，滤纸，白纸。

## 四、实验内容

### 1. 含铬废水中 Cr(VI) 含量的测定

用移液管取 25mL 含铬废水置于锥形瓶中，依次加入 10mL $H_2SO_4$-$H_3PO_4$ 混合酸[7][8]、30mL 去离子水和 4 滴二苯胺磺酸钠指示剂，摇匀。用（$NH_4$）$_2$Fe($SO_4$）标准溶液滴定至溶液刚由红色变成绿色时，即达到滴定终点。同上操作，再滴定一次（按分析要求两次滴定误差应不大于 0.15mL）。记录用去的 $Fe^{2+}$ 溶液体积。然后求出废水中 $Cr_2O_7^{2-}$ 的浓度。

### 2. 含铬废水的处理

（1）Cr(VI)（主要以 $Cr_2O_7^{2-}$ 形式存在）的还原

量取 100mL 含铬废水，置于 250mL 烧杯中。按上述测定结果，求得含铬废水中所含 $CrO_3$ 的质量。再估算 FeSO・7$H_2O$ 所需晶体的质量为 $CrO_3$ 质量的 16 倍[8]。用台式天平称量后，加到含铬废水中，不断搅拌。待晶体溶解后，逐渐加入 3mol/L $H_2SO_4$ 溶液（边加边搅拌），直至溶液的 pH 值约为 1 时溶液显亮绿色。

（2）氢氧化物沉淀的形成

往上述溶液中再逐滴加入 6mol/L NaOH 溶液，调节溶液的 pH 值约为 8[9]。然后将溶液加热至 70℃左右，在不断搅拌下滴加 6～10 滴质量分数 3% $H_2O$ 溶液。冷却静置，使 $Fe^{3+}$、$Fe^{3+}$、$Cr^{3+}$ 所形成的氢氧化物沉淀沉降。

### 3. 处理后水质的检验

（1）系列比色的标准溶液的配制

用吸量管分别量取 $K_2Cr_2O_7$ 标准溶液 1.00mL、2.00mL、3.00mL、4.00mL、5.00mL 各置于 50mL 容量瓶中，再往每一只容量瓶中加入约 30mL 去离子水和 2.5mL 二苯基碳酰二肼溶液，用去离子水稀释到刻度，摇匀（观察各瓶溶液所显示的颜色深浅情况），所制得的 Cr(VI) 含量不同的系列标准溶液，留作目测比色用。

（2）处理后水中含量的检验[10]

将实验 2.（2）中的清液部分进行过滤。往 50mL 容量瓶中加入 2.5mL 二苯基碳酰二肼溶液，再加入上述滤液至刻度，摇匀。然后将该溶液移至比色管中，并用滴管调节液面至标线。用同样操作方法，将上述已配好的 $K_2Cr_2O_7$ 系列标准溶液置于各比色管中，静置 10min 后进行目测比色。以确定处理后的水中 Cr(VI) 的含量（mg/L 或 ppm）。

### 4. 氢氧化物沉淀的处理及其磁性的检验

将氢氧化物沉淀用去离子洗涤数次[11]，然后将沉淀物转移到蒸发皿中，用小火加热，蒸发至干[12]。待冷却后，将沉淀物均匀地摊在干净的白纸上，另用纸将磁铁（或电磁铁）紧紧裹住，然后与沉淀物接触，检验沉淀物的磁性。

## 五、实验数据与处理

观察各瓶溶液所显示的颜色深浅情况，确定处理后的水中 Cr(VI) 的含量。

## 六、思考题

1. 简述测定含铬废水中含量的基本原理和方法。

2. 本实验中各步骤发生了哪些化学反应？溶液的 pH 值是如何控制的？若在实验过程中加入的酸、碱或 $H_2O_2$ 量过大或过小，将会产生哪些不良影响？

3. 如何计算废水中含量，怎样估算应加 $FeSO_4 \cdot 7H_2O$ 晶体的质量，其依据是什么？

**注释：**

[1] $H_2SO_4$-$H_3PO_4$ 混合溶液：$H_2SO_4$（浓）：$H_3PO_4$（浓）：$H_2O$=15：15：70（体积比）。

[2] $K_2Cr_2O_7$标准溶液（10mg/L）：将重铬酸钾（分析试剂）在 100～120℃的烘箱中干燥 2h，待冷却后，准确称取 0.141g，使溶于少量去离子水，然后移至 500mL 容量瓶中，稀释至刻度，摇匀。再将该溶液准确稀释（为原来的 10 倍）。该溶液中的含量为 100mg/L，即 10.0ppm。

[3] $(NH_4)_2Fe(SO_4)$ 标准溶液（0.05mol/L）：用 0.01mol/L $K_2Cr_2O_7$标准溶液，按本实验内容 1. 的方法进行标定。

[4] 二苯基碳酰二肼 $(C_6H_5NHNH)_2CO$：称取 0.1g 二苯基碳酰二肼（又称为二苯氨基脲，很不稳定，见光易变质，应贮存于棕色瓶中。不用时，置于冰箱内），加入 50mL 95%乙醇溶液。待溶解后，再加入 200mL 10% $H_2SO_4$ 溶液，摇匀。该溶液应为无色，若溶液已显红色，则不应再使用。所以该试剂最好随配随用。

[5] 二苯胺磺酸钠 $C_6H_5NHC_6H_4SO_3Na$（1%）：溶液最好是新配制的并贮存于棕色瓶中。

[6] 含铬废水：可配制一定范围浓度的溶液代替工业含铬废水。本实验可称取 1.4～1.5g $K_2CrO_7$溶于 100mL 去离子水中，作为含铬废水。

[7] 经验表明，一般以取 $FeSO_4 \cdot 7H_2O$ 的加入量为废水中含量的 16 倍为宜。

[8] $H_2SO_4$ 用作酸性介质；$H_3PO_4$ 用作掩蔽剂，因 $H_3PO_4$ 能与 $Fe^{2+}$、$Al^{3+}$ 离子形成较稳定的配离子，从而消除了 $Fe^{3+}$、$Al^{3+}$ 在滴定时的干扰。

[9] 当溶液的 pH<8 时，$Fe^{2+}$不能沉淀完全；但若溶液的 pH>8 时，加入 $H_2O_2$ 后，可能使部分 Cr(III)（以 $CrO_2^-$ 形式存在）氧化成 $CrO_4^{2-}$。

[10] 我国规定工业排放废水中含量应小于 0.5mg/L（即 0.5ppm）；饮用水中含量应小于 0.05mg/L（即 0.05ppm）

[11] 氢氧化物沉淀中常吸附有 $Na^+$、$SO_4^{2-}$ 等杂质离子，对沉淀物的磁性产生不良影响，可用去离子水洗涤，以除去这些杂质离子。考虑到本实验的要求与时间等情况，这些杂质离子不一定要全部除尽。

[12] 也可将蒸发皿放入烘箱中蒸干，温度控制在 95～100℃。

# 实验二　从化学废液中回收 Ag 制备硝酸银

## 一、实验目的

1. 学习从含废液中回收金属银并制取 $AgNO_3$ 的原理和方法；

2. 学习从含 $CCl_4$ 液中回收金属银并制取 $AgNO_3$ 的方法；

3. 巩固滴定分析基本操作技能。

## 二、实验原理

实验室产生的大量废液中含有许多贵金属、有机溶剂以及有害有毒组分，需要回收其中组分或进行处理，以免造成药品浪费和环境污染。废液中贵金属的含量较低，需要经过富集，然后再提取、钝化。对含银废液中提取金属银有各种途径，但都是根据废液的含量、杂质及存在形式决定。因此，一般选择方法前需对废液作较全面的组分测定及了解废液的来源。例如废定影液中，银主要是以 $Ag(S_2O_3)_2^{3-}$ 配离子形式存在，则富集时一般可加入 $Na_2S$ 得到 $Ag_2S$ 沉淀：

$$2Na\ Ag(S_2O_3)_2 + Na_2S \rightleftharpoons Ag_2S\downarrow + 4Na_2S_2O_3$$

经沉淀分离后，$Na_2S_2O_3$ 仍可作定影液使用，沉淀可经灼烧分解为 Ag：

$$Ag_2S + O_2 \rightleftharpoons 2Ag + SO_2$$

为了降低灼烧温度可加 $Na_2CO_3$ 与少量硼砂为助熔剂。

将制得的 Ag 溶解在 11$HNO_3$ 溶液中，蒸发、干燥，即可得到 $AgNO_3$：

$$3Ag + 4HNO_3 \rightleftharpoons 3AgN_3 + NO + 2H_2O$$

$AgNO_3$ 的纯度可用佛尔哈德沉淀滴定法进行测定。佛尔哈德沉淀滴定法是指以生成微溶性银盐的沉淀反应为基础，用铁铵钒［$NH_4Fe(SO_4)_2$］作指示剂的沉淀滴定法。在含有 $Ag^+$ 的酸性（一般控制在 0.1～1 之间）溶液中，用 $NH_4Fe(SO_4)_2$ 作指示剂，用 $NH_4SCN$ 标准溶液滴定，溶液中首先析出 AgSCN 沉淀，当滴定剂过量时，过量的 $NH_4SCN$ 与 $Fe^{3+}$ 生成红色配合物指示滴定终点。滴定反应和指示剂反应如下：

$$Ag^+ + SCN \rightleftharpoons AgSCN\downarrow(\text{白色}) \qquad K_{sp} = 1.0\times10^{-12}$$

$$Fe^{3+} + SCN \rightleftharpoons FeSCN(\text{红色}) \qquad K_{sp} = 1.38\times10^{2}$$

## 三、仪器、试剂和材料

1. 仪器：烧杯（1000mL，25mL），蒸发皿，锥形瓶，电子台秤，酒精灯，量筒，洗瓶，布氏漏斗，瓷坩埚，滴定管，玻璃抽气瓶，高温炉，玻璃棒。

2. 试剂：$NaCO_{3(s)}$，$Na_2B_4O_7\cdot10H_2O_{(s)}$，NaOH（6mol/L），$HNO_3$（1∶1），$Pb(Ac)_2$（0.1mol/L），$NH_4SCN$（0.1mol/L），$Na_2S$（2mol/L），$NH_4Fe(SO_4)_2$（指示剂）。

3. 材料：$Pb(Ac)_2$ 试纸。

## 四、实验步骤

### 1. 硫化银沉淀的生成和分离

取 500～600mL 废定影液置于 1000mL 烧杯中，加热至 30℃左右，用 6mol/L NaOH 调节溶液的 pH 至 8，在不断搅拌下，加入 2mol/L $Na_2S$ 至 $Ag_2S$ 沉淀生成。用 $Pb(Ac)_2$ 试纸检查清液，当试纸变黑时，说明 $Ag_2S$ 沉淀完全。用倾泻法分离上层清液，将 $Ag_2S$ 转移至 250mL 烧杯中，用热水洗涤数次至无 $S^{2-}$ 为止。抽滤并将 $Ag_2S$ 沉淀转移至蒸发皿上，小火烘干，冷却，称量。

**2. 金属银的提取**

按质量比 $m$（$Ag_2S$）：$m$（$Na_2CO_3$）：$m$（$Na_2B_4O_7 \cdot 10H_2O$）$=3:2:1$ 比例，称取 $Na_2CO_3$ 和硼砂并与 $Ag_2S$ 混合，研细后置于瓷坩埚中。在高温炉中于1000℃灼烧1h，小心取出坩埚，趁热迅速将上层熔渣倾出，倒出熔化的银，冷却。然后在稀盐酸中煮沸，除去黏附在金属银表面上的盐，干燥，称量。

**3. $AgNO_3$ 的制备**

将纯净的银溶解在 1：1 $HNO_3$ 中，在蒸发皿中缓缓蒸发、浓缩，冷却后过滤，用少量酒精洗涤，干燥，称量。

**4. $AgNO_3$ 含量的测定（佛尔哈德法）**

准确称取 $AgNO_3$ 制品 0.4～0.6g（精确至 0.1mg）于锥形瓶中加水溶解，加 5mL $HNO_3$、1mL $NH_4Fe(SO_4)_2$ 指示剂，用 0.1000mol/L $NH_4SCN$ 标准溶液滴定，滴定时应不断振摇溶液，直至出现稳定的淡红色，即为滴定终点。根据 $NH_4SCN$ 标准溶液的用量，可计算出 $AgNO_3$ 的百分含量。

## 五、思考题

1. 根据含银废液中 Ag 的回收原理和方法，如何设计 AgCl 废渣中 Ag 的回收？
2. $AgNO_3$ 可否直接用来制取？
3. $AgNO_3$ 含量测定的方法有几种？可否用莫尔法测定？

**注释：**

当所得金属银的量较少时，银与渣的分离有困难，可将若干份沉淀合并于同一坩埚内，然后用高温炉加热。也可待熔融物冷却后，击碎熔渣，取出银粒。

# 实验三 食用植物油中酸值和过氧化值的测定

## 一、实验目的

1. 了解食用植物油中酸值和过氧化值的定义；
2. 掌握酸值和过氧化值的测定方法及原理。

## 二、实验原理

在食品业中，把中和1g植物油所需氢氧化钾（KOH）毫克数称为该植物油的酸值。其测定方法为：用中性乙醚-乙醇混合溶剂使植物油中的脂肪酸完全溶解，以酚酞为指示剂用氢氧化钾标准溶液进行滴定。

油脂氧化后产生过氧化物，与碘化钾作用生成游离碘，以硫代硫酸钠滴定，过氧化值高表示油脂酸败。

## 三、仪器和试剂

1. 仪器：分析天平，酸式，碱式滴定管各一支，锥形瓶（250mL），碘量瓶

(250mL)，量筒（10mL，100mL)，吸耳球，滴定台架。

2. 试剂：$Na_2S_2O_3$ 标准溶液（0.0010mol/L)，KOH 标准溶液（0.1mol/L，1mol/L)，KI（饱和溶液)，乙醚-乙醇混合溶剂（乙醚：乙醇=2：1)[1]，氯仿-乙酸混合溶液（氯仿：乙酸=2：3)，淀粉（1%)，酚酞（0.1%)。

## 四、实验内容

### 1. 酸值

取植物油样品 3～5g（视酸值大小及油的色泽深浅而增减)，精确称重（准确至 0.01g)，置于锥形瓶中。加入 50mL 中性乙醚-乙醇混合溶剂，振摇使样品溶解。如未完全溶解，可置热浴水中微热并不断振摇使之溶解。冷却至 15～20℃，加入 2～3 滴酚酞指示剂。以 0.1mol/L KOH（或 NaOH）标准溶液滴定，至初显粉红色半分钟不褪色，将滴定的 KOH 体积数记录在自己设计的数据表格中。

**计算：**

$$X=\frac{V\times c\times M_{\mathrm{KOH}}}{m} \tag{10-1}$$

式中　$X$——酸值，mg/L；

$V$——滴定中所消耗的 KOH 的溶液体积数，mL；

$c$——KOH 标准溶液的浓度，mol/L；

$m$——植物油的质量，g；

$M$——KOH 的摩尔质量，M=56.11g/mol。

### 2. 过氧化值

用减量法在分析天平上称取 2～3g 植物油样品两份（准确至 0.01g)，分别置于两只洁净、干燥的碘量瓶中，加 30mL 氯仿-冰乙酸混合溶液，使样品完全溶解。加入 1mL 饱和碘化钾溶液，盖塞并轻摇半分钟后放暗处静置 3min，再加 100mL 水，摇匀，立即用 0.001mol/L 硫代硫酸钠标准溶液滴定至淡黄色时，加 1mL 淀粉指示剂，再滴至蓝色消失为终点。同时做试剂空白试验。

**计算：**

$$过氧化值(Y)=\frac{(V_1-V_2)\times c\times 0.2538}{m}\times 100\% \tag{10-2}$$

式中　$Y$——过氧化值；

$V_1$——样品消耗硫代硫酸钠标准溶液的体积，mL；

$V_2$——试剂空白消耗硫代硫酸钠标准溶液的体积，mL；

$c$——硫代硫酸钠标准溶液的浓度，mol/L；

0.2538——1mL 1mol/L 硫代硫酸钠溶液相当碘的克数；

$m$——为植物油的质量，g。

## 五、思考题

1. 何谓食用植物油中的酸值？

2. 为什么用硫代硫酸钠标准溶液测定植物油的过氧化值时不能事先加入淀粉指示剂？

**注释：**

[1]　乙醚-乙醇混合溶剂用 1mol/L KOH 溶液中和至酚酞指示剂呈微红色。

# 实验四　草酸合铁（Ⅲ）酸钾的合成及其组成测定

## 一、实验目的

1. 掌握合成 $K_3Fe(C_2O_4)_3 \cdot 3H_2O$ 的实验原理；
2. 熟悉制备 $K_3Fe(C_2O_4)_3 \cdot 3H_2O$ 的实验操作技术；
3. 学习确定化合物组成的基本原理和方法。

## 二、实验原理

硫酸亚铁（$FeSO_4$）和草酸（$H_2C_2O_4$）在酸性溶液中反应生成鲜黄色草酸亚铁沉淀（$FeC_2O_4$）。在草酸钾（$K_2C_2O_4$）存在的情况下，草酸亚铁经过氧化氢（$H_2O_2$）氧化为草酸合铁酸钾和氢氧化铁，加入一定量的草酸使氢氧化铁沉淀溶解，加入乙醇后析出绿色晶体 $K_3Fe(C_2O_4)_3 \cdot 3H_2O$。主要反应方程式为：

$$FeSO_4 + H_2C_2O_4 \rightleftharpoons FeC_2O_4 \downarrow + H_2SO_4$$

$$6FeC_2O_4 + 3H_2O_2 + 6K_2C_2O_4 \xrightleftharpoons{H^+} 4K_3Fe(C_2O_4)_3 + 2Fe(OH)_3 \downarrow$$

$$2Fe(OH)_3 + 3H_2C_2O_4 + 3K_2C_2O_4 \rightleftharpoons 2K_3Fe(C_2O_4)_3 + 6H_2O$$

草酸合铁酸钾晶体的结晶水含量可采用重量法测定，配离子组成可通过学习氧化还原滴定法确定，其中高锰酸钾法可直接测定 $C_2O_4^{2-}$ 离子含量；$Fe^{3+}$ 离子先用锌粉还原为 $Fe^{2+}$ 离子，再用高锰酸钾法测定。主要反应方程式为：

$$5C_2O_4^{2-} + 2MnO_4^- + 16H^+ \rightleftharpoons 10CO_2 \uparrow + 2Mn^{2+} + 8H_2O$$

$$2Fe^{3+} + Zn \rightleftharpoons Fe^2 + Zn^{2+}$$

$$5Fe^{2+} + MnO_4^- + 8H^+ \rightleftharpoons 5Fe^{3+} + Mn^{2+} + 4H_2O$$

## 三、仪器与试剂

1. 仪器：分析天平，台天平，恒温水浴装置（可用 250mL 烧杯代替），棕色滴定管，油滤装置烧杯（100mL，250mL，500mL），锥形瓶（250mL）。

2. 试剂：$FeSO_4 \cdot 7H_2O$(s)，$KMnO_4$(s)，$H_2C_2O_4 \cdot 2H_2O$(s)，乙醇（95%），乙醇（1∶1），丙酮 $H_2SO_4$（1mol/L，3mol/L），$H_2C_2O_4$（1mol/L），$K_2C_2O_4$（饱和），$H_2O_2$（3%）。

## 四、实验内容

### 1. $K_3Fe(C_2O_4)_3 \cdot 3H_2O$ 的合成

(1) 在 100mL 烧杯中加入 4.0g $FeSO_4 \cdot 7H_2O$，加入 13mL $H_2O$ 和 3mL 1mol/L

$H_2SO_4$ 溶液，使 $FeSO_4$ 溶解，再加入 25mL 1mol/L $H_2C_2O_4$ 溶液，立刻有鲜黄色的草酸亚铁沉淀产生。待沉淀完全后用倾泻法洗涤沉淀 2～3 次，每次使用 25mL 水，可除去可溶性杂质。再加 10mL 饱和 $K_2C_2O_4$ 溶液，水浴加热至 40℃并保持温度恒定，边搅拌边滴加 20mL 3%$H_2O_2$[1]，控制 $H_2O_2$ 滴加速度使其在 5min 左右滴加完，此时会有棕褐色沉淀析出。

(2) 加热水浴至 100℃，除去过量的 $H_2O_2$。然后缓慢滴加 8mL 1mol/L $H_2C_2O_4$ 溶液，沉淀溶解且溶液转为亮绿色，如有混浊可趁热过滤。往清液中加入 15mL 95%乙醇，立即移开水浴。

(3) 将烧杯放在暗处冷却，待亮绿色的 $K_3Fe(C_2O_4)_3 \cdot 3H_2O$ 结晶析出后，抽滤，用 5mL 1∶1 乙醇溶液洗涤产物，再用 5mL 丙酮淋洗产物，抽滤、干燥、称重，贮存于暗处备用。

**2. $K_3Fe(C_2O_4)_3 \cdot 3H_2O$ 组成的测定**

(1) 0.0200mol/L $KMnO_4$ 标准溶液的配制及标定

用表面皿在台天平上称取 1.7g $KMnO_4$，放入 250mL 烧杯内，用沸水分数次溶解。每次加沸水约 50mL，充分搅拌后，将上层清液倒入洁净的棕色试剂瓶，然后用另一份沸水溶解残留在烧杯中的 $KMnO_4$，重复以上操作直至 $KMnO_4$ 全部溶解。用蒸馏水稀释溶液至 500mL，摇匀，塞紧。静置 7～10 天后，用虹吸管将上层溶液吸到 500mL 烧杯内，瓶内残余溶液和 $MnO(OH)_2$ 沉淀倒掉，将原瓶洗净，用少量原溶液荡洗后，再将烧杯内的溶液倒入，贮存于暗处待标定。

准确称取 0.2g 基准试剂 $H_2C_2O_4 \cdot 2H_2O$，分别放在两个烧杯内，每份加入 25mL 蒸馏水和 5mL 3mol/L $H_2SO_4$，加热到有蒸汽涌出（约 75～85℃），注意不要煮沸。

将 $KMnO_4$ 溶液装入棕色滴定管中，记下 $KMnO_4$ 溶液初读数[2]，趁热对 $H_2C_2O_4$ 溶液进行滴定。开始滴定时一定要慢，必须等第一滴 $KMnO_4$ 溶液的紫红色褪去后方可滴加第二滴 $KMnO_4$ 溶液。滴定速度可逐渐加快，但决不可使 $KMnO_4$ 溶液成柱状流下。接近终点时紫红色褪去很慢，应减慢滴定速度，并充分搅匀，以防超过终点，最后一滴 $KMnO_4$ 溶液在搅匀 30s 内仍不褪色[3]，表明已达到终点，记下终读数。

(2) 结晶水含量的测定。准确称取 1～1.5g 自制的 $K_3Fe(C_2O_4)_3 \cdot 3H_2O$，置于 110℃烘箱中干燥 1h（在此温度下，产物可失去其全部结晶水），置于干燥器中冷却至室温，称重；在 110℃下再烘干 20min，置于干燥器中冷却至室温，称重，根据称量结果，计算每克无水化合物所对应的结晶水的物质的量。

(3) $C_2O_4^{2-}$ 离子含量的测定。准确称取 0.2～0.25g 脱水的产品 2 份，分别放入 250mL 锥形瓶中，加 20mL $H_2O$ 和 5mL 3mol/L $H_2SO_4$，用 0.02mol/L $KMnO_4$ 标准溶液滴定。滴定时应先加 5mL 0.02mol/L $KMnO_4$ 标准溶液，然后加热混合液至 75～85℃（不高于 85℃）直至紫红色消失，再用 $KMnO_4$ 标准溶液滴定终点，记下消耗的 $KMnO_4$ 标准溶液的体积，计算 $C_2O_4^{2-}$ 离子的含量，滴定后的溶液保留待用。

(4) $Fe^{3+}$ 含量的测定。在上述用 $KMnO_4$ 滴定过 $C_2O_4^{2-}$ 离子的保留液中加足量 Zn 粉至黄色消失，加热 2～3min，使 $Fe^{3+}$ 离子完全还原成 $Fe^{2+}$ 离子[4]。过滤（玻璃漏斗）除去过量锌粉，并用 10mL 水洗涤沉淀，合并洗涤液和滤液，加 3mL 3mol/L $H_2SO_4$，用

$KMnO_4$ 标准溶液滴定至微红色在 30s 内不变色，计算 $Fe^{3+}$ 离子的含量。

根据实验结果，计算产物的组成，并写出化学式。

## 五、实验数据记录及处理

### 1. $KMnO_4$ 标准溶液浓度的标定

将实验数据填表 10-1：

**$KMnO_4$ 标准溶液浓度的标定　　表 10-1**

| 实验序号 | | 1 | 2 |
|---|---|---|---|
| $H_2C_2O_4 \cdot 2H_2O$ 的质量（g） | | | |
| $KMnO_4$ 标准溶液消耗的体积（mL） | 终读数 | | |
| | 初读数 | | |
| | 体积 | | |
| $KMnO_4$ 标准溶液的浓度（mol/L） | | | |

按式（10-3）计算 $KMnO_4$ 标准溶液的浓度。

$$C_{KMnO_4} = \frac{2m_{H_2C_2O_4 \cdot 2H_2O}}{5M_{H_2C_2O_4 \cdot 2H_2O} \times V_{KMnO_4} \times 10^{-3}} \tag{10-3}$$

式中　$C_{KMnO_4}$——$KMnO_4$ 标准溶液的浓度，mol/L；

$m_{H_2C_2O_4 \cdot 2H_2O}$——$H_2C_2O_4 \cdot 2H_2O$ 的质量，g；

$M_{H_2C_2O_4 \cdot 2H_2O}$——$H_2C_2O_4 \cdot 2H_2O$ 的摩尔质量，g/mol；

$V_{KMnO_4}$——滴定至终点所消耗的 $KMnO_4$ 的体积，mL。

### 2. 结晶水含量的测定

自制产品质量：________ g。

产品脱水后的质量：________ g（第一次）；________ g（第二次）。

结晶水的质量：________ g。1mol 产品中结晶水的物质的量：________ mol。

### 3. $C_2O_4^{2-}$ 离子含量的测定（表 10-2）

**$C_2O_4^{2-}$ 离子含量的测定　$C_{KMnO_4}$ = ______ mol/L　　表 10-2**

| 实验序号 | | 1 | 2 |
|---|---|---|---|
| 已脱水产品的质量（g） | | | |
| $KMnO_4$ 标准溶液消耗的体积（mL） | 终读数 | | |
| | 初读数 | | |
| | 体积 | | |
| $KMnO_4$ 消耗的物质的量（mol） | | | |
| $C_2O_4^{2-}$ 的物质的量（mol） | | | |
| 1mol 产品中 $C_2O_4^{2-}$ 的物质的量（mol） | | | |

**4. $Fe^{3+}$离子含量的测定（表 10-3）**

**$Fe^{3+}$离子含量的测定 $C_{KMnO_4}$ =________ mol/L　　表 10-3**

| 实验序号 | | 1 | 2 |
|---|---|---|---|
| 已脱水产品的质量（g） | | | |
| $KMnO_4$ 标准溶液消耗的体积（mL） | 终读数 | | |
| | 初读数 | | |
| | 体积 | | |
| $KMnO_4$ 消耗的物质的量（mol） | | | |
| $Fe^{3+}$的物质的量（mol） | | | |
| 1mol 产品中 $Fe^{3+}$ 的物质的量（mol） | | | |

结论：1mol 产品中含结晶水________________ mol；$C_2O_4^{2-}$ ________________ mol；$Fe^{3+}$________________ mol，该物质的化学式为________________。

## 六、思考题

1. 用 $FeSO_4$ 为原料合成 $K_3Fe(C_2O_4)_3 \cdot 3H_2O$，也可用 $HNO_3$ 代替 $H_2O_2$ 作氧化剂。写出用 $HNO_3$ 作氧化剂的主要反应方程式。你认为用哪个氧化剂较好，为什么?

2. 在 $K_3Fe(C_2O_4)_3 \cdot 3H_2O$ 合成过程中有中间物棕褐色沉淀，此棕褐色沉淀是什么?如何使其转变为目标产物?

3. 合成 $K_3Fe(C_2O_4)_3 \cdot 3H_2O$ 的最后一步是加入乙醇，使产品析出，能否用蒸发浓缩的方法来代替?

**注释：**

[1] 加 $H_2O_2$ 时一定要充分搅拌，否则部分 $FeC_2O_4$ 沉淀在烧杯底部，与 $H_2O_2$ 反应不完全，导致当用 $H_2C_2O_4$ 溶解棕褐色沉淀时，仍有黄色的 $FeC_2O_4$ 沉淀存在，溶液混浊，产率和产品质量下降。

[2] $KMnO_4$ 溶液颜色深，液面弯月面不易看出，读数时应以液面的最高线为准。

[3] 空气中还原性气体或有机物质尘埃，进入已到达滴定终点的溶液后可使溶液褪色，故 $KMnO_4$ 溶液滴定的终点不能持久保持。

[4] 用滴管吸出 1 滴溶液，在点滴板上用 KSCN 溶液检验，若只显极浅红色，表明 $Fe^{3+}$ 离子已完全还原为 $Fe^{2+}$ 离子。

# 实验五　蔬菜、瓜果中维生素 C 含量的测定

## 一、实验目的

1. 了解分光光度法测定维生素 C 的原理；

2. 掌握从天然植物中提取物质的一般方法；

3. 熟悉7200型分光光度计的使用。

## 二、实验原理

维生素C是一种对人体有营养、医疗和保健作用的天然物质，水果和蔬菜等植物均含有丰富的维生素C。本实验以水果或蔬菜为原料，采用分光光度法测定维生素C的含量，从而可以确定水果或蔬菜维生素C含量的高低，为人们选择富含维生素C的水果或蔬菜提供了一定的理论依据。

维生素C又名抗坏血酸，为白色或淡黄色结晶粉末，味酸，在空气中尤其是碱性介质中易被氧化成脱氢抗坏血酸。当pH>5时，脱氢抗坏血酸的内环开裂，形成二酮古洛糖酸。脱氢抗坏血酸与二酮古洛糖酸均能与2，4-二硝基苯肼作用生成红色物质脎，脎能溶于硫酸，在500nm波长处具有最大吸收。样品溶液与维生素C标准溶液按上述方法进行同样处理，在500nm处测吸光度，根据样品溶液的吸光度由工作曲线查出维生素C的浓度，即可求出样品中维生素C的含量。

## 三、仪器与试剂

1. 仪器：分光光度计（7200型），台天平，研钵，容量瓶（50mL，100mL），锥形瓶（250mL），比色管（20mL），移液管，漏斗，酒精灯。

2. 试剂：白梨，绿豆芽，草酸（1%），硫酸（25%，85%），2,4-二硝基苯肼（2%），硫脲（10%）[1]，活性炭[2]，维生素C标准溶液[3]。

## 四、实验内容

**1. 维生素C的提取**

准确称取新鲜去皮白梨、绿豆芽或其他水果蔬菜2g于研钵中，捣烂，加少量1%草酸，研磨10min，将提取液倾入50mL容量瓶中，重复提取3次，用1%草酸稀释至刻度，摇匀备用。

取上述20mL提取液于干燥锥形瓶中，加入一匙活性炭，充分振摇2min后干过滤。

**2. 0.01mg/mL维生素C标准溶液的配制**

准确移取1.00mL 1mg/mL维生素C标准溶液于100mL容量瓶中，用1%草酸稀释至刻度，摇匀。取30mL该溶液于250mL干燥锥形瓶中，加入一匙半活性炭，充分振摇2min后干过滤。

**3. 吸光度的测定**

在比色管（Ⅰ）中加入5.0mL样品滤液及2滴10%硫脲，以此溶液为空白溶液。在比色管（Ⅱ）中加入5.0mL样品液，比色管（Ⅲ～Ⅵ）中，分别加入1.0mL，3.0mL，5.0mL，7.0mL 0.01mg/mL维生素C标准溶液，再分别加入2滴10%硫脲，2.0mL 2% 2,4-二硝基苯肼，混匀，置于沸水中加热约10min。经冷却，在比色管（Ⅰ）中再加入2.0mL 2% 2,4-二硝基苯肼。将六只比色管均稀释至10mL，然后置于冷水中，分别缓慢滴加入3.0mL 85% $H_2SO_4$ 溶液，并不断振摇，滴加完毕后静置10min。

在7200型分光光度计上，以3cm比色皿盛装溶液，$\lambda_{测}$=500nm，以比色管（Ⅰ）中溶液为参比溶液，分别测定比色管（Ⅱ～Ⅵ）中溶液的吸光度。

## 五、实验数据记录及处理

### 1. 数据记录

将实验内容 3. 测得的吸光度值记入表 10-4。

吸光度的测定　　表 10-4

| 比色管编号 | Ⅱ | Ⅲ | Ⅳ | Ⅴ | Ⅵ |
|---|---|---|---|---|---|
| 维生素 C（mg/10mL） | 未知 | 0.01 | 0.03 | 0.05 | 0.7 |
| $A$ | | | | | |

### 2. 数据处理

以（Ⅲ～Ⅵ）管中溶液的吸光度 $A$ 对维生素 C 浓度作图，得工作曲线。再根据（Ⅱ）管中溶液的吸光度由工作曲线上查出相应的浓度，即可计算样品中维生素 C 的含量，计算公式如下：

$$\text{维生素 C 含量} = \frac{c_{\text{维生素C}} \times \frac{50}{5.0} \times 10^{-3}}{m_{\text{样}}} \times 100\% \qquad (10\text{-}4)$$

式中　$c_{\text{维生素C}}$——根据工作曲线查出的样品溶液中维生素 C 的浓度，mg/10mL；

$m_{\text{样}}$——样品总质量，g。

## 六、思考题

1. 加入提取液时为什么要加活性炭？

2. 为什么比色管（Ⅰ）中溶液在加热且冷却之后才能加 2,4-二硝基苯肼，而其余比色管则在加热前加入 2,4-二硝基苯肼？

3. 10%硫脲起什么作用？

4. 影响本实验精度的因素是什么？

**注释：**

[1]　50g 硫脲溶于 500mL 1%草酸中。

[2]　100g 活性炭加 750mL 1mol/LHCl，加热 1h，减压抽滤，用去离子水洗涤至滤液无 $Cl^-$ 离子为止，置于 110℃烘箱中烘干。

[3]　1mg/mL，100mg 纯维生素 C 溶于 100mL1%草酸中。

# 实验六　水中锰的测定

## 一、实验目的

1. 熟悉分光光度计的使用方法；

2. 掌握用分光光度法测定锰的原理及方法。

## 二、实验原理

锰（Mn）有钢铁样的金属光泽，锰的化合物有多种价态，主要有二价、三价、四价、六价和七价。锰是生物必需的微量元素之一。

地下水中由于缺氧，锰以可溶态的二价锰形式存在，而在地表水中还有可溶性三价锰的络合物和四价锰的悬浮物存在。在环境水样中锰的含量在数微克/升至数百微克/升，很少有超过 1mg/L 的。锰盐毒性不大，但水中锰可使衣物、纺织品和纸呈现斑痕，因此一般工业用水锰含量不允许超过 0.1mg/L。锰的主要污染源是黑色金属矿山、冶金、化工排放的废水。

在 pH9.0～10.0 的碱性溶液中，$Mn^{2+}$ 被溶解氧氧化为 $Mn^{4+}$，与甲醛肟生成棕色络合物。

反应式为：

$$Mn^{2+} + 6H_2C = NOH \longrightarrow [Mn(H_2C = NO)_6]^{2-} + 6H^+$$

该络合物的最大吸收波长为 450nm，其摩尔吸光系数为 $1.1 \times 10^4$ L/mol/cm。锰浓度在 4.0mg/L 以内，浓度和吸光度之间呈线性关系。

该方法的最低检出浓度为 0.01mg/L。测定浓度范围为 0.05～4.0mg/L。校准曲线范围 2～40μg/50mL。

## 三、实验内容

### 1. 方法选择

原子吸收法和等离子发射光谱法，简便、快速、干扰少，且灵敏度高，可直接用于水中锰的测定。

测量高锰酸盐的紫红色的光度法选择性较好，经常被采用。

甲醛肟光度法为 ISO 的标准方法，灵敏度比高锰酸盐法高，但不如原子吸收法或等离子发射光谱法。

### 2. 样品保存

水样中的二价锰在中性或碱性条件下，能被空气氧化为更高的价态而产生沉淀，并被容器壁吸附。因此，测定总锰的水样，应在采样时加硝酸酸化至 pH<2；测定可过滤性锰的水样，应在采样现场用 0.45μm 有机微孔滤膜过滤，再用硝酸酸化至 pH<2 保存，废水样品应加入 $HNO_3$ 至 1%。所测得吸光度经空白校正后对锰的量绘制校准曲线（或进行相应的回归计算）。

### 3. 样品的测定

悬浮物较多或色度较深的废水样，取 25.00mL 混匀样两份置于 100mL 烧杯中，加入 5mL 硝酸和（1+1）硫酸（或高氯酸）2mL，加热消解直至冒白烟（若试液色深，还可补加硝酸继续消解），蒸发至近干（勿干涸），取下。稍冷，加少量水，微热溶解，定量移入 50mL 比色管中，用（1+9）氨水调 pH 至近中性，其中一份按校准曲线绘制的相同步骤显色，另一份用纯水代替水样按同样操作作为参比溶液，在 525nm 处测量吸光度。

对于清洁的环境水样可省去消解操作，直接取 25mL 水样置 50mL 比色管中，按所述步骤直接显色和测量。

**4. 计算**

$$锰(Mn,mg/L)=\frac{m}{V} \tag{10-5}$$

式中 $m$——由校准曲线查得或用回归方程算出的锰量，$\mu$g；

$V$——试样体积，mL。

**5. 注意事项**

(1) 酸度是发色完全与否的关键条件，pH 应控制在 7～8.3 之间，方法选用 pH 值为 7.3～7.8 间。若 pH<6.5，则发色速度减慢，影响测定结果。加入的焦磷酸钾-乙酸钠溶液具有一定的缓冲容量，酸性保存的样品，当硝酸浓度不大于 0.5%时，无须调节酸度，可直接发色。酸度太大的样品分析前应调节 pH 值至弱酸性或近中性。

(2) 试样加热消解，切不可蒸至干涸，否则铁、锰氧化物析出后，便难被稀酸溶解，易导致测定结果偏低。

## 四、思考题

1. 查阅有关参考文献，写出原子吸收法和高碘酸钾氧化光度法测定锰的原理及简要步骤。

2. 对于含有悬浮二氧化锰和有机锰的水样，应该如何处理？

# 实验七 苯胺类的测定

## 一、实验目的

1. 进一步熟悉分光光度计的使用、标准曲线的绘制以及有关计算；

2. 掌握工业废水中代表性的环境污染物苯胺类化合物测定原理和方法。

## 二、实验原理

苯胺是染料制造、印染、橡胶、制药、塑料和油漆等的原料。苯胺可通过呼吸道、消化道而摄入体内。亦可通过皮肤吸收。苯胺对人体具有一定的毒害作用，主要是使氧和血红蛋白变为高铁血红蛋白，影响组织细胞供氧而造成内窒息。慢性中毒表现为神经系统症状和血象的变化，某些苯胺类化合物还具有致癌性。

本实验采用偶氮比色法测定工业废水中苯胺类化合物，具有方法简便，试剂稳定，准确度好的优点。

该方法温度对反应的影响比较大，最佳温度在 22～300℃，高于或低于此温度范围可在恒温水浴中发色或采用同时制作标准曲线的办法（在环境温度多变时，最好采用标样加入法），以消除温度影响。

文献中指出含酚量高于 200mg/L 时对本方法有正干扰。为清除干扰可将废水样进行预蒸馏。

工业废水中苯胺类化合物相当复杂，苯胺的最大吸收波长为 556nm，而其他苯胺类化合物如：对硝基苯胺吸收波长为545nm，邻氯对硝基苯胺吸收波长为530nm，2,4-二硝基苯胺吸收波长为520nm，综合考虑废水中苯胺类化合物的特点后，确定吸收波长为545nm。

如果苯胺试剂为无色透明液，可直接称量配制。若试剂颜色发黄，应重新蒸馏或标定苯胺含量后使用（详见GB 691《化学试剂苯胺》）。

水样应采集于玻璃瓶内，并在采集后24h以内进行测定。

苯胺类化合物在酸性条件下（pH1.5～2.0）与亚硝酸盐重氮化，再与N-(1-萘基）乙二胺盐酸盐偶合，生成紫红色染料，进行分光光度法测定，测量波长为545nm。试料体积为25mL，使用光程为10mm的比色皿，最低检出浓度为含苯胺0.03mg/L，测定上限浓度为1.6mg/L。在酸性条件下测定，苯酚含量高于200mg/L时，对测定有正干扰。

## 三、实验内容

### 1. 仪器与试剂

（1）仪器

1）25mL具塞刻度试管；

2）可见分光光度计。

（2）试剂

1）硫酸氢钾（$KHSO_4$）：分析纯；

2）无水碳酸钠（$Na_2CO_3$）：分析纯；

3）亚硝酸钠（$NaNO_2$）：分析纯；

4）氨基磺酸铵（$NH_4SO_3NH_2$）：分析纯；

5）N-（1-萘基）乙二胺盐酸盐：分析纯；

6）硫酸标准溶液，浓度$c$（$1/2H_2SO_4$）＝0.05mol/L；

7）精密pH试纸0.5～5.0；

8）苯胺（$C_6H_5NH_2$）：分析纯。

### 2. 标准使用溶液的配制

（1）苯胺标准使用溶液的配制

于25mL容量瓶中加入0.05mol/L硫酸溶液10mL，称量（称准至0.0001g），加入3～5滴苯胺试剂，再称量，用0.05mol/L硫酸溶液稀释至标线，摇匀。计算出每毫升溶液中所含苯胺的量，此为储备液，置冰箱内保存（可用两个月）。

（2）苯胺标准使用溶液的配制

将标准储备液用0.05mol/L硫酸溶液稀释成浓度为1.00mL溶液含苯胺10.0μg的标准使用溶液（临用时配）。

（3）5%（m/V）亚硝酸钠的配制

称取5g亚硝酸钠，溶于少量水中，稀释至100mL（应配少量，储于棕色瓶中，置冰箱内保存）。

（4）2.5%（m/V）氨基磺酸铵的配制

称取2.5g氨基硝酸铵，溶于少量水中，稀释至100mL（储于棕色瓶中，置冰箱内保存）。

（5）2%（m/V）N-(1-萘基）乙二胺盐酸盐的配制

称取2gN-(1-萘基）乙二胺盐酸盐，溶于水中，稀释至100mL。

（6）校准曲线的绘制

取6个25mL具塞刻度试管，分别加入苯胺标准使用溶液0.0mL，0.50mL，1.00mL，2.00mL，3.00mL，4.00mL，各加水至10mL，摇匀。用硫酸氢钾或无水碳酸（用精密pH试纸）调节pH值为1.5～2.0（用精密pH试纸测试），加1滴5%亚硝酸钠溶液，摇匀，放置3min，加入2.5%氨基磺酸铵溶液0.5mL，充分振荡后，放置3min，待气泡除尽（以消除过量的亚硝酸钠对测定的影响）。加入N-(1-萘基）乙二胺盐酸盐溶液1.0mL，用水稀释至25mL，摇匀，放置30min，于545nm波长处，用10mm比色皿，以水为参比测量吸光度。以测得的吸光度减去试剂空白试验（零浓度）的吸光度，和对应的苯胺含量绘制校准曲线。

（7）水样测定

1）将水样用经水冲洗过的中速滤纸过滤，弃去初滤液20mL，用硫酸氢钾或无水碳酸钠调节pH值为6，作为试料。若水样颜色深，可用聚己内酰胺粉末脱色。颜色不深的水样可不脱色，而以样品溶液（不加显色剂）为参比溶液。

2）吸取试料（含苯胺0.5～30μg）于25mL具塞刻度试管中，加水稀释至10mL，摇匀。

以下步骤与标准绘制相同。水样显色处理后用10mm比色皿，以水为参比测量吸光度。以试料的吸光度减去空白试验的吸光度，由校准曲线上查出相应的苯胺含量。同时进行空白试验。

**3. 数据处理**

（1）标准曲线的绘制

以吸光度$A$-$A_0$为纵坐标，苯胺含量（μg）为横坐标绘制标准曲线（表10-5）。

**标准曲线绘制**（终体积25mL、苯胺浓度＝10.0μg/mL）　　**表10-5**

| 标准使用液加入量（mL） | 0.0 | 0.50 | 1.00 | 2.0 | 3.0 | 4.0 | 水样 |
|---|---|---|---|---|---|---|---|
| 苯胺含量浓度（μg） | | | | | | | |
| 吸光度值$A$ | | | | | | | |
| $A$-$A_0$ | | | | | | | |

（2）结果计算

$$苯胺类(以苯胺计,mg/L) = \frac{m}{v} \quad (10\text{-}6)$$

式中　$m$——由校准曲线查得苯胺量，μg；

　　　$v$——水样体积，mL。

## 四、思考题

1. 苯胺类化合物存在于哪些工业废水中？
2. 测定过程中比色皿没有清洗干净，对结果有什么影响？

# 实验八　水中总磷的测定

## 一、实验目的

1. 掌握水中总磷的测定原理及方法；
2. 掌握水样预处理方法。

## 二、实验原理

在天然水和废水中，磷几乎都以各种磷酸盐的形式存在，它们分为正磷酸盐，缩合磷酸盐（焦磷酸盐、偏磷酸盐和多磷酸盐）和有机结合的磷酸盐，它们存在于溶液中，腐殖质粒子中或水生生物中。

天然水中磷酸盐含量较微。化肥、冶炼、合成洗涤剂等行业的工业废水及生活污水中常含有较大量磷。磷是生物生长的必需的元素之一，但水体中磷含量过高（如超过0.2mg/L)，可造成藻类的过度繁殖，直至数量上达到有害的程度（称为富营养化)，造成湖泊、河流透明度降低，水质变坏。

水中磷的测定，通常按共存在的形式，而分别测定总磷、溶解性正磷酸盐和总溶解性磷，如图 10-1 所示。

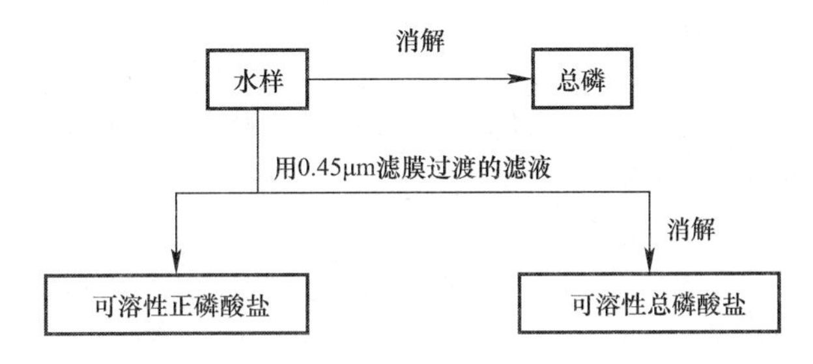


图 10-1　测定水中各种磷的流程

总磷的测定，于水样采集后，加硫酸酸化至 pH≤1 保存。溶解性正磷酸盐的测定，不加任何保存剂，于 2～5℃冷处保存，在 24h 内进行分析。

磷的测定方法有钼锑抗光度法、氯化亚锡还原光度法和离子色谱法。

离子色谱法适用于清洁水样中可溶性正磷酸盐的测定；氯化亚锡还原光度法适用于地面水中正磷酸盐的测定；钼锑抗分光光度法可适用于地面水、生活污水及日化、磷肥、机加工金属表面磷化处理、农药、钢铁、焦化等行业的工业废水中正磷酸盐的测定。

本实验采用钼锑抗分光光度法测定水中的总磷。预处理的消解过程介绍了两种方法，一种是高压消解法，一种是常压消解法，实验时可根据实验室条件进行选择。

在酸性溶液中，将各种形态的磷转化成磷酸根离子（$PO_4^{3-}$）。随之用钼酸铵和酒石酸锑钾与之反应，生成磷钼锑杂多酸，再用抗坏血酸把它还原，则变成蓝色络合物，通常即称磷钼蓝。

砷酸盐与磷酸盐一样也能生成钼蓝，砷浓度大于2mg/L就会有干扰，可用硫代硫酸钠去除。硫化物浓度大于2mg/L有干扰，在酸性条件下通氮气可以除去。六价铬浓度大于50mg/L有干扰，用亚硫酸钠除去。亚硝酸盐浓度大于1mg/L就会有干扰，用氧化消解或加氨磺酸均以去除。铁浓度为20mg/L，使结果偏低5%；铜达到10mg/L不干扰测定；氟化物小于70mg/L是允许的。

## 三、实验内容

### 1. 仪器与试剂

（1）仪器

1）可见分光光度计。

2）医用手提式高压蒸汽消毒器或一般民用压力锅（1～1.5kg/$cm^2$）。

3）电炉，2kW。

4）调压器、2kVA（0～220V）。

5）50mL（磨口）具塞刻度管。

（2）试剂

1）1mol/L硫酸溶液。

2）3+7硫酸溶液。

3）过硫酸钾：分析纯。

4）酚酞指示剂。

5）1mol/L氢氧化钠溶液。

6）1+1硫酸溶液。

7）磷酸二氢钾（$KH_2PO_4$）：分析纯，于110℃干燥2h，在干燥器中放冷。

8）钼酸铵：分析纯。

9）抗坏血酸：分析纯。

10）酒石酸锑钾：分析纯。

### 2. 标准溶液的配制

（1）钼酸盐溶液的配制

1）溶解6.5g钼酸铵［$(NH_4)_6MO_7O_{24}\cdot 4H_2O$］溶于50mL蒸馏水中；

2）溶解0.18g［$K(SbO)C_4H_4O_6\cdot 1/2H_2O$］溶于50mL蒸馏水中；

3）在不断搅拌下，将钼酸铵溶液徐徐加入到150mL（1+1）硫酸中，加入酒石酸锑钾溶液并且混合均匀。

（2）10%（m/V）抗坏血酸溶液的配制

溶解10g抗坏血酸于水中，并稀释至100mL。该溶液贮存于棕色玻璃瓶中，在低温下可稳定几周。如颜色变黄，则弃去重配。

（3）5%（m/V）过硫酸钾溶液的配制

溶解5g过硫酸钾于水中，并稀释至100mL。

（4）磷酸盐标准溶液的配制

1）称取0.1085g磷酸二氢钾溶解后转入250mL容量瓶中，稀释至刻度，即得0.100mg/mL磷储备液。

2）吸取5.00mL储备液于250mL容量瓶中，稀释至刻度，即得磷含量为2.00μg/mL的标准溶液。此溶液临用时现配。

**3. 标准曲线的绘制**

1）取数支50mL具塞比色管，分别加入磷酸盐标准使用液0mL，0.50mL、1.00mL、3.00mL、5.00mL、10.0mL、15.0mL，加水至50mL。

2）显色：向比色管中加入10mL10%（m/V）抗坏血酸溶液，混匀；30s后，加入2mL钼酸盐溶液充分混匀，放置15min。

3）测量：用10mm或30mm比色皿，于700nm波长处，以零浓度溶液为参比，测量吸光度。

**4. 水样的预处理**

方法一：过硫酸钾高压消解法

吸取25.0mL混匀水样（必要时，酌情少取水样，并加水至25mL，使含磷量不超过30μg）于50mL具塞刻度管中，加过硫酸钾溶液4mL，加塞后管口包一小块纱布并用线扎紧，以免加热时玻璃塞冲出。将具塞刻度管放在大烧杯中，置于高压蒸汽消毒器或压力锅中加热，待锅内压力达1.1kg/cm²（相应温度为120℃）时，调节电炉温度使保持此压力30min后，停止加热，待压力表指针降至零后，取出放冷。此方法需同时作试剂空白和标准溶液系列。

方法二：过硫酸钾常压消解法

分取适量混匀水样（含磷不超过30μg）于150mL锥形瓶中，加水至50mL，加数粒玻璃珠，加1mL 3+7硫酸溶液，5mL5%过硫酸钾溶液，置电热板或可调电炉上加热煮沸，调节温度使保持微沸30～40min，至最后体积为10mL止。放冷，加1滴酚酞指示剂，滴加氢氧化钠溶液至刚呈微红色，再滴加1mol/L硫酸溶液使红色褪去，充分摇匀。如溶液不澄清，则用滤纸过滤于50mL比色管中，用水洗锥形瓶及滤纸，一并移入比色管中，加水至标线，供分析用。

**5. 水样测定**

取消解处理后的水样，以下按绘制校准曲线的步骤进行显色和测量。减去空白实验的吸光度，并从校准曲线上查出含磷量。

## 四、数据处理

1. 实验测定原始数据填入表10-6。

标准与水样测定结果　　表10-6

| 标液加入量（mL） | 0.0 | 0.50 | 1.0 | 3.0 | 5.0 | 10.0 | 15.0 | 水样空白 | 水样 |
|---|---|---|---|---|---|---|---|---|---|
| $A$ | | | | | | | | | |

2. 标准曲线的绘制

以吸光度$A\text{-}A_0$为纵坐标，磷含量（μg）为横坐标绘制标准曲线（表10-7）。

标准曲线绘制（终体积 50mL、磷=2.00μg/mL） 表 10-7

| 标准使用液加入量（mL） | 0.0 | 0.50 | 1.0 | 3.0 | 5.0 | 10.0 | 15.0 |
|---|---|---|---|---|---|---|---|
| 磷含量浓度（μg） | | | | | | | |
| 吸光度值（$A$） | | | | | | | |
| $A$-$A_0$ | | | | | | | |

3. 结果计算

$$磷(\mathrm{P,mg/L}) = \frac{m}{V} \qquad (10\text{-}7)$$

式中 $m$——由校准曲线查得磷量，μg；

$V$——水样体积，mL。

## 五、思考题

1. 水体中氮、磷的主要来源有哪些？

2. 查阅相关资料，简述钼锑抗光度法、氯化亚锡还原光度法和离子色谱法测定水中磷的原理。

# 实验九 水中钙的测定

## 一、实验目的

1. 学习原子吸收光谱分析法的基本原理；
2. 了解原子吸收光谱分析仪的基本结构及使用方法；
3. 掌握以标准曲线法测定自来水中钙含量的方法。

## 二、实验原理

钙（Ca）广泛地存在于各种类型的天然水中，浓度为每升含零点几毫克到数百毫克不等，它主要来源于含钙岩石（如石灰岩）的风化溶解，是构成水中硬度的主要成分。钙是构成动物骨骼的主要元素之一。硬度过高的水不适宜工业使用，特别是锅炉作业。由于长期加热的结果，会使锅炉内壁结成水垢，这不仅影响热的传导，而且还隐藏着爆炸的危险，所以应进行软化处理。此外，硬度过高的水也不利于人们生活中的洗涤及烹饪，饮用了这些水还会引起肠胃不适。但水质过软也会引起或加剧某些疾病。因此，适量的钙是人类生活中不可缺少的。

钙的测定方法有 EDTA 络合滴定法和原子吸收法。EDTA 络合滴定法简单快速，是一般最常选用的方法。当使用 EDTA 滴定法有干扰时，最好选用原子吸收法。

原子吸收分光光度法是根据某元素的基态原子对该元素的特征谱线产生选择性吸收来进行测定的分析方法。火焰原子化法是目前使用最广泛的原子化技术。火焰中原子的生成是一个复杂过程，其最大吸收部位是由该处原子生成和消失的速率决定的，它不仅与火焰类型及喷雾效率有关，而且还因元素的性质及火焰燃料气与助燃气的比例不同而异。

通常用原子吸收分光光度法来测定微量甚至痕量的元素，要注意防止周围气氛、容器、水以及试剂等带来的污染，以保证测定的灵敏度和准确度。所使用的试剂纯度要符合要求，玻璃仪器应严格洗涤，用 $HNO_3$（1～2mol/L）浸泡过夜，并用重蒸馏的去离子水充分冲洗，保证洁净。

实验时，要打开通风设备，使金属蒸气及时排出室外。乙炔钢瓶阀门旋开不能超过转，否则丙酮逸出；点燃火焰时，应先开空气，后开乙炔。熄灭火焰时，先关乙炔气，后关空气开关。开启空气压力不允许大于 0.2MPa，乙炔压力不要超过 0.15MPa。

室内若有乙炔气味，应立即关闭乙炔气源，开通风，排除问题后，再继续进行实验。

标准曲线法是原子吸收光谱分析中最常用的定量方法之一，该法是配制已知浓度的标准溶液系列，在一定的仪器条件下，依次测出它们的吸光度，以加入的标准溶液的浓度为横坐标，相应的吸光度为纵坐标，绘制标准曲线。试样经适当处理后，在与测量标准曲线吸光度相同的实验条件下测量其吸光度，根据试样溶液的吸光度，在标准曲线上即可查出试样溶液中被测元素的含量，再换算成原始试样中被测元素的含量。

标准曲线法常用于分析共存的基体成分较为简单的试样。如果试样中共存的基体成分比较复杂，则应在标准溶液中加入相同类型和浓度的基体成分，以消除或减少基体效应带来的干扰，必要时应采用标准加入法进行定量分析。自来水中其他杂质元素对钙和镁的原子吸收光谱法测定基本上没有干扰，试样经适当稀释后，即可采用标准曲线法进行测定。

将试样喷如火焰，使钙在火焰中离解形成原子蒸气，由锐线光源（钙空心阴极灯）发射的特征谱线光辐射通过钙原子蒸气层时，钙元素的基态原子对特征谱线 422.7nm 产生选择性吸收。在一定条件下特征谱线光强的变化与试样中钙元素的浓度成比正比，即：

$$A = Kc \tag{10-8}$$

式中，$A$——吸光度；

$K$——常数；

$c$——溶液中钙离子浓度。

根据标准曲线，就可以求出待测溶液钙离子的浓度。

## 三、实验内容

### 1. 仪器与试剂

（1）仪器

1）原子吸收分光光度计；

2）钙空心阴极灯；

3）无油空气压缩机；

4）乙炔钢瓶。

（2）试剂

1）无水碳酸钙：优级纯；

2）浓盐酸：优级纯；

3）盐酸溶液：1mol/L；

4）纯水：去离子水或蒸馏水。

**2. 标准溶液的配制**

（1）钙标准储备液的配制

准确称取已在110℃下烘干2h的无水碳酸钙0.6250g于100mL烧杯中，用少量纯水润湿，盖上表面皿，滴加1mol/L盐酸溶液，直至完全溶解，然后把溶液转移到250mL容量瓶中，用水稀释到刻度，摇匀备用。此钙标准储备液浓度为1000μg/mL。

（2）钙标准使用液的配制

准确吸取20.00mL上述钙标准储备液于50mL容量瓶中，用水稀释至刻度，摇匀备用。此钙标准溶液浓度为400μg/mL。

（3）设置仪器工作参数

按照仪器操作规程打开仪器，设置光源、灯电流、测定波长、狭缝宽度等仪器工作参数。

（4）标准曲线的绘制

准确吸取1.00mL、2.00mL、3.00mL、4.00mL、5.00mL浓度为400μg/mL钙标准溶液，分别置于5只100mL容量瓶中，该标准溶液系列钙的质量浓度分别为4μg/mL、8μg/mL、12μg/mL、16μg/mL、20μg/mL。在选定的仪器操作条件下，以去离子水为参比调零，测定相应的吸光度。

（5）自来水水样中钙的测定

准确吸取25.00mL自来水水样（视水样中钙含量多少而定）于100mL容量瓶中，用去离子水稀释至刻度，摇匀。用选定的操作条件，以去离子水为参比调零，测定其吸光度，再由标准曲线查出水样中钙的含量，并计算自来水中钙的含量。

测定结束后，先吸喷去离子水，清洁燃烧器，然后关闭仪器。关仪器时，必须先关闭乙炔，再关电源，最后关闭空气。

**3. 数据及处理**

（1）记录实验条件于表10-8中。

仪器操作条件　　表10-8

| | | | | | |
|---|---|---|---|---|---|
| 1 | 仪器型号 | AAS330 | 6 | 燃烧器高度（mm） | |
| 2 | 光源 | 钙空心阴极灯 | 7 | 乙炔流量（Umin） | |
| 3 | 吸收线波长（nm） | | 8 | 空气流量（L/min） | |
| 4 | 灯电流（mA） | | 9 | 燃助比（乙炔：空气） | |
| 5 | 狭缝宽度（mm） | | | | |

（2）标准曲线的绘制

将钙标准溶液系列的吸光度值记录于表10-9，然后以吸光度为纵坐标，质量浓度为横坐标绘制标准曲线，并计算回归方程和标准偏差（或相关系数）。

标准溶液测定结果（终体积100mL、$Ca^{2+}$=400μg/mL）　　表10-9

| Ca标液加入量（mL） | 1.00 | 2.00 | 3.00 | 4.00 | 5.00 |
|---|---|---|---|---|---|
| Ca浓度（μg/mL） | 4.0 | 8.0 | 12.0 | 16.0 | 20.0 |
| 吸光度值$A$ | | | | | |

（3）水样的测定

测定自来水样溶液中钙的吸光度，然后在上述标准曲线上分别查得水样中 Ca 浓度（或用回归方程计算）。若经稀释，需乘上相应倍数，求得水样中钙含量（表 10-10）。

**水样测定结果**　　**表 10-10**

| 水样体积 $V$（mL） | 稀释倍数 | 吸光度值 $A$ | Ca 浓度（$\mu$g/mL） |
|---|---|---|---|
| | | | |
| 水样体积 $V$（mL） | 稀释倍数 | 吸光度值 $A$ | Ca 浓度（$\mu$g/mL） |
| | | | |

## 四、思考题

1. 简述原子吸收光谱分析法的基本原理。

2. 原子吸收光谱分析为何要用待测元素的空心阴极灯作光源？能否用氢灯或钨灯代替，为什么？

3. 如何选择最佳的实验条件？

4. 从实验安全上考虑，在操作时应注意什么问题？为什么？

# 实验十　水中铜的测定

## 一、实验目的

1. 掌握原子吸收分光光度法的原理；

2. 掌握水样的消化方法，掌握原子吸收分光光度计的使用方法。

## 二、实验原理

铜是人体必不可少的元素，成人每日的需要量估计为 20mg。水中铜达 0.01mg/L 时，对水体自净有明显的抑制作用。铜对水生生物毒性很大，有人认为铜对鱼类的起始毒性浓度 0.002mg/L，但一般认为水体含铜 0.01mg/L 对鱼类是安全的。铜对水生生物的毒性与其在水体中的形态有关，游离铜离子的毒性比络合态铜要大得多。铜的主要污染源有电镀、冶炼、五金、石油化工和化学工业等部门排放的废水。

铜的测定方法很多，常用的方法有：原子吸收分光光度法、二乙氨基二硫代甲酸钠萃取光度法、新亚铜萃取光度法、阳极溶出伏安法或示波极谱法。

本实验采用火焰原子吸收分光光度法测定废水中铜含量，采用湿法消化的方法对水中的有机物质进行消解，以消除有机物的干扰。

火焰原子吸收分光光度法是根据某元素的基态原子对该元素的特征谱线产生选择性吸收来进行测定的分析方法。将试样喷入火焰，被测元素的化合物在火焰中离解形成原子蒸气，由锐线光源（空心阴极灯）发射的某元素的特征谱线光辐射通过原子蒸气层时，该元素的基态原子对特征谱线产生选择性吸收。在一定条件下特征谱线光强的变化与试样中被测元素的浓度成比例。通过对自由基态原子对选用吸收线吸光度的测量，确定试样中该元素的浓度。

样品预处理有湿法消化和干法灰化。其目的是将样品中对测定有干扰的有机物和悬浮颗粒分解掉，使待测金属以离子形式进入溶液中。湿法消化是使用具有强氧化性酸，如$HNO_3$、$H_2SO_4$、$HClO_4$等与有机化合物溶液共沸，使有机化合物分解除去。干法灰化是在高温下灰化、灼烧，使有机物质被空气中氧所氧化而破坏。

在使用锐线光源条件下，基态原子蒸气对共振线的吸收，符合朗伯—比耳定律：

$$A = \lg(I_0/I_i) = KLN_0 \tag{10-9}$$

在试样原子化时，火焰温度低于3000K时，对大多数元素来说，原子蒸气中基态原子的数目实际上接近原子总数。在固定的实验条件下，待测元素的原子总数是与该元素在试样中的浓度$c$成正比的。因此，上式可以表示为：

$$A = Kc \tag{10-10}$$

这就是进行原子吸收定量分析的依据。

对组成简单的试样，用标准曲线法进行定量分析较方便。

## 三、实验内容

**1. 仪器与试剂**

（1）仪器

1）原子吸收分光光度计。

2）铜和锌空心阴极灯。

3）乙炔钢瓶。

4）空气压缩机。

（2）试剂

1）金属铜：99.8%。

2）硝酸：1+1。

3）硝酸：0.5%。

4）浓硝酸。

**2. 标准溶液的配制**

（1）铜标准储备液的配制

准确称取0.1000g金属铜溶于15mL 1+1硝酸中，转移至100mL。容量瓶中，用去离子水稀释至刻度，此溶液含铜量为1.00mg/mL。

（2）铜标准使用液的配制

准确吸取10.00mL上述铜标准储备液于100mL容量瓶中，用0.5%的硝酸稀至刻度，摇匀。此铜标准溶液浓度为0.100mg/mL。

（3）铜标准系列的配制

取6个100mL容量瓶，依次加入0.00mL、1.00mL、2.00mL、3.00mL、4.00mL、5.00mL浓度为0.100mg/mL的铜标准液，用0.5%的硝酸稀至刻度，摇匀。

**3. 样品的消化**

取100mL水样（如果铜浓度高可以酌情减少水样取样量）于250mL烧杯中，加入5mL硝酸，在电热板上加热消解（不要沸腾）。蒸至10mL左右，加入5mL硝酸和2mL

高氯酸，继续消解，直至11mL左右。如果消解不完全，再加入5mL硝酸和2mL高氯酸，再次蒸至1mL左右。取下冷却，加水溶解残渣，通过预先用酸洗过的中速定量滤纸过滤，滤液滤入100mL容量瓶中，用水稀释至刻度。摇匀待测。

在测定样品的同时，取100mL 5%硝酸溶液，按上述相同的程序操作，测定空白样。

**4. 设置仪器工作参数**

按照仪器操作规程打开仪器，设置光源、灯电流、测定波长、狭缝宽度等仪器工作参数。

**5. 测定**

将消化液在与标准系列相同的条件下，直接喷入空气—乙炔火焰中，测定吸收值。

**6. 数据处理**

（1）记录实验条件于表10-11中。

**仪器操作条件** **表10-11**

| | | | | | |
|---|---|---|---|---|---|
| 1 | 仪器型号 | AAS330 | 6 | 燃烧器高度（mm） | |
| 2 | 光源 | 铜空心阴极灯 | 7 | 乙炔流量（Umin） | |
| 3 | 吸收线波长（nm） | | 8 | 空气流量（L/min） | |
| 4 | 灯电流（mA） | | 9 | 燃助比（乙炔：空气） | |
| 5 | 狭缝宽度（mm） | | | | |

（2）标准曲线的绘制（表10-12）

**标准溶液测定结果**（终体积100mL、$Cu^{2+}$=0.100mg/mL） **表10-12**

| $C_u$标液加入量（mL） | 0.0 | 1.0 | 2.0 | 3.0 | 4.0 | 5.0 |
|---|---|---|---|---|---|---|
| $C_u$含量（mg） | 0.0 | 0.10 | 0.20 | 0.30 | 0.40 | 0.50 |
| $C_u$浓度（mg/L） | 0.00 | 1.00 | 2.00 | 3.00 | 4.00 | 5.00 |
| 吸光度值$A$ | | | | | | |

（3）水样测定结果（表10-13）

测定消解后水样的吸光度，然后在上述标准曲线上分别查得水样中$C_u$浓度（或用回归方程计算）。若经稀释，需乘上相应倍数，求得水样中铜含量。

**水样测定结果** **表10-13**

| 水样体积（mL） | 稀释倍数 | 吸光度值$A$ | $C_u$浓度（μg/mL） |
|---|---|---|---|
| | | | |

## 四、思考题

1. 水样消解的目的是什么？
2. 原子吸收光谱法与吸光光度法有哪些异同点？
3. 原子吸收分光光度法主要的测定条件有哪些？简述其对测定结果的影响。

# 实验十一　水中镁的测定

## 一、实验目的

1. 掌握原子吸收光谱法的基本原理；
2. 掌握原子吸收分光光度计的主要结构及工作原理；
3. 学习原子吸收光谱法操作条件的选择；
4. 了解以回收率来评价分析方案准确度的方法。

## 二、实验原理

镁（Mg）是天然水中的一种常见成分，它主要是含碳酸镁的白云岩以及其他岩石的风化溶解产物。镁在天然水中的浓度为每升零点几到数百毫克不等。镁是动物体内所必需的元素之一，人体每日需镁量约为0.3～0.5g，浓度超过125mg/L时，还能起导泻和利尿作用。镁盐是水质硬化的主要因素，硬度过高的水不适宜工业使用，它能在锅炉中形成水垢，故对其进行软化处理。

镁的测定方法有EDTA络合滴定法和原子吸收法。当使用EDTA滴定法有干扰或镁的浓度较低时，最好选用原子吸收法。

本实验采用火焰原子吸收分光光度法测定自来水中镁含量，并加入释放剂以消除电离干扰。

原子吸收光谱法，总的来说，干扰比较少。因为参与吸收的是基态原子，它的数目受温度影响较小。一般地说，基态原子数近似等于原子总数。使用锐线光源，且吸收线的数目比发射线的数目少得多，谱线重叠和相互干扰的概率小。仪器中，采用调制光源和交流放大，可消除火焰中直流发射的影响。但是在实际工作中仍不可忽视干扰问题。

化学干扰是指在溶液或气相中被测组分与其他组分之间的化学作用而引起的干扰效应。它影响被测元素化合物的离解和原子化，使火焰中基态原子数目减少，降低原子吸收信号。化学干扰是原子吸收分析中的主要干扰。在试液中加入一种试剂，它会优先与干扰组分反应，释放出待测元素，这种试剂叫释放剂。它可以有效地消除化学干扰。

被测元素在火焰中形成自由原子之后继续电离，使基态原子数减少，吸收信号降低，这就是电离干扰。若火焰中存在能提供自由电子的其他易电离的元素，可使已电离的待测元素的离子回到基态，使被测元素基态原子数增加，从而达到消除电离干扰的目的。

镁离子溶液雾化成气溶胶后进入火焰，在火焰温度下气溶胶中的镁变成镁原子蒸气，由光源镁空心阴极灯辐射出波长为285.2nm的镁特征谱线，被镁原子蒸气吸收。在恒定的实验条件下，吸光度与溶液中镁离子浓度符合比耳定律$A=KC$。

利用吸光度与浓度的关系，用不同浓度的镁离子标准溶液分别测定其吸光度，绘制标准曲线。在同样的条件下测定水样的吸光度，从标准曲线上即可求出水样中镁的浓度，进而可计算出自来水中镁的含量。

自来水中除镁离子外，还有铝、磷酸盐、磷酸盐及硅酸盐等，它们能够抑制镁的原子化，产生干扰，使测定的结果偏低。加入锶离子作释放剂，可以获得正确的结果。

## 三、实验内容

### 1. 仪器与试剂

（1）仪器

1）原子吸收分光光度计。

2）镁元素空心阴极灯。

3）乙炔钢瓶。

4）空气压缩机。

（2）试剂

1）金属镁。

2）1+1 盐酸溶液。

3）1mol/mL 盐酸溶液。

4）1%（V/V）的盐酸溶液。

5）氯化锶（$SrCl_2 \cdot 6H_2O$）：分析纯。

### 2. 标准溶液的配制

（1）镁标准储备液的配制

准确称取纯金属镁 0.2500g 于 100mL 烧杯中，盖上表皿，滴加 1mol/L 盐酸溶液 5mL 溶解，然后把溶液转移到 250mL 容量瓶中，用 1%的盐酸溶液稀释至刻度，摇匀。此镁标准储备液浓度为 1000μg/L。

（2）镁标准使用液的配制

准确吸取 5.00mL 上述镁标准储备液于 250mL 容量瓶中，用水稀至刻度，摇匀。此镁标准溶液浓度为 20μg/L。

（3）10mg/mL 锶溶液的配制

称取 3.0g $SrCl_2 \cdot 6H_2O$ 溶于水中，稀释至 100mL。

### 3. 设置仪器工作参数

按照仪器操作规程打开仪器，设置光源、灯电流、测定波长、狭缝宽度等仪器工作参数。

### 4. 释放剂锶溶液加入量的选择

吸取自来水 10.00mL 6 份，分别置于 6 只 100mL 容量瓶中，每瓶中加 1+1 盐酸 4mL，再分别加入锶溶液 0.00mL、2.00mL、4.00mL、6.00mL、8.00mL、10.00mL，用去离子水稀释至刻度，摇匀。在选定的仪器操作条件下，每次以去离子水为参比调零，测定各瓶试样的吸光度，作出吸光度—锶溶液加入量的关系曲线，由所作的曲线，在吸光度较大且吸光度变化很小的范围内确定最佳锶溶液加入量。

### 5. 标准曲线的绘制

准确吸取 0.00mL、1.00mL、2.00mL、3.00mL、4.00mL、5.00mL 浓度为 20μg/L 镁标准溶液，分别置于 6 只 100mL 容量瓶中，每瓶中加入锶溶液（其加入量由步骤 2. 确定）。

在选定的仪器操作条件下，每次以去离子水为参比调零，测定相应的吸光度。

**6. 自来水水样中镁的测定**

准确吸取10.00mL自来水水样（视水样中镁含量多少而定）于100mL容量瓶中，加入最佳量的锶溶液，用去离子水稀释至刻度，摇匀。用选定的操作条件，以去离子水为参比调零，测定其吸光度，再由标准曲线查出水样中镁的含量，并计算自来水中镁的含量。

**7. 回收率的测定**

准确吸取已测得镁量的自来水水样10.00mL于100mL容量瓶中，加入已知量的镁标准溶液（总的镁量应落在标准曲线的线性范围以内），再加入最佳量的锶溶液，用水稀释至刻度，摇匀。按以上操作条件，用去离子水调零，测定其吸光度。

**8. 数据处理**

（1）记录实验条件于表10-14中。

（2）最佳释放剂锶溶液加入量的选择（表10-15）

**仪器操作条件** **表10-14**

| | | | | | |
|---|---|---|---|---|---|
| 1 | 仪器型号 | AAS330 | 6 | 燃烧器高度（mm） | |
| 2 | 光源 | 镁空心阴极灯 | 7 | 乙炔流量（Umin） | |
| 3 | 吸收线波长（nm） | | 8 | 空气流量（L/min） | |
| 4 | 灯电流（mA） | | 9 | 燃助比（乙炔：空气） | |
| 5 | 狭缝宽度（mm） | | | | |

**释放剂锶溶液加入量测定结果** **表10-15**

| 锶溶液加入量（mL） | 0.00 | 1.00 | 2.00 | 3.00 | 4.00 | 5.00 |
|---|---|---|---|---|---|---|
| 吸光度值 $A$ | | | | | | |
| 最佳释放剂锶溶液加入量（mL） | | | | | | |

以锶溶液加入量为横坐标、吸光度为纵坐标，绘制吸光度—锶溶液加入量的关系曲线，并确定最佳锶溶液加入量。

（3）标准曲线的绘制

标准溶液测定结果见表10-16。

**标准溶液测定结果**（终体积100mL、$Mg^{2+}=20\mu g/mL$） **表10-16**

| $M_g$ 标液加入量（mL） | 0.0 | 0.5 | 1.0 | 2.0 | 2.5 | 3.0 |
|---|---|---|---|---|---|---|
| $M_g$ 含量（$\mu g$） | 0.0 | 10 | 20 | 40 | 50 | 60 |
| $M_g$ 浓度（mg/L） | 0.0 | 0.10 | 0.20 | 0.40 | 0.50 | 0.60 |
| 吸光度值 $A$ | | | | | | |

以吸光度 $A$ 为纵坐标，镁含量（mL、$\mu g$ 或 mg/L）为横坐标绘制标准曲线。

（4）水样测定结果

水样测定结果填入表10-17。

水样测定结果　表 10-17

| | 水样 | 水样+标样 | 标样加入量 |
|---|---|---|---|
| 取水样体积（mL） | | | |
| 吸光度值 $A$ | | | |
| $M_g$ 含量（$\mu$g） | | | |
| $M_g$ 含量（mg/L） | | | |
| 加标回收率（%） | | | |

加标回收率按式（10-11）计算：

$$\text{回收率}(\%)=\frac{\text{测得的镁总量}-\text{水样中镁量}}{\text{加入的镁量}}\times 100\% \tag{10-11}$$

## 四、思考题

1. 某仪器测定镁的最佳工作条件是否亦适用于另一台型号不同的仪器？为什么？
2. 试解释什么叫回收率。一个好的分析方案，其几次测定的回收率的平均值应是什么数值？如分析方案测得结果偏高或偏低，则回收率应是怎样的？
3. 试解释向试样溶液中加入锶盐的作用。标准系列中是否必须加入同样量的锶盐？

# 实验十二　果胶的提取（自拟方案）

## 一、实验目的

1. 学习从果皮中提取果胶的方法；
2. 了解果胶的工业用途。

## 二、实验原理

果胶可分为原果胶、果胶质和果胶酸三种，是高分子多糖衍生物，其基本结构是 D-吡喃半乳糖醛酸，以 α-1,4 苷键结合，通常以部分甲酯化状态存在。果胶是一种优良的亲水胶体，果胶、糖、水的羟基之间极其丰富的氢键对果胶的结构起重要的作用，使果胶具有一定的刚度，食品工业利用果胶的这种性质来制造果酱、果冻、凝胶粉等。

各种果实、蔬菜、果胶含量丰富，尤其是柑橘类果皮中果胶含量高达 1.5%～5.5%。以稀酸水解果胶，使其羧基甲酯化程度降低而溶于水中，再用酒精沉淀提取。

## 三、操作步骤

原料为香蕉皮或柑橘皮。

1. 去除杂质；
2. 稀酸水解；
3. 过滤清洗；
4. 调整 pH；

5. 提取称重、记录。提取果胶。

提示：

1. 去除杂质和稀酸水解过程要注意温度、时间；
2. 过滤清洗过程和提取称重过程要采用四层纱布；
3. 调整 pH 要注意温度。

## 四、思考题

果胶的工业用途?

# 实验十三　强酸性阳离子交换树脂在废水处理中的应用

## 一、实验材料

焦化废水：焦化厂蒸氮前水样，氨氮浓度待测。

## 二、目的要求

1. 了解废水处理的相关方法；
2. 了解阳离子交换树脂处理废水的方案设计；
3. 学习离子交换层析法的原理和基本操作技术；
4. 进一步掌握阳离子交换树脂的应用范围、操作注意事项等。

## 三、部分提示

焦化废水是由原煤的高温干馏、煤气净化和化工产品精制过程中产生的。废水成分复杂，其水质随原煤组成和炼焦工艺而变化。焦化废水中含有数十种无机和有机化合物。其中无机化合物主要是大量氨盐、硫氰化物、硫化物、氰化物等，有机化合物除酚类外，还有单环及多环的芳香族化合物、含氮、硫、氧的杂环化合物等。总之，焦化废水污染严重，是工业废水排放中一个突出的环境问题。目前，国内大型焦化企业大多采用生化处理工艺处理焦化废水。由于焦化废水中氨氮含量高（1500～4500mg/L），在进行生化处理前，通常需要进行蒸氨预处理工艺，通过加碱蒸氨，使焦化废水中的氨氮降至 300mg/L 以下．因蒸氨工艺动力消耗高，耗碱量大，使蒸氨工艺费用成本过高，降低蒸氨处理费用已成为焦化废水处理工艺的瓶颈问题。目前，对废水中氨氮的去除方法进行了较多的研究，如活性炭纤维在固定化床上对氨的吸附作用；天然沸石为吸附剂对废水中氨氮和有机物的去除作用等，本实验采用离子交换树脂对焦化废水中的氨氮进行一定程度的脱除处理。

氨氮的测定方法有纳氏比色法、气相分子吸收法、苯酚-次氯酸盐（或水杨酸-次氯酸盐）比色法和滴定法，均操作复杂且不适合在现场进行测定。在标准分析方法纳氏试剂光度法（HJ 535—2009）的基础上，本实验研究利用便携式分光光度计在快速分析环境水质样品中氨氮含量。焦化废水经絮凝沉淀处理后，氨与碘化汞和碘化钾的碱性溶液反应，生成淡红棕色胶态化合物，该溶液的吸光度与溶液的浓度呈线性关系，符合朗伯—比尔定律，使用便携式分光光度计在420nm波长处进行比色测定。

其中，离子交换树脂对焦化废水的处理效果与树脂吸附时间、树脂的用量、废水的流速、树脂的再生使用等相关，最佳条件有待实验探索。

## 四、仪器和试剂

1. 仪器：

THZ—82B型气浴恒温振荡器；

DR/2800型便携式分光光度计（美国HACH公司）；

10mL螺旋口瓶盖密封比色管（美国HACH公司）；

2. 试剂：

强酸型阳离子交换树脂（磺酸型）；

纳氏试剂：称取20g碘化钾溶于约100mL水中，边搅拌边分次少量加入二氯化汞（$HgCl_2$）结晶粉末（约10g），出现朱红色沉淀溶解缓慢时，改为滴加二氯化汞饱和溶液，充分搅拌混合，当出现少量朱红色沉淀不再溶解时，停止滴加二氯化汞饱和溶液。另称取60氢氧化钾（KOH）溶于水，并稀释到250mL，冷至室温。将上述溶液在搅拌下，缓慢地加入冷的氢氧化钾溶液中，用水稀释至400mL，混匀。于暗处静置24h，倾出上清液，贮于棕色瓶中，用橡皮塞塞紧。存放暗处，此试剂至少可稳定一个月。

酒石酸钾钠溶液：称取50g酒石酸钾钠溶于100mL水中，加热煮沸以除去氨，放冷，定容至100mL。

铵标准贮备溶液：称取3.819g经100℃干燥过的优质纯氯化铵溶于水中，移入1000mL容量瓶中，稀释至标线。此溶液每毫升含1.00mg氨氮。

铵标准使用中间溶液：移取10.00mL铵标准贮备液于100mL容量瓶中，用水稀释至标线。此溶液每毫升含0.100mg氨氮。

铵标准使用溶液：移取5.00mL铵标准使用中间溶液于100mL容量瓶中，用水稀释至标线。此溶液每毫升含0.005mg氨氮。使用当天配制。

实验用水均为离子交换法制备的无氨水：将蒸馏水通过一个强酸性阳离子交换树脂（氢型）柱，流出液收集在带有磨口玻塞的玻璃瓶中，密塞保存。

## 五、操作步骤

### 1. 校准曲线的绘制

取8支10mL螺旋口密封比色管，分别加入0.00mL，0.20mL，0.40mL，1.00mL，2.00mL，3.00mL，4.00mL，5.00mL铵标准使用溶液。补充加水至7.5mL。加入1.0mL酒石酸钾钠溶液，摇匀，再加入纳氏试剂1.5mL，摇匀。放置10min后，在DR/2010型便携式分光光度计420nm波长处比色测定吸光度。将浓度与对应吸光度的数据输入到DR/2010型便携式分光光度计，自建测量程序。

### 2. 焦化废水的处理

(1) 强酸性阳离子交换树脂（磺酸型），使用前用0.5mol/L的盐酸溶液浸泡过夜，再用蒸馏水洗至不含$Cl^-$为止。

（2）静态处理焦化废水：在250mL的血清瓶中分别加入50mL焦化废水和一定量的经预处理的强酸性阳离子交换树脂，室温下（25℃）恒温振荡一定时间，抽滤。

（3）焦化废水的动态处理：在2.2cm×20cm的交换柱中装入66.0g已处理的树脂。在交换柱中加入焦化废水，控制一定的流速，用量筒承接出液。

**3. 样品测定**

用纳氏光度法分析处理样品中氨氮的含量，取7.50mL经树脂处理后的样品放入10mL螺旋口密封比色管中；另取一支10mL螺旋口密封比色管放入7.50mL经絮凝沉淀处理后的去离子水作为空白，加入1.0mL酒石酸钾钠溶液，摇匀，再加入纳氏试剂1.5mL，摇匀。放置10min后，在DR/2010型分光光度计扣除空白值后，直接读出样品浓度。

# 实验十四 酸奶的酿制及乳酸菌的分离

## 一、实验目的

1. 学习并掌握酸奶制作的基本原理和方法；
2. 学习并掌握从酸奶中分离和纯化乳酸菌的方法。

## 二、实验原理

酸奶是以牛乳为主要原料，接入一定量乳酸菌，经发酵后制成的一种具有较高营养价值和特殊风味的发酵乳制品饮料。通过乳酸菌发酵牛奶中的乳糖产生乳酸，当产酸到一定程度时，乳酸使牛奶中酪蛋白（约占全乳的2.9%，占乳蛋白的85%）变性凝固而使整个奶液呈凝乳状态。同时，通过发酵还可形成酸奶特有的香味和风味（与形成乙醛、丁二酮等有关），并具有清新爽口的味觉。由于酸奶中含有乳酸菌的菌体及代谢产物，因而对肠道内的致病菌有一定的抑制作用；对人体的肠胃消化道疾病也有良好的治疗效果。

## 三、实验器材

1. 乳酸菌种：自市售各种酸奶中分离，保加利亚乳杆菌（*Lactobacillus bulgaricus*）和嗜热链球菌（*Streptococcus thermophilus*）。

2. 培养基：

（1）发酵培养基：市售鲜奶或用奶粉进行配制；

（2）分离乳酸菌培养基：（任选一种）培养基→平板→划线，MRS分离培养基。

3. 优质全脂奶粉（内含脂肪28%，蛋白质27%，乳糖37%，矿物质6%，水分2%），白砂糖，蒸馏水。

4. 酸奶发酵瓶，封口膜，保鲜膜，不锈钢锅，铁勺，塑料漏斗，无菌移液管（带棉花），脱脂棉，牙签，培养皿，恒温水浴锅，培养箱，冰箱等、温度计。

## 四、操作步骤

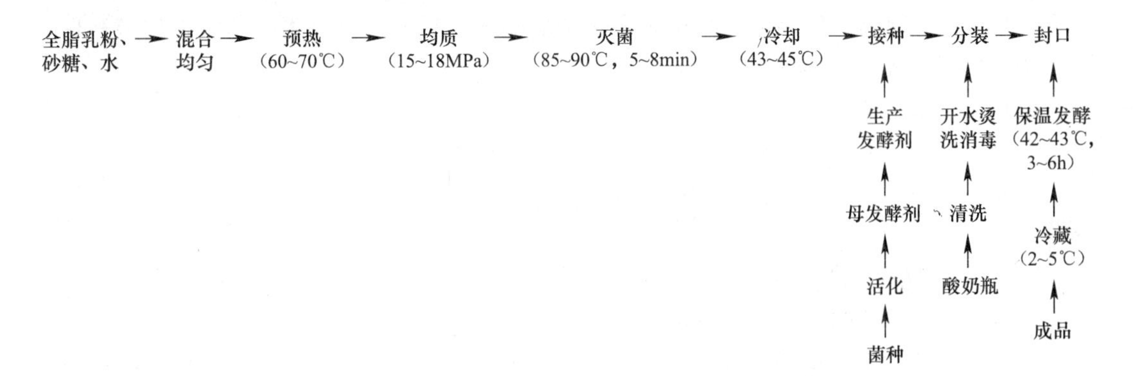


**1. 酸奶的制作**

（1）调配与均质。按1∶7（14.3g∶100mL）的比例加水水质要求：pH6.5～7.3，硬度≤10度（德国度），在45～50℃下把奶粉配制成复原牛奶，并加入10%白砂糖及适量（0.4%～3.0%）稳定剂变性淀粉（使制成的酸奶口感饱满，黏度高，抗机械剪切力强，使酸乳在输送过程中保持良好状态），高速混料，水合45～60min，防止气泡产生。或用市售鲜牛奶加5%蔗糖调匀也可。

（2）装瓶。在250mL的酸奶发酵瓶中装入牛奶200mL，装瓶量80%。

（3）灭菌。将装有牛奶的发酵瓶置于80℃恒温水浴锅中用巴氏灭菌法10磅灭菌15min，或于90℃水浴中灭菌5min。

（4）冷却。将已灭菌的牛奶冷却到40～45℃。

（5）接种。用无菌移液管以5%～8%的接种量将市售酸奶接种入冷却至40～45℃的牛奶中，并充分摇匀。

（6）培养。把接种后的发酵瓶置于40～42℃温箱中培养4～12h。当乳酸酸度升高到0.8%，pH降低到4.2～4.4时，凝乳完全形成并有少量乳清析出，表面有小颗粒（视情况而定，培养过程中切勿摇动，以防乳块散掉，不易重结）。

（7）冷藏后熟。酸奶在发酵形成凝块后，取出置1～7℃的低温下冷藏12～24h，后熟，以获得酸奶的特有风味和口感。

（8）品味。品尝自己制作的酸奶，判断其感官品质是否达到要求，若达不到要求，分析其原因。

酸奶质量的评定以品尝为标准，通常有色泽、凝块状态、表层光洁度、酸度及香味、无异味等各项指标。感官检验试验方法：

1）色泽和组织状态：取适量试样于50mL烧杯中，在自然光下观察色泽和组织状态。

2）滋味和气味：取适量试样于50mL烧杯中，先闻气味，然后用温开水漱口，再品尝样品的滋味。品尝时发现有异味则可判定污染了杂菌。

（9）贮存。产品的贮存温度为2～6℃。

**2. 酸奶中乳酸菌的分离纯化**

（1）倒平板培养基：将分离用培养基完全融化并冷却到45℃左右倒平板，冷凝空白培养后备用。

(2) 稀释：将待分离的酸奶进行适当稀释，取一定稀释度的菌液作平板分离。

(3) 分离纯化：乳酸菌的分离可采用新鲜酸奶进行平板涂布分离，或直接用接种环蘸取酸奶作划线分离。分离后，置于37℃下培养以获得单菌落。

(4) 观察菌落特征：经2～3d培养，待菌落长成后，仔细观察并区别不同类型的乳酸菌。酸奶中的各种乳酸菌在马铃薯汁牛奶培养基平板表面通常呈现三种形态特征的菌落：

① 扁平型菌落：大小为2～3mm，边缘不整齐，很薄，近似透明状，染色镜检为细杆菌；

② 半球状隆起菌落：大小为1～2mm，隆起成半球状，高约0.5mm，边缘整齐且四周可见酪蛋白水解透明圈，染色镜检为链球状；

③ 礼帽形突起菌落：大小为1～2mm，边缘基本整齐，菌落中央呈隆起状，四周较薄，有酪蛋白透明圈，染色镜检呈链球状。

(5) 单菌株发酵试验：若将上述单菌落接入牛奶，经活化增殖后再以10%的接种量接入消毒后的牛奶中，分别于37℃和45℃下培养，各菌株的发酵液均可达到$10^8$个细胞/ml。若采用两种菌株混合培养，则含菌量常可倍增。

(6) 品尝：单株发酵成的酸奶与混菌发酵成的酸奶相比较，其香味和口感都比较差。两菌混合发酵又以球菌和杆菌等量混合接种所发酵成的酸奶为佳。

杆菌→产酶→分解蛋白质→氨基酸

球菌→产酸→蛋白质变性→凝结成块

↓醇

酯化→香味

在制备酸奶时，保加利亚乳杆菌与嗜热链球菌的混合物在40～50℃乳中发酵2～3h即可达到所需的凝乳状态与酸度，而任何单一菌株的发酵时间都在10h以上，其原因就是因为保加利亚乳杆菌与嗜热链球菌之间存在互生现象。保加利亚乳杆菌在发酵的初期分解酪蛋白而形成氨基酸和多肽，促进了嗜热链球菌的生长，随着嗜热链球菌的增加，酸度增加，抑制了嗜热链球菌的生长。嗜热链球菌生长过程中，乳脲活动产生$CO_2$、甲酸刺激保加利亚乳杆菌生长。发酵的初期嗜热链球菌生长的快；发酵1h后与保加利亚乳杆菌的比例为(3～4)∶1。

**3. 感官特性**

应符合表10-18的规定。

感官特性 表10-18

| 项 目 | 纯酸牛乳 | 调味酸牛乳、果料乳牛乳 |
|---|---|---|
| 色泽 | 呈均匀一致的乳白色或微黄色 | 呈均匀一致的乳白色，或调味乳、果料应有的色泽 |
| 滋味和气味 | 具有酸牛乳固有的滋味和气味 | 具有调味酸牛乳或果料酸牛乳应有的滋味和气味 |
| 组织状态 | 组织细腻、均匀，允许有少量浮清析出；果料酸牛乳有果块或果粒 | |

**4. 卫生指标**

应符合表10-19的规定。

卫生指标　表 10-19

| 项　目 | | 纯酸牛乳 | 调味酸牛乳 | 果料酸牛乳 |
|---|---|---|---|---|
| 苯甲酸，g/kg | ≤ | 0.03 | | 0.23 |
| 山梨酸，g/kg | ≤ | 不得检出 | | 0.23 |
| 硝酸盐（以 $NaNO_3$ 计），mg/kg | ≤ | 11.0 | | |
| 亚硝酸盐（以 $NaNO_2$ 计），mg/kg | ≤ | 0.2 | | |
| 黄曲霉毒素 M1，μg/kg | ≤ | 0.5 | | |
| 大肠菌群，MPN/100mL | ≤ | 90 | | |
| 致病菌（指肠道致病菌和致病性球菌） | | 不得检出 | | |

## 五、实验报告

1. 将各批混菌发酵的酸奶品评结果记录于表 10-20 中。

混菌发酵的酸奶品评结果　表 10-20

| 批　次 | 品评项目 | | | | | | | | | | |
|---|---|---|---|---|---|---|---|---|---|---|---|
| | 凝乳情况 | 乳清析出 | 状态稀薄黏度 | 表面气泡沫 | 表面光泽 | 口感 | 酸度 | 香味 | 异味发黏 | pH | 结论 |
| 1 | | | | | | | | | | | |
| 2 | | | | | | | | | | | |
| 3 | | | | | | | | | | | |
| 4 | | | | | | | | | | | |

2. 将单菌和混菌发酵的酸奶品评结果记录于表 10-21 中。

单菌和混菌发酵的酸奶品评结果　表 10-21

| 单菌及混菌比例 | 品评项目 | | | | pH | 结论 |
|---|---|---|---|---|---|---|
| | 凝乳情况 | 口感 | 香味 | 异味 | | |
| 杆菌 | | | | | | |
| 球菌 | | | | | | |
| 杆菌：球菌（1：1） | | | | | | |
| 杆菌：球菌（1：4） | | | | | | |

3. 在制备酸奶时，为何混菌发酵比单一菌株发酵更优越？
4. 双歧杆菌的乳酸发酵途径与明串珠菌的乳酸发酵途径有什么不同？

# 实验十五　甜酒酿的制作和酒药中糖化菌的分离

## 一、目的要求

1. 学习并掌握甜酒酿的酿制方法，了解酿酒的基本原理；

2. 进一步了解淀粉在糖化菌——根霉、毛霉和酵母菌作用下制成甜酒酿的过程；

3. 进一步掌握微生物的分离、培养等基本方法和无菌操作技术；

4. 加深理解根霉或毛霉的形成特征。

## 二、基本原理

甜酒酿是将糯米经过蒸煮糊化，接种后，在适宜的条件下（28～30℃），让种曲中的霉菌孢子萌发菌丝体，大量繁殖后通过酒药（根霉、毛霉和酵母菌等微生物的混合糖化发酵剂）中的根霉和毛霉等微生物所产淀粉酶的作用将原料中糊化后的淀粉糖化，将蛋白质水解成氨基酸，然后酒药中的酵母菌利用糖化产物生长繁殖，并通过酵解途径将糖转化成酒精，从而赋予甜酒酿特有的香气、风味和丰富的营养。随着发酵时间延长，甜酒酿中的糖分逐渐转化成酒精，因而糖度下降，酒度提高，故适时结束发酵是保持甜酒酿口味的关键。

$$\text{淀粉}\xrightarrow[\text{（根霉、毛霉）}]{\text{糖化菌}}\text{葡萄糖}\xrightarrow{\text{酵母菌}}\text{酒精}$$

要初步学会和掌握酿制方法并不困难，从微生物学的观点来看，酿制的关键在于：要有优质的酒酿种曲，即种曲中应含有糖化率高的优质根霉、毛霉孢子或菌丝体；应选择优质的糯米作原料；严格无菌操作规程，尽量避免杂菌污染；合理控制酿制条件等。

以糯米（或大米）经甜酒药发酵制成的甜酒酿，是我国的传统发酵食品。我国酿酒工业中的小曲酒和黄酒生产中的淋饭酒在某种程度上就是由甜酒酿发展而来的。

## 三、实验材料

酒药（根曲霉 AS3.866），糯米，马铃薯，蔗糖。

甜酒药中糖化菌的分离培养基：马铃薯-蔗糖-琼脂培养基。

蒸锅，纱布，1000mL 烧杯，250mL 广口培养瓶，封口膜，保鲜膜，牛皮纸，天平，培养箱，高压灭菌锅、淘米盆、防水纸、绳子、凉开水，显微镜、载玻片、盖玻片、接种环、解剖针、酒精灯、镊子、培养皿等。

## 四、操作步骤

### 1. 甜酒酿的制作

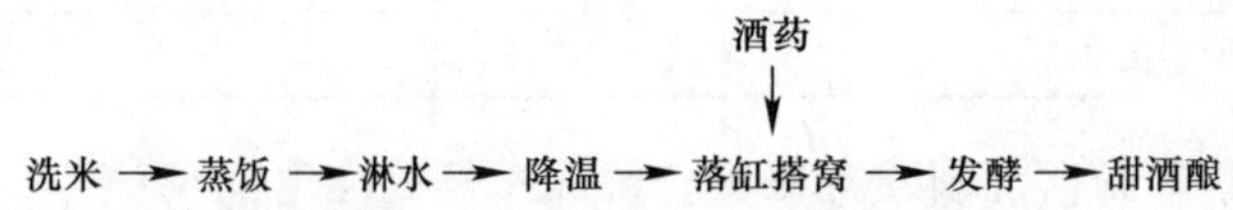


（1）浸米与洗米：选择优质新鲜糯米，淘洗干净后浸泡过夜，使米粒中的淀粉粒子吸水膨胀，便于蒸煮糊化，清水冲洗至水清亮，捞起沥干。

（2）隔水蒸煮：将糯米放在蒸锅内搁架的纱布上隔水蒸煮，15 磅 10～20min，常压 30min，至米饭熟透为止。要求达到熟而不糊，外硬内软，内无夹心，疏松易散，透而不烂，均匀一致。

（3）淋水降温：用清洁冷水淋洗蒸熟的糯米饭，使其降温至 35℃左右，同时使饭粒松散。

(4) 接入种曲酿制：将冷却到35℃左右的米饭，按干糯米重量换算接种量，将0.4%的经粉碎的根霉曲与米饭拌匀，盛于广口培养瓶中，饭粒搭成中心下陷的喇叭形凹窝，以利于出汁，饭面均匀撒上少许曲粉，用封口膜及牛皮纸覆盖于广口培养瓶表面，用线包扎后置于30℃温箱保温培养48h即可食用。

酿成的甜酒酿应是醪液清澈半透明而甜醇爽口。

(5) 品尝。

**2. 甜酒药中糖化菌的分离**

无菌操作技术，以平板划线法分离甜酒药中的糖化菌：

(1) 每组取无菌培养皿两副，先在培养皿中加入两滴5000U/mL的链霉素液，而后用已融化的马铃薯-蔗糖-琼脂培养基倒平板，使链霉素与培养基充分混匀，制成平板。

(2) 取已被碾碎的甜酒药粉1环在平板上划线，然后倒置于28～30℃恒温箱中培养4～6d。

(3) 观察平板上的菌落形态，用接种环调取霉菌菌落的孢子或菌丝体于新鲜的马铃薯-蔗糖-琼脂平板上，再进行划线培养，直至获得纯培养，即平板上只有一种霉菌的菌落或菌苔。

对已分离出的糖化菌进行个体形态的观察：

(1) 打开皿底用低倍镜直接观察分离菌各部分结构形态，如孢囊梗、孢囊、囊轴、假根、匍匐菌丝。

(2) 取一干净的载玻片，滴一滴乳酚油，然后用解剖针挑取少量带有孢囊的分离菌菌丝放在悬滴液中，将菌丝分散平铺，然后盖上盖玻片，轻轻一压，注意应避免气泡产生。

(3) 镜检：先用低倍镜观察菌丝有无隔膜，孢囊梗的形态，孢囊的着生方式，孢囊和囊轴的形态和大小。然后换成中倍镜观察，绘制分离菌的形态图，注明各部位名称。并根据菌落和菌体形态特征，判断出该分离菌是何种真菌。

## 五、实验报告

1. 实验结果

(1) 发酵期间每天观察、记录发酵现象。

(2) 对产品进行感官评定，将各批发酵的甜酒酿品评结果记录于表10-22中。写出品尝体会。

**甜酒酿品评结果**　**表10-22**

| 批　次 | 品评项目 | | | | | | 结　论 |
|---|---|---|---|---|---|---|---|
| | 出汁（mL） | 口感 | 酒度 | 甜味 | 异味 | pH | |
| 1 | | | | | | | |
| 2 | | | | | | | |
| 3 | | | | | | | |
| 4 | | | | | | | |

2. 甜酒酿制作中有哪几类微生物参与发酵作用？各自起何种作用？

3. 成功制作甜酒酿的关键步骤是什么?

# 实验十六　柠檬酸产生菌的分离及柠檬酸的固体发酵

## 一、目的要求

1. 学习从环境中选出能产柠檬酸的霉菌，了解从环境中获得目的菌种的一般方法；

2. 掌握柠檬酸的发酵、提取、检测方法。

## 二、实验原理

柠檬酸发酵是利用微生物在一定条件下的生命代谢活动而获得产品的。不论采用何种菌株，柠檬酸发酵都是典型的好氧发酵。工业上的好氧发酵发基本上有三种，即表面发酵、固体发酵和深层发酵。前两种方法利用空气气相中的氧气，后者则是利用液体中的溶解氧。至今在柠檬酸发酵工业中，上述三种发酵工艺均并存。虽然液体深层发酵法已大量代替了固体发酵法，但处于一些废渣的利用及投资较少的缘故，在一些地方浅层固体法生产柠檬酸仍在使用中。适合于固体发酵法生产柠檬酸的原料诸如：甘薯渣、木薯渣、苹果渣和甘蔗渣等。

柠檬酸的固体发酵工艺分为浅层法和厚层法，均是将发酵原料、辅料及菌体放在疏松的固体支持物上，经过微生物的代谢活动，将原料中的可发酵成分转化为柠檬酸的过程。

1. 黑曲霉发酵糖类生成柠檬酸的能力很强，其主要特征是耐酸性极强，在 pH 为 1.6 的情况下，仍能良好生长。利用这一特点，采用 pH 为 1.6 的酸性营养滤纸即可分离该菌种；

2. 发酵产物中柠檬酸为多盐有机酸，能与 $CaCO_3$ 形成沉淀，利用钙盐法即可检测。

## 三、实验材料及用品

1. 样品：霉烂的橘皮。

2. 菌种：黑曲霉（*Aspergillus niger*）IFFI 2315。

3. 培养基和试剂：

（1）酸性蔗糖培养基：蔗糖 15%；
$NH_4NO_3$ 0.2%；
$KH_2PO_4$ 0.1%；
$MgSO_4 \cdot 7H_2O$ 0.25%；
用盐酸调 pH≤2.0　121℃灭菌 20min。

（2）固体发酵培养基：米糠：麸皮＝2：1，65%水分（45mL：50g），121℃灭菌 30min。

（3）0.1mol/L NaOH 溶液，1mol/L 盐酸。

（4）0.5%酚酞指示剂：0.5g 酚酞，溶于 100mL 95%乙醇中。

4. 器皿：白瓷托盘，保鲜膜，切刀，菜板，培养皿（带滤纸），250mL 三角瓶，摇床，恒温培养箱，灭菌锅，酸碱滴定管，纱布，牛皮纸。

## 四、实验步骤

**1. 深层液体发酵**

(1) 菌种分离：取霉烂橘皮（$0.04cm^2$）放入10mL三角瓶中，振荡3～5min，然后用水稀释5～10倍；

(2) 菌种纯化：取稀释液0.5～1mL放入酸性培养基上（稀释液：培养基＝1：10），摇匀，倾倒在平皿中的滤纸上，25℃培养2～3d即有菌落产生；

(3) 发酵：将培养出的霉菌接种入液体酸性蔗糖发酵培养基中（25mL/250mL三角瓶），30℃摇床培养2～3d，过滤收集发酵液。

**2. 浅层固体发酵**

(1) 培养基制备：将米糠：麸皮按照2：1的比例配料，加65%的水分（45mL：50g），拌匀后按15g/250mL分装到三角瓶中，用纱布牛皮纸封扎瓶口，于121℃，灭菌30min。

(2) 接种：将培养基趁热打散，待降温到37℃，即可将黑曲霉孢子接种到其中，振荡混匀。

(3) 发酵：培养温度30～32℃，经24h培养后摇瓶一次，测pH；将三角瓶放平后继续培养24h左右使培养基结成块状。此时应扣瓶使之充分通气并散热，测pH；再培养72h使瓶内长满丰盛的孢子即可出料，测pH。

(4) 产物检测：

1) 柠檬酸鉴定。取5mL发酵液于试管中，滴入饱和$CaCO_3$溶液，有白色沉淀则证明产生柠檬酸。

2) 产酸量测定。取10mL发酵液（10g醅样，加蒸馏水100mL浸泡15min后过滤得滤液），滴加0.5%酚酞指示剂2滴，用0.1M标准NaOH溶液滴定至淡粉红色，计算产酸量（标准滴定法）。

## 五、实验报告

1. 将发酵全过程测定酸度的pH值绘制成曲线图。
2. 计算出实际实验发酵液的产酸量。
3. 柠檬酸固体发酵过程中应注意哪些操作要点？

# 实验十七　酿酒葡萄成熟度的控制以及入罐发酵

## 一、实验目的

成熟度是决定葡萄酒质量的重要因素。通过测定浆果的成熟度，来了解原料的成熟质量，确定各品种的最佳工艺成熟度，并以此决定葡萄酒类型和相应的工艺条件。同时简单了解葡萄酒酿制的工艺原理。

## 二、试剂与仪器

1. pH计、手持糖量计、托盘天平、量筒、水浴锅、电炉、移液管、锥形瓶、容量瓶、5L玻璃瓶。

2. 斐林试剂A、B液，1%次甲基蓝，0.1mol/L氢氧化钠溶液、1%酚酞指示剂、邻苯二甲酸氢钾，95%酒精，盐酸等。

## 三、方法与步骤

1. 采样：从转色期开始每隔5～7天采样一次，对于大面积园，采用250株取样法：每株随机取1～2粒果实，并取300～400粒；面积较小的品种。可随机取5～10穗果实，装入塑料袋于冰壶中，迅速带回实验室分析。简单的成熟度的测定可用手持糖量计测定，如果是精确的测定可在实验室中采用斐林试剂测定。

2. 百粒重与百粒体积，随机取100粒果实，称重，然后将其放入250mL（或500mL）量筒中，加入一定体积的水，至完全淹没果实，读取量筒水面的读数，减去加入时的水量，即为百粒体积。

3. 出汁率的测定；取100g分选较好的葡萄果粒，用纱布挤汁，放入小烧杯中，立即称量；出汁率=葡萄汁重量/葡萄果实重量。

计算：在发酵结束后还需要再进行出汁率的测定。

$$自流汁率(\%)=W_1/W_2\times 100 \tag{10-12}$$

$$总出汁率(\%)=(W_1+W_2)/W_s\times 100 \tag{10-13}$$

式中　$W_1$——葡萄浆自流汁的重量，g；

$W_s$——试样重量，g；

$W_2$——经压榨流出的葡萄汁重量，g。

4. 可溶性固形物与pH值；用手持糖量计测定葡萄汁的可溶性固形物（%），取20mL汁测pH值。

5. 还原糖与总酸：用斐林试剂法测定还原糖，用碱滴定法测定总酸。

6. 果皮色价测定：取20粒果实，洗净擦干，撕下果皮并用吸水纸擦净皮上所带果肉及果汁，然后剪碎，称取0.2g果皮用盐酸乙醇溶液（1mol/L盐酸：95%乙醇=15：85）50mL浸泡，浸泡20h左右，然后测定540nm下的吸光度，计算果皮色价（$X_A\times 10$）/$W$（$X_A$——吸光度，$W$——果皮重量，g）。

7. 入罐：分选葡萄果实，剔除病虫、生青、腐烂的果实。除梗，破碎30%，入罐。

## 四、结果及分析

评价浆果的成熟质量。

# 实验十八　干红葡萄酒发酵的监控

## 一、实验目的

掌握干红葡萄酒酿造中发酵的监控方法及相关的操作要求。

## 二、仪器及试剂

1. 仪器：5L、10L玻璃瓶，塑料盆，纱布、温度计、比重计、天平、木棍、烧杯、量筒等。

2. 试剂：亚硫酸（6%）、白砂糖、酵母、$KHCO_3$。

## 三、实验内容

1. 酵母、果胶酶的活化：采用工业专用酵母，按照200mg/L的量称取酵母，放入三角瓶中，加入50mL蒸馏水，在40℃条件下活化20min。按照20mg/L称取果胶酶，在40℃左右活化10min。

2. 装瓶：装量不超过瓶容的75%，同时按计量加入50～80mg/L$SO_2$搅匀，亚硫酸的浓度为6%，6%亚硫酸溶液的密度是1.03g/mL，添加量的计算（0.8mL/kg果实）：[葡萄果实kg×50]/[0.06×1000×1.03] mL。并加入果胶酶20mg/L（或按说明书）同时取汁测糖、酸、比重、温度。（注：添加的酵母、果胶酶以及亚硫酸的量都是以葡萄汁的量来计算）。

3. 浸渍发酵：每天测两次比重、温度，并定期用木柄压“帽”、用冷水喷淋或在空调室内控温至26～30℃。

4. 当比重降至1010～1020时，出酒，同时压榨皮渣，混合、控温18～20℃，进行后发酵管理。

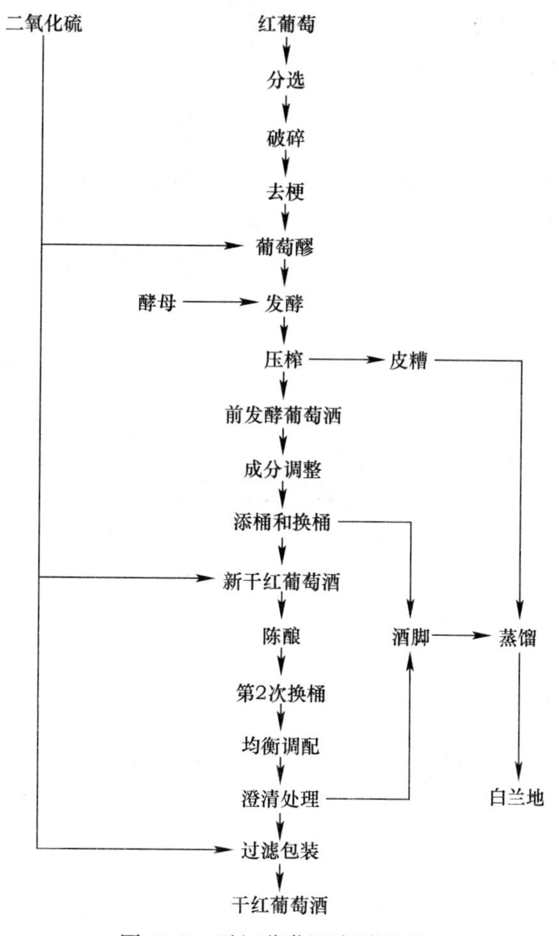


图10-2　干红葡萄酒发酵流程

5. 当相对密度降到 0.993～0.998 时（残糖＜2g/L 时），酒精发酵结束，用 $KHCO_3$ 调整 pH≥3.2，触发苹果酸-乳酸发酵。

6. 贮藏：满瓶、调游离 $SO_2$ 为 20～30mg/L。

7. 下胶与过滤，自然澄清半年后，用明胶下胶，通过下胶实验确定用量（5～20g/hL），然后用澄清板过滤。

8. 稳定性试验：检查酒的氧化、铁、铜、色素、微生物稳定性，若需要应进行相应的处理。

9. 装瓶：将酒冷至其冰点以上 0.5℃左右，在同温条件下进行澄清、除菌过滤。并加入 5～10g/L $SO_2$，打塞、卧放贮存。

## 四、思考与练习

如何确定红葡萄酒的皮渣分离时间？

# 实验十九 葡萄酒发酵结束的理化指标的测定

## 一、实验目的

了解如何确定葡萄酒酒精发酵的结束，同时对葡萄酒进行分离和封装，转入后发酵阶段。熟悉各个理化指标的测定方法。

## 二、仪器和试剂

1. 电炉，蒸馏装置，胶带，酒精计（0%～40%）（V/V）。

2. 斐林试剂，0.1mol/L 氢氧化钠，酚酞指示剂（1%），次甲基蓝指示剂，量筒，葡萄糖 5g/L。

## 三、实验步骤

1. 还原糖的测定。

2. 总酸的测定。

3. 挥发酸的测定：挥发酸小于 1g/L。

4. 酒度的测定：量取 50mL 酒样，移入圆底烧瓶中，加入 100mL 蒸馏水，连接酒精蒸馏装置，加热蒸馏，直到蒸出的液体大约 100mL 时，用蒸馏水定容至 100mL，然后用酒精计测定酒精度，并且还要测定相应的温度，记录温度和酒精度。

## 四、讨论

在酒精度的测定中需要进行校正，学会如何校正读数。

# 实验二十 自制葡萄酒

## 实验过程

1. 将成熟的葡萄去枝，洗净，沥干。

2. 将晾干的葡萄用粉碎机粉碎（用手捏碎）。

3. 将葡萄液加入2%的白糖搅拌后加盖，葡萄只能装到容器的2/3处，自然气温在20～30℃为最佳。然后将瓶口密封，进入发酵。

4. 在瓶内密封24h后，有泡沫出现，汁液析出，葡萄皮浮起，每天用勺子搅动两次，将葡萄皮压到汁液中，让它充分浸泡。7d后当酒液糖度＜5°，酒度＞11%，pH＞3.2（10.5～3.7），前发酵结束。

这时打开盖闻之，如有酒香气扑鼻，即可用纱布将酒渣滤去，然后加入10%的白酒和10%的白糖，搅拌后进行发酵，这时酒壶应放在10～20℃（＜25℃）（红：15℃少量$O_2$，白：13℃适量$O_2$）阴凉处。

5. 1～2个月后，葡萄酒成熟，酒色呈橘黄色或玫瑰色，酒浓香醇，味有点酸。此时过滤一次（要用多层纱布或0.45um过滤器），方可装入瓶（80℃热水洗瓶）内，18℃倒放或卧放备用。

40mg/L：1L葡萄酒里需要加入6%的亚硫酸溶液0.648mL。

注意：

1）第一次发酵期要用玻璃瓶（2～3d）。

2）第二次发酵期要用小口塑料壶（不要随时打开瓶盖）。

首先准备一个大的广口瓶或者瓦罐，长度1.5m左右的虹吸管，一把勺子。原材料是按照10kg葡萄1.5kg白糖备料。

先将葡萄洗干净，晾干水分，用手捏碎放进广口瓶内，每放一部分葡萄放一层白糖，葡萄只能装到容器的2/3处，自然气温在20～30℃为最佳。然后将瓶口密封，但是切记不要将瓶口封得太紧，防止发酵时发生爆炸。

在瓶内密封24h后，有泡沫出现，汁液析出，葡萄皮浮起，每天用勺子搅动两次，将葡萄皮压到汁液中，让它充分浸泡。7～10d后，发酵趋于平缓，葡萄皮由深色变为浅色，这时用虹吸管将容器内的酒液抽出，然后用纱布将剩余葡萄皮内的酒液拧出。按10kg原酒一个鸡蛋的比例将（5～10g/hL）打到起泡，倒入酒中搅匀，下胶（明胶：5～10g/hL）。静置15d。再用虹吸管将上面的酒液抽出，就成了晶莹透亮的成品葡萄酒，其指标见表10-23。

**成品葡萄酒指标** 表10-23

| 糖 | 酸 | 酒精 | 颜色 | 单宁（g/L） | pH |
|---|---|---|---|---|---|
| 2.91 | 10.1 | 11.8（11～12） | 7.4 | 2.6 | 3.69 |

# 实验二十一 噬菌体的分离、纯化及效价测定

## 一、实验目的

1. 学习分离、纯化噬菌体的原理和方法；
2. 观察噬菌斑的形态和大小；
3. 掌握噬菌体效价测定的基本方法。

## 二、实验原理

因为噬菌体是专性寄生物，所以自然界中凡有细菌分布的地方，均可发现噬菌体的存在，亦即噬菌体是伴随着宿主细菌的分布而分布的，例如粪便与阴沟污水中含有大量大肠杆菌，故也能很容易的分离到大肠杆菌噬菌体；乳牛场有较多的乳酸杆菌，也容易分离到乳酸杆菌噬菌体等。由于噬菌体侵入细菌细胞后进行复制而导致细胞裂解，噬菌体即从中释放出来，所以，①在液体培养基内可使混浊菌悬液变为澄清，此现象可指示有噬菌体存在；也可利用这一特性，在样品中加入敏感菌株与液体培养基，进行培养，使噬菌体增殖、释放，从而可分离到特异的噬菌体；②在宿主细菌生长的固体琼脂平板上，噬菌体可裂解细菌而形成透明的空斑，称噬菌体斑，一个噬菌体产生一个噬菌斑，利用这一现象可将分离到的噬菌体进行纯化与测定噬菌体的效价。噬菌体的效价是指噬菌体的浓度，即一毫升培养液中所含有的噬菌体数量。噬菌体效价的测定方法多采用双层琼脂平板法。先在培养皿中倒入底层固体培养基，凝固后再倒入含有宿主细菌和一定稀释度噬菌体的半固体培养基。培养一段时间后，计算噬菌斑的数量。

本实验是从阴沟污水中分离大肠杆菌噬菌体，刚分离出的噬菌体常不纯，如表现为噬菌斑的形态、大小不一致等，然后再进一步纯化。

## 三、试剂与器材

1. 37℃培养 18h 的大肠杆菌斜面，阴沟污水；

2. 本实验均用普通肉膏蛋白胨培养基 500mL 三角瓶内装三倍浓缩的液体培养基 100mL，试管液体培养基，琼脂平板，上层琼脂培养基（含琼脂 0.7%，试管分装，没管 4mL），底层琼脂平板（含培养基 10mL，琼脂 2%）大肠杆菌 18h 培养液，大肠杆菌噬菌体 $10^{-2}$稀释液（用肉膏蛋白胨液体培养基稀释）含 0.9mL 液体培养基的小试管 4 支，肉膏蛋白胨琼脂平板（10mL 培养基，2%琼脂，作底层平板用），含 4mL 琼脂培养基的试管（0.7%琼脂，作上层培养基用）5 管，灭菌小试管 5 支，灭菌 1mL 吸管 10 支，48℃水浴箱等。灭菌吸管，灭菌玻璃涂布器，灭菌蔡氏细菌滤器，灭菌抽滤器，恒温水浴箱，真空泵等。

## 四、实验内容

### 1. 噬菌体的分离

（1）制备菌悬液。取大肠杆菌斜面一支，加 4mL 无菌水洗下菌苔，制成菌悬液。

（2）增殖培养。于 100mL 三倍浓缩的肉膏蛋白胨液体培养基的三角烧瓶中，加入污水样品 200mL 与大肠杆菌悬液 2mL，37℃培养 12～24h。

（3）制备裂解液。将以上混合培养液 2500r/min 离心 15min。将以灭菌的蔡氏过滤器用无菌操作安装于灭菌抽滤瓶上，用橡皮管连接抽滤瓶与安全瓶，安全瓶再连接于真空泵。将离心上清液倒入滤器，开动真空泵，过滤除菌。所得滤液倒入灭菌三角瓶内，37℃培养过夜，以作无菌检查。

（4）确证试验。经无菌检查没有细菌生长的滤液作进一步证明噬菌体的存在。

1）于肉膏蛋白胨琼脂平板上加一滴大肠杆菌悬液，再用灭菌玻璃涂布器将菌液涂布成均匀的一薄层。

2）待平板菌液干后，分散滴加数小滴滤液于平板菌层上面，于37℃培养过夜。如果在滴加滤液处形成无菌生长的透明噬菌斑，便证明滤液中有大肠杆菌噬菌体。

**2. 噬菌体的纯化**

（1）如果已证明确有噬菌体的存在，便用接种环取菌液一环接种于液体培养基内，再加入0.1mL大肠杆菌悬液，使混合均匀。

（2）取上层琼脂培养基，溶化并冷至48℃（可预先溶化、冷却，放48℃水溶箱内备用），加入以上噬菌体与细菌的混合液0.2mL，立即混匀。

（3）并立即倒入底层培养基上，混匀。置37℃培养12h。

（4）此时长出的分离的单个噬菌斑，其形态、大小常不一致，再用接种针在单个噬菌斑中刺一下，小心采取噬菌体，接入含有大肠杆菌的液体培养基内。于37℃培养。

（5）等待管内菌液完全溶解后，过滤除菌，即得到纯化的噬菌体。

（以上（1）（2）（3）三步骤，目的是在平板上得到单个噬菌斑，能否达到目的，决定于所分离得到的噬菌体滤液的浓度和所加滤液的量，最好在做无菌实验的同时，由教师先做预备试验，若平板上的噬菌体连成一片，则需减少接种量（少于一环）或增加液体培养基的量；若噬菌斑太少，则增加接种量，以免全班同学重做）。

**3. 高效价噬菌体的制备**

刚分离纯化所得到的噬菌体往往效价不高，需要进行增殖。将纯化了的噬菌体滤液与液体培养基按1：10的比例混合，再加入大肠杆菌悬液适量（可与噬菌体滤液等量或1/2的量），培养，使其增殖，如此重复移种数次，最后过滤，可得到高效价的噬菌体制品。

**4. 噬菌体效价测定**

（1）稀释噬菌体

1）将4管含有0.9mL液体培养基的试管分别标写$10^{-3}$，$10^{-4}$，$10^{-5}$和$10^{-6}$。

2）用1mL无菌吸管吸0.1mL $10^{-2}$大肠杆菌噬菌体，注入$10^{-3}$的试管中，旋摇试管，使混匀。

3）用另一支无菌吸管吸0.1mL $10^{-3}$大肠杆菌噬菌体，注入$10^{-4}$的试管中，旋摇试管，使混匀。余类推，稀释到$10^{-6}$管中，混匀。

（2）噬菌体与菌液的混合

1）将5支灭菌空试管分别标写$10^{-4}$，$10^{-5}$，$10^{-6}$，$10^{-7}$和对照

2）用吸管从$10^{-3}$噬菌体稀释管吸0.1mL加入$10^{-4}$的空试管内，用另一支吸管从$10^{-4}$稀释管内吸0.1mL时加入$10^{-5}$空试管内，直至$10^{-7}$管。

3）将大肠杆菌培养液摇匀，用吸管取菌液0.9mL加入对照试管内，再吸0.9mL加入$10^{-7}$试管，如此从最后一管加起，直至$10^{-4}$管，各管均加0.9mL大肠杆菌培养液。

4）将以上试管旋摇混匀。

① 将5管上层培养基融化，标写$10^{-4}$，$10^{-5}$，$10^{-6}$，$10^{-7}$和对照，使冷却至48℃，并放入48℃水浴箱内。

② 分别将4管混合液和对照管对号加入上层培养基试管内。每一管加入混合液后，立即旋摇混匀。

③ 混合液加入上层培养基中。

④ 接种了的上层培养基倒入底层平板上：a. 将旋摇均匀的上层培养基迅速对号倒入底层平板上，放在台面上摇匀，使上层培养基铺满平板；b. 凝固后，放置37℃培养。

(3) 效价测定

观察平板中的噬菌斑。将每个稀释度的噬菌斑数目记录于实验报告表格内，并选取30～300个噬菌斑的平板计算每毫升未稀释的原液的噬菌体数（效价）。

$$噬菌体效价 = 噬菌斑数 \times 稀释倍数 \times 10 \tag{10-14}$$

## 五、注意事项

1. 噬菌体时要注意细菌滤器的型号。
2. 纯化噬菌体时要注意形态、大小。
3. 效价测定时要注意双层琼脂平板法的使用技巧。

## 六、思考题

1. 在固体培养基平板上为什么能形成噬菌斑？
2. 从固体培养基平板上得到的噬菌斑数目，如何计算噬菌体的效价？
3. 绘图表示平板上出现的噬菌斑并计算每毫升未稀释的原液的噬菌体数。

# 附　表

化学药品（试剂）规格的划分，各国不一致。我国化学药品等级的划分可参阅附表1：

**化学药品的规格**　　附表1

| 我国习惯上的等级 | 优质纯 G. R. | 分析试剂 A. R. | 化学纯 C. P. | 实验室试剂 L. R. |
|---|---|---|---|---|
| 全国统一化学试剂质量标准 | 一级品 | 二级品 | 三级品 | 四级品 |

**常用酸碱溶液的密度和浓度**（15℃）　　附表2

| 溶液名称 | 密度 $\rho$（g/cm） | 质量分数（%） | （物质的量）浓度 $C$（mol/dm$^3$） |
|---|---|---|---|
| 浓硫酸 $H_2SO_4$ | 1.84 | 95～96 | 18 |
| 稀硫酸 $H_2SO_4$ | 1.18 | 25 | 3 |
| 稀硫酸 $H_2SO_4$ | 1.06 | 9 | 1 |
| 浓盐酸 HCl | 1.09 | 38 | 12 |
| 稀盐酸 HCl | 1.10 | 20 | 6 |
| 稀盐酸 HCl | 1.03 | 7 | 2 |
| 浓硝酸 $HNO_3$ | 1.40 | 65 | 14 |
| 稀硝酸 $HNO_3$ | 1.20 | 32 | 6 |
| 稀硝酸 $HNO_3$ | 1.07 | 12 | 2 |
| 浓磷酸 $H_3PO_4$ | 1.70 | 85 | 15 |
| 稀磷酸 $H_3PO_4$ | 1.05 | 9 | 1 |
| 稀高氯酸 $HClO_4$ | 1.12 | 19 | 2 |
| 浓氢氟酸 HF | 1.13 | 40 | 23 |
| 氢溴酸 HBr | 1.38 | 40 | 7 |
| 氢碘酸 HI | 1.70 | 57 | 7.5 |
| 冰醋酸 $CH_3COOH$ | 1.05 | 99～100 | 17.5 |
| 稀醋酸 $CH_3COOH$ | 1.04 | 35 | 6 |
| 稀醋酸 $CH_3COOH$ | 1.02 | 12 | 2 |
| 浓氢氧化钠 NaOH | 1.36 | 33 | 11 |
| 稀氢氧化钠 NaOH | 1.09 | 8 | 2 |
| 浓氨水 $NH_3$（aq） | 0.88 | 35 | 18 |
| 浓氨水 $NH_3$（aq） | 0.91 | 25 | 13.5 |
| 稀氨水 $NH_3$（aq） | 0.96 | 11 | 6 |
| 稀氨水 $NH_3$（aq） | 0.99 | 3.5 | 2 |

不同温度下几种常用液体的密度 $\rho$（g/cm$^3$） 附表 3

| t（℃） | 水 | 苯 | 甲苯 | 乙醇 | 氯仿 | 乙酸 | 汞 |
|---|---|---|---|---|---|---|---|
| 0 | | | 0.886 | 0.80625 | 1.526 | 1.0718 | 13.595 |
| 5 | 0.99999 | | | 0.80207 | | 1.0660 | 13.583 |
| 6 | 0.99997 | | | 0.80123 | | | 13.581 |
| 7 | 0.99993 | | | 0.80039 | | | 13.578 |
| 8 | 0.99988 | | | 0.79956 | | | 13.576 |
| 9 | 0.99981 | | | 0.79872 | | | 13.573 |
| 10 | 0.99973 | 0.887 | 0.875 | 0.79788 | 1.496 | 1.0603 | 13.571 |
| 11 | 0.99963 | | | 0.79704 | | 1.0591 | 13.568 |
| 12 | 0.99953 | | | 0.79620 | | 1.0580 | 13.566 |
| 13 | 0.99941 | | | 0.79535 | | 1.0568 | 13.563 |
| 14 | 0.99927 | | | 0.79451 | | 1.0557 | 13.561 |
| 15 | 0.99913 | 0.883 | 0.870 | 0.79367 | 1.486 | 1.0546 | 13.559 |
| 16 | 0.99897 | 0.882 | 0.869 | 0.79283 | 1.484 | 1.0534 | 13.556 |
| 17 | 0.99880 | 0.882 | 0.867 | 0.79198 | 1.482 | 1.0523 | 13.554 |
| 18 | 0.99863 | 0.881 | 0.866 | 0.79114 | 1.480 | 1.0512 | 13.551 |
| 19 | 0.99843 | 0.880 | 0.865 | 0.79029 | 1.478 | 1.0500 | 13.549 |
| 20 | 0.99823 | 0.879 | 0.864 | 0.78945 | 1.476 | 1.0489 | 13.546 |
| 21 | 0.99802 | 0.879 | 0.863 | 0.78860 | 1.474 | 1.0478 | 13.544 |
| 22 | 0.99780 | 0.878 | 0.862 | 0.78775 | 1.472 | 1.0467 | 13.541 |
| 23 | 0.99757 | 0.877 | 0.861 | 0.78691 | 1.471 | 1.0455 | 13.539 |
| 24 | 0.99733 | 0.876 | 0.860 | 0.78606 | 1.469 | 1.0444 | 13.536 |
| 25 | 0.99708 | 0.875 | 0.859 | 0.78522 | 1.467 | 1.0433 | 13.534 |
| 26 | 0.99681 | | | 0.78437 | | 1.0422 | 13.532 |
| 27 | 0.99654 | | | 0.78352 | | 1.0410 | 13.529 |
| 28 | 0.99626 | | | 0.78267 | | 1.0399 | 13.527 |
| 29 | 0.99598 | | | 0.78182 | | 1.0388 | 13.524 |
| 30 | 0.99568 | 0.869 | 0.855 | 0.78097 | 1.460 | 1.0377 | 13.522 |
| 40 | 0.99222 | 0.858 | | 0.772 | 1.451 | | 13.497 |

不同温度下水的饱和蒸气压 附表 4

| 温度 T（K） | 饱和蒸气压 p（$H_2O$）（kPa） | 温度 T（K） | 饱和蒸气压 p（$H_2O$）（kPa） |
|---|---|---|---|
| 274 | 0.65716 | 285 | 1.4027 |
| 275 | 0.70605 | 286 | 1.4979 |
| 276 | 0.75813 | 287 | 1.5988 |
| 277 | 0.81359 | 288 | 1.7056 |
| 278 | 0.87260 | 289 | 1.8183 |
| 279 | 0.93537 | 290 | 1.9380 |
| 280 | 1.0021 | 291 | 2.0644 |
| 281 | 1.0730 | 292 | 201978 |
| 282 | 1.1482 | 293 | 2.3388 |
| 283 | 1.2281 | 294 | 2.4877 |
| 284 | 1.3129 | 295 | 2.6447 |

续表

| 温度 $T$ (K) | 饱和蒸气压 $p$ ($H_2O$) (kPa) | 温度 $T$ (K) | 饱和蒸气压 $p$ ($H_2O$) (kPa) |
|---|---|---|---|
| 296 | 2.8104 | 303 | 4.2455 |
| 297 | 2.9850 | 304 | 4.4953 |
| 298 | 3.1690 | 305 | 4.7578 |
| 299 | 3.3629 | 306 | 5.0335 |
| 300 | 3.5670 | 307 | 5.3229 |
| 301 | 3.7818 | 308 | 5.6267 |
| 302 | 4.0078 | 309 | 5.9453 |

## 一些有机化合物的蒸气压　　附表 5

| 化合物 | | 温度范围 (℃) | $A$ | $B$ | $C$ |
|---|---|---|---|---|---|
| 丙酮 | $C_3H_6O$ | | 7.02447 | 1161.0 | 200.224 |
| 苯 | $C_6H_6$ | 8～103 | 6.90565 | 1211.033 | 220.790 |
| 溴 | $Br_2$ | | 6.83298 | 1133.0 | 228.0 |
| 甲醇 | $CH_4O$ | −20～140 | 7.87863 | 1473.11 | 230.0 |
| 甲苯 | $C_7H_8$ | −20～150 | 6.95464 | 1344.800 | 219.482 |
| 醋酸 | $C_2H_4O_2$ | 0～36 | 7.80307 | 1651.2 | 225 |
| | | 36～170 | 7.18807 | 1416.7 | 211 |
| 氯仿 | $CHCl_3$ | −30～150 | 6.90328 | 1163.03 | 227.4 |
| 四氯化碳 | $CCl_4$ | | 6.93390 | 1242.43 | 230.0 |
| 乙酸乙酯 | $C_4H_8O_2$ | −20～150 | 7.09808 | 1238.71 | 217.0 |
| 乙醇 | $C_2H_6O$ | −30～150 | 8.04494 | 1554.3 | 222.65 |
| 乙醚 | $C_4H_{10}O$ | | 6.78574 | 994.195 | 220.0 |
| 乙酸甲醋 | $C_3H_6O_2$ | | 7.20211 | 1232.83 | 228.0 |
| 环己烷 | $C_6H_{12}$ | −20～142 | 6.84498 | 1203.526 | 222.86 |

## 常用缓冲溶液的 pH 范围　　附表 6

| 缓冲溶液 | $pK_a$ | pH 有效范围 |
|---|---|---|
| 盐酸-邻苯二甲酸氢钾[$HCl-C_6H_4(COO)_2HK$] | 3.1 | 2.4～4.0 |
| 柠檬酸-氢氧化钠[$C_3H_5(COOH)_3-NaOH$] | 2.9,4.1,5.8 | 2.2～6.5 |
| 甲酸-氢氧化钠[$HCOOH-NaOH$] | 3.8 | 2.8～4.6 |
| 醋酸-醋酸钠[$CH_3COOH-CH_3COONa$] | 4.8 | 3.6～5.6 |
| 邻苯二甲酸氢钾-氢氧化钾[$C_6H_4(COO)_2HK-KOH$] | 5.4 | 4.0～6.2 |
| 琥珀酸氢钠-琥珀酸钠 $CH_2COOH$—$CH_2COONa$<br>　　　　　　　　　　│　　　　　│<br>　　　　　　　　　$CH_2COONa$　$CH_2COONa$ | 5.5 | 4.8～6.3 |
| 柠檬酸氢二钠-氢氧化钠[$C_3H_4(COO)_3HNa_2-NaOH$] | 5.8 | 5.0～6.3 |
| 磷酸二氢钾-氢氧化钠[$KH_2PO_4-NaOH$] | 7.2 | 5.8～8.0 |
| 磷酸二氢钾-硼砂[$KH_2PO_4-Na_2B_4O_7$] | 7.2 | 5.8～9.2 |
| 磷酸二氢钾-磷酸氢二钾[$KH_2PO_4-K_2HPO_4$] | 7.2 | 5.9～8.0 |
| 硼酸-硼砂[$H_3BO_3-Na_2B_4O_7$] | 9.2 | 7.2～9.2 |
| 硼酸-氢氧化钠[$H_3BO_3-NaOH$] | 9.2 | 8.0～10.0 |
| 氯化铵-氨水[$NH_4Cl-NH_3 \cdot H_2O$] | 9.3 | 8.3～10.3 |
| 碳酸氢钠-碳酸钠[$NaHCO_3-Na_2CO_3$] | 10.3 | 9.2～11.0 |
| 磷酸氢二钠-氢氧化钠[$Na_2HPO_4-NaOH$] | 12.4 | 11.0～12.0 |

弱酸、弱碱在水中的解离常数（25℃，$I$=0） 附表7

| 弱酸名称 | | $K_a$ | $pK_a$ |
| --- | --- | --- | --- |
| 砷酸 | $H_2AsO_4$ | $6.3\times10^{-3}$ ($K_{a_1}$) | 2.20 |
| | | $1.0\times10^{-7}$ ($K_{a_2}$) | 7.00 |
| | | $3.2\times10^{-12}$ ($K_{a_3}$) | 11.50 |
| 偏亚砷酸 | $HAsO_2$ | $6.0\times10^{-10}$ | 9.22 |
| 硼酸 | $H_3BO_3$ | $5.8\times10^{-10}$ | 9.24 |
| 四硼酸 | $H_2B_4O_7$ | $1\times10^{-4}$ ($K_{a_1}$) | 4 |
| | | $1\times10^{-9}$ ($K_{a_2}$) | 9 |
| 碳酸 | $H_2CO_3(CO_2+H_2O)$ | $4.2\times10^{-7}$ ($K_{a_1}$) | 6.38 |
| | | $5.6\times10^{-11}$ ($K_{a_2}$) | 10.25 |
| 次氯酸 | $HClO$ | $3.2\times10^{-8}$ | 7.49 |
| 氢氰酸 | $HCN$ | $4.9\times10^{-10}$ | 9.31 |
| 氰酸 | $HCNO$ | $3.3\times10^{-4}$ | 3.48 |
| 铬酸 | $H_2CrO_4$ | $1.8\times10^{-1}$ ($K_{a_1}$) | 0.74 |
| | | $3.2\times10^{-7}$ ($K_{a_2}$) | 6.50 |
| 氢氟酸 | $HF$ | $6.6\times10^{-4}$ | 3.18 |
| 亚硝酸 | $HNO_2$ | $5.1\times10^{-4}$ | 3.29 |
| 过氧化氢 | $H_2O_2$ | $1.8\times10^{-12}$ | 11.75 |
| 磷酸 | $H_3PO_4$ | $7.5\times10^{-3}$ ($K_{a_1}$) | 2.12 |
| | | $6.3\times10^{-8}$ ($K_{a_2}$) | 7.20 |
| | | $4.4\times10^{-13}$ ($K_{a_3}$) | 12.36 |
| 焦磷酸 | $H_4P_2O_7$ | $3.0\times10^{-2}$ ($K_{a_1}$) | 1.52 |
| | | $4.4\times10^{-3}$ ($K_{a_2}$) | 2.36 |
| | | $2.5\times10^{-7}$ ($K_{a_1}$) | 6.60 |
| | | $5.6\times10^{-10}$ ($K_{a_1}$) | 9.25 |
| 正亚磷酸 | $H_3PO_3$ | $3.0\times10^{-2}$ ($K_{a_1}$) | 1.52 |
| | | $1.6\times10^{-7}$ ($K_{a_2}$) | 6.79 |
| 氢硫酸 | $H_2S$ | $1.3\times10^{-7}$ ($K_{a_1}$) | 6.89 |
| | | $7.1\times10^{-15}$ ($K_{a_2}$) | 14.15 |
| 硫酸 | $HSO_4^-$ | $1.2\times10^{-2}$ ($K_{a_2}$) | 1.92 |
| 亚硫酸 | $H_2SO_3$ | $1.3\times10^{-2}$ ($K_{a_1}$) | 1.89 |
| | | $6.3\times10^{-8}$ ($K_{a_2}$) | 7.20 |
| 硫代硫酸 | $H_2S_2O_3$ | 2.3 ($K_{a_1}$) | 0.6 |
| | | $3\times10^{-2}$ ($K_{a_2}$) | 1.6 |
| 偏硅酸 | $H_2SiO_3$ | $1.7\times10^{-10}$ ($K_{a_1}$) | 9.77 |
| | | $1.6\times10^{-12}$ ($K_{a_2}$) | 11.8 |
| 甲酸 | $HCOOH$ | $1.7\times10^{-4}$ | 3.77 |
| 乙酸（醋酸） | $CH_3COOH$ | $1.7\times10^{-5}$ | 4.77 |
| 丙酸 | $CH_3(CH_2)_2COOH$ | $1.3\times10^{-5}$ | 4.87 |
| 丁酸 | $CH_3(CH_2)COOH$ | $1.5\times10^{-5}$ | 4.82 |
| 戊酸 | $CH_3(CH_2)_3COOH$ | $1.4\times10^{-5}$ | 4.84 |
| 羟基乙酸 | $CH_2(OH)COOH$ | $15\times10^{-4}$ | 3.83 |

续表

| 弱酸名称 | | $K_a$ | $pK_a$ |
|---|---|---|---|
| 一氯乙酸 | $CH_2ClCOOH$ | $1.4\times10^{-3}$ | 2.86 |
| 一氯乙酸 | $CHCl_2COOH$ | $5.0\times10^{-2}$ | 1.30 |
| 三氯乙酸 | $Cl_3COOH$ | 0.23 | 0.64 |
| 氨基乙酸盐 | $^{+}NH_3CH_2COOH$ | $4.5\times10^{-3}$ ($K_{a_1}$) | 2.35 |
| | | $1.7\times10^{-10}$ ($K_{a_2}$) | 9.77 |
| 抗坏血酸 | $C_6H_8O_6$ | $5.0\times10^{-5}$ ($K_{a_1}$) | 4.30 |
| | | $1.5\times10^{-10}$ ($K_{a_2}$) | 9.82 |
| 乳酸 | $CH_3CHOHCOOH$ | $1.4\times10^{-4}$ | 3.86 |
| 苯甲醛 | $C_6H_5COOH$ | $6.2\times10^{-5}$ | 4.21 |
| 草酸 | $H_2C_2O_4$ | $5.9\times10^{-2}$ ($K_{a_1}$) | 1.23 |
| | | $6.4\times10^{-5}$ ($K_{a_2}$) | 4.19 |
| d-酒石酸 | $HOOC(CHOH)_2COOH$ | $9.1\times10^{-4}$ ($K_{a_1}$) | 3.04 |
| | | $4.3\times10^{-5}$ ($K_{a_2}$) | 4.37 |
| 邻苯二甲酸 | —COOH<br>—COOH | $1.12\times10^{-3}$ ($K_{a_1}$) | 2.95 |
| | | $3.9\times10^{-6}$ ($K_{a_2}$) | 5.41 |
| 苯酚 | $C_6H_5OH$ | $1.1\times10^{-10}$ | 9.95 |
| 乙二胺四乙酸<br>($I$=0.1) | $H_6$-$EDTA^{2+}$ | 0.13 ($K_{a_1}$) | 0.90 |
| | $H_6$-$EDTA^{+}$ | $2.5\times10^{-2}$ ($K_{a_2}$) | 1.60 |
| | $H_4$-EDTA | $8.5\times10^{-3}$ ($K_{a_3}$) | 2.07 |
| | $H_2$-$EDTA^{-}$ | $1.77\times10^{-3}$ ($K_{a_4}$) | 2.75 |
| | $H_2$-$EDTA^{2-}$ | $5.75\times10^{-1}$ ($K_{a_5}$) | 6.24 |
| | H-$EDTA^{3-}$ | $4.57\times10^{-11}$ ($K_{a_6}$) | 10.34 |
| 丁二酸 | $HOOC(CH_2)COOH$ | $6.2\times10^{-5}$ | 4.21 |
| | | $2.3\times10^{-6}$ | 5.64 |
| 顺-丁烯二酸<br>(马来酸) | $CHCO_2H$<br>‖<br>$CHCO_2H$ | $1.2\times10^{-2}$ | 1.91 |
| | | $4.7\times10^{-7}$ | 6.33 |
| 反-丁烯二酸<br>(富马酸) | $CHCO_2H$<br>‖<br>$HO_2CCH$ | $8.9\times10^{-4}$ | 3.05 |
| | | $3.2\times10^{-5}$ | 4.49 |
| 邻苯二酚 | —OH<br>—OH | $4.0\times10^{-10}$ | 9.40 |
| | | $2\times10^{-13}$ | 12.80 |
| 水杨酸 | —COOH<br>—OH | $1.1\times10^{-3}$ | 2.97 |
| | | $1.8\times10^{-14}$ | 13.74 |
| 磺基水杨酸 | $^{-}O_3S$— —COOH<br>—OH | $4.7\times10^{-3}$ | 2.33 |
| | | $4.8\times10^{-12}$ | 11.32 |
| 柠檬酸 | $CH_2CO_2H$<br>‖<br>$C(OH)CO_2H$<br>‖<br>$CH_2CO_2H$ | $7.4\times10^{-4}$ | 3.13 |
| | | $1.8\times10^{-5}$ | 4.74 |
| | | $4.0\times10^{-7}$ | 5.40 |

续表

| 弱碱名称 | | $K_b$ | $pK_b$ |
|---|---|---|---|
| 氨 | $NH_3$ | $1.8\times10^{-5}$ | 4.74 |
| 联氨 | $H_2NNH_2$ | $3.0\times10^{-8}$ ($K_{b_1}$) | 5.52 |
| 羟胺 | $NH_2ON$ | $7.6\times10^{-15}$ ($K_{b_2}$) | 14.12 |
| 甲胺 | $CH_3NH_2$ | $9.1\times10^{-9}$ | 8.04 |
| 乙胺 | $C_2H_5NH_2$ | $4.2\times10^{-4}$ | 3.38 |
| 丁胺 | $CH_3(CH_2)NH_2$ | $4.3\times10^{-4}$ | 3.37 |
| 乙醇胺 | $HOCH_2CH_2NH_3$ | $4.4\times10^{-4}$ | 3.36 |
| 三乙醇胺 | $(HOCH_2CH_2)_3N$ | $3.2\times10^{-5}$ | 4.50 |
| 二甲胺 | $(CH_3)_2NH$ | $5.8\times10^{-7}$ | 6.24 |
| 二乙胺 | $(CH_3CH_2)_2NH$ | $5.9\times10^{-4}$ | 3.23 |
| 三乙胺 | $(CH_3CH_2)N$ | $8.5\times10^{-4}$ | 3.07 |
| 苯胺 | $C_6H_5NH_2$ | $5.2\times10^{-4}$ | 3.29 |
| 邻甲苯胺 | $-CH_3$ / $-NH_2$ | $4.0\times10^{-10}$<br>$2.8\times10^{-10}$ | 9.40<br>9.55 |
| 对甲苯胺 | $CH_3-$ $-NH_2$ | $1.2\times10^{-9}$ | 8.92 |
| 六次甲基四胺 | $(CH_2)_6N_4$ | $1.4\times10^{-9}$ | 8.85 |
| 咪唑 | N / N / H | $9.8\times10^{-8}$ | 7.01 |
| 吡啶 | N | $1.8\times10^{-9}$ | 8.74 |
| 哌啶 | N / H | $1.3\times10^{-3}$ | 2.88 |
| 喹啉 | N | $7.6\times10^{-10}$ | 9.12 |
| 乙二胺 | $H_2NCH_2CH_2NH_2$ | $8.5\times10^{-5}$ ($K_{b_1}$)<br>$7.1\times10^{-8}$ ($K_{b_2}$) | 4.07<br>7.15 |
| 8-羟基喹啉 | $C_6H_6NOH$ | $6.5\times10^{-5}$<br>$8.1\times10^{-10}$ | 4.19<br>9.09 |

**化合物的摩尔质量**（g/mol） **附表 8**

| 化合物 | 摩尔质量 | 化合物 | 摩尔质量 | 化合物 | 摩尔质量 |
|---|---|---|---|---|---|
| $Ag_3AsO_4$ | 462.52 | $CO(NH_2)_2$ | 60.06 | $Cu(NO_3)_2$ | 187.56 |
| AgBr | 187.77 | $CO_2$ | 44.01 | $Cu(NO_3)_2\cdot3H_2O$ | 241.60 |
| AgCl | 143.32 | CaO | 56.08 | CuO | 79.545 |
| AgCN | 133.89 | $CaCO_3$ | 100.09 | $Cu_2O$ | 143.09 |
| AgSCN | 165.95 | $CaC_2O_4$ | 128.10 | CuS | 95.61 |
| $Ag_2CrO_4$ | 331.72 | $CaCl_2$ | 110.98 | $CuSO_4$ | 159.61 |
| AgI | 234.77 | $CaCl_2\cdot6H_2O$ | 219.08 | $CuSO_4\cdot5H_2O$ | 249.69 |

续表

| 化合物 | 摩尔质量 | 化合物 | 摩尔质量 | 化合物 | 摩尔质量 |
|---|---|---|---|---|---|
| $AgNO_3$ | 169.87 | $Ca(NO_3)_2 \cdot 4H_2O$ | 236.15 | $FeCl_2$ | 126.75 |
| $AlCl_3$ | 133.34 | $Ca(OH)_2$ | 74.09 | $FeCl_2 \cdot 4H_2O$ | 198.81 |
| $AlCl_3 \cdot 6H_2O$ | 241.43 | $Ca_3(PO_4)_2$ | 310.18 | $FeCl_3$ | 162.21 |
| $Al(NO_3)_3$ | 213.00 | $CaSO_4$ | 136.14 | $FeCl_3 \cdot 6H_2O$ | 270.30 |
| $Al(NO_3)_3 \cdot 9H_2O$ | 375.13 | $CdCO_3$ | 172.42 | $FeNH_4(SO_4)_2 \cdot 12H_2O$ | 482.20 |
| $Al_2O_3$ | 101.96 | $CdCl_2$ | 183.32 | $Fe(NO_3)_3$ | 241.86 |
| $Al(OH)_3$ | 78.00 | $CdS$ | 144.48 | $Fe(NO_3)_3 \cdot 9H_2O$ | 404.00 |
| $Al_2(SO_4)_3$ | 342.15 | $Ce(SO_4)_2$ | 332.24 | $FeO$ | 71.846 |
| $Al_2(SO_4)_3 \cdot 18H_2O$ | 666.43 | $Ce(SO_4)_2 \cdot 4H_2O$ | 404.30 | $Fe_2O_3$ | 159.69 |
| $As_2O_3$ | 197.84 | $CoCl_2$ | 129.84 | $Fe_3O_4$ | 231.54 |
| $As_2O_5$ | 229.84 | $CoCl_2 \cdot 6H_2O$ | 237.93 | $Fe(OH)_3$ | 106.87 |
| $As_2S_3$ | 246.04 | $Co(CN_3)_2$ | 182.94 | $FeS$ | 87.91 |
| $BaCO_3$ | 197.34 | $Co(NO_3)_2 \cdot 6H_2O$ | 291.03 | $Fe_2S_3$ | 207.89 |
| $BaC_2O_4$ | 225.35 | $CoS$ | 90.999 | $FeSO_4$ | 151.91 |
| $BaCl_2$ | 208.24 | $CoSO_4$ | 154.997 | $FeSO_4 \cdot 7H_2O$ | 278.02 |
| $BaCl_2 \cdot 2H_2O$ | 244.27 | $CrCl_3$ | 158.35 | $FeSO_4(NH_4)_2SO_4 \cdot 6H_2O$ | 392.14 |
| $BaCrO_4$ | 253.32 | $CrCl_3 \cdot 6H_2O$ | 266.45 | $H_3ASO_3$ | 125.94 |
| $BaO$ | 153.33 | $Cr(NO_3)_3$ | 238.01 | $H_3ASO_4$ | 141.94 |
| $Ba(OH)_2$ | 171.34 | $Cr_2O_3$ | 151.99 | $H_3BO_3$ | 61.83 |
| $BaSO_4$ | 233.39 | $CuCl$ | 98.999 | $HBr$ | 80.912 |
| $BiCl_3$ | 315.34 | $CuCl_2$ | 134.45 | $HCN$ | 27.026 |
| $BiOCl$ | 260.43 | $CuCL_2 \cdot 2H_2O$ | 170.48 | $HCOOH$ | 46.026 |
| $Na_2B_4O_7$ | 201.22 | $CuSCN$ | 121.63 | $SrCO_3$ | 147.63 |
| $Na_2B_4O_7 \cdot 10H_2O$ | 381.37 | $CuI$ | 190.45 | $SrC_2O_4$ | 175.64 |
| $NaBiO_3$ | 279.97 | $P_2O_5$ | 141.94 | $SrCrO_4$ | 203.61 |
| $NaCN$ | 49.007 | $PbCO_3$ | 267.21 | $Sr(NO_3)_2$ | 211.63 |
| $NaSCN$ | 81.07 | $PbC_2O_4$ | 295.22 | $Sr(NO_3)_2 \cdot 4H_2O$ | 283.69 |
| $Na_2CO_3$ | 105.99 | $PbCl_2$ | 278.11 | $SrSO_4$ | 183.68 |
| $Ca_2CO_3 \cdot 10H_2O$ | 286.14 | $PbCrO_4$ | 323.19 | $UO_2(CH_3COO)_2 \cdot 2H_2O$ | 424.15 |
| $Na_2C_2O_4$ | 134.00 | $Pb(CH_3COO)_2$ | 325.30 | $ZnCO_3$ | 125.40 |
| $CH_3COONa$ | 82.034 | $Pb(CH_3COO)_2 \cdot 3H_2O$ | 379.30 | $ZnC_2O_4$ | 153.41 |
| $CH_3COONa \cdot 3H_2O$ | 136.08 | $PbI_2$ | 461.00 | $ZnCl_2$ | 136.30 |
| $NaCl$ | 58.443 | $Pb(NO_2)_4$ | 331.21 | $Zn(CH_3COO)_2$ | 183.48 |
| $NaClO$ | 74.442 | $PbO$ | 223.21 | $Zn(CH_3COO)_2 \cdot 2H_2O$ | 219.51 |
| $NaHCO_3$ | 84.007 | $PbO_2$ | 239.20 | $Zn(NO_3)_2$ | 189.40 |
| $CaHPO_4 \cdot 12H_2O$ | 358.14 | $Pb_3(PO_4)_2$ | 811.54 | $Zn(NO_3)_2 \cdot 6H_2O$ | 297.49 |
| $Na_2H_2Y \cdot 2H_2O$ | 372.24 | $PbS$ | 239.27 | $ZnO$ | 81.39 |
| $NaNO_2$ | 68.99 | $PbSO_4$ | 303.26 | $ZnS$ | 97.46 |
| $NaNO_3$ | 84.995 | $SO_3$ | 80.06 | $ZnSO_4$ | 161.45 |
| $Na_2O$ | 61.979 | $SO_2$ | 64.06 | $ZnSO_4 \cdot 7H_2O$ | 287.56 |

续表

| 化合物 | 摩尔质量 | 化合物 | 摩尔质量 | 化合物 | 摩尔质量 |
|---|---|---|---|---|---|
| $Na_2O_2$ | 77.978 | $Hg_2SO_4$ | 497.24 | $KOH$ | 56.106 |
| $NaOH$ | 39.997 | $SbCl_3$ | 228.11 | $K_2SO_4$ | 174.26 |
| $Na_3PO_4$ | 163.94 | $SbCl_5$ | 299.02 | $KCN$ | 65.116 |
| $Na_2S$ | 78.05 | $Sb_2O_3$ | 291.51 | $KSCN$ | 97.18 |
| $Na_2S \cdot 9H_2O$ | 240.18 | $Sb_2S_3$ | 339.70 | $MgCO_3$ | 84.314 |
| $NaSO_3$ | 126.04 | $SiF_4$ | 104.08 | $MgCl_2$ | 95.210 |
| $Na_2SO_4$ | 142.04 | $SiO_2$ | 60.084 | $MgCl \cdot 6H_2O$ | 203.30 |
| $Na_2S_2O_3$ | 158.11 | $SnCl_2$ | 189.62 | $MgC_2O_4$ | 112.32 |
| $Na_2S_2O_3 \cdot 5H_2O$ | 248.19 | $SnCl_2 \cdot 2H_2O$ | 225.65 | $Mg(NO_3)_2 \cdot 6H_2O$ | 256.41 |
| $NiCl_2 \cdot 6H_2O$ | 237.69 | $SnCl_4$ | 260.52 | $MgNH_4PO_4$ | 137.31 |
| $NiO$ | 74.69 | $SnCl_4 \cdot 5H_2O$ | 350.760 | $MgO$ | 40.304 |
| $Ni(NO_3)_2 \cdot 6H_2O$ | 290.79 | $SnO_2$ | 150.71 | $Mg(OH)_2$ | 58.32 |
| $NiS$ | 90.76 | $SnS$ | 150.78 | $Mg_2P_2O_7$ | 222.55 |
| $CH_3COOH$ | 60.053 | $KAl(SO_4)_2 \cdot 12H_2O$ | 474.24 | $MgSO_4 \cdot 7H_2O$ | 246.48 |
| $H_2CO_3$ | 62.025 | $KBr$ | 119.00 | $MnCO_3$ | 114.95 |
| $H_2C_2O_4$ | 90.035 | $KBrO_3$ | 167.00 | $MnCl_2 \cdot 4H_2O$ | 197.90 |
| $H_2C_2O_4 \cdot 2H_2O$ | 126.07 | $KCl$ | 74.551 | $Mn(NO_3)_2 \cdot 6H_2O$ | 287.04 |
| $HCl$ | 36.461 | $KClO_3$ | 122.55 | $MnO$ | 70.937 |
| $HF$ | 20.006 | $KClO_4$ | 138.55 | $MnO_2$ | 86.937 |
| $HI$ | 127.91 | $KCN$ | 65.116 | $MnS$ | 87.00 |
| $HIO_3$ | 175.91 | $KSCN$ | 97.18 | $MnSO_4$ | 151.00 |
| $HNO_3$ | 63.013 | $K_2CO_3$ | 138.21 | $MnSO_4 \cdot 4H_2O$ | 223.06 |
| $HNO_2$ | 47.013 | $K_2CrO_4$ | 194.19 | $NO$ | 30.006 |
| $H_2O$ | 18.015 | $K_2Cr_2O_7$ | 294.18 | $NO_2$ | 46.006 |
| $H_2O_2$ | 34.015 | $K_3Fe(CN)_6$ | 329.25 | $NH_3$ | 17.03 |
| $H_3PO_4$ | 97.995 | $K_4Fe(CN)_6$ | 368.35 | $CH_3COONH_4$ | 77.083 |
| $H_2S$ | 34.08 | $KFe(SO_4)_2 \cdot 12H_2O$ | 503.26 | $NH_4Cl$ | 53.491 |
| $H_2SO_3$ | 82.07 | $KHC_2O_4 \cdot H_2O$ |  | $(NH_4)_2CO_3$ | 96.086 |
| $H_2SO_4$ | 98.07 | $KHC_2O_4 \cdot H_2C_2O_4 \cdot 2H_2O$ | 254.19 | $(NH_4)_2C_2O_4$ | 124.10 |
| $Hg(CN)_2$ | 252.63 | $KHC_4H_4O_6$ | 188.18 | $(NH_4)_2C_2O_4 \cdot H_2O$ | 142.11 |
| $HgCl_2$ | 271.50 | $KHSO_4$ | 136.16 | $NH_4SCN$ | 76.12 |
| $Hg_2Cl$ | 472.09 | $KI$ | 166.00 | $NH_4HCO_3$ | 79.056 |
| $HgI_2$ | 454.40 | $KIO_3$ | 214.00 | $(NH_4)_2MoO_4$ | 196.01 |
| $Hg(NO_3)_2$ | 525.19 | $KIO_3 \cdot HIO_3$ | 389.91 | $NH_4NO_3$ | 80.043 |
| $Hg_2(NO_3)_2 \cdot 2H_2O$ | 561.22 | $KMnO_4$ | 158.03 | $(NH_4)_2HPO_4$ | 132.06 |
| $Hg(NO_3)_2$ | 324.60 | $KNaC_4H_4O_6 \cdot 4H_2O$ | 282.22 | $(NH_4)_2SO_4$ | 116.98 |
| $HgO$ | 216.59 | $KNO_3$ | 101.10 | $Na_3AsO_3$ | 191.89 |
| $HgS$ | 232.65 | $KNO_2$ | 85.104 |  |  |
| $HgSO_4$ | 296.65 | $K_2O$ | 94.196 |  |  |

* 数据录自 David R. Lide CRC Handbook of Chemistry and physics，71 st ed.，1990～1991，8-39。

** 数据录自 J. A. Dean，Lang 's Handbook of Chemistry，13 th ed.，1985，5-7～12。

**一些难溶物质的溶度积（25℃）**　　附表 9

| 难溶物质 | 化学式 | 溶度积 $K_{sp}$ |
| --- | --- | --- |
| 溴化银 | $AgBr$ | $5.53\times10^{-13}$ |
| 氯化银 | $AgCl$ | $1.77\times10^{-10}$ |
| 铬酸银 | $Ag_2CrO_4$ | $1.12\times10^{-12}$ |
| 碘化银 | $AgI$ | $8.51\times10^{-10}$ |
| 氢氧化银 | $AgOH$ | $1.52\times10^{-18}$ |
| 硫化银 | $Ag_2S$ | $1.20\times10^{-49}$ |
| 硫酸银 | $Ag_2SO_4$ | $1.20\times10^{-5}$ |
| 氢氧化铝 | $Al(OH)_3$ | $1.3\times10^{-33}$ |
| 碳酸钡 | $BaCO_3$ | $2.58\times10^{-9}$ |
| 铬酸钡 | $BaCrO_4$ | $1.17\times10^{-10}$ |
| 硫酸钡 | $BaSO_4$ | $1.07\times10^{-10}$ |
| 碳酸钙 | $CaCO_3$ | $4.96\times10^{-9}$ |
| 氟化钙 | $CaF_2$ | $1.46\times10^{-30}$ |
| 磷酸钙 | $Ca_3(PO_4)_2$ | $2.07\times10^{-33}$ |
| 硫酸钙 | $CaSO_4$ | $7.10\times10^{-5}$ |
| 硫化镉 | $CdS$ | $1.40\times10^{-29}$ |
| 氢氧化铬 | $Cr(OH)_3$ | $6.3\times10^{-21}$ |
| 氢氧化铜 | $Cu(OH)_2$ | $2.2\times10^{-20}$ |
| 硫化铜 | $CuS$ | $1.27\times10^{-36}$ |
| 六氰合铁（Ⅱ）酸铁（Ⅲ） | $Fe_4[Fe(CN)_6]_2$ | $3.3\times10^{-41}$ |
| 氢氧化亚铁 | $Fe(OH)_2$ | $4.87\times10^{-17}$ |
| 氢氧化铁 | $Fe(OH)_3$ | $2.64\times10^{-39}$ |
| 硫化亚铁 | $FeS$ | $1.59\times10^{-19}$ |
| 碳酸镁 | $MgCO_3$ | $6.28\times10^{-6}$ |
| 氢氧化镁 | $Mg(OH)_2$ | $5.61\times10^{-12}$ |
| 二氢氧化锰 | $Mn(OH)_2$ | $2.06\times10^{-13}$ |
| 硫化亚锰 | $MnS$ | $4.65\times10^{-14}$ |
| 氢氧化镍 | $Ni(OH)_2$ | $5.47\times10^{-16}$ |
| 碳酸铅 | $PbCO_3$ | $1.46\times10^{-10}$ |
| 二氯化铅 | $PbCl_2$ | $1.17\times10^{-5}$ |
| 铬酸铅 | $PbCrO_4$ | $2.8\times10^{-13}$ |
| 二碘化铅 | $PbI_2$ | $8.49\times10^{-5}$ |
| 氢氧化铅 | $Pb(OH)_2$ | $1.42\times10^{-20}$ |
| 硫化铅 | $PbS$ | $9.04\times10^{-29}$ |
| 硫酸铅 | $PbSO_4$ | $1.82\times10^{-8}$ |
| 氢氧化亚锡 | $Sn(OH)_2$ | $5.45\times10^{-27}$ |
| 硫化亚锡 | $SnS$ | $3.25\times10^{-28}$ |
| 碳酸锌 | $ZnCO_3$ | $1.19\times10^{-10}$ |
| 氢氧化锌 | $Zn(OH)_2$ | $1.8\times10^{-14}$ |
| 硫化锌 | $ZnS$ | $2.93\times10^{-29}$ |

**标准电极电势（25℃）**　　**附表 10**

| 电极反应 | $\varphi^{\ominus}$ (V) | 电极反应 | $\varphi^{\ominus}$ (V) |
|---|---|---|---|
| $AlF_6^{3-}+3e \rightleftharpoons Al+6F^-$ | −2.07 | $VO^{2+}+2H^++e \rightleftharpoons V^{3+}+H_2O$ | 0.314 |
| $Al^{3+}+3e \rightleftharpoons Al$ | −1.67 | $Cu^{2+}+2e \rightleftharpoons Cu$ | 0.345 |
| * $Mn(OH)_2+2e \rightleftharpoons Mn+2OH^-$ | −1.47 | $[Fe(CN)_6]^{3-}+e \rightleftharpoons [Fe(CN)_6]^{4-}$ | 0.36 |
| * $Zn(OH)_2+2 \rightleftharpoons Zn+2OH^-$ | −1.245 | * $[Ag(NH_3)_2]^++e \rightleftharpoons Ag+2NH_3(aq)$ | 0.373 |
| $Sn(OH)_6^{2-}+2e \rightleftharpoons HSnO_2^-+3OH^-+H_2O$ | −0.96 | $2H_2SO_3+2H^++4e \rightleftharpoons 3H_2O+S_2O_3^{2-}$ | 0.40 |
| * $[Co(CN)_6]^{3-}+e \rightleftharpoons [Co(CN)_6]^{4-}$ | −0.83 | * $O_2+2H_2O+4e \rightleftharpoons 4OH^-$ | 0.401 |
| * $2H_2O+2e \rightleftharpoons H_2+2OH^-$ | −0.828 | $H_2SO_3+4H^++4e \rightleftharpoons S+3H_2O$ | 0.45 |
| $Zn^{2+}+2eZn$ | −0.762 | * $2ClO^-+2H_2O+2e \rightleftharpoons Cl_2+4OH^-$ | 0.52 |
| * $SO_3^{2-}+3H_2O+6e \rightleftharpoons S^{2-}+6OH^-$ | −0.61 | $Cu^++e \rightleftharpoons Cu$ | 0.522 |
| * $2SO_3^{2-}+3H_2O+4e \rightleftharpoons S_2O_3^{2-}+6OH^-$ | −0.58 | $I_2+2e \rightleftharpoons 2I^-$ | 0.534 |
| * $Fe(OH)_3+e \rightleftharpoons Fe(OH)_2+OH^-$ | −0.56 | $I_3^-+2e \rightleftharpoons 3I^-$ | 0.535 |
| * $NO_2^-+H_2O+e \rightleftharpoons NO+2OH^-$ | −0.46 | $MnO_4^-+e \rightleftharpoons MnO_4^{2-}$ | 0.54 |
| * $Fe^{2+}+2 \rightleftharpoons Fe$ | −0.441 | * $MnO_4^-+2H_2O+3e \rightleftharpoons MnO_2+4OH^-$ | 0.57 |
| * $[Cu(CN)_2]^-+e \rightleftharpoons Cu+2CN^-$ | −0.43 | * $MnO_4^{2-}+2H_2O+2e \rightleftharpoons MnO_2+4OH^-$ | 0.58 |
| * $[Co(NH_3)_6]^{2+}+2e \rightleftharpoons Co+6NH_3(aq)$ | −0.422 | * $ClO_3^-+3H_2O+6e \rightleftharpoons Cl^-+6OH^-$ | 0.62 |
| * $O_2+H_2O+2e \rightleftharpoons HO_2^-+OH^-$ | −0.076 | $O_2+2H^++2e \rightleftharpoons H_2O_2$ | 0.682 |
| * $MnO_2+2H_2O+2e \rightleftharpoons Mn(OH)_2+2OH^-$ | −0.05 | $H_3SbO_4+2H^++2e \rightleftharpoons H_3SbO_3+H_2O$ | 0.75 |
| $Fe^{3+}+3e \rightleftharpoons Fe$ | −0.036 | $Fe^{3+}+e \rightleftharpoons Fe^{2+}$ | 0.771 |
| $2H^+([H^+]=10^{-7}mol/L)+2e \rightleftharpoons H_2$ | −0.414 | $Ag^++e \rightleftharpoons Ag$ | 0.7991 |
| $Cr^{3+}+e \rightleftharpoons Cr^{2+}$ | −0.41 | * $HO_2^-+H_2O+2e \rightleftharpoons 3OH^-$ | 0.88 |
| $Cd^{2+}+2e \rightleftharpoons Cd$ | −0.402 | * $ClO^-+H_2O+2e \rightleftharpoons Cl^-+2OH^-$ | 0.89 |
| * $Hg(CN)_4^{2-}+2e \rightleftharpoons Hg+4CN^-$ | −0.37 | $NO_3^-+4H^++3e \rightleftharpoons NO+2H_2O$ | 0.96 |
| * $[Ag(CN)_2]^-+e \rightleftharpoons Ag+2CN^-$ | −0.30 | $VO_4^{3-}+6H^++3e \rightleftharpoons VO+3H_2O$ | 1.031 |
| $Co^{2+}+2e \rightleftharpoons Co$ | −0.277 | $Br_2+2e \rightleftharpoons 2Br^-$ | 1.0652 |
| $Ni^{2+}+2e \rightleftharpoons Ni$ | −0.15 | $IO_3^-+6H^++6e \rightleftharpoons I^-+3H_2O$ | 1.085 |
| * $Cu(OH)_2+2e \rightleftharpoons Cu+2OH^-$ | −0.224 | $IO_3^-+6H^++5e \rightleftharpoons \frac{1}{2}I_2+3H_2O$ | 1.195 |
| $CuI+ \rightleftharpoons Cu+I^-$ | −0.180 | $O_2+4H^++4e \rightleftharpoons 2H_2O$ | 1.229 |
| * $PbO_2+2H_2O+4e \rightleftharpoons Pb+4OH^-$ | −0.16 | $MnO_2+4H^++2e \rightleftharpoons Mn^{2+}+2H_2O$ | 1.23 |
| $AgI+e \rightleftharpoons Ag+I^-$ | −0.151 | $Cr_2O_7^{2-}+14H^++6e \rightleftharpoons 2Cr^{3+}+7H_2O$ | 1.33 |
| $Sn^{2+}+2e \rightleftharpoons Sn$ | −0.140 | $Cl_2+2e \rightleftharpoons 2Cl^-$ | 1.3595 |
| $Pb^{2+}+2e \rightleftharpoons Pb$ | −0.126 | $ClO_3^-+4H^++4e \rightleftharpoons ClO^-+2H_2O$ | 1.42 |
| * $CrO_4^{2-}+4H_2O+3e \rightleftharpoons Cr(OH)_3+5OH^-$ | −0.12 | $ClO_3^-+6H^++6 \rightleftharpoons Cl^-+3H_2O$ | 1.45 |
| * $[Cu(NH_3)_2]^++e \rightleftharpoons Cu+2NH_3$ | −0.11 | $PbO_2^-+4H^++e \rightleftharpoons Pb^{2+}+2H_2O$ | 1.455 |
| $2H^++2e \rightleftharpoons H_2$ | 0000 | $ClO_3^-+6H^++5e \rightleftharpoons \frac{1}{2}Cl_2+3H_2O$ | 1.47 |
| * $[Co(NH_3)_6]^{3+}+e \rightleftharpoons [Co(NH_3)_6]^{2+}$ | 0.1 | $HClO+H^++2e \rightleftharpoons Cl^-+H_2O$ | 1.49 |
| $S+2H^++2e \rightleftharpoons H_2S$ | 0.141 | $MnO_4^-+8H^++5e \rightleftharpoons Mn^{2+}+4H_2O$ | 1.51 |
| $Sn^{4+}+2e \rightleftharpoons Sn^{2+}$ | 0.15 | $NaBiO_3+6H^++2e \rightleftharpoons Bi^{3+}+Na^++3H_2O$ | 1.61 |
| $Cu^{2+}+e \rightleftharpoons Cu^+$ | 0.167 | $2HClO+2H^++2e \rightleftharpoons Cl_2+2H_2O$ | 1.63 |
| $S_4O_6^{2-}+2e \rightleftharpoons 2S_2O_3^{2-}$ | 0.17 | $MnO_4^-+4H^++3e \rightleftharpoons MnO_2+2H_2O$ | 1.695 |
| * $Co(OH)_3+e \rightleftharpoons Co(OH)_2+OH^-$ | 0.20 | $H_2O_2+2H^++2e \rightleftharpoons 2H_2O$ | 1.77 |
| $S_2O_8^{2-}+2e \rightleftharpoons 2SO_4^{2-}$ | 2.01 | $Co^{3+}+e \rightleftharpoons Co^{2+}$ | 1.82 |
| * $IO_3^-+3H_2O+6 \rightleftharpoons I^++6OH^-$ | 0.26 | | |

注：本表所采用的标准电极电势系还原电势；表中凡前面有“*”符号的电极反应是在碱性溶液中进行，其余都在酸性溶液中进行。

本表数据录自 D. Dobos. Electrochemical Data. 1975 年。

## 附表 11　常用指示剂

**酸碱指示剂**　　**附表 11-1**

| 指示剂名称 | 变色范围（pH） | 颜色变化 | 溶液配制方法 |
|---|---|---|---|
| 茜素黄 R | 1.9～3.3 | 红→黄 | 0.1%水溶液 |
| 甲基橙 | 3.1～4.4 | 红→橙黄 | 0.1%水溶液 |
| 溴酚蓝 | 3.0～4.6 | 黄→蓝 | 0.1g 溴酚蓝溶于 100mL 20%乙醇中 |
| 刚果红 | 3.0～5.2 | 蓝紫→红 | 0.1%水溶液 |
| 茜素红 S | 3.7～5.2 | 黄→紫 | 0.1%水溶液 |
| 溴甲酚绿 | 3.8～5.4 | 黄→蓝 | 0.1g 溴甲酚绿溶于 100mL 20%乙醇中 |
| 甲基红 | 4.4～6.2 | 红→黄 | 0.1g 甲基红溶于 100mL 60%乙醇中 |
| 溴百里酚蓝 | 6.0～7.6 | 黄→蓝 | 0.05g 溴百里酚蓝溶于 100mL 20%乙醇中 |
| 中性红 | 6.8～8.0 | 红→黄橙 | 0.1g 中性红溶于 100mL 60%乙醇中 |
| 甲酚红 | 7.2～8.8 | 亮黄→紫红 | 0.1g 甲酚红溶于 100mL 50%乙醇中 |
| 百里酚蓝（麝香草酚蓝） | 第一次变色 1.2～2.8<br>第二次变色 8.0～9.6 | 红→黄<br>黄→蓝 | 0.1g 百里酚蓝溶于 100mL 20%乙醇中 |
| 酚酞 | 8.2～10.0 | 无→红 | 0.1g 酚酞溶于 100mL 60%乙醇中 |
| 麝香草酚酞（百里酚酞） | 9.4～10.6 | 无→蓝 | 0.1g 麝香草酚酞溶于 100mL 90%乙醇中 |

**酸碱混合指示剂**　　**附表 11-2**

| 指示剂溶液的组成 | 变色点的 pH 值 | 颜色 | | 备　注 |
|---|---|---|---|---|
| | | 酸色 | 碱色 | |
| 1 份 0.1%甲基黄乙醇溶液<br>1 份 0.1%亚甲基蓝乙醇溶液 | 3.25 | 蓝紫 | 绿 | pH=3.2 蓝紫色<br>pH=3.4 绿色 |
| 1 份 0.1%甲基橙水溶液<br>1 份 0.25%靛蓝二磺酸钠水溶液 | 4.1 | 紫 | 黄绿 | pH=4.1 灰色 |
| 3 份 0.1%溴甲酚绿乙醇溶液<br>1 份 0.2%甲基红乙醇溶液 | 5.1 | 酒红 | 绿 | 颜色变化极显著 |
| 1 份 0.1%溴甲酚绿钠盐水溶液<br>1 份 0.1%氯酚红钠盐水溶液 | 6.1 | 黄绿 | 蓝紫 | pH=5.4 蓝绿色<br>pH=5.8 蓝色<br>pH=6.0 蓝微带紫色<br>pH=6.2 蓝紫色 |
| 1 份 0.1%中性红乙醇溶液<br>1 份 0.1%亚甲基蓝乙醇溶液 | 7.0 | 蓝紫 | 绿 | pH=7.0 蓝紫色 |
| 1 份 0.1%甲酚红钠盐水溶液<br>3 份 0.1%百里酚蓝钠盐水溶液 | 8.3 | 黄 | 紫 | pH=8.2 粉色<br>pH=8.4 紫色 |
| 1 份 0.1%酚酞乙醇溶液 | 8.9 | 绿 | 紫 | pH=8.8 浅蓝色<br>pH=9.0 紫色 |
| 1 份 0.1%酚酞乙醇溶液<br>1 份 0.1%百里酚乙醇溶液 | 9.9 | 无 | 紫 | pH=9.6 玫瑰色<br>pH=10.0 紫色 |

**吸附指示剂** 附表 11-3

| 指示剂名称 | 待测离子 | 滴定剂 | 颜色变化 | 适用的 pH 值 |
|---|---|---|---|---|
| 荧光黄（荧光素） | $Cl^-$ | $Ag^+$ | 黄绿色（有荧光）→粉红色 | 7～10 |
| 二氯荧光黄 | $Cl^-$ | $Ag^+$ | 黄绿色（有荧光）→红色 | 4～10 |
| 曙红（四溴荧光黄） | $Br^-$，$I^-$，$SCN^-$ | $Ag^+$ | 橙黄色（有荧光）→红紫色 | 2～10 |
| 酚藏红 | $Cl^-$，$Br^-$ | $Ag^+$ | 红色→蓝色 | 酸性 |

**金属指示剂** 附表 11-4

| 指示剂名称 | 颜色 | | 配制方法 |
|---|---|---|---|
| | 游离态 | 化合物 | |
| 铬黑 T（EBT） | 蓝 | 酒红 | 将 0.5g 铬黑 T 溶于 100mL 水中<br>将 1g 铬黑 T 与 100gNaCl 研细、混匀 |
| 钙指示剂 | 蓝 | 红 | 将 0.5g 钙指示剂与 100gNaCl 研细、混匀 |
| 二甲酚橙（XO） | 黄 | 红 | 将 0.1g 二甲酚橙溶于 100mL 水中 |
| K-B 指示剂 | 蓝 | 红 | 将 0.5g 酸性铬蓝 K 加 1.25g 萘酚绿 B，再加 25g$KNO_3$ 研细、混匀 |
| 磺基水杨酸 | 无色 | 红 | 将 1g 磺基水杨酸溶于 100mL 水中 |
| 吡啶偶氮萘酚（PAN） | 黄 | 红 | 将 0.1g 吡啶偶氮萘酚溶于 100mL 乙醇中 |
| 邻苯二酚紫 | 紫 | 蓝 | 将 0.1g 邻苯二酚紫溶于 100mL 水中 |
| 钙镁试剂（calmagite） | 红 | 蓝 | 将 0.5g 钙镁试剂溶于 100mL 水中 |

**氧化还原指示剂** 附表 11-5

| 指示剂名称 | 变色电位 $\varphi^{\ominus}$（V） | 颜色 | | 配制方法 |
|---|---|---|---|---|
| | | 游离态 | 化合物 | |
| 二苯胺 | 0.76 | 紫 | 无色 | 将 1g 二苯胺在搅拌下溶于 100mL 浓硫酸和 100mL 浓磷酸，贮于棕色瓶中 |
| 二苯胺磺酸钠 | 0.85 | 紫 | 无色 | 将 0.5g 二苯胺磺酸钠溶于 100mL 水中，必要时过滤 |
| 邻苯氨基苯甲酸 | 0.89 | 紫红 | 无色 | 将 0.2g 邻苯氨基苯甲酸加热溶解在 100mL 0.2%$Na_2CO_3$ 溶液中，必要时过滤 |
| 邻二氮菲硫酸亚铁 | 1.06 | 浅蓝 | 红 | 将 0.5g $FeSO_4 \cdot 7H_2O$ 溶于 100mL 水中，加 2 滴 $H_2SO_4$，加 0.5g 邻二氮菲 |

**常用基准物质的干燥条件和应用范围** 附表 12

| 基准物质 | | 干燥后组成 | 干燥条件（℃） | 标定对象 |
|---|---|---|---|---|
| 名称 | 化学式 | | | |
| 碳酸氢钠 | $NaHCO_3$ | $Na_2CO_3$ | 270～300 | 酸 |
| 碳酸钠 | $Na_2CO_3 \cdot 10H_2O$ | $Na_2CO_3$ | 270～300 | 酸 |
| 硼砂 | $Na_2B_4O_7 \cdot 10H_2O$ | $Na_2B_4O_7 \cdot 10H_2O$ | 放在含 NaCl 和蔗糖饱和液的干燥器中 | 酸 |

续表

| 基准物质 | | 干燥后组成 | 干燥条件（℃） | 标定对象 |
|---|---|---|---|---|
| 名称 | 化学式 | | | |
| 碳酸氢钾 | $KHCO_3$ | $K_2CO_3$ | 270～300 | 酸 |
| 草酸 | $H_2C_2O_4 \cdot 2H_2O$ | $H_2C_2O_4 \cdot 2H_2O$ | 室温空气干燥 | 碱或 $KMnO_4$ |
| 邻苯二甲酸氢钾 | $KHC_8H_4O_4$ | $KHC_8H_4O_4$ | 110～120 | 碱 |
| 重铬酸钾 | $K_2Cr_2O_7$ | $K_2Cr_2O_7$ | 140～150 | 还原剂 |
| 溴酸钾 | $KBrO_3$ | $KBrO_3$ | 130 | 还原剂 |
| 碘酸钾 | $KIO_3$ | $KIO_3$ | 130 | 还原剂 |
| 铜 | Cu | Cu | 室温干燥器中保存 | 还原剂 |
| 三氧化二砷 | $As_2O_3$ | $As_2O_3$ | 同上 | 氧化剂 |
| 草酸钠 | $Na_2C_2O_4$ | $Na_2C_2O_4$ | 130 | 氧化剂 |
| 碳酸钙 | $CaCO_3$ | $CaCO_3$ | 110 | EDTA |
| 锌 | Zn | Zn | 室温干燥器中保存 | EDTA |
| 氧化锌 | ZnO | ZnO | 900～1000 | EDTA |
| 氯化钠 | NaCl | NaCl | 500～600 | $AgNO_3$ |
| 氯化钾 | KCl | KCl | 500～600 | $AgNO_3$ |
| 硝酸银 | $AgNO_3$ | $AgNO_3$ | 180～290 | 氯化物 |
| 氨基磺酸 | $HOSO_2NH_2$ | $HOSO_2NH_2$ | 在真空干燥器中保存 48h | 碱 |
| 氟化钠 | NaF | NaF | 铂坩埚中 500～550℃下保存 40～50min 后，$H_2SO_4$ 干燥器中冷却 | |

**国际对原子质量表（Ar 1986 年）** **附表 13**

| 元素 | | 相对原子量 | 元素 | | 相对原子量 | 元素 | | 相对原子量 |
|---|---|---|---|---|---|---|---|---|
| 符号 | 名称 | | 符号 | 名称 | | 符号 | 名称 | |
| Ae | 锕 | [227] | Ge | 锗 | 27.61 | Pr | 镨 | 140.90765 |
| Ag | 银 | 107.8682 | H | 氢 | 1.00794 | Pt | 铂 | 195.08 |
| Al | 铝 | 26.981539 | He | 氦 | 4.002602 | Pu | 钚 | [244] |
| Am | 镅 | [243] | Hf | 铪 | 178.49 | Ra | 镭 | 226.0254 |
| Ar | 氩 | 39.948 | Hg | 汞 | 200.59 | Rb | 铷 | 85.4678 |
| As | 砷 | 74.92159 | Ho | 钬 | 164.93032 | Re | 铼 | 186.207 |
| At | 砹 | [210] | I | 碘 | 126.90447 | Rh | 铑 | 102.90550 |
| Au | 金 | 196.96654 | In | 铟 | 114.82 | Rn | 氡 | [222] |
| B | 硼 | 10.811 | Ir | 铱 | 192.22 | Ru | 钌 | 101.07 |
| Ba | 钡 | 137.327 | K | 钾 | 39.983 | S | 硫 | 32.066 |
| Be | 铍 | 9.012182 | Kr | 氪 | 83.80 | Sb | 锑 | 121.75 |
| Bi | 铋 | 208.98037 | La | 镧 | 138.9055 | Sc | 钪 | 44.955910 |
| Bk | 锫 | [247] | Li | 锂 | 6.941 | Se | 硒 | 78.96 |
| Br | 溴 | 79.904 | Lr | 铹 | [257] | Si | 硅 | 28.055 |
| C | 碳 | 12.011 | Lu | 镥 | 174.967 | Sm | 钐 | 150.36 |

续表

| 元素 符号 | 元素 名称 | 相对原子量 | 元素 符号 | 元素 名称 | 相对原子量 | 元素 符号 | 元素 名称 | 相对原子量 |
|---|---|---|---|---|---|---|---|---|
| Ca | 钙 | 40.078 | Md | 钔 | [256] | Sn | 锡 | 118.710 |
| Cd | 镉 | 112.411 | Mg | 镁 | 24.3050 | Sr | 锶 | 87.62 |
| Ce | 铈 | 140.115 | Mn | 锰 | 54.93805 | Ta | 钽 | 180.9479 |
| Cf | 锎 | [251] | Mo | 钼 | 95.94 | Tb | 铽 | 158.92534 |
| Cl | 氯 | 35.4527 | N | 氮 | 14.00674 | Tc | 锝 | 98.9062 |
| Cm | 锔 | [247] | Na | 钠 | 22.989768 | Te | 碲 | 127.60 |
| Co | 钴 | 58.93320 | Nb | 铌 | 92.90638 | Th | 钍 | 232.0381 |
| Cr | 铬 | 51.9961 | Nd | 钕 | 144.24 | Ti | 钛 | 47.88 |
| Cs | 铯 | 132.90543 | Ne | 氖 | 20.1797 | Tl | 铊 | 204.3833 |
| Cu | 铜 | 63.546 | Ni | 镍 | 58.9634 | Tm | 铥 | 168.93421 |
| Dy | 镝 | 162.50 | No | 锘 | [254] | U | 铀 | 238.0289 |
| Er | 铒 | 167.26 | Np | 镎 | 23.0482 | V | 钒 | 50.9415 |
| Es | 锿 | [257] | O | 氧 | 15.9994 | W | 钨 | 183.85 |
| Eu | 铕 | 151.965 | Os | 锇 | 190.2 | Xe | 氙 | 131.29 |
| F | 氟 | 18.9984032 | P | 磷 | 30.973726 | Y | 钇 | 88.90585 |
| Fe | 铁 | 55.847 | Pa | 镤 | 231.03588 | Yb | 镱 | 173.04 |
| Fm | 镄 | [257] | Pb | 铅 | 207.2 | Zn | 锌 | 65.39 |
| Fr | 钫 | [223] | Pd | 钯 | 106.42 | Zr | 锆 | 91.224 |
| Ga | 镓 | 69.723 | Pm | 钷 | [145] | | | |
| Gd | 钆 | 157.25 | Po | 钋 | [210] | | | |

**地面水环境质量标准 GB 3838—2002**（mg/L） **附表 14**

| 序号 | 参数 \ 标准值 \ 分类 | | Ⅰ类 | Ⅱ类 | Ⅲ类 | Ⅳ类 | Ⅴ类 |
|---|---|---|---|---|---|---|---|
| | 基本要求 | | 所有水体不应有非自然原因所导致的下列物质：<br>(1) 凡能沉淀而形成令人厌恶的沉积物；<br>(2) 漂浮物，诸如碎片、浮渣、油类或其他的一些引起感官不快的物质；<br>(3) 产生令人厌恶的色、臭、味或浑浊度的；<br>(4) 对人类、动物或植物有损害、毒性或不良生理反应的；<br>(5) 易滋生令人厌恶的水生生物的 | | | | |
| 1 | 水温（℃） | | 人为造成的环境水温变化限制在：<br>夏季周平均最大温升≤1；<br>冬季周平均最大温降≤2 | | | | |
| 2 | pH | | 6.5～8.5 | | | 6～9 | |
| 3 | 硫酸盐①（以 $SO_4^{2-}$） | ≤ | 250 以下 | 250 | 250 | 250 | 250 |
| 4 | 氯化物①（以 $Cl^-$ 计） | ≤ | 250 以下 | 250 | 250 | 250 | 250 |
| 5 | 溶解性铁① | ≤ | 0.3 以下 | 0.3 | 0.5 | 0.5 | 1.0 |
| 6 | 总锰① | ≤ | 0.1 以下 | 0.1 | 0.1 | 0.5 | 1.0 |
| 7 | 总铜① | ≤ | 0.01 以下 | 1.0（渔 0.01） | 1.0（渔 0.01） | 1.0 | 1.0 |

续表

| 序号 | 标准值 参数 分类 | | Ⅰ类 | Ⅱ类 | Ⅲ类 | Ⅳ类 | Ⅴ类 |
|---|---|---|---|---|---|---|---|
| 8 | 总锌[①] | ≤ | 0.05 | 1.0（渔 0.1）<br>10 | 1.0（渔 0.1）<br>20 | 2.0<br>20 | 2.0<br>25 |
| 9 | 硝酸盐（以 N 计） | ≤ | 10 以下 | 0.1 | 0.15 | 1.0 | 1.0 |
| 10 | 亚硝酸盐（以 N 计） | ≤ | 0.06 | | | | |
| 11 | 非离子氯 | ≤ | 0.02 | 0.02 | 0.02 | 0.2 | 0.2 |
| 12 | 凯式氮 | ≤ | 0.5 | 0.5 | 1 | 2 | 2 |
| 13 | 总磷（以 P 计） | ≤ | 0.02 | 0.1（湖、库 0.025） | 0.1（湖、库 0.05） | 0.2 | 0.2 |
| 14 | | | 2 | 4 | 6 | 8 | 10 |
| 15 | 高锰酸钾指数 | ≤ | 饱和率 90% | | 5 | 3 | 2 |
| 16 | 溶解氧 | ≥ | 15 以下 | 15 以下 | 15 | 20 | 25 |
| 17 | 化学需氧量 CODcr | ≤ | 3 以下 | 3 | 4 | 6 | 10 |
| 18 | 生化需氧量（$BOD_5$） | ≤ | 1.0 以下 | 1.0 | 1.0 | 1.5 | 1.5 |
| 19 | 氟化物（以 F 计） | ≤ | 0.01 以下 | 0.01 | 0.01 | 0.02 | 0.02 |
| 20 | 硒（四价） | ≤ | 0.05 | 0.05 | 0.05 | 0.1 | 0.1 |
| 21 | 总砷 | ≤ | 0.00005 | 0.00005 | 0.0001 | 0.001 | 0.001 |
| 22 | 总汞[②] | ≤ | 0.001 | 0.005 | 0.005 | 0.005 | 0.01 |
| 23 | 总镉[②] | ≤ | 0.01 | 0.05 | 0.05 | 0.05 | 0.1 |
| 24 | 铬（六价） | ≤ | 0.01 | 0.05 | 0.05 | 0.05 | 0.1 |
| 25 | 总铅[②] | ≤ | 0.005 | 0.05<br>（渔 0.005） | 0.2<br>（渔 0.005） | 0.2 | 0.2 |
| 26 | 总氰化物 | ≤ | | 0.002 | 0.005 | 0.01 | 0.1 |
| 27 | | | 0.002 | 0.05 | 0.05 | 0.5 | 1.0 |
| 28 | 挥发酚[②] | ≤ | 0.05 | 0.2 | 0.2 | 0.3 | 0.3 |
| 29 | 石油类[②]（石油醚萃取） | ≤ | 0.2 以下 | | 10000 | | |
| 30 | 阴离子表面活性剂 | ≤ | 0.0025 | 0.0025 | 0.0025 | | |
| 31 | 总大肠菌群[③]（个/L）<br>苯并（α）芘[③]（g/L）<br>甲基汞 | ≤<br>≤<br>≤ | $1\times10^{-7}$ | $1\times10^{-6}$ | $1\times10^{-6}$ | $5\times10^{-6}$ | $5\times10^{-6}$ |

① 允许根据地方水域背景特征做适当调整的项目；
② 规定分析检测方法的最低检出限，达不到基准要求；
③ 试行标准。
说明：本标准适用于中华人民共和国领域内江、河、湖泊、水库等具有使用功能的地面水水域。
依据地面水水域使用目的和保护目标将其划分为五类：
Ⅰ类——主要适用于源头水、国家自然保护区；
Ⅱ类——主要适用于集中式生活饮用水水源地一级保护区、珍贵鱼类保护区、鱼虾产卵场等；
Ⅲ类——主要适用于集中式生活饮用水水源地二级保护区、一般鱼类保护区及游泳区；
Ⅳ类——主要适用于一般工业用水区及人体直接接触的娱乐用水区；
Ⅴ类——主要适用于农业用水区及一般景观要求水域。
同一水域兼有多功能的，依最高功能划分类别。有季节性功能的，可分季节划分类别。

## 附表 15　污水综合排放标准

**第一类污染物最高允许排放浓度**（mg/L）　　**附表 15-1**

| 污染物 | 最高允许排放浓度 | 污染物 | 最高允许排放浓度 | 污染物 | 最高允许排放浓度 |
|---|---|---|---|---|---|
| 1　总汞 | 0.05① | 4　总铬 | 1.5 | 7　总铅 | 1.0 |
| 2　烷基汞 | 不得检出 | 5　六价铬 | 0.5 | 8　总镍 | 1.0 |
| 3　总镉 | 0.1 | 6　总砷 | 0.5 | 9　苯并（α）芘② | 0.00003 |

① 烧碱行业（新建、扩建、改建企业）采用 0.005mg/L；
② 为试行标准，二级、三级标准区暂不考核。

**第二类污染物最高允许排放浓度**（mg/L）　　**附表 15-2**

| 标准分组 | 一级标准 | | 二级标准 | | 三级标准 |
|---|---|---|---|---|---|
| 污染物　标准值　规模 | 新改扩 | 现有 | 新改扩 | 现有 | |
| 1　pH 值 | 6～9 | 6～9 | 6～9 | 6～9① | 6～9 |
| 2　色度（稀释倍数） | 50 | 80 | 80 | 100 | |
| 3　悬浮物 | 70 | 100 | 200 | 250② | 400 |
| 4　生化需氧量（$BOD_5$） | 30 | 60 | 60 | 80 | 300③ |
| 5　化学需氧量（COD） | 100 | 150 | 150 | 200 | 500③ |
| 6　石油类 | 10 | 15 | 10 | 20 | 30 |
| 7　动植物类 | 20 | 30 | 20 | 40 | 100 |
| 8　挥发酚 | 0.5 | 1.0 | 0.5 | 1.0 | 2.0 |
| 9　氰化物 | 0.5 | 0.5 | 0.5 | 0.5 | 1.0 |
| 10　硫化物 | 1.0 | 1.0 | 1.0 | 2.0 | 2.0 |
| 11　氨氮 | 15 | 25 | 25 | 40 | |
| 12　氟化物 | 10 | 15 | 10 | 15 | 20 |
| | | | 20④ | 30④ | |
| 13　硫酸盐（以 P 计）⑤ | 0.5 | 1.0 | 1.0 | 2.0 | |
| 14　甲醛 | 1.0 | 2.0 | 2.0 | 3.0 | |
| 15　苯胺类 | 1.0 | 2.0 | 2.0 | 3.0 | 5.0 |
| 16　硝基苯类 | 2.0 | 3.0 | 3.0 | 5.0 | 5.0 |
| 17　阴离子合成洗涤剂（LAS） | 5.0 | 10 | 10 | 15 | 20 |
| 18　铜 | 0.5 | 0.5 | 1.0 | 1.0 | 2.0 |
| 19　锌 | 2.0 | 2.0 | 4.0 | 5.0 | 5.0 |
| 20　锰 | 2.0 | 5.0 | 2.0⑥ | 5.0⑥ | 5.0 |

① 现有火电厂和粘胶纤维工业，二级标准 pH 值放宽到 9.5；
② 磷肥工业悬浮物放宽至 300mg/L；
③ 对排放带有二级污水处理厂的城镇下水道的造纸、皮革、食品、洗毛、酿造、发酵、生物制药、肉类加工纤维板等工业废水，$BOD_5$ 可放宽至 600mg/L；COD 可放宽至 1000mg/L，具体限度还可以与市政部门协商；
④ 为低氟地区（系指水体含氟量 < 0.5mg/L）容许排放浓度；
⑤ 为排放蓄水性河流和封闭水域的控制标准；
⑥ 合成脂肪工业新扩改为 5mg/L，现有企业为 7.5mg/L。

## 不同温度下水的折光率　附表 16

钠光　$\lambda$=589.3nm

| $t$ (℃) | $n_D$ | $t$ (℃) | $n_D$ | $t$ (℃) | $n_D$ |
|---|---|---|---|---|---|
| 0 | 1.33395 | 16 | 1.33331 | 24 | 1.33263 |
| 5 | 1.33388 | 17 | 1.33324 | 25 | 1.33252 |
| 10 | 1.33370 | 18 | 1.33316 | 26 | 1.33242 |
| 11 | 1.33365 | 19 | 1.33307 | 27 | 1.33231 |
| 12 | 1.33359 | 20 | 1.33299 | 28 | 1.33219 |
| 13 | 1.32352 | 21 | 1.33290 | 29 | 1.33208 |
| 14 | 1.33346 | 22 | 1.33281 | 30 | 1.33196 |
| 15 | 1.33339 | 23 | 1.33272 | | |

## 几种常用液体的折光率（298K）　附表 17

钠光　$\lambda$=589.3nm

| 名　称 | $n_D$ | 名　称 | $n_D$ |
|---|---|---|---|
| 甲醇 | 1.33600 | 氯仿 | 1.44400 |
| 水 | 1.33252 | 四氯化碳 | 1.45900 |
| 乙醚 | 1.35200 | 乙苯 | 1.49300 |
| 丙酮 | 1.35700 | 甲苯 | 1.49400 |
| 乙醇 | 1.35900 | 苯 | 1.49800 |
| 乙酸 | 1.37000 | 苯乙烯 | 1.54500 |
| 乙酸乙酯 | 1.37000 | 溴苯 | 1.55700 |
| 正乙烷 | 1.37200 | 苯胺 | 1.58300 |
| 正丁醇-1 | 1.39700 | 溴仿 | 1.58700 |
| 异丙醇 | 1.37520 | 环已烷（293K） | 1.42662 |

## 不同温度下 KCl 的电导率　附表 18

| $t$ (℃) | $\kappa$ (S/m) | | |
|---|---|---|---|
| | 0.01mol/L | 0.02mol/L | 0.10mol/L |
| 10 | 0.1020 | 0.1994 | 0.933 |
| 11 | 0.1045 | 0.2043 | 0.956 |
| 12 | 0.1070 | 0.2093 | 0.979 |
| 13 | 0.1095 | 0.2142 | 1.002 |
| 14 | 0.1121 | 0.2193 | 1.025 |
| 15 | 0.1147 | 0.2243 | 1.048 |
| 16 | 0.1173 | 0.2294 | 1.072 |
| 17 | 0.1199 | 0.2345 | 1.095 |
| 18 | 0.1225 | 0.2397 | 1.119 |
| 19 | 0.1251 | 0.2449 | 1.143 |
| 20 | 0.1278 | 0.2501 | 1.167 |
| 21 | 0.1305 | 0.2553 | 1.191 |
| 22 | 0.1332 | 0.2606 | 1.215 |

续表

| $t$ (℃) | $\kappa$ (S/m) | | |
|---|---|---|---|
| | 0.01mol/L | 0.02mol/L | 0.10mol/L |
| 23 | 0.1359 | 0.2659 | 1.239 |
| 24 | 0.1386 | 0.2712 | 1.264 |
| 25 | 0.1413 | 0.2765 | 1.288 |
| 26 | 0.1441 | 0.2819 | 1.313 |
| 27 | 0.1468 | 0.2873 | 1.337 |
| 28 | 0.1496 | 0.2927 | 1.362 |
| 29 | 0.1524 | 0.2981 | 1.387 |
| 30 | 0.1552 | 0.3036 | 1.412 |
| 31 | 0.1581 | 0.3091 | 1.437 |
| 32 | 0.1609 | 0.3146 | 1.462 |
| 33 | 0.1638 | 0.3201 | 1.488 |
| 34 | 0.1667 | 0.3256 | 1.513 |

**无限稀释时常见离子的摩尔电导率**（298K） **附表 19**

| 阳离子 | $\lambda_{m,+}^{\infty}\times10^4$ ($S\cdot m^2/mol$) | 阴离子 | $\lambda_{m,-}^{\infty}\times10^4$ ($S\cdot m^2/mol$) |
|---|---|---|---|
| $H^+$ | 349.82 | $OH^-$ | 198.0 |
| $K^+$ | 73.52 | $Cl^-$ | 76.34 |
| $Na^+$ | 50.11 | $Br^-$ | 78.40 |
| $Ag^+$ | 61.92 | $I^-$ | 76.8 |
| $Li^+$ | 38.69 | $NO_3^-$ | 71.44 |
| $NH_4^+$ | 73.4 | $CN^-$ | 78.0 |
| $\frac{1}{2}Ba^{2+}$ | 63.64 | $IO_3^-$ | 40.5 |
| $\frac{1}{2}Mg^{2+}$ | 53.06 | $SCN^-$ | 66.0 |
| $\frac{1}{2}Ca^{2+}$ | 59.5 | $CH_3COO^-$ | 40.9 |
| $\frac{1}{2}Zn^{2+}$ | 52.8 | $ClO_4^-$ | 68.0 |
| $\frac{1}{2}Pb^{2+}$ | 71.0 | $HS^-$ | 65.0 |
| $\frac{1}{2}Co^{2+}$ | 53.0 | $HSO_4^-$ | 50.0 |
| $\frac{1}{2}Cu^{2+}$ | 55.0 | $\frac{1}{2}C_2O_4^{2-}$ | 74.2 |
| $\frac{1}{2}Sr^{2+}$ | 59.46 | $\frac{1}{2}CO_3^{2-}$ | 72.0 |
| $\frac{1}{2}Fe^{2+}$ | 54.0 | $\frac{1}{2}C_rO_4^{2-}$ | 85.0 |
| $\frac{1}{2}Fe^{3+}$ | 68.0 | $\frac{1}{2}SO_4^{2-}$ | 79.8 |
| $\frac{1}{2}Cr^{3+}$ | 67.0 | $\frac{1}{3}PO_4^{3-}$ | 69.0 |
| $\frac{1}{2}La^{3+}$ | 69.6 | $\frac{1}{3}Fe(CN)_6^{3-}$ | 101.0 |
| | | $\frac{1}{4}Fe(CN)_6^{4-}$ | 111.0 |

不同温度下水的黏度（$\eta$）及表面张力（$\sigma$）　　附表 20

| $t$（℃） | $\eta\times10^3$（Pa·s） | $\sigma\times10^3$（N/m） | $t$（℃） | $\eta\times10^3$（Pa·s） | $\sigma\times10^3$（N/m） |
|---|---|---|---|---|---|
| 0 | 1.787 | 75.64 | 25 | 0.8904 | 71.97 |
| 5 | 1.519 | 74.92 | 26 | 0.8705 | 71.82 |
| 10 | 1.307 | 74.23 | 27 | 0.8513 | 71.66 |
| 11 | 1.271 | 74.07 | 28 | 0.8327 | 71.50 |
| 12 | 1.235 | 73.93 | 29 | 0.8148 | 71.35 |
| 13 | 1.202 | 73.78 | 30 | 0.7975 | 71.20 |
| 14 | 1.169 | 73.64 | 35 | 0.7194 | 70.38 |
| 15 | 1.139 | 73.49 | 40 | 0.6529 | 69.60 |
| 16 | 1.109 | 73.34 | 45 | 0.5960 | 68.74 |
| 17 | 1.081 | 73.19 | 50 | 0.5468 | 67.94 |
| 18 | 1.053 | 73.05 | 55 | 0.5040 | 67.05 |
| 19 | 1.027 | 72.90 | 60 | 0.4665 | 66.24 |
| 20 | 1.002 | 72.75 | 70 | 0.4042 | 64.47 |
| 21 | 0.9779 | 72.59 | 80 | 0.3547 | 62.67 |
| 22 | 0.9548 | 72.44 | 90 | 0.3147 | 60.82 |
| 23 | 0.9325 | 72.28 | 100 | 0.2818 | 58.91 |
| 24 | 0.9111 | 72.13 | | | |

# 参 考 文 献


[1] 周井炎，李德忠. 基础化学实验（上册）. 武汉：华中科技大学出版社，2004.4.

[2] 徐功烨，蔡作乾. 大学化学实验（第二版）. 北京：清华大学出版社，1997.

[3] 马金红，路春娥，吴敏，王国力. 大学化学实验. 南京：东南大学出版社，2002.7.

[4] 浙江大学普通化学教研组. 普通化学实验（第三版）. 北京：高等教育出版社，1996.3.

[5] 李铭朽，周仕学. 无机化学实验. 北京：北京理工大学出版社，2002.8.

[6] 薛彦辉. 普通化学实验. 北京：化学工业出版社，2003.8.

[7] 高丽华. 普通化学实验. 北京：化学工业出版社，2004.8.

[8] 陈同云. 工科化学实验. 北京：化学工业出版社，2003.8.

[9] 黄君礼. 水分析化学实验（第二版）. 北京：中国工业出版社，1997.

[10] 濮文虹，刘光虹，喻俊芳. 水质分析化学实验（第二版）. 武汉：华中科技大学出版社，2004.4.